Rem Koolhaas | OMA

Rem Koolhaas I OMA

불가사의의 구축

로베르토 가르지아니(Roberto Gargiani) 저

김원갑 역

시공문화사

Spacetime Publisher

렘 콜하스/OMA 불가사의의 구축

초판 1쇄 2018년 3월 15일

저자 : 로베르토 가르지아니
역자 : 김원갑

발행인 : 김기현
발행처 : 시공문화사(Spacetime)
출판등록: 1993년 3월 12일
주소: 서울시 서대문구 독립문공원길 13 (03733) 극동프라자 5층
전화: 02) 3147-1212
팩스: 02) 3147-2626
http://www.spacetime.co.kr
mail: spacetime@korea.com

편집: Design Battery

ISBN: 978-89-5592-397-1

정가: 35,000원

Contents

1

편집증적 비판 방법의 경험들

그림 1. 영화 그룹의 선언, 1966
(오른쪽 위가 렘 콜하스).

런던 AA스쿨에서의 연구들 "건축으로서의 베를린 벽"과 "엑소더스"

레메르트 콜하스(Remmert Koolhaas)는 베를린과 같이 2차 세계 대전의 폭격으로 역사적 도시의 이미지가 지워진 로테르담에서 1944년에 태어났다. 그의 가족과 함께 그는 인도네시아 자카르타로 1952년에 이주해서 1956년까지 지냈으며, 그 후로는 브라질로 갔는데 그 곳에서 그는 오스카 니마이어(Oscar Niemeyer)의 작품에 감명을 받았다. 그는 다시 네덜란드로 돌아와 그의 조부 디어크 로젠부르크(Dirk Roosenburg)의 건축 스튜디오에서 종종 드로잉을 하곤 했다. 1963년에 그는 네덜란드 자유 우파의 주간지「헤이그 포스트」(De Haagse Post)에서 일을 시작하며, 영화와 문학, 음악, 정치, 스포츠, 섹슈얼리티, 예술, 건축 등에 관해 글을 쓰고 레이아웃을 했다(헨드리쿠스 테오도루스 베이데벨트(Hendricus Theodorus Wijdeveld)와 르 꼬르뷔제에 관한 글, 그리고 콘스탄트 니우벤하우스(Constant Nieuwenhuys)와 페데리코 펠리니(Federico Fellini)와의 인터뷰 등을 포함해서). 주간지의 나머지 편집부 직원들과 같이 콜하스는 사실들의 설명 보다는 어떤 코멘트 작업을 정화하려 노력했다. 예를 들어 인터뷰 받는 자들은 어떤 질문도 받지 않고 대신 단지 마이크만 보여주었는데, 그것은 마치 자동기술법의 초현실주의적 교의를 따르는 듯했다. "리얼리티를 도덕적으로 만들거나 해석(계획)하지 말고, 강화할 것. 시작점: 리얼리티의 단호한 수용", 예술가 아르만도(Armando)는 시인 한스 슬레우텔라르(Hans Sleutelaar)가 아티클의 구성을 위해 쓴 지침 속에서 더 깊게 명시된「헤이그 포스트」저널리스트들의 접근을 정의하며 조언을 했다.[1)]

이 동일한 기간에 콜하스는 르네 달더(Rene Daalder)와 얀 데 본트(Jan de Bont), 케스 메이어링(Kees Meyering), 프란스 브로메트(Frans Bromet) 등과 함께 영화제작 그룹 "1,2,3, 그룹(Groep)"을, 그리고 작가이자 저널리스트, 제도사, 동물들을 다룬 시나리오와 우화들의 작가인 그의 아버지 안톤 콜하스(Anton Koolhaas)가 1968년부터 1978년까지 이끈 네덜란드 필름 아카데미 등의 그룹을 결성했다. "1,2,3, 그룹"과 함께 콜하스는 시나리오를 쓰고, 때때로 연기도 하며 영화 제작에 참여했다(*1,2,3 Rhapsodie*, 1964; *Body and Soul*, 1967; *De blanke Slavin. Intriges van een decadente zonderling*, 1969).

그의 시나리오 쓰기의 경험은 후에 도시적 무대 위의 배우와 같이 생명이 불어넣어진 건물과 서사적 시퀀스 속에서 구성된 에피소드들에 대한 그의 아이디어의 발

1) Bart Lootsma, *Le film à l'envers: les années 60 de Rem Koolhaas*, in "Le Visiteur", 2001, No.7, pp. 90-111. 1966년에 콜하스는 트리노 플롯하우스(Trino Flothuis)와 반 반스벡(Van Wansbeek)과 함께 PROVO의 히피들에 대항해 일련의 아티클들을 준비했는데, 그 가운데에는 콜하스가 베티 반 가렐(Betty van Garrel)과 함께 인터뷰한 콘스탄트같이 카리스마적인 인물도 언급되었다(Rem Koolhaas, Betty van Garrel, *De stad van toekomst. HP gesprekt met Constant over New Babylon*, in "De Haagse Post", 1966년 8월 6일, pp. 14, 15). Rem Koolhaas, *Architectuur/Een woonmachine: Le Corbusier kreeg f 5000*, ibid., 1964년 10월 3일; Rem Koolhaas, Lili Veenman, *Film-Een dag Fellini. Hij doet altijd dingen die men niet verwacht*, ibid., 1965년 12월 31일, No.24, pp. 39-41. John Jansen Van Galen, Hendrik Spiering, *Rare Jaren: Nederland en de Haagse Post 1914-1990*, Amsterdam, 1993 참조.

그림2. 수퍼스튜디오, 연속적 기념비, 1969.

그림3. 아키줌, 베를린 평행 구역, 1969.

전에 기여했다. "대본 속에서 당신은 다양한 에피소드들을 함께 연결해야 하며, 서스펜스를 만들어내야 하고, 예를 들자면 편집을 통해 사물들을 조합해야 한다. 그것은 정확히 건축에서도 마찬가지이다. 건축가들은 또한 시퀀스를 만들기 위해 공간적 에피소드들을 함께 집어 넣어야 한다."[2] 고 콜하스는 말했다.

1966년에 델프트 공대에서 있었던 영화와 건축 세미나에서 콜하스는 게리트 리트펠트(Gerrit Rietveld)와 함께 작업했으며, 구성주의 전문가인 역사 교수 게리트 오르트하우스(Gerrit Oorthuys)를 만났다. 콜하스와 오르트하우스는 그때 이반 레오니도프(Ivan Leonidov)에 관한 연구를 수행했다.[3]

1968년에 콜하스는 피터 스미슨(Peter Smithson)과 세드릭 프라이스(Cedric Price), 찰스 젱스(Charles Jencks), 달리보 베슬리(Dalibor Veseley), 앨빈 보야르스키(Alvin Boyarsky), 그리고 피터 쿡(Peter Cook)을 포함한 몇 명의 아키그램 멤버들 같은 쟁쟁한 교수들을 자랑하는 런던의 AA 건축 스쿨에 등록을 했다.

학교 강의의 주된 방향은 환상적인 진보적 기술의 가능성에 의해 유연하게 만

2) 네덜란드 건축가 렘 콜하스와 슈피겔 인터뷰 www.spiegel.de/international/spiegel/0,1518,408748,00.html. 참조.

3) "1971년부터 레오니도프에 관한 책을 위해 USSR 에서의 연구(G.오르트하우스와 함께)" 라고 콜하스에 관한 짧은 연대기적 노트에 적혀 있었다(AA 스쿨의 Prospectus Unit 9, 1975-76, p. 55). Otakar Màceêl, *Delft, Mel'nikov e i parcheggi coperti*, in Mario Fosso, Maurizio Meriggi, ed., *Konstantin S.Mel'nikov e la costruzione di Mosca,* Milan, Skira, 1999, pp.23-26.

4) 아테네 출신(1937) 젱겔리스의 강의 활동에 관해선 Antony Wade, *The middle school experiment*, in "Arena. The Architectural Association Journal", 1968년 6-7월호, pp.7-13, p. 7을 참조. "쿡이 쓰길 엘리아 젱겔리스가 1970년대 초에 몇 번 가르쳤기 때문에 이전에 영화 제작자였던 렘 콜하스라는 명석한 학생이 그의 반에 합류했다. 젱겔리스는 몇 년 동안 가장 훌륭한 신입생 교육자임을 증명했다. 그러나 콜하스와의 마술은 더욱 훌륭했다". Peter Cook, *Highlights of Recent History. Cook's Grand Tour*, in "The Architectural Review", vol. CLXXIV, 1983, No. 1040, the issue on *The Architectural Association School of Architecture*, (pp. 32-43), p. 36 참조.

5) "강박적 이미지" 의 정의에 대해선 Salvador Dali, *Le Mythe Tragique de l'Angélus de Millet,* paris, Société Nouvelle des Editions Pauvert, 1963을 참조. 학교의 분위기는 콜하스에 의해 다음과 같이 회상된다: "장면. 런던의 AA 1970-72: 섹스와 약물, 로큰롤로 넘쳐나고, 데이빗 보위가 바 위에 매달려 있는 학교; 아키그램의 환상적 계획들과 비틀즈에 대한 건축적 대답들로 인해 더욱 가속되는 실험적 히스테리를 가진 사람들에게 터지는 플래시; 1968년 5월의 유럽의 행위적 정치에 의한 일종의 전기 충격; 우드스톡의 연속적인 미국식 사랑-도시계획과 그것의 그림자, 알타몬트의 에로틱한 폭력에 의한 도취; 프랑스의 지적 사고에 대한 루머들의 거품에 의한 교화; 디자인, 모드와 카나비 스트리트, 반디자인, 요나 프리드만과 이태리의 수퍼스튜디오, 아키줌의 무한한 도시들의 허풍에 대한 끌림. 어떤 것도 진행되고, 모든 것들이 진행된다. 스튜디오에선 당신이 원한다면 책을 써라. 당신이 원한다면 춤을 추거나 팬츠에 오줌을 싸라. 구조, 혹은 코드, 혹은 HVAC? 스위스로 가라" (Rem Koolhaas, Elia Zenghelis, *Exodus, or the voluntary prisoners of architecture, 1972*, in Jeffrey Kipnis, ed., *Perfect Acts of Architecture*, exhibition cat., The Museum of Modern Art, New York, Wexner Center for the Arts, Columbus, New York, H.N.Abrams, 2001, p. 14).

들어진 환경의 디자인을 고무했다. 이 시기의 연구 기간 중에 콜하스는 교수들 중의 하나인 엘리아 젱겔리스(Elia Zenghelis)[4] 와의 문화적 협동의 근본적 관계를 육성했다. 그 또한 몇 개의 국제 현상설계에 참여했으며, 구성주의 작품을 직접 보기 위해 모스크바를 방문하고, 시나리오를 계속해서 썼다. 또한 이 시기에 그는 사례별로 항상 건축의 다양한 불가사의로 그가 변형시키게 될 그의 상징적 언어 "강박적 이미지들"[5] 의 주된 형상을 정의하기 시작했다.

학생으로서 콜하스는 런던의 수영장을 위한 계획을 준비했는데, 그것은 그의 작품들 속에서 특별한 일련의 변양태들과 만나게 될 주제였다(그는 수영장에서 수영하길 좋아하며, "당신이 운동을 할 때, 당신은 누군가가 당신 이전에 그 곳에서 수영을 했는지를 상상해보려 할 수 있다"[6] 라고 말했다). 베슬리는 "사물의 고체성에 반대되는 욕망의 유동성이기도 한 물의 유동성은 초현실주의자들의 영원한 강박으로 남는다"[7] 고 말한다.

1970년 여름에 콜하스는 수퍼스튜디오(Superstudio)의 멤버들을 만나 그들을 AA 스쿨의 강연에 초빙할 가능성을 논의하기 위해 피렌체를 방문했다—그 강연은 1971년 2-3월에 열렸다(다른 자들도 다음 몇 년간 지속했다). "[...] '쉬운' 건축에 관해 낙관적인 그 작품에 나는 얼마나 감명을 받았는지", 그는 1970년 말에 수퍼스튜디오에 있는 그의 친구들에게 편지를 썼다.[8] 수퍼스튜디오 덕분에 콜하스는 또한 아키줌(Archizoom)과 접촉을 하게 되었다.

콜하스에 의해 수행된 최초의 깊은 이론적 탐구는 완벽히 가능할 정도로 분리의 의미를 표현하는 현대적 주제에 관한 것이었다: 베를린 벽. 수퍼스튜디오와 아키줌의 문화적 입력의 배경에 대항해 선택된 1971년 여름 학기 주제인 "건축으로서의 베를린 벽"은 콜하스에 의해 다양한 구성 요소들로 이루어지고, 특별한 상징적 힘을 부여받은 평행 띠들로 구성된 시스템으로 해석되었다.[9]

"중국의 만리장성 벽, 하드리안의 벽, 자동차 도로 등은, 평행선과 자오선들과 같이, 지구에 대한 우리의 이해의 가촉적 기호다", 라고 수퍼스튜디오는 연속적 기념비 계획[10]—월터 데 마리아(Walter de Maria)의 작품과 대지 예술에서와 같이 심지어는 사막들도 횡단하는 두꺼운 유리벽—을 고려하며 1969년에 썼다. 같은 해에 아키줌은 베를린을 "평행한 구역들"로 분할하게 될 두꺼운 투명의 벽체들과 모스크바의 붉은 광장을 가로질러 자르게 될 거대한 미스식(Miesian)의 커튼월을 디자인했다.[11] 필립 존슨(Philip Johnson) 또한 콜하스에게 알려진 계획인, 둘러싸인 벽체에 의해 성장이 제한된 이

6) Cit. in Jennifer Sigler, *Interview*, Sanford Kwinter, Marco Raino, ed., *Rem Koolhaas. Verso un'architettura estrema*, Milan, Postmedia, 2002, p. 69.

7) Dalibor Vessley, *Surrealism and architecture introduced by Dalibor Vessley: surrealism, myth & modernity*, from *Surrealism*, special issue, "Architectural Design", vol. XLVIII, 1978, No. 2-3, (pp. 87-95), p. 88. 프라하 출생의 건축과 예술사가인 베슬리는 초현실주의자들과 연관된 "연속주의 그룹"(Continualist group)의 구성원이었다. AA 스쿨의 맥락에서 그는 초현실주의를 현실을 재생산하기 위한 방법, "새로운 신화"를 창조할 수 있고, 아키그램 작품의 환상적 요소들에 대한 대안으로 보는 데에 기여했다. 그는 1978년에 "초현실주의에서의 시의 역할은 기존의 현실을 대신하는 것이 아니라 그것을 언어와 이미지들의 연금술을 통해 변형하는 것- 연금술이 무기적 세계를 변형시키는 것과 마찬가지의 방식으로-"이라 썼다. 1970년 이래 AA 스쿨에서 가르쳐온 베르나르 츄미 역시 초현실주의에 대한 흥미를 발전시켰다(Bernard Tschumi, *Architecture and its Double, Ibid.*, pp. 111-16). 츄미는 콜하스와 같은 세대에 속한다(그는 1944년에 태어났다). (Cook, *Highlights of Recent History*, cit., p. 32).

8) Rem Koolhaas, letter to Adolfo Natalini and Cristiano Toraldo di Francia, 1970년 12월 15일(Archives Natalini).

9) 날짜에 관해선, Rem Koolhaas, Gerrit Oorthuys, *Ivan Leonidov's Dom Narkomtjazprom, Moscow*, in "Oppositions", 1974, No. 2, (pp. 95-103), p. 95, 여기서 그것은 1970년으로 지적되어 있다; 나중에 (예를 들어 Rem Koolhaas, *Field Trip*, in OMA, Rem Koolhaas, Bruce Mau, *S.M.L.XL.*, New York, Monacelli Press, 1995, (pp. 214-33), p. 236) 콜하스는 그 여행이 벽체의 구축(1961년 8월) 이후 10년 후에 이루어졌다고 회상한다. 콜하스는 베를린을 1969년의 AA 스쿨 강연에서 "surface de macadam parsemée ici et là de foyer d'intensit?"로 정의했었다. (in Lootsma, op. cit., p. 106).

10) Superstudio, *Discorsi per immagini*, in "Domus", 1969년 12월, No. 481, p. 44.

11) Archizoom, *Discorsi per immagini*, in "Domus", 1969년 12월, No. 481, pp. 46-48, Archizoom, *Archizoom, Congrès de Turin, 1969년 4월 25, 26, 27일*, in "L'architecture d'aujourd'hui", XL., 1969년 9월, No. 145, pp. LXIV-LXVIII, Roberto Gargiani, *Archizoom Associati 1966-1974. De la vague pop à la surface neutre*, Milan, Electa, 2007.

상적 도시를 제한했다.[12] 1971년에 그 당시 막 AA 스쿨을 졸업했던 로빈 에반스(Robin Evans)는 중국의 만리장성 드로잉으로 시작하며 건축사 내의 "벽"의 의미에 관한 아티클을 썼다(그는 "그것은 자신들을 해친 것의 부분들을 둘러싸고 잊어버림으로써 인간이 자신들의 세계를 살기에 적당하게 만드는 이상한 방식들을 다룰 것이다"라고 썼다[13]), 반면에 피터 앨리슨(Peter Allison)은 같은 학교 5년차 연구에서의 계획으로서 "런던을 위한 벽"을 제안했는데, 그것은 "소외된 반영을 위한 스크린으로서의 매우 얇은 반사벽"이었다.[14] 앨리슨은 "벽, 혹은 이런 목적을 위해 벽을 사용하려는 나의 경향은 베를린 벽을 자세히 바라봄으로써 확인되었다: 그것은 확실히 가장 유연한 방식으로 효율성과 미를 조합했다"[15] 라고 썼다.

베를린 벽은 잡지 "카사벨라"(*Casabella*)가 함께 기획한 밀라노의 디자인 연합(Associazione per il Disegno)에 의해 1971년 가을에 열렸던 「상징적 환경으로서의 도시」(*La cittàcome ambiente significante*) 현상 설계를 위해 콜하스가 젱겔리스와 함께 준비했던 「엑소더스, 혹은 건축의 자발적 수감자들」(*Exodus, or The Voluntary Prisoners of Architecture*)이라는 계획의 근본적 요소로 되었다.[16] 계획 패널들 중의 어떤 것들은 렘의 여자 친구이자 화가인 마들롱 브리젠도르프(Madelon Vriesendorp)와 엘리아의 부인이자 역시 화가인 조 젱겔리스(Zoe Zenghelis)와의 공동 작업으로 이루어졌다. 그러므로 그 현상 설계는 초기 예술가들 집단을 발견하는 기회, 즉 후에 콜하스에 의해 창조되는 그룹들, "메트로폴리탄 건축의 칼리가리 박사의 밀실"(Dr. Caligari Cabinet of Metropolitan Architecture) — 두 개의 영화들, 각각 1920년과 1926년에 만들어진 로베르트 비네(Robert Wiene)의 「칼리가리 박사의 밀실」(*Das Cabinet des Dr Caligari*)과 프리츠 랑(Fritz Lang)의 「메트로폴리스」(*Metropolis*),

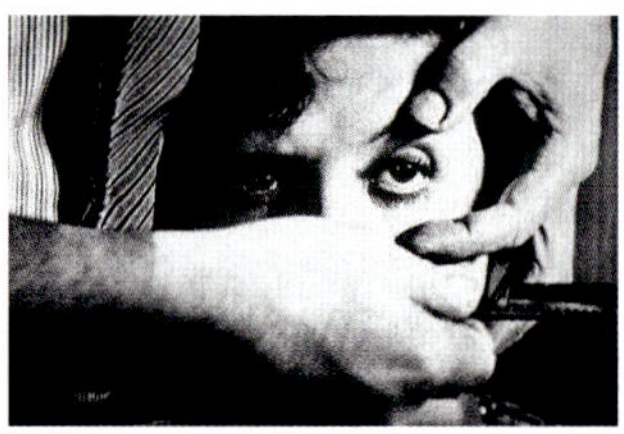

그림 4. 렘 콜하스, 베를린 벽의 사진, 1971.

그림 5. 루이스 뷔뉘엘, 살바도르 달리, 「안달루시아의 개」*Un chien andalou*의 장면, 1929

12) "당신은 기본적으로 확장될 수 없는 도시를 만들었다, 왜냐하면 그것은 그 주변에 벽들을 가졌고, 그 개념은 그것이 동일한 크기로 영원히 남고, 벽들을 넘어서 나아갈 수 없다는 것이기 때문이다. 그러나 모든 벽들은 근대적 슬래브의 종류이며, 그러므로 일종의 매우 고집스런 장치였다: 실제의 근대가 끝이 없는 곳에서, 당신은 일종의 폐쇄되고, 한정되고, 제한된 형태를 만들기 위해 동일한 것을 사용했다... 이것은 내가 학생이었을 때 내가 당신의 것을 본 첫 번째의 것이었다. 나는 그것으로 인해 정말 충격을 받았다: 누구라도 그러한 개념을 위해 어떻게 근대적 형태들을 사용할 수 있는가? 그러므로 그것이 내가 첫 번째로 당신 작품의 고집스러움에 대해 바뀐 방식이다" (*Layout, Philip Johnson, in Conversation with Rem Koolhaas and Hans Ulrich Obrist*, Cologne, Thomas Bayrle, 2003, n.p.). 콜하스는 또한 그가 인도네시아에 있을 동안 본 대지들의 경계 벽을 회상한다 (*Rem Koolhaas*, in "AMC, Architecture-Movement-Continuit?", 1984, No. 6, pp. 16-31: contribution by Jacques Lucan, Patrice Noviant, Bruno Vayssière).

15) Peter Allison, *A Wall for London, Peter Allison, 5th year, 1971*, in James Gowan, ed., *Projects Architectural Association 1946-1971*, [AA Cahiers Series, No. 1], p. 91. "그레엄 셰인은 앨리슨의 프로젝트에 대해 다음과 같이 썼다: 그것은 렘 콜하스의 현대적 베를린 벽 계획에 연관될 수도 있는데, 그것은 수퍼스튜디오의 작업에 연결될 수 있다" (ibid.) 1971년, 그의 5년차에, 앨리슨은 영역을 5개의 "3개는 꽉 차고 2개는 텅빈 동일하고 평행한 볼륨들"로 분할하는 "Plateau Beaubourg"를 위한 계획안을 보여주었다 (Peter Allison, *Plateau Beaubourg, Peter Allison, 5th year, 1971*, ibid., p.90). 셰인은 그 계획을 "플라토닉 솔리드의 단순한 기하학과 포스트 미스 미학"의 종합이라 서술했다 (ibid.). 앨리슨의 훈련 경로는 콜하스의 것과 비슷했다: 그는 코넬 대학으로 가서 웅거스와 함께 작업했고, 콜하스가 AA에서 가르치기 시작한 해와 동일한 1975-76년에 그는 레온 크리에가 지도한 "디플로마 스쿨" 유닛 2의 교육을 공동으로 했다.

16) Rem Koolhaas, Elia Zenghelis, *Exodus o i prigionieri volontari dell'architettura, or the voluntary prisoners of architecture*, in "Casabella", XXXVII, 1973, No. 378, pp. 42-45. 현상설계는 카사벨라 1971년 10월호 357호에 공표되었다(Alessandro Mendini, Editrice Casabella, in "Casabella", XXXV, 1971, No. 357, p. 1). 콜하스와 젱겔리스의 안은 심사위원들이 뽑은 29개 안들 중의 하나였다((cf. *La citta come ambiente significante. Relazione della giuria del concorso*, in "Casabella", XXXVI, 1972, No. 372, pp. 3, 6). "카사벨라" 378호의 발간 이후 엑소더스는 "카사벨라"가 발행한 60년대와 70년대의 아방가르드들의 가장 중요한 선택들 중에 포함되었다(cf. Paola Navone, Bruno Orlandoni, Architettura Radicale, Milan, Casabella, 1974, pp. 148, 166). Cf. Fritz Neumeyer, *OMA's Berlin: The Polemic Island in*

그리고 1927년에 출판된 루트비히 힐버자이머(Ludwig Hilberseimer)의 「대도시 건축」(*Groszs-tadtarchitektur*) 을 조합한 이름—의 배아를 발견하는 기회로 되었다.

어떤 구성적 논리나 유형학적 안을 넘어서 콜하스에 의해 쓰인 건축적 소설로 시작해, 「엑소더스」는 보들레르에 의해 기술되듯이, 메트로폴리탄 삶의 강렬한 주기를 가능하게 하려는 목적으로 런던의 중심부에 주입되도록 된 이상적 도시 구조로, 거의 신비적인 은둔, 그리고 젊은이의 반문화, 구성주의자들의 노동자 클럽, 즉석 도시 같은 아키그램의 환상적 프로그램들에 고무된 사회적 생활의 형식들에 대한 참여의 모멘트들로 기록되었다. 이 모든 것은 그것에 '연속적 기념비' 의 특성을 부여하는 하나의 원래 건축 구조—벽—에 의해 둘러싸일 것이었다.[17] 자신의 상징적 가치를 강조하기 위해 「엑소더스」의 벽—"하나의 걸작품"—은 콜하스와 젱겔리스가 "심리학적, 상징적 효과들이 그것의 물리적 형상보다 더욱 한없이 강력하다"고 주장했던 베를린 벽으로부터 고무된 콘크리트 블록으로 만들어지게 되었다. 엑소더스와 함께 명백히 그의 첫 번째 불가사의로 되는 이 상징적 형상은 1990년대까지 콜하스의 관심사들 가운데에서 계속 존재했다.

「엑소더스」에서 콜하스와 젱겔리스는 "긍정적 의도들"을 위해 베를린 벽의 경우에서와 같이 자신을 "띠"(Strip)를 보호하는 두 개의 평행하는 중공벽으로 변형시키는 "결정적이고, 강력하며, 압도적인 힘"을 사용한다. 이 "띠" 속에서 생동적인 행위들이 발생하고, "강력한 메트로폴리스적 바람"이 기록되며, 그러므로 작가들의 목적 속에서, 결과적으로 점진적으로 "폐허들의 덩어리"로 환원되게 될 역사적 도시로부터의 대탈출이 발생 가능하게 되는 것이다. "띠"는 8개의 정방형들로 분할되어 각각이 하나의 행위를 위해 옆으로 배치된다. 이 형태는 이상적인 선형적 도시 구조—문화 궁전—를 위해 모스크바 속에 주입되어 과학 연구와 물리적 문화, 대중 전시, 박람회 등에 받쳐지는 4 개의 정방형 구역들로 분할되는 레오니도프의 계획안과 확실한 유사성을 가진다.

콜하스와 젱겔리스에 의해 준비된 서술은 「엑소더스」의 근본적 부분으로, 그것의 기능을 설명하며, 정방형들의 시퀀스가 어떻게 시나리오의 개념에 대략적으로 기초했는지를 한 눈에 보여준다.

런던을 떠나기로 결정한 "자발적 죄수들"은 "영접 구역"(Reception Area)[18] 에서 환영

the City, in "Assemblage", 1990, No. 11, pp. 36-53; Lieven De Cauter, Hilde Heynen, *The Exodus Machine*, in Martin van Schaik, Otakar Màceél; *Exit Utopia. Architectural Provocations* 1956-76, Munich-Berlin-London-New York, Prestel, 2005, pp. 263-76. Cf. *Metropolis. Rem Koolhaas and Elia Zenghelis with Madelon Vriesendorp and Zoe Zenghelis, Exodus or The Voluntary Prisoners of Architecture*, ibid., pp. 236-53.

17) 17 "[…] 60년대 후반에 수퍼스튜디오—콜하스가 선언하길—는 새로운 감각에 적용되는 근대 전통 회복의 약간의 고무적이고 자극적인 모델들 중의 하나를 제안했다.(베를린 벽 다음의 연속적 기념비는 엑소더스를 위한 확실한 영감이었다.)" (*The City of the Captive Globe*/1972, in " Architectural Drsign" , vol. XLVII, 1977, No. 5, p. 333). 1988년 콜하스는 엑소더스를 영국과 이탈리아의 네오 아방가르드들과 거리를 취하는 하나의 방식으로 해석했다. "1972년—그가 쓰기를—아키그램은 자신들의 정점에 있었으며, 아키줌과 수퍼스튜디오 같은 그룹들은 건축적 상상의 영역을 광대하게 넓히는 것을 함축하는 건축 이야기들을 상상하고 있었다. 건축은 이제 책, 드로잉, 이야기, 그리고 어떤 경우에는 심지어 건물들로도 될 수 있었다. 이런 산물들의 내용들의 톤은 반-역사적, 극도로 낙관적이자 순수한 것이었다. 'Exodus, or the voluntary prisoners of architecture' 는 이러한 순수함에 대한 반응이었다: 건축의 힘은 더욱 애매하고 위험하다는 것을 강조하기 위한 계획" (Rem Koolhaas, *Sixteen Years of OMA*, in "A+U", 1988, No. 217, p. 16).

18) "영접 구역"으로의 두 가지 경로는 표의문자와 같은 브란덴부르크 문과 같이 벽으로부터 떨어져 삼각형 박공을 가지는 네 개의 기둥들에 의해 전개된다. 1970년의 계획에서 제임스 스털링과 레온 크리에는 경사진 위치에서 집회장의 파사드를 되풀이했다.

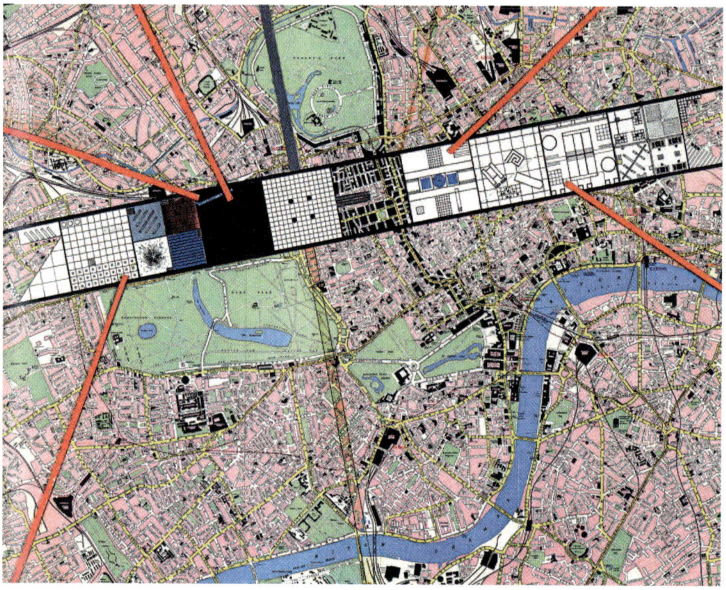

그림 6-7. 렘 콜하스, 엘리아 젱겔리스, 런던 도시 구조를 위한 현상 설계, 「엑소더스, 혹은 건축의 자발적 수감자들」, 1971-72. 조 젱겔리스, 마들롱 브리젠도르프 협동 작업. 지도와 전반적 도해.

그림 8. 이반 레오니도프, 「문화궁전」 현상 설계, 모스크바, 1930.

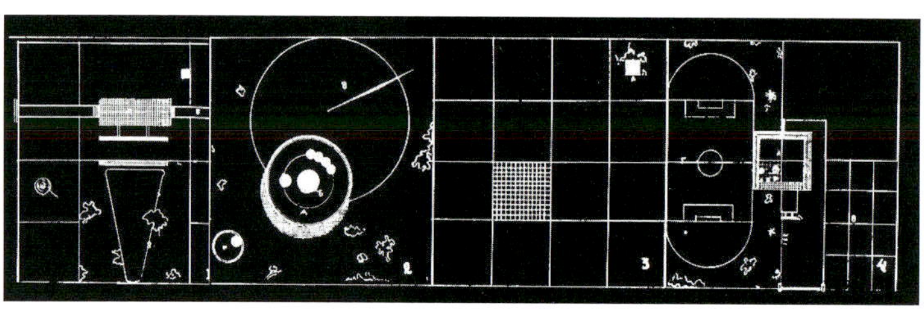

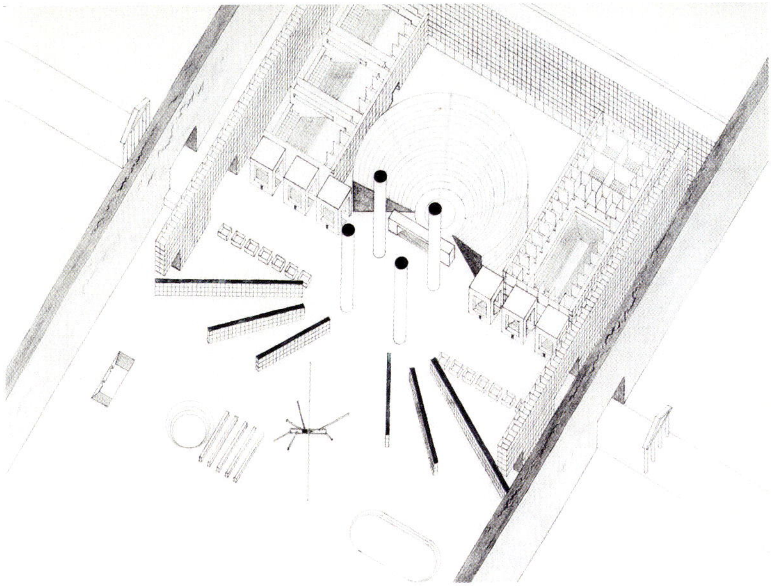

그림 9. 렘 콜하스, 엘리아 젱겔리스, 런던 도시 구조를 위한 현상 설계, 「엑소더스, 혹은 건축의 자발적 수감자들」, 1971-72. 조 젱겔리스, 마들롱 브리젠도르프 협업. "영접 구역".

을 받는다. 그 곳의 테라스 지붕으로부터 그들은 "띠"의 행위들을 볼 수 있으며, 동시에 "구 런던의 신나는 부패"를 볼 수도 있다. 그리고 그들은 넓고 텅 빈 광장이자 연병장 같은 "의식의 광장"(Ceremonial Square)으로 가게 되는데, 그 곳에서 그들은 "띠"의 의식과 규칙들에 관해 정보를 얻게 된다. 그들의 다음 장소는 런던 거주지들의 내부에 만들어진 임시적 주거들("런던 구역"(Area of London)으로, 1977년에 "임시적 주거"[19] 로 재정의된다)에 위치하며, 새로운 시스템에 대한 점진적 적응을 선호하게 할 목적으로 "띠" 내에 보존되었다. "영접 구역"의 지붕으로부터 "죄수들"은 한 쌍의 에스컬레이터로 거주지들에 도착하게 된다. 이 거주지들은 콜하스와 젱겔리스가 아마도 "띠"와 같이 런던의 도시 조직 속으로 끼어드는 작품들의 상징적 형태로 인해 그것들의 "개념적 선례"로 지칭한 존 내쉬(John Nash) 구역 내에 위치한다.

"런던 구역" 내에 짧게 머문 후에 "자발적 죄수들"은 "할당 부지들"(Allotments)로 이동하는데, 이 곳은 "작은 궁전들"로 개발되며, 새로운 뉴스들에 접하는 것을 막고, 그들이 부지를 경작하고, 청소하고 미화하는 일상 업무에 종사하며, 자신들의 인식을 정화하도록 디자인된 곳이다("집들은... 가장 아름답고, 비싼 재료들—대리석, 크롬 등—로 지어진다..."). "할당 부지들"은 "잠재의식"에 따라 행동할 수 있고, " '감사함' 과 '만족' 의 감성"을 자극할 수 있는 초현실적 장소로, 그러므로 "회고적 메커니즘", "원치 않는 정보의 거부를 허용하는 장치"로 고안된, 키쇼 구로카와(Kisho Kurokawa)의 "캡슐" 같이, 메타볼리스트들에 의해 상상된 일련의 주거용 셀들과 유사한 장소이다.[20]

"자발적 죄수들"은 자신들의 나날을 다양한 구역들 내에서 일련의 문화적, 여흥적 행위들에 바치게 된다("대학"; "과학 연구소 단지"; "4개 요소들의 공원"; "목욕탕"; "문화의 광장(영국 미술관)").

19) Cf. *Exodus/1972*, in "Architectural Design", vol. XLVII, 1977, No.5, p.328. 다시 한 번, 연속적 기념비의 뉴욕에 대한 적용의 경우에, "도시들이 통일된 디자인이 없이 세워진 시대를 기억"하기 위해 "수많은 오래된 마천루들"이 지켜질 것이 제안 되었다.(Peter Lang, William Menking, *Superstudio, Life Without Objects*, Milan, Skira, 2003, p.130 인용).

20) K. Kurokawa, *Capsule Declaration*, in "Space Design", March 1969, n.p.

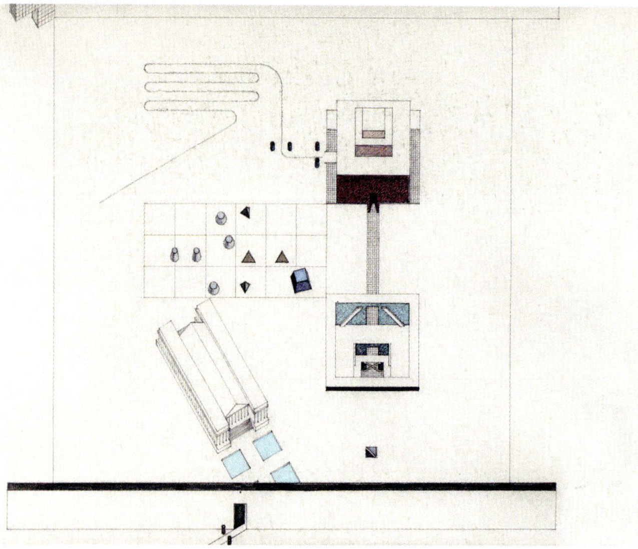

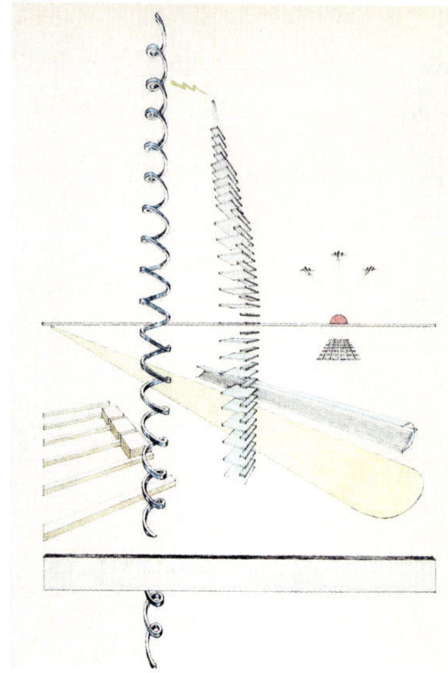

공기와 불, 물, 흙을 위한 4개의 광장 구역들로 분할된 “4개 요소들의 공원” 에서 그들은 원초적 요소들의 자질에 관해 배운다.

예를 들어, 공기 구역에서 그것들의 분위기는 콜하스가 1978년에 설명하게 될 뉴욕의 래디오 시티 뮤직홀에서 일어났듯이, 환각 개스들의 방출에 의해 자극된다.[21] “목욕탕” 이라 불리는 구역의 3개 수영장에서 “자발적 죄수들” 은 서로 서로 알게 되고 그 다음엔 커플, 혹은 집단으로 자리를 떠서 중공 벽 속에 주입되며, 르두(Ledoux)의 오이케마(Oikéma)의 환상적 계획안에서와 같이 “자신들의 욕구의 탐닉과 물질화를 가능하게 하도록” 특별히 디자인된 방들로 들어간다.[22] “문화의 광장(영국 미술관)” 은 그들의 예술 교육을 위해 존재하며, 3개의 건물로 이루어진다: 하나는 신고전주의 신전의 형상으로, 선사 시대부터 시작하는 예술품들을 소장한다; 또 하나는 온실 형상으로, 현대 작품들을 소장하며, 세 번째는 지하에서 예술품 창조를 위해 사용된다.[23]

“대학” —1977년에 “공격의 공원”[24] 으로 다시 디자인된 구역—에서 우리는 두 개의 높은 레오니도프식의 타워들을 발견한다. 단지 일련의 슬래브들로만 구성된 하나는 경기장들의 적층으로, 그 곳에서 “자발적 죄수들” 은 전투를 통해 “그러한 제한

21) Cf. Rem Koolhaas, *Delirious New York. A Retroactive Manifesto for Manhattan*, New York, Oxford University Press, 1978, pp. 177 이하 참조. “첫 번째 광장, ‘공기’ —카사벨라에서 발간된 텍스트—는 반응적 덕트들의 정교한 네트워크를 가지는 수많은 파빌리온들로 구성되는데, 그것은 개스들의 서로 다른 혼합물들을 배출하며 다양한 향기의 경험을 창조할 수 있다. 흥분, 우울, 평온, 감수의 기분들이 프로그램되거나 즉흥적인 시퀀스와 리듬 속에서 보이지 않게 야기될 수 있다. 기존의 것과 크기에서 동일하지만 띠의 높이 아래로 선큰된 것은 ‘사막’ 으로, 이집트 풍경의 인공적 재창조이며, 그것의 환각적 조건을 가장한다: 작은 오아시스, 태양을 대체하는 불의 기관. 4개의 선형적 동굴들의 끝에서 신기루-기계는 바람직하지만 실체가 없는 이상을 투사한다. 피라미드가 보물실을 가지지 않는다는 비밀은 영원히 지켜질 것이다. (그 건설자들은 아마도 처형되었던가?). 땅 속으로 더 깊이 들어가면 물의 광장이 나오는데, 그것은 벽체들 중 하나의 규칙적이지만 다양한 운동을 통해 표면이 영원히 동요하는 풀로, 이것은 때때로 거대한 비례의 파도를 만들어낸다. 피트의 바닥에 있는 네 번째의 광장은 ‘지구’ 에게 바쳐진다. 원래 돌의 부분은 마터호른의 형태로 옮겨지며, 그것의 꼭대기는 정확히 띠의 표면 높이와 일치한다. 구멍의 벽체들을 자세히 보면 과거에 대한 고고학적 열쇠가 나타난다. 현재 버려진 지하철 라인의 부분이 볼륨 속으로 투입된다” (Koolhaas, Zenghelis, *Exodus*, cit., p. 44).

22) “목욕탕의 기능—카사벨라의 텍스트가 계속—은 개인적, 공공적 환상의 창조와 재순환이다. 두 개의 정방형 풀들(다른 온도, 다른 기질의)과 선큰된 원형의 주 컬렉터와는 별개로 전체의 지상층은 공공의 행위와 전시를 위한 영역이다. 건물의 두 개의 긴 벽체들은 개인, 커플, 혹은 그룹들이 들어갈 수 있는 다양한 비례의 수많은 방들로 구성된다. 방들은 그들의 의향에 대한 탐닉과 물질화가 가능하도록 서비스된다. 그 영역에서 그들은 자신들의 동료 거주자들로 구성되는, 비평적이지만 열망이 있는 관중들을 위해 퍼포먼스를 한다. 여기서 정신은 재충전된다. 퍼포먼스에 자극을 받아 관중들은 의욕이 있고 나눌 수 있는 자들을 바라보며 지상층 바닥의 중앙 광장으로 내려온다...” (ibid.)

그림 10-11. 렘 콜하스, 엘리아 젱겔리스, 런던 도시 구조를 위한 현상 설계, 「엑소더스, 혹은 건축의 자발적 수감자들」, 1971-72. 조 젱겔리스, 마들롱 브리젠도르프 협업. "문화의 광장", "공격의 공원".

그림 12. 아키그램, 인스턴트 시티, 1968.

된 구역 내에서 수많은 사람들의 공존에 의해 발생되는 모든 이데올로기적 투쟁들"[25]을 해결하기 위한 검투사들로 된다. 승자는 최상층에 도달한 후 "분노의 마지막 흔적들을 지우는 자유의 낙하"[26] 속에서 회전식 타워를 통해 지상으로 되돌아온다. "과학 연구소 단지"에서 "자발적 죄수들"은 과학적 연구를 수행한다.[27] 마지막으로, "띠"의 양쪽 두 끝 부분에는 건설 중인 새로운 광장들이 있는데, 그것은 약육강식의 현상 속에서 매일 매일 런던을 붕괴시킨다.[28]

다른 두 번째의 "띠들"은 두꺼운 장방형 벽들과 같이, 주요 띠로부터 가지와 같이 뻗어 나가 아키그램의 인스턴트 시티에서와 같이 런던의 더 열악한 구역들로 도달한다: "그것들은 고립 지역들로 이끌어 거주민들이 꿈꾸어 왔던 모든 개인적 시설들을 제공한다. 그것들의 장엄한 존재는 이 슬럼들이 유령도시와 회화풍의 폐허로 변하도록 만든다."[29]

「엑소더스」의 정방형들 내의 삶을 그리는 드로잉들은 리처드 해밀튼(Richard Hamilton)과 아키그램, 수퍼스튜디오의 작품들에 영향을 받은 콜라주들로 만들어졌다. 경계 벽—실제로는 콜하스가 1971년에 찍은 사진 속의 베를린 벽—아래에 묘사된, 런던을 떠나 "영

23) 1977년 버전에서 이 두 개의 후자 건물들은, 미하일 하이처(Michael Heizer)나 웅거스의 작품에서와 같이, 동일한 형태를 취하는데, 하나는 튀어 나오고, 다른 것은 땅 속으로 꺼진다—솔리드와 보이드(*Exodus*/1972, in "Architectural Design", vol. XLVII, 1977, No. 5, p. 329). "표면으로부터의 최초의 돌출부—콜하스는 2001년에 설명할 것이다—그것은 광장으로부터 깎여지고, 사실상 첫 번째의 실내인 두 번째의 물질들로 세워질 것이다. 처음 볼 때, 이 두 개의 건물들이 하나이며, 이것이 비밀이 아니라는 것을 이해하는 것은 불가능하다" (Rem Koolhaas, Elia Zenghelis, Madelon Vriesendorp, Zoe Zenghelis, *Exodus, or the voluntary prisoners of architecture, 1972*, in Jeffrey Kipnis, ed., *Perfect Acts of Architecture*, exhibition cat., The Museum of Modern Art, New York, Wexner Center for Arts, Columbus, New York, H.N. Abrams, 2001, pp. 14-33, p. 25).

24) Cf. *Exodus/1972*, in "Architectural Design", vol. XLVII, 1977, No. 5, p. 329.

25) Ibid.

26) Ibid.

27) 모든 연구—콜하스와 젱겔리스가 쓰길—모든 실험, 모든 생각은 모두에게 가능하고 이해될 수 있다. 그 장소는 4개의 광장들로 나뉜다. 이 광장들에서 건물들은 약학, 과학, 기술들의 영원한 진화를 보장하도록 세워진다. 네 번째의 광장은 정원이다. 십자형의 건물에는 순회하는 과학자와 발명가들이 산다. 자신들의 지속되는 감사를 표현하기 위해 자발적 죄수들은 자신들이 영원히 갇히게 되는 건축 위에서 송가를 부른다: 'De ce terrible paysage/ Que jamais oeil mortel ne vit/ Ce martin encore l'image,/ Vague et lontaine, me ravit' " (Koolhaas, Zenghelis, *Exodus* cit., p. 45).

28) 끝부분에서의 성장의 아이디어는 엑소더스의 "띠"를 1959년 기 드보르가 상상한 연속적으로 재건되는 도시("Internationale Situationniste", No. 3, p. 11)와 수퍼스튜디오의 *Citta Nastro a Produzione Continua* (*cf. Superstudio, Premonizioni della parusia urbanistica. Ecco le visioni di dodici Citta Ideali* /.../, in "Casabella", XXXVI, 1972, No. 361, p. 52)와 비슷하게 만든다.

29) *Exodus*, manuscript version cit. in De Cauter, Heynen, op. cit., p. 265.

접 구역"을 향해 자신의 길을 가고 있는 일단의 지친 무리들은 랑(Lang)이 영화화한 「메트로폴리스」에서 묘사된 비참한 노동자들의 모습이다; 그들은 번쩍이는 색채의 스크린(1970년대 초의 아트 비디오들의 패션 속의) 속으로 들어가기 위해 흑백의 도시를 포기한다. "목욕탕"의 방들 속으로 설정된 이미지들은 네덜란드 영화감독 르네 달더(Rene Daalder)가 만든 영화 「백색의 노예」(*De blanke Slavin*, 1969)의 장면들이다. 새로운 도착자들을 받아들이는 구역에는 엠파이어 스테이트 빌딩을 복제함으로써 얻어지는 마천루들의 숲이 서 있는데, 그것은 워홀(Warhol)의 작품들에 기초한 과정을 유지하는 가운데, 뉴욕의 아이콘 속에서 만들어진다. 이브 클라인(Yves Klein)의 작품들과 같이 푸른 색의, 그리고 러시아와 미국의 우주인들이 발견한 지구의 모습과 같은 구체가 "목욕탕"과 "할당 부지들"의 시야에서 그 상징적 힘이 수퍼스튜디오의 포토몽타주에 비길만 한 하늘 속에 나타난다.

「엑소더스」의 근본적인 이론적, 예술적 자세는 "할당 부지들" 내의 삶의 모습을 묘사하는 드로잉으로 예증이 된다. 수퍼스튜디오의 작품과 비슷한 추상적 표면 위에서 손수레와 쇠스랑 옆에서 기도에 몰두하고 있는 두 명의 "자발적 죄수들"은 장-프랑수아 밀레(Jean-Francois Millet)가 1858-59년에 그린 회화「만종」(*L'Angélus*)에 바쳐진다. 명백히 이 회화는 이것을 연속되는 변양태들의 시리즈로 만든 후, 1963년에 발간된 책 「밀레의 만종의 비극적 신비」(*Le Mythe Tragique de l'Angélus de Millet*) 에서 도해된 "편집증적 비판" 방법론을 위한 그럴듯한 기초로 이용한 살바도르 달리(Salvador Dali)의 아이콘으로 되었다. 콜하스가 뉴욕의 연구와 건축의 다른 불가사의들의 발명에 적용하려 했던 "편집증 비판적 해석"을 취한 것은 이 책으로부터였다.

30) Cit. in Alejandro Zaera, *Finding freedoms: conversations with Rem Koolhaas*, in 1987-1998 Oma/Rem Koolhaas, "El Croquis", No.53+79, p. 33; and [Koolhaas], *Surrealism*, in OMA, Koolhaas, Mau, op. cit., p. 1190.

"나는 초현실주의에 오랜 흥미를 가졌었지만, 잠재의식의 실험이나 그것의 미학보다는 그것의 분석적 힘들에 더욱 흥미를 가졌다. 나는 그것의 '편집증적' 방법에 가장 감명을 받았는데, 나는 그것이 이 세기의 진정한 발명들 중의 하나로, 분석이 창조와 동일하게 됨으로써, 객관적인 척 하지 않는 합리적 방법이라 생각한다."[30] 라고 후에 말했다.

맨해튼의 교훈, 1972-74

자신의 연구를 끝낸 후 뉴욕으로 이주하고자 했던 콜하스의 결정은 미국 메트로폴리스의 자질들의 분석에 초점을 맞춘 일련의 주도권들에 의해 상징된 문화적 기후의 배경에 대항해 발전되었다. 1971년에 「상징적 환경으로서의 도시」(*La citté come ambiente significante*)의 현상설계를 따르며, "카사벨라"는 피터 아이젠만과 케네스 프램튼 등의 참여자들과 함께 뉴욕에서 건축 도시 연구 협회(IAUS)에 의해 수행된 도시 연구에 관해 기사를 실었다. "카사벨라"의 이슈에서 그 협회의 의장인 에밀리오 암바즈(Emilio Ambasz)는 부분적으로는 발터 벤야민(Walter Benjamin)의 에세이들에 기초한, 미국 메트로폴리스의 중요한 해석을 기고하며, "맨해튼은 도시의 매우 다른 개념을 이해하기 위한 예견할 수 없는 잠재력을 보일 수도 있다"[31] 라고 언급한다. 다음 해 뉴욕에서 수퍼스튜디오와 아키줌의 작품들이 암바즈에 의해 MoMA에서 5월에 기획되고 열렸던 전시 「이탈리아: 새로운 가정적 풍경, 이탈리안 디자인의 업적과 문제들」(*Italy: The New Domestic Landscape, Achivements and problem of Italian Design*)에서 선보였으며, 반면에 런던에서는 7월과 8월에 보야르스키가 이끄는 국제 디자인 협회(the International Institute of Design)가, "베를린 벽. 카사벨라

그림 13-15. 렘 콜하스, 엘리아 젱겔리스, 런던 도시 구조를 위한 현상 설계, 「엑소더스, 혹은 건축의 자발적 수감자들」, 1971-72. 조 젱겔리스, 마들롱 브리젠도르프 협업. "영접 구역으로 이끌리고 있는 지친 망명자들", "목욕탕", "할당 부지들".

그림 16. 장-프랑수아 밀레, 「만종」, 1858-59 (루브르 미술관, 파리).

31) Emilio Ambasz, *Manhattan: capitale del XX secolo*, in "Casabella", XXXV, 1971, No. 359-60, (pp. 92, 93), p. 93.

출품작" 이란 제목으로 콜하스가 수행한 회의와 함께, 수많은 "맨해튼 워크숍들"을 포함한 맨해튼에 관한 여름 세션을 기획했다.[32] 그러므로 1972년에 콜하스는 브리젠도르프와 함께 하크니스 장학금의 도움으로 미국에 도착해 이타카 코넬 대학의 O.M. 웅거스(Oswald Mathias Ungers)의 과정에 참석해 콜린 로우(Colin Rowe)와 만나고, IAUS의 객원교수가 되었다;[33] 그는 또한 달더(Daalder)와 함께 시나리오 작업을 계속했다.[34]

콜하스와 브리젠도르프는 무엇보다도 편집증적 비판 방법[35] 과 시카고 역사에 관한 보야르스키의 작업 예[36]를 따르며, 여행안내서와 그림엽서 같이, 뉴욕의 낯설거나 대중적 양상들을 밝힐 수 있는 자료들을 연구하기 시작했다. 같은 해인 1972년에는 또한 1968년에 열렸던 세미나[37] 이후에 집필된 로버트 벤츄리(Robert Venturi)와 데니스 스코트 브라운(Denise Scott Brown), 스티븐 이제누어(Steven Izenour)의 「라스베이거스로부터의 교훈」(*Learning from Las Vegas*) 의 발간이 있었다. 이 책은 미국 도시들을 관찰하고 재현하는 방식을 소개했으며, 콜하스가 현대의 메트로폴리탄 현상에 대해 이해하고, 연속적 기념비의 중첩에 대한 환상이 없이 뉴욕을 관찰하는 것을 이해하는 데에서의 방향을 잡도록 도와주었다. 레오니도프의 작품을 연구하기 위해 그가 모스크바를 여행한 것은

32) Cf. *What to do with Manhattan?*, in "Architectural Design", vol. XLIII, 1973, No.5, 뉴욕의 전시와 런던의 세미나는 이탈리아의 "반-디자인"의 확산과 연관된 순간들이다. (cf. Alessandro Mendini, Radical Design, in "Casabella", 1972, No.367, p.5).

33) 젱겔리스 역시 웅거스의 스튜디오에서 일했다.

34) 미국의 추리, 포르노그래피, 상업용 영화감독인 루스 마이어(Russ Meyer)와 함께 콜하스와 달더는 전통적 영화 제작의 마지막 무렵에 영화, 할리우드 타워를 계획했는데, 거기서 배우는 디지털 기술의 산물에 의해 대체될 것이었다. "나는 그것을 1974년에 르네 달더와 함께 썼다—콜하스는 할리우드 타워의 주제에 관해 언급한다—그리고 그것은 세 개의 단계로 이루어진다. 첫 번째 단계에서 부유한 아랍인들이 할리우드 영화 보관소를 사버리고 어떤 스타라도 스크린 뒤에 놓을 수 있는 컴퓨터를 제작한다. 두 번째 단계는 닉슨 행정부를 다루는데, 그들은 영화에서 다시 직업을 구하기 위해[...] 일이 없는 배우들을 도우며 재산을 낭비한다. 마지막으로 세 번째 단계는 물론 포르노 영화를 찍는 루스 마이어에 관한 것이다—휴머니즘의 마지막 형태(cit. in *Spiegel interview with Dutch architect Rem Koolhaas*, in www.spiegel.de/international/spiegel/0,1 518,408748,00.html).

35) 달리는 그림엽서를 "무의식적인 대중적 사고의 연구를 위한 예외

그림 17. 렘 콜하스, 「유폐된 지구 도시」, 1972.

그로 하여금 맨해튼에서 아방가르드 구성주의 프로그램들이 실현된 단편들을 발견하도록 도와주었다. 그러므로 콜하스는 뉴욕에 관한 책, 「광기의 뉴욕」(*Delirious New York*) 을 위한 노트와 기록들을 함께 집어넣기 시작했다. 1978년까지 비록 발간되지는 않았지만, 그것은 1972년 이래 그의 친구들의 그룹에 의해 만들어진 계획과 드로잉들의 이론적 기틀로 된다. 동시에 맨해튼은 콜하스와 젱겔리스의 건축 계획의 초점으로 되었으며, 그것들 중 어떤 것들은 마들롱과 조의 작품을 통해 이론적 질문을 증폭시키는 초현실적, 수수께끼적 이미지들로 나타났다.

친구들은 "1972년과 1976년 사이에 IAUS에서는 그 기관의 인턴과 학생들의 도움으로 맨해튼 계획에 관한 수많은 작품들이 만들어졌다"[38] 고 설명한다.

맨해튼의 도시적 자질들은 1972년에 콜하스와 조 젱겔리스가 준비한 「유폐된 지구 도시」(*The City of the Captive Globe*) 와 1973년에 엘리아와 조 젱겔리스가 준비한 「콜럼부스 센터의 달걀」(*The Egg of Columbus Center*) 에서 실험되기 시작했다. 두 가지 계획들은 동일한 시나리오 속의 에피소드들과 같이 서로 서로, 그리고 「엑소더스」와 유사한 이론적-은유적 접근을 공유한다.

"엘리아는 여기서 일주일간 있었고, 우리는 맨해튼을 위한 몇 개의 계획들에서 같이 작업하고 있다. 나는 특별하고 광적인 공공의 실내, 당황스러울 정도로 '감동적이고' 실제적인 조각상들, 낙관주의에 대한 달걀 모양의 기념비, 상징적인 대로 등, 모든 '히스테릭한 건축' 들의 갑작스럽고 광적인 실험과 디자인에 사로 잡혀있다. 이 모든 것들은 매우 즐겁지만, 또한 매우 신경을 건드린다, 왜냐하면 이것에는 확실히 신뢰할 만한 비평과 코멘트가 부재하기 때문이다; 나의 선입견 속에 주입되었던 모든 흥미들이 훌륭한지 어리석은지, 혹은 둘 다인지를 알기는 어렵다."[39]

「유폐된 지구 도시」에서 맨해튼의 도시 그리드와 1916년 조닝 법칙에 의해 요구되었던 마천루들의 기단, 셋백, 타워 부분으로의 분할은 20세기의 건축 아방가르드들의 아직 실험되지 않은 잠재력의 발견, 혹은 그것들의 "포기"[40] 의 인정을 위한 이상적인 도시적 실험실로 변형된다. 그러므로 각각의 "육중한 광택 나는 돌로 만들어진 기단"은 맨해튼 블록에 부합된다. 기단 위에는 콜하스가 열중했던 아이콘들이건, 그것들의 맨해튼에 대한 관계에서이건, 그런 이유들로 인해 선택된 아방가르드 작품들을 묘사하는 오브제들이 놓인다[41] : 베를린 벽; 「칼리가리 박사의 밀실」에 나오는 표현주의 건물들; 밀레의 그림에 대한 달리의 변형들 중의 하나인 「건축적 만종」; 캐시미르 말레비치(Kasimir Malevich)의 추상적 구성들; 엘 리시츠키(El Lissitzky)의 레닌 트리뷴; 중공업성 본부를 위한 레오니도프의 계획에 기초한 타워들; 르 꼬르뷔제의 「보와쟁 계획」(*Plan Voisin*)에 나오는 두 개의 마천루들; 두 개의 "미스(Mies)에 대한 오마쥬" 의 타워들[42]; 수퍼스튜디오의 「건축적 그래프」(*Architectural Histograms*); "연속적인 변형과 재해석, 재발생의 그칠 줄 모르는 충동에 의해 발생되는 O.M. 웅거스의 잠재의식적 초상화"[43] 로 되는 프리즘들의 스케일화된 시퀀스; 맨해튼 마천루들의 상징인 월도프-아스토리아(Waldorf-Astoria) 호텔과

적 다큐먼트"로 정의한다(Dali, op. cit., p.108). 콜하스와 브리젠도르프는 뉴욕의 메트로폴리탄 포스트카드 콜렉터스 클럽의 회원이 되었다.

36) Cf. A. Boyarsky, *Chicago a la carte. The city as an energy system*, in "Architectural Design", vol. XL, 1970, No. 12, pp.595-622.

37) Cf. Robert Venturi, Denise Scott Brown, *A Significance for A&P Parking Lots or Learning from Las Vegas*, in Architectural Forum", vol. CXXVIII, 1968, No.2, pp.36-43, 89, 91; Robert Venturi, Denise Scott Brown, Steven Izenour, *Learning from Las Vegas*, Cambridge Mass., London, MIT Press, 1972.

38) *The Discovery of Manhattanism*, in "Architectural Design", vol. XVII, 1977, No. 5, p.330.

39) Rem Koolhaas, *letter to Adolfo Natalini*, 22 June 1973 (Archives Natalini).

40) Koolhaas, *Delirious* cit., p.243.

41) 1968년 암스테르담 시청사 현상설계에서 콜하스는 구성주의 이미지를 이용해 기초 블록들로 덮여지는 기단으로 구성되는 안을 내놓았다. 그 계획안은 케네스 프램튼, 애드리언 게일, 더글라스 스티븐과 공동으로 젱겔리스가 만든 동일한 현상설계 안을 위해 준비되었는데, 그것은 비슷한 기단을 보여주었지만 미스 반 데어 로에에 영감을 받은 건물로 상부가 덮였다.

42) *The City of the Captive Globe / 1972* cit., p.332.

43) Ibid.

그림 18. 엘리아 젱겔리스, 뉴욕을 위한 빌딩 계획, 「콜럼부스 센터의 달걀」, 1973, 조 젱겔리스 협업. 조감도.

록펠러 센터의 RCA 빌딩; 뉴욕 1939년 세계 박람회의 주요 상징물인 월러스 해리슨(Wallace Harrison)의 삼각탑과 원주구체(the Trylon and the Perisphere). "자발적 죄수들"의 경우에서와 같이 이 계획 역시 "죄수"가 풍부해질 것이다: "이 모든 기관들은 함께 세계 자체의 거대한 인큐베이터를 형성한다; 그것들은 지구 위에서 양육되고 있다." 지구는 도시의 중앙에서 개방된 정방형 구멍을 통해 얼핏 나타나는데, 그것은 1968년에 미하일 하이처(Michael Heizer)가 사막에 파내려간 구멍들에 영감을 받고, 수퍼스튜디오가 미수라(Misura)로 만들어내고 대지 위에 위치시킨 거울로 획득한 것이다.

「유폐된 지구 도시」의 문화적 계획은 로트레아몽(Lautréamont)의 유명한 문구에서 제시된 것과 같은 병치(juxtaposition)를 통해 양립될 수 있는 이질적 경험들을 만들려는 초현실주의적 야망을 이어받았다: "해부대 위에서의 재봉틀과 우산의 우연한 만남과 같은 아름다움."[44] 지성의 초현실주의적 오이케마(쾌락의 집)로서의 「유폐된 지구 도시」의 특징들은 콜하스가 계획안의 기능을 설명하는 텍스트에서 반향되는 "마스터베이션", "사정", "인공적 개념" 같은 표현들에서 확인된다. 콜하스가 「유폐된 지구 도시」를 "이상적 조건들 아래에서 현상적 리얼리티의 세계를 발명하고, 파괴하고, 복원하기 위해 과학과 예술, 시, 광기의 형태들이 서로 경쟁하는 에고의 수도"[45] 라고 정의할 때, 그는 "대조의 장력"을 만들어내고, 그럼으로써 "살아있는 어떤 것", "존재의 새로운 수준"을 발생시키기 위한 "입장들의 대비"의 능력에 대한 융(Jung)의 관점과 같은 심리 분석적 가설을 언급하고 있다.[46] 콜하스에 의하면 과학 실험에서와 같이 "반갑지 않은 법칙들, 부인할 수 없는 진리들을 보류하는 것"은 20세기 아방가르드의 실험되지 않은 잠재력의 발견, 혹은 그것들의 "단념"의 포고를 위한 전제이다.[47]

"「유폐된 지구 도시」를 그릴 당시 드로잉은 메트로폴리타니즘에 관한 일련의 잠재적인 교훈들이 선언으로 바뀌었던, 근본적으로 무의식적인 메트로폴리스적 풍경의 과장된 외삽인 듯 보였다. 그러나 더 자세히 관찰해보면 뉴욕의 많은 마천루들은 그것들이 많은 면에서 각자의 방식대로 완전히 새로운 삶의 발명과 뒤이은 부과에 여념이 없었던 유럽 아방가르드 운동들—미래파, 구성주의, 표현주의, 초현실주의, 사회주의 리얼리즘 같은—의 실현을 재현할 정도로 사실상 이데올로기적 야망을 가졌던 것으로 나타난다. 그러나 그것들이 발명되었던 유럽에서 이 운동들은 자신들을 절대적으로 양립될 수 없으며, 그것들의 결론 역시 융화될 수 없는 것으로 인식했다. 그들 각각은 그러므로 다른 것들의 희생을 대가로 자신의 독트린의 주도권을 부여하려 했다. 그러나 맨해튼에서 그것들은 말하자면 익명적으로 살았으므로, 자신들의 야만을 가라앉힐 필요 없이, 마치 그들이 항상 서로 서로의 필요한 보충적 존재로 의도했듯이 그리드 내에서 공존했다."[48] 고 그는 1977년에 썼다.

맨해튼의 그리드를 건축과 도시의 새로운 비전을 발생시킬 수 있는 고안의 기초로 사용하려는 아이디어는 「유폐된 지구 도시」와 암바즈, 수퍼스튜디오의 계획들에서 공유된다. 사실상 암바즈는 "카사벨라"에 쓴 아티클에서 맨해튼의 하부 구조가 1970

44) Cit. in Andre Breton, *Manifestes du Surrealisme*, Paris, J.-J. Pauvert, 1962.
45) Koolhaas, *Delirious* cit., p.243.
46) "입장들의 대비—융이 쓰기를—는 살아있는 어떤 것, 논리적 혼란이 아니라 대립의 정지를 만들어내는 진보인 제3의 요소, 새로운 정도의 존재를 도입하는 살아있는 탄생, 새로운 상황들을 만들어내는 에너지로 충전된 장력으로 이끈다. 이 대립들이 떨어져 있는 한—투쟁을 피하려는 자연스런 목적으로—그것들은 기능하지 않고 결과는 죽어있는 불활성이다" Carl Gustav Jung, *The Transcendent Function*(1957-58, manuscript 1916), translated from the Italian, ed. by L. Aurigemma, *Opere de C.G.Jung*, vol.VIII, Turin, Bollati Boringheri, 1965, pp.104, 105.
47) Koolhaas, *Delirious* cit, p.243.
48) [R.Koolhaas], *The City of Captive Globe*/1972, in "Architectural Design", vol.XVII, 1977, No.5, pp. 331, 332.
49) Ambasz, *II.Manhattan* cit., p.93. "처음의 회고적 단계에서—암바즈는 설명한다—우리는, 많은 가능한 접근들 중의 하나로서, 하부구조에 관한 기억의 조금씩의 어떤 살아남은 단편들을 조합할 수 있다: 볼로냐의 아케이드; 오시프 만델스탐의 상

년대의 아방가르드들의 환상적 계획들과 경쟁하는 것을 허용해주는 기술적 자질을 가지는 것으로 본다. 그는 그것을 "현재의 맥락에서 제거하여, 예를 들어, 샌프란시스코만의 중심에, 아프리카 초원 위에, 루아르 계곡의 성들 사이에, 그리고 중국의 만리장성을 따라 배치하고", 그것의 상부에 작품들의 "단편들"을 배치하는 것을 상상했다.[49) 1972년 뉴욕의 전시에서 수퍼스튜디오는 장방형 패널들의 연속적인 중립적 표면인 「초표면들」(Supersuperficie)의 개념을 발전시켰는데, 그것은 또한 맨해튼 그리드의 자질들 위에 그려졌으며, 암바즈가 상상한 하부 구조와 이상적 계획인 「중단 없는 도시」(*No-Stop City*)에서 아키줌이 창조한 연속적 평면의 특성과 유사한 특성들을 가졌다. "토지의 이용은 서비스와 커뮤니케이션의 그리드들을 통해 생긴다... 뉴욕같은 도시들은 데카르트식 그리드에 의한 영역의 기능적 사용의 교훈적 예들을 재현한다."[50)]

트페테르부르크; 존 내쉬의 리전트 파크;가브리엘의 쁘티 트리아농;카추라의 일몰을 관찰하기 위한 산책로;미스의 바르셀로나 파빌리온;월러스 스티븐의 휘트필드의 바람;존 소온의 집;프랭크 자파의 로스앤젤레스;보들레르의 덧없는 순간;드뷔시의 물 속의 대성당;미하일 하이처의 랜드마크;조앤 리틀우드의 펀 팰리스;레이 브래드베리의 황색 구름;르 노트르의 샹티의 정원... 이전의 맥락으로부터의 이런 단편들, 자신의 문장으로부터 환원될 수 없는 단어의 이러한 탈주는 명확한 선택에 의한 디자인의 일상적 과정만을 포함하는 것이 아니라 더 나아가, 고정된 위계를 설정하는 대신, 새로운 의미를 산출하고 그럼으로써 자신들의 심오한 자질로의 다른 방식의 접근을 제공해주기 위해, 항상 변화하는 접근 속에서 전통으로부터 탈출한 단편들이 동일한 수준에 위치하게 되는 장소를 함께 가져오는 과정을 제시한다" (ibid.)

50) [Superstudio], *Vita educazione cerimonia amore morte, cinque storie del Superstudio*, in "Casabella", 1972, No. 367, (pp. 15-26), p. 16: 1972년 전시회 카탈로그의 재작업된 텍스트, "Supersuperficie"는 1972년 전시에서 상영되었던 단편 영화의 제목이다.

그림 19-20. 엘리아 젱겔리스, 뉴욕의 건물계획, 「콜럼부스 센터의 달걀」, 1973, 조 젱겔리스 협업. 아파트먼트와 목욕탕.

그림 21. J.L.T. 제리코(Géricault), 「메두사호의 난파」 *The raft of the Medusa*, 1818-19(파리, 루브르 미술관).

젱겔리스의 지도하에 준비된 맨해튼의 다른 계획은 「엑소더스」와 「유폐된 지구 도시」의 환상적 충동을 그대로 따르지는 않는다. 모든 탐험들 중의 가장 유명한 우연한 발견에 바쳐지는 ("크리스토퍼 콜럼부스는 미국을 한 배 가득한 광인들과 함께 발견하기 위해 떠나야 했다. 그리고 이 광기가 어떻게 형태를 만들고 지속되었는지를 보라" [51] 고 브르통(Breton)은 1924년 「초현실주의 선언」(*Manifeste du Surréalisme*)에서 썼다) 「콜럼부스 센터의 달걀」은 이 환상적 프로그램들을 맨해튼 마천루들의 가장자리에 있으며, 거의 웰페어 아일랜드(오늘날의 루스벨트 아일랜드)의 앞에 있는 이스트 리버를 따르는 지역의 구체적 경우에 적용하는 것의 가능성을 실험한다. 젱겔리스는 이상적인 주거 복합시설을 상상한다. 「엑소더스」의 "띠"가 여기서 선형적 공원인 "임시적이며 실험적 구조" [52] 의 형태로 나타나는데, 그것은 기존 건물들의 붕괴를 통해 만들어질 것이었다—블록들은 그리드의 높이에 따라 선큰된다. 「유폐된 지구 도시」 또한 이 계획의 한 요소로, 하나의 모델로 취해지고, "건축 학교"를 위한 건물을 발생시키기 위해 축소되는데, 그것은 건축적 아이디어들의 실험실로서의 콜하스 계획의 본질을 간접적으로 확인해준다.

젱겔리스가 계획한 이상적 센터는「엑소더스」의 "영접 구역"과 비슷한 기능을 가진 거대한 달걀인 콜럼부스 기념비의 달걀이다(그것은 또한 맨해튼 그리드 위에서 추적되는 반원형의 기하학적 중심이다). 이것은 콜하스와 젱겔리스의 기본적 상징으로 되는 형상의 첫 번째 모양으로, 베를린 벽과 같이, 편집증적 비판방법의 창조적 과정의 전형으로 빈번하게 다시 나타났다. 이스트 리버를 따라 있는 블록들의 열은 콜럼부스 기념비의 달걀로부터 창발되어 플랫폼 위에 얹혀져(다시 한 번, 이 요소는 「유폐된 지구 도시」로부터 나온다), 강쪽으로 개방되어 셋백되는 건물들을 포함한다. 이 건물들의 모델은 월도프-아스토리아 같은 뉴욕 호텔들과 레오니도프의 돔 코뮤나[53] 로, 그것들의 다양한 주거용, 위락용 기능들에 대한 집중으로 인해 선택되었다. 콜하스와 젱겔리스에 따르면, 미국 호텔과 소비에트 돔 코뮤나를 그것의 개발되지 않은 잠재력을 드러내고, 그것을 반도시적 원형으로부터 "메트로폴리스 내의 주거 유닛" [54]으로 변형시키기 위한 장치, 그리고 르 꼬르뷔제의 유니테 다비타시옹의 모델 속으로 주입하기 위한 장치로 적합하게 만드는 것은 정확히 이런 특성이다. 팔라디오의 빌라들에 어느 정도 영향을 받은 형태적 공간들은 젱겔리스가 디자인한 건물들 속으로 끼어든다. [55] 개별실들은 크기에 따라 "크고 작은 방들"로 정의되며, 아파트먼트의 "중심점"의 중심은 상징적 특징을 지닌다: "목욕탕, 주방, 미니 공항, 동굴, 플래닝 센터, 관측소" 등으로 정의되는 이중 볼륨. 다양화된 공간들의 목적은 젱겔리스와 콜하스가 설명하듯이 아키그램의 전형적 표현을 이용하며, 다른 "생활 방식들"을 창조하려는 것이다. [56] 건물들의 건축적 외피들은 수퍼스튜디오, 웅거스, 혹은 힐버자이머의 작품에서와 같

이 정방형 창들이 뚫려있다. 마천루들의 그룹들은 웅거스와 절대주의자들의 작품에 기초한 추상적 볼륨의 그룹핑들의 형태 속에서 록펠러 센터에 대한 변양태들과 같이, 두 개 블록의 플랫폼 위에 서 있다.

웰페어 아일랜드와 위락 기능을 가진 파빌리온들을 연결하기 위해 이스트 리버의 물속에 하나의 연결로가 위치하는데, 그것은 역시 콜하스가 연구한 뉴욕의 위락센터인 코니아일랜드의 드림랜드와 같다.[57] 이 흡인적 존재들은 UN 타워의 첫 번째 판을 포함하는데, 그것은 세워졌던 하나와 마주 본다(일련의 파빌리온들은 "목욕탕"과 같이 「엑소더스」의 "띠"로부터 옮겨진다). 이 동일한 떠있는 요소들은 콜하스의 「뉴 웰페어 아일랜드」계획에서 다시 나타나게 된다.

「콜럼부스 센터의 달걀」의 조감도에서 우리는 1818-19년에 테오도르 제리코(Théodore Géricault)가 프랑스 정부에 의해 세네갈로 보내져 케이프 블랑슈(Cape Blanche) 주변을 달렸던 프리깃함 메두사호(Méduse)의 1816년에 일어났던 에피소드에 영향을 받아 그린 「메두사호의 난파」(*Radeau de la Méduse*)의 이미지를 본다. 장교와 관리직들의 구명선에서 마음대로 던져진 이후 며칠간을 표류했던 작은 뗏목(대략 20m×10m) 위에 엉켜있던 백 명 이상의 사람들 중에서, 그 뗏목이 마침내 범선 아르고스(Argus)호에 의해 발견되었을 때는 단지 열다섯명만 남아 있었다. 나머지는 공황이나 광기에 의해 자살하거나 생존을 위한 광적 투쟁 이후 바다로 던져졌다; 그들 중 몇몇은 식인 행위를 하기도 했다. 1969년도 「아키텍처럴 디자인」에 발표되었던 아티클에서 「메두사호의 난파」는 "바다에서의 공황"의 예로 논의된다.[58]

"지중해에서의 메두사—군함—의 난파 이후에 군인들/ 난파자들은 뗏목 위에 와인병들과 총, 탄약들만 가진 채 남겨졌다. 조급증과 취기의 공황 속에서 그들은 그들의 여행 두 번째 날에 서로 서로에 대한 식인 행위를 시작했다. 난파 칠일 째에 구조됨으로써 그들은 어떤 것도 먹지 않은 채로 쉽게 살아남을 수 있었다. '신경의 상실'에 대한 이 기념비적 표현은 20세기의 현재 순간 내의 메트로폴리스에 관한 조급증적 공황과 신경의 상실에 부합한다"고 콜하스는 쓴다.[59]

그러므로 메두사의 뗏목을 언급함으로써 콜하스와 젱겔리스가 불러일으키는 공황은 그것이 20세기 메트로폴리스의 현상들과 직면할 때의 현대 사회를 파악하는 것이다. 유럽에서 시작되어, 제리코의 뗏목은, 아방가르드 문화의 생존자들을 위한 장방형의 플랫폼으로 변형되어, 문자주의자(Lettrist)의 유래를 거쳐, 인스턴트 시티의 하늘에서 아키그램이 상상한 비행 구조를 닮도록 하는 낙하산에 매달려 뉴욕에 착륙을 하고 있다. 「메두사호의 난파」는 앙드레 브르통에 의해 「초현실주의나 그 외의 어떤 것의 3차 선언의 서문」(*Prolegomena to a Third Manifesto of Surrealism or Else*)의 「작은 예언적 인터메조」(*Small prophetic intermezzo*)에서 언급되었는데, 거기서 그는 "곡예사"의 도래를 예견했다.[60]

51) Cit. in Andre Breton, *Manifesti del Surrealismo*, Turin, Einaudi, 2003, p. 13.
52) *The Egg of Columbus Center*/1973, in "Architectural Design", vol. XVII, 1977, No. 5, (pp. 334-37), p. 336.
53) Ibid., p. 337.
54) Ibid., p. 334.
55) Ibid., p. 337.
56) Cf. Peter Cook, *Experimental Architecture*, London, Studio Visa, 1970, pp. 119, 133.
57) Koolhaas, *Delirious* cit., pp. 38 et seq.
58) Cf. Stanley Miles, *Drowning*, in "Architectural Design", vol. XXXIX, 1969, No. 4, (pp. 202, 203), p. 202. "전체의 사건은 바다에서의 공황의 고전적 예를 구성한다", 캡션은 우리에게 정보를 준다(ibid.). 가끔 "공황"이란 단어는 디자인 과정의 결정적 단계에 상응하며, 콜하스 작업의 모델 사진 위에 프린트된다.
59) Caption in Koolhaas, *Delirious* cit., p. 252.
60) Breton, op. cit., p. 219. "그리고 누군가는—브르통이 역시 쓴다—아르고스호의 함장이 메두사호 뗏목의 생존자들을 구조했듯이, 그의 증오가 섞여진 연민의 시선으로 이 시대의 잔혹한 토너먼트와 소외된 사고를 볼 것이다" (ibid.).

"제리코의 메두사의 뗏목은 낙하산에 의해 점잖게 낙하되며—우리는 「콜럼부스 센터의 달걀」에 동반되는 문장들을 읽는다—뗏목 자체는 블록의 형상을 취했다. 이 사건은 건축이 향하고 있던 난국을 상징한다. 뗏목은 난파자들이 메트로폴리스—그들의 구출—를 발견한 순간을 포착한다".[61] 콜하스와 젱겔리스는 계속한다 "고전적 연대기를 따르자면, 그들의 낙하산은 메두사호의 난파자들과 뗏목을 구조선 '도시' 위에 떨어뜨렸다. 그것은 마치 그 내부의 삶이 야기한 장식적 흥분과 함께 폭발하는 조용한 기념비와 같이 나타났다. 그것은 알려지지 않은 새로운 삶의 형태로, 내부에는 시간을 초월한 건축이 있다: 배의 쾌락적인 매일의 프로그램에 의해 만들어지는 행위들의 헤아릴 수 없는 혼합. 그것은 연속적인 만족과 인간 열정의 부끄러워할 줄 모르는 적용에 의해 지배되는 자발적인 계획 센터였다. 아나키의 이 고무된 상태의 주역들 가운데에서, 예수와 마르키 드 사드(Marquis de Sade)는 건축의 눈부신 질서로 반향되었던 행태의 돌연변이적 형태들이었다...〔...〕. 그들은 구제되었다. 그들은 잃어버린 낙원을 다시 포획했다: 서로 서로가 아닌, 그들 자신만을 사랑할 능력. 구제는 콜럼부스의 달걀과 같았다. 그리고 연대기는 난파가 19세기의 언젠가 일어났던 것으로 밝혔다. 그러나 그것은 뗏목이 구제되었을 때 다시 발견될 것이다".[62]

1973년 2월 8일에 나탈리니에게 쓴 편지에서 콜하스는 미국에서의 그의 새로운 삶에 관한 그의 첫 번째 인상을 설명한다:

"당신의 뉴욕 편지에 매우 감사를 드린다. 그것은 유럽에 대한 강한 향수의 순간에 왔는데, 그 때 우리는, 우리가 2주일 마다 그랬듯이, 목적지도 없는 이런 종류의 자학적 원정의 목적이 무엇인지 궁금했을 때였다; 우리는 물론 여전히 모른다. 우리는 캠퍼스 근처에 이타카(의 주차장들)를 내려다보는 언덕 위의 아름답고 거대한 아파트를 가지고 있다: 40개의 근사한 건물들이 교회와 성들과 같이 성공적으로 위장을 하고 있고, 16,000명의 훌륭한 애들이 있는데, 그들 대부분은 매우 건강한 히틀러 소년단 같은 유형들로, 이 혹독한 겨울에 유명한 미슐린 맨 같이 입고 있으며, 섹슈얼한 특성은 전혀 없다. 우리 생애 최초로 우리는 '전원적'이며 '지루한' 삶을 살고 있다; 우리는 멍청하게 그림엽서들을 찾고, 미국 관련 문헌, 지방의 좋은 영화관, 식당 등을 찾고 있다. 하워드 존슨, 등등은 이제 이런 디노사우루스의 가장 완전한 부분이다. 11월 이래로 친구들이 여기에 머물고 있는데(찰스 젱스, 엘리아와 조, 게리트 오르트하우스(Gerrit Oorthuys)), 그들 대부분은 오래된 프로젝트들(카사벨라와 레오니도프 책)을 작업하고 끝내려 하고 있는데, 그들은 우리를 완전히 기진맥진시키고 떠났다.

"그래서 이제야 나는 히스테릭한 도시에 대해 천천히 시작을 하고 있으며, 이 순간에 미국은 정교하고 편집증적인 오역을 통해 콜럼부스적 유형의 창조적 수행에 대해 자신을 잘 적응시키지 않는다는 것을 깨닫고 있다; 아메리칸 드림은 모든 소외된 예술가들과 지식인들에 의해 사망을 선고받았는데, 그들은 이제 자신들의 조급한 진단이 자기혐오의 폭발 속에서 사실로 이루어지도록 만들기 위해 전력으로 모든 것을 다 하고 있다.

"나는 계속 증가하는 나의 앵글로 색슨식 편집증으로 인해 당신을 짜증나게 하지 않을까 우려가 되지만, 비록 내가 영국인들 보다는 미국인들에게 전반적인 수준에서 더 많은 공감을 느낄지라도, 나는 여전히 여기서 동일한 (지적인) 좌절로 고통을 받는다; 우리의 유럽적 심각함, 복잡함, 개념적, 이상적 신경증들이 즉각적 고갈을 만드는 이상한 흡수적 진공 속에서 폭발한다; 어떤 면에서 우리는 불안정한 어린애의 입 속에서 젖꼭지(인형)와 같이 사용되고 있다. 이 나라 전체는 완전히 야생적이고 완전히 유순한 것의 불가해한 혼합이다.

그림 22. 렘 콜하스, 스피어 빌라를 위한 계획, 마이애미, 1974, 로린다 스피어와 공동 계획. "개념의 액소노메트릭" ("Progressive Architecture", 1975, No.1의 표지).

"매우 훌륭한 독일(베를린) 건축가인 웅거스는 여기서 훌륭한 존재이자 친구이다. 그러나 그는 방금 네 명의 무시무시한 좀비들을 강탈했는데, 그들 모두는—대부분의 사람들이 여기서 유명하고 눈부신 콜린 로우(그는 상업적으로 처칠을 연기할 수 있다)의 지도하에 하듯이—꼬르뷔제적 가짜 임신의 종국적 단계로 고통을 받고 있으며, 웅거스는 그들이 반격하는 절망적 방식에 당황해 건강과 인내력이 눈에 띄게 나빠지고 있다. 그리고 노처녀 같은 기질을 노출하고 기념비적인 질투를 육성하는 것 이상인 피터 앨리슨(Peter Allison)이 있다.

"우리가 3주마다 가는 뉴욕에서 우리는 켄을 보는데, 그는 매우 따뜻하고 용기를 주는 훌륭한 친구이다. 나는 또한 미스터 콜드 피시(Mr. Cold Fish)인 드렉슬러(Drexler)와 에밀리오 암바즈를 만났으며, 그는 나에게 거대한 램프 아래에 있는 그의 야구 글러브 위에 앉도록 권했는데, 두 명의 이탈리아 트로피들은 이제 그의 사무실을 완전히 꽉 채우고 있다. 그는 흥미롭게 보이며, 그의 강박적 계산과 야망의 경로 위에 간혹 있는 바나나 껍질들에 관한 우스운 이야기들과 함께, 적어도 약간은 열망적이고 호기심이 강하게 보인다.

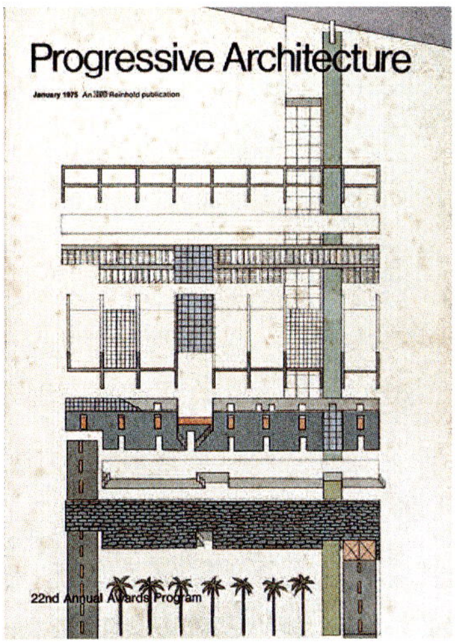

"나는 레오니도프 전시회를 조정하려 노력했다. 드렉슬러는 전혀 그 이름을 듣지 못했다, 그래서 전시회는 과거에 대한 그들의 공식적 해석의 수정으로 될 것이며, 그러므로 매우 델리케이트하며, 나는 무슨 일이 생길지 모르겠다. (암바즈는 수퍼스튜디오를—적어도 그것은 그가 내게 말한 것이다—'이탈리아에서 일어나는 유일한 가치 있는 것'으로 본다. 그는 이제 일본에서 비슷한 쇼를 만들고 있는데, 나는 그것이 매우 지루할 것으로 확신한다). 이 인기인들, 그리고 협회의 인기인들을 최초로 다루는 것은 내게 극심한 우울을 가져다 주었다[...].

"카사벨라는 런던의 당김에 결국 굴복하는 듯이 보이며, 이제 거기에는 어떤 (건축적) 자력도 남아있지 않은 듯이 보인다(드라큘라 에피소드 같은 영국의 일반적인 고딕 미스터리를 제외하고). 당신은 피터 쿡이, 그들이 'Cheer up, it's Archigram!' 전시를 했었던, ICA의 장이 되기 위해 AA를 떠난 것을 아는데, 물론 당신은 자신이 참수되었음에도 그것을 모르는 닭의 활력으로 가득한 그들의 사랑스런 책을 보았다. 롤라는 종교적으로 되어 인도에서 온 15살 구루의 추종자가 되었다. 앨빈은 여름 세션과 AA(그가 '자동 기계'와 같이 굴러가길 원하는) 모두에서 환멸을 느껴 당연히 런던에서 형성되고 있는 믿을 수 없는 진공 상태를 채울 마땅한 장소를 기대하지 않는다; 이 타버린 힘의 센터를 채우기 위해 다음의 2년간 서서히 대륙의 무공이 있어야 함에 틀림이 없다[...][63]

"장방형 계획", 1974-75

두 가지 계획의 평면을 위해 콜하스는 맨해튼 블록이나 메두사 뗏목과 같이 장방형의 형상을 이용했다. 콜롬비아 대학에서 그의 학생이었던 로린다 스피어(Laurinda Spear)와 함께 1974년에 디자인한 마이애미의 스피어 주택 계획(주택은 그녀의 부모를 위한 것이었다)에서 콜하스는 유형이나 레이아웃의 기준이 없이 분리되어 방들을 한정하는 일련의 평행 벽체들을 사용했다. 그 결과는 다른 계획들에서 후에 반복될 평행 띠들의 시스템이었다. 1971년 콜하스가 발견한 다른 재료들의 띠들의 버전 속에서, 베

61) *The Egg* cit., p.334.
62) OMA, *The Raft of the Medusa*, in "Lotus international", 1976, No.11, p.36.
63) Rem Koolhaas, *letter to Adolfo Natalini*, 8 February 1973 (Archives Natalini).

그림 23. P.D. 아이젠만, 프로젝트 하우스II의 도해적 안, 1969 ("Casabella", 1973, No. 374).

그림 24. 렘 콜하스, 스피어 빌라 계획, 마이애미, 1974, 로린다 스피어와 협업, 액소노메트리.

그림 25. 이반 레오니도프, 센트로소유즈 현상설계, 모스크바, 1928.

그림 26-27. 렘 콜하스, 사진 박물관 계획, 암스테르담, 1975, M. Polak과 협업, 플래니메트리와 액소노메트리.

틀린 벽, 엑소더스의 벽들, 아키줌과 수퍼스튜디오의 벽들은 로우와 아이젠만의 르 꼬르뷔제와 테라니의 작품들에 대한 고찰을 고려하여 재해석되며, 다시 한 번 평행 평면들의 시퀀스로 보인다.[64] 나아가 스피어 주택의 벽체들은 불투명으로부터 투명까지 가는 연속 속에서 자신들의 상징적 의미들을 위해 적용되는 물질들의 카탈로그다: 엑소더스로 부터의 단편인, 초기의 같은 치수의 자연석으로 된 벽; "광택나는 대리석과 직면하는" 두 번째 벽은 상부에서 "유리 덮인 복도로 된다"; 바다를 바라보며 "알루미늄 루버 문"으로만 만들어지는 세 번째 벽은 문이 모두 열릴 때 "사라진다"; 마지막으로 유리 기둥들의 벽-"유리벽돌들의 열주".[65] 이 시퀀스는 알베르티에 의해 공식화되고, 위트코워(Wittkower), 로우, 칸에 의해 재해석된 벽과 기둥 사이의 관계에 대한 오래된 고찰을 반영한다. 콜하스가 주택의 열주를 "나머지 벽"으로 정의한다는 사실은 이 맥락에서 의미가 있다.[66]

아트리움은 주택을 두 개의 유닛으로 분리시키는데, 하나는 부모를 위한 것이고 다른 하나는 어린이들을 위한 것으로, 이것은 콜하스의 이후의 주거 계획들에서 계속해서 반복되는 유형학을 한정한다. 두 개 유닛의 "파티오들"은 "지붕이 없는 [...]방들"로 칸 식의 정의를 부여받는다. 2미터 떨어진 벽들은 엑소더스의 "띠"의 벽들과 같이 서비스 공간들을 포함한다—한 쌍의 벽은 "중공벽"(hollow wall)이라 불린다. 뷔뉘엘과 달리의 영화, 안달루시아의 개에서 눈을 자르는 면도칼과 같이, 얇은 유리벽돌의 긴 수영장은 그것이 바다에 의해 던져진 오브제와 같이 해변과 경계를 이룬다. 레오니도프나 레버 하우스[67]에서와 같이, 그것은 건물의 몸체를 관통한다. 반 두스부르흐의 "역구성"(counter-constructions)이나 아이젠만의 드로잉들과 같이, 주택의 액소노메트릭 재현은 계획의 개념-"개념의 액소노메트릭"-과 관계있으며, 계획 아이디어를 도해하기 위해 콜하스가 계속해서 이용한 유형의 첫 번째 드로잉이다.

1974년 주택의 디자인은 아이젠만이 추천하여 "프로그레시브 아키텍처" 잡지의 상을 받았는데, 아이젠만은 그것을 테라니의 아이디어를 반향하는 "스타일리쉬"하고 "도해적"인 건축[68]의 표현으로 보았다. "이 계획안은 광기의 뉴욕의 드로잉보다는 나의 오브제들에 더 가까웠다"라고 콜하스는 1985년에 언급했다.[69]

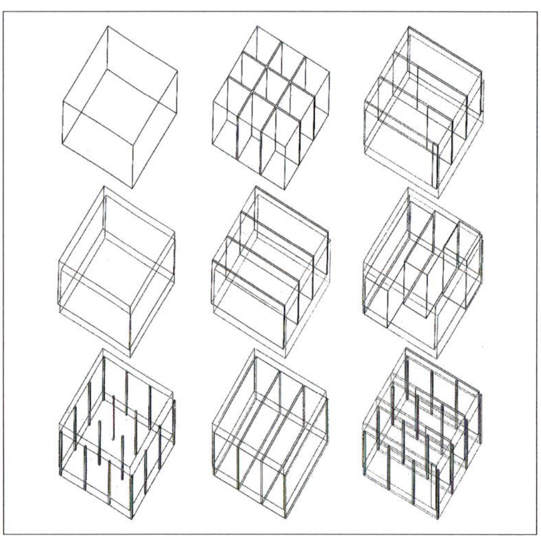

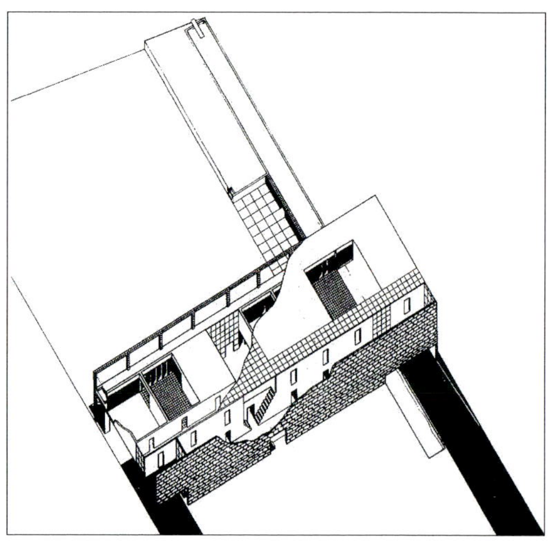

1975년 암스테르담 사진 박물관을 위해 마사 폴락(Martha Polak)과 준비한 계획은 반 고흐 미술관과 슈테델레익 미술관 사이의 장방형 띠—또 다른 띠—의 음각으로 기록된다. 나무들의 열은 벽돌로 포장되어 뿌리를 위해 땅의 프리즘 형상의 용기를 만들어낸다. 가로의 단편들은 구멍 위로 4개의 기둥들로 지탱되어 교량 구조로 변형된다. 파티오[70] 는 지하 2층의 빛을 제공한다. 에스컬레이터는 엑소더스의 "띠" 에서와 같이 이동식 물질, 그리고 필요시엔 휠체어를 탄 방문객들을 위한 거대한 플랫폼을 따라, 지하 미술관으로의 접근로를 제공한다. 미술관은 이동식 칸막이에 의해 변형될 수 있고, 유리벽돌의 표피로 덮인다; 그것의 벽돌 바닥은 도로 높이와 같으며, 선큰 랜드의 개념을 강조한다. 유일하게 보이는 파사드는 지붕의 체크 무늬의 지붕—"지붕/파사드"—이며, 콜하스를 따르자면,[71] 건축적 막대그래프와 같이, 수퍼스튜디오가 "어떤 공간적 문제이자 감수성의 어떤 문제"라고 썼듯이, "균등질적이며, 등방적"이며 이동식이다: "막대그래프들은 또한 '건축가들의 무덤' 으로도 불렸다".[72]

미국에 있는 기간 동안 콜하스는 또한 한스 콜호프(Hans Kollhoff)와 피터 앨리슨, 아서 오바스카(Arthur Ovaska)를 포함한 웅거스 작업 팀의 일원으로 되었다. 그는 대략 1973

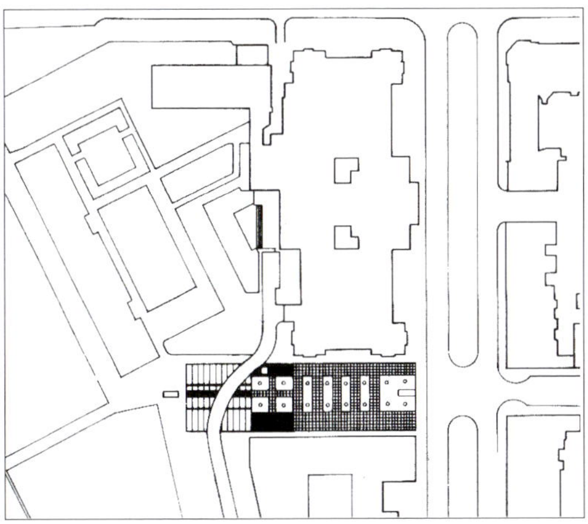

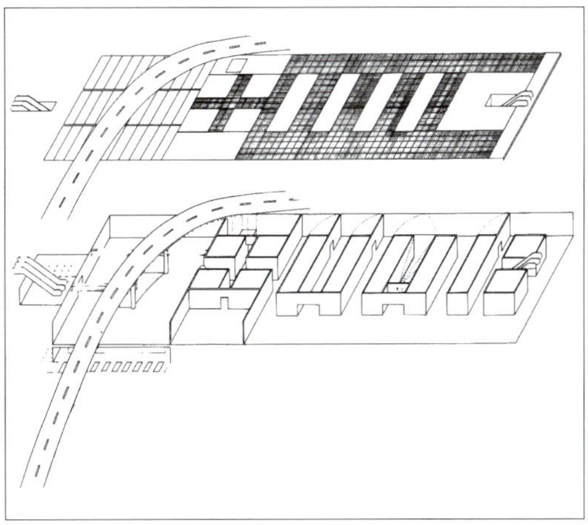

64) Cf. Colin Rowe, *The Mathematics of the Ideal Villa*, in "The Architectural Review", 1947, now in Colin Rowe, *The Mathematics of the Ideal Villa and other Essays*, Cambridge, Mass., The Massachusetts Institute of Technology, 1976; Colin Rowe, Robert Slutzky, *Transparency: Literal or Phenomenal*…, in "Perspecta", 1963; Peter D. Eisenman, *Dall' oggetto alla relazionalita: la casa del Fascio di Terragni*, in "Casabella", 1970, No. 344, pp. 38-41. 콜하스는 이 해석들이 또한 베를린의 Glienicke 성 속에서 Havel을 마주 보는 칼 프리드리히 쉥켈의 카지노에서 평행 띠들 속에서 구성된 벽들과 퍼골라들의 시퀀스들에 딱 들어맞는다 라고 언급했다 (OMA, Koolhaas, Mau, op. cit, p. 227). 평행 띠들 내의 공간의 조직은 또한 1966년에 발전된 Potteries 내의 Think belt를 위한 프라이스의 계획들에서 발견될 수 있다.

65) Cf. *House in Miami/1974*, in "Architectural Design", vol. XVII, 1977, No. 5, p. 352. 벽은 "부드러운 세라믹 패널"로 만들어진다, 1975년의 서술 (cf. *Remment Koolhaas, Laurinda Spear*, in "Progressive Architecture", vol. LVI, 1975, No. 1, p. 46).

66) *House in Miami/1974* cit.

67) 스튜디오 Skidmore, Owings & Merrill의 Gordon Bunschaft가 뉴욕에 디자인한 레버 하우스의 유리 홀을 관통하는 오픈 파티오의 긴 장방형 플랜터를 볼 것. 마이애미 주택의 수영장에서 대립들의 유희, 재료와 풍경은 엑소더스 광장의 4개 중의 2개 요소들의 환기에 의해 계속되는데, "유리벽돌 수영장 벽 내부"에 세워질 "벽난로"의 발명 속에서 병치되는 불과 물이 그것이다. (*House in Miami/1974* cit.)

68) Cit. in *Remment Koolhaas, Laurinda Spear* cit. "아키텍토니카"의 두 명의 멤버—Bernardo Fort-Brescia와 Laurinda Spear—의 디자인으로 지어진 주택은 콜하스와 스피어의 계획의 양상을 유지한다 (cf. John Morris Dixon, *Spear house, Miami, Fl. Layers of meaning*, in "Progressive Architecture", 1979, No. 12, pp. 66-71).

69) Patrice Goulet, *La deuxieme chance de l' architecture moderne… entretien avec Rem Koolhaas*, in "L' architecture d' aujourd' hui", 1985, No. 238, p. 4.

70) Cf. *Museum in Amsterdam/1975. Museum of Photography by Rem Koolhaas*, in "Architectural Design", vol. XLVII, 1977, No. 5, (pp. 354, 355), p. 354.

71) Ibid.

72) *Istogrammi d' Architettura* 선언은 우리에게 막대그래프들이 PRINT를 위해 창조된 "L' invenzione della Superficie Neutra" 전시의 모티브로 되었다는 것을 상기시킨다.

그림 28. O.M. 웅거스, 베를린 리히터펠데, 4 Ring, 베를린, 1975, 렘 콜하스, K.L. Dietzsch, S. Clark, A. Ovaska 공동 작업.

그림 29. 렘 콜하스, 베를린 티어가르텐을 위한 현상설계, O.M. 웅거스 표현.

그림 30. O.M. 웅거스, 함부르크 알러뫼에 뉴타운 계획, 1975.

년부터 1978년까지 몇 개의 계획안, 연구, 베를린에 관한 세미나 등에 참여했다.[73)]

베를린-리히터펠데 현상설계에서 웅거스가 제출한 계획안은 "실제적 상황과 가장 가까운 가능한 연결을 유지하기 위해 블록-빌딩과 육각형 시스템 같은, 최근에 유행으로 된 보편적 건물 시스템들의 추상적 적용을 피하며", 그것의 잠재력을 가져오기 위해 기존의 "무작위성"을 허용한다—콜하스의 문화적 전략의 통합적 부분으로서의 개념.[74)] 티어가르텐 지역의 주상 복합 시설을 위한 1973년의 현상설계를 위해 웅거스 그룹이 보여준 계획에서 콜하스는 웅거스의 "집 속의 집"에 관한 개념을 도시적 스케일로 도해했는데, 그것은 「유폐된 지구도시」에서 또한 적용되었던 시스템을 따라 블록의 상부에 위치한 타워들의 스케치를 보여주었다.[75)] 「유폐된 지구도시」에 대한 설명과 함께 1977년에 콜하스가 발간한 "자신의 재생산 과정 속에 있는 건축"이라는 제목의 익명적 다이어그램은 함부르크 알레어 뫼에(Aller Moehe) 뉴타운을 위한 웅거스의 1975년 계획안으로부터 나왔다.[76)]

콜하스에게 웅거스와의 협업은 변양태들과 조합들의 가능성을 연구하기 위해 유형학들을 실험하며 도시적 빈터의 문제를 받아들이는 것을 의미했다—그것들은 또한 군도, "도시 속의 도시", "집 속의 집"의 이미지들 속에서 상징적으로 표현되게 될 유니티의 감각을 한정하기 위한 다양성과 단편화의 법칙들에서 작업하는 한편, 「유폐된 지구도시」에서의 웅거스 건축의 이상적 초상화를 함축했다. 웅거스에게도 역시 그의 작업의 이 단계 속에서 초현실주의의 형상과 개념들은 건축의 창조적 과정들의 부분이었다.

"우리는 결국 1978년 말에 우리가 거의 텔레파시적으로 작업할 수 있다는 것을 서로 이해하게 되었다—콜하스는 그의 웅거스와의 작업에 대해 회상한다[...]"[77)]

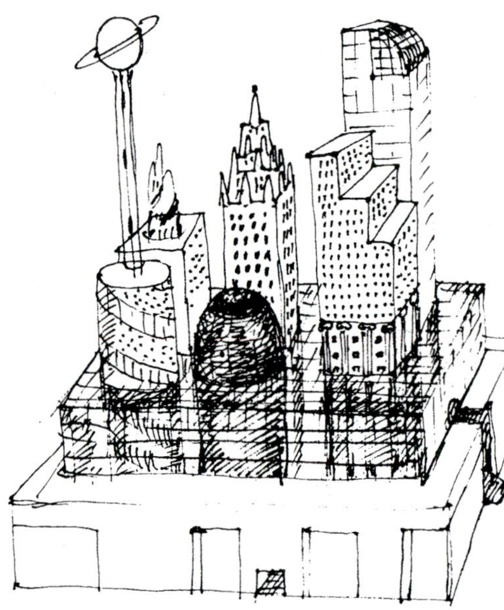

"Office for Metropolitan Architecture"의 설립과 웰페어 아일랜드 계획안, 1975-76

1975년 1월 1일, 70년대 초부터 런던에서 시작한 "메트로폴리탄 건축의 닥터 칼리가리 캐비닛"의 작업 이후, 콜하스는 엘리아와 조 젱겔리스, 마들롱 브리젠도르프와 함께 뉴욕, 런던, 베를린에 "Office for Metropolitan Architecture" (OMA)를 세웠다. OMA는 자신들이 웅거스와 결합하여 작업했다고 언급했다.[78)]

"OMA"란 이름은 일련의 친구들에게 건축의 정의 속에서 메트로폴리스적 현상의 중심적 중요성을 확인했다—뉴욕의 경우를 통해 콜하스가 시험한 대도시 건축(*Groszstadtarcjitektur*). 그것은 또한 만프레도 타푸리(Manfredo Tafuri)부터 아키줌에 이르기까지 이탈리아의 마르크시스트 지식인들과 급진적 건축에 의해 많은 부분이 이론화 되었듯이, 메트로폴리스 차원에서의 건축적 대상의 해명을 인정하는 현대의 문화적 경향과의 수렴을 지칭했다.

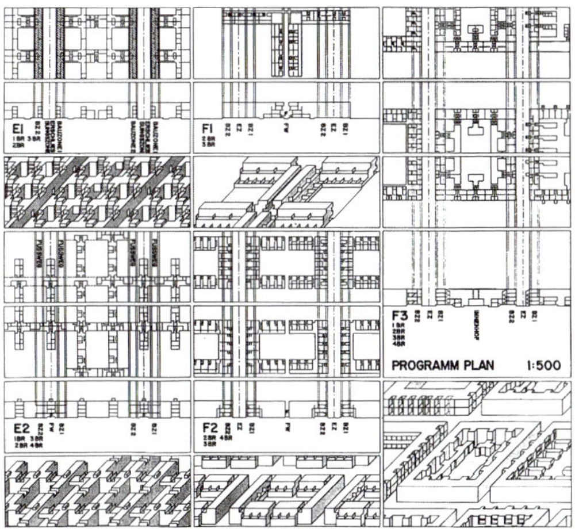

메트로폴리스의 이슈에 초점을 집중하게 될 연구 그룹의 창조라는 가설은 1973년 초까지 거슬러 올라가, 아마도 건축과 도시 연구 협회(Institute for Architecture and Urban Studies)의 모델에 기초한 다른 인물들을 포함하기 위한 협회의 창조에 관한 아이디어를 가지고 콜하스가 젱겔리스와 또한 수퍼스튜디오에게 제안했었다("Metropolitan Institute", "Metropolitan Studies Institute", "Institute of Metropolitan Studies"등이 이름으로 제안되었었다).

"아돌포, 당신이 무엇을 하건—콜하스는 나탈리니에게 쓴다—나는 건축의 두 번째 도래의 믿기지 않는 예견같이 보이며, 일어나지 않으며, 안전함에 의해 지탱되는 모든 것들로부터 우리가 추출할 수 있는 결론은 가까운 미래에 우리가 더 크고 느슨하게 연결된 국제적 그룹으로서, 대략적으로 강렬한 메트로폴리탄 건축과 '도시 연구'의 전체적 주제를 주장하고, 앨빈이 실무적으로 능동적인 협회, 즉 연구 협회와 교육적 실체에 대해 말하고 세우려 했듯이, 우리의 지적, 물질적 자원들을 끄집어내는 것이라고 생각한다; 그것은 모든 작업을 완벽하게, 컬러로 발간하는 자신의 연간 발간물(메트로폴리스?)을 가져야 한다. 카사벨라에서조차 초기의 이상

73) 콜하스가 참여한 웅거스 그룹의 베를린 계획안들은 "Lotus International", 1976, No. 11(*Reclamation at Düren, 1973*, pp. 18-21: *Berlin-Lichterfelde, 4. Ring, 1975*, pp. 28, 29)을 참조. 콜하스는 또한 웅거스의 다른 계획안에도 참여했다: 쾰른 지역 재건을 위한 1973년 현상설계(Cf. Carlo Aymonino, *Il contributo di Oswald Mathias Ungers all' architettura*, in "Controspazio", VII, 1975, No. 3, (pp. 4-43), pp. 20-27); 베를린 티어가르텐 지구를 위한 1973년 현상설계 (Ibid., pp. 28-32); 베를린 4차 Ring 재건을 위한 1974년 현상설계 (Ibid., pp. 34-38). 1977년 엑소더스의 "문화광장(British Museum)"의 형상의 변양태들 (*Exodus/1972*, in "Architectural Design", vol. XLVII, 1977, No. 5, p. 329)은 예를 들어 베를린 Tiergartenviertel에 대한 웅거스의 계획안을 반영하는 듯이 보인다(cf. "Lotus international", 1976, No. 11, p. 25). Cf. O.M. Ungers, W. Gohner, A. Ovaska, H. Kollhoff, *The Urban Block and Gotham City-Metaphors and Metamorphosis*, Ithaca, New York, 1976.

74) [Oswald Mathias Ungers], *Berlin-Lichterfelde, 4. Ring*, 1975, in "Lotus international", 1976, No. 11, p. 28.

75) 콜하스의 스케치는 O.M. 웅거스의 *La bambola nella bambola. L' incorporazione come tema di architettura*, in "Lotus international", 1981, No. 32, (pp. 15-21), p. 20에서 발간되었다. "넓은 관점에서 웅거스는—주변의 지방으로부터 분리되어있는 어떤 도시 구조도 현상학적으로 오브제 내의 오브제이다. 도시의 벽은 그 내부에 건물들과 광장들이 배열되어 있는 쉘과 같다. 이것들은 이제 더 작은 유닛들로 나뉘는 내부의 중정과 공간들을 포함한다—라고 설명한다.

76) Cf. Carlo Aymonino, *Il contributo di Oswald Mathias Ungers all' architettura*, in "Controspazio", VII, 1975, No. 3, (pp. 4-43), pp. 39-42, and *The City of the Captive Globe/1972*, in "Architectural Design", vol. XLVII, 1977, No. 5, p. 333.

77) Cit., in Goulet, *La deuxiéme chance* cit., p. 3.

78) Cf. *O.M.A.*, in "Lotus International", 1976, No. 11, p. 34.

주의 이후에 증오와 시기가 모든 편집자들을 어쩔 수 없이 집어 삼키기 시작함으로써, 그들이 어떤 메시지의 진정으로 성공적인 소통을 방해하고, 자신들의 잡지가 대략 자유방임적 필터로 되도록 하기 위해 새로운 포맷과 기술을 발명했다는 것이 분명하다".[79)]

자신의 상징과 같이, OMA는 「콜럼부스 센터의 달걀」에 나타나는 달걀을 선택했다. 포스터의 달걀로부터 타워 빌딩이, 마치 달리의 '나르시서스의 변형'(*Metamorphosis of Narcissus*)에서 달걀로부터 꽃이 나타나듯이, 나타나고 있다.

OMA의 탄생은 전형적인 다른 20세기 문화적 실험들과 같이 상징적, 메시아적, 니체적 요소들로 짜여진 프로그램적 텍스트로 발표되었다. 영국과 이탈리아의 몽상가들과 달리, OMA는 대안들을 상상하기를 거부하고, 메트로폴리스의 현실의 수용을 공개적으로 선언하며, "헤이그 포스트" 편집자와 초현실주의, 「라스베이거스로부터의 교훈」의 문화적 노선을 유지한 채 메두사호의 뗏목의 의미에 충실하게 남았다.

"OMA[...]-프로그램적 텍스트는 말한다-는 열정적으로 메갈로폴리탄적 조건을 수용하고, 거대한 도시적 센터의 건축에 대해 신비적, 상징적, 문학적, 몽상적, 비판적, 대중적 기능들을 회복해줄 어바니즘의 돌연변이적 형태-메트로폴리탄 생활방식의 회복을 결과할 새로운 유형의 건축적 시나리오들-를 발전시키기 위해 공식적으로 설립되었다".[80)]

OMA의 이론적 반영은 "맨해튼 섬의 가차 없는 그리드 내"에서 탄생한 "자발적인 건축적 현상"을 선호했으며, "맨해터니즘"의 정의 내에서 요약되었다: "다양한 '이즘'들의 멜팅폿을 허용하는 맨해터니즘-미래주의, 표현주의, 초현실주의, 다다이즘, 파시즘, 마르크시즘, 모더니즘 등등. 달리 말해 맨해터니즘은 매일 우리와 당혹스런 고통들과 직면하며, 신중하게 사라지길 거부하는 청교도적 도그마의 소멸적 아말감인, 소위 모던 운동의 거의 모든 관점에서의 반대이자 반대급부적인 운동이다. 반대로, 맨해터니즘은 메트로폴리스적 불행과 불안의 중심적이고 역설적인 요소를 다루는 운동이다: 사람들의 제한된 영역에 대한 그러한 집중과 기술의 부수적 양산이 가능성의 그러한 폭발을 만들며, 그것이 '자연적' 리얼리티를 지워버린다는 사실. 달리 말해: 메트로폴리스 = 리얼리티 창고. 맨해터니즘은 메트로폴리스의 대중을 만족시키기 위해 필요한 강도와 적응 가능성, 세련됨 등의 가속된 인공적 감각과 집약된 종합적 경험을 발생시키는 그것의 능력을 통해 이 이슈들을 다룸으로써 도시는 '집합적 무의식의 실험실'로 될 수 있다".[81)]

OMA의 문화의 초현실주의적, 프로이트적 요소들은 '건물들의 비밀 생활'(*The Secret Life of Buildings*)이라는 제목으로 브리젠도르프에 의해 일련의 그림들로 표현되었는데, 거기서 건물들은 존재들로 재현된다: "그들 역시 불행과 콤플렉스, 음모, 엑스터시 등을 안다".[82)] 1974년에 그려진 "자유의 꿈"(*Dream of Liberty*)에서 자유의 여신상-만 레이의 '사드의 상상적 초상화'(*Portrait imaginaire de D.A.F. de Sade*)나 달리의 '밀레의 만종의 고고학적 회상'(*Archeological Reminiscence of Millet's An-*

그림 31. OMA 선언, 1975년 1월 1일.

그림 32. 살바도르 달리, 나르시서스의 변형, 1937, 디테일.

그림 33. 마들롱 브리젠도르프/OMA, 자유의 꿈, 1974.

그림 34. 살바도르 달리, 밀레의 만종의 고고학적 회상, 1933-35.(달리 미술관, 세인트 피터스버그, 플로리다)

gelus)에서와 같이 석재 블록으로 묘사된[83]—은 우리에게 거대한 동물형상의 구조물을 연상시키는 스핑크스와 함께 사막으로 둘러싸이는 맨해튼의 부드러운 지각 위에서 크라이슬러 빌딩의 몸체를 관통한다(엠파이어스테이트 빌딩과 다른 마천루들 역시 지각 위로 솟아오른다).[84] 1975년에 그려진 「현행범」(*Flagrant Délit*)에서 크라이슬러 빌딩과 엠파이어스테이트 빌딩들은 침대 위에 누워 있는 초현실적인 부드러운 실체의 몸체들이며, 반면에 RCA 빌딩은 문에서 나타나 뉴욕 메트로폴리스에 태양빛의 유럽식 기능주의 법칙을 소개하며 마그리트적 유리 너머에서 보여지는 다른 마

79) Rem Koolhaas, letter to Adolfo Natalini, 8 February 1973 (Archives Natalini).

80) *O.M.A.*, in "Lotus international", 1976, No.11, (pp.34-37), p.34. Cf. also *The Discovery of Manhattanism*, in "Architectural Design", vol. XVII, 1977, No.5, p.330.

81) *O.M.A.*, in "Lotus international", 1976, No.11, p.34.

82) Ibid.

83) De Sade는 메두사호의 뗏목에서 OMA가 언급한다. cit.

84) 살아있는 존재로서의 마천루들의 묘사는 1971년과 1972년 애드리언 조지(Adrian George)가 그린 "Architectural Design"의 일련의 팝커버에서도 발견되었다(예를 들어 "Architectural Design", vol. XLI, 1971, No.6; vol. XLII, 1972, No.8).

그림 35. 마들롱 브리젠도르프/ OMA, 「현행범」 (*Flagrant Délit*), 1975.

그림 36. 르네 마그리트, 「포도 수확의 달」(*The Month of the Grape Harvest*), 1959, 디테일, 개인소장.

그림 37. 월도프 아스토리아에서 열린 가장 무도회의 뉴욕 마천루로 가장한 건축가들, 뉴욕, 1931년 1월 23일.

그림 38-39, 휴 페리스, 1916년 조닝법에 따른 뉴욕 마천루들의 탄생을 보여주는 다이어그램, 「내일의 메트로폴리스」(*The Metropolis of Tomorrow*), 뉴욕, 1929.

그림 40. O.M. 웅거스/ OMA, 웰페어 아일랜드(현재의 루스벨트 아일랜드) 현상설계, 뉴욕, 1975.

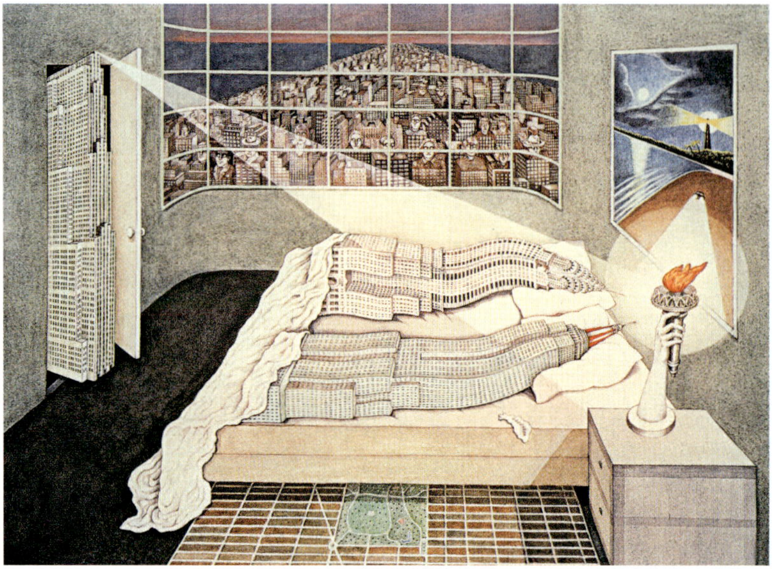

천루들의 눈앞에서 범죄를 저지르려 하고 있다(반신상들은 그들의 작가를 확인시켜 준다).[85]

"이 많은 그림들—OMA가 쓴다—은 도시에 흩뿌려져서 지구 구조의 물리적 현실이 수많은 정신적, 개념적 반향들로 증폭될 것이다. 그리스 비극으로부터 건축적 멜로드라마까지 새로운 메트로폴리탄 연극이 창발될 것이다."[86]

"도시적 영역에 명확한 형상적, 상징적 요소들을 도입하기 위해—프로그램적 텍스트는 연속된다—OMA는 건축으로 될 수 있는 심리학적 특성과 자질들을 확인하고 분석할 유사 프로이트적 언어를 발전시키고 있다".[87]

건물들의 의인적 묘사는 달리의 그림들과 1931년 1월 23일 뉴욕에서 건축가들이 자신들의 마천루들의 형태로 옷을 입고 열었던 가장 무도회로부터 그것의 열쇠를 취한다고 콜하스가 1974년 에세이에서 논의했다.[88] OMA는 이 가장 무도회를 "상징으로서의 자신의 역할을 수행하기 위해 집합적 무의식 속으로 부드럽게 미끄러져 들어가는 '이상적' 꿈 이미지를 만들어내기 위해 내적 행위를 가장하는 의상 디자인"[89] 속의 건축적 변형의 최고의 표현으로 본다.

OMA는 "광기의 뉴욕"을 위한 계획안의 3개 "범주들" 내에서 그것의 연루를 언급한다: 모든 메트로폴리스적 현상의 특별한 본질이 파악되는 "개념적-은유적 계획안"; 특별한 부지에서, 은유와 리얼리티를 연결하는 작업으로 인식되는 "이상적 계획안"; 마지막으로 다른 두 개의 범주들 내에서 발전된 법칙들을 반영하지만, 즉시 실현될 수 있는 "현실적 계획안".[90] 카테고리들의 시퀀스는 말레비치의 연구—

85) 방과 창문을 바라보고 있는 건축가-마천루들은 마그리트의 「포도 수확의 달」 *The Month of the Grape Harvest*에 기초한다.

86) *O.M.A.*in "Lotus international", 1976, No. 11, p. 34.

87) Ibid.

88) *Rem Koolhaas, The Architect's Ball-A Vignette, 1931*, in "Oppositions", 1974, No. 3, pp. 92-96. Cf. also Diana Agrest, Le ciel est la limite, in "L' architecture d' aujourd' hui", 1975, No. 178, pp. 55-64; David Wild, *Magic Mountaineers* in "Architectural Design", vol. XLV, 1975, No. 7, pp. 397, 398; and Dolores Hayden, *Skyscraper Seduction, Skyscraper Raper*, in "Heresies", 1977, No. 2, pp. 108-15. 가장 무도회의 예는 만프레도 타푸리에 의해 *The New Babylon*, in Id., *La sfera e il labirinto. Avanguardie e architettura da Piranesi agli anni' 70*, Turin, Einaudi, 1980, p. 231에서 다시 돌아온다.

89) *O.M.A.*, in "Lotus international", 1976, No. 11, p. 34.

90) "이 논쟁을 발전시키기 위해—젱겔리스가 쓴다—우리는 부분적으로 서술적이고, 부분적으로 교훈적

추상 회화나 플래니트, 프로운, 건축[91]—로 시작하는 엘 리시츠키(El Lissitzky)에 의해 입증되는 예술적 창조의 3단계와, 계획안들의 본성에 따라, 휴 페리스(Hugh Ferriss)[92] 의 「내일의 메트로폴리스」—「광기의 뉴욕」에서 결정적 역할을 하는 책인—의 세 가지 단면의 세분화 모두에 기초한다.

OMA의 정의에서, "개념적-은유적 계획안"은 「엑소더스」와 「유폐된 지구 도시」를 포함한다; "이상적 계획안"은 「콜럼부스 센터의 달걀」을 포함한다; "현실적 계획안"은 마이애미의 주택과 사진 미술관을 포함한다. 첫 번째 범주는 뉴욕 시기 이후에 그룹이 점진적인 전문적 성공을 획득함에 따라 소멸되도록 되었다. 그러나 "은유적", "이상적", "현실적"은 콜하스의 작품을 위한 근본적 매개변수로 남을 것이었다.

OMA의 공식적 데뷔는 도시 재생 계획에 의해 1960년대 중반부터 문제가 되어온 웰페어 아일랜드 지역을 위해 뉴욕시의 도시개발 회사에 의해 1974-75년 열렸던 루스벨트 아일랜드 하우징 현상설계로 시작되었다. OMA는 두 개의 계획안을 냈는데, 하나는 웅거스가 한 것이고, 또 하나는 콜하스와 젱겔리스가 한 것으로, 둘 다 벤추리의 맨해튼의 "레슨"이었다.[93]

웅거스는 마그리트의 "이것은 파이프가 아니다"(*Ceci n'est pas une pipe*)의 논리에 대한 그의 호감을 반영하며, 그 섬에 맞도록 스케일을 줄인 맨해튼과 센트럴파크

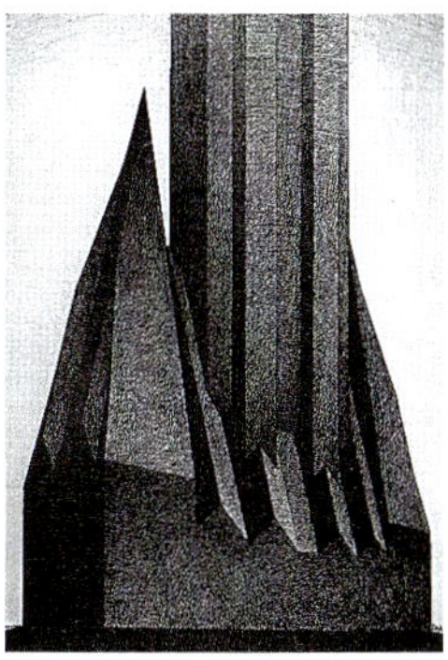

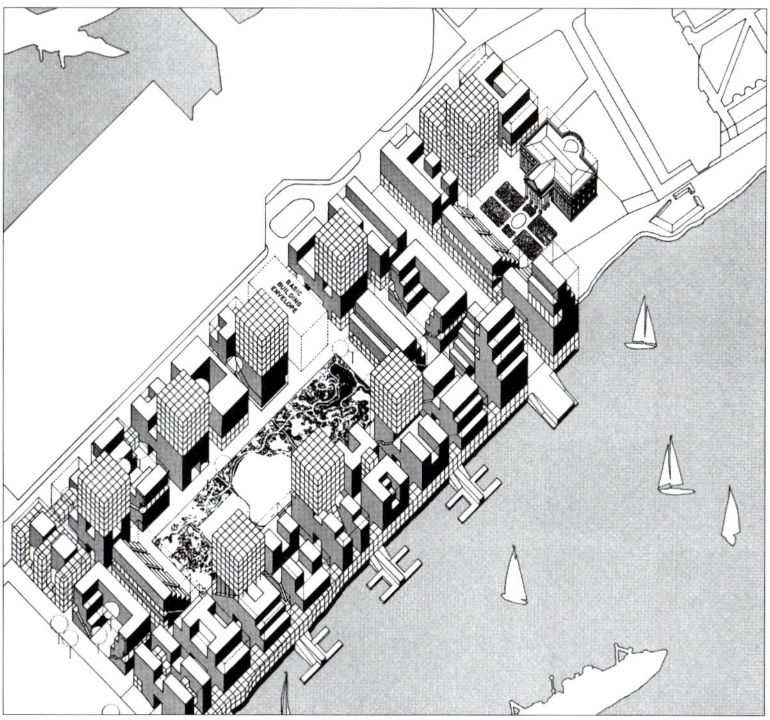

인 건축 계획안의 캠페인에 착수했다; 그리고 이 목적을 위해, 우리는 각 계획의 실제—생활의 구체성을 포기하지 않고, 각각의 프레젠테이션의 이데올로기적 양상과 의도적 표류를 최고화 하기 위한 최고도의 명확함으로 그것이 가능하게 될 지점까지 시각적 정교함의 가능성을 확장할 수 있는 드로잉 기술을 발전시켰다" (Elia Zenghelis, *Drawing as technique and architecture*, in OMA Projects 1978-1981, exhibition cat., Architectural Association, London, 2 June-27 July 1981, London, The Architectural Association, 1981, (pp. 11-14), pp. 11, 12).

91) El Lissitzky, *El Proun* (1920-1921), now in Vieri Quilici, *Il costruttivismo*, Rome-Bari, Laterza, 1978, pp. 94-108.

92) Cf. Koolhaas, *Delirious* cit., p. 107.

93) Cf. *O.M.A.*, in "Lotus international", 1976, No. 11, p. 37.

그림 41. 렘 콜하스, 엘리아 젱겔리스/OMA, 웰페어 아일랜드(현재의 루스벨트 아일랜드) 현상설계, 뉴욕, 1975.

의 그리드를 제시한다. 「유폐된 지구 도시」에서와 같이, 거울로 반사되는 외부를 가진 다른 형태들의 낮은 타워들이 장방형의 부지 위에 세워지기 위해 기본 건물 외피 위에 서 있다. 건물들의 범위는 세 개 유형들에 기초하는데, 각각은 평면의 질을 결정하는 자신의 특별한 구축적 형태를 가진다: "오픈 플랜"과 "뼈대적 구조 시스템"으로 특징지어지는 "로프트 유형"; "고정된 플랜"과 "내력벽 구축"에 기초한 "기본 유형"; "특별 플랜"과 "관습적 구축과 혼합식 구조 시스템"을 사용하는 "팔라초 유형".[94] 타워들의 외부를 위한 거울의 초현실적 사용은 마천루의 은유와 기초와 타워들 사이의 텍토닉하고 상징적인 대립을 가시적으로 만든다: "하늘의 반사는 이 건물들의 해석을 주택들의 더욱 구체적인 그룹핑 위에 떠 있는 구름들에 연관되는 오브제들로 강화할 것이다".[95]

"O.M. 웅거스의 출품안은—OMA가 쓰길—맨해튼의 축소판이다. 그리드의 비례는 줄어든 센트럴파크 주위의 28개의 완전히 다른 블록들에 맞도록 축소된다. 이런 식으로 맨해튼과의 연결과 연관관계의 결여는 거꾸로 행동한다. 우리는 맨해튼에 살지 않지만, 맨해튼에는 실제 사물의 '정화된' 버전과 그것의 명백한 악몽의 결여가 있다. 블록들은 유형들의 카탈로그이자, 개별적 건축가들이 그들이 보는대로

94) Ibid., p.39.
95) Cit., Fritz Neumeyer, ed., *Oswald mathias Ungers, Architedcture 1951-1990*, Milan, Electa, 1991, p.72.
96) *O.M.A.*, in "Lotus international", 1976, No.11, p.37.
97) Ibid., p.41.
98) Ibid., p.37.
99) *Roosevelt Island/1975*, in "Architectural Design", vol.XVII, 1977, No.5, p.349.
100) *O.M.A.*, in "Lotus interna-

다른 재료들로 지어 발전시킬 편의시설들의 카탈로그이다. 공동의 시설들은 미니 그리드를 따라 분산된다. 아케이드가 물을 따라 블록들을 연결한다".[96]

콜하스와 젱겔리스의 안은 또한 다른 맨해튼이지만, 이 경우에는 "어머니 섬 맨해튼에서 진화된 요소들과 전략들의 압축과 용해"[97] 로, 이것은 「콜럼부스 센터의 달걀」에서 부분적으로 실험된 조건이다. 계획안은 계단식 건물로부터 타워, 브라운 스톤까지 맨해튼 건물 유형들의 웅거스적 카탈로그를 제안한다. 도시 조직은 강을 향해 개방된 원근적 채널들로 여겨지는 중정과 도로들의 연속 속에서 맨해튼의 장방형 블록과 이스트 리버를 향한 평행 띠들의 시스템의 중첩으로 형성된다. 도로를 따르는 건물들은 거대한 부지 속에서 형상지어지는데, 그것은 아마도 제임스 스털링이 레온 크리에와 협동으로 런콘(Runcorn)에서 완성했던 뉴타운으로부터 유래했을 것이다. 속이 빈 탑들은 스털링의 예를 따르며 수직적 연결을 포함하고, 1970년대 초기의 전형적 형식주의에 영향을 받은 파사드를 가진 주택들이 탑들 사이에 끼워진다. 타워들은 계단식 건물들 같이 「콜럼부스 센터의 달걀」에서 이미 사용된 정방형 창문들을 가진 외부로 덮이며, 반면에 거울 피복들은 도로를 "두 배로 길게" 보이도록 만든다.

"맨해튼 그리드—OMA는 쓴다—는 이스트 리버를 가로 질러 4개의 새로운 도로를 창조하도록 확장된다. 도로를 따라 있는 '종합적' 브라운 스톤들의 열(브라운 스톤들은 한때 지역 석재로 지어졌던 전통적인 뉴욕 '타운 하우스' 들이다)—가장 이질적인 재료들인 유리, 바위, 대리석, 플래스틱들로 세워진—은 슬래브, 타워, 리버 블록 같은 전형들의 거대 스케일 구성 속에 내재된다".[98]

계획안의 나중의 설명으로부터 OMA의 행로는 창조적 과정의 그러한 기본적 방식을 강조한다: "슬래브는 타워들 사이에 맞으며, 타워들은 리버 블록들 사이에 맞는다. 함께 압축되어 세 개는 단일의 벽을 형성한다".[99]

들어 올려진 끝을 가진 장방형의 수상 수영장은 복합 시설의 부두에 자신을 정박시키며, 또 다른 수영장은 72번가 스트리트 몰에 걸쳐지는데, 그것은 "대중적 욕망과 아마추어적 상상이 미래에 가져올 '이데올로기적 부유' 의 침범을 향한 첫 번째 발자국"[100] 이었다.

1975년과 1976년에 콜하스와 젱겔리스는 OMA에 의해 "이상적으로" 지침된 틀 속에서 맨해튼을 위한 다른 계획들을 독자적으로 발전시켰다. 1975-76년에 엘리아와 조 젱겔리스가 디자인한 타임스 스퀘어의 호텔 스핑크스는 원래의 타임스 빌딩을 42번가 너머로 확장하며 두 개의 좁은 블록에 걸쳐질 것이었다.[101] "메트로폴 내의 주거 유닛"의 또 다른 형태인 호텔은 지상 층과 메자닌에서 브로드웨이와 7번가 인도의 전형적 행위를 가져오며, 기계적 연결은 극장, 오디토리엄, 회의실, 무도장, 연회장, 식당 등으로 이끈다. 상부층들은 가느다란 "트윈 타워들"[102] 내의 두 개 층 아파트-스튜디오로부터, 시야와 태양빛에의 노출을 개선하기 위해 새의 두 날개와 같이 셋백 위에 창조된 거대한 옥상 정원을 가지는 주택들에 이르기까지 웅거스와 같은 다른 유형의 거주지들의 조합을 포함한다. 타임스 스퀘어의 끝에서 머리로 씌워지는 긴 목 같이 형상지어져, 거주민들은 자신들의 전문적 행위들의 장소와 레크리에이션

tional", 1976, No. 11, p. 41.

101) 타임스 빌딩은 Eidlitz & McKenzie가 1903-05년에 세웠는데, 이것은 이미 1964년에 변형되었다. 1975년에는 마천루의 더 많은 변형을 위한 계획안들이 연구되며, 1978년에 Charles Gwathmey와 Robert Siegel에 의해 One Times Square로 되었다.

102) *Hotel Sphinx/1975*, in "Architectural Design", vol. XVII, 1977, No. 5, p. 338.

그림 42-43. 렘 콜하스, 엘리아 젱겔리스/ OMA, 웰페어 아일랜드(현재의 루스벨트 아일랜드) 현상설계, 뉴욕, 1975. 가로 풍경; 평면

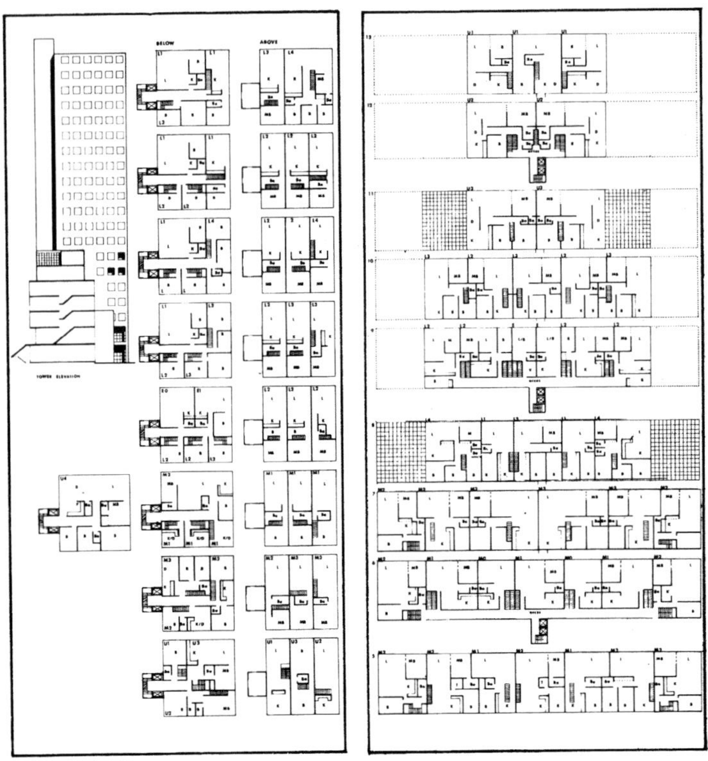

그림 44. 렘 콜하스, 엘리아 젱겔리스/ OMA, 웰페어 아일랜드(현재의 루스벨트 아일랜드) 현상설계, 뉴욕, 1975. 수상 수영장을 가지는 디테일.

그림 45. C.L.W. Eidlitz, A.C. McKenzie, 타임스 빌딩, 타임스 스퀘어, 뉴욕, 1903-05.

그림 46. 엘리아 젱겔리스/ OMA, 스핑크스 호텔 계획, 타임스 스퀘어, 뉴욕, 1975-76, 조 젱겔리스와 공동 작업.

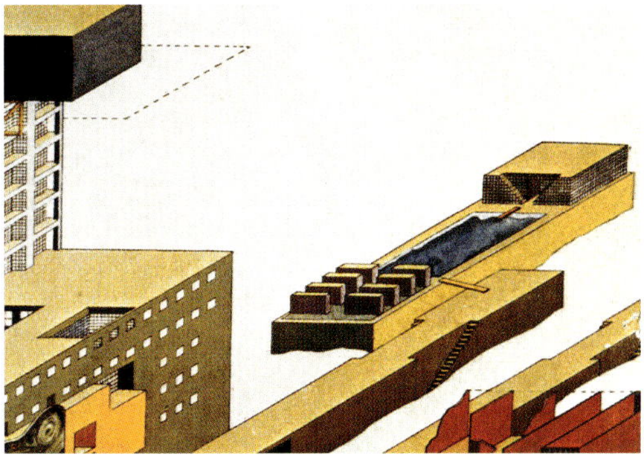

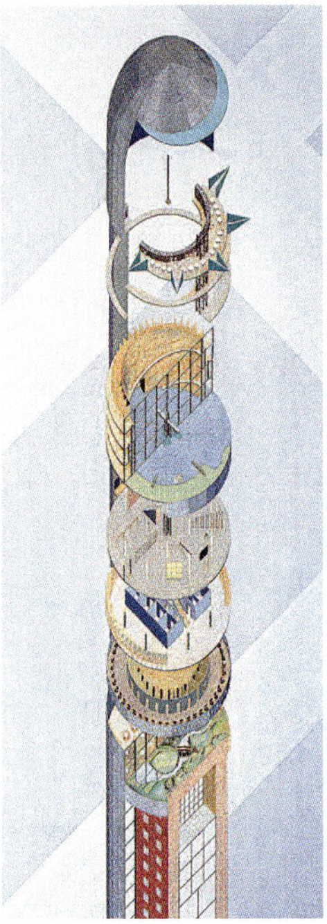

을 위한 장소를 가지는데, 그것은 항상 뉴욕의 호텔과 모스크바 노동자 클럽의 모델들을 유지한다(게임 룸, 체육관, 사우나, 미용실, "영국식 정원"을 가지는 식당, 수영장). 이 각각의 장소들은 미용실의 거울이 붙여진 벽들과 같이 특별한 형상들을 가진다: "앉은 자세에서 얼굴을 비추는 부분 아래로, 작은 원형 창은 아래로 펼쳐지는 도시를 향해 시야를 확보해준다".[103] 수영장은 창을 넘어 외부로 확장되며, 그것은 스핑크스의 섹터의 "평범한 볼거리"로 한정된다. 그것은 「엑소더스」의 "띠"에서 가졌던 상징적 역할을 계속한다. "수영객들—OMA는 설명한다—은 스크린 아래에서 한 부분에서 다른 부분으로 다이빙할 수 있다. 실내 부분은 4층의 로커 룸과 샤워로 둘러

103) E.Z.[Zenghelis], *Hotel Sphinx (1975-76)*, in Koolhaas, Delirious cit., p. 246.

104) Ibid., p. 246.

105) OMA 계획안의 문화적 배경은 미노루 다케야마가 1970년 도쿄에 세운 이치반 칸 II 빌딩-바와 1972-76년에 구로카와가 오사카에 세운 소니 타워 같은 일본 작품들을 포함한다. 젱스에 따르면 이 두 개의 작품은 "자치주의 상징"(symbolisme autonome)과 "팝 건축"의 예이다 (Charles Jencks, *Movements modernes en architecture*, Brussels-Liège, n.d., pp. 416, 427).

그림 47-48. 젱겔리스/ OMA, 스핑크스 호텔 계획, 타임스 스퀘어, 뉴욕, 1975-76, 조 젱겔리스와 공동 작업. "목" 과 "머리" 의 액소노메트릭; 수영장.

그림 49-50. 로버트 벤추리, 데니스 스코트 브라운, S. 이제누어, 「라스베이거스로부터의 교훈」, 케임브리지, 매사추세츠, 런던, 1972. "장식된 창고" 와 "오리".

싸인다. 유리블록의 벽은 이것들을 수영장 공간으로부터 분리시킨다. 도시의 장관을 작은 개방식 비치에서 즐길 수 있다".[104]

스핑크스의 의인적 디자인은 대중적 변양태를 제안하며, 뉴욕 마천루의 디자인에서 RCA 빌딩에 의해 도입된 추상의 수준에 도전한다.[105] 부분들은 "다리", "꼬리", "목", "머리", "얼굴"[106] 등으로 불리며, 머리를 돌리고 들어 올리며 변화하는 메트로폴리탄 풍경을 향해 지적을 하는 메커니즘이 가능하다. 점들의 왕관은 스핑크스를 자유의 여신상과 크라이슬러 빌딩 사이의 교차와 같이 보이게 하는데, 그것은 동물 형상을 위한 "스핑크스" 의 명칭을 수수께끼적 구조로 정당화하며 "자유의 꿈" 에서 행해진 그들의 결혼의 결과라고 할 수 있다. 또한 "자유의 꿈" 에서 묘사된 창조적 과정을 유지하는 가운데, 구성주의 작품의 단편들이 스핑크스 몸체 속에 설치된다; 엘 리시츠키의 트리뷴으로부터 기울이진 격자들이 목에서 튀어나오며, 수영장 위의 머리는 모스크바의 미하일 오시포비치 바르슈(Michail Osipovich Barsch)와 미하일 이사코비치 신야브스키(Michail Isaakovich Sinjavskij)에 영감을 받은 천체 과학관을 포함한다. 그것의 붉은 색은 미국 메트로폴리스에 대한 달리의 인식을 반영한다: "뉴욕은 밝은 붉은 색이다", 그는 콜하스가 인용한 행로에서 언급했다.[107]

그러므로 스핑크스의 형태를 결정하는 것은 기능적 프로그램이 아니라 상징적, 문화적 프로그램이다. 피터 블레이크(Peter Blake)[108] 가 발간한, 롱아일랜드의 오리 형태의 드라이브-인의 사진은 "공간과 구조, 프로그램의 건축적 시스템들이 전체적인 상징적 형태에 의해 은폐되고 파괴되는" 건물의 유형－오리－을 지칭하기 위해 「라스베이거스로부터의 교훈」에서 다시 보여졌다; 대신 다른 유형, "장식된 창고" 에서 "공간과 구조의 시스템은 직접적으로 프로그램의 서비스를 받으며, 장식은 그것들과 독립적으로 적용된다". 벤추리와 스코트 브라운, 이제누어는 두 가지 모두가 "타당하다" 고 언급하는 한편, "오리는 그것이 근대 건축에 널리 퍼지더라도 오늘날 거의 적절치 못하다"[109] 고 믿는다. 스핑크스는 오리의 범주에 속한다고 말해질 수 있다. 그것이 가장 큰 유사성을 가지게 되는 도상적 모델은 콜하스에 의해 서술되듯이, 코니아일랜드의 코끼리 형태의 호텔이다: "그것의 다리는 원주가 60피트이다. 하나의 앞다리에는 담배 가게가 있고, 다른 다리에는 디오라마가 있다; 고객들은 하나의 뒷다리에서 원형 계단으로 올라가 다른 쪽으로 내려온다".[110]

웰페어 아일랜드의 북부 지역 재생을 위한 도시 개발 회사가 추진한 계획안과 1974-75년의 현상설계를 뒤따라, 1975-76년에 콜하스는 "이상적 계획안" 인 「뉴웰페어 아일랜드」를 제안했는데, 거기서 그는 퀸스보로 브리지로부터 UN을 바라보는 지점까지 동일한 아일랜드의 남쪽 전체 구역을, 후에 맨해튼으로 이식될 수 있는 해결책으로 실험하기 위한 도시적 실험실로 변형하는 것을 상상했다. 그 아이디어는 20세기 초 이래 맨해튼과 코니아일랜드 사이의 특별한 관계에 대한 인식에 기초했는데, 코니 아일랜드는 콜하스가 뉴욕에 관해 쓴 에세이의 도입부에서 언급한 것을 유지하며, 뉴욕의 거주인들이 후에 마천루에서 다시 나타나게 될 환상적인 위락 공원 구조물로 실험할 수 있었던 곳이었다. 뉴웰페어 아일랜드는 이런 시작들에 대한 노스탤지어로 나타나며, 그것의 도시적 플롯은 아일랜드의 식물 내에 설치된 환상적 시나리오이다. 그러므로 콜

106) Koolhaas, *Delirious* cit., pp. 244-47.
107) Ibid., p. 219.
108) Cf. Peter Blake, *God's Own Junkyard: The Planned Deterioration of America's Landscape*, New York, Holt, Rinehart & Winston, 1964.
109) Venturi, Scott Brown, Izenour, op. cit., p. 64.
110) Koolhaas, *Delirious* cit., p. 28.

그림 51-52. 렘 콜하스/ OMA, 웰페어 아일랜드(현재의 루스벨트 아일랜드) 계획, 뉴웰페어 아일랜드, 뉴욕, 1975-76. 전체 계획, 중국식 수영장을 가지는 웰페어 팰리스 호텔의 모습.

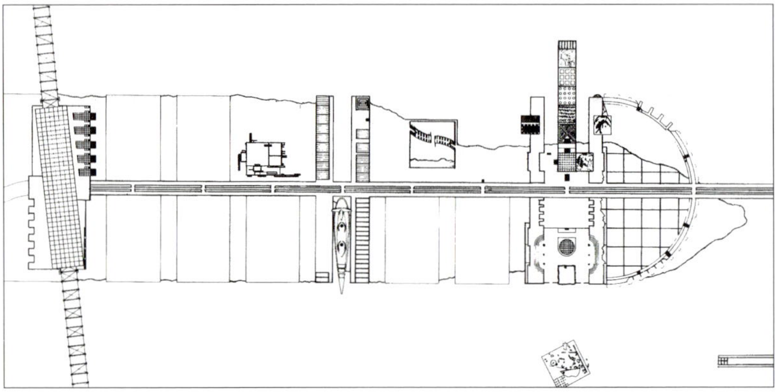

하스는 아일랜드의 지점을 결코 세워지지 않았던 계획안들이 "맨해터니즘의 역사를 완성하기 위해" "소급적으로" 완성될 수 있는 새로운 코니아일랜드로 변형시킨다.[111]

"계획안-그는 쓴다-은 맨해튼의 건축을 독보적으로 만든 어떤 양상들의 시각적 해석과 부활로 의도된다: 대중적인 것과 형이상학적인 것, 상업적인 것과 고상한 것, 정제된 것과 원시적인 것들의 용해 능력-그것들은 함께 자체적으로 거대한 관중을 유혹할 수 있는 맨해튼의 능력을 설명한다. 그것은 또한 더 작고 실험적인 '실험실적' 아일랜드(20세기 시작점의 코니아일랜드 같은)에 대한 일련의 주제와 의도들을 '시험하는' 맨해튼의 전통을 부활시킨다".[112]

맨해튼의 그리드는 웅거스가 했던 식으로 축소되지 않고 아일랜드의 남쪽 구역 위에 위치함으로써, 「유폐된 지구 도시」의 프로그램을 유지하며 자신들끼리 "경쟁하는" 가운데, 완전히 다른 건축 작품들을 따라 위치한 8개의 장방형 블록들을 형성한다. 블록들은 퀸스보로 브리지의 높이에 있는 육교를 달리는 자동 보도(*tapis roulant*)로 연결된다. 이 유희적인 꼬르뷔제식의 "가속된 건축적 산책로"는 강 높이에서 아일랜드의 지점을 넘어 "수상 흡인력"을 위한 부두의 형태로 연속된다-「콜럼부스 센터의 달걀」에서 이미 보여진 해결책. 하나의 블록은 절대주의 마천루를 포함하는데, 그것은 말레비치가 맨해튼의 그림엽서 위에 붙인 아키텍톤의 번역이다. 또 다른 블록들은 "건물들의 미래적 세대들"을 위해 가능하도록 남겨진다. 하나의 항구는 1932년 노먼 벨 게데스(Norman Bel Geddes)가 디자인했지만 건조되지 못한 유선형 요트를 정박시키도록 된다. UN 빌딩을 바라보며 작은 아일랜드에 위치한 것은 "반 UN빌딩"으로, 웅거스적 기하학으로 "원래의 실루엣을 반복한다". 이것 역시 「콜럼부스 센터의 달걀」에서 이미 선보였었다, "반 UN"의 주제에 관해 콜하스는 르 꼬르뷔제에 대한 그의 첫 번째 공격에서 썼다: "르 꼬르뷔제의 UN,빌딩은 프랑스 건축가가 뉴욕과 그리드에 대해 단 하나의 구조물로 가할 수 있는 최대한의 피해를 재현한다. 주 슬래브는 그것이 가로, 다음의 오디토리엄 블록을 방해하도록 위치한다".[113]

입구 컨벤션 센터, 중국식 수영장, 웰페어 팰리스 호텔 들은 뉴 웰페어 아일랜드를 위한 콜하스의 계획안들이다. 퀸스 보로 브리지의 탑을 바라보며 위치한 거대한 입구 컨벤션 센터는 오디토리엄과 사무실, 스포츠와 위락을 위한 공간들로 구성

111) *New Welfare Island/1975-76*, in "Architectural Design", vol. XVII, 1977, No. 5, p. 341.
112) Ibid.
113) *New Welfare Island/the Ideological Landscape*, Ibid., p. 344.
114) "첫 번째 [건물]은 솔리드로서, 매일 끝없는 열의 형성을 그만두지 않는 사실을 말한다. 두 번째는 첫 번째의 실내로, 땅 속으로 파내려간다: 매우 강렬해서 브리티시 미술관에 걸려있는 빈 캔버스 위에 새로운 작업을 계속해 흘려보내는 것으로 자신들의 개인적 외삽을 투영하게 될 미술사의 가속된 버전이 방문객들에게 주입되는 일련의 내려가는

된다. 그것은 뉴욕의 지역적 중앙 분산에 대한 현대적 가설에 반대되게, 주거와 사무실들의 중앙화를 증가시키게 될 탑과 매달린 주거 구조들에 위치하는 마천루들을 가지며, 허드슨 강과 이스트 리버 위의 일련의 브리지들을 위한, 1920년대 후반부터의 휴 페리스와 레이먼드 후드의 몽상적 계획들로의 회귀이다. 수퍼스튜디오 역시 샌프란시스코의 금문교를 향해 위로 올라가는 볼륨을 위치시킬 상상을 했다.

정방형의 수영장은 섬과 강에 걸쳐지는데, 그것은 1977년에 발간된 「엑소더스」의 "뮤즈의 광장"에서 하나는 가라앉고, 다른 부분은 지상 위로 솟아오르는 동일한 형상을 가진 두 개 건물들의 두 번째 버전에서 채워짐과 비움을 가지는 유사한 대립 기준을 유지하며, 하나는 스핑크스 속에 있어 부분적으로는 둑에 구멍을 내어 만들어지고, 부분적으로는 강바닥에 경계를 구축함으로써 만들어지는 것과 같다.[114] 사진 미술관의 장방형 평면이 굴곡진 도로로 잘려지듯이, 수영장의 정방형

갤러리들"([렘 콜하스, 엘리아 젱겔리스] *엑소더스/ 1972*, in "Architectural Design", vol. XVII, 1977, No. 5, pp. 328, 329).

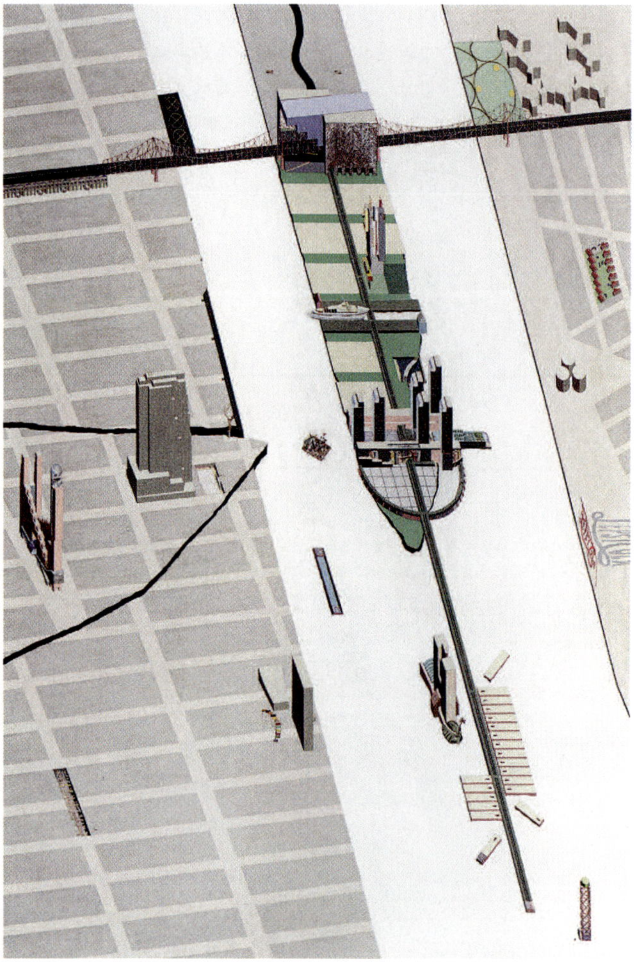

평면은 알루미늄 교각을 형성하며, 해안선의 원래 곡선에 맞게 정렬되는 남성과 여성의 드레싱 룸들에 의해 잘려진다. 중국식 수영장이란 용어는 아마도 음과 양(여성과 남성의 활동 법칙)의 중국식 상징을 만들어내는 파형선에 의한 보충적 부분들로의 이러한 분할로부터 만들어졌을 것이다. "벌거벗은 채 – 콜하스는 「엑소더스」의 "목욕탕" 생활 형식으로 돌아오며 설명한다 – 각각의 성별은 그들이 들어간 해변으로 수영해갈 수 있는 교각의 중앙으로부터 나타난다".[115]

웰페어 팰리스 호텔의 6개 타워들은 OMA 상징의 은유인 반원형 영역에 서있다. V자 형상으로 정렬되어 맨해튼을 향해 가리키며, 그것들은 콜하스와 젱겔리스의 초기 작품들에서와 같이 유형학적 혼합물을 만들어내는 두 개의 평행적 막대들에 의해 기초에서 연결이 된다. 그것들 파사드의 다른 디자인(아일랜드의 지점을 향해 정방형 창들을 가지는 벽들: 맨해튼을 향한 커튼월들 등등.)은 콜하스가 레오니도프의 작품에서 발견한 재료들의 은유적 사용으로 해석하듯이,[116] "자신들의 상대적 상황들의 서로 다른 형태적, 상징적 요구들"에 대응한다. 콜하스의 다음의 계획안들의 파사드는 다양한 맥락들과의 대화 속에서 상징적 마스크와 같이 비슷하게 인식될 것이다.

"레오니도프에게 있어서 – 콜하스는 모스크바 붉은 광장의 나르콤트야츠프롬에 위치할 중공업성 헤드쿼터를 위한 1934년의 현상설계 안에 관해 쓴다 – 곡선과 유리는 미래를 재현하며; 광장과 돌은 과거를 재현한다. 그는 붉은 광장을 분할해 세 개의 타워를 디자인했는데, 첫 번째는 원형, 두 번째는 곡선을 가진 삼각형(유리의 곡면)과 평면들(돌로 된); 세 번째는 반은 근대(실내의 유리)로, 반은 역사적(크레믈린과 동일한 돌로 된 외부를 가진)으로 표현했다".[117]

젱스의 커튼월의 상징적 가치에 대한 반영은 또한 콜하스의 외피 개념에 영향을 준다. "기술적으로 세련됨으로써 – 콜하스는 예를 들어 해리슨과 아브라모비츠의 알코아 빌딩에 관해 쓴다 – 커튼월은 기업 외관의 보편적 상징으로 된다: 자기만족, 전문적, 익명적 특징".[118]

115) *New Welfare Island/1975-76*, Ibid., p.343.
116) Koolhaas, *Delirious* cit., p.250.
117) *La deuxième chance* cit., p.9.
118) Charles Jencks, *Modern Movements in Architecture*, Garden City (New York), Anchor Press, 1973, p.201.
119) 이것은 콜하스의 정의이다. *Welfare Palace Hotel/ 1976-77*, in "Architectural Design", vol. XVII, 1977, No.5, p.345.

그림 53. 렘 콜하스/ OMA, 뉴웰페어 아일랜드, 뉴욕, 1975-76. 지역의 액소노메트릭(스핑크스 호텔과 록펠러 센터의 RCA 빌딩도 보인다).

웰페어 팰리스 호텔은 1940년대와 1950년대에 미국의 가로를 따라 성장한 국제주의 양식의 형태에 도전하는 안의 기초에서 만들어진 록펠러 센터의 또 다른 복제이다. 계획의 원천은 다시 코니아일랜드(그리고 특히 드림랜드)이지만, 여기서 나타나는 대중적 흥미는 유럽의 초현실주의이다. 계획안의 모든 단편들은 뉴요커들에게 그들 도시의 기원과 홍망성쇠를 설명해주는 코미디 속에서 조합된 상징들로 변형된다- 콜하스에 의해 웅거스식으로 정의된 "도시 내의 도시".[119] 웰페어 팰리스 호텔의 첫 번째 구역에서 맨해튼은 손님들에게 자신을 미개척 섬, 난파의 구역으로 보여준다. 6개의 타워들은 여전히 처녀지로 재현되는 구역으로부터 자신들이 후퇴함에 따라 점점 더 높아지는 건물들의 천국을 향해 점진적 성장을 구현한다. 일곱 번째 타워는 신비적 기원으로부터 반대의 일시적 극단에 있는 강 위에 누워, 생장에 의해 과대 증식된 자신의 파사드를 통해 맨해튼의 재앙을 예보한다. 각각의 타워는 지상층과 마지막 층의 방들에서 가구에 씌어진 이야기들을 포함한다(마지막 층은 항상 1970년대 건축의 전형과 같이 이동식 굴곡의 유리 지붕으로 덮인다[120]).

여섯 번째 타워의 최상부 시설은 1976년 브리젠도르프가 만든 회화「무한의 프로이트」(*Freud Unlimited*) 의 3차원적 번역으로, 그것은「현행범」(*Flagant Délit*)의 주제로 다시 돌아온다: 맨해튼은 방 중앙에 떠있는 침대로 나타나는데, 거기서 크라이슬러 빌딩과 엠파이어스테이트 빌딩은 RCA 빌딩의 침입으로 방해를 받는다. 창문을 통해 우리는 프로운의 풍경을 볼 수 있으며, 회화들은 해독 불가능한 프로이트적 장소들을 보여준다.

"이 그림—OMA가 쓴다—은 웰페어 팰리스 호텔의 여섯 번째 타워의 최상층에 있는 클럽의 교훈적이며/알레고리적인 분위기를 만들기 위해 3차원으로 재구축될 것이며, 그럼으로써 그것의 잠재의식적 환영을 통해 고객들이 자신을 보여주는 도시에 대해 이유를 정확히 모른 채 갑자기 이해하게 될 것이다".[121]

콜하스는 그 설치물이 "RCA 빌딩과 크라이슬러 빌딩, 엠파이어스테이트 빌딩의 실제 운명들을 추론하고 '예견'하며, 그들의 왜곡적 관계들로서, 그 호텔은 '미루어진' 자식이라는 것"[122] 을 설명한다.

뉴웰페어 아일랜드의 공중 시야에서 호텔 스핑크스는 그 추상적 프리즘에 의해 소멸된 상징적 차원을 회복했다는 것을 알고 RCA 빌딩을 무시한다. 역으로, RCA는, 맨해튼의 토지 표피 내의 틈을 야기하며, 섬에 도달하기 위해 록펠러 센터를 떠나는 지점까지, 웰페어 팰리스 호텔에 의해 해설된 이야기에 참을 수 없이 끌린다. OMA의 그 후의 유럽 건축 작업은 비슷한 프로이트식 인력과 반발력인데, 그것은 "건축적 멜로드라마의 씌어지지 않은 법칙" 으로, 콜하스는 이렇게 설명한다: "호텔 스핑크스와 RCA 빌딩, 웰페어 팰리스 호텔의 '관계'는 건축적 멜로 드라마의 씌어지지 않은 법칙에 따라 해석된다: RCA는 스핑크스를 홀로 가게 떠밀며 호텔 스핑크스에게 등을 돌렸다. RCA에게 있어 웰페어 팰리스 호텔의 다중 타워들의 유혹—각각의 개인적 동경을 가지는—은 그것이 강을 가로 질러 얻어질 수 없다는 사실 때문에 더욱 더 참을 수 없게 만들어진다. 그들의 관계가 완성될 수 있는 어떤 위험도 없다".[123]

120) 예를 들어 1967-68년 피렌체의 Fortezza da Basso를 위한 수퍼스튜디오의 현상설계안이나 1973년 가추마사 야마시타의 히라추카 치과병원을 볼 것.

121) Cit.in "Architectural Design", vol. XVII, 1977, No. 5, n. p.

122) Koolhaas, *Delirious* cit., p. 252.

123) *New Welfare Island/the Ideological Landscape* cit., p. 344.

레오니도프와 수상 수영장의 경우

뉴웰페어 아일랜드의 공중 시야에서 뗏목과 수영장은 항해 중이다. 전자는 여전히 「콜럼부스 센터의 달걀」의 시기에 뉴욕에 도착한 메두사의 뗏목으로, 이제는 "맨해튼의 메트로폴리스적 고뇌"[124] 를 상징하기 위해, 자유의 여신상과 같이, 웰페어 팰리스 호텔의 앞에서 거대한 플라스틱 기념비로 되었다. 그것은 방문객에게 코니아일랜드의 위락거리들 중의 하나와 같이 나타난다.

"날씨가 허용할 때-우리는 콜하스의 시나리오를 읽는다-강으로 가기 위해 구명선이 호텔의 실내를 떠난다. 그들은 뗏목 주위를 돌며 그 항해자들의 어마어마한 고통을 자신들의 하찮은 걱정들과 비교하고, 달빛 가득한 하늘을 바라보며, 나아가 그 조각 위에 승선하기도 한다. 한 단면은 댄스 플로어로 호텔에서 은폐된 마이크를 통해 중계되는 음악이 나온다".[125]

뗏목 근처에서 항해하는 수영장은 콜하스의 또 다른 "개념적인 은유적 계획안"이다. 그것은 수상 수영장으로 변형된 네덜란드의 바지선이다. 그러므로 그것은 길고 좁은 장방형으로, 메두사의 뗏목 보다는 맨해튼 그리드의 블록들에 더 가깝다. 콜하스 자신은 그것이 정확히 "맨해튼 블록"이라고 명시한다. "움직이는 '블록' 이 맨해튼 그리드의 블록들과 결합한다, 우리는 "수영장의 최초의 시험적 착륙"을 보여주는 포토몽타주의 자막에서 읽는다".[126] 수영장은 두 개의 두껍고 속이 빈 벽들로 경계를 이루고, 끝 부분에는 두 개의 정방형 유리방들이 있다. 이 형태 속에서 수영장은 「엑소더스」 "띠" 의 떠있는 버전 같이 보인다. 수영장은 1974-75년에 이미 마이애미의 부두와 이스트 리버의 둑에서 시도되었다; 그것은 콜하스의 작품에서 거대한 달걀과 베를린 벽과 함께 항상 편집증-비판적 방법의 강박적이고 창조적인 과정들을 유지하며 연속적으로 재등장하게 될 것이다.

40

뉴웰페어 아일랜드에서 묘사된 수영장은 1976년 브리젠도르프가 그린 회화 「수상 수영장의 도착」에서 등장하는 것과 동일하다. 같은 해에 콜하스는 「수영장 이야기」를 썼는데, 그것은 주제가 "수상 수영장" 이란 명칭을 가진 회화의 수영장인 짧은 시나리오(혹은 호레이스 월폴이 자신의 새로운 주거 스트로베리 힐에 설정한 「오트란토의 성. 고딕 스토리」(*The Castle of Otranto. A Gothic Story*)와 비슷한 소설)와 같다.

"수영장-우리는 「수영장 이야기」를 읽는다-은 철제 프레임에 볼트로 죄어진 금속제 판의 장방형이었다. 각각의 끝부분에는 투명한 벽의 유리 로비가 있고, 그럼으로써 한편에서 우리는 건강한, 때로는 수영장의 자극적인 물 속 활동을 보았고, 다른 쪽 벽을 통해서는 진흙탕 물속에서 이리 저리 움직이는 우울한 물고기를 보았다. 그것은 거의 벌거벗은 방문객들 사이에서 사회화되는 것, 육체적 훈련, 인공적 일광욕 등을 위해 사용되는 진정한 변증적 방이었다".[127]

그 이야기는 수영장이 그것을 만든 건축가들에 의해 가능하게 되는 역행적 메커니즘을 통해 움직인다는 것을 가리킨다. 사실상, 수영장 속에서 건축가-구조원들은 자신들의 운명으로부터 빗나간다, 왜냐하면 그것에 도착하기 위해 그들은 자신들이 탈출하려 했던 것을 향해 수영을 해야 했기 때문이다. 수영장은 반작용적 나아

124) Koolhaas, *Delirious* cit., p. 252.
125) Ibid.
126) Ibid., p. 253.
127) *The Story of the Pool/1976*, in "Architectural Design", vol. XVII, 1977, No. 5, p. 356.
128) Walter Benjamin, *Schriften*, Suhrkamp Verlag, 1955, Ital.3transl., *Angelus Novus. Saggi e frammenti*, Turin, Einaudi, 1976, p. 76.0
129) Manfredo Tafuri, *Il socialismo realizzato e la crisi delle avanguardie*, in *Socialismo, cittàa, architettura. URSS 1917-1937. Il contributo degli architetti europei*, Rome, Officina, 1971, (pp. 41-87), p. 85, note 56.
130) Cf. Manfredo Tafuri, *Design and Technological Utopia*, in Emilio Ambasz, ed., *Italy: The New Domestic Landscape. Achievements and Problems of Italian Design*, Florence, Centro Di, 1972, pp. 388-404.

그림 54. 렘 콜하스/ OMA, 수상 수영장, 마들롱 브리젠도르프 디자인, 1976.

감 속에서 자신들의 운동에 대해 반대의 방향으로 천천히 움직인다. 건축가-구조원들의 반작용적 운동은 벤야민이 클레의 「새로운 천사」(*Angelus Novus*)를 보았을 때 상상했던 것에 기초한 듯이 보이는데, 그 그림에서 "역사의 천사"는 "그의 시선이 고정된 어떤 것으로부터 멀어지는 동작을 하고 있다".[128]

「수영장 이야기」는 소비에트 구성주의에 대한 1970년대의 논쟁 속에서 수상 수영장의 의미를 명백히 해준다. 이탈리아에서 구성주의에 관한 가장 철저한 역사적 연구의 진원지이자 다양한 연구의 갈래들은 타푸리가 이끄는 베니스 건축협회 대학(IUAV)의 건축 역사 협회가 장악했다. 1970년 6월에 IUAV는 국제 세미나를 열었는데, 거기서 오르트하우스(Oorthuys)는 네덜란드 건축가들과 USSR 사이의 관계에 대해 강연을 했다. "사람들이 멜르니코프와 레오니도프[...]를 보며 저항하는 것—타푸리는 세미나에서 주장을 했다—은 아방가르드의 소멸의 극단적 단계에서 그들의 가설의 객관적 기능이 드러나는 그들의 모호함의 절정에 대한 것이다".[129] 타푸리는 1972년 MoMA에서의 이탈리아 작품들의 전시 카탈로그에서 20세기 초 예술 아방가르드들과 비슷한 신비주의를 선동하는 아키줌이나 수퍼스튜디오를 비난하며, 모든 아방가르드의 "소멸"에 대한 그의 비전을 반복했다.[130] 타푸리가 비평한 소비에트 구성

그림 55. 마들롱 브리젠도르프/OMA, 무한의 프로이트, 1976.

주의의 카리스마적 형상들은 정확히 프레데릭 스타(S. Frederick Starr-멜르니코프[131])와 콜하스, 오르트하우스(Oorthuys-레오니도프[132])가 연구한 것들이다.

레오니도프의 계획안들에서 콜하스는 재료들, 환상적 기술, 엘리베이터와 전화들로 인해 만들어진 건물의 층들 사이의 새로운 유형의 연결 등의 은유적 사용을 발견한다; 그는 모스크바의 레닌 협회 계획에서와 같이, 다양한 프로그램의 기능들의 정의와 요소들의 병치에 기초한 비구성적 과정들이 종종 분리되어 남거나 그래픽적, 상징적 기능을 가지는 가느다란 구조적 선들로만 귀속됨을 발견한다. 기록들 사이에서 보존된 레오니도프가 그린 그림들 덕분에 그는 계획안을 회화 형태로 표현하는 것의 효과를 발견할 수 있다. 콜하스는 레오니도프의 작품에서, 그리고 또한 중공업성의 타워 지붕에 임시적으로 계류된, 레오니도프 자신이 설명하듯, "이동식 수영장"(금속과 고무 가공 패브릭의 구조)의 형태에서 새로운 소비에트 인간의 상징적 삶으로서의 수영장의 이미지를 발견한다.[133]

「수영장 이야기」로부터 우리는 수상 수영장이 모스크바의 한 학교 학생에 의해 1923년 디자인되었으며, 동료들에 의해 만들어졌음을 배운다. 콜하스가 인용한 익명적 학생은 레오니도프였는데, 그는 브후테마스(Vchutemas)의 3년차 수업에서 다른 학생들과 그의 선생인 알레칸드르 알렉산드로비치 베스닌(Alekandr Aleksandrovic Vesnin)이 매우 감탄한 수영장을 위한 디자인을 준비했었다.[134] 1930년대가 시작되면서 수영장이 보여주었던 "정치적 개념"은 모스크바에서 "실제적으로 위험하게 되었고", 콜하스는 레오니도프의 작품과 교육에 대한 공산당 간부의 매우 가혹한 비판이 있었음을

131) "암스테르담의 레메어트 콜하스는 초기 소비에트 건축의 다른 중심축인 이반 레오니도프에 대한 그의 연구에서 유래한 공동의 통찰에 너그러웠다"(S.Frederick Starr, *Melnikov. Solo Architect in a Mass Society*, Princeton, New Jersey, Princeton University, 1978, p.VII).

132) 1977년 에 IUAS는 "Ivan Leonidov: A Russian Visionary Architect 1902-1959"란 제목으로 오르트하우스가 기획한 전시회를 주관했다.

133) Cit. in P.A. Aleksandrov, S.O. Chan-Magomedov, *Ivan Leonidov*, Milan, Franco Angeli, 1975, p.88.

134) Ibid., p.49.

135) *The Story of the Pool/1976* cit., p.356

136) Ibid.

암시한다. 이 정치적 기후는 수상 수영장의 스탠리 큐브릭 같은 오디세이를 위한 배경을 형성하는데, 그것은 그것을 구축한 건축가들을 위한 도피의 수단으로 된다. 그들은 40년 후에, 철골의 마천루들이 그들의 학생으로서의 환상적 건축 비전을 자극한 도시인 뉴욕에 도착하기 위해 스탈린의 모스크바를 탈출한다. 이 탈출의 기간 동안 수상 수영장은 공상과학 영화로 나오게 될 장면 속에서 대서양을 가로 지르는 녹슨 난파선으로 된다. 그 수영장은 1976년 어느 날 뉴욕에 도착하여 그 이야기가 "구성주의자들의 갑작스런 유입이 막연하게나마 불편하게 되는" 미국 건축가들의 전반적인 적대감과 마주하게 된다. 이 점에서 건축가-구조원들이 레오니도프 친구들의 후계자라는 가설은 일리가 있다: 콜하스와 OMA의 젊은 그룹.

수영장의 장방형 형태를 선택함으로써—「엑소더스」의 "띠"와 마이애미 주택 계획, 사진 박물관과 동일한 형태—콜하스는 형식주의와 향수적인 역사주의적 반복의 양산에 대항해 특별한 질적 특성이 없는 "지루한" 건축의 타당성을 재주장하길 원한다: "매우 담백하고, 매우 직선적이며, 매우 지루한 것; 어떤 역사적 암시도 없었고; 어떤 연극조도 없었고; 어떤 긴장도 없었고; 단지 녹슨 단조로운 색채만 있는 것—어떤 위트도 없음".[135] "나는 지루한 것들을 좋아한다", 라고 워홀이 얘기했는데, 그것은 벤추리와 콜하스 모두에게 충격을 준 모토였다. 「수영장 이야기」는 눈을 베어내는 면도날과 같이 죄악을 재생시키는 것으로 끝난다: "웰페어 팰리스 호텔 앞에서 구성주의 구조원들의 낙관적 뗏목은 메두사호의 완고한 염세주의적 뗏목과 충돌했다. 수영장의 중금속은 버터를 자르는 칼과 같이 플라스틱 조각을 관통해 잘랐다".[136]

그 계획안과 텍스트는 콜하스에게 건축이 순수히 전기체적 함축을 가진 상징주의로 가득찬 내러티브라는 사실을 확인시켜 준다. 1970년대의 문화적 분위기 속에서 그는 레오니도프의 작품을 건축 연구에서의 지배적인 이데올로기들에 대항하는 반항의 이상적 가치로 채워진 것으로 본다. "뉴욕과 레오니도프에 의해 부과된 모든 딜레마들에 대한 반응이었으며, 내가 건축으로 하길 원했던 것의 순수한 전시였던 수상 수영장의 계획이 없다면, 이것들은 진정으로 단지 연습일 뿐이다- 그는 OMA의 그림들을 고려하며 언급한다: 그것은 순수한 프로그램이자 거의 형태가 없는 계획으로, 건축의 어떤 다른 유형과도 잘 공존할 수 있으며... 타푸리의 위협에 대항하는 레오니도프의 지성과 잘 어울린다..."[137]

"덕트공원", 메트로폴리스의 잠재의식적 하부구조

「무한의 프로이트」에서 우리는 맨해튼 주위의 물의 배경에 대항해 다양한 색채의 케이블들과 도관들, 지하철 터널들로 구성된, 복잡하며 보이지 않는 기술이 놓여있는 것을 발견한다(물은 달리와 마그리트의 방식으로 시트와 같이 묘사된다). 그 그림은 아키그램이 설명하듯,[138] 도시의 "활력적 외피"의 논리를 보여주며, 암바즈가 말하는 것은 뉴욕의 개념적, 기능적 기초이다: 하부구조적 네트워크.

"맨해튼은—암바즈가 쓰기를—근본적으로 하나의 네트워크이다. 사물과 에너지, 정보의 처리와 교환을 위한 하부구조의 관점으로 바라볼 때, 맨해튼은 지하철

137) Cit.in *La deuxième chance* cit.,p.4.또한 Hans van Dijk,*Rem Koolhaas: de reincarnatie van de moderne architectuur*, in "Wonen Ta/bk",1978,No.11,(pp.7-20),p.18.Cf.또한 De Cauter,Heynen,op.cit.,pp.271,272 에서의 타푸리에 대한 콜하스의 언급을 볼 것. Marco Biraghi가 제안한 타푸리에 대한 콜하스의 말들의 해석은 타푸리와 IUAV의 이데올로기적 "계획"에 의해 이탈리아에서 야기된 "현대 건축"의 "위기"를 간과하는 듯이 보인다 (cf. Marco Biraghi, *Progetto di crisi. Manfredo Tafuri e l' 'architettura contemporanea*, Milan, Marinotti Edizioni, 2005,pp.240 et seq.).

138) Editorial,in "Archigram 5",n.p.

그림 56. 렘 콜하스/ OMA, 뉴웰페어 아일랜드, 뉴욕, 1975-76. 덕트 공원의 상세와 건물로 변형된 OMA 상징.

그림 57. O.M. 웅거스, 베를린 하우징 구조의 차트, "도시 내의 도시들", 1978, 렘 콜하스, P. 라이만, H. 콜호프, A. 오바스카 공동작.

터널과 역사들, 자동차 도로, 우편용 튜브들, 텔레비전과 컴퓨터 선들로 된 지하의 물리적 그리드의 극도로 흥분된 지붕과 같이[...] 보일 수 있다[...]" [139]

「무한의 프로이트」의 영감들 중의 하나는 1939년 뉴욕 박람회에서의 에디슨관에 설치된 맨해튼의 디오라마,「빛의 도시」(*City of Light*) 와 동일시될 수 있다. 콜하스는 이 작품의 "빌딩 단면들과 하부구조의 잠재의식을 을 보여주는 지구" [140] 를 강조한다. 「무한의 프로이트」에서 하부구조 네트워크가 잠재의식적이며, 보이지 않는 기술로 되는 것은 이 정신분석적 해석 속에 있다. "[...] 철과 구리 동맥들과 활력적인 열과 에너지를 공급하기 위한 표면 밑의 정맥들을 가진, 살아있고 숨 쉬는 도시－이것들은 그 디오라마에서 씌어졌었고, 콜하스가 인용한 말들이다－자신의 운동을 조절하고, 그 생각을 전달하기 위한 전기 신경을 가진 도시..." [141]

암바즈의 아티클이 실렸던「카사벨라」이슈의 표지에는 맨해튼의 계획이 실렸는데, 그것은 선형의 구조와 같이 성형되어, "반사된 건축" 시리즈에서 수퍼스튜디오가 묘사한 지구의 비행 매스와 유사했다; 제호에는 지하 하부구조 네트워크의 단면이 보인다. AA 스쿨에서 콜하스는 시카고 지하 하부구조에 대한 보야르스키의 강의에 참여했다. 그리고 다니엘 리베스킨트는 AA 스쿨의 1976-77년 중간 과정 유닛 9 과정 프로그램에서 뉴욕 가로의 하부 구조 드로잉을 발표했다. [142]

「뉴웰페어 아일랜드」와「뉴웰페어 아일랜드/ 이데올로기적 조경」의 조감도에서 콜하스는 "맨해튼 표피 아래에 감추어진 모든 덕트와 본관, 케이블, 튜브들을 발굴하고, 보여줌으로써" [143] 얻어지는 "덕트 공원" 을 포함시킨다. 콜하스에게 하부구조는 메트로폴리스의 능동적이고 영원한 지층으로 보이기 시작한다; 그것은 1960년대 초의 환상적 계획안들에서 상상된 네트워크들의 시스템에 의해 만들어진 형태이다; 그것은 또한 콜하스가 1990년대 중반에 이론화하게 될「포괄적 도시」의 기본적 양상들 중의 하나의 전제이기도 하다. 그 하부구조는 심지어 맨해튼의 그리드에 도전할 수도 있는데, 그것은 벗겨지고, 아키줌의「중단 없는 도시」와 수퍼스튜디오의「수퍼표면」의 "연속적 평면" 으로 변형될 수도 있다.

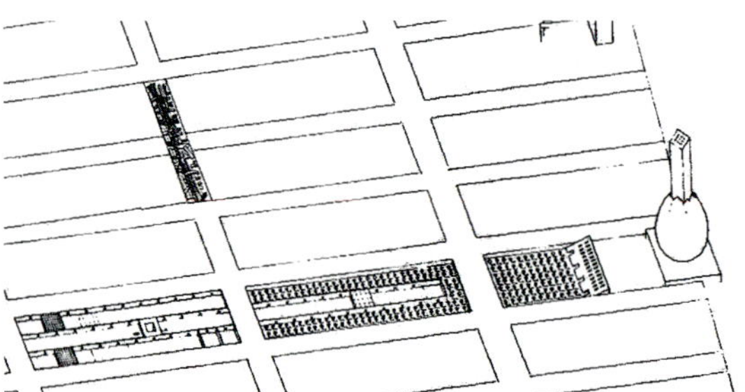

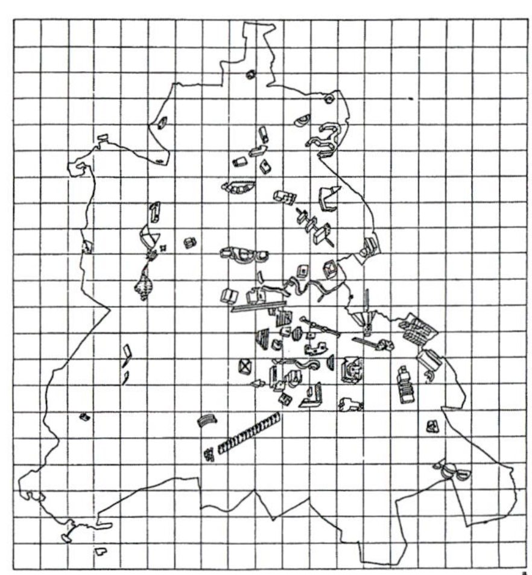

"스팀, 동력, 빛—콜하스는 쓴다—물, 개스, 전화, 지하철들을 위한 각각의 시설은 손쉬운 확인을 위해 채색되어 코드화된다. 도로의 원래 포장은 유리의 투명한 판으로 대체됨으로써 메트로폴리스의 무목적 배회자들(*flâneur*)—거북과 함께 하건 아니건—은 일종의 보들레르적 '하부 구조의 현기증' —갑작스런 현실화—을 경험하게 될 것인데, 그것은 반쯤 흥분되고 반쯤은 공포스런 경험으로, 객관적 기술로 더 이상 위장될 수 없는 이러한 다중의 서비스들에 의해 지탱되는, 자신의 생활 방식의 불안정한 인위성의 경험이다: 그것들은 환영으로 되었다".[144]

「뉴웰페어 아일랜드/ 이데올로기적 조경」의 "덕트 공원 ' 옆에는 OMA의 상징이 마그리트식의 스케일의 도약으로 되어 건물로 변형되어 나타난다.

웅거스의 도시-군도: 베를린의 예

콜하스는 1977년 웅거스와 함께 베를린에서 열린 코넬 하계 아카데미 기간 동안 특별한 "동질성" 을 부여받은 도시의 "도시적 섬들" 만을 확인하고 개발하고, 그것으로부터 "도시-군도" 의 모델을 개발하기 위한 목적의 연구 작업으로 돌아갔다. 그 연구 결과들은 베를린의 민주적 쇠퇴와 교전하고, "대탈출 정신증" (대부분의 도시에서 발견되는 현상)을 중단시키는 한편, 베를린의 "이전의 역사적 실체와 형상" 을 복원하려는 향수적 제안들을 거부하기 위한 도시적 프로그램의 정의에 초점을 맞추는 11개의 주제들로 요약된다.[145] 그 연구는 "보존될 가치가 있는 지역들" 의 확인과 개발을 따라, "여분적이며, 나쁘게 작용하는 지역들의 부분적 파괴" 를 제안할 정도로까지 나아갔다: "도시의 익명성으로부터 해방되는 이 장소들은 자신들의 유사-섬의 자질 속에서 자연적 저수지 내의 녹색의 도시적 군도를 형성하게 될 것이다".[146]

"도시 내의 도시의 개념" 은 "단일적 전체로서의 도시의 정의로부터 파생된 계획 이론" 에 반대하기 위해 제안된다; 이 개념은 계획의 모든 스케일에서의 구조의 용해, 그리고 "유형화" 와 "표준화" 에 대항하는 근본적 추론들로 이끈다. 그것은 도시의 진화를 "통일된 이미지가 아니라 살아있는 꼴라주, 단편들의 결합" 을 낳게 될 "아이디어들, 개념들, 결정들, 인과관계들의 중첩" 에 의한 발생으로 독해하는 것에 기초한다. "비평적 대립과 이탈적 다양성을 위한 계획은 베를린의 심오한 감각이자 특징이다", 우리는 「유폐된 지구 도시」의 이론적 프로그램과 유사하게 아홉 번째 이론의 결론을 읽는다.

콜하스는 그의 미래적 도시 계획의 법칙과 미래 도시에 관한 기본적 고려들을 웅거스의 이론들에서 만들어진 관점에 기초했다. 그리고 그 이론들에서 나온 일련의 예들은 콜하스에게로 직접적으로 돌아갈 수 있다. "마그니토고르스크를 위한 레오니도프의 선형적 디자인은—우리는 읽는다—운터 데어 아이헨(Unter der Eichen)을 따라 있는 건물들의 구조에 대한 유형학적 관점과 유사하다".[147]

1978년에 콜하스는 「유폐된 지구 도시」의 의미를 설명하기 위해 "도시-군도" 의 아이디어로 되돌아왔다: "그리드—혹은 메트로폴리스 영역의 제어를 위한 최대 증식 속으로의 어떤 다른 분할—는 '도시들 내의 도시들' 의 군도를 설명한다. 각각

139) Cf.Ambasz, *Manhattan* cit., p.93.
140) Koolhaas, *Delirious* cit., pp.234, 235.
141) Ibid., p.234.
142) Cf. *Inter Unit 9*, in "Prospectus. Architectural Association. School of Architecture", 1976-77, p.39.
143) *New Welfare Island/the Ideological Landscape* cit., p.344.
144) Ibid.
145) Oswald Mathias Ungers, Rem Koolhaas, Peter Riemann, Hans Kollhoff, Arthur Ovaska, *La città nella città. Proposte della Sommer Akademie per Berlino*, in ""Lotus international"", 1978, No.19, pp.82-97. Cf.또한 Oswald Mathias Ungers, Hans Kollhoff, Arthur Ovaska, *The Urban Villa. A Multi Family Dwelling Type*, Cologne, 1977.
146) Ungers, Koolhaas, Riemann, Kollhoff, Ovaska, op. cit., p.85.
147) Ibid., p.88.

의 '섬' 이 다른 가치들을 더욱 찬양할수록, 시스템으로서의 군도의 더 많은 유닛들이 보강된다. 왜냐하면 '변화' 는 구성요소로서의 '섬들' 에 포함되며, 그러한 시스템은 결코 수정될 필요가 없기 때문이다".[148)]

AA 스쿨에서의 교육, 1975-80

맨해튼은 콜하스 각본의 가장 세련된 것들조차 먹어치우며 그의 건축의 유럽식 초현실주의의 분위기를 벗겨 내고, 뒤에 단지 애매한 키치 형태만을 남겨 놓을 것이었다. 그래서 은유적인 수상 수영장은 유럽을 향해 항해를 떠났고, 거기서 건축가-구조원들은 그들이 뉴욕에 머무는 동안 그들이 얻었던 가장 귀한 획득물들을 가져갔다: "자신의 적절성이 더 이상 자신의 창조의 섬에만 제한되지 않는"[149)] 맨해터니즘의 독트린. "뉴욕이 니체적 투기장이라면"[150)], 콜하스는 "거대 도시" 의 면전에서 말해진 충고를 따르는 짜라투스트라의 화신이다: "우리가 더 이상 사랑할 수 없는 곳에서, 우리는 지나쳐야 한다!—짜라투스트라는 이렇게 말하였다, 그리고 바보와 거대 도시를 지나쳐 갔다".[151)]

1975년에 콜하스는 AA 스쿨의 디플로마 유닛 9에서 젱겔리스와 가르치기 위해 런던으로 돌아갔다. 이 선택은 웅거스, 알도 로시, 로버트와 레온 크리에, 그리고 근대 운동과 역사적 도시의 비평적 수정에 연관된 다른 건축가들의 경험들에 영향을 받았다—이것들은 콜하스가 말하는 " '합리주의' 의 선언" 이다.[152)] 정확히 1975년 런던에서, 1973년 밀란 트리엔날레에서 로시가 성공적으로 조직했던 동일한 제목을 따르며, 레온 크리에가 합리주의 건축 전시회를 열었다. 런던에서의 쇼 이후에 「합리주의 건축」(*Rational Architecture Rationelle*)이라는 책자가 1978년 출판되었는데, 그 책에는 루스벨트 아일랜드와 뉴욕 이스트 리버를 위한 OMA-웅거스의 계획안이 포함되었고, 반면에 1977년에는 젱스가 포스트-모더니즘에 바치는「포스트 모던 건축의 언어」[153)] 라는 에세이를 발표하여, 그것이 OMA비평의 주요 목표가 되었다.

1980년까지 디플로마 유닛 9 틀 속에서의 콜하스와 젱겔리스의 교육 경험은 OMA의 이론적, 디자인적 관심의 명확한 표명을 위한 결정적 장을 재현한다.

젱겔리스가 레온 크리에와의 협력 하에 그 방향을 이어받은 1973-74년 동안의 디플로마 유닛 9의 프로그램은 "이데올로기적, 사회적, 문화적 관례들에 부합되는 '유형' 으로서의 도시 건축과 도시 공간"[154)] 과 "소외되지 않는 사회적 인간의 갈망의 최대 달성을 위한 바람직한 영역과 인공적 영역"[155)] 들에 초점을 맞추었다. 프로그램 속에서 도시의 팽창은 " '도시적 강도' 의 영역" 의 두 가지 다른 형태로 요약된다: "도시적 발산의 점들(.), 혹은 선들(—)과 끌림. 이론적으로, 이상적으로, 이것들은 전기와 같이 작동한다: 강도가 클수록 자성이 강하며, 그러므로 바람직하게 된다".[156)] AA 스쿨에서의 교육과 「엑소더스」 같은 작품들에서의 전형인 시각적 요소는 "이상적이거나 유토피아적인 기초" 로 여겨지거나 도시적 성장 영역에서의 "도시적 강도의 새로운 주입" 을 제시하는 것이 가능한 계획에 대한 요구 속에서 반영된다("이상적 도시" 는 카사벨라를 위한 현상 설계안으로부터 직접적으로 취해진 주제이다).[157)] 그 프로그램은 건축에서의 창조적 과정의 프로이트적 구성 요소들에

148) Koolhaas, *Delirious* cit., p. 244.
149) Ibid., p. 243.
150) *New Welfare Island/the Ideological Landscape* cit., p. 344.
151) Friedrich Nietzsche, *Also sprach Zarathustra. Ein Buch für Alle und Keinen*, Ital. trans., *Così parlò Zarathustra. Un libro per tutti e per nessuno*, Milan, Adelphi, 1979, vol. II, p. 217.
152) *La deuxiéme chance* cit., p. 4.
153) 또한 Charles Jencks, *The Rise of Post-Modern Architecture*, in ""Architectural Association Quarterly" ", vol. VII, 1975, No. 4, pp. 3-14을 참조할 것.
154) *Unit 9*, in ""Prospectus. Archi-

대한 수퍼스튜디오의 세미나들을 포함했다.

1974-75년 크리에가 중간 과정 유닛 10의 관리자로 왔을 때 디플로마 유닛 9의 프로그램은 OMA 선언의 내용을 반영하며, 메트로폴리스 거주민들의 집중에 대한 고려로 개방되었다. "메트로폴리스적 이상과 생활 방식", "메트로폴리스 건축", "메트로폴리스적 내용" 같은 표현들은 크리에의 도시 문화로부터 디플로마 유닛 9의 진보적 이탈을 지칭했다.

"그 유닛—프로그램은 1974-75년에 명시된다—은 메트로폴리스적 이상과 생활 방식의 부흥에 바쳐질 것이다. 그것은 건축이 어떻게 이런 수행의 도구로 될 수 있을지를 연구할 것이다. 이런 강조/경향은 상대적으로 한정된 영역에 함께 사는 사람의 거대하고 강렬한 집중의 궁극적인 타당성을 연속시키는 것에 대한 믿음의 결과이다. 이러한 믿음은 역사적 분석과 비평의 현존하는 실체의 많은 부분에 대한 반대급부로 작용하는 오래된 관점의 '세계관'에 기초한다. 연구와 디자인의 조합으로 보여지는 이 프로그램은 많은 부분에서 프로그램과 형태의 관점에서, 그리고 도시화 조건의 종합적 본성으로 인정되는 새로운 메트로폴리스적 구조/관례들을 위한 제안의 산물의 관점에서 역사적인 메트로폴리스적 건축의 연구와 해석(실현과 계획안들)으로 구성된다. 이러한 경향은 다른 이데올로기들 속에서 표현될 수 있다. 두 번째의 흥미 영역은 그러므로 건축과 이데올로기 사이의 연관, 그리고 다른 것들의 관점 속에서의 또 다른 것의 정당화이다. 메트로폴리스적 내용의 선택된 영역과 계획들, 혹은 충분한 상징적 잠재력을 지닌 실제적 현상 설계들은 상기의 가설들이 시험되고, 건축이 도시에 관한 학생들의 이데올로기적 입장과 프로그램적 고찰의 가장 효과적이고 구체적인 재현을 위한 요구되는 매체로 보여지게 될 디자인의 주제로 정해질 것이다".[158]

교육은 OMA의 문화적 프로그램과 같이 두 개의 부분으로 구분되었다: "역사적인 메트로폴리탄 건축"—주로 런던, 뉴욕, 파리—의 "프로그램들"에 대한 연구의 "이론적" 부분과 "실제적" 부분.[159]

"이론적" 특성의 어떤 부분은 크라이슬러 빌딩과 엠파이어스테이트 빌딩을 보여주는 낸시 루벤(Nancy Ruben)의 뉴욕을 위한 패널 그림들 중의 하나와도 같이,「현행범」에 의해 직접적으로 영향을 받았다. 학생들 작품에 대한 리뷰를 위해 연말에 쓴 글에서 젱겔리스는 OMA 선언서의 발췌로써 방금 완결된 교육적 경험의 원래의 문화적 영향을 강조하는데, 그것은, "마치 '이상' 으로서의 메트로폴리스적 조건의 수용이 현재의 이론적 도그마들의 이데올로기적 반대급부로 보였던 것과 마찬가지로, '근대 운동' 의 반대와 반대급부로 작용할 수 있는 도시계획 운동의 발전을 고무하기 위해"[160] 디자인되었다. OMA 선언서에서 이 문장은 "맨해터니즘"을 의미했다. "모든 알려진 '-이즘' 들—젱겔리스는 계속한다—이 공존의 변이된 형태를 취하는 것을 허용하도록 시도하는 가운데, 건축의 신비적, 상징적, 문학적, 몽상적, 대중적 기능들을 실험함으로써 디자인의 실용주의적 독트린들의 한계를 넘어서서 보는 희망을 가지게 되었다".[161]

1975-76년의 학제 기간 동안 크리에를 대신해 디플로마 유닛 9의 디렉터로 콜하스가 오면서 더 나아간, 결정적, 진보적 교육이 이루어졌으며, 그것은 다음 10여

tectural Association. School of Architecture"", 1973-74, (pp. 18-20), p. 18.
155) Ibid.
156) Ibid.
157) Ibid.
158) Unit 9, ibid., 1974-75, p. 8.
159) Ibid.
160) Elia Zenghelis, *Diploma School Unit 9*, in ""The Projects Review. Architectural Association. School of Architecture"", 1974-75.
161) Ibid.

넌간의 유닛의 특성을 결정하게 될 것이었다.[162] 그 프로그램은 근대 건축의 기준과 목표를, 그것이 두 번의 세계 대전 사이에 한정되었듯이, 보존하고, 전달하고 발전시키는 것을 목표로 했다; 교육의 주요 목표는 유럽 도시들의 역사적 도시 조직에서조차 다양한 생활 방식의 발전과 공존을 허용하게 될 건축의 발명이었다. 전체적으로, 계획안들은, 때때로 어려울지라도, 내부로 다양한 프로그램들의 기능들을 주입시키기 위한 서로 다른 볼륨들의 집합 과정들의 결과였다.

1975-76년의 프로그램은 교육이 "60년대에 렘 콜하스와 엘리아 젱겔리스가 경험하고, 70년대 초 이래로 그들이 협동 작업한 기간의 건축 교육과 이론, 실습의 조건들에 대한 비평"[163] 을 따른다는 것을 설명해준다. 프로그램에 덧붙여진 콜하스의 짧은 이력은 1975년 가을에 오르트하우스와 함께 쓴 레오니도프에 관한 책의 발간과 1976년의 「광기의 뉴욕」을 말해준다.

학기 끝의 성명서는 밀집의 문화에 대한 콜하스적 공식을 설명해준다:

"디플로마 유닛 9의 목표는 20세기 마지막 부분에 적절한 도시계획의 형태를 재발견하고 발전시키려는 것이었다: 고밀도의 독보적인 문화적 가능성을 개발하고, 메트로폴리스적 생활 방식의 비평적이고 궁극적인 회복을 결과하게 될 새로운 유형의 건축적 시나리오들. 유닛 9은 도시적 밀도의 완벽한 잠재력을 실현하는 특별한 형태의 사회적 교섭들을 가능하게 하고, 진작시키고, 보조하는 건축, 형태적으로 세련된 구조 속에서 '밀집의 문화' 를 가장 긍정적 방식으로 구축하는 건축 다음에 있다. 그 유닛은 '이론적인 것' 으로부터 '실제적인 것' 까지의 스펙트럼을 커버하는 계

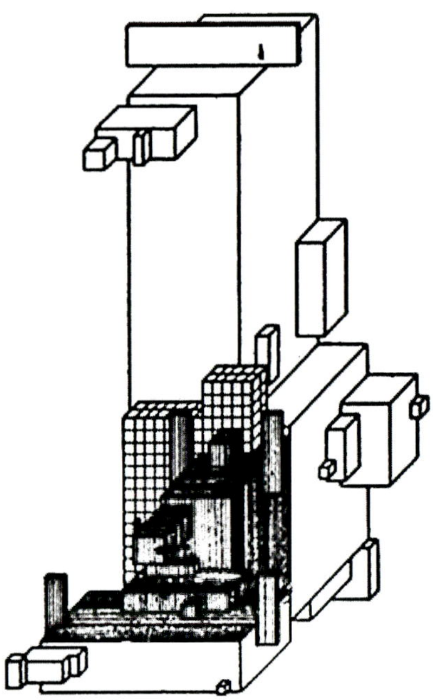

그림 58-60. 1975-78년에 런던 AA 스쿨에서 렘 콜하스와 엘리아 젱겔리스가 이끈 디플로마 유닛 9 학생들의 계획안들. 톰 자하리아스(T. Zacharias), 텍토닉, 1975-76; 알렉스 월(A.Wall), 맥그로힐 빌딩 재건축, 뉴욕, 1975-76(드로잉은 많은 학생들의 계획안들을 조합한다); 자하 하디드, 런던 헝거포드 브리지 위 테임즈강 위의 호텔을 위한 수평적 텍토닉, 1975-76.

획안들을 통해 작동한다: 이 연속체들의 한 끝에는 실제적으로 지어지거나 혹은 심지어 지어질 가능성도 없으며, 건축적 '일반 이론', 기존의, 그리고 계획된 건물들이 '측정' 될 수 있는 이데올로기적 기준으로 작용하는 '이상적' 계획안들이 있다—다른 한편 끝에는 기존의 시스템 내에서 실현될 수 있지만 '이론적' 작업을 통해 발생되었던 비평적 법칙들을 통합하는 계획안들이 있다. 모든 경우들에 이데올로기와 건축 사이의 관계, 그리고 다른 관점에서의 또 다른 것의 정당화는 그 유닛의 작업들에 대한 평가의 기본적 기준으로 보인다".[164]

학생들에게 제시될 주제들의 선택은 무엇보다도 콜하스가 했으며, 그것들 중의 어떤 것들은 그의 문화적 흥미와 계획안들의 직접적 반영이다: "텍토닉", "도시적 유형으로서의 수영장", "사우스 뱅크", "마이애미 주택", "브리지 프로그램". 첫 번째 주제의 프레젠테이션은 예술적 아방가르드에 대한 점점 널리 퍼지는 베니스의 이데올로기적 비평에 대항하고, 포스트 모던 건축적 경향의 진전을 막기 위해 현재에 적합한—텍토닉스(Tektoniks)[165]로 불리는—말레비치의 추상적, 비실용적 볼륨의 모델을 만드는 가능성의 열정적 선언이다. 「유폐된 지구도시」에 의해 진전된 이론적 프로그램 이후, 오르트하우스와 행한 구성주의에 대한 역사적 연구 이후에, 콜하스는 AA 스쿨에서의 그의 첫 번째 건축 강좌를 그것들의 재생을 위한 실험실로 바꾸며, 아방가르드 시학의 시기적절성을 구체적으로 시험하기 시작한다. 교육 방식은, 예를 들어 어떤 기능적 제약도 없는 자유로운 이상의 생성이 가능한 텍토닉 같은, 프로그램적 결말이 없는 추상적 형태의 연구를 포함한다. OMA의 편집증적 비판 방법의 논리 속에서 이 절대주의적 텍토닉은 초현실주의적 경탄에 부합되며, 또한 「연속적 기념비」의 불가해한 고형에 부합된다. 기능들은 텍토닉 속으로 단지 나중의 단계에서만 주입되는데, 그것은 마치 「콜럼부스 기념비의 달걀」과 같은 경탄의 작품이 "형태는 기능을 따른다"는 근대 운동의 기본 공식을 거꾸로 뒤집는 것과 같은 경우와도 같다. 텍토닉이 디플로마 유닛 9의 학생들에 의해 수행된 건축 계획으로 진보적 진화를 한 것은 엘 리시츠키와 페리스에 의해

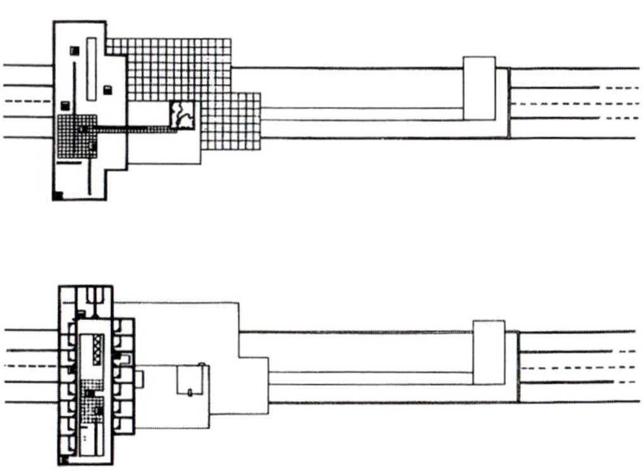

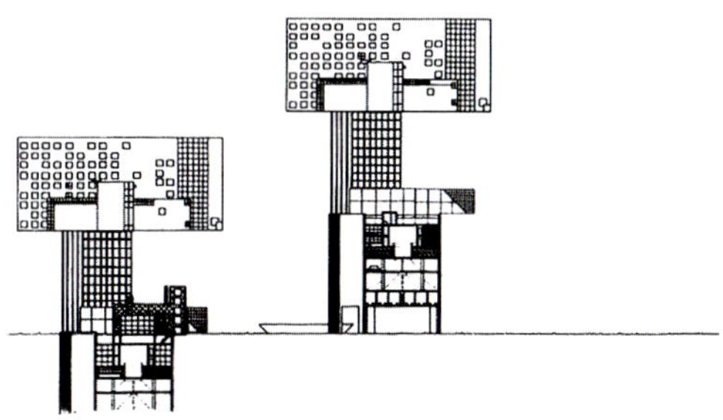

162) 또 다른 참여자들로는 오르트하우스(Oorthuys), 디미트리 포르피리우스(Dimitri Porphyrios), 앤소니 비들러(Anthony Vidler)등을 포함했는데, 그들은 구성주의와 건축적 상징주의에 연관된 문화적 요소들을 보강하는 데에 기여했다.

163) *Unit 9*, in "Prospectus. Architectural Association. School of Architecture", 1975-76, p.55.

164) *Diploma Unit 9*, in ""The Projects Review. Architectural Association. School of Architecture", 1975-76.

165) "텍토니카"(tektonika)란 용어는 Kenneth Framton의 *Constructivism: The Pursuit of an Elusive Sensibility*, in "Oppositions", 1976, No.6, (pp. 25-43), p.32에서 논의된다. 그 아티클은 1972년 12월 5일 뉴욕 구겐하임 미술관에서 케네스 프램튼이 행한 강연의 텍스트이다.

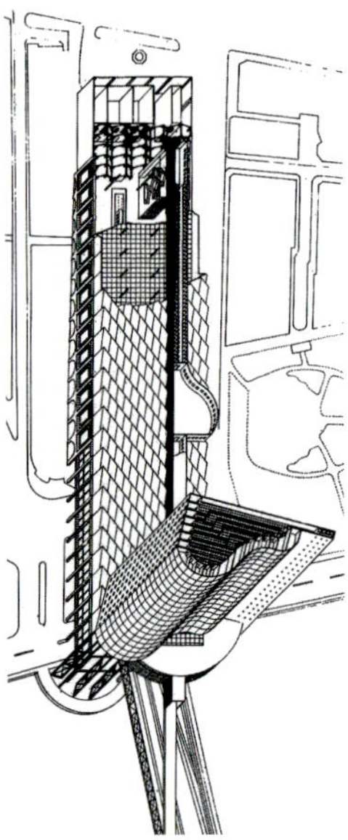

이론화된 예술적 과정의 단계들을 되돌아보게 한다. 1975-76년에 「뉴웰페어 아일랜드」에서 묘사된 아키텍톤과 1976년 「무한의 프로이트」의 창을 통해 본 프로운은 이 교육적 경험의 대화 속으로 들어간다.

"말레비치 텍토닉들(프로그램이나 재료의 관점에서 결정되지 않은 건축적 조각들)의 하나를 취할 때—디플로마 유닛 9의 기록은 설명한다—그것의 함축과 제시는 건축적 명시의 캠페인을 통해 연구되었으며, 그것에 의해 그 조각은 크기와 메트로폴리스적 장소가 주어졌다; 그것은 그리고 분해되었다. 그것의 단편들은 외부 외피와 서비스 코어, 엘리베이터들 같은 공공적 지점들을 수용하며, 최대치의 명확함으로 그것들의 단면을 발전시킬 것을 요구받는 유닛 멤버들에게 주어졌다. 형태에 내포된 논리의 추론을 통해, 그들은 각각의 부분에 적절한 프로그램들을 주입하고, 내부 공간과 명세된 내부와 외부의 재료들을 발전시켰다. 각각의 단편들이 완성된 이후에, 전체의 텍토닉은 재조합되었다; 회고 속에서 구체화된 모더니즘의 에피소드". [166]

학생들 집단이 발전시킨 텍토닉의 단편들은 뉴욕의 레이먼드 후드의 맥그로힐 빌딩의 재구축을 위한 알렉스 월(Alex Wall)의 계획에서 재조합되었다. 톰 자하리아스(Tom Zacharias)의 드로잉은 "텍토닉의 단편(원래의 전체를 보여주는)" [167] 을 묘사한다. 월은 "특화되고 재조합된 말레비치 텍토닉의 결합을 통해 뉴욕의 비어있는 맥그로힐 빌딩의 재건축" 을 디자인했다—그 결합은 또한 나르콤트야츠프롬을 위한 레오니도프의 타워들에 영향을 받았다. 자하리아스는 "다양한 종류의 도미토리와 사회적 공간, 스포츠 시설들을 갖춘" [168] YMCA의 재건축을 디자인했다. 자하 하디드는 콜하스가 「뉴웰페어 아일랜드」에서 디자인했던 입구 컨벤션 센터와 비슷하게, 런던의 철도 교량 위에 텍토닉, 혹은 프로운의 구축을 제안했다.

"자하 하디드—콜하스와 젱겔리스는 썼다—는 그녀의 수평적 텍토닉에서 단독적 계획안의 건축적, 프로그램적 요구 사항들을 위한 '변이적' 요소들을 조정하는 임무를 수행했다. 법규를 무시하며, 그녀는 말레비치의 확실히 임의적인 구성 속에서 이러한 요구에 부합되는 '방법' 을 발견하며, 전체를 디자인했다: 이 방법은 틱택(tic-tac)으로 불렸다. 자하 하디드의 디자인은 헝거포드 브리지 위에 올려지는 호텔이다[...]. 그 계획안은 14층으로 이루어지는데, 그것은 모든 제약들을 호텔을 위한 프로그램을 풍부하게 하기 위한 가능성으로 돌려놓으며, 텍토닉의 체적적 외피를 시스템적으로 따르고 발전시킨다". [169]

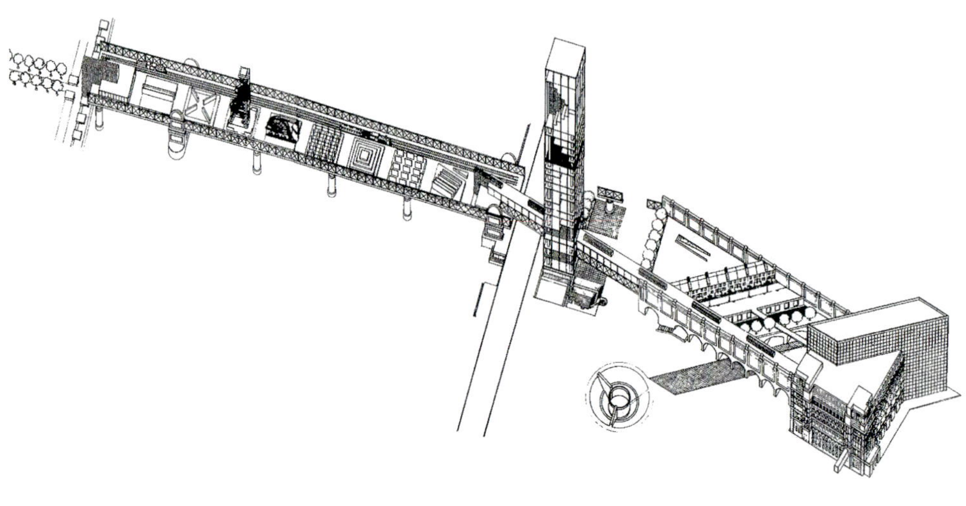

그림 61-63. 1975-78년 동안 런던 AA 스쿨에서 렘 콜하스와 엘리아 젱겔리스가 이끈 디플로마 유닛 9의 학생들 계획. B, Chan, K. Shimomura, 런던 채링 크로스 역 자리의 19세기 미술관, 1976-77; H. Gordon, 런던 채링 크로스 역 자리 19세기 미술관; 자하 하디드, 런던 채링 크로스 역 자리의 19세기 미술관, 1976-77.

계획안을 부분들로 분해하는 기준은 각각 독립적으로 발전되고 마지막 작품의 조합을 따르도록 되며, 또한 1978-79년 OMA 멤버들의 현상설계 준비를 위해 실용화되었다. "그 계획안—콜하스와 젱겔리스는 텍토닉에 대해 쓴다—은 최근의 건축 역사의 미완성된 장의 연구이자 완성이며, 그것의 적합성의 확인이다. 동시에 그것은 거대한 메트로폴리스적 구조/제도의 돌연변이적 유형의 특성을 도해하는데, 그것은 일련의 비판적 매스를 넘어서 이데올로기와 기능, 흥미, 건축적 제스추어들의 광대한 스펙트럼의 필연적 총합이다—그것들 대부분은 모순적이며 명백히 상반된다".[170)]

"도시적 유형으로서의 수영장"의 주제는 콜하스의 또 다른 열정에 부합되며, 그가 「수영장 이야기」를 쓴 것은 정확히 1976년이었다. 이 주제 역시 새로운 도시적 구조를 위한 "사회적 응축기"의 구성주의적 발명에 연결된다: "수영장 계획은 도시

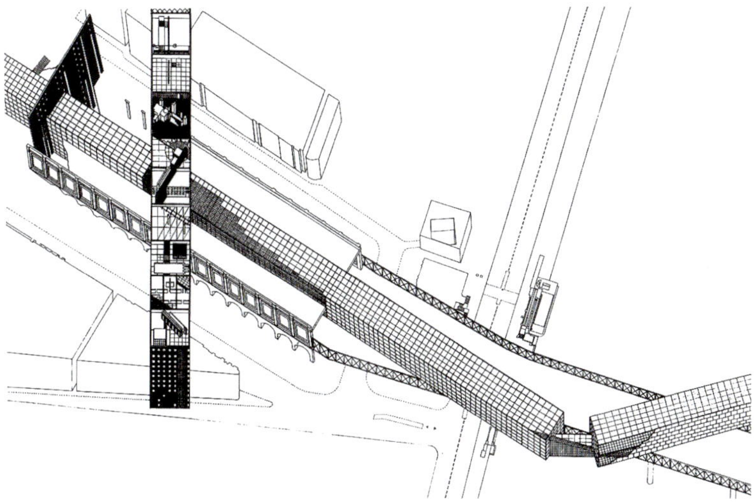

166) *Diploma Unit 9*, in "AA 스쿨, 프로젝트 리뷰", 1975-76. "말레비치의 텍토닉들(프로그램이나 재료의 관점에서 결정되지 않은 건축적 조각들) 중의 하나는—콜하스와 젱겔리스는 설명한다—시작하는 계획안으로 선택되었다. 학생들은 최대의 명확함으로 작동하고, 디테일한 평면과 단면, 입면들로 표현하도록 조각에서 제시되었던 기능과 행위들을 고안하도록 요구되었다. 이것을 하기 위해 텍토닉은 자신의 삶을 부활시키기 위해 일종의 도시적 촉매의 주입이 요구되는 메트로폴리스적 위치와 크기가 주어졌다. 텍토닉은 그 다음에 수직적 하부 구조만 제외하곤 단면들로 분해되었는데, 그것은 그 모든 부분들에 서비스되도록 되었다. 결과적 단편들이 외부의 외피와 공공의 서비스 코어를 수용하는 유닛 멤버들에게 부여되었다. 이 형태들이 함축하는 논리의 추론을 통해 그들은 각각의 부분에 적절한 프로그램들을 주입하고, 내부 공간과 명세된 내부와 외부의 재료들을 발전시켰다.(텍토닉의 수직과 수평적 버전 모두가 발전되었다). 각각의 단편들이 완벽히 발전된 이후에 전체의 텍토닉은 알렉스 월의 도해에서와 같이 재조합되었는데, 그것은 텍토닉의 외피 내에서 그 자신의 것 뿐 아니라 다른 학생들의 계획까지 보여준다. 그 계획은 최근의 건축 역사의 미완성의 장에 대한 연구와 완성이었으며, 그것의 타당성의 확인이었다: 그것은 거대한 메트로폴리스적 구조/제도의 돌연변이적 유형의 특성을 입증했는데, 그것은 일련의 비평적 매스를 넘어서서 이데올로기와 기능, 이론, 흥미, 건축적 제스추어들의 폭넓은 스펙트럼의 총합이다—그것들 중 많은 것들이 모순되며 명백히 비조화적이다. 이 전시는 최근 과거의 다른 경향들로부터 우리 유닛의 이론적, 실제적 결별을 보여준다: 포스트 모더니즘에 대한 반대이지만 모더니즘을 거부하지 않는다" (렘 콜하스, 엘리아 젱겔리스, *Architettura della metropoli planetaria. Architectural Association, Diploma School; Unit 9*, in ""Lotus international"", 1978, No. 21, (pp. 7-17), pp. 8, 9).

167) 월의 계획안이 그것의 상징적 의미를 위해 재발간되는 1976-77년의 디플로마 유닛 9의 프로그램에서, 그것은 "유닛은 스탭과 동일한 계획/연구에 대한 작업을 선호하는 서유럽과 북미의 맥락/상황의 폭넓은 다양성에 관심을 가진다" 라고 설명한다 (*Diploma Unit 9*, in ""Prospectus. Architectural Association. School of Architecture"", 1976-77, p. 49).

168) Cf. *Architectural Association. Diploma Unit 9*, in ""Architectural Design"", vol. XLVI, 1976, No. 7, p. 401; *Diploma Unit 9*, in ""Prospectus. Architectural Association. School of Architecture"", 1976-77, p. 49.

169) Koolhaas, Zenghelis, *Architettura della metropoli planetaria* cit., p. 9.

170) *Architectural Association. Diploma Unit 9*, in ""Architectural Design"", vol. XLVI, 1976, No. 7, p. 401.

그림 64–65. 1975-78년 동안 런던 AA 스쿨에서 렘 콜하스와 엘리아 젱겔리스가 이끈 디플로마 유닛 9의 학생들 계획. D. Gérard, 런던 채링 크로스 역 자리의 19세기 미술관, 1976-77; S. di Martino, 길리 주택, 1977.

의 원형적 구조의 더 나아간 탐구로, 말레비치 프로그램과의 연결 속에서 제안되었다. 그 목표는 전원적이고 단순한 것부터 메트로폴리스적이고 세련된 것까지를 망라하며, 위치와 프로그램 행위 모두의 관점에서 유형과 방향의 스펙트럼을 아우르는, 개별적으로 디자인된 수영장의 카탈로그에서 절정을 이루는 것이었다".[171)]

구성주의 경험의 가장 큰 중요성이 또한 "공간 내의 그리드" 계획과 함께 그 학기의 시작을 위한 프로그램 속에서 제시된다: "레오니도프가 코뮌을 위해 그의 학생들에게 준 계획안에 기초하여, 이것은 조경에 대한 인공적 훈련을 부과하는 것에 관한 연습이었다: 3차원적 건축 구성을 만들어내는 행위들을 가능케 하고 지칭하게 되는 다른 표면들의 기하학적 콜라주를 이루는 바닥을 만들어 내는 극단적이고 엄격한 건축적 구성".[172)]

"브리지 프로그램"이라는 제목의 계획 주제는 서로 다른 공공 기능들을 통합하며, 입구 컨벤션 센터와 연결된다. 이 주제의 형식은 또한 "사이 공간"(space in between)— "사이 공간으로서의, 중립적인 어떤 것"[173)]—의 개념을 포함하는데, 이것은 알도 반 아이크와 벤추리가 논의했었으며,[174)] 콜하스의 이론적 작업 속에서 더 연구될 것이었다.

콜하스가 1974년에 디자인했던 "마이애미 주택"은 그의 학생들에 의해 평행 띠들 내의 구조(토니 펠드만의 계획안)부터 하디드의 계획에서 조각적 강조를 취하는 두 개 형상의 상호 관통에 이르기까지 다양한 방식으로 해석되었다.[175)]

열린 주제의 계획들 사이에서 "뉴욕 워터프론트"를 위한 오를리 슈렘(Orly Shrem)과 펠드만(Feldman), 하디드의 안들은 콜하스와 젱겔리스, 웅거스 방식의 뉴욕 마천루 모델과 웰페어 아일랜드를 위해 OMA가 발전시킨 다른 다양한 계획안들을 재해석한다.

콜하스가 1975-76년 디플로마 유닛 9의 디렉터를 시작한 동일한 해에 AA 스쿨에서의 OMA의 문화적 위치는 리베스킨트(1971-72년에 그는 뉴욕 IAUS에서 연구보조원이었다)가 "현대 도시"에서의 "도시적 삶"[176)]—그의 프로그램의 선언서는 1977년 OMA가 발간한 것과 비슷한 맨해튼의 공중사진으로부터 시작한다[177)]—에

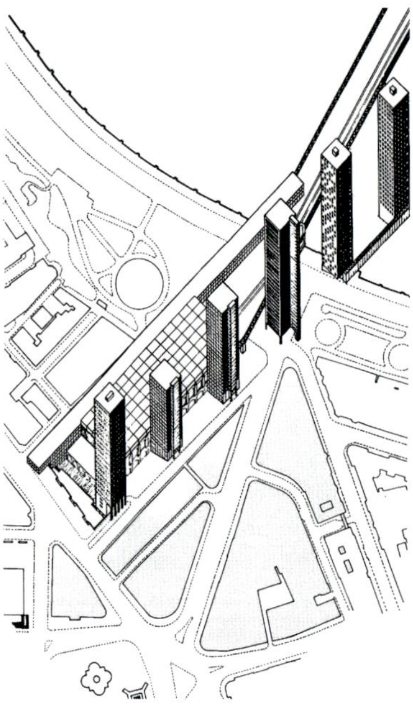

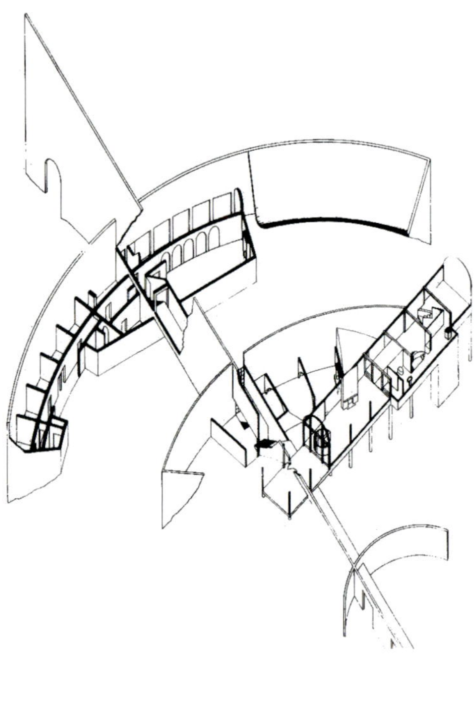

관해 "중급 과정"의 유닛 9에 선임되어 도착함으로써 부분적으로 보강되었다.

같은 해인 1975-76년에 크리에는 전통적인 도시 형태학의 회복에 초점을 맞추었다 - "구역(Quartier), 혹은 유럽 도시의 재건"이 그가 지도하는 디플로마 유닛 2의 프로그램 주제였다. 중급과정 유닛 10에서 그는 이미 "도시의 계획"이란 명칭으로, 비록 그가 "거주지의 밀집화"(도시, 마을 등등)[178] 의 필요성을 인식했을지라도, 콜하스가 추구했던 것: "도시 대 메갈로폴리스"[179]에 정확히 반대되는 법칙에 기초한 프로그램으로 이 주제에 접근했었다.

그러므로 AA 스쿨에서 70년대 중반에는 CIAM의 도시 계획에 반대하는 동일한 비판으로부터 파생되었지만 자신들의 주인공들이 국제적 사건들의 무대에서 충돌할 수밖에 없는 서로 다른 해결책들을 제시하는, 도시와 메트로폴리스 디자인 주제에 관한 두 가지의 문화적 경향이 있었다.

1975-76년 동안 디플로마 유닛 2와 디플로마 유닛 9의 행위들은 콜하스가 런던으로 돌아오기 전에 젱겔리스와 크리에 사이에 설정된 이해로 인해 공동으로 이루어졌으며, "유럽 도시와 영역들의 역사, 건물 유형과 도시 형태학의 변증법, 건축 언어와 유형들의 이용, 근대적 도시 계획의 급진적 비평"[180] 등에 관한 공통된 회의와 세미나들이 있었다. 디플로마 유닛 9의 프로그램은 "레온 크리에의 유닛과의 밀접한 흥미는 두 개의 유닛이 이론적, 실제적 영역 모두에서 공동 작업으로 발전해 나가는 것을 가능케 한다"라고 언급한다. 더 나아가 그 프로그램은 유닛이 "역사적인 메트로폴리스 건축의 선택된 영역들에 대한 연구와 해석에 기여할 것"이라고 언급한다. "이것들은 렘 콜하스 자신의 '광기의 뉴욕'에 기초한 맨해튼 건축에 대한 새로운 과정의 첨가를 통해 보강될 것이다".[181]

그 이후의 프로그램과 계획안들은 콜하스와 젱겔리스의 교육에서 절대주의와 구성주의의 창조적 과정들, 뉴욕 마천루의 모델, 수퍼스튜디오와 아키줌, 웅거스의 중성적으로 체크된 표피들의 결정적 역할을 확인해준다.[182] 계획안의 주제들은 종종 두 지도자의 전문적 영역들에 기초해서 만들어졌다. 정확히 디플로마 유닛 9의 맥락 속에서, 연구는 또한 OMA가 1986년에 공식적으로 의뢰받은 암스테르담 바일메르메어 지역의 재생을 위한 해결책을 발전시키기 위해 시작되었다 - "70년대에 지어지는 30년대 CIAM의 가장 순수하고 도그마적인 법칙들의 회고적 실현"이라고 1976-77년 그 과정 프로그램에서 정의되었다. "이것은 아이러닉한 조건을 창조한다: 초기 사회주의의 균등질적 조경 - 동일한 슬래브 건물들의 끝없는 배치 - 이 전형적

171) *Diploma Unit 9*, in ""The Projects Review. Architectural Association. School of Architecture" ", 1975-76.

172) *Unit 9*, in "Prospectus. Architectural Association. School of Architecture", 1975-76, p. 55.

173) Ibid.

174) Cf. Aldo van Eyck, *Dutch Forum on Children's Home*, in ""Architectural Design" ", vol. XXXII, 1962, No. 12, pp. 600-02; Robert Venturi, *Complexity and Contradiction in Architecture*, New York, MoMA, 1966.

175) "주택 계획의 의도는 정확성과 정제의 정도까지 건축의 단편을 발전시키려는 것이다; 형태적 세련됨을 강조하고, 그것에 의해 각각의 연속적인 디자인 결정이 출발의 초기적 개념/지점을 보강해야 하는 감수성을 창조하는 것. 달리 말하자면, 프로그램은 개방적으로 시간을 가지고 형태적인 건축적 이슈를 다룰 것이다" (*Diploma Unit 9*, in ""The Projects Review. Architectural Association. School of Architecture" ", 1975-76).

176) Daniel Libeskind, *Intermediate Unit 9*, in ""The Projects Review. Architectural Association. School of Architecture" ", 1975-76.

177) Cf. Rem Koolhaas, '*Life in the Metropolis*' or '*The Culture of Congestion*, in ""Architectural Design" ", vol. XVII, 1977, No. 5, p. 319.

178) *Unit 2. Project on the City*, in ""Prospectus. Architectural Association. School of Architecture" ", 1975-76, p. 48.

179) ""The Projects Review. Architectural Association. School of Architecture" ", 1974-75 and 1975-76에서 크리에가 발간한 프로그램을 볼 것.

180) Ibid.

181) Ibid., p. 55.

182) 구성주의와 절대주의는 1977년 자하 하디드의 암스테르담 "사진 미술관" 계획안에서 주된 참고 자료로 남는다. 1978년 Richard Perlmutter의 "아테네 국립 문서 보관소" 계획은 콜하스의 사진 미술관에 대한 재해석이다.

그림 66-67. 1975-78년 런던 AA 스쿨에서의 렘 콜하스와 엘리아 젱겔리스가 지도한 디플로마 유닛 9 학생들의 계획안들. R. Perlmutter, 아테네 국립 문서 보관소, 1978; T. Smiths, 암스테르담 바일메르메어의 도시 센터 액소노메트릭.

인 70년대 복지적 쾌락주의자들에 의해 들어선다. 그 계획안은 미국식 '띠'의 보충적, '유럽식의', 등가물로서의 올려진 자동차 도로를 따라 배치될 수 있는 사회주의식 드라이브-인 문화의 요소들을 발전시킴으로써 이러한 모순과 관련되려 한다".[183)]

다시 한 번 이 경우에, 학생들은 구성주의자와 웅거스의 개념에 강력히 기초한 사회적 응축기를 통해 획득한 밀집화를 향한 콜하스의 방향을 따른다.

학생들의 작품들 가운데에서도 자하 하디드의 작품은 엘 리시츠키의 프로운, 말레비치의 텍토닉, 연속적 기념비들의 공간적 가능성에 대한 연속적 실험으로 계속 나아간다.

"자하 하디드의 미술관—콜하스와 젱겔리스는 런던 헝거포드 브리지와 채링 크로스의 철도 역사에 지어질"19세기 미술관" 계획에 대해 언급한다—은 디테일하게 프로그램을 명시하고 디자인하는 것을 넘어서서, 그것이 오늘날 도시 건축의 역할과 존재에 대해 그것과의 관계에 대한 특별한 타당성과 강조, 그리고 그것의 역사적, 문화적 맥락과의 부합을 통해, 도시 건축의 역할과 존재가 무엇이어야 하는지를 위한 보여질만한 법칙을 단언했다는 점에서 무엇보다도 이데올로기적이고 추론적이다. 이것은 두 가지 방향으로 완성된다: 첫째로 메트로폴리스적 위치에 적합한, 명확한 사회적, 프로그램적 시나리오의 작업을 통해, 둘째로 오늘날의 유럽식 맥락주의 건축가들에게는 안 알려져 있는 형태적인 상징적 감수성의 전시를 통해".[184)]

그들이 지도하는 마지막 3년 동안 콜하스와 젱겔리스는 "'유닛 스타일'의 설익은 결정화의 위험"[185)]을 피하려 노력했다. 그래서 1977-78년에 최초로 그들은 재료와 구축의 표현안된 은유적 잠재력으로 실험하려는 목적으로, OMA의 계획안들에서 나타난 것과 유사하게, 기술적 디테일들의 연구를 요구했다. 이러한 원근에서, 그들은 "구체적 수준에서 개인적인 디자인 개념을 보강하고, 그럼으로써 유닛에서 생산된 계획안들이 자신들의 확실성을 증가시키게 될 새로운 물질성을 가지게 될 '풍부한 디테일'의 새로운 세대"[186)]의 창조를 향한 학생들을 지목했다.

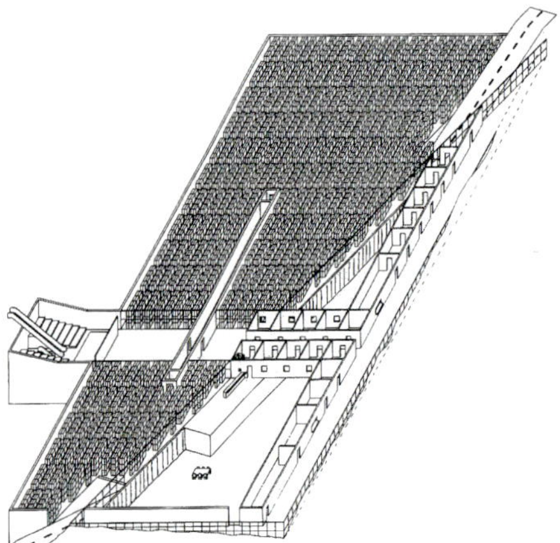

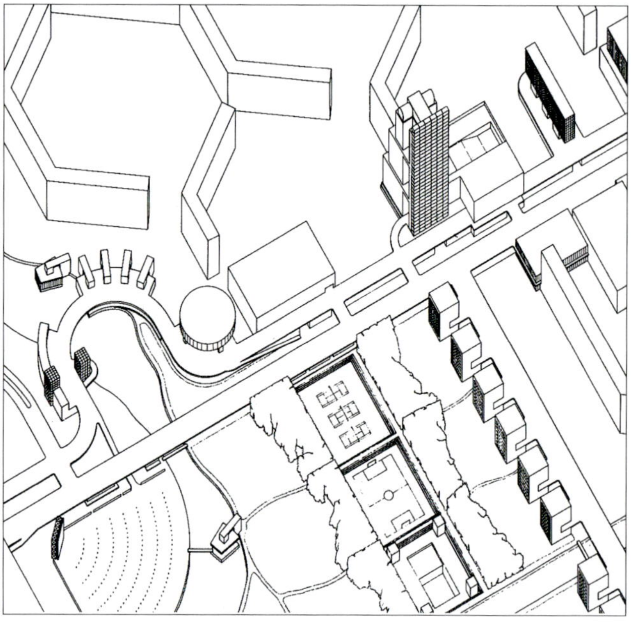

1978-79년에 디플로마 유닛 9은 도시의 역사적 중심들의 근대화와 보전의 문제를 시험하며 OMA가 발표한 하나의 징후인 비평적 자세를 취했는데, 그것은 1년 후 베니스 비엔날레에서 나타나게 되며, "도시는 오로지 자신들의 '이상적' 상태의 재구축을 통해서만 재건될 수('20세기의 공포' 로부터) 있다는 현재의 통설"[187] 에 대항하는 관점이었다. 학생들은 실제적인 도시 영역을 개발하고, 웅거스의 베를린을 위한 군도로부터 자신들의 열쇠를 취해 더 이상 기능이 없는 것들을 해체하도록 요구되었다: "우리는 일련의 결정적 지점들의 강화로부터 도시의 비기능적 부분들의 해체와 교체까지를 망라하는 더욱 유연한 전략을 발전시킬 것이다".[188] "유럽 도시 내의 세 가지 도시적 위기"에 부합하며, "근대적 텍스추어"의 세 가지 해결책이 확인되었다; 하나는 "파괴가 없이 역사적 중심지에 새로운 프로그램적 요소들을 주입하는 것"; 또 하나는 "(상상되는) 원래의 상태로 회복시키거나, CIAM이나 Team X의 'nowheres'를 창조하지 않고", 더 이상 기능적이지 못한 부분을 교체하는 것; 마지막은 "기존 도시들의 복제에 의지하지 않는 도시계획"을 창조할 수 있는, 교외와 위성 도시들 내의 개발 안 된 장소들.[189]

"메트로폴리스 건축 = 군중을 위한 건축?" 이 1979-80년 콜하스의 유닛 기간의 마지막 주제이다. 그 프로그램은 해변의 붐비는 군중의 사진을 보여주었는데, 그것은 밀집의 문화의 아이콘으로 되었다.

"구체적인 동시에 비현실적인 이 개념, '군중'의 덧없는 본성, -프로그램은 설명한다-은 모든 근대 건축 행위의 핵심에서 근본적인 불안정성과 불확실성을 초래했다. 군중 이후에 건축은 결코 동일하게 될 수 없음이 명백하다: 전통적 건축 의미의 섬세한 시스템들에 대한 그러한 수의 갑작스런 접근은 그것들을 파괴했다. 이러한 압도적 침략의 면전에서 포스트모더니즘과 합리주의 같은 최근의 운동들은 '군중 이후에 건축은 있는가?' 라는 질문을 함축적으로 제시한다. 그들은 초기의 가치들-기둥, 모울딩, 역사적 암시 등등-을 재주장하며, 포퓰리스트 관점에서이든, 혹

183) *Diploma Unit 9*, in ""The Projects Review. Architectural Association. School of Architecture" ", 1976-77.

184) Koolhaas, Zenghelis, *Architettura della metropoli planetaria* cit., p. 17. Cf. 또한 *Häuser können fliegen. Zaha Hadid in Gespräch mit Alvin Boyarski*, in ""Archis +" ", 1986, No. 86, pp. 28-33 참조. "각각의 계획안-19세기 미술관을 위한 계획안에서의 콜하스와 젱겔리스-은 역사의 전형적 기능을 유지할 것인가 아닌가, 미술관의 조직에서 예술과 기술 사이의 19세기적 차이를 반영할 것인가 아닌가, 전체적 복합시설에 다른 기능을 첨가하여 재정적으로 자족적으로 되고, 결국 쇠락의 연민, 혹은 역사에 의해 재현되듯, 곧 쇠락한 19세기의 메트로폴리스적 하부구조로 될 것에 대해 상징적으로 의미 있는 관계를 설정할 것인가를 결정해야 했다" (Rem Koolhaas, Elia Zenghelis], *Museum for the 19th Century*, London, in ""The Projects Review. Architectural Association. School of Architecture" ", 1976-77).

185) *Diploma Unit 9*, in ""Prospectus. Architectural Association. School of Architecture" ", 1977-78, p. 37.

186) Ibid. "올해-프로그램은 계속한다-에 스튜디오의 작업은 두 개의 평행한 연구들에 의해 보충될 것이다: 첫째-강의와 세미나 형태에서 이론적인-는 현재 잘못 독해될 우려가 있고, 망각 속으로 묘사되는 소위 근대 건축의 원래의 논쟁적이고 실제적인 의도들-절대주의, 구성주의, 표현주의, 초현실주의를 망라하는 선언들-의 재구축으로 될 것이다; 이 기획은 또한 더 풍부한 디자인 작업으로 될 지식의 보고를 만들기 위해 심도 있게 특별한 에피소드들을 망라하는 상호 연관된 역사적 이론들의 시리즈의 형태로 집합적 연구를 하는 것을 포함할 것이다. 두 번째의 강조 영역-스펙트럼의 반대편 끝에서의-은 개인적 디자인들의 구축적/기술적 양상들에 대한 집중으로 될 것이다[...]" (ibid.).

187) *Diploma Unit 9*, in ""Prospectus. Architectural Association. School of Architecture" ", 1978-79, p. 37. "'유닛 스타일'의 설익은 결정화의 위험을 피하기 위해-프로그램은 계속한다-유니트 9은 올해에 현재의 '도시적 위기'에 대한 새로운 접근을 시도하게 되며, 개선과 변화를 위해 어느 정도로 고도의 프로그램적 건축이 합법적 도구로 될 수 있는지를 연구하게 될 두 가지의 거대-스케일의 도시 디자인 계획에 집중할 것이다. 이 순간에 유럽과 미국 모두에는 중심 도시 생활 문화의 확실한 부활이 존재한다; 이러한 요구는 기존 도시들이 인식하지 못하고, 제공하지 않는 생활 표준들-시설의 크기와 호화로움, 집합적 시설의 쾌락주의와 정제됨, 이동의 편안함과 환경적 조건들-을 요구한다. 진정으로 모던한 문화를 위한 도시의 설치는 보존이나 도시적 개량의 어떠한 수행만큼 그것의 생존에서 필수적이다. 올해에 유닛 9은 첫 번째로 요구되는 이유인 역사적 맥락을 과정에서 파괴하지 않는 도시의 문화적 '변환'을 위한 이러한 요구에 초점을 집중시킬 것이다" (ibid.).

188) Ibid.

189) *Diploma Unit 9*, in ""The Projects Review. Architectural Association. School of Architecture" ", 1978-79.

그림 68-69. '메트로폴리스의 삶', 혹은 '밀집의 문화', 맨해터니즘의 발견, Architectural Design의 OMA 이슈, 1977.

은 사실주의적 관점에서 정당화 되든지간에, 효과적으로 건축을 구출하기 위해 군중을 배제할 것을 제안한다. 거대한 수를 위해 가능한 건축에서 이제 누가 종사를 하는가? 이 모든 것의 면전에서, 개념의 고고학을 수행하기 위해, 나쁜 신념, 정치, 그것을 모호하게 하는 타협안들을 제거하기 위해, '군중을 위한 건축'의 질문을 다시 한번 제기하는 것은 시기 적절하게 보인다. 주어진 대로 '군중'이 존재한다는 것—혹은 적어도 건축이 받아들이기 위해 준비된다는 것 보다는 수많은 수의 인간이 존재한다는 것—을 받아들이며, '군중을 위한 건축'이 있어야 하고, 그것의 잠재력과 특성들을 연구하는 것이 중요하게 보인다. 그것은 이 모든 이슈들—메트로폴리스 건축을 발전시키기 위해 언급된 유닛의 목표에 명백히 가까운—에 대한 더욱 확실하고, 심지어는 새로운 원근을 얻는 것인데, 그것은 다음과 같은 표제들로 그 해의 실체를 형성하게 될 것이다: 군중과 단조로움; 군중과 다양성; 개인적 상상 대 군중; 스탈린주의 건축; 그리고 군중은 포퓰리스트인가?" [190)]

디플로마 유닛 9은 OMA의 최초의 몇몇 직원들을 훈련시켰다: 하디드, 월, 엘리아스 베네리스(Elias Veneris), 스테파노 데 마르티노(Stefano De Martino), 리처드 펄뮤터(Richard Perlmutter), 리카르도 시모니니(Riccardo Simonini). 1977년 졸업한 하디드는 1977-78년, 그리고 그녀가 유닛의 진행을 이어받고, 마들롱 브리젠도르프와 조 젱겔리스의 그림의 자문을 맡은 1980-81년에 디플로마 유닛 9에서 포르피리오스와 함께 선생으로서 가르쳤다. [191)]

"디플로마 유닛 9의 목표—콜하스와 젱겔리스는 쓴다—는 20세기 마지막 부분에 적합한 도시 계획의 형태를 재발견하고 발전시키는 것이다: 고밀도의 독보적인 문화적 가능성을 개발하고, 메트로폴리스적 생활 방식의 비평과 부활을 결과하는 새로운 유형의 건축 시나리오". [192)]

"밀집의 문화"와 놀리(Nolli)의 로마 포셰(poché) 평면

1977년에 OMA에 관한 "아키텍처럴 디자인"의 모노그래프 이슈가 발간되었는데, 그것은 그룹의 설립 이후 2년 후에 그 그룹에 대한 최초의 중요한 취재였다. [193)] 콜하스와 젱겔리스는 그 이슈의 몇 개 글들을 썼고, 계획안들의 표현을 감독했다. 뉴욕을 위한 계획안들은 3개의 OMA 범주에 따라 분류되었다. 콜하스는「유폐된 지구 도시」의 "OMA의 개인적 신전 요소들"을 밝히며 다른 것들 중에서 그 프로그램이 "원래「엑소더스」광장의 하나를 위해 씌어진 것" [194)] 임을 언급했다.「콜럼부스 센터의 달걀」에서 나타난 달걀 형태의 거대한 기념비는 초현실주의와 팝의 과정을

190) *Diploma School. Unit 9*, in ""Prospectus. Architectural Association. School of Architecture"", 1979-80, p. 37. "자신들의 수사학적 입장이 무엇이든지 간에, 건축 내에 근대-이전의 가치들을 재주장하고, 재부과하고, 마치 그것이 단순한 '악몽' 이었듯이 최근의 경험을 배제하려는 듯이 보이는 최근의 건축 운동들의 면전에서—우리는 과정의 끝부분에서 씌어진 기록을 읽고 있다—, '대중을 위한 건축'의 질문을 다시 한 번 제기하는 것은 도전적으로 보인다" (*Diploma Unit 9*, in ""The Projects Review. Architectural Association. School of Architecture"", 1979-80).

191) AA 스쿨에서의 콜하스 교육의 연속성은 월(Wall)에 의해 부분적으로 보장되었는데, 그는 1981-82년에 제레미 딕슨(Jeremy Dixon)과 함께 디플로마 유닛 3의 진행을 이어받았다.

192) Program of Unit 9, prepared in 1976-77, cf. P.B. [Peter Buchanan], *Elia Zenghelis, Rem Koolhaas, Zaha Hadid*, in ""The Architectural Review"", vol. CLXXXIV, 1983, No. 1040, (pp. 64-67), p. 64. "이런 구분의 다른 측면에는—에반스는 쓴다—비록 재해석되었을지라도, 근대 운동의 이상을 위한 자신들의 협조 의지가 점점 확고하고, '현재 잘못 독해될 우려가 있고, 망각 속으로 묘사되는 소위 근대 건축의 원래의 논쟁적이고 실제적인 의도들—절대주의, 구성주의, 표현주의, 초현실주의를 망라하는 선언들—을 재구축하고자 하는' 자들이 있었다 (Rem Koolhaas and Elia Zenghelis, introduction to their unit in 1976). 흥미롭게도, 모더니즘에 대한 찬반 모두의 논쟁들은, 비록 스타일적 선입견들이 양쪽 모두에서 명백했을지라도, 스타일적 변형의 관점에서보다는 생활 방식의 변형의 관점에서 진행되었다. '밀집의 문화'를 추구하는 사회적 응축기 계획안, 근대 이전 사회성을 재건하려는 50명의 외진 사람들을 위한 확장된 주거지 계획안, 그리고 도시 내에 회합을 위한 공공 공간을 재구축하려는 계획안들은 의도보다는 모양에 의해 더 쉽게 구분되었다" (Robin Evans, *AA History and Student*

Architectural Design/5/77 319

REM KOOLHAAS
'Life in the Metropolis' or 'The Culture of Congestion'

1 Manhattan – the archetype of the Metropolitan Condition – looking down into the East River, Roosevelt Island and the territories of OMA's own explorations.

REM KOOLHAAS uses Manhattan as a model to outline fundamental attributes of high-density, high-rise, urbanity. He shows Coney Island as the test-bed for Manhattanism – a surreal environment to which New Yorkers escaped from the congestion of their city to experiment with alternative life-styles within the same context of congestion. Entrepreneurs rapidly implemented these experiments: skyscrapers became multi-layered shells with each layer providing the opportunity for living out independent – even opposed – life-styles. This promise of metropolitanism – a totally fabricated world within which any number of opposing views could co-exist – needlessly failed, he observes, due to a profound lack of nerve. The work of OMA attempts a recovery of that nerve.

'Why do we have a mind, if not to get our own way?'
Dostoevsky

Somewhere in the 19th century certain parts of the globe – negligible in terms of surface – developed an unprecedented condition: through the simultaneous explosion of modern technologies and human population on their limited territories, they found themselves supporting the mutant form of human coexistence that is known as Metropolis.

The Metropolis invalidates all the previous systems of articulation and differentiation that have traditionally guided the design of cities. The Metropolis annuls the previous history of architecture.

But if the Metropolis is a true mutation, it can be assumed that it has also generated its own Urbanism: an architecture that is exclusively concerned with the 'splendeurs et misères' of the Metropolitan Condition; an architecture with its own theorems, laws, methods, breakthroughs and achievements that has remained largely outside the field of vision of official architecture and criticism, both unable to admit a fundamental rupture that would make their own existence precarious.

Manhattan

By an unspoken consensus, Manhattan, (1), is considered the archetype of the Metropolitan Condition, to the point where the two are often interchangeable. Manhattan's spectacular growth coincided exactly with the definition of the

The Discovery of Manhattanism

Architectural Design/5/77 33

The Office for Metropolitan Architecture, (New York-London-Berlin), which has been active since the early seventies, was officially founded on January 1, 1975 to develop a mutant form of Urbanism – new types of architectural scenarios which would result in the rehabilitation of the Metropolitan lifestyle – which accepts the Megalopolitan condition with enthusiasm and which will restore mythical, symbolic, literary, oneiric, critical and popular functions to the architecture of large urban centres.

OMA consists of Rem Koolhaas and Elia Zenghelis with Madelon Vriesendorp and Zoe Zenghelis and works in association with O.M. Ungers.

After attacking the problems of London – the 'sleepwalking Metropolis' – in their project *'Exodus, or the Voluntary Prisoners of Architecture'* in 1972, OMA shifted its attention to New York in the mid-seventies. Their Manhattan projects involve an extensive investigation of the architectural phenomena – planned and spontaneous – that have established themselves within the Grid of the Island Manhattan.

Especially between 1890 and 1940 a new culture – the Machine Age(?) – selected Manhattan as its laboratory: an island, at the same time real and mythical, where the invention and testing of a Metropolitan lifestyle and its attendant architecture could be pursued as a collective experiment in which the entire city became an incubator of man-made experience.

'Delirious New York', Rem Koolhaas' forthcoming book, is the 'retroactive manifesto' of that Manhattan, an interpretation that establishes Manhattan as the product of an unformulated theory – Manhattanism – whose programme was to exist in a world totally fabricated by man – to live inside fantasy.

Manhattanism is the one urbanistic ideology that has always believed in the Metropolitan condition and hyperdensity as conditions for a desirable modern culture.

The following architectural projects – the appendix of *'Delirious New York'* – form a chronological sequence whereby the theorems of Manhattanism are reinterpreted, this time as an explicit doctrine that could take its place among contemporary Urbanisms.

The New York projects are in three categories
Conceptual-metaphorical projects that reconstruct an 'ideal' Manhattan and identify the laws and theorems of Manhattanism in its pure state; eg:

The City of the Captive Globe and The Story of the Pool.

Idealised projects which are extreme but still realisable projects which should be seen as long term architectural forecasts (architectural equivalents of weather forecasts); eg:

The Hotel Sphinx and The Welfare Palace Hotel.

Realistic projects to be realised immediately within existing financial and political structures, but incorporating the principles of Manhattanism; eg: Roosevelt Island Housing Competition.

Credits:
City of the Captive Globe: Rem Koolhaas; with Zoe Zenghelis.
Egg of Columbus Center: Elia and Zoe Zenghelis.
Hotel Sphinx: Elia and Zoe Zenghelis.
New Welfare Island: Rem Koolhaas, with German Martinez, Richard Perlmutter; painting by Zoe Zenghelis.
Welfare Palace Hotel: Rem Koolhaas; with Derrick Snare, Richard Perlmutter; painting by Madelon Vriesendorp.
Roosevelt Island Housing Competition: Rem Koolhaas and Elia Zenghelis, In association with the Institute for Architecture and Urban Studies; with Liviu Dimitriu, German Martinez, Richard Perlmutter; painting by Zoe Zenghelis.
House in Miami: Rem Koolhaas and Laurinda Spear.
Museum of Photography: Rem Koolhaas; with Martha Polak.
Story of the Pool: Rem Koolhaas; painting by Madelon Vriesendorp.
Exodus: Rem Koolhaas, Elia Zenghelis, Madelon Vriesendorp
Between 1972 and 1976 much of the work on the Manhattan projects was produced at the Institute for Architecture and Urban Studies in New York, with the assistance of its interns and students. This work has also been supported by the Graham Foundation for Advanced Studies in the Fine Arts, Chicago.

따르며, 진부한 충격을 만드는 법의 직관적 발견으로 표현되었다: 그것은 "건축이 쉽게 될 수 있다는 갑작스런 계시를 재현한다"[195] 마이애미 주택 계획안과 사진 미술관, 수상 수영장 등은 "3개의 장방형 계획안"이라는 제목으로 그룹화 되었는데, 그것은 작품의 비유형학적 분류를 위한 욕구를 표현했으며, 90년대 중반에 크기에 따른 분류의 형태를 취하게 되었다. 크기의 질문은 이미 이 계획안들 사이에서 "더욱 적절히 건축적인", "거대 스케일의 '메트로폴리스적' 계획안" 등의 구분으로 제기되었다. 3가지 계획안의 "청교도적 엄격함"은 "소위 포스트 모던 건축의 다형태적 쾌락과의 논쟁"[196] 의 맥락 속으로 넣어진다.

"이 각각의 계획안들—콜하스는 쓴다—은 인간 행위의 반복적 유닛 속으로의 프로그램들의 분해에 부합되는 정규적 세분으로 특성지어진다—주택 내의 방들, 미술관 내의 사진 복도, 수영장 내의 로커실들. 이 시스템들은 프로그램의 일련의 독보적 요구에만 부응하도록 차단된다—마이애미 내의 가는 수영장, 혹은 암스테르담

Work, in ""Prospectus.Architectural Association. School of Architecture" ", n.d.,(pp.2-11),p.8).

193) 아키텍처럴 디자인의 OMA에 관한 특별 이슈(1977,No.5)는 환상적 내용의 그룹 작품 내의 초현실주의적 자질과 극단적 리얼리즘의 공조에 관한 프램튼(Framton)과 포르피리오스(Porphyrious), 조지 베어드(George Baird)의 글들을 포함한다. 같은 해인 1977년에 젱스는 헤이덕(Heyduk)과 콜하스의 작품을 설명하기 위해 "초합리주의"(*surrationalism*)라는 용어를 만들었다 (cf. Charles Jencks, *Irrational Rationalism: The Rats since* 1960, in ""A+U" ", 1977, No.76, pp.110-13).

194) *The City of the Captive Globe*/1972 cit., p.336. 1973년의 콜하스의 스케치에서 「엑소더스」의 "띠"는 "유폐된 지구"와 "공격의 공원"을 포함한다 (sketch published in De Cauter, Heynen, op.cit., p.265).

195) *The Egg of Columbus Center*/1973 cit., p.334.

196) *Three Rectangular Projects*, Ibid., p.352.

의 서비스 로드. 프로그램을 극적으로 만드는 것은 이러한 차단이다".[197)]

'메트로폴리스의 삶' 혹은 '밀집의 문화' 라는 제목의 콜하스 아티클 아래에서 반 페이지의 뉴욕 공중사진은 OMA에 의해 "메트로폴리스의 삶"을 표현하는 건축의 실험을 위해 선택된 장소들을 보여준다. 뉴욕을 위한 연구와 계획안들로부터 그룹은 이후의 계획안들과 미래의 이론적 행위로 될 법칙을 추론했다: "밀집의 문화". 이 법칙의 가치에 대한 콜하스의 설명은 20세기에 비평과 건축가들에 의해 보통 부정적 관점으로 보여졌던 "밀집"의 관점에 대한 관습적 함축을 전복시킨다. 여기서 그것은 대신 새로운 메트로폴리스 문화의 상징으로 된다.

"19세기의 어느 곳에선가—그는 쓴다—지구의 어떤 부분들—표피의 관점에서 무시할 수 있는—은 전례 없는 조건을 발전시켰다: 자신들의 제한된 영역들에서의 근대적 기술과 인구의 동시적 폭발을 통해 그들은 자신들이 메트로폴리스로 알려진 인간 공존의 돌연변이적 형태를 지원함을 발견했다. 메트로폴리스는 도시의 디자인을 전통적으로 지도했던 기존의 모든 분절과 분화의 시스템을 무력화시킨다. 메트로폴리스는 기존의 건축 역사를 무효화한다. 그러나 메트로폴리스가 진정한 돌연변이라면 그것은 또한 자신만의 도시계획을 만들었다고 가정할 수 있다: 메트로폴리스적 조건의 '영광과 비천함' 과 독점적으로 연관되는 건축; 자신의 존재를 불안정하게 만들 근본적 균열을 허용할 수 없는 동시에, 대부분이 공식적인 건축과 비평의 비전 영역의 바깥에서 남은, 자신만의 이론, 법칙, 방법, 발명, 성취 등을 가진 건축. 무언의 수렴에 의해 맨해튼은 둘 다가 종종 상호 교환될 수 있는 점까지, 메트로폴리스적 조건의 원형으로 여겨진다. 맨해튼의 휘황한 성장은 정확히 메트로폴리스 자체의 개념의 정의와 부합된다. 맨해튼은 인구와 하부 구조 모두에서 자체적으로 밀도적 이상의 숭배를 재현한다; 그것의 건축은 모든 수준에서 밀집의 상태를 증진시키고, 함께 독보적인 밀집의 문화를 형성하는 사회적 교섭의 특별한 형태를 고무하고 지원하기 위해 이 밀집을 이용한다".[198)]

OMA의 문화적 프로그램의 도해에 바쳐지는 "아키텍처럴 디자인"의 또 다른 페이지를 여는 "맨해터니즘의 발견" 이란 제목 아래에서, 우리는 「뉴욕 시티의 계획, 1969」에서 발간된 안드레아스 파이닝거(Andreas Feininger)의 코니아일랜드 해변 군중 사진의 (익명적) 디테일과 세익스피어의 질문: "사람을 빼고 도시란 무엇인가?" (*What is*

197) Ibid.

198) Koolhaas, "*Life in the Metropolis*" cit., pp. 319, 320.

199) 콜하스가 인쇄한 이미지는 William Cole, Julia Colmore, ed., *New York in Photographs*, New York, Simon and Schuster, 1961, 그림 156의 디테일이다; 또한 New York City Planning Commission, *Plan for New York City, 1969, a Proposal. 1: Critical Issues*, New York, Department of City Planning, 1969 참조. 밀집의 문화의 상징인 군중의 모습에 대해서는 성 아우구스틴(St. Augustine)의 문구가 적용된다: "도시는 벽이 아니라 시민들로 세워진다", AA 스쿨 유닛 9의 1976-77년 프로그램에서 리베스킨트(Libeskind)가 인용했다 (cf. *Inter Unit 9*, in ""Prospectus. Architectural Association. School of Architecture"", 1976-77, p. 39). "도시의 본질은 사람과 행위들의 강렬한 집중이다", 우리는 1956년의 아티클에서 또한 발견한다. *Central City: concentration vs. congestion (Central City: concentration vs. congestion*, in ""Architectural Forum"", vol. CV, 1956, No. 3, pp. 114, 115).

200) Cf. *The Discovery of Manhattanism*, in ""Architectural Design"", vol. XVII, 1977, No. 5, p. 330.

201) Superstudio, *Description of the Microevent/Microenvironment*, Ambasz, Italy: The New Domestic Landscape cit., (pp. 242-51), p. 244.

202) Cf. Robert Venturi, Denise Scott Brown, *A Significance for A&P Parking Lots or Learning from Las Vegas*, in ""The Architectural Forum" ", vol. CXXVIII, 1968, No. 2, pp. 36-43, pp. 89, 91; Venturi, Scott Brown, Izenour, op. cit., p. 14.

203) Cf. Jacques Lucan, *Généalogie du poché. De l' 'espace* au vide, in ""Matières"", 2004, No. 7, pp. 41-54.

the city but the people?)를 발견한다.[199] 그 사진은 뉴욕의 기존 공중 모습에 대한 그래픽적, 개념적 반대급부를 형성하기 위해, 그리고 편집증적 비판 방법을 유지하며, 코니아일랜드와 맨해튼, 군중과 마천루들 사이의 비교를 촉발하기 위해 선택되었다.[200] 밀집 문화의 태생은 군중의 집중으로 볼 때 명백하게 보인다: 그것은 1963년 아키그램이 기획한 리빙 시티 전시 같은 1960년대의 일련의 영국 계획안들에서 발견될 수 있는데, 거기서 도시는 건물들의 집단으로서가 아니라 인간들과 생활 상황들의 존재로 인식된다. "자신들의 자유로운 시간에—수퍼스튜디오는 밀집 문화의 일련의 결정적 양상들을 예견하며 설명했다—해변이나 시골의 거대한 군중은 사실상 기계적, 이동식 미니 서비스들(자동차, 라디오, 휴대용 냉장고)을 이용하는 집중된 인간 군상이다. 아일 오브 와이트(Isle of Wight)나 우드스톡 같은 집중 현상은 기초적으로 3차원적 구조물의 등장이 없는 '도시' 생활의 가능성을 지칭한다".[201]

밀집 문화 개념의 형성 시기에, 1736-38년경에 지오바니 바티스타 놀리(Giovanni Battista Nolli)가 만들고 1748년에 발간된 로마의 평면은 콜하스 자신의 이론의 진화에 직접적으로 영향을 주었던 콜하스의 밀집 문화에 비교될 수 있는 도시 계획의 일련의 가설을 위한 문화적 출전으로 되었다. 그 평면은 음영으로 묘사된 매스로부터 파여진 공공의 빈자리로서의 도로와 광장, 중정, 정원, 교회 공간들을 재현하는 방식으로 인해 1968년에 벤추리와 스코트 브라운이 하나의 예로 선택했다. "개방되거나 지붕이 씌워진 이 공간들은 더 어두운 포셰(poché)를 통해 세밀한 디테일로 보인다", 그들은 「라스 베이거스로부터의 교훈」(*Learning from Las Vegas*)의 문구를 반복하며 1968년에 썼다.[202]

포셰는 19세기 보자르 문화와 함께 시작하는 프랑스어로, 절단된 벽돌 부분을 묘사하기 위해 사용된 채색된 부위를 말했다. 그럼에도 불구하고, 「라스베이거스로부터의 교훈」에서 이 그래픽 기술은 도시 공간의 자질들의 재현을 부활시키기 위한 규범으로 되며, 또한 무엇보다도 20세기 전반의 미국 보자르 이론가들이 제안한 포셰에 대한 기존의 해석에 기인한다.[203] 라스베이거스의 드로잉의 경우에, 포셰는 비워짐의 차원, 광고 간판, 도시 생활을 특징짓는 행위들, 빛과 계절, 분위기적 변양태들의 효과, 교통의 흐름 등을 재현하는 데에 사용되었다.

그림 70. G.B. 놀리, 로마의 지도, 1748, 상세.

그림 71. 루이지 모레티, 공간의 구조와 시퀀스(Strutture e sequenze di spazi), in ""Spazio"", 1952-53, No. 7.

그림 72. O.M.웅거스, "전형-배경", 베를린 프리드리히슈타트, 1978, R. Koolhaas, P. Reimann, H. Kollhoff, A. Ovaska 공동 작업.

그림 73. 로드리고 페레즈 데 아르세(R. Perez de Arce), 르 꼬르뷔제 찬디가르 의사당 도시 계획, 1978.

그림 74. 콜린 로우, "로마 인테로타" 현상설계, 1978.

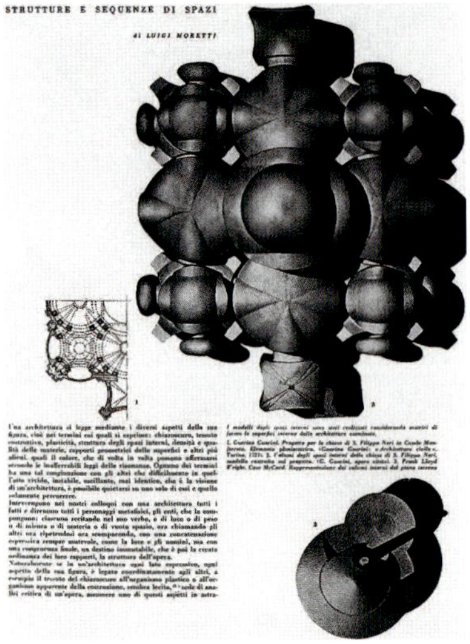

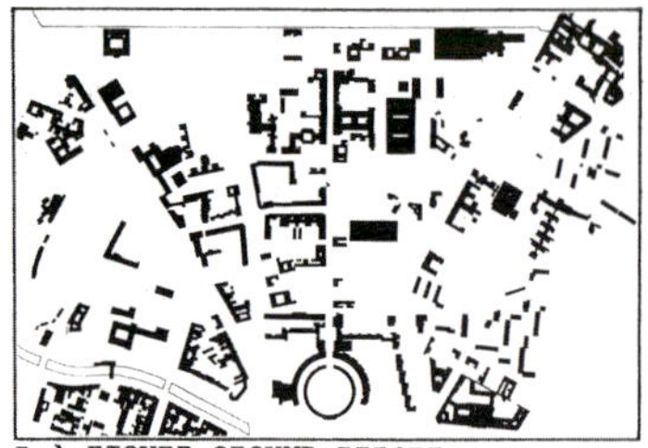

5.) FIGURE-GROUND BEFORE

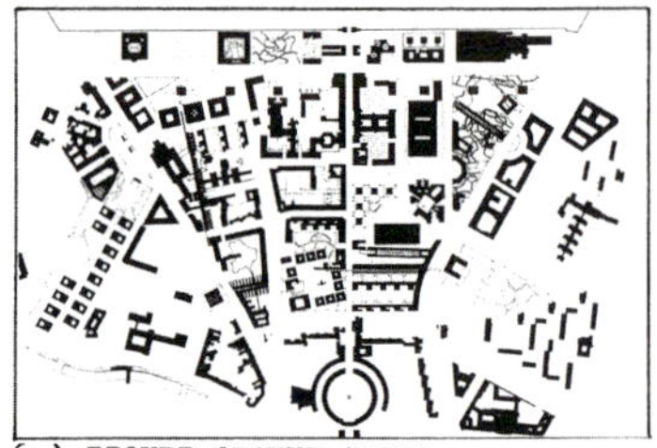

6.) FIGURE-GROUND AFTER

「라스베이거스로부터의 교훈」의 발간 이후에야 칸은 포셰 기술이 중공 구조(hollow structure)에 대한 자신의 아이디어였다는 사실을 명백히 했다. 그가 이 아이디어를 설명하는 과정은 콜하스가 마이애미 주택의 서비스 공간 띠를 지칭하는 "중공 벽"의 정의에서의 이론적 맥락을 이해하는 데에서 의미가 있다. "포셰로부터—칸은 1974년 언급한다—나는 중공벽과 고형 벽 사이의 차이를 배웠다[...]. 나는 벽을 속이 꽉 찬 고형 대신 하나의 용기로 만들었다".[204)]

또한 1974년에, 포셰에 대한 미국식의 반향은 IAUS의 잡지 「오포지션」(*Oppositions*)에서 루이지 모레티(Luigi Moretti)가 쓴 아티클 "공간의 구조와 시퀀스"(*Structures and Sequences of Spaces*)의 재판본으로 더 유명해졌는데, 그것은 벽돌 구조가 아니라 그것들에 의해 한정되는 공간, 즉 채워짐의 예외적 형태로 나타나는 것을 보여주는 역사적인 건축적 기념비 모델들의 사진들로 도해되었다.[205)]

「라스베이거스로부터의 교훈」에서 놀리의 발간물을 따르며, 도시 평면의 포셰 묘사는 웅거스와 로우(Rowe), 콜호프(Kollhoff)와 콜하스를 포함하는 웅거스의 젊은 협력자들에 의해 사용되었는데, 비록 후자가 놀리의 평면의 예를 언급한 것은 90년대 중반 이후였지만, 그 후에는 또한 포셰라는 용어를 사용했다.

204) [L.I. Kahn], *Kahn on Beaux-Arts Training*, in ""The Architectural Review"", vol.CLV, 1974, No.28, p. 332

205) "건축의 내부 공간과 다른 요소들 사이의 결합—모레티가 쓴다—은 무한하고 매우 단단하다; 그것은, 내부 공간이, 표피가 제한하듯, 그것에 일치되는 사실과 에너지들이 응축되고 타당하며, 그 다음의 공간이 만들어내는 존재가 있는 외피를 가진다는 것을 상기시키기에 충분하다. 그러나 내부의 볼륨들은 그들을 감싸는 재료의 형상과 구별성과 무관하게, 그것들이 에너지를 결여하지만 그것의 수용에 가장 민감한, 희귀한 실체로 형성된 것처럼, 자신들만의 구체적 존재를 가진다. 그들은 네 가지가 결정되는 자신들만의 자질을 가진다: 절대적 볼륨의 양으로 이해되는 차원; 스며드는 빛의 양과 분배에 기인하는 밀도; 결합된 구축적 매스들의 공간과 그들이 자유롭게 만드는 이상적 에너지의 모든 지점에서의 대략적으로 존재하는 근접성에 따르는 압력, 혹은 에너지의 충전: 질, 이것은, 장애물들의 기능과 그것이 만나는 제약들에 따라 다른, 유동적 흐름 내의 압력에 비교될 수 있거나, 혹은 그것에 영향을 주는 전기 충전에 따르는 공간 내의 영역 잠재력에도 비교될 수 있다" (Luigi Moretti, *Strutture e sequenze di spazi*, in ""Spazio"", 1952-53, No.7, (pp.9-20, 107, 108), p.10, Eng. trans., Luigi Moretti, *Structures and Sequences of Space. Translation by Thomas Stevens*, in ""Oppositions"", 1974, No. 4, (pp. 123-39), pp. 123, 124). 모레티의 채워짐의 아이디어는 다음에서 제시된 것에 직접적으로 기초한다: Albert Erich Brinckmann, *Plastik und Raum als grundformen künstlerischer Gestaltung*, Munich, R. Piper & Co, 1922, p. 10.

206) Rodrigo Perez de Arce, *The urban redevelopment of the city. Chandigarh and Dacca*, in ""Lotus international"", 1978, No.19, (pp.98-101), p.98. "도시들—페레즈 데 아르체는 쓴다—은 분산화의 점진적이지만 비극적으로 일관된 과정으로 피해를 받았다. 놀리의 로마 지도는 그것이 공공 공간의 전체성(외부와 마찬가지 내부)을 보여준다는 점에서 매우 중요하다" (ibid.). 같은 잡지에서 웅거스의 베를

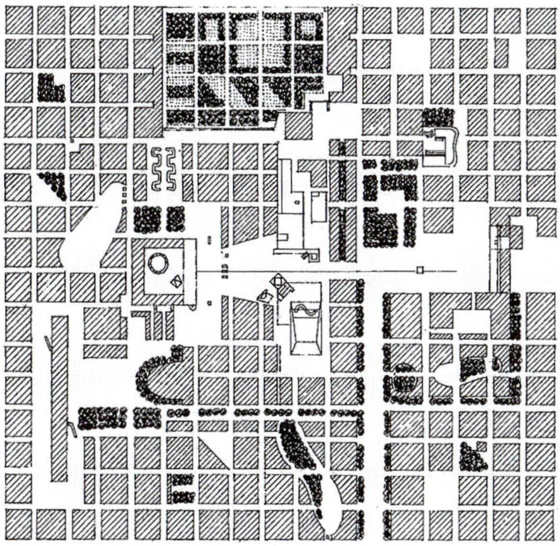

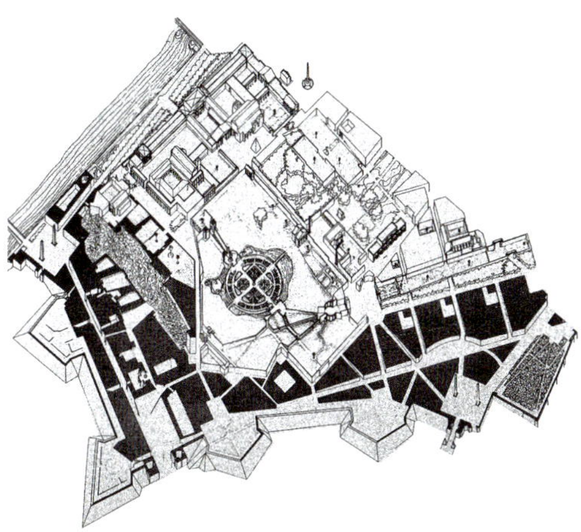

1977년에 AA 스쿨 졸업생인 로드리고 페레즈 데 아르체(Rodrigo Perez de Arce)는 크리에의 도시 연구에 영향을 받아 르 꼬르뷔제의 찬디가르 의사당과 칸이 디자인한 다카의 빈 공간의 개발을 제안했으며, 타당한 "시스템"을 정의하고, 또한 "아테네 헌장의 직접적 적용에서 기인한 빈 도시 공간들의 재도시화"[206] 를 위해 4개의 다이어그램을 그렸다. 페레즈 데 아르체의 목적은 콜하스의 밀집의 문화, 크리에의 거주지의 밀도화에 연결된다. "다른 합리주의자들—젱스가 언급한다—은 밀도를 배가하고, 렘 콜하스가 그렇게 불렀듯이 '밀집의 문화'를 증가시킴으로써 오스카 니마이어(Oscar Niemeyer)와 르 꼬르뷔제의 근대 도시의 빈 공간을 채운다".[207]

1978년에 「꼴라주 시티」에서 로우와 쾨터(Koetter)는 건물들 "사이의"(in between) 공간의 자질이 건물들 자체와 동일한 중요성을 가졌던 도시 조직 내의 "전형"(figure)과 "배경"(ground), "대상"(object)과 "재질"(texture) 사이의 관계를 그래픽하게 도해하기 위해 포셰의 벤추리식 개념을 이용했다.[208] 같은 해에 "개입된 로마"(Interrupted Rome)라는 제목으로 아이디어 현상 설계가 발표되었다. 초대 작가들은 각각 자신들의 역할을 벤추리의 에세이에서 취해 놀리 시대에 아직 개발되지 않았던 도시 부분을 디자인하도록 되었다. 로우의 계획안은 잘려진 연속적 매스로 시작해 전통적인 도시 조직을 창조하는

린 계획이 실렸는데, 그것은 콜하스를 포함하는 코넬 대학 학생들과의 공동 작업으로 준비되었다 (cf. Oswald Mathias Ungers, Rem Koolhaas, Peter Riemann, Hans Kollhoff, Arthur Ovaska, *La città nella città. Proposte della Sommer Akademie per Berlino*, Ibid., pp. 82-97). "도시의 축적식 구축은 모던 도시계획에 의해 야기된 분산과 단편화에 대한 적절한 대안이다", Perez de Arce asserts (*Urban Transformations. Rodrigo Perez de Arce*, exhibition cat., The Architectural Association, London, 24 April-16 May 1980, London, The Architectural Association, 1980, p. 4).

207) Charles Jencks, *Verso l' 'eclettismo radicale, in La presenza del passato. Prima mostra internazionale di architettura. Corderia dell' 'Arsenale. La Biennale di Venezia. Settore Architettura*, Milan, Electa, 1980, (pp. 30-37), p. 35.

208) Colin Rowe, Fred Koetter, *Collage City*, in ""The Architectural Review"", vol. CLVIII, 1975, No. 942, pp. 66-91.

그림 75. 레온 크리에, 전통 도시 블록 계획, 1978.

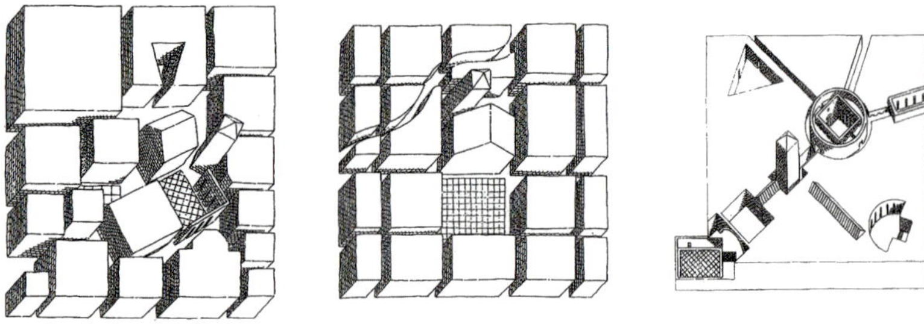

일말의 가능성을 제시하는 반면, 크리에의 계획안에 포함된 하나의 다이어그램은 연속적으로 발굴되는 매스로 여겨지는 도시 블록을 보여준다.[209] 이 계획안은 전통적 블록의 형태로 제한되었을지라도, 「꼴라주 시티」의 혁신적인 이론적 핵의 가장 의미 있는 그래픽 전시이다. 1980년에 로우와 크리에의 디자인을 비평한 이후에 포셰의 창조적 잠재력을 발전시킨 이는 콜하스였다.[210] 밀집 문화의 패러다임으로서 콜하스의 뉴욕의 선택은 CIAM의 도시 계획에 대항하는 비평을 하는 포스트 모더니스트적 경향의 어떤 유혹도 몰아냈으며, 그것은 대신 첫 번째의 계획안을 포셰의 결과로 특징지었다.

"아키텍처럴 디자인"에서 발간된 콜하스의 "밀집"의 옹호는 포스트모더니즘과 포스트 기능주의에 대한 공격으로 결말이 난다:

"그렇게 정의된 메트로폴리스 건축은 두 번 접힌 논쟁을 함축한다: 가로, 광장, 신작로, 등등의 '전통적' 건축의 인공호흡과 부활을 통해 모던 시대의 폐해—예를 들어 메트로폴리스 그 자체—를 되돌릴 수 있다고 믿는 자들에 대항해; 객관성을 위한 물신숭배를 통해 무질서에 대한 그것의 공포를 몰아내려 했던 근대 건축—은유에 대한 무자비한 혐오로—에 대항하고, 메트로폴리스를 다시 한 번 예견 가능케 만들기 위해, 그것의 구성 요소들을 고립시키고, 그것의 기능을 정량화하고, 크기를 분산시킴으로써 메트로폴리스의 변덕스러움에 대한 제어를 다시 획득하기 위한... 그리고 스토아적 좋은 취향의 이름으로 강제되기 위하고, 사회적 교섭의 고결하고 품위 있는 형태를 위한 빈 공간... 이 모두는 밀집 문화의 잠재력을 낭비한다".[211]

"광기의 뉴욕", 1978: 맨해튼 그리드와 마천루의 편집증 비판적 해석

"아키텍처럴 디자인"의 한 각주는 "메트로폴리스의 삶"이나 "밀집의 문화"가 「광기의 뉴욕」(*Delirious New York*)이란 제목으로 곧 출판될 "밀집의 문화에 관한 책/이론"의 부분이라고 선전한다.[212] 1975년부터 공표되어 그 책은 1978년 뉴욕과 옥스퍼드, 파리에서 영어와 프랑스어로 인쇄되었다. 제목의 주 용어인 "광기"(delirious)는 달리(Dali)의 "편집증-비판 행위에 기초한 과학적 질문의 방법"[213] 에 바쳐지는 것으로, 콜하스에 의해 맨해튼에 대한 그의 분석에서 사용되었다. 「광기의 뉴욕」은, 달리의 에세이와 같이, 마천루들이 배우들이고 맨해튼이 무대인 "놀라운 '비밀의' 영화 각본"[214] 으로 읽혀질 수 있다. 책 표지는 살아있는 존재들로 보이는 현행범(*Flagrant Délit*)과 마천루들

209) Léon Krier, *Quarta lezione. Analisi e progetto dell' 'isolato urbano tradizionale*,in ""Lotus international"", 1978, No. 19, (pp. 42-55), p. 43.

210) 포셰와 연관하여 OMA의 작업을 최초로 논의한 자 중의 하나는 피터 부캐넌(Peter Buchanan)이었다 (cf. Peter Buchanan, *OMA at the Hague*,in ""The Architectural Review"", vol. CLXXXI, 1987, No. 1084, pp. 87-91; id., *Three Dutch Architects*,in ""AA Files"", 1987, No. 16, p. 7).

211) Koolhaas, *Life in the Metropolis* cit., p. 325.

212) Ibid.

을 재생산해 이것을 보여준다. 그러므로 콜하스의 열정적 내레이션 속에서 "극적 스펙터클", "퍼포먼스", "무대화", "스펙터클 속의 서스펜스", "사건의 반전", "메트로폴리스 세트", "정지 화면" 같은 표현들이 나온다.

첫 페이지부터 「광기의 뉴욕」은 부록에 열거된 OMA의 "개념적-은유적 계획안들"의 또 다른 것으로 자신의 특성을 노출한다. 그것의 "구조"는 맨해튼의 "그리드"에 기초하며, 각 "장"들은 "블록들"이다. 뉴욕은 "아직도 이론을 찾고 있는" 유럽 아방가르드들의 선견지명적 비전의 실현으로 나타난다: "맨해터니즘"의 실현. 그러나 푸코식 고고학자로서 앞으로 나아가고, 확실성의 기초를 세우기 위해 예외적 메트로폴리스, 심지어 자신만의 "맨해튼을 위한 회고적 선언"을 세우기 위한 "엄청난 증거"를 요구하는, 현대적 건축 문화를 해독하기 위한 비밀의 발견자 — "맨해튼은 20세기의 로제타스톤이다" — 는 콜하스이다. 이 선언서는 빛나는 도시(Ville Radieuse)와 CIAM의 도시들을 거부하며, 밀집 문화의 기초를 형성하고, 맨해튼의 매우 밀도 있는 정주 속에서 발견된 환상적이고, 유쾌하고, 초현실적인 자질들로 대체하기 위한 당당한 논쟁적 목적으로 씌어진다.

"역사 이전"이란 제목으로, 「유폐된 지구 도시」에서 이미 그것을 찬양했듯이, 그의 네덜란드 시골 사람들이 도시를 세운 것에 관한 장에서, 콜하스는 그가 "예견의 행위"와 "개념적 고찰"이라고 정의하고, 수퍼스튜디오와 아키줌, 암바즈가 상상했던 획일성과 중립적인 패턴들의 실현으로 보는 동일한 장방형 블록들의 그리드 —" 맨해튼 그리드"— 를 옹호한다: "그리드의 2차원적 규율은 또한 3차원적 무질서를 위한 꿈꾸지 못했던 자유를 창조한다".[215]

파리와 19세기 세계 박람회에 관한 벤야민의 에세이를 이용하며, 그는 1853년 뉴욕의 국제 박람회를 위해 만들어진 "두 개의 거대한 구조물" 내의 그리드의 구축을 위한 모델에서 실험의 상징적 시작을 집어낸다: 런던 수정궁 큐폴라의 변양태와 래팅 관측소로 알려진 100미터 타워 전망대. 그의 편집증적 비판의 관점에서 큐폴라는 자신의 자궁이, 맨해튼의 건물들에서 "느슨하게 나타나게 될" 순수하게 새롭고 혁신적인 기술과 발명들 — 대표적 예는 엘리샤 오티스가 보여준 엘리베이터의 원형적 플랫폼이다[216] — 을 포함하는 이상적 "구체"로 되며, 반면에 래팅 관측소는 "가장 가늘고, 최소한의 볼륨을 가진 구조"이자 "부지를 거의 소비하지 않음으로써" 하나의 "바늘" — 마천루의 동의어이자, 이런 관점에서 "뉴욕 헤랄드 트리뷴"에서 등장했던 르 꼬르뷔제의 1935년 뉴욕 체류에 관한 기사에서 빌려 온 용어 — 이다.[217] 맨해튼 마천루의 다윈적 진화는 콜하스의 초현실적 이야기 속에서 "일련의 성공적 혼성"[218]을 만들어내는 구체와 바늘의 원형적 형상의 "상호-비옥화"를 통해 나타났다.

1853년 박람회의 역할은 코니아일랜드의 위락 공원 — 코니아일랜드: 환상의 기술은 2장의 제목이다 — 으로 전해졌는데, 그것은 1900년대 초까지, 맨해튼의 마천루를 만들기 위해 이식될 매력을 창조하기 위해 이용되며, "미래적 단편들, 기계적 부유물, 기술적 잡동사니"[219]를 불러들일 것이었다. 콜하스의 해석에서 코니아일랜

213) Dali, op. cit., p. 97.
214) Ibid., p. 11.
215) Koolhaas, *Delirious cit.*, p. 15.
216) 오티스가 자신의 발명품을 전시했던 에피소드에 관한 극적인 묘사를 위해서는 「광기의 뉴욕」문장들(ibid., p. 19)과 Koolhaas: Earle Shultz, Walter Simmons, *Offices in the Sky*, Indianapolis, New York, Bobbs-Merrill Company, 1959, pp. 42, 43에서 인용된 에세이를 비교해 볼 것.
217) Koolhaas, *Delirious cit.*, p. 221.
218) Ibid., p. 20.
219) Ibid., p. 25.

드는 "도시-군도"에 대한 웅거스의 개념을 반영하는 뉴욕의 더욱 일반적인 비전의 단편이다. 맨해튼의 구축에서 코니아일랜드가 결정적 역할을 했다고 하는 직관 속에서, 우리는 하우징가(Huizinga)의 유희 인간(Homo Ludens)의 영향과, 초현실주의자들이 상상했던 무의식 도시의 완성으로서의 욕망과 유희, "표류"에 기초한 1950년대 말의 국제적 상황주의자에 의한 오락적 도시 예보의 영향을 볼 수 있다.

그러므로 그 섬은 놀라운 극적 효과와 자극적인 놀라움의 감정들을 창조할 수 있는 장치들의 실험실로 된다. 코니아일랜드의 특별한 특성은 콜하스가 "환상의 기술"이라 부르는 것으로 가능케 된다. 그가 설명하듯, 그것은 "환상의 보조와 생산을 위한 기술"이자, "매혹적 합성"(Irresistible Synthetic)[220] 의 구축을 위해 적용되는 "인간 상상의 도구와 확장으로서의 기술"이다.

그의 환상의 기술은 기술의 순수파적, 기능주의적 개념에 대한 공격이다. 이러한 관점에서 그것은 근대 운동을 넘어서 가려는 방식으로서의 1960년대와 1970년대의 네오 아방가르드들이 추구했던 기술을 닮는다. 그러므로 코니아일랜드의 환상의 기술에 대한 콜하스의 해석은 초현실주의의 잠재의식, 레이너 밴험의 잘 조율된 환경(Well-Tempered Environment),[221] 미스 반 데어 로에와 해리슨의 작품들에 대해 젱스가 쓰고 있는 "초월적 기술"(*transcendental technology*),[222] 아키그램 계획들의 공상 과학기술, 「실험적 건축」(*Experimental Architecture*)에서 쿡이 기록한 실제적 기술—거대한 스크린 벽에 투사되는 비디오, 우주 시대의 기술적 정복, "환경"과 "생활방식"을 변형시키는 전기의 널리 확산된 사용과 로봇 자동차 등—[223] 의 영역들을 향한 진화에서의 기본적 발자국이다.

그러므로 1970년대에 콜하스가 흥미를 가졌던 기술은 건물의 구조를 보조하는 형상과 이슈들과는 관계가 없다; 초현실주의의 열정적인 시나리오 작가로서의 그의 문화적 배경과 가장 가깝게 부합되는 것으로 한정된다. 1995년에 그는 "「광기의 뉴욕」의 기술의 실재는 선택적이었다: 그 책은 엘리베이터, 철, 공기 조화를 '환상의 기술'로 동일시했다"[224] 라고 인정했다.

달리와 프로이트로부터 교훈을 얻으며, 콜하스는 코니아일랜드를 "산란실", "배아적" 맨해튼, 뉴욕의 "음핵적 부속물"[225]로 보았으며, 달리가 "군중의 상상"[226] 에 대해 기도(*Angélus*)의 효과를 연구했던 동일한 광적 고려로, 그는 방문객 속에서 자극된 끌림과 감성의 기능화를 상세하게 설명한다. 이 묘사는 콜하스에게 있어 프로그램이 건축의 창조적 과정의 기초라는 것을 명백히 해준다; 그리고 그는 프로그램을 기능의 목록이 아니라 진정한 각본으로 본다.

코니아일랜드의 장은 마천루의 원형이자 그 기원의 두 가지 상징적 형상들의 종합으로 보여지는, 1906년의 글로브 타워 계획안으로 결론을 낸다. 그것은 거대한 구체로, 공중 정원과 "연속적 층들로 쌓이는" 그랜드 홀들로 이루어지며, 그것들 중 어떤 것들은 회전을 하고, 다양한 층의 지하 철도역과 "보트 피어"를 갖춘, "그것이

220) Koolhaas, *Delirious* cit., p. 46.
221) Cf. Reyner Banham, *The Architecture of the Well-Tempered Environment*, London, Architectural Press, 1969.
222) Jencks, *Modern Movements* cit., pp. 104, 200. “"Eroticism and sophisticated technology, two primary preoccupations of the avant-garde”", 그는 비주택(Un-house)에 대한 레이너 밴험과 프랑소아즈 달레그르(Francois Dallegret)의 계획안과 리처드 해밀턴의 그림, 「크라이슬러 회사에 대한 오마주」(*Hommage à Chrysler Corporation*)를 언급한다 (ibid., p. 241).
223) Cf. Peter Cook, *Experimental Architecture*, London, Studio Visa, 1970.
224) OMA, Koolhaas, Mau, op. cit., p. 665.
225) Koolhaas, *Delirious* cit., p. 23.
226) Dalí, op. cit., p. 39.

그림 76-77. 렘 콜하스, 「광기의 뉴욕」, 뉴욕, 1978의 도해. 뉴욕, 코니아일랜드의 글로브 타워 계획안, 1906; "뉴욕, 코니아일랜드, 밤의 루나 파크" 그림엽서.

그림 78. 렘 콜하스, 「광기의 뉴욕」, 뉴욕, 1978의 도해. "라이프지"에 발표된 마천루의 이상적 계획안, 1909.

점유하는 세계의 부분을 5000배 재생산" 할 수 있는 집단적 엘리베이터들– "지구상에 거의 무시할 정도로만 접촉을 하는" –을 포함하는 8개의 기둥들 위에서 210 미터 격자들로 지상에서 들어 올려진다. "에펠탑의 복제물에 충돌한 거대한 철제 혹성" 같이, 글로브 타워는 콜하스의 미래의 계획안들에서 중요한 영감의 원천으로 될 것이었다.[227)]

「광기의 뉴욕」의 중심부는 1900년대부터 1930년대 초까지의 맨해튼 마천루의 탄생과 발전에 관한 것이다. 편집증적 비판 방법에 충실하며, 콜하스는 "라이프" 잡지에 1909년 실린 이상적 마천루 안에 장방형 블록과 철골 구조, 엘리베이터의 초현실주의적인 "우연적 만남" 에 의해 만들어지는 새로운 조직의 잠재력을 명백히 해줄 수 있는 "일반원리" 를 위치시킨다. 철골 구조는 각각이 주택과 정원을 포함하는 84개의 "인공적 층들" , 혹은 "플랫폼들" 의 창조를 허용한다. 철골 구조와 엘리베이터는, 네오 아방

227) Koolhaas, *Delirious* cit., pp. 59-62. 「엑소더스」의 띠에 대한 반향과 함께 코니아일랜드의 끌림에 대한 또 다른 서술이 있다: "기쁨의 궁전은 부두로, 사회적 교섭의 응축기로 되도록 수정된다: 두 개의 평행 벽들은 끝없는 방들과 선형의 공공 영역을 한정하는 개인적 시설들을 포함한다" (ibid., p. 65).

가르드들의 끝없는 중성적 표면들 같이, 마천루가 "그것이 영원한 프로그램적 불안정성을 약속하는" "알 수 없는 도시 계획의 새로운 형태의 도구"로 되는 지점까지, 많은 "공중의 플롯들" 속에, 시간에 걸쳐 바꿀 수 있는 기능들의 제어 불능한 다양성을 배가시킬 수 있는 가능성이 주어진 수많은 폐기물들의 기능적 사용으로의 전통적 접근을 만들어낸다.[228]

콜하스가 자신의 건축에 나중에 적용하게 될 두 가지 유형의 법칙들, 혹은 "원리"를 만들어내는 것은 바로 이 지점이다. 첫 번째 유형은 볼륨적 형태의 양산—"압출성형", "과정", "자동적 건축"—과 관계되며, 반면에 두 번째 유형은 둘러쌈, 기초와 층들 사이의 관계—"결정적 매스"(critical mass), "뇌엽절제"(lobotomy), "자동 기념비"(automonument), "수직적 분리"(vertical schism)—에 연관된다.

콜하스에게 압출성형(extrusion)은 부지의 경계로부터 마천루 평면의 경계를 발생시키는 법칙이다. 항상 완벽하게 딱 들어맞지는 않더라도 그 예들은 플랫아이언 빌딩("자신을 22배 재생산하는 지구"[229]), 시티 투자 회사 빌딩과 이퀴터블 빌딩 등을 포함하는데, 거기서 콜하스의 원리와의 분기는 허용되지 않는다. 여기서 압출성형은 집약적인 토지 개발과 동의어로 보이지는 않는다. "헤이그 포스트(De Haagse Post)"의 이전 저널리스트로서, 그는 그것을 창작성과 위계적 구성을 감소시키기 위한 도구로 본다. 그러므로 압출성형은 동일한 층들의 위홀적 "반복"이 의지하는 엘리베이터의 발명에 의해 폭발된 초현실주의적 자동주의의 추론이다: "엘리베이터는 분절의 부재에 기초하는 최초의 미학을 발생시킨다".[230]

자동적 건축과 과정의 개념은 둘 다 아방가르드 예술 이론으로부터 파생되어 동일한 방향으로 나아간다. 브르통은 초현실주의를 "순수한 심리적 자동기술법"[231] 으로 정의했는데, 그것의 최초의 중요한 적용들은, 다른 것들 중에서도, 모자에서 뽑아낸 수집 노트로 뒤샹이 작곡한 악보 "오기 뮤지컬"(*Erratum musical*)이나, 종이 백에서 끄집어낸 신문 조각들을 조합함으로써 쓴 트리스탄 차라의 시, 초현실주의자들이 "매혹적 시체"(*cadavre exquis*)라 부르며 실습한 어린이들의 게임들로, 「광기의 뉴욕」에서도 설명되었듯이, 그것은 종이 한 조각에 단어를 그리거나 쓰고, 그림이나 일련의 단어들을 연속시킬 다른 자에게 이미 행해진 것을 감추기 위해 종이를 접어서 건네는 것들로 이루어진다. 과정에 대한 콜하스의 개념 또한 초현실주의자들의 자동기술법과 1960년대의 프로세스 예술(*Process Art*) 같은, 이후의 예술적 발전에 뿌리를 둔다.

「광기의 뉴욕」에서 건축의 전통적 개념의 마지막은, 작업 과정의 체크를 위한 매일의 스케줄을 포함하며, 어셈블리 라인에 기초한 작업 부지의 과정들이 건물을 "문자 그대로 생각이 없는"[232] 것으로 정의할 정도로 "심리적 자동기술법"의 관점으로 해석되는 엠파이어스테이트 빌딩의 구축과 상징적으로 동일시된다: "엠파이어스테이트가 계획되고 있는 동안 유럽 아방가르드는 자동 기술적 글쓰기, 작가의 비판적 도구에 의해 방해받지 않은 글쓰기 과정에 대한 항복을 실험하고 있다".[233] "자동 기술적 글쓰기"로부터 콜하스는 "자동 기술적 건축"의 개념을 끌어낸다: "엠파이어스테이트 빌딩은 자동 기술적 건축, 그것의 집합적 제작자들—회계사로부터 배관공에 이르기까지—에 의해 빌딩의 과정에 대한 감각적 항복을 하는 형태이다".[234]

윌리엄 월도프 아스토르(William Waldorf Astor)가 영국에 있을 때 "케이블"을 이용해 보낸

228) Koolhaas, *Delirious* cit., pp.69, 70.
229) Ibid., p.72.
230) Ibid., p.68.
231) Breton, op. cit., p.30.
232) Koolhaas, *Delirious* cit., p.117.
233) Ibid., p.115.
234) Ibid.

맨해튼의 그의 호텔 디자인을 위한 지시 사항의 일화—콜하스는 "모스 부호 속의 건축"이라는 언급을 하며, 후에 "팩스 언어"로 디자인을 한다[235]—가 말해주듯, 새로운 소통 매체는 드로잉의 준비 단계와, 월도프 아스토리아 호텔에서와 같이 전화를 통한 건물의 다른 부분들 사이의 연결 모두의 경우에서 "새로운 세계"의 자동 기술적 건축의 생산 과정에 개입한다. 과정과 자동 기술적 건축의 부산물은, "팀"에 의해 대체된, 건축가의 예술적 인간성의 명백한 지움이다. 그것은 OMA의 이름과 조직, 창조적 과정이 배경을 하고 있는 맨해튼의 기원에 대한 이러한 반영들의 배경에 반한다.

「광기의 뉴욕」에서의 다른 일련의 원리들은 마천루의 크기에 의해 제기된 질문들에 집중한다. 일정한 깊이에 도달하는, 울워스 빌딩 같은 마천루의 "더 큰 매스"[236]는 "외부와 내부 건축"[237] 사이의 확실한 분리 속에, 매스의 한계를 넘어서 결정적으로 분해되며, 내부의 행위를 지칭하는 "정직한 파사드"의 전통적 법칙이 무너지기 시작하는 "결정적 매스"로 된다.

"외부와 내부 건축" 사이의 분리는 수퍼스튜디오가 이미 사용했던 "뇌엽절제"라는 외과적 용어로 콜하스가 정의한다.[238] 콜하스에 의하면, "메트로폴리스적 외부의 건축" 배후에는 코니아일랜드로부터 이식된 "매혹적 합성"의 영역이 존재한다.[239]

「광기의 뉴욕」의 이론적 구축에서 뇌엽절제 원리는 1916년 조닝 법에 의해 동의되고, 콜하스가 "이론적 외피"[240] 라고 정의한, 부지의 최대 건축 가능 볼륨의 형상 속에서 입증된다. 이런 볼륨은 기능상의 징후가 없이 각각의 마천루에 포함될 것이며, 이 추상적 형태 속에서 그것은 페리스가 「내일의 메트로폴리스」에서 그린 드로잉들 속에서 찬양된다. 뇌엽절제와 이론적 외피는 후에 OMA 작품 진화의 조각적 결과들에 영향을 미친다.

뇌엽절제는 상징적 함축이 없는 기념비의 개념, 크기의 순수한 선언을 만들어낸다: "자동 기념비". 그 전제는 1990년대 중반 콜하스의 "거대함"(Bigness)의 이론으로 되는 것으로 이미 나타난다.

"건물—콜하스는 뇌엽절제에서 쓴다—은 내부와 외부 모두를 가진다. 서양 건축에서 외부는 내부가 확증되는 내부에 관한 일련의 관계를 만들게 되는 둘 사이의 윤리적 관계를 설정하는 것이 바람직하다는 인본주의적 가정이 있어왔다. '정직한' 파사드는 그것이 감추는 행위들에 관한 것을 말한다, 그러나 수학적으로, 3차원 대상물의 내부 볼륨은 입방체적 도약과 단지 사각형식 증가에 의한 수용 외피 속에서만 증가한다: 표피가 덜 재현될수록 내부 활동은 더욱 늘어난다. 일련의 결정적 매스를 넘어서 그 관계는 파괴점을 넘어서 강조된다; 이 '파괴'는 자동 기념비성의 징후이다. 수용 기기와 수용된 것 사이의 미묘한 불일치 속에서 뉴욕의 창조자들은 전례가 없는 자유의 영역을 발견한다. 그들은 뇌엽절제—감정으로부터 사고 과정을 불연속시킴으로써 일련의 정신적 장애를 경감시키기 위한, 뇌의 전두엽과 나머지 부분 사이의 연결에 대한 외과적 분리—의 건축적 등가물 속에서 그것을 개발하고 공식화한다. 건축적 등가물은 외부와 내부 건축을 분리시킨다. 이런 방식 속에서 거대

235) Ibid., p. 111.
236) Ibid., p. 81.
237) Ibid., p. 82.
238) "디자인의 도구가 수술용 칼과 같이 날카롭고, 측심 조사 선 같이 민감하다면, 우리는 그것들을 섬세한 뇌엽절제를 위해 사용할 수 있다" (Superstudio, *Description of the Microevent/ Microenvironment* cit., p. 250).
239) Koolhaas, *Delirious* cit., p. 86.
240) Ibid., p. 90.

덩어리는 내부를 몰아치는 연속적 변화의 고뇌를 외부 세계와 나눈다. 그것은 매일의 삶을 감춘다".[241)]

"일정한 결정적 매스를 넘어서—콜하스는 설명한다—각각의 구조는 기념비가 되거나, 혹은 비록 그것이 수용하는 개인적 행위들의 본질이나 총합이 기념비적 표현을 받을만하지 않을지라도, 적어도 그 크기 하나만을 통해 그러한 기대를 불러일으킨다. 기념비의 이러한 범주는 상징주의적 관례들과의 급진적이며, 윤리적으로 외상적인 결별을 보여준다: 그것의 물리적 선언은 추상적 이상, 예외적 중요성의 관례, 사회적 위계의 3차원적이며 이해될만한 분절, 기념성 등을 재현하지 않는다: 그것은 단지 그 자체이며, 절대적 볼륨을 통해 상징으로 될 수밖에 없다—간판과 같이 의미화가 가능한 텅 빈 것은 광고를 위한 것이다".[242)]

그러므로 엘리베이터, 압출성형, "자동적 건축". "건축적 뇌엽절제", "자동 기념비" 등은 콜하스의 이론 속에서 성운을 형성하며, 또 다른 건축을 설정하듯, 관습적인 유럽 건축 이론과는 매우 다른데, 그것은 한동안 콜하스가 단순히 "신세계"의 특별한 표현으로 인식한 것이다. 이것들은 그가 1990년대 초에 개괄한 "포스트-건축" 개념의 기본적 전제들이다. 밴험은 미국 기술자들이 "문화적으로 뒤떨어진 건축을 만드는 것을 통해 최고를 상실했다"[243)]라고 경고했었다. 건축가가 형태적 결정을 할 여지가 없는 건물로 이끄는 기준으로 기록되는 이러한 틀 속에서, "환상의 기술"은 발명의 최대의, 궁극적 표현의 가치를 취한다. 그것은 본질적으로 구조, 외피, 구성, 위계, 분절, 유형 같은 개념들 속에서 보통 추구되는 자질들을 요약한다. 콜하스가 보는 뉴욕 마천루들은 그러므로 20세기의 예술적 반대들의 부합에 대한 서정적 표현이자 이론적 작품으로 된다: 한편으로 그것은 60년대 아방가르드들에 의해 추구된 형태의 급진적 분해를 실현하는 한편, 다른 한편으로 초현실주의가 예견한 환상적 차원을 최대한으로 가능케 한다.

"수직적"으로 불리는 "분리"는 그것이 단면에서 바닥 층들의 성층화를 고려하기 때문에, "층들 사이의 정교한 불연속"[244)]과 관계되는 뇌엽절제의 또 다른 양상이며, 그것의 반향은 위계의 제한이 없는 기능들의 배치와 층의 크기로 제한되는 유연성 등을 포함한다. 뇌엽절제와 수직적 분리는 블록과 층들, 방들 사이의 니체적 "고립의 시스템"을 만들어내며, 콜하스가, 웅거스 이후에, 니체와 코르벳(Corbett)에 의해 맨해튼의 "은유적 모델"로 야기된 베니스를 취하며, 군도의 상징, "도시 내의 도시"의 공식으로 확인하는 도시와 건물의 스케일상의 단편화를 만들어낸다. 그의 추론 속에서, 그가 도시의 본질, 혹은 무의식, "전통적인 객관적 계획"[245)] 을 피하는 본질에 접근할 수 있는 초현실적인 새로운 유형의 계획—"은유적 계획"—을 상상하는 것은 바로 이 지점에서 이다.

"그리드—혹은 메트로폴리스 영역의 최대 제어 증가치로 이끄는 다른 분할—는 '도시 내의 도시'의 군도를 설명한다—우리는 「광기의 뉴욕」의 또 다른 결정적 경로를 읽는다.—각각의 '섬'들이 더 많이 다른 가치들을 찬양할수록, 시스템으로서의 군도의 통합은 더욱 강화된다. '변화'가 구성 요소로서의 '섬들' 내에 포함되기 때문에 그러한 시스템은 결코 수정될 필요가 없을 것이다. 메트로폴리스적 군도

241) Ibid., p. 82.
242) Ibid., pp. 81, 82.
243) Banham, *The Architecture* cit., p. 162.
244) Koolhaas, *Delirious* cit., p. 90.
245) Ibid., p. 104.

그림 79–81. 렘 콜하스, 「광기의 뉴욕」, 뉴욕, 1978의 도해. 스태렛과 반 블렉, 다운타운 운동클럽, 뉴욕 웨스트 스트리트 19, 1929-30. 단면; 다운타운 운동클럽 수영장 로커실 내의 권투 선수들(마들롱 브리젠도르프 디자인); 펠러 센터를 위한 프로젝트 팀의 회합, 뉴욕.

내에서 각각의 마천루—실제의 역사의 부재 속에서—는 자신만의 즉석 '민속' 을 발전시킨다. 뇌엽절제와 분리의 이중적 불연속을 통해—외부와 내부 건축을 분리시키고, 후자를 작은 자동적 분할 속에서 발전시킴으로써—그러한 구조는 자신들의 외부를 단지 형식주의에만 바치고, 내부는 기능주의에만 바칠 수 있다. 이러한 방식으로, 그들은 형태와 기능 사이의 투쟁을 영원히 해결할 수 있을 뿐 아니라, 영원한 거대 덩어리가 메트로폴리스적 불안정성을 찬양하는 도시를 창조할 수 있다".[246]

건축과 도시 작품들의 보존에 관한 1970년대의 유럽식 논쟁의 맥락에서, "은유적 계획" 의 부수적 효과는 시간에 걸친 블록의 가변적 잠재력의 개발로 얻어진 건물들의 "파괴" 이다. 콜하스에 따르자면, 이 파괴는 "건물의 "정신" 의 보존을 방해하지 않는데,[247] 그것은 "사물" 로부터 작품의 "아이디어" 를 "해방하는" 프로이트식의 초현실주의적 "건축적 식인 행위의 형태" 를 통해 "부활된다": "맨해튼의 밀집 문화에서 파괴는 보존을 위한 또 다른 용어이다".[248] 「엑소더스」에서 이미 고려된 파괴는 나중에 「포괄적 도시」(*Generic City*)의 연속적인 변형적 잠재력의 발생 현상으로 된다.

월도프 아스토리아에 관한 페이지들은 환상의 기술이 맨해튼 호텔을 새로운 형태의 사회적 삶의 잉태를 위한 장소, 혹은 실현된「엑소더스」로 변형시켰다는 것을 보여주려 한다. 그러므로 호텔은 "맨해튼의 결정적인 거주 유닛"[249] 로 정의된다. 호텔의 진화는, 다시 한 번 콜하스를 따르자면, 다운타운 운동클럽에서 절정을 이루는데, 그것은, "구성주의 사회적 응축기" 가 "인간 교섭의 바람직한 형태들을 만들고 강화시킬 수 있듯이", 사용자들의 사회적 위치의 엄청난 차이들에도 불구하고, 다원적 기계, 메트로폴리스가 만들어낸 종들의 "인큐베이터" 로 나타난다.[250] 다운타운 운동클럽은 13개의 엘리베이터로 연결되는 38개의 "플랫폼" 들로 형성된다. 플랫폼들은 1909년의 일반원리를 입증하며, 새로운 메트로폴리스적 인간 종족의 심리-육체적 고려를 위한 "플롯들" 을 수용한다(예를 들면, "n층에서 벌거벗은 채, 권투 글로브를 끼고 굴을 먹는 것"[251]). 플랫폼들 중의 하나는 수영장을 포함하는데, 그것은

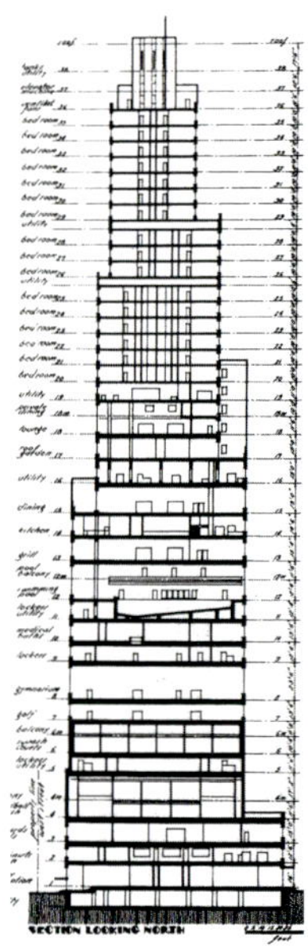

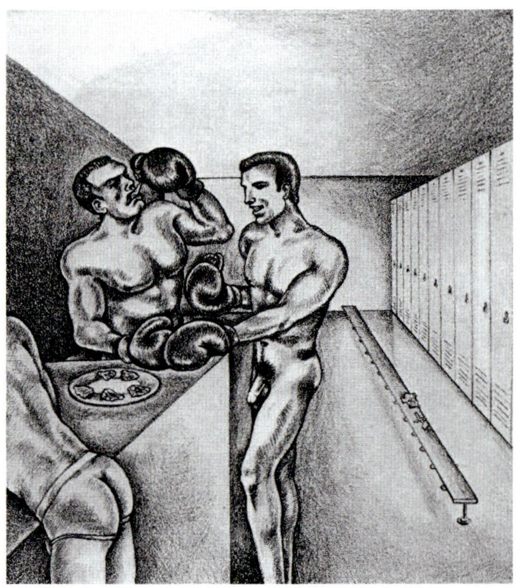

레오니도프의 수영장과 함께, 수상 수영장을 위한 일련의 모델들을 연결한다. "[…] 엘리베이터는—콜하스는 쓴다—거의 직접적으로 물속으로 안내한다. 밤에 수영장은 단지 그것의 물 속 조명 시스템만으로 채광되어, 광란적 수영객들과 함께, 전체적 물의 슬래브는 월스트리트 타워들의 전기적 번쩍임과 허드슨 강 위에 반사된 별빛들 사이에 매달려, 공간 속에 떠 있는 것으로 나타난다".[252]

콜하스의 뉴욕 계통도 속에서, 록펠러 센터의 구축은 맨해터니즘의 "무의식적" 단계(그리드의 최대 가능한 밀집을 가시적으로 만드는 페리스의 이론적 외피로 재현되는) 로부터, 2차 세계 대전 이후에 미국의 애비뉴를 따라 마천루들의 합리주의적 감소에 따른 그것의 위기, 특히 록펠러 센터의 증축(콜하스는 이것을 "배우지 않은 맨해터니즘"[253] 이라 부른다) 까지의 경로의 시작을 기록한다. 그는 편집증적 비판 방법을 따라 록펠러 센터 계획 단계들의 역사를 새로 쓰는데, 그것은 "자신의 조닝 외피의 보이지 않는 바위로부터 최종의 맨해튼 원형을 파낼"[254] 것이었다. 그는 뉴욕에서 전례가 없던 작업에 연루된 건축가와 기술자, 자본가, 법률가, 계약자들의 연합의 형성과, 그가 OMA의 전문적 조직을 위한 다른 제안들을 발견하며 이 그룹의 창조를 정의하듯, 레이먼드 후드(Raymond Hood), 하비 월리 코벳, 월러스 해리슨 등을 포함하는 연합 건축가의 기능—"코벳의 한 수"[255]—을 연구한다.

콜하스는 "신경증적 시스템이 메트로폴리스의 시스템과 서로 얽혀들게 되는"[256] 맨해터니즘의 "대리인"인 후드를, 그의 「단일 지붕 밑의 도시와 맨해튼 1950」계획(띠들 속에 집단화된 마천루들의 기능에 대한 집중, 리얼리즘과 비전의 합성, 콜하스가 보기에 순수히 실용주의적인 요구의 만족을 통한 예술적 자질의 성취를 이룬 탁월한 예) 을 통해 밀집 문화의 창조자들 중의 하나로 본다. 그럼에도 불구하고, 콜하스의 재구축 속에서, 더 나은 자연적 조명과 환기, 즉 RCA 빌딩으로 될 것의 원형, "'행복한' 빛과 공기, 식물[…]의 모더니스트적 빛나는 도시를 받아들이기 위한 맨해튼적 감수성의 시도"[257]를 위한 길고 좁은 건물의 일련의 실무 계획들 속에서 나타나기 시작하는, 꼬르뷔제식 반밀집 문화를 향해 진화하는 록펠러 센터 속에서 물질적 형태를 취해 나갈지라도, 밀집 문화를 창조하는 자는 정확히 후드이다. 브리젠도르프가 죄악을 저지르려는 것으로 묘사한 RCA 빌딩의 개념은 록펠러 센터에 대해 콜하스가 취한 배경막을 향해 형상을 취하는데, 그것은 "최후의 맨해튼의 최초의 단편"[258] 이다. 「광기의 뉴욕」의 서사 속에서 그 건물은 맨해튼 마천루들의 환상적 정신을 죽이려 하는 르 꼬르뷔제의 은유이다.

록펠러 센터와 동일한 반대 가설 속에서, RCA 빌딩의 대립은 라디오 시티 뮤직홀로, 그 무대는 "도시 블록과 같이 넓고",[259] 무대 뒤는 기숙사, 병원, 리허설 룸, 체육관, 작업실, 심지어는 코끼리를 운반할 수 있는 피스톤식의 화물 엘리베이터를 갖춘 동물 우리들과 마찬가지로, 조명과 음향을 위한 가장 세련된 전기 시설을 갖춘

246) Ibid., p. 244.
247) Ibid., p. 111.
248) Ibid., p. 126.
249) Ibid., p. 119.
250) Ibid., p. 128.
251) Ibid.
252) Ibid., p. 130. "호텔—콜하스는 쓴다—은 하나의 플롯—다른 곳에서는 결코 만나지 못했을 인간 존재들 사이의 임의적이지만 행운적 충돌을 만들어내는 자신만의 법을 가진 인공 두뇌적 우주—이다. 그것은 인간들을 통한 비옥한 횡단면, 사회적 계층들 사이의 풍부히 텍스추어된 교섭, 충돌 방식의 코미디를 위한 장, 그리고 각각의 사건들에 극적 · 구제를 가져다주기 위한 습관적 수행들의 중성적 배경 들을 제공한다" (ibid., p. 124).
253) Ibid., p. 240.
254) Ibid., p. 155.
255) Ibid.
256) Ibid., p. 137.
257) Ibid., p. 173.
258) Ibid., p. 197.
259) Ibid., p. 180.

그림 82. 렘 콜하스, 「광기의 뉴욕」, 뉴욕, 1978의 도해. 라디오 시티 뮤직홀의 이동식 플랫폼, 로커펠러 센터, 뉴욕.

그림 83. 매혹적 시체, C. 엘뤼아르, 만 레이, P. 엘뤼아르, 파블로 피카소 그림.

다. 라디오 시티 뮤직홀의 크기는 음성의 투사와 얼굴 표현에 기초한 전통적 연기를 압도함으로써 연기자들이 관객으로부터 60 미터 거리에서 연기를 하게 된다; 동시에 그것은 헐리우드에서 연기되는 것과 마찬가지로 새로운 스케일의 여흥을 선호하며, 자동적 기념비로 되는 동시에 모든 상징주의를 용해하듯, 새로운 내용과 새로운 세트 디자인—홀 속으로 전달되는 환각적 개스와 섞이는 공기 조화는 환상의 기술의 일부이다—들을 만들어낸다.

유럽 문화는 달리와 르 꼬르뷔제를 비교하는 장에서 「광기의 뉴욕」의 주역으로 된다.[260] 콜하스는 그의 뉴욕 버전에 대한 이상적 지침으로 되었던 편집증적 비판 방법을 도해한다—그 역시 밀레의 만종(*Angélus*)을 발표하고 논의한다. 이 방법의 자질은 「유폐된 지구 도시」나 코니아일랜드에서 나타났던 것과 동일하다: 진부하고 흔해빠진 것을 놀랍게 만들고, "개념적 재순환"을 고무하고, 설정된 관점과 범주를 붕괴시킬 수 있는 "거짓 사실들"을 창조하기 위한 것.[261]

"문학과 회화, 조각 내의 초기 초현실주의 자동주의의 잠재의식에 수동적으로 정교하게 무비판적으로 항복하는 대신,—콜하스는 쓴다—달리는 두 번째 단계의 초현실주의를 제안한다: PCM[Paranoid-Critical Method]을 통한 무의식의 의식적 개발[...]. 달리가 PCM을 발명했을 때 편집증은 파리에서 유행이었다. 의학적 연구를 통해 그것의 정의는 망상의 훨씬 더 큰 조직의 단 하나의 단편인 단순한 마니아를 넘어서 증폭되었다. 사실상, 편집증은 해석의 착란이다. 각각의 사실, 사건, 힘, 관찰은 추론의 한 가지 시스템으로 포획되며, 그것이 자신의 이론을 절대적으로 확신하고 강화하는 방식으로 괴롭혀지는 개인으로 이해된다—즉, 그의 출발 점인 초기의 착란. 편집증 환자는 어떤 상황에서도 항상 정확한 지점으로 수행한다. 자기장 속에서 금속 입자들이 집합적, 누적적 당김을 발휘하도록 자신들을 정렬하듯이, 정지할 수 없고, 체계적이며, 자신들 내에서 엄격히 합리적인 연상들을 통해, 편집증 환자는 전체 세계를 동일한 방향을 가리키는 사실들의 자기장 속으로 변환시킨다: 자신이 가고자 하는 방향. 편집증의 본질은 세계와의 이러한 강렬한—왜곡되었다면—관계이다: '외부

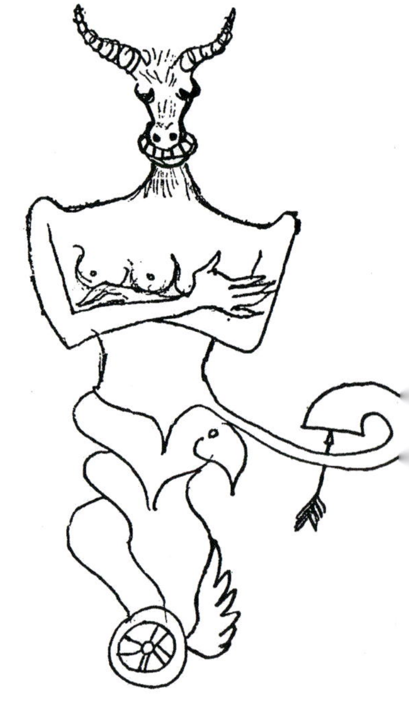

세계의 현실은 우리 정신의 현실에 작용하기 위해 도해와 증거들...로 사용된다...' 편집증은 끝나지 않는 인식의 충격이다".[262]

철근 콘크리트 기술의 근원에서, 무엇보다도 르 꼬르뷔제에 의해 옹호된 모더니스트 이데올로기의 기술적 토대를 콜하스는 구축적 합리성의 법칙이 아니라 임의적인 "이론", 혹은 심지어는 "광기"의 전제에 기초한 이론으로 본다. 철근 콘크리트의 기술적 과정의 단계들에 대한 그의 전체적 해석은 초현실주의 편집증적 비판 방법의 또 다른 적용이다.「광기의 뉴욕」에서 르 꼬르뷔제의 구세군 선박의 사진의 존재는 수상 수영장을 닮는 대상에 대한 콜하스의 편집증 비판적 끌림을 반영한다.

"단계적으로 파괴되어—그는 쓴다—철근 콘크리트 구축은 다음과 같이 진행된다. 첫째, 거푸집의 예측 구조가 세워진다—초기 이론의 부정. 그리고 철근 보강—뉴튼 물리학의 합리적 법칙을 따라 엄격히 수치가 결정된—이 주입된다: 편집증적 산출의 보강 과정. 다음에 부정할 수 없는 현실로서, 특히 초기 광기의 상징—거푸집—이 제거된 후, 단지 목재 알갱이들의 흔적들만을 남긴 채, 그것들에 지구상의 영원한 삶을 부여하기 위해 텅 빈 이론적 반대 형태 속으로 잿빛의 액체를 붓는다. 처음에는 끝없이 유연하다가 갑자기 바위와 같이 단단해져, 철근 콘크리트는 동일한 용이함으로 비움과 채움을 객관화할 수 있다: 그것은 건축가들의 플라스틱이다. (각각의 철근 콘크리트 건물 부지가, 그 광기적 거푸집의 혼란으로, 노아 프로젝트를 닮는다는 것은 우연의 일치가 아니다: 불가해하게 육지로 둘러싸인 조선소). 노아가 필요로 한 것은 철근 콘크리트였다. 모던 건축이 필요로 하는 것은 홍수이다".[263]

그러므로 콜하스는 르 꼬르뷔제의 "오욕의 캠페인"이 그 추진자가 "결코 그의 공격 대상을 주시하지 않았던"[264] 기간이었던 15년간 지속되었다는 사실로 시작하며, 무자비한 아이러니를 사용하여 뉴욕과 밀집에 대한 르 꼬르뷔제의 비평의 합리적 기초를 조각조각 분해한다. 이것은 밴험이 르 꼬르뷔제의 기술적 계시를 조롱하고,[265] 동시에 크리에가 스위스 건축가의 도시 계획을 조롱했던 동일한 아이러니이다. 십자형 마천루, 보아쟁 계획, 빛나는 도시 들은 콜하스에 의해 맨해튼에서 뽑혀져서 "반-맨해튼"의 표현을 주기 위해 그들의 아름다움이 벗겨진 단편들로 해석된다. 골조와 커튼월, 구조의 진실, 철근 콘크리트는 그의 편집증적 비판 방법의 목표로 된다. "가는 십자형 평면을 가진" 르 꼬르뷔제의 "벗겨진", "누드의", "합리적" 마천루는 맨해튼의 타워들을 위해 진부한 외부와 환상적 내부 사이의 근본적 구분을 지웠다.[266] "맨해튼의 지혜"는—콜하스는 주장한다—"평범한 파사드 뒤에서 형언 불능을 고립시키며"[267] 르 꼬르뷔제의 사고에 결정적인 형용사를 사용한다("설명할 수 없는 공간"-*espace indicible*).

"그는 그것이 단지 전체적 진부함의 대가로 존재하게 되는 스케일로 정직함을

260) 이 문장은 또한 "Architectural Design" 특별호, vol. XLVIII, 1978, No. 2-3, pp. 152-63에서 표현되었다 (Rem Koolhaas, *Dalí & Le Corbusier. The Paranoid-Critical Method*). 이 아티클은 밀레의 만종에 나오는 두 농부의 포즈를 취한 크라이슬러 빌딩과 엠파이어스테이트 빌딩을 보여주는 브리젠도르프의 그림으로 시작한다.

261) Koolhaas, *Delirious* cit., p. 203. "편집증적 비판 방법은—콜하스는 쓴다—입증될 수 없는 추론들을 위한 증거의 조작과 세상에 대한 이런 증거의 그 다음의 이식을 통해 '거짓'의 사실이 '실제'의 사실들 사이에 그 불법적 자리를 취하게 된다. 이 거짓됨은 스파이가 어떤 사회에 관계되듯, 실제 세계에 관계된다: 그들의 존재가 더 관습적이고 주목되지 않을수록, 그들은 그 사회의 파괴에 더 잘 자신들을 바칠 수 있게 된다" (ibid., p. 202).

262) Ibid., pp. 200, 201.

263) Ibid., pp. 206, 207.

264) Ibid., p. 210.

265) Cf. Banham, *The Architecture* cit., pp. 143-170.

266) Koolhaas, *Delirious* cit., p. 212.

267) Ibid., p. 228.

268) Ibid., p. 212.

그림 84. 철근 콘크리트에 적용되는 달리의 편집증적 비판 방법 다이어그램과 르 꼬르뷔제의 수상 구세군 회관(렘 콜하스, 「광기의 뉴욕」, 뉴욕, 1978).

그림 85. 마들롱 브리젠도르프/OMA, 밀레의 만종에 영감을 받은 마천루들("Architectural Design", 1978, No. 2-3).

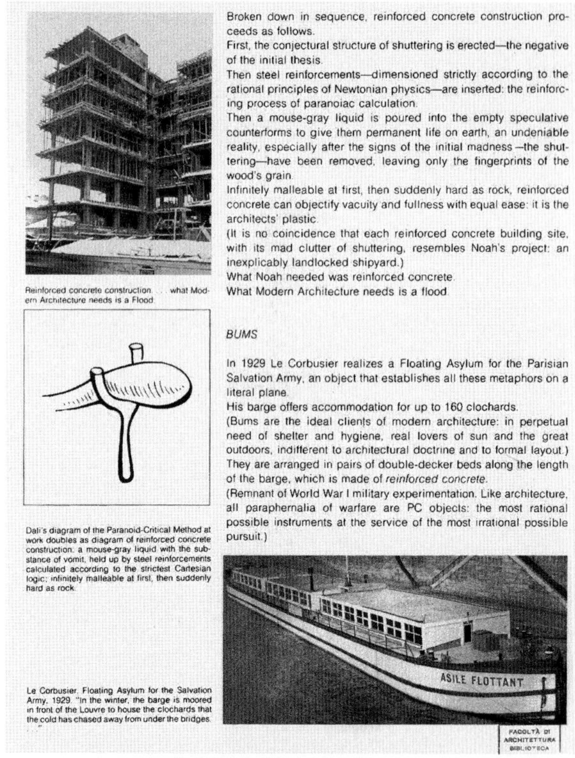

Broken down in sequence, reinforced concrete construction proceeds as follows.
First, the conjectural structure of shuttering is erected—the negative of the initial thesis.
Then steel reinforcements—dimensioned strictly according to the rational principles of Newtonian physics—are inserted: the reinforcing process of paranoiac calculation.
Then a mouse-gray liquid is poured into the empty speculative counterforms to give them permanent life on earth, an undeniable reality, especially after the signs of the initial madness—the shuttering—have been removed, leaving only the fingerprints of the wood's grain.
Infinitely malleable at first, then suddenly hard as rock, reinforced concrete can objectify vacuity and fullness with equal ease: it is the architects' plastic.
(It is no coincidence that each reinforced concrete building site, with its mad clutter of shuttering, resembles Noah's project: an inexplicably landlocked shipyard.)
What Noah needed was reinforced concrete.
What Modern Architecture needs is a flood.

Reinforced concrete construction. . . . what Modern Architecture needs is a Flood.

BUMS

In 1929 Le Corbusier realizes a Floating Asylum for the Parisian Salvation Army, an object that establishes all these metaphors on a literal plane.
His barge offers accommodation for up to 160 clochards.
(Bums are the ideal clients of modern architecture: in perpetual need of shelter and hygiene, real lovers of sun and the great outdoors, indifferent to architectural doctrine and to formal layout.)
They are arranged in pairs of double-decker beds along the length of the barge, which is made of *reinforced concrete*.
(Remnant of World War I military experimentation. Like architecture, all paraphernalia of warfare are PC objects: the most rational possible instruments at the service of the most irrational possible pursuit.)

Dali's diagram of the Paranoid-Critical Method at work doubles as diagram of reinforced concrete construction: a mouse-gray liquid with the substance of vomit, held up by steel reinforcements calculated according to the strictest Cartesian logic; infinitely malleable at first, then suddenly hard as rock.

ASILE FLOTTANT

Le Corbusier, Floating Asylum for the Salvation Army, 1929. "In the winter, the barge is moored in front of the Louvre to house the clochards that the cold has chased away from under the bridges. . . ."

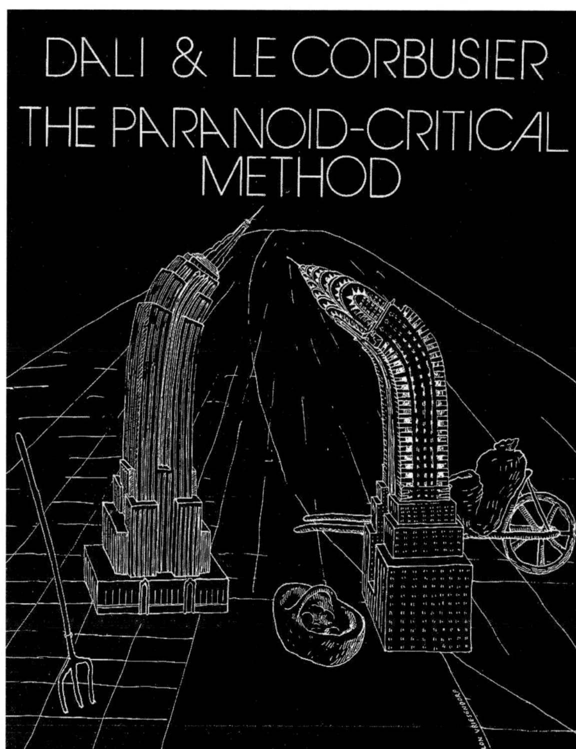

도입한다—콜하스는 르 꼬르뷔제에 관해 쓴다—[...]. 여기에 맨해튼의 환상의 기술을 위한 장소는 없다. 르 꼬르뷔제에게, 상상의 도구와 확장으로서의 기술의 사용은 그것의 남용과 동일하다. 유럽 멀리로부터의 기술의 신비에 대한 진정한 신봉자로서, 그에게 기술 자체는 환상적이다. 그것은 미개척지로 남아야 하며, 순수한 형태로만 보여질 수 있고, 엄격히 토템적인 존재이다. 그의 수평적 마천루의 유리벽은 완전한 문화적 진공을 감싼다".[268]

그럼에도 콜하스는 뉴욕을 정확히 유럽적 환상의 운명을 피하기 위해 남겨놓으며—"맨해터니즘은 르 꼬르뷔제에 숨이 막혔지만, 결국 소화해냈다"[269]—그에 대한 페이지는 탄생과 문화로 인해 헤아릴 수없는 "맨해튼의 발명자"[270] 로 되도록 선고된 자에 의해 씌어진다.

그가 뉴욕에 머무를 마지막 무렵, 콜하스와 OMA의 작품들은 「엑소더스」로 시작하며, 건축의 원래 체계를 윤곽지으려 했던 지속적 은유와 공전되는 형상들의 조직을 직조하는 듯 보인다. 웅거스와 아이젠만과의 상호교류로 인해, 이 즈음의 콜하스는 풍부한 대비와 서로 다른 문화적 언급을 가진, 분절과 조합을 위한 유형적 요소와 모드, 은유들의 견고하고 다양한 보고를 가진다; 그리고 그는 그것들을 자신의 서사적 능력과 함께 결합할 수 있다. 이 모든 경험들은 그가 이론적, 이상적, 그래픽적 차원의 건축을 더욱 깊게 탐구하도록 도와주었다. 다음 장에서 그는 편집증적 비판 방법의 창조적 과정들의 가장 적합한 표현 기술을 발전시킬 것이다. "나는 생각하는 사람이다", 그는 선언한다,[271] 그리고 여전히 1930년 "Sovremennaja Architektura"의 편집인에 의해 정확히 "건축가이자 생각하는 자"로 정의된 레오니도프를 그의 지적 모델로 얘기한다.[272]

269) Ibid.,p.233.

270) 이것이 콜하스가 르 꼬르뷔제를 정의하는 방식이다(ibid.,p.223). 「광기의 뉴욕」은 큰 성공을 거두었고,뉴욕과 미국 마천루들에 대한 에세이들의 결정적 참고 문헌으로 되었다.그것들 가운데에서 젱스가 쓴 *Skyscrapers-Skyprickers-Skycities*,1980은 콜하스의 반향을 가장 많이 사용한 것들 중의 하나로, "부지의 직접적 압출"로 보이는 플랫아이언,혹은 엠파이어스테이트 빌딩의 "자동적 건축" 등의 표현이 사용되었다. "[...] 나는 텍스트에 대해 코멘트를 해주고 내게 중요한 책들을 빌려준 렘 콜하스에게 또한 특별한 감사를 드린다.마천루들의 의도와 동기들을 연구한 그의 「광기의 뉴욕」은 내가 비록 동일한 방향을 따르진 않았지만 내가 많이 배운 자들,그리고 내가 도달하기 위한 다른 마천루 학자들에게 하나의 표준을 설정한다"라고 그는 도입부에 쓰고 있다. (Charles Jencks,*Skyscrapers-Skyprickers-Skycities*,London,Academy Editions, 1980, p. 4; 혹은 p 38, p 28. "「광기의 뉴욕」—브리젠도르프의 「사랑 이후」*Aprés l'amour* 회화의 재현 옆에서 그는 텍스트를 쓴다—,마천루들의 비밀스런 삶은 렘 콜하스의 그 책에서 결정적으로 노출되었다.유사 심리분석과 그의 부인 마들롱 브리젠도르프의 회화를 통해 그는 이 구축된 사람들의 열정과 배신,내적 욕망들을 파헤친다.[...].뉴욕의 진정한 고백은 '밀집의 문화', 즉 세계사의 압축 속에서의 다른 기능과 이미지들의 대량 적치를 고려한다.모든 현실(혹은 적어도 문화)은 여기서 합성적으로 재창조되며, 2,028개의 민주적으로 동등한 블록들 속으로 넣어지고,위로 압출된다. 각각의 블록은 깊은 분석에 따라,기존의 '마니아'를 설정하며,하나의 도시적 환상으로 된다.그러므로 전체로서의 뉴욕의 절충주의이자 기호들의 다양성이며,순수한 이미지들의 불연속성이자 각각의 건물들의 인간적 개체이며 '얼굴' 들이다". 또한 Bernard Tschumi, On Delirious New York: *A Critique of Critiques*, in ""International Architect"",vol.I,1980,No.3,pp.68,69를 볼 것.

271) Cit.in Alejandro Zaera,*Finding freedoms:conversations with Rem Koolhaas*, in 1987- 1998 Oma/Rem Koolhaas, " "El Croquis" ", No. 53+79,p.21.

272) Cit. in Aleksandrov, Chan-Magomedov,op.cit.,p.116.

2

그림 86. 렘 콜하스, 엘리아 젱겔리스, 자하 하디드/ OMA, 네덜란드 국회 의사당 확장계획, 헤이그, 1978. 복도와 연결부 액소노메트리(자하 하디드 디자인).

프로젝트 1978-79: 매혹적 시체와 텍토닉의 기준

1978년이 될 무렵, OMA는 유럽 도시들 내의 건물들이나 역사적 중심 영역들을 위한 국제 현상설계에 집중적으로 참여했다. 그 계획안들은 OMA의 다양한 멤버들에 의해 독립적 발전을 위해 부분별로 나뉘어졌으며, 그룹별 세션으로 재조합되었다. 작업 모델은 그들이 디플로마 유닛 9에서 텍토닉으로 실용화 했던 것과 동일했으며, 그것은 그 그룹 멤버들이 자신들의 지적 노마디즘으로 런던에서 로테르담 및 아테네 등으로 이동하는 것을 가능케 했다. 그것은 또한 콜하스의 두 가지 흥미를 반영했다: 한편으로는 건축 가능한 볼륨이-그는 「광기의 뉴욕」에서 설명한다-"별개의 팀들에 의해 연구되고 발전되었던 단편들 속에서 분해되었던 록펠러 센터의 주요 부동산적 실행";[1] 다른 한편으로는 콜하스 자신이 " '매혹적 시체' 의 초현실주의적 실현" 이라 부르는 것으로, 그것은 "잠재의식으로부터 해방되는[...] 시적 혼성"[2] 을 이루게 된다. 텍토닉, 매혹적 시체, 뉴욕 마천루 등은 아방가르드들의 모더니티 매개변수에 따라 역사적 도시의 이미지와 의미를 해석하는 것을 계속했던 건축을 위한 기준과 모델로 된다, 왜냐하면 OMA-그들이 디플로마 유닛 9의 프로그램에서 텍토닉의 주제에 관해 언급하듯-는 1970년대 말에 퇴출되었던 모더니티의 주기가 여전히 발전되어 나가고 있다고 여기기 때문이다.

OMA가 매혹적 시체와 텍토닉의 기준을 적용할 첫 번째 기회는 1977-78년에 헤이그의 요새화된 비넨호프 복합 시설에 있는 국회 의사당 본부의 증축을 위한 현상설계의 형태로 찾아왔다. 학위를 바로 앞둔 자하 하디드가 이 계획안에 참여함으로써 OMA의 멤버로 되었다: 주제 또한 디플로마 유닛 9의 학생들에게 일임되었다.[3]

13세기에 최초로 요새로 구축된 것으로부터 베를라헤가 제안한 작업에 이르기까지, 비넨호프의 형성 과정은, OMA의 이론을 따르자면, 포스트 모던의 디자인 기준과 대비되어 이상적인 원래 상태로의 어떠한 회귀도 불가능함을 보여주었다. 그것의 진화에 대한 콜하스의 명료한 재구축 속에서, 비넨호프는 "그것의 방어적 목적이 대리적, 상징적 기능들로 대체되는, 건축과 프로그램 모두의 변형의 연속적 과정" 에 종속되었던 것으로 나타난다. "기능상의 이러한 변화들" 의 결과로, 그것은 "그것의 복잡성이 피할 수 없는 확실성의 이슈를 만드는"[4] 지점에 이르기까지

1) Koolhaas, *Delirious* cit., p. 162.
2) Ibid., p. 214.
3) Cf. *Diploma Unit* 9, in ""The Projects Review. Architectural Association. School of Architecture" ", 1977-78.
4) [Koolhaas-OMA], *OMA. Urban Intervention: Dutch Parliament. Extension, The Hague*, in ""International Architect" ", vol. I, 1980, No. 3, (pp. 47-60), p. 48.

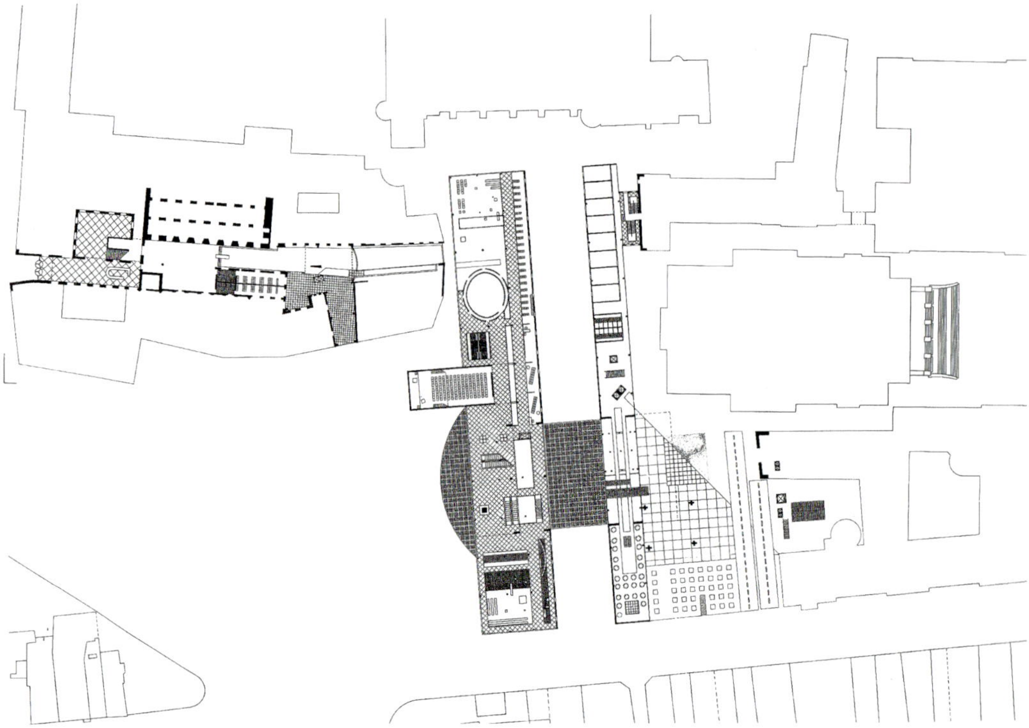

"다른 역사적 양식들의 덩어리"으로 되었다. "기타 형상의 집합"[5] 이라는 의사당 복합 시설의 해석은 1912년 피카소가 만든, 다른 재료들을 조합한 최초의 부조인 「기타」의 기억을 불러일으킨다.

OMA의 계획안에서, 세 개의 건물들은 두 개의 서로 교차되는 축을 따라 조합된다. 각각의 건물들은 다른 기능을 위해 각각 다른 세 명의 건축가들에 의해 발전되었다: 연속적 기념비의 특성을 가져다주는 유리 외피로 싸인, 미팅 룸과 공공 공간을 가지는 넓고 낮은 건물(젱겔리스); 한편으로는 유리의 파사드를 가지고 다른 한편으로는 기능에 맞게 다양한 개구부들을 가지며, 홀과 의원 사무실들을 포함하는, 첫 번째 건물과 평행하며 동일한 길이의 높고 좁은 건물(하디드); 프로그램에 의해 요구되는 1,000m^2 의 공간을 첨가하기 위한 비정형적 평면의 건물(콜하스). 두 개의 평행한 건물들은 "슬래브들"로, 하나는 누워 있거나 "수평적"이며, 다른 하나는 가장자리에 서있거나 "수직적"이다.[6] 두 개 슬래브 모두는 내부에 "필요한 집중과 이완을 도입하기 위해 더 작은 건축적 에피소드들이 배열되는"[7] 추상적 볼륨으로서의 텍토닉의 기준에 따라 디자인된다. 높은 필로티 위의 비정형 건물－OMA가 "마천루"라고 정의하는－은 압출 성형의 법칙에 관한 콜하스의 최초의 실험인데, 미니어처된 플랫 아이언 빌딩과 같이, 그것에서 경계는 슬래브를 향해 굴곡진 외피의 부분을 제외하고 지형의 불규칙한 가장자리를 따라가는 것으로, 그것은 1930년대의 공허한 신즉물주의(Nieuwe Zakelijkheid) 형식주의로 주어진다.

5) Ibid.
6) [Koolhaas-OMA], *Ampliamento del parlamento a L' 'Aia. Progetto di concorso. 1979. Office for Metropolitan Architecture: Zaha Hadid, Rem Koolhaas, Elia Zenghelis*, in "Lotus international", 1979, No. 25, p. 25.
7) [Koolhaas-OMA], OMA. *Urban Intervention* cit., p. 58.

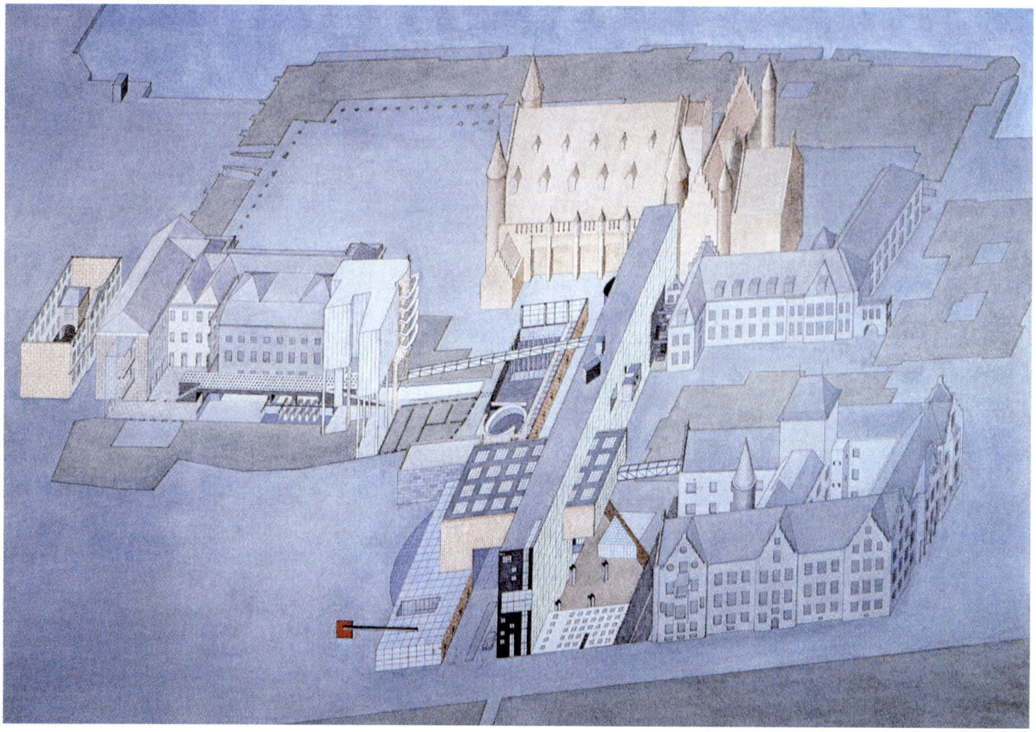

그림 87-88. 렘 콜하스, 엘리아 젱겔리스, 자하 하디드/ OMA, 네덜란드 국회의사당 확장계획 현상설계, 헤이그, 1978, 평면, 전경.

회의 단계에서 각자의 부분은 계몽적 함축을 취하며 추상적인 거대 덩어리가 서로 서로의 대화를 통해 뉴욕을 위한 OMA 드로잉들 내의 전형적 건물들을 만들어 나갔다. 그래서 두 개의 "슬래브"들이 회의실 볼륨으로 연결되었는데, 그것은 L자형으로 구부러져 짧은 쪽 윙은 수평적 슬래브를 관통하고, 다른 하나는 수직적 슬래브를 관통하여 "대다수 군중의 아마추어들과 그들이 뽑은 전문가들 사이의 다리"[8] 로 작용하는 홀의 은유적 기능을 표현하도록 될 것이었다. "수평적 슬래브" 내의 "덮여진 포룸"은 "회의를 통한 갈등의 모든 중요한 해결에 대한 네덜란드의 믿음"[9] 을 선언하며, 반면에 "마천루"의 "타원형 실들"은, OMA의 상징 같이, 개념들의 부화를 상징할 것이다. "OMA의 사적 전당의 또 다른 요소들"은 플래니츠(planits)와 바르셀로나 파빌리온에 기초한 실들, 말레비치와 엘 리시츠키에 바쳐지듯이 사각형 패널을 가진 기울어진 기둥들, 미스식 십자형 기둥의 4개의 커다란 버팀대들을 포함하며, 반면에 원래 해자의 위치에 있는 타워의 밑 부분에는 "'기타' 로부터 잘려진"[10] 수상 수영장이 주위로 떠 있다. 통로로 연결된 이것들에서 어떤 통로는 공중에 떠있고, 어떤 통로는 로테르담의 반 넬레 공장 같이 기울어져, 기존 구조를 따라 솟아오르는 건물들은 비넨호프의 역사의 또 다른 장을 형성한다. 「복도와 연결부」라는 제목으로 하디드가 그린, 폭발하는 듯한 액소노메트릭은 마이애미 주택의 "개념의 액소노메트릭"에서와 같이, 구조적 시스템이 아닌 프로운의 논리를 따르는 공간적 형상과 그것들의 조합의 요소들을 강조한다. 부지의 드로잉은 검정 배경 위의 백색 건

8) [Koolhaas-OMA], *Ampliamento del parlamento a L' 'Aia* cit., p. 25.

9) Ibid.

10) *OMA. Urban Intervention* cit., p. 56.

 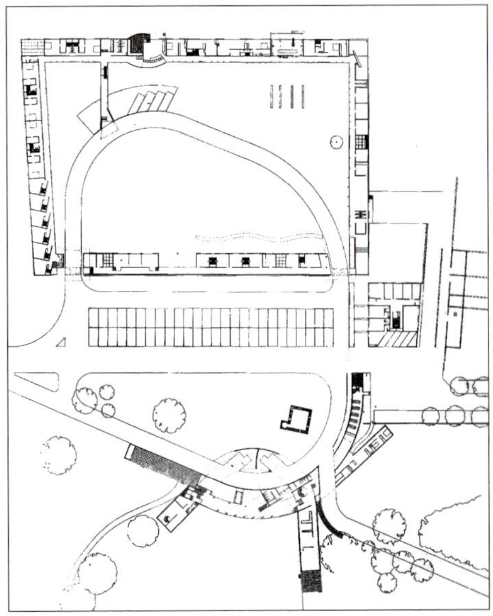

물을 보여주는데, 그것은, OMA에 의해 결정되듯이, 웅거스 주변의 서클들에서 퍼져 나간 로우(Rowe)의 그래픽 기술—전형/ 맥락의 배경 드로잉—을 그대로 보여준다.[11]

1978-79년에 콜하스와 젱겔리스는 더블린 피닉스 파크에 있는 아일랜드 수상 관저의 증축 현상 설계에 참여했는데, 하디드 역시 그녀가 AA 스쿨에서 콜하스와 젱겔리스와 함께 계속 가르치고 있었음에도 불구하고 OMA와 바로 시작했던 관계를 깨며 그녀 자신의 계획안으로 그들과 경쟁을 했다. 다시 한 번 아일랜드 수상 관저의 주제는 디플로마 유닛 9의 학생들에게 주어졌다.[12]

OMA와 하디드의 계획안에서 정부의 손님들을 위한 주거는 부서진 벽을 경계로 하는 정원 속으로 주입되었으며, 구불구불한 도로들에 맞도록 형상이 주어진 수상의 주거는 울타리 밖에 놓여져 통로로 첫 번째의 주거와 연결이 되었다. 두 가지 모두의 안에서 그것은 사적 영역과 영접을 위한 공간들로 나뉘는 주거의 개념을 표현하기 위해 두 개의 상호 관통되는 볼륨들로 구성된다.[13] 하디드는 추상적인 역동적 기하학 형상으로 엘 리시츠키의 절대주의적 구성을 건축으로 옮기며, 분절되지만 통일된 건물을 만들어낸다.[14] OMA는 콜하스가 디자인한 한 부분(정부 손님들의 주거)과 젱겔리스가 디자인한 다른 부분(수상의 주거)을 통해 프로그램의 부분들을 상징적으로 분리시키며, 그것들을 "두 자율적 구조들의 우연한 공존의 결과"[15]로서

11) Ibid., p.56.

12) Cf. *Diploma Unit 9*, in "The Projects Review. Architectural Association. School of Architecture", 978-79. "아일랜드 수상을 위한 주택에서—우리는 학기 마지막을 위한 기록물을 읽는다—빌라의 모델은 순수한 크기와 요구되는 시설의 특성에 의해 한계까지 잡아 늘려진다. 예상되는 '이미지'가 빌라의 이미지이거나, 혹은 작은 궁전이라는 것은 확실하다; 반면에 그 프로그램은 방갈로이거나 혹은 모텔이다. 그런 관점에서 이 프로그램은 전형적인 근대의 딜레마와 마주친다: 상응되게 줄어든 문화적 기대가 없이 '움츠러든' 프로그램의 딜레마".

13) Cf. [Koolhaas-OMA], *Residenza per il Primo Ministro Irlandese. Concorso per l' 'abitazione del Primo Ministro Irlandese e gli ospiti di Stato a Dublino, Phoenix Park, 1979. Progetto Office for Metropolitan Architecture: Rem Koolhaas, Elia Zenghelis*, in ""Lotus international" ", 1979, No.25, (pp.19-24), p.19.

14) "평면의 형태들은 중력으로부터의 자유의 느낌, 그리고 정치적이며 공공적 삶의 관료적이며 스트레스적인 양상으로부터의 자유의 느낌을 불러일으키기 위해 디자인된다. 그것들은 새로운 미학, 아일랜드의 역사와 건축적 유형들과는 관계가 없는 역동성을 가리킨다" (*Residenza per il Primo Ministro Irlandese. Concorso per l' 'abitazione del Primo*

그림 89. 렘 콜하스, 엘리아 젱겔리스, 자하 하디드/ OMA, 네덜란드 국회의사당 확장계획 현상설계, 헤이그, 1978, 포셰 속의 도시적 비움을 가지는 영역의 평면.

그림 90-91. 렘 콜하스, 엘리아 젱겔리스/ OMA, 수상 관저 증축 현상 설계, 더블린, 1978-79. 평면, 전경.

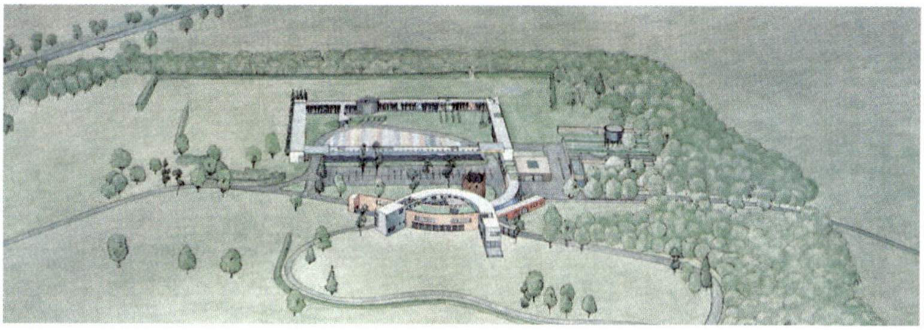

의 로트레아몽을 반향하거나, 웅거스의 공식인 "더 큰 것 내의 새로운 영역"[16]을 반향하는 것으로 그들이 해석하는 작품 속에 같이 집어넣는다. 헤이그 계획안과 같이, 국제주의 양식의 형태에 기초한 더블린의 계획안은 포스트 모던과 열려진 대조 속에 있으며, "명백한 역사적 언급에 의지하지 않는 위대한 역사적 주택들에 비교될 수 있는 풍부함과 복잡함"[17]을 제공한다.

수상의 주거에서 식당은 "플랫폼"으로, 메두사의 공중 표류를 연상시키듯이, 부분적으로 "매달리며"[18], OMA의 다른 공중 플랫폼들을 예고한다. 기능이 호텔과 유사한 정부 손님들을 위한 시설은 기존의 석벽과 정원에 첨가된 철근 콘크리트 벽 사이의 띠 속에 위치한다.[19] 정원 내의 도로는, 네덜란드의 튤립 농장과 같이, 서로 다른 식물들의 평행 띠들의 지역과 경계한다. 이 지역은 OMA에 의해 미래에 제안되는 유사한 띠들의 배치를 위한 모델이었다.

그 계획안은 OMA가 기술적 디테일로 발전시킨 최초의 안으로, "미국의 미학과 임기응변식 재주를 동일시하는 것을 성공시키려는 의도"[20]를 가진다. 마이애미의 주택과 1977-78년의 디플로마 유닛 9의 프로그램에서와 같이, 재료들은 "가공되지 않은 것으로부터 세련된 것까지"[21] 손님들 주거에서 정렬되는 일종의 은유적 구축을 형성한다(거친 석재, 나무, 대리석, 광택 콘크리트, 알루미늄, 유리). "수상 관저에서 대비는 역으로 되는데—OMA는 설명한다—거기서 형태의 풍부함은 존엄과 기회의 감각에 대한 강조적 조합의 모든 것을 가진, 신중할 정도로 관습적인 재료와 마감들의 선택에 의해 조용히 소거된다".[22]

1979년 헤이그 국회 의사당 시설의 증축 계획 이후에 현상 설계의 심사 위원장은 OMA에게 제레미 벤담의 원형 감옥에 충실하게 금속제 큐폴라로 덮인, 간수들을 위한 중정을 둘러싼 원형 평면의 주변을 따라 배열되는 방들을 가지는, 1882년에 세워진 아른헴의 "쿠펠"(Koepel) 감옥의 재건축 가능성을 연구해 달라고 의뢰했다. 20세기에 놀이 공간을 위해 중정을 사용한 것은 점차적으로 원형 감옥의 의미

Ministro Irlandese e gli ospiti di Stato a Dublino, Phoenix Park, 1979. Progetto di Zaha Hadid, in ""Lotus international"", 1979, No. 25, (pp. 15-18), p. 15).

15) [Koolhaas-OMA], *Residenza per il Primo Ministro Irlandese* cit., p. 19.

16) Ibid., p. 23.

17) Ibid., p. 19.

18) Ibid.

19) 이런 해결책의 선례들은 「엑소더스」와 성 주위의 "건물 벽"으로서 1975년 계획된 레버쿠젠의 모르스브로이크(Morsbroich) 미술관을 위한 웅거스의 계획안을 들 수 있다. (cf. Oswald Mathias Ungers, *Architecture as theme*, Milan, Electa, 1982, p. 19).

20) *La deuxième chance de l' 'architecture moderne cit.*, p. 4.

21) [Koolhaas-OMA], *Residenza per il Primo Ministro Irlandese cit.*, p. 20.

22) Ibid.

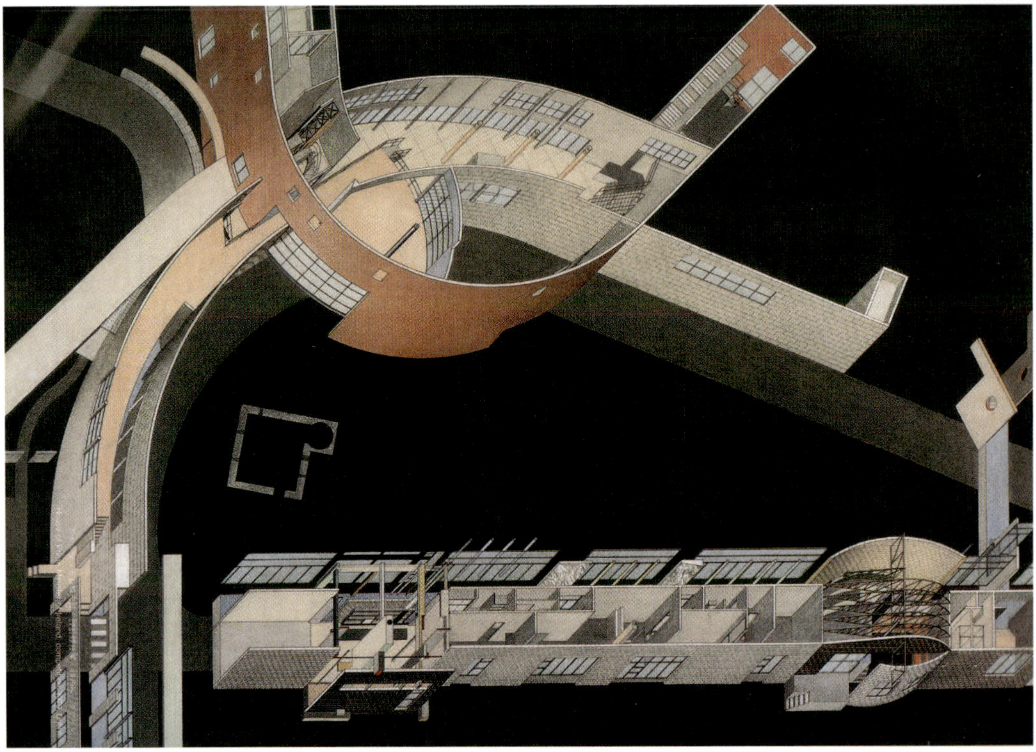

를 전복시키게 되었고, 그럼으로써 원래 감시를 위해 사용되었던 중앙의 작은 모던 파빌리온은 수감인들이 보지 못하도록 창문에 커튼을 달았던 간수들의 식당으로 되었다. 콜하스의 계획은 잠재적 사용에 대한 이런 자발적 접근을 공표한다. 원형 감옥의 거의 기하학적 중심에서 그는 지면에서부터 후퇴해 원래의 시야를 통해 자르는 두 개의 직각도로의 교차점을 위치시킨다. 이것들은 상점들을 포함하며 감옥으로부터의 탈출을 위한 은유로 되는데, 그것은 원형 감옥의 바깥에서 대부분 작업장, 체육관, 수영장, 방문 장소들을 위한 지하 건물들로 종결이 된다(그 대부분은 평행의 띠의 기술을 사용해 디자인된다). 위에서 볼 때 감옥의 광장은 지하 레벨에서 차단된 건축 부지와 같이 보인다. 원형 감옥의 원통형 볼륨 내에 프리즘 형상의 부속 볼륨들이 수감자들을 수용하기 위해 쐐기와 같이 박히는데, 다시 한번 그것은 시설물 속에서 이미 발전된 삶의 현상을 고무시키기 위해 원래의 감금 방식을 전복시킨다. OMA가 첨가한 부분들의 건축적 형식은 국제주의 양식에 대한 의도적으로 진부한 변양태들이며, 여전히 엘 리시츠키의 프로운에 의해 만들어지는 구성적 논리의 부분이다.[23]

"내게—콜하스는 자신의 작업의 근본적으로 시적인 양상을 내보이며 선언한다—이 계획안의 가장 만족스런 양상은 프로그램적, 은유적, 형태적 의도들이 매우 엄격한 프로그램—새로운 시작의 은유, 영원히 수정되는 패러다임들의 시스템으로

23) Cf. Stanislaus von Moos, *Rotterdam lädt Leonidow ein. Zu neueren Arbeiten des Office of Metropolitan Architecture*, in ""Archithese"", XXI, 1981, No. 5, (pp. 57-62), p. 59.

24) Rem Koolhaas, *La rénovation d' 'une prison panoptique. Rem Koolhaas et Stefano De Martino*, in ""Architecture Mouvement Continuit?" ", 1981, No. 54-55, p. 60.

25) [Koolhaas-OMA], *Study for the Renovation of a Panopticon Prison Arn-*

그림 92. 렘 콜하스, 엘리아 젱겔리스/ OMA, 수상 관저 증축 현상 설계, 더블린, 1978-79.

그림 93. 렘 콜하스/ OMA, "쿠펠" 감옥 확장 및 재건축 계획, 아른헴, 1979-85.

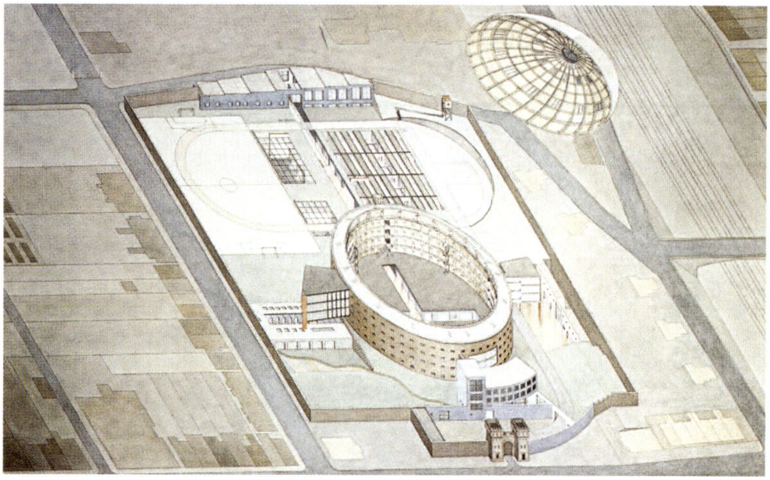

서의 문화의 개념, 중심의 전복—에 관해 부합되기 위해 정렬될 수 있었던 수준이었으며, 이 모든 주제들은 가장 개념적이고 실용적인 수준에서 모두 기능하고, 그러므로 그것들 사이에서 유기적 연결을 설정한다".[24]

1980년대 초 콜하스의 글들에서 이 계획은 포스트 모던에 대한 OMA의 비평적 입장의 또 다른 상징적 표현으로서, 헤이그와 더블린의 시리즈들 속에 포함된다: "'모던한' 감옥 건축은 오래된 감시 시스템에 대해 '문명화'의 새로운 층들을 끊임없이 투사하는 미래적 고고학으로 구성될 것이다. 수정들의 총합은 훈육 시스템의 끝없는 진화를 반영할 것이다. [...] 새로움은 결정성을 주장하지 않고 모더니티의 층을 첨가한다. 그것은 오래된 것 보다 더 안전하지도 덜 안전하지도 않다. 오래된 것은 감금의 개념을 무시하거나 표현하려는 것으로부터 새로움을 해방시키며, 자신의 도상학적 억제를 유지한다. 조정 이후에, 쿠펠은 그것의 이전의 중심이 지워지고, 오로지 감옥의 환경을 개선하는 데에만 관심을 가지는 모더니티의 토대에 기대며, 해체된 과거를 재현한다".[25]

OMA의 논쟁적 글들, 1979-80

1979-80년에 콜하스와 젱겔리스는 "절대적 불안정성의 조건"이 "형태는 기능을 따른다" 라는 공식으로 요약되는 근대 운동의 이론적 기초를 용해시킨다는 인식의 배경에 대항해 근대적 전통과 기능주의의 기준을 재평가하기 위해 건축에서의 기능적 프로그램의 역할을 강조하려 했다. "[...] 기능들은 결코 단일 형태를 가질 수 없다" 라고 콜하스는 언급한다.[26] 그러므로 말레비치의 텍토닉과 페리스의 솔리드들은 20세기 말의 불확정적이고 다양한 기능들을 수용할 수 있는 형태의 창조를 위한 모델들로 된다. 1980년대에 콜하스 이론의 점진적 중요성과, 비움이 말레비치와 페리스의 솔리드적 채움에 대한 명백한 반대 가설로 되는 미스 반 데어 로에의 작업에 대한 흥미는 "절대적 불안정성의 조건"을 보장하기 위한 비슷한 능력을 가지는, 그러

hem, Netherlands, 1979-81, in OMA, Rem Koolhaas, Bruce Mau, ed., *S,M,L,XL*, New York, The Monacelli Press, 1995, p. 247.

26) [Koolhaas-OMA], *OMA. Urban Intervention* cit., p. 60.

한 보이드의 본질에 대한 이해를 통해 부분적으로 설명될 수 있다. 문화적 지평으로부터 콜하스는, 불가사의(merveilles)의 생산으로 되돌아가는 행운의 순간을 기다리며, OMA에 의해 전략적으로 풍미되었던 프로그램의 논리 뒤로 움츠러드는 편집증적 비판 방법을 공공에게 보여준다.

프로그램적 기초에 대한 추구는 OMA로 하여금 포스트 모던에 도달했었던 1970년대 초의 "합리주의 건축"의 대변자들에 대해 변방을 취하도록 이끌었으며, AA 스쿨에서의 협업 기간들 이후에, 그것의 주도적 지도자들 중의 하나인 레온 크리에와의 충돌은 피할 수 없이 되었다. 1979년 12월, 16차 트리엔날레의 개막을 위해 밀라노에서 열렸던 회합에서, 젱겔리스는 1920년대와 1970년대의 "합리주의"의 독단주의와 순수주의를 공격했다.[27] 그는 양식의 문제가 아니라 프로그램들의 체계화로 보이는 "모더니티"의 개념을 옹호했다. "역사—그는 언급했다—는 모두 똑같이 야만적이고 혼란스런 일련의 모더니티들을 경험했다, 왜냐하면 그것들은 새로운 이데올로기들의 반영이었기 때문이다"; "모던의 폭력은 항상 시니피에로서의 자신의 길을 발견했다"; "모던 운동" 자체는 단순한 양식으로 환원될 수 없다. 젱겔리스는 1975년 이래 디플로마 유닛 9의 기록물들에서 개괄된 일련의 개념들을 확인하는데, 그것은 OMA의 문화적 전략들에서 기본으로 되었다: "근대 건축"의 성취는 아직 완성되지 않았으며, 그것의 "코드" 역시 "종결" 되었다고 말해질 수 없다; "건축의 클라이언트"는 "군중"으로 되었고, "이 전례가 없는 도전을 다루기 위해서는" "건물과 마찬가지로 프로그램들을 디자인"하고, "근대 건축의 정의를 위한 요소들을 군중을 위한 건축으로 탐구하는 것"이 필수적이다.

"역사적 도시"가 담당해온 "인간 행위와 문화의 중심지로서의 전통적 역할"을 "회복하기 위한" 필요성과 그러한 도시의 행위들의 밀도와 다른 기능들과의 그것의 혼합을 붕괴시키기 원했던 르 꼬르뷔제의 도시 계획 법칙들에 대한 열정적 공격이 OMA의 멤버들을 포함한 국제적 논쟁의 주요 구성원들 사이에서 광범위하게 퍼진 동의로 만났던 반면, 하나의 간극이 밀라노의 회합에서 함께 나타났던 레온 크리에와 모리스 퀼로(Maurice Culot)에 의해 제안된 급진적 도전으로 이끌며, "모더니티"의 개념에 명확히 연관된 계획 기준을 열었다.

27) Elia Zenghelis, *Apropos of style and ideology*, in ""Lotus international" ", 1979, No. 25, pp. 32-34.

28) 프램튼은 그 행사의 조직의 초기 단계에 접촉을 했으며, 그 후 그 카탈로그에 에세이를 기고하는 것을 거절할 정도로 자신을 그 조직에서 분리시켰다(cf. Paolo Portoghesi, La fine del proibizionismo, in *La presenza del passato. Prima mostra internazionale di architettura. Corderia dell' 'Arsenale. La Biennale* Milan, Electa, 1980, (pp. 9-14), p. 9). 카탈로그에서 콜하스와 OMA의 작품은 다음과 같이 빈센트 스컬리가 칭찬했다. "뉴욕의 마천루들로 복원된 삶": "콜하스와 그의 그룹의 작품은 그것들을 인격화했으며, 우리는 그것들이 우리 눈 앞의 군중 속에서 사랑하고, 좋아하고, 마지막보다 각각 더 매혹하는 것을 본다: 이제 우리는 그것을 예술의 결정적 정복으로 이해한다. 콜하스는 그것들을 인간으로 만들었을 뿐 아니라, 그의 눈부신 계획들과 전반적으로 마천루들의 재정의에 대한 그의 기여로 인해, 그것들을 훌륭한 모델로 접근하게끔 만들었다" (Vincent Scully, *Come si è giunti alla situazione attuale*, ibid., (pp. 15-20), p. 20). 스컬리는 과거의 회복을 향한 전반적 경향 속에 OMA의 작품을 포함시킨다: "이것은 현재에는 상실된 최근 역사의 한 단편이 어떻게 일상생활과 환경의 단순한 기쁨을 충분히 풍족하게 하도록 회복될 수 있는지를 보여주는 좋은 예이다". 1979년에 젱스는 합리주의 운동의 주요 노선들을 요약한 후에 OMA의 작품들을 호텔 스핑크스를 예로 들어, 보필(Bofill)의 작품들과 동등하게 "초합리주의" (surrationalist) 라고 정의한다. "실제의 도시적 기능들과 기존의 도시적 환상들의 통합 속에서—그는 쓴다—그것은 상업과 예술적 평면상의 초합리주의를 향한 경향들을 요약한다. 다른 신인동형적 건물들과 같이, 그것은 거대 스케일 형태를 잠재적으로 과적함으로써 살아남게 된다. 아마도 「광기의 뉴욕」에 관한 그의 책과 드로잉으로 인해 극단적인 초합리주의자라고 할 수 있는 렘 콜하스는 상업적 꿈과 논리의 혼합 배후에서 시적 영감을 노출시킨다. 그의 합리적 환상들은 로커펠러 센터와 월도프 아스토리아 호텔의 전통을 연속시키는 가운데 책략과 도시적 밀집을 극단으로 취하는 것으로 이루어진다" (Charles Jencks, *Verso l' 'eclettismo radicale*, ibid., p. 35). 젱스는 콜하스에게 역사적 형태들의 수집으로 인식되는 벽난로를 자신의 집에 설계해달라고 부탁하려 했다. 그 작업은 나중에 마이클 그레입스가 했다 (cf. Charles Jencks, *Towards a Symbolic Architecture*. The Thematic House, London, Academy Editions, 1985, p. 132).

29) Rem Koolhaas, Elia Zenghelis, *La nostra nuova sobrietà*, in *La presenza del passato. Prima mostra internazionale di architettura. Corderia dell' 'Arsenale. La Biennale di Venezia. Settore Architettura*, Milan, Electa, 1980, pp. 214-16.

30) Vincent Scully, *American Architecture and Urbanism*, New York, Praeger Publishers, 1969, p. 255.

31) Koolhaas, Zenghelis, *La nostra nuova sobrietà* cit., p. 214. "OMA—우

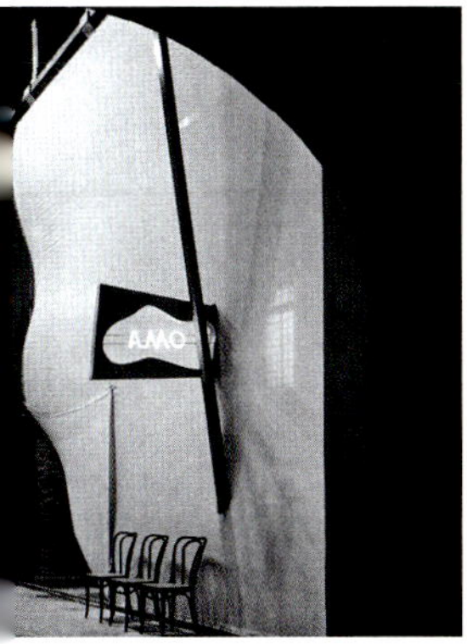

그림 94. 렘 콜하스/ OMA, 베니스 건축 비엔날레 스트라다 노비시마 OMA 파빌리온, 1980.

"결국—젱겔리스가 말했다—근대 건축의 이데올로기의 빈약함은 1920년대의 그들의 용어, 즉 논리적 낙관주의의 환원을 야기시키는 용어인 합리주의에 대한 요구로 구체화되었다. 이러한 테러적 단어가 다시 재등장했다는 것은 오늘날 매우 혼란스럽다[...]. 구성의 법칙들이 정해졌다[...]. 또 다른 취향, 억압의 또 다른 시스템이 우리에게 부여되고 있다. [...]. 내가 학생이었을 때 르 꼬르뷔제가 내게 가져다주었던 공포도 레온 크리에의 최근의 작품 같이 그러한 공포를 가져다 주지는 않는다. 이상하게도 나는 때때로 그것이 심지어는 이미지들을 닮는다는 것을 발견한다. 그러나 무엇보다도 그것은 전체의 끔찍한 합리주의이다".

「과거의 존재」(*The Presence of the Past*)라는 제목의 1980년 베니스 건축 비엔날레에서 OMA는 병기고—"스트라다 노비시마"(Strada Novissima)—에서 전시된 작품들의 선택 속에서 찬양된 포스트 모던의 국제적 확산에 대한 비평을 강화했다. 프램튼의 개입에 의해 가능하게 된[28] OMA 전시는 단지 작고, 기본적이며, 값싼 부분들에 의존했다: 물결치는 금속제 튜브들로 얻어진 고정된 굴곡을 가지는 밝은 청색 커튼, 그리고 네온으로 된 OMA 간판을 지탱하기 위해 커튼을 가로 지르는, 붉은 색의 정방형 단면의 기울어진 알루미늄 막대. 커튼의 왼쪽 가장자리는 그 그룹의 작품들을 포함하는 파빌리온으로 들어오도록 들어 올려져 있다. 요소들은 꿈과 같은 초현실주의적 분위기 속에서 리시츠키와 데 스테일이 물의 모티브를 취하듯 디자인되었다.

콜하스가 쓰고 비엔날레의 카탈로그에서 출판된 짧은 단편인 「우리의 새로운 절제」(*Our New Sobriety*)는 가장 큰 국제적 위기의 순간에 있는 기능주의 전통에 대한 열정적 옹호였다. 전시 장소는 "잔인한 프로크루스테스식 병기고"였는데, 왜냐하면 "역사주의"와 "유형학적" 독트린으로 채워진 대부분의 작품들이 "연속적인 문화적 변형"을 방해하기 때문이다.[29] "[...] 현재의 리얼리티를 오래된 모델 속으로 강제시키는 것은 항상 프로크루스테스적 광기이다"라고 스컬리는 경고했다.[30]

"'...평면은 매우 중요하다, 왜냐하면 바닥 위에서는 인간 거주자의 모든 행위들이 수행되기 때문이다...'. 레이먼드 후드의 그 공식은—콜하스가 쓴다—형태에 강박적이지 않고, 전례가 없는 병치와 촉매적 조합들 속에서 인간 행위의 바닥(=지구의 표면) 패턴들 위에 상상하고 설정하는 것을 강조하는 '기능주의' 건축을 정의한다".[31]

리는 선언서를 읽는다—는 소위 기능주의—레오니도프, 멜르니코프, 베를린의 미스, 보로드에이커 시티의 라이트, 록펠러 센터의 후드 등으로 입증되는—라고 불리는 이러한 전통의 보존과 수정에 관심을 가져왔는데, 그것은 프로그램적 상상을 위한 영역적 정복의 캠페인을 통해 건축이 밀도와 기술, 결정적인 사회적 불안정성 들의 주어짐에 기초한 문화의 '내용들' 의 형성에 직접적으로 개입할 수 있도록 하는 것이었다. 최근의 건축은 그러한 의도들을 포기했다. 프로크루스테스는 자신의 희생자들을 그의 침대에 맞도록 잡아 늘리거나 잘라낸 강도였다. '새로운' 역사주의자와 유형학적 건축에서 문화는 '모던' 행위들에 대해 그것들이 들어설 자리가 없다는 변명으로 걸러내게 될 잔인한 프로크루스테스적 병기고에 좌우될 것이며, 한편으로 다른 프로그램들은 그것들이 단지 부활된 형태와 유형들에 맞는다는 이유 하나만으로 인공적으로 살아남을 것이다. 타락한 모더니즘의 중요치 않은 에피소드에 집중된 무자비한 비평들에도 불구하고—그것은 근본적으로 비평적이지 않다: 그것은 단지 과거를 지지할 수만 있다. 여기 보이는 계획안들 중에서 두 가지가 OMA의 입장을 가장 적절하게 도해하는데, 그것들의 과거와의 연루는 더 복합적이다 [헤이그의 국회 의사당 증축과 아른헴의 감옥]. [...]. 그러한 상황에서 역사주의와 유형학적 노선들 모두는 바람직한 연속적인 문화적 변형의 과정 속에서 인위적이며 받아들이기 어려운 장애물을 재현할 것이다. 이러한 수정의 구체적 투사와 가능한 모더니티 내의 그것들의 구현만을 통해 과거의 무게는 견딜 수 있게 된다. 이 두 가지 계획안의 중요성은 과거와 모더니티가 연결되고 공존할 수 있게 만들어지는 방식에 있다. 다른 경우에, 실용주의적 건축 캠프의 대량 유기는 유쾌한 전망을 연다: 새로움이 희귀하게 되고, 발명이 예외적으로 되고, 상상력이 충격으로 되고, 해석이 전복적으로 되고, 모더니티가 다시 한번 이질적으로 되는... 새로운 절제의 시기로 되는 상황을 창조하기 위해 모더니티의 영역은 포기될 것이다" (ibid., pp. 214, 216; Rem Koolhaas, *Our 'New Sobriety'*', in *OMA Projects 1978-1981*, exhibition cat., Architectural Association, London, 2 June 27 July 1981, London, The Architectural Association, 1981, pp. 9, 10).

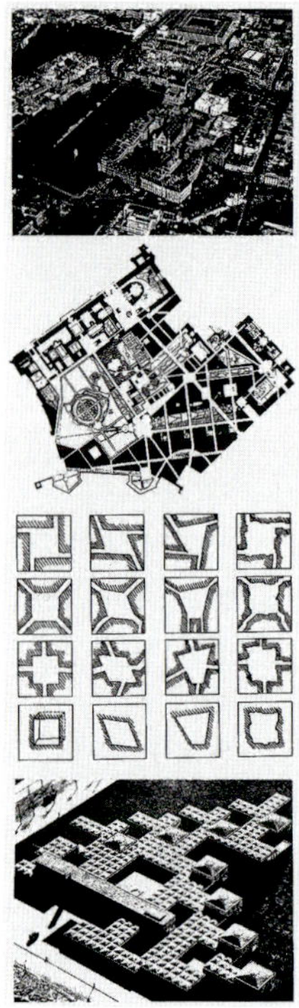

Above left: Aerial view of competition site

Above right: Diagram of competition site, with existing parliament buildings shown in black, and proposed new building area hatched

Left: 'The modern contextualist is forced to telescope vicissitudes of centuries into a single moment of conception.' (Illustration from Colin Rowe's 'Roma Interrotta' project, executed with Peter Carl, Judith Di Maio, and Steven Peterson)

Left: 'The appeal of rationalism lies in the chaste economy of the imagination that it postulates: in its assertion that it is redundant and even dangerous to invent, to replace forms of urban organization which have been perfected over centuries, the street, the plaza, etc.' (Illustration from Rob Krier's 'Morphological Series of Urban Spaces')

Left: 'The local doctrine of Dutch Structuralism . . . preaches that, in the name of humanism, all larger institutions can and should be broken into smaller components which re-establish the human scale – as if each institution . . . will become more transparent, less bureaucratic, less alienating . . . through the mere fact of subdivision.' (Illustration of Aldo van Eyck's Orphanage, 1960)

「우리의 '새로운 절제'」에서 서술되는 "기능주의"를 도해하는 예들－"레오니도프, 멜르니코프, 베를린의 미스, 보로드에이커 시티의 라이트, 록펠러 센터의 후드"－은 그 용어가 잡지 「ABC」의 기여로부터 「노이페르트」(Neufert)까지 확장되는 이론의 전통을 지키는 해석이 아니라, 프로그램적 기능들의 자유로운 조직을 위한 도구로서의, 평면의 디자인 가치에 대한 되풀이를 가리킨다는 것을 보여준다. 후드의 인용을 따라, 그 평면은 콜하스가 수퍼스튜디오와 아키줌의 환상적 계획안들의 노선 속에서, 연속적이며 중립적인 표면으로 보는 것이다. "층"은 영화 세트의 무대를 닮으며, 반면 프로그램은 그것의 본성을 사건들의 창조를 위한 대본으로 확인한다. 「우리의 '새로운 절제'」에서 다시 공식화되는 "OMA의 사적 전당"의 작품 리스트에는 브로드에이커 시티의 이상적 계획이 포함된다, 왜냐하면 그것이 미국 메트로폴리스의 밀집에 대한 매우 급진적인 공격을 재현했다는 사실에도 불구하고 그것은 또한 진보의 보이지 않는 과정들에 의해 자동적으로 생성되는 도시의 형태를 제안했기 때문이다－「소멸하는 도시」(*The Disappearing City*)는 라이트가 그 계획안에 대해 설명한 책의 제목이었다.

"과거의 무게를 견딜만하게 만들기 위해", 콜하스는 그 비엔날레의 주제의 의미를 뒤집으며, 「우리의 '새로운 절제'」에서 과거와 모더니티를 "관계시키고", "공존 시키는 것"이 필요하다고 나아간다. 이 이론은 OMA의 헤이그와 아른헴 계획안들로 도해된다.

1984년 그려진 브리젠도르프의 「사랑 이후의 열 개의 손잡이」(*Dix ans après l'amour*)는 크라이슬러 빌딩과 엠파이어스테이트 빌딩이 「현행범」(*Flagrant Délit*)을 위한 세트로 제공된 방 속의 침대 위에 누워 있던 1974년의 「사랑 이후」(*Après l'amour*)를 언급한다. 「사랑 이후의 열 개의 손잡이」는 동일한 마천루들을 보여주지만, 지금 그들은

그림 95. 마들롱 브리젠도르프/OMA, 「사랑 이후의 열 개의 손잡이」*(Dix ans après l'amour)*, 1984

그림 96. 렘 콜하스/ OMA, 「OMA, 도시적 개입」(OMA.Urban Intervention), "InternationalArchitect", 1980의 에세이 페이지.

생일 파티에서 필립 존슨과 마이클 그레이브스, 벤추리, 로취, 스코트 브라운의 포스트 모더니스트 자손을 공경하기 위해 구부려 서 있다. 기둥 형상을 하고 있는 케이크 위의 4개의 촛불은 1980년 베니스에서의 포스트 모던의 공식적 탄생에 대한 인유이다.[32]

OMA는 역시 1980년에 잡지 「국제건축가」(InternationalArchitect)에서 펴낸 기고를 통해 밀라노와 베니스에서 야기된 이슈들에 추론을 계속했다. 베니스 단편들과 같이, 그것은 헤이그 계획안의 전시로 시작하며 전반적 논의들에 대한 비평적 반영을 포함한다. 그 레이아웃은 옆으로 콜하스의 계획안을 설명하는 텍스트와 함께 페이지의 중앙에서 이론적 에세이와 계획의 드로잉들을 보여준다(어떤 페이지들은 「우리의 '새로운 절제'」와 부합한다). 중심적 에세이는 "도시적 개입" — 역사적 도시의 새로운 건축에 관한 질문이다.

OMA는 당시 최근의 세 가지가 그 자신의 문화적 전략에 반대된다고 확인한다: "맥락주의"(Contextualism), "합리주의"(Rationalism), "구조주의"(Structuralism), 이것들 중 단지 마지막의 것만은 네덜란드의 경우로 한정된다 — 소위 네덜란드 구조주의. 이 비판은 로우(Rowe)의 "개입된 로마" 계획안, 로버트 크리에의 역사적 도시 상황 내의 광장을 위한 계획들, 반 아이크의 암스테르담 고아원 등으로 예시가 되듯이, 최근의 이 세 가지 사례들을 이끄는 로우와 크리에, 반 아이크와 헤르츠베르거 들을 목표로 한다. 가장 디테일한 비판은 로우의 "개입된 로마" 계획안에서 보이듯이, CIAM의 도시적 법칙에 반대되고, 높은 건물 밀도로 나타나는 연속적인 동질적 도시 조직 내의 어떠한 단편적 도시 조건도 용해시키도록 설정된 맥락주의를 언급한다. 이 경우에 전형-배경의 진화는 가장 일반적인 포스트 모더니즘 속으로 맥락주의의 이론을 편성시키며, 역사적으로 선도된 조직의 자질에 대한 회복의 관점으로 용해되었다. OMA는 맥락주의에 의해 제시되듯 단일의 창조적 행위 속에서 역사적 도시의 자질을 재창조하려는 가능성에 도전한다, 왜냐하면 그러한 자질들은 수세기 동안의 과정 속에서 성층화된 현상에 의해 만들어졌었기 때문이다.

"맥락주의적 현현의 중심적 순간 — OMA는 쓴다 — 은 투사된 이상의 '경험주의적 필요성' 과의 충돌의 순간이다. 후자가 전자를 변형시키고 그것의 유토피아적 경향들을 무뎌지게 하는 방식으로부터, 맥락주의자는 미적 쾌락을 끌어낼 뿐 아니라, — 더 중요하게는 — 어느 정도의 반형이상학적 편안함 역시 끌어낸다. 맥락주의적 디자인의 내심의 수축은, 맥락주의 도상학의 패러다임 속에서 이러한 충돌들과 좌절된 유토피아들이 오랜 시간에 걸친 사건들의 과정에 의해 문자 그대로 발생되었던 반면, 근대의 맥락주의자들은 단일 순간의 개념 속으로 세월의 변화들을 끼워 넣도록 강제된다는 것이다. 한 번에 지어지려는 대략적으로 고무된 추론의 단일 행위 속에서, 그는 다음의 400-500년간 생길 수 있는 것의 시나리오를 투사한다. 이러한 선제적 행위를 통해 맥락주의자는 그가 행위하는 그것의 이름 속에서 역사적 연속성을 유산시킨다. 두 번째의 문제되는 영역은 '경험주의적 필요성' 의 영역이다; 맥락주의자는 단독으로 역사의 미학을 가장하므로, 그는 이상과 현실, 플라토닉과 정황 사이에서 두 얼굴로 영원한 투쟁에 대한 그의 재제정을 가장해야 — 다행스럽게도 동일한 신념으로 — 하기 때문이다. 그러므로 '경험주의적 필요성' 에 대한 그의 추구 — 순수한 모델을 짓누르고 구부리게 될 정황적 힘들 — 는 광적으로 될 수 있다. 기존의 맥락은 불완전함을 고무하기 위한 그 최대치의 잠재력을 위해 쥐어짜지며, 불순함

32) *La deuxième chance de l' 'architecture moderne* cit., p.5.

으로 인해 그것은 그것이 거의 도울 수 없다는 가정과 추론을 하도록 강제되고, 그러므로 거꾸로의 이상화로 종속된다. 정황은 전체의 맥락주의 독트린이 유지하도록 설정하는 정확히 그러한 구체성과 특수성의 분위기를 결과적으로 상실함과 함께 또 다른 추상으로 된다. 마지막으로－왜냐하면 포퍼주의자(Popperian)는 유토피아주의자가 될 수 없기 때문에－맥락주의자의 의도된 유토피아적 미학은 그것의 미실행을 극적으로 만들게 될 바로 그러한 가혹함을 결여한다. 그것의 선제적 양상과 경험주의에 대한 그것의 그릇된 이상화 모두에서, 맥락주의는 실제의 맥락을 초점으로 가져다 주게 될 일련의 더욱 복잡하고 명확한 판단과 선택들을 실제적으로 방해한다". [33]

OMA에게 이 지점에서 합리주의는 밀라노에서 젱겔리스가 표현한 부정적 관점으로 취해졌다; 그것은 로버트와 레온 크리에의 도시 연구와 동일시되며, 그것의 모든 20세기 혁신에 대한 거부와 "도시적 텍스추어의 연속성"[34]과 양립될 수 없는 프로그램들의 도시에 대한 그것의 배제로 정리가 된다. 크리에 형제에 대한 비평에서도 베니스 비엔날레에서 사용되었던 프로크루스테스의 이미지가 사용된다. "역사로부터의 그들의 강박적 합법화로 인해－OMA는 결론을 내린다－맥락주의와 합리주의 모두는 역사가 생겨나기 이전에 그것을 유산시키는 선제적 전략들이다". [35]

구조주의에 대한 OMA의 비평은, 가족과 거주 사이의 "은유적 상응"을 창조하는 것으로 콜하스가 반 아이크를 신뢰하는 계획인 반 아이크의 고아원에서 발전되었듯이, 네덜란드에서 작품을 " 더 작은 내용들"로 세분하고 재결합하는 방식을 퍼뜨림으로써 개별적 건물의 상징적 가치를 상실한 문제를 착수시키는 "도시적 개입"의 결과를 재현한다.[36] "반 아이크의 최초의 '가족' 유닛, 센트럴 베헤어를 위한 헤르츠베르거의 세분된 사무소들을 거쳐, 이 모델은 고갈되고 절하되어 극단적 부패의 상태에 도달했는데, 여기서 그것은 합법성의 통렬한 위기에 책임을 지게 되었으며, 이제 고아원, 학생 주거, 집합주거, 사무소, 감옥, 백화점, 공연장 등 모두는 동일하게 보인다". [37]

그 에세이에 결론을 내리기 위해 OMA는 자신들의 헤이그 국회 의사당 계획을 "전통"이라는 용어와 함께, 역사적 도시의 진화가 얼마나 기능의 급격한 수정을 종종 포함하는 수세기에 걸친 "변형의 과정", 즉 현대적 시기 또한 포함해야 하는 과정인지를 강조하도록 도발적으로 설명한다. 차라투스트라의 말들－"지나가라(pass by)"－의 반향이 에세이의 결론적 표현 속에서 돌아온다: "마지막 공격", 이것은 OMA의 계획안과 함께 브리젠도르프가 그린 비넨호프 조감도의 제목으로 된다.

"단지 자신의 모더니티에 대해 사과하지 않는 건축－OMA는 쓴다－만이 이러한 전통을 보존하고 분절할 수 있다. 그러한 해석 속에서 사실상 모든 역사주의적 독트린들은 이런 변형의 방해, 혹은 심지어 장애들을 재현한다. 이러한 독해를 따르면

33) [Koolhaas-OMA], *OMA. Urban Intervention* cit., p. 48. 처음에 맥락주의란 용어는 1965년 로우의 학생인 스튜어트 코엔(Stuart Cohen)과 스티븐 허트(Steven Hurtt)에 의해 "도시 디자인"에 적용되었다. 그것은 나중에 1971년 「카사벨라」지와 1974년 「오포지션스」지에서 발행된 슈마허와 코엔의 기고로 인해 국제적 논쟁으로 관심을 끌게 되었다 (cf. Wayne Copper, *The Figure Grounds*, Cornell University, Ithaca, New York, 1967, typewritten thesis; Tom Schumacher, *Contextualism: urban ideals [plus] deformations*, in ""Casabella"", XXXV, 1971, No. 359-360, pp. 78-86; Stuart Cohen, *Physical Context/Cultural Context: Including it All*, in ""Oppositions"", 1974, No. 2, pp. 1-39).

34) [Koolhaas-OMA], *OMA. Urban Intervention* cit., p. 50.

35) Ibid.

36) Ibid., p. 50.

37) Ibid.

38) Ibid.

39) "[...] 콜하스는 거의 양식적 논쟁으로 들어가지 않는다, 왜냐하면 그의 주요 관심은 프로그램적이기 때문이다. 기존 건물 내의 로마식 주거의 현실적 재생산에 대한 그의 언급은 무엇보다도 사용의 이슈에 관한 논쟁의 수단이다[...]. 행위와 그것들의 가능한 수단들에 관한 이러한 강조는 「광기의 뉴욕」의 기본적 주제들의 하나이다. [...]. 롤러코스터와 사랑의 항아리, 불타는 호텔 등을 계속 예를 드는 것에 대한 그의 강박적 강조－그는 '편집증'을 말하려 할 것이다－는 주제를 발전시키기 위한 하나의 고안이다. 이 주제는 양식적 인용이나 건축 형태들 속의 '의미들'에 관한 소위 포스트 모던식 선입견, 그리고 '단지 자신들만을 말하는' 신합리주의적 원형들 모두와 많이 다르다. 그것은 또한 전통적으로 이해되는 기능주의 독트린들과도 다르

그림 97. 렘 콜하스/ OMA, 수영객, 1981년 9월 15일.

비넨호프의 '정복' 은 새로운 국회 의사당 자체의 도입으로 마지막으로 된다: 그것은 요새 자체의 벽 내에서 모더니티의 틈을 창조하는 마지막 공격의 건축적 재현으로 디자인된다".[38]

OMA의 문화적 입장들은 또한 다른 자들 중에서도 추미(Tschumi)에 의해 지지되었다. 1980년에 「광기의 뉴욕」이 제기한 비평을 재검토하며, 그는 건축을 양식이나 원형, 기능주의적 기준 등의 질문으로 보지 않고 기능적 프로그램들의 발전으로 보는 콜하스의 방식을 강조했다.[39]

1980-81년에 AA 스쿨 디플로마 유닛 9에서 콜하스와 젱겔리스가 그 유닛의 방향을 맡겼던 하디드가 쓴 최초의 교육 프로그램은 "모더니즘" 의 질문—그 해의 중심으로 되었던—을 반영하며 OMA의 문화적 노선을 따른다: "우리는 왜 모더니즘을 찬양해야 하는가?"[40] 콜하스와 젱겔리스의 교육 기간 동안의 결과를 위해 1981년 6-7월에 AA 스쿨은 OMA 작품들의 전시를 열어 1978-81년간의 계획안들만을 보여주었다. 그 전시는 "InternationalArchitect" 에 실린 아티클과 베니스에서의 전시 이후에, 포스트 모던과 합리주의 경향들에 대한 또 다른 대응으로서, 그리고 "환상적 비전"[41] 으로 범주화되도록 OMA를 모험시켰던 이론적, 은유적 계획안들로서의 전설적인 뉴욕 시절로부터 그 그룹을 최근의 현실적 노력으로 구분하기 위해 조직되었다. 카탈로그에서 로버트 맥스웰(Robert Maxwell)은 뉴욕 계획안들에서 실험되었던 "초현실주의적 과장의 영역" 으로부터 "오히려 예외적이라면, 이제 훌륭히 지을 수 있는 듯이 보이는 것" 으로의 이동에 대해 언급한다;[42] 콜하스는 여기서 우리의 '새로운 절제' 를 재발간했지만, 젱겔리스는 "기술과 건축으로서의 드로잉" (*Drawing as technique and architecture*)이라는 의미 있는 제목의 에세이에서 미래의 지어질 작품들을 향한 이동을 강조했다.

"지난 2년간—젱겔리스는 쓴다—우리는 지어질 구체적 기회를 가진 계획들을 위주로 작업했다. 이것들 중 아홉 개는 지난 12개월 내에 디자인되었다. 하나는 지금 건설 중이며, 우리는 금년 안에 더 많은 것들이 그렇게 되길 기대한다. 이 전시는 우리 작품에서 그런 단계를 도해하며, 우리는 동시에 도면 바깥에서 존재하기 위한 실제 계획의 도해로서의 드로잉 기술을 승인하기를 바란다".[43] "지난 10년간—그는 계속한다—우리는 자신의 역할이 기존의 살아온 세계 내로 새로운 주입을 만들고, 평범한 동시에 탁월하고, 정확히 그것의 모순을 불용함으로써 고무를 하는 건축에 대한 우리의 믿음을 도해하려 했다. 그들이 발견하고, 모더니티의 전통 속에서 잘해야 미세한 변이를 야기시키게 될 맥락을 인지하고 강화하게 될 주입들".[44]

1981년 9월 15일 콜하스는 수상 수영장과 메두사의 뗏목 사이의 충돌을 묘사하는 「수영객」(*Swimmer*)을 그렸다. 하나가 다른 것을 관통했던 1976년 이야기의 마지막과는 달리, 이 경우에 그들은 모두 난파된다—OMA에서 일어난 변화들의 또 다른 은유.

다 [...]. '프로그램' 에 대한 콜하스의 강조는 그의 작업에서 기본적인 주제이다" (Bernard Tschumi, On *Delirious New York: A Critique of Critiques*, in ""InternationalArchitect"", vol.I, 1980, No.3, (pp.68-69), p.69). 그 "주제" 는 또한 1980년대 초에 웅거스가 공식화한 건축의 개념의 중심이다. "주제의 확인과 정의—웅거스가 언급한다—들은 건축을 위한 필수의 전제들이다. 일단 주제가 확인되면 그것은 변양태들을 겪으며, 의도대로 변형되지만, 그럼에도 계획안을 위한 기초로서 항상 주제가 있어야 한다는 것은 기본적이다. 건축의 주제화에 관한 요구는 순수한 기능주의의 막다른 골목이나, 혹은—스펙트럼의 다른 끝에서—양식적 일탈과 건축 언어의 기본적 내용으로의 회귀로부터 이동하지 않는다면 아무 의미도 없다" (Ungers, *Architecture as theme* cit., p.10).

40) *Diploma School. Unit 9*, in ""Prospectus. Architectural Association. School of Architecture"", 1980-81, p.40.

41) Elia Zenghelis, *Drawing as technique and architecture*, in OMA Projects 1978-1981 cit., (pp.11-14), p.12.

42) Robert Maxwell, *Introduction to New York of OMA*, ibid., (pp.3-7), p.3.

43) Zenghelis, *Drawing as technique and architecture* cit., p.14.

44) Ibid.

로테르담, 베를린, 암스테르담, 스케베닝헨을 위한 작업들, 1980

1980-81년 AA 스쿨에서의 강의를 중단하기로 한 콜하스와 젱겔리스의 결정은 하나의 사이클을 결론지었고, 그 그룹의 전문적 행위들을 강화하는 것과 부합되었다. 콜하스는 1980년에 문을 연 로테르담의 OMA 신 본부의 창조와 경영에 바빴는데(처음에 그는 1983년에 죽은 얀 포르베르크(Jan Voorberg)에게 이 업무를 지원받았다), 그 사무실은 후에 케스 크리스티안제(Kees Christiaanse), 빌럼-얀 네우텔링스(William-Jan Neutelings), 자베르 데 헤우테르(Xaveer de Geyter), 비니 마스(Winy Maas), 야콥 반 레이스(Jacob van Rijs) 등의 주요 실습 장소로 되었다. 런던의 OMA 지부는 브리젠도르프, 윌, 젱겔리스 등이 운영했고, 아테네의 또 다른 지부와 같이 몇 년간 더 운영되었다. 후자는 젱겔리스가 운영하며 1981년부터 1984년까지 안티파로스, 미틸레네, 레스보스, 아테네, 케팔로니아 등의 해변과 공원들을 위한 계획들과 빌라, 아파트, 호텔 등을 위한 수많은 계획들을 만들었다. 로테르담의 OMA는 처음에 팀의 각각의 구성원들이 아이디어들을 만들어내고, 그 후 콜하스의 이론적, 은유적 그리드로 함께 구성되도록 되는 「유폐된 지구 도시」와 유사한 실험실로 되며, 「광기의 뉴욕」에서 설명되듯이, 록펠러 센터의 연합 건축가들의 작업에 기초한 기준에 따라 준비된 네덜란드의 새로운 계획안들에 집중했다.

포스트 모던과 프로그램에 기초한 OMA 문화의 신화 사이의 논쟁의 배경에 대항해, 콜하스는 가장 최근의 모더니즘의 해석-때때로 진부한-으로 의도적으로 여겨지는 작품들을 만들었다: 베를라헤의 작업과 같이 우아함을 피한 형태들은 역사적 도시와 관계없는 맥락들과의 대화를 설정하려 노력하며, 그러므로 맥락주의와 포스트모더니즘으로부터 간과되었다. 그것들이 비록 건축적 논쟁 내의 일반적인 방향들과 반대되는 언급들일지라도, 이 작품들은 1980년대 후반의 경이로움을 궁극적으로 만들어내게 될 일련의 창조적 과정들을 발전시킨다.

맥락주의의 개념은 콜하스가 1980-82년에 준비하고, 시청이 주관한 로테르담 봄프예스 복합건물 계획안에서 비판적으로 실험되었다. 부지는 스포르브루크와 빌

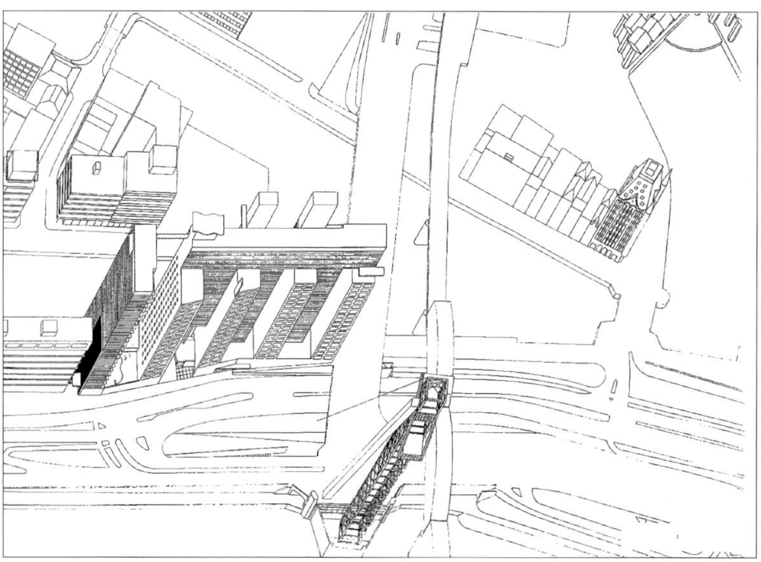

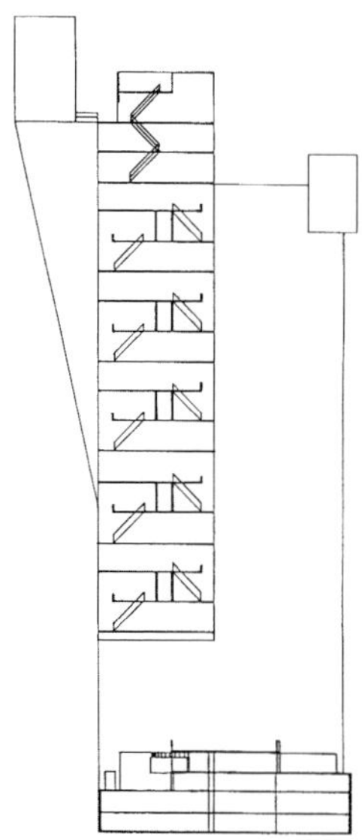

그림 98-101. 렘 콜하스/OMA, 로테르담 마스불레바르드를 따라 가는 메우제 언덕의 봄프예스 건물 계획안, 1980-82. 액소노메트리와 단면, "공중 가로"의 모습.

렘스브루크 근처의 마스불레바르드를 따라 가는 메우제 언덕 위의 역사적 중심 외곽에 있다. 이 지역은 시로부터 어떤 지침도 없이 OMA가 상징적으로 선택했다, 왜냐하면 그 곳의 특징은 2차 세계 대전 기간에 폭격으로 파괴되었던 도시의 다른 지역들의 수렴 지점에서, 비넨호프 보다 더 무질서하고 다양했던 맥락 내에 남겨진 지역이었기 때문이다. 그 지역은 콘스탄트(Constant)의 버려진 공터(Terrains Vagues)의 범주에 속하며, 그러므로 어떤 명확한 특성이 없는 맥락주의에 대한 콜하스의 개념의 표현에 특별히 부합된다. 「광기의 뉴욕」의 성공을 따르며, 시청이 "도시 풍경에 대한 고층 건물의 영향"[45]을 시험하는 데에 관심을 가졌다는 사실은 콜하스가 뉴욕 호텔과 소비에트 노동자 클럽의 모델들에 관한 기능적 프로그램을 명시하며, 월도프 아스토리아 호텔과 록펠러 센터와 같이, 뉴욕의 마천루들에 기초한 볼륨적 상황을 창조하도록 허용했다. 72 미터 높이에 다양한 볼륨들의 조합으로 구성된 복합 건물은 콜하스가 말하듯이, "외부에서부터 내부로 디자인된", 추상적으로 훈도된 용적으로 말레비치와 페리스의 기준에 따라 형상지어진다.[46] "기단"(podium)[47]으로 알려진 기초는 주차장, 수퍼마켓, 식당, 보육시설, 학교, 기타 다른 도시적, 항구적 행위들로 이루어진다. 강과 대로를 따라 배치되는 평면은 암스테르담 증권거래소와 같이 불규칙하다. 서로 다른 유형의 주거를 위해 기초 위로 솟아 오른 두 개의 수직 블록은 로테르담의 전후 재건축 블록을 모델로 했다. 최상층을 가지는 네 개의 뉴욕식 타워는 메우제와 마스불레바르드를 따르는 블록으로부터 나타난다. 이 복합 건물의 최상부에는 다른 공공 행위들(의료 센터 혹은 호텔)을 가로 지르며, 수영장으로 이끄는 "공중 가로"(street in the sky)[48]가 있다.

다시 한 번 레오니도프의 상징적 가치를 위한 재료의 사용에 관한 식견으로, 강

45) [Koolhaas-OMA], *Apartment Building and Observation Tower/Boompjes Riverbank Development, 1980-1982*, Rem Koolhaas-OMA, in ""A+U"", 1988, No. 217, p. 102.

46) Rem Koolhaas, Stefano De Martino, Kees Christiaanse, *Le torri di Rotterdam*, in ""Modo"", VII, 1983, No. 58, (pp. 54-59), p. 59.

47) [Koolhaas-OMA], *OMA Projects 1978-1981* cit., p. 40.

48) [Koolhaas-OMA], *Rem Koolhaas [……]. Apartment Building and Observation Tower. Rotterdam. Holland.* 1982, in Philip Johnson, Mark Wigley, ed., *Deconstructivist Architecture*, exhibition cat., MoMA, New York, 23 June-30 August 1988, New York, MoMA, 1988, p. 46.

을 향한 전면의 디자인은 "스톤 타워들의 벽"이며, 시티 센터를 향해서는 "강의 단편들을 보여주는 개구부들을 가진 유리타워와 스톤 슬래브"가 있다.

"다양한 각도들에 따라—콜하스는 설명한다—도시를 향한 면 위의 유리 표피들은 서로 다른 방향으로 빛과 하늘, 물을 반사하는 반면, 그것들은 건물들을 반사하지는 않는다".[49]

"[...] 마천루의 선택은 변덕스런 프로그램들에 더욱 적합하다",[50] 콜하스는 「광기의 뉴욕」의 이론적 발견과 "절대적 불안정성의 조건"의 배경에 대해 타워들을 고려하며 쓴다. 도시의 맥락과 다양한 관계를 가지는 블록으로부터 솟아오르는 타워들은 확실히 「뉴 웰페어 아일랜드/이데올로기적 풍경」에서 보여진 일련의 은유적 끌림들을 연속하며, 명백히 모더니스트적 건물에 초현실주의적 생명을 주는 요소들이다. 이 타워들 중의 하나는 심지어 "탈출하도록" 계획되었다:[51] 그것은 캔틸레버식의 플랫폼들과 두 개의 금속제 발판으로 구성되는 관망 타워로, 다시 한 번 엘 리시츠키의 레닌 트리뷴에 경의를 표하며, 콜하스의 미래의 타워들을 위한 원형을 형성한다. 작은 발판은 계단실과 엘리베이터를 포함하며, 좀 더 큰 것은 그 도시가 철근 콘크리트의 교각으로 교체하게 될 빌렘스브루크의 하나의 스팬이다. 교두보를 형성하는 석조 기초로부터 거의 수직으로 솟아올라 레오니도프의 구조물 같이 경사진 발판과 두 개의 결착재에 결착됨으로써, 그 스팬은, 로테르담으로의 19세기 입구의 상징적 흔적과 같이, 밤에는 "확인용 망루"[52] 로 되는 콜하스의 "건축적 식인행위"의 표현으로 된다.

「라스베이거스로부터의 교훈」의 도해들과 문자주의자(Lettrist)들이 만든 파리의 심리지리적 지도의 예를 따르며, 그 계획의 조감도는 경사진 파사드 위의 빛의 반사와 건물들이 만들어내는 그림자들, 빠른 속도로 지나가는 자동차로부터 인지되는 봄프예스의 모습 들을 보여준다. 웰페어 팰리스 호텔 앞의 물에서와 같이, 메우제에서 우리는 로테르담 항구로의 OMA의 건축가-인명 구조원의 도착을 은유하는 수상 수영장을 발견한다.

"부지—OMA가 쓴다—는 독특하다: 한편은 선창가 쪽이고, 다른 한편은 교각 쪽의 강변 고속도로로 형성된다. 그것은 볼 수는 있지만, 접근하기는 매우 어렵다; 그 위의 어떤 구조도 갈피잡기 어려운 다른 속도와 각도들로 '지나가는 동안' 인식

그림 102-103. 렘 콜하스/OMA, 로테르담 마스불레바르드를 따라 가는 메우제 언덕의 봄프예스 건물 계획안, 1980-82. 관망 타워; 조감도.

될 것이다. 건물은 이러한 동적 경험을 향해 디자인된다: 기단으로부터는 공중 가로와 같은 산책로를 위해 최상부에 슬래브를 형성하는 네 개의 타워들이 솟아오른다. 뒤편으로는 물로부터 건물이 수직적으로 솟아 오르는데, 두 개의 타워가 시티 센터를 향해 바깥쪽으로 기울어진다. 네 개 타워들의 상부에는 강변을 향해 슬래브를 통해 기울어져 내려가며, 산책로를 통해 갈 수 있는 상업 시설과 공동 시설들이 있다. [...]. 건물의 존재는 교두보 위로 구 교각의 98미터 단편을 전망 타워로 들어 올림으로써 보강된다; 사선 엘리베이터로 도달할 수 있는 최상부는 전망용 플랫폼과 식당을 포함한다. 그것은 아파트 건물과 함께 단일의 복합 건물을 형성한다; 전체는 슬래브와 다른 각도들로 연루되는 타워들의 구성이다- 어떤 것은 바깥으로 기울고, 어떤 것은 침착하고, 또 다른 것들은 비틀려지고, 철제 타워는 완전히 떨어져 있다. [...]. 수상 수영장의 버전은 전체 복합 건물의 앞에 정박된다".[53)]

베를린 시는 콜하스의 연구로 다시 떠올랐으며, 로테르담과 같이, 그것은 맥락주의와 모더니티에 대한 OMA의 선택을 보여주기 위한 이상적 장소로 되었다. 요젭-파울 클라이후에스(Joseph-Paul Kleihues)가 지휘한 국제적 집짓기(Internationale Bauaustellung)에 의해 1980년에 열린 현상설계를 위해 OMA는 두 가지의 안을 선보였다. 하나는 콜하스에 의한 것으로, 코흐 슈트라세(Kochstrasse)와 프리드리히 슈트라세(Friedrichstrasse)의 4개 블록을 위한 것이었다; 다른 하나는 젱겔리스에 의한 것으로, 뤼초 슈트라세(Lützowstrasse)의 블록을 위한 것이었다. 둘 다는 닫혀진 블록들로 19세기적 교훈을 회복하기 위해 평면에 도전한다. 공습으로 만들어진 공터, 전후 재건축, 도시를 경계 짓고 나누는 벽, 양차 세계 대전 사이의 베를린의 건축, IBA의 문헌에서 제외된 모든 것들이 프리드리히 슈트라세를 따르는 구역의 공중 조감도에서 요약되었는데, 그것은 미스 반 데어 로에의 마천루, 힐버자이머가 상상했던 평행 블록들의 조직, IG 메탈 빌딩을 위해 단지 부분적으로만 세워졌던 멘델존의 계획안들을 보여주었다. 그 조감도는 새로운 절제의 교의를 유지하며 구축되려는 베를린의 선언인데, 그것은 하디드의 절대주의 버전 이후에, 어떤 경우에든 OMA에 의해 더욱 분절되려 하며, 그럼으로써 힐버자이머와 미스 반 데어 로에의 작품과 멘델존의 건물 사이의 거리가 콜하스와 젱겔리스의 계획안들 사이의 거리와 동일하게 되도록 되었다.

젱겔리스의 안에서 서로 다르게 구축된 몸체들은 뤼초 슈트라세의 주 전면 가로를 따라 결합된 큰 건물들로 세 개의 블록들을 향해 확장되는 침식된 띠를 형성한다. 건물들은 폐쇄된 블록들을 부여하지만, 그럼에도 결코 결합되지 않고, 각각의 블록의 개방된 코어를 얼핏 보이게 하는 간격을 남겨두는 프로그램으로 서로 서로 접근하도록 강제되는 듯이 보인다. 서로 다른 볼륨들은 휘어지고 굴곡된다; 어떤 것들은 구성주의적 취향으로 서로 관통되며, 어떤 것들은 더블린의 수상 관저와 멘델존의 작품과 같이 안쪽으로 구부려진다.

49) Koolhaas, De Martino, Christiaanse, *Le torri di Rotterdam* cit., p.58.
50) Ibid., p.59.
51) [Koolhaas-OMA], *Two Structures for Rotterdam 1980-81*, in OMA Projects 1978-1981 cit., p.40.
52) Koolhaas, De Martino, Christiaanse, *Le torri di Rotterdam* cit., p.59.
53) ([Koolhaas-OMA], *Two Structures for Rotterdam*, 1980-81, in OMA Projects 1978-1981 cit., (pp. 39-42), pp. 39, 40. "곧 뉴욕을 향해 떠날 수상 수영장 – 맥스웰이 쓴다 – 이 있으며, 어느 순간에라도 강을 가로 지르는 다리로서 자신을 낮출 수 있는 타워 구조가 있다. 이 은유적 반향들은 절제, 그리고 아무 것도 안하는 건축에 대한 회계사의 꿈으로부터 멀리 벗어나 디자인을 높여 준다. 그것들은 과거와 현재의 영향들 – 전쟁 중에 파괴된 다리와 한 순간 동요를 붙들어 매는 도시적 평화의 깨지기 쉬움 – 을 인식하는 복합적인 건축적 상징주의와 우리를 연루시킨다" (Maxwell, op. cit., p. 6).

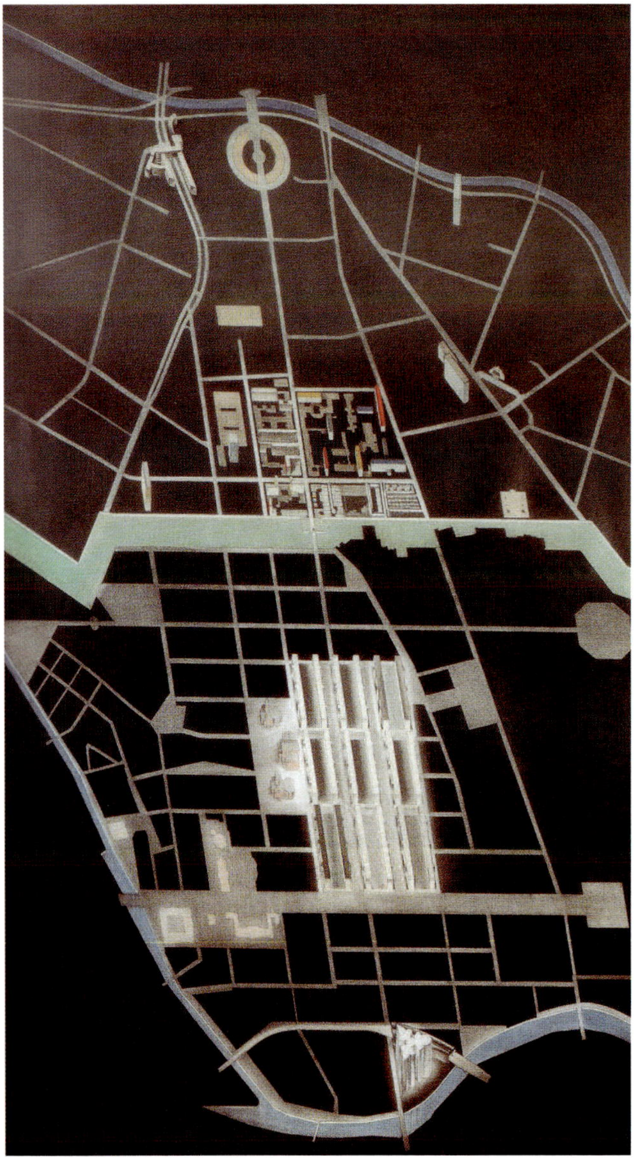

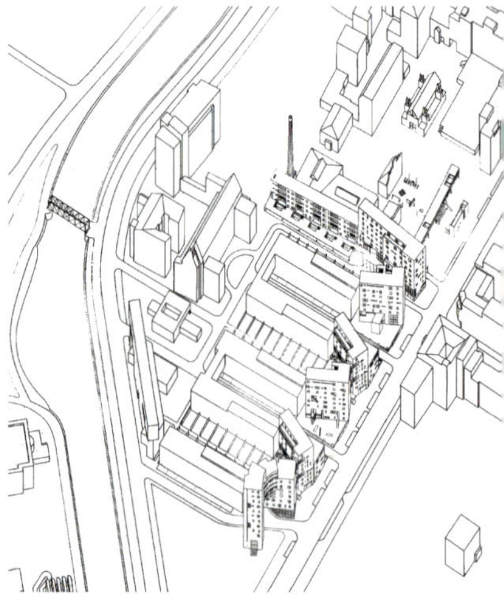

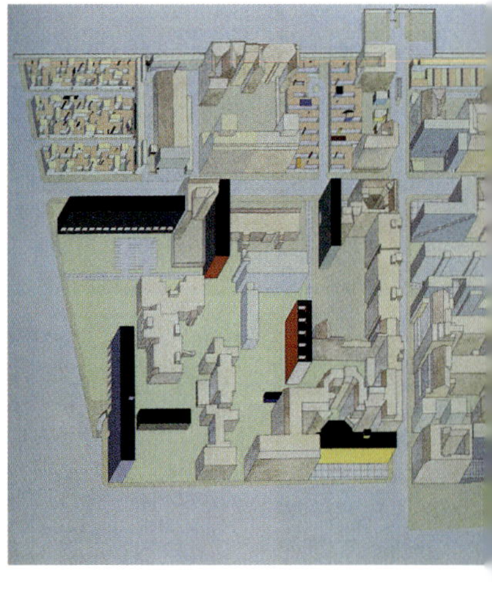

그림 104. OMA, 프리드리히 슈트라세를 따르는 구역의 공중-개념적 도해, 베를린, 1980.

그림 105. 엘리아 젱겔리스/OMA, 뤼초 슈트라세 공동주거 현상설계 계획, 베를린, 1980.

그림 106-107. 렘 콜하스/OMA, 코흐 슈트라세, 프리드리히 슈트라세 공동 주거 현상설계 계획, 베를린, 1980.

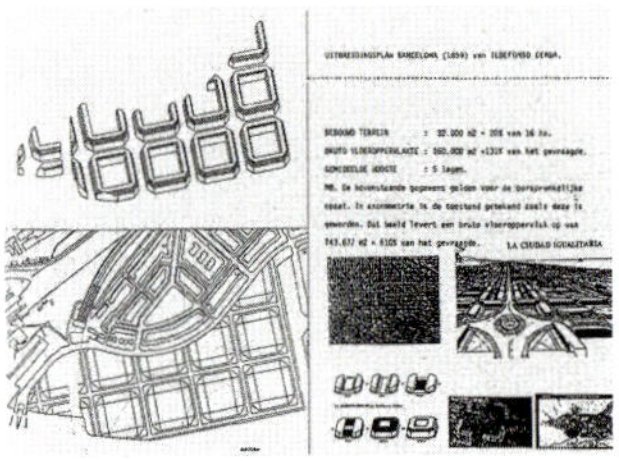

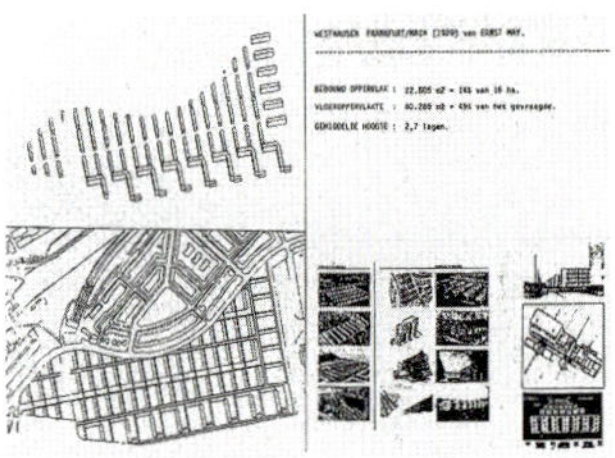

샹디가르와 다카를 위한 페레즈 데 아르체(Perez de Arce)의 제안에 의해 역시 영향을 받은 밀집 문화의 또 다른 형태인 콜하스의 안–"그가 후에 그것을 절대주의적 폼페이"(Pompéi suprématiste)라고 불렀던[54] –은 베를린 장벽의 상징적 반영인 벽들의 다중성을 만들어내며, 힐버자이머와 해링, 미스 반 데어 로에의 것들을 모델로 하는 파티오 주택들의 텍스추어로 더 큰 빈 공간들을 가로 막는다. 다른 블록들에서 콜하스는 IBA의 강요에 도전하고, 웅거스가 이미 전시의 파괴 이후에 베를린의 이미지를 재건하는 것이 불가능하다고 한 것을 옹호하며, 공터들의 존재를 강조하는 긴 블록들을 주입한다.

"모든 도시 계획의 핵심적 요소로서의 도로에 대한 최근의 재발견 이래로–OMA는 쓴다–이 복합적이고 애매한 조건에 대한 가장 간단한 해결책은 50년대와 60년대의 '실수' 들을 하지 않고, 다시 회복된 역사적 의식의 기호로서, 줄거리들을 따라 다시 짓는 것으로 될 것이다. 이러한 접근은 그리드를 회복하고, 새로운 건물들과 오래된 건물을 정중히 연결하고, 지난 시대의 잘못된 이데올로기들을 해가 없도록 만들려고 시도하며, 가능한 한 전후의 건물들 대부분을 감추도록 노력할 것이다. 그러나 이 지점에서 그러한 유혹에 저항하는 것이 중요하다; 하나의 특별한 건축적 노선의 수용이, 확실히 밤 이후에는 낮이 오듯이, 몇 년 후에는 그것의 정확히 반대 방향을 채택하도록 이끌게 되는, 생각 없는 진자 운동의 부분으로 되는 것을 피하는 것: 모든 세대가 이전의 것을 비웃게 되는 부정적 과정. 그러한 예스-노-예스 등의 과정의 효과는 반역사적이다, 왜냐하면 그것은 불연속된 문장들의 불가해한 고리로 되려는 건축의 담론을 비난하기 때문이다. [...]. 근대 건축에 대한 가장 지속적인 비판은 삭제- 백지 상태- 로부터 시작하자는 그것의 주장에 대한 것이었다. 프리드리히 슈트라세 구역은 이미 철저히 파괴되었다. 우리는 그 부지의 여전히 심각하게 손상된 특성을, 특별히 베를린에서 20세기에 발전된 그러한 근대의 유형과 텍스추어들이 어느 정도로 [...] 고전적인 도로 패턴, 그리고 최근과 먼 과거의 건축 이데올로기들의 생존한 것들과 공존할 수 있는지를 시험하기 위한 도전으로 해석했다".[55]

렘 콜하스는 1920년대와 1930년대의 네덜란드 신즉물주의 개발(Dutch Nieuwe Zakelijkheid)의

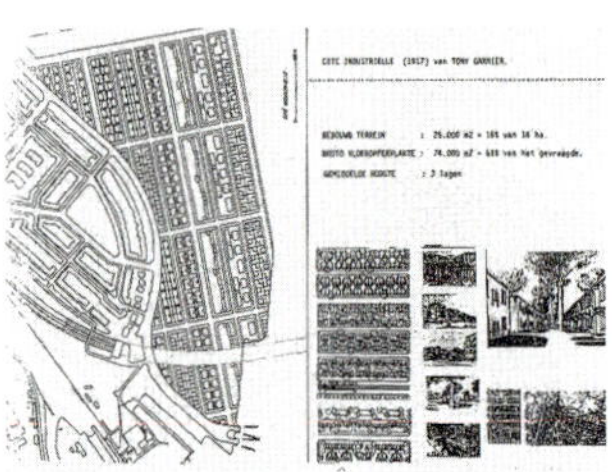

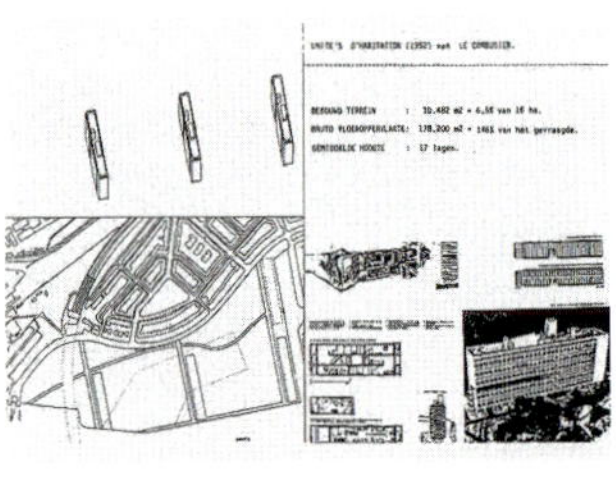

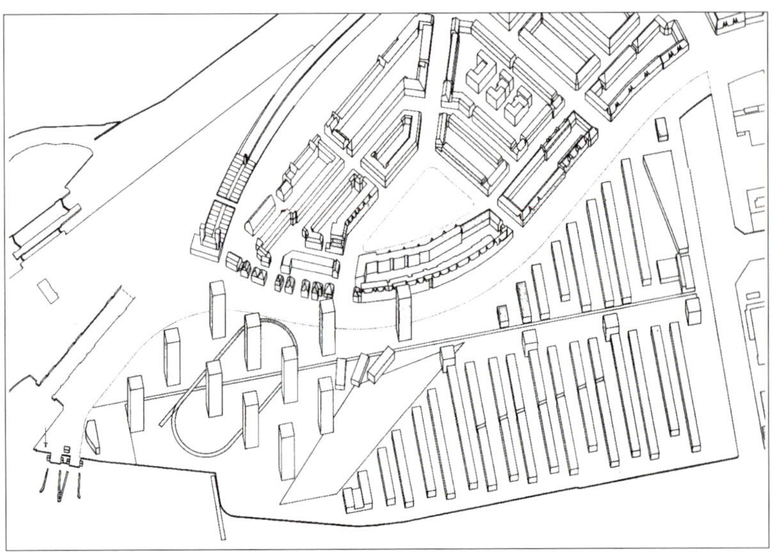

그림 108. 렘 콜하스/ OMA, 에이-플레인 주거 복합단지, 포겔 도르프, 암스테르담 노르트, 1980-88. 체르다(I. Cerdà), 에른스트 마이(E.May), 토니 가르니에(T. Garnier), 르 꼬르뷔제 계획안 주입에 의한 구역의 잠재력 연구.

그림 109-111. 렘 콜하스/ OMA, 에이-플레인 주거 복합단지, 포겔 도르프, 암스테르담 노르트, 1980-88. 전체 플래니메트리; 연구; 결정안과 블록들 사이의 조망 연구.

일련의 형태적 자질들을, 시간표의 지나치는 누락의 위험과 무관하게, 쥐데르 해(Zuiderzee)를 따라 있는 역사적 중심지를 마주한 창고와 조선소 구역에서 암스테르담 에이 플레인(IJ-plein) 주거 복합단지 평면 계획안을 위해 부활시킨다. 1980년 이래로 OMA는 주변에 도시적 조직을 주입하는 웅거스의 방식을 적용하며 이 지역의 잠재력을 연구했다.[56] 주입물들은 국제주의 양식의 모델들로부터 선택되었다(요하네스 뒤커(Johannes Duiker), 마르트 슈탐(Mart Stam), 요하네스 베르나르뒤스 반 로헴(Johannes Bernardus van Loghem), 이반 레오니도프, 그리고 라브로프(Lavrov)와 포포프(Popov), 크루티코프(Krutikov)등이 결성한 레오니도프식의 그룹, 르 꼬르뷔제, 에른스트 마이, 발터 그로피우스, 루트비히 힐버자이머, 얍 바케마(Jaap B. Bakema), 루트비히 미스 반 데어 로에, 베르트란드 골드베르크(Bertrand Goldberg)등의 작품들). 그러나 바르셀로나를 위해 일드퐁스 세르다(Ildefons Cerdà)가 만든 계획이 있었는데, 그것은 동시에 포스트 모더니스트 도시 문화를 위한 모델로 되었다; 그리고 라 빌레트를 위해 레온 크리에가 제안한 교조적 건축이 있었다; 베를린 리히터펠데를 위한 웅거스의 안과 마찬가지로, 그 계획에는 콜하스도 같이 작업했다.

모든 모델에서 면적, 구축된 볼륨, 건물 높이 등에 관한 자료들이 기록되었다. 그리고 그 부지는 물로 채워지는 존재를 고려하는 두 개의 부분으로 나뉘어졌다: 모토르카날(Motorkanaal)과 메우벤 란(Meuwen Laan) 사이의 삼각형 부분은 중앙에 공공 영역을 가지고, 콜하스의 평행 띠 기준에 부합하며, 신즉물주의 구역의 전형적 패턴 속에서 배열되는 막대 모양으로 구축될 것이었다; 그리고 하나의 구역은 역시 평행 띠들 속에서 배열되는 긴 건물들과 고립된 블록들로 구축될 것이었다. 평행 건물들의 시리즈는, 루스벨트 아일랜드 계획안에서와 같이, 역사적 도시를 향해 마주 보는 사적 도

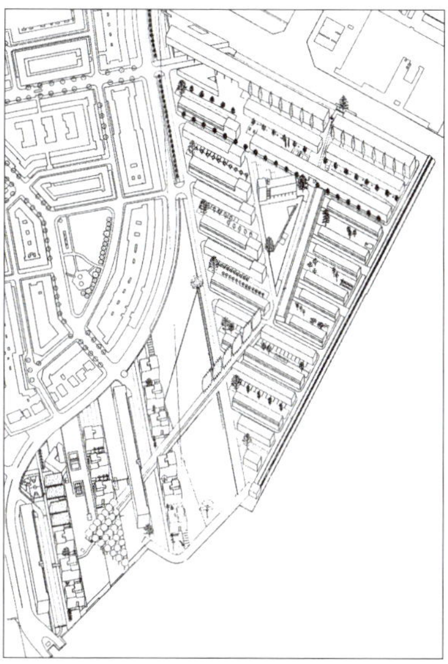

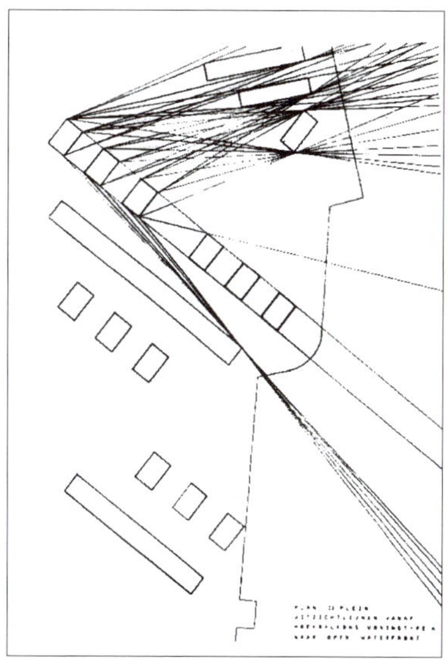

54) *La deuxième chance de l' 'architetcure moderne* cit., p. 6. 베를라헤의 "피복건축"(bekleedingsarchitectuur)의 개념에서 고전적 주택에 대한 언급이 결정적이었으며, 거기서 "건축의 주 모멘트가 가로를 향해 만나지 않고 벽들의 내부에서 생겼다는 것 — 원래의 동양식 법칙—" 을 기억하는 것은 의미가 있다. (H.P. Berlage, *Over de waarschijnlijke ontwikkeling der architectuur*, in ""Architectura"", XIII, 1905, No. 29-33, 36, 41; republished in Id., *Studies over bouwkunst, stijl en samenleving*, Rotterdam, 1910; ed. 1922, p. 117).

55) ([Koolhaas-OMA], *Kochstrasse /Friedrichstrasse*, in OMA Projects 1978-1981 cit., pp. 33, 34.

56) Cf. Oswald Mathias Ungers, Hans F. Kollhoff, Arthur Ovaska, ed., *The Urban Garden. Student projects for the Südliche Friedrichstadt, Berlin, Summer Academy for Architecture '78 in Berlin*, Berlin, n.d. Koolhaas is mentioned among the participants at the seminar.

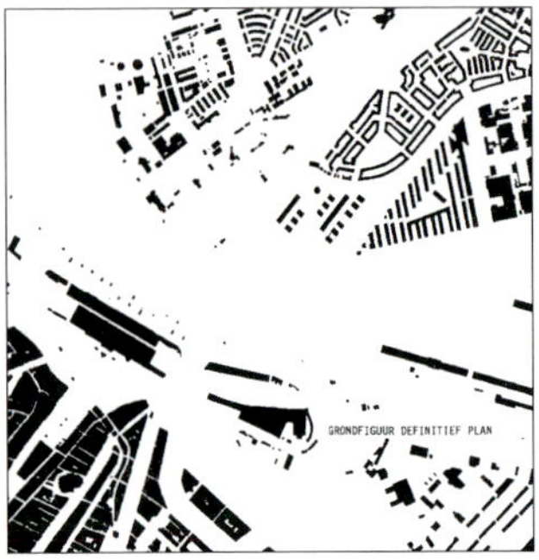

로들과 정원들의 교대를 창조해낸다. 계산된 원근적 시퀀스는 역시 개구부들을 확보하며 근처 구역으로 에이 플레인을 재연결하고, 반면에 긴 건물은 크리에 형제가 제안한 역사적 형태학에 대조되게 디자인된 오픈 광장을 결정한다. "부지의 장력－콜하스는 설명한다－은 거의 마을과 같은 맥락과 효과적으로 중심적인 지역 사이, 그리고 작은 스케일의 건물들을 유지하려는 욕망과 지으려는 압력 사이의 이분법 속에 정확히 존재한다".[57)]

전형-배경의 평면(*Grondfiguur definitief Plan*)에서 OMA 안과 이웃 지역들의 채워진 공간과 빈 공간 사이의 관계는 헤이그 국회 의사당 첨가의 "맥락의 전형/배경 드로잉"에서와 같이, 흰 배경 위의 검정 포셰로 재현된다.

여섯 명의 네덜란드 건축가들(케스 데 캇[Kees de Kat], 헤인 반 메르[Hein van Meer], 그룹69[Groep 69], 헤인 데 한[Hein de Haan], 페테르스 엔 보헤르스[Peters en Boogers], 지에르 반 레인[Sier van Rhijn])이 OMA의 안에서 필요되는 다양한 건물들의 계획을 발전시키기 위해 초대되었다. OMA는 모토르카날을 따라 있는 길고, 높은 주거용 건물들, 더 낮고 짧은 평행의 건물, 몇 개의 공공건물들－수퍼마켓, 보육시설을 갖춘 커뮤니티 센터, 학교－을 디자인했다. 그것은 1986년에 공사가 시작되어 1988년에 완공되었다.

218미터 길이에 15미터 폭의 주거 건물은 미스 반 데어 로에의 건물이 슈투트가르트의 바이센호프 지틀룽에 연관되는 방식과 동일한 방식으로 그 단지에 연관된다. 밀

그림 112-117. 렘 콜하스/OMA, 에이-플레인 주거 복합단지, 포겔 도르프, 암스테르담 노르트, 1980-88.Groundfiguur definitief plan 이란 제목의 플래니메트리; 아파트를 위한 OMA의 건물들 모습, 평면들.

57) R.K.[Koolhaas], *Aménagement d' 'un quartier.Amsterdam 1980-81*, in "'L' 'architecture d' 'aujourd' 'hui'", 1985, No. 238, (pp. 40-45), p. 41.

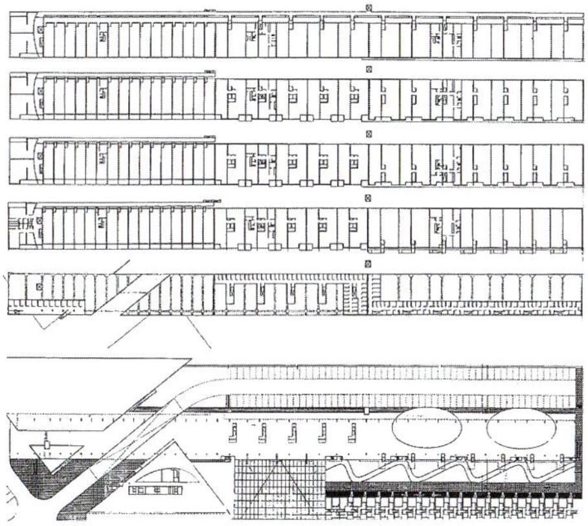

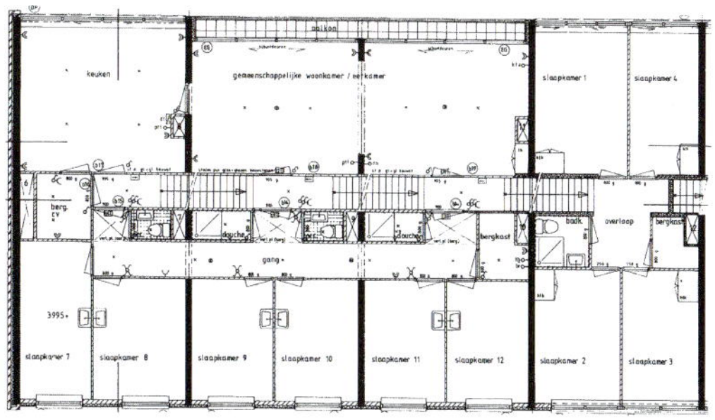

그림 118. 이반 레오니도프, 인민 중공업성(Narkomptiazhprom) 건물 현상설계, 붉은 광장, 모스크바, 1934. 디테일(개인소장).

119-120. 렘 콜하스/ OMA, 에이-플레인 주거 복합단지, 포겔 도르프, 암스테르담 노르트, 1980-88 전경들.

그림 121. 렘 콜하스/ OMA, 무용극장 첫 번째 계획안, 스케베닝헨 (Scheveningen), 1980, 폴로니(Polony)와 핑크(Finck) 공동 작업, 액소노메트릭.

그림 122-123. 렘 콜하스/ OMA, 무용극장 두 번째 계획안, 스케베닝헨, 1982-83, 폴로니와 핑크 공동 작업, 모델; 전경.

라노의 갈라라테제 구역에 있는 로시의 주거 유닛과 함께, 그것은 1960년대와 1970년대에 여전히 지어지고 있던 합리주의 건물들의 계보를 따른다. OMA의 건물은 하나나 두 가지의 수준에서 아파트들의 다른 유형의 일종의 밀집에 종속되며, 세 가지의 영역들-발코니, 보도, 선형과 혼합식-속으로 분해되는 서로 다른 레이아웃 시스템들을 가진다. 상부 층에서 이 세 개의 영역들은 모토르카날을 향해 바라보며, 봄프에스의 "공중 가로"로부터 파생된 공중의 보행로로 연결된다. 메우벤 란 위의 건물들의 극단성은 단부 파사드로 결정지어지며, 신즉물주의 디자인과 같이 엄격하게 잘려지지 않는다. 주랑의 기둥들은 두 개의 열 속에서 다른 형상을 가진다(반대편은 원통형이며, 물 위를 따라서는 면도날과 같은 형상인); 연속되는 계단을 가지는 면도날 형태는 기념비적이며 로시와 같은 도시적 원근을 가진다. 주랑 지붕의 밑으로는 중심선에서 접합되고 그것들의 끝부분에서 위를 향해 경사지는 나무 띠들이 있다. 경사진 천장들은 후에 콜하스의 다른 작품들에서 자주 등장하는 형상으로 된다.

주랑은 도로에 의해 잘리고, 지붕 위에서, 두 쌍의 제거된 기둥들에서 두 개의 아치형의 금속제 보들이 개구부 위의 층들의 지지대에 부착된다(어떤 발코니들은 또한 금속제 접합부들에 매달린다). 이것은 OMA가 지상층에서 기둥들의 수를 줄이기 위해 시도하려 했던 일련의 구조적 해결책들의 첫 번째 시리즈였다. 건물 외부로 구조의 일부 요소들을 옮기는 것은 또한 레오니도프가 사용했던 방식이었다.

주랑 아래로 상점들을 위해 두 개의 공간이 주입되는데, 그것의 타원형 평면은 OMA의 상징적 형태로 된다; 도로 레이아웃의 기하학으로부터 결과되는 두 개의 삼각형 볼륨의 끝부분(수퍼마켓과 커뮤니티 센터)은 또한 콜하스의 작품에서 이전에 발견되었던 몸체들의 관통을 만들어내며 삽입된다. 장방형의 바와 삼각형 볼륨들은 디플로마 유닛 9 계획안들에서와 같이 절대주의 톤으로 구성을 형성한다.

아래쪽의 더 짧은 건물들은 복층식으로 구성되며, 파사드에 평행하게 중앙의 띠 속에 계단실을 가진다. 두 건물들 모두의 지상층에서 금속제 계단실은 콜하스와 젱겔리스가 웰페어 아일랜드에서 디자인한 것과 같이, 갈색 사암으로 띠를 두른 뉴욕 가로의 효과를 만들어낸다. 수평적 창들은 견고한 띠들과 교대로 되며, 금속과 유리로 마감

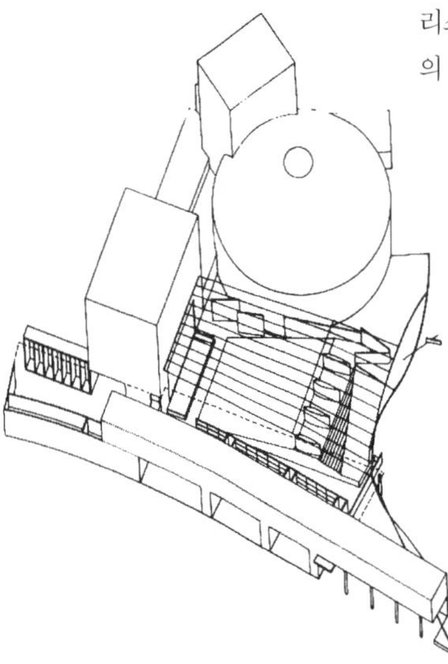

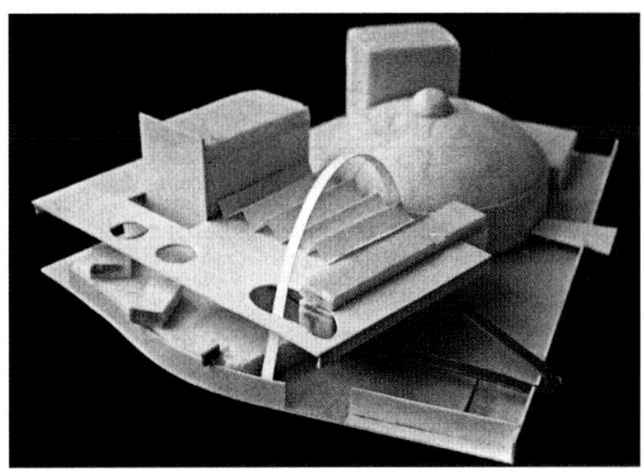

58) Cf. Charles Jencks, *Modern Movements in Architecture*, Harmondsworth, Penguin Books, 1973 (French translation, pp. 21, 25, 26).

59) [Koolhaas-OMA], *Théâtre national de danse. Projets 1 et 2, Scheveningen 1980-84*, in ""L' 'architecture d' 'aujourd' 'hui" ", 1985, No. 238, (pp. 84-89), p. 84.

60) 웅거스는 1960년에 폴로니와 만났으며, 1964년부터 베를린의 기술대학에서 구축의 과학을 강의하

된 연속적 테라스들은 오우트가 디자인한 키프후크(Kiefhoek)와 반 티엔(Van Tien) 브린크만(Brinkman), 반 데어 블룩트(van der Vlugt)가 디자인한 베르크폴더(Bergpolder) 같은 양차 대전 사이의 네덜란드에서 건설된 주거단지와 건물들에 바쳐진다. 울퉁불퉁한 회반죽, 계단실과 엘리베이터의 주름진 금속판, 창의 공업용 알루미늄 단면, 검정 벽돌-이 모두는 신즉물주의 주거 계획의 전형적 전통 속의 경제적 마감 재료들의 목록에 속한다.

1980년에 OMA는 1958년 카렐 비르니에(Carel Birnie)가 만든 회사를 위해 무용극장을 디자인할 것을 의뢰받았다. 그 극장은 처음 헤이그 근처의 해변가 리조트인 스케베닝헨에 지어지도록 되었고, 큐폴라로 덮인 지붕을 가지는 19세기의 서커스 극장을 마주보고 자리 잡으며, 회사의 임시적 주거로도 활용될 계획이었다. 프로그램의 다양한 부분들-800명 관중의 좌석이 있는 홀, 무용실, 작업실, 무용수들의 숙소와 사무실, 텐트로 씌워지는 야외극장-은 다른 구조들로 생성되었는데, 어떤 것들은 에이-플레인과 같은 신즉물주의적 접근으로 구성되었다. 이 건물들은 "벽"으로 둘러싸여졌으며, 르 꼬르뷔제의 "콤팩트한 구성"(composition compacte)과 젱스가 설명한 "초현실주의 콜라주"에서와 같이 대로와 원형 극장 사이에서 그룹핑 되었다.[58] 야외극장의 아이디어는 "자연적 경사를 형성하는 모래 언덕의 잔여물들"이 있었던 부지의 특별한 조건으로부터 나왔다.[59] 구조들의 디자인을 위해 콜하스는 웅거스의 권고를 따르며 폴로니와 핑크(Polonyi & Finck) 스튜디오의 구조기술자 스테판 폴로니(Stefan Polonyi)와 만났다, 왜냐하면 그는 강한 은유적 영향력의 예외적인 고안을 발전시키길 원했기 때문이다.[60]

1982-83년에 OMA는 전차선의 재배치로 인해 야기된 많은 부분의 변형을 따르며 무용극장의 두 번째 계획을 발전시켰다. 가우디(Gaudi)[61] 에 영향을 받은 구조 속에서 첫 번째 계획안의 텐트를 재해석해 홀에는 물결 모양의 지붕이 더해졌고, 르 꼬르뷔제와 니마이어의 구성주의식 아치로 시작하며, 무엇보다도 1960년대의 미국의 주유소에서 실용화되었던 것으로부터 유래된, 거대한 포물선 모양의 아치가 대각선 방향으로 세워졌다. 콜하스의 의도 속에서 그 아치는, 그것이 "기존 돔의 유령"(*pendant-fantôme du dôme existant*)[62] 으로 여겨졌듯이, 무용극장을 서커스 극장으로 은유적으로 연결하도록 되었다. 거대하고 평평한 지붕이 건물의 어떤 부분들 위로 사용되었다. 그것은 레오니도프와 데 스테일을 연상시키는 비대칭과 앗상블라주를 통해 콜하스가 그 후의 다른 작업들에서 계속 추구하게 될 약한 균형의 감각[63] 을 창조하기 위해 디자인된 일련의 예외적 지지 요소들-경사진 원추형 벽기둥, 철제 케이블, 결착철(tie-rod)과 지주, 상부에서 결합되는 두 개의 금속제 거푸집-과 긴 보로 유지되었다. 도로를 향한 무대 볼륨의 파사드는 브리젠도르프가 세 명의 무용수로 장식한 거대한 패널로 덮었다. 그것은 벤추리의 장식된 창고처럼 볼륨의 경계로부터 돌출

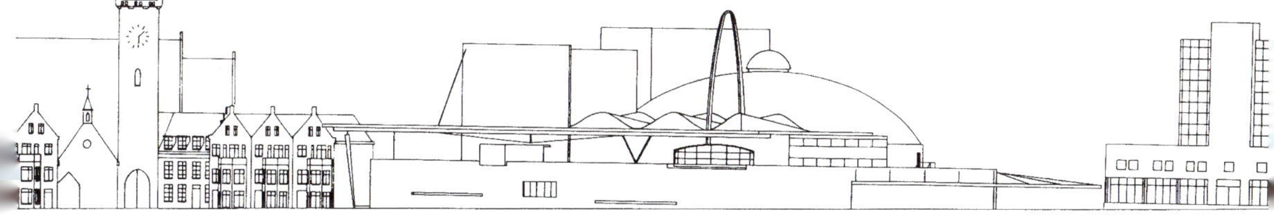

기 위해 그를 방문하기 시작했고,후에 또한 그의 작업들의 구조 디자인에 그를 포함시켰다. (cf. Stefan Polónyi, *Interpretare le strutture portanti, dell' 'architettura*, in ""Lotus international" ", 1993, No. 79, pp. 79-87).

61) Cf. ibid., p. 87.

62) [Koolhaas-OMA], *Théâtre national de danse* cit., p. 84.

된다. 니마이어나 반 라베스테인(Van Ravesteyn)의 것과 같은 생생한 색채, 흥겨운 장식, 이상하게 굴곡진 형상들은 모든 것이 OMA 작품의 정의를 설명해주는 스펙터클한 기하학으로 구조화 된다: "지역의 리조트 건축과 조화를 이루는 화려한 외부 요소들로 장식된 기능적 상자[...]".[64] 이 계획안은 1983년 9월에 시청에 의해 허가를 받았지만, 그것이 완성되기 전에 다른 주요한 수정들이 이루어졌다.

"보이지 않는 밀집": 파리를 위한 계획들, 1982-83

「엑소더스」와 「유폐된 지구 도시」같은 이상적 프로그램들을 상상하고, 맨해튼의 코니아일랜드로 연출되는 역할의 모델에 기초한 새로운 메트로폴리탄 생활방식을 가능하게 만들어낼 수 있는 시스템들을 제안하기 위한 OMA의 기회는 1982년과 1983년에 파리에서 열렸던 라 빌레트 공원 현상 설계와 1989년 세계 엑스포(Exposition Universelle) 현상설계를 통해 주어졌다. 두 개의 프로젝트 모두에서 콜하스와 젱겔리스는 평행한 띠나 정방형 그리드를 전체 영역 위의 연속적 표면 위에 뿌리며 그것을 "태피스트리"[65]라고 불렀는데, 그것은 맨해튼의 그리드, 후드가 발전시킨 층의 개념, 아키줌과 수퍼스튜디오의 표면들의 계보적 자손들이었다. 인스턴트 시티와 웅거스의 계획안들[66] 에서와 같이, 표면은 위락적 끌림 요소들의 군도를 수용하게 되는데, 거기서 각각의 방문객들은 1950년대 후반의 도시적 비전의 이상적 거주자로 보이는 호모 루덴스(유희인간 Homo Ludens)로 자신을 변모시키며, 문자주의자(Lettrist)의 "표류"(derive)를 수행하게 된다. 이러한 과정으로부터 발생되는 혼돈적 형태들은 콜하스가 선택한 모델들 사이에서 간접적으로 브로드에이커 시티의 모양을 설명해준다.

라 빌레트 공원 현상설계의 지침에서 요구되는 레크리에이션과 문화를 위한 시설들의 높은 밀도는 OMA가 밀집의 문화와 실험하도록 고무시켰으며, 공원을 순수한 프로그램의 수준으로 환원된 비물질화된 건물, 구성주의의 "공원 크기의 사회적 응축기"[67] 로 보도록 만들었다. OMA의 "시스템"은 공원과 정원들의 디자인에서 일반적으로 적용되었던 기준들을 피하도록 결정하며 그 계획 속에 단지 그것들의 단편만을 남겨놓도록 했는데, 그것은, 아이젠만의 개념적 구성과 같이, 지침의 "불확정적 프로그램"을 전체 영역에 걸쳐 "띠들(bandes)"과 "점찍힌 그리드, 혹은 색종이들(grilles ponctuelles

63) "렘 콜하스는 아이디어들을 뿜어내고 있다—폴리니는 회상한다—그리고 어느 정도, 그들과 단지 말로만 소통한다. 이것은 정확한 시간에 일련의 적합하고 시기적절한 구조적 제안들을 그에게 제시할 가능성을 제공한다. 1982년에, 예를 들어, 스케베닝헨의 네덜란드 무용극장의 첫 번째 안의 경우에 대략 다음과 같은 대화가 발생했다: 콜하스: '거대한 돌출부를 가진 캔틸레버 지붕은 앞부분에서 매우 가는 단부를 가져야 하며, 반면에 전면 보의 지주는 모두 다른 형상이어야 합니다. 왼쪽 끝의 지지는 각도를 가지고 놓여야 하고 밑을 향해 가늘어져야 합니다'. 폴로니: '그러면 우리는 지주들 중의 하나로 보를 무대 타워에 정착시킬 수 있군요'. 콜하스: '네, 그러나 단지 무대 타워의 하나의 측면 위에만 하지요'. 폴로니: '그렇지만 그 경우에 우리는 다른 쪽에 지지를 제공해야 할 것입니다' 콜하스: '아니 아니, 그게 아니에요! 더 나아가 오른편 끝에서 보가 아치에 기댈 수 있는 동안 V자형의 지지대가 있을 수 있습니다. 이 방안은 비용 때문에 채택되지 않을 것 같은데, 그러면 우리는 이 문제를 풀기 위해 무언가 다른 것을 생각해야 할 것입니다'. 폴로니: '오케이, 그럼 지주와 버팀대로 보강되는 주 보 위에 놓이는 매달린 기둥들로 타워의 오른편에서 지지되는 보를 갖도록 합시다'. 콜하스: '아주 좋아요, 완벽해요'. 폴로니: '그런 방식으로 지붕 자체의 무게와 눈의 하중이 고려되는 한, 모든 것은 완벽하겠지만, 지붕은 바람에 의해 위로 올려지려 할 것입니다 결과적으로 무대 타워의 왼편 쪽에 있는, 상부로부터의 견인력에 따르는 지점과 오른편 쪽의 낮은 버팀대로 지지되는 지점은 지면에 고정되는 케이블로 정착되거나 무게로 하중이 주어져야 합니다'. 콜하스: '오히려 더 낫군요! 여기 왼쪽에 밑으로 견고한 철제 원추를 붙이고, 오른쪽으로는 상부에 철제 구체를 놓읍시다'. 이것이 지지 구조의 구성주의식 구성이 만들어진 방식이다" (Con/With *Rem Koolhaas* in Polónyi, op. cit., p. 87).

64) [Koolhaas-OMA], *Théâtre national de danse. Projet. La Haye 1984*, in ""L' 'architecture d' 'aujourd' 'hui"", 1985, No. 238, (pp. 90-95), p. 91.

65) Cit. in Jacques Lucan, ed., *OMA. Rem Koolhaas*, Paris Milan, Electa France, 1990, Italian translation, Milan, Electa, 1991, pp. 89 and 97.

66) 특히 웅거스에 의한 것은 베를린의 네 번째 링을 위한 서로 다르게 추구된 띠들, 그리고 또한 콜하스가 참여한 것들을 볼 것. (cf. Aymonino, *Il contributo di Oswald Mathias* cit., pp. 34-38).

67) [Koolhaas-OMA], Projet 327, in Patrice Goulet, *Projets & Réalisations. Concours International pour le Parc de la Villette, Paris Décembre 1982*, in ""L' 'architecture d' 'aujourd' 'hui"", 1983, No. 225, pp. 73-75.

그림 124-125. 렘 콜하스, 엘리아 젱겔리스/ OMA, 라 빌레트 공원을 위한 현상설계, 파리, 1982. 전체 평면; 현상설계의 요구되는 기능들을 보여주는 평면들과 부지 내의 층들의 분배.

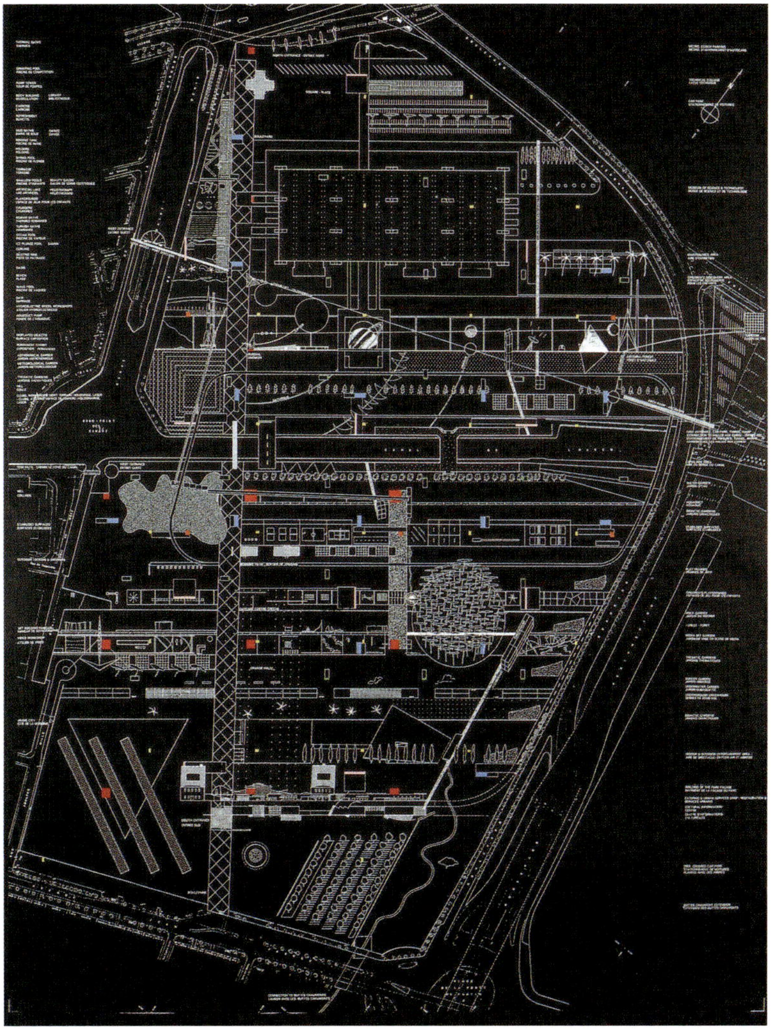

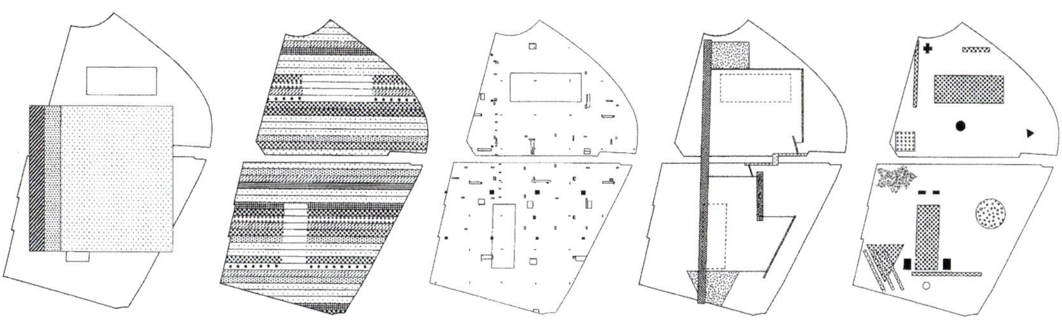

ou confettis)", "접근로와 순환(voies d'accès et circulation)", "최종적 층(couche finale)" 들로 불리는 기능적 층들로 겹쳐서 배치하는 것으로 해석하도록 만들었다. 첫 번째 층은 50 미터 폭의 길고 평행한 띠들로 구성되는데, 그것은 서로 다른 유형의 정원과 위락 시설들을 포함한다. 이 띠들은 단지 공원의 전체 영역을 자유롭게 가로지르는 것을 가능케 해주는 포장이나 식수 유형들의 다른 재질들로서만 확인이 된다—우르크 운하와 과학박물관은 두 개의 특별한 띠들 속에 주입된다(박물관을 위한 띠는 "초대형"으로 구분된다). "점찍힌 그리드, 혹은 색종이들"은 두 번째 층으로, 매점과 놀이터, 판매소, 음료 자판기, 피크닉 장소 등으로 구성된다. 이 요소들은 시간에 걸쳐 수정될 수 있는 규칙을 따라 배치되며, 앨리슨과 피터 스미슨, 크리스토퍼 알렉산더의 작품에서와 같이 수학적 공식을 따라 설정된다. 매점과 파빌리온들의 추상적 평면과 빨강, 파랑, 노랑의 색채는 "색종이 텍토닉"을 위한 절대주의 개념의 사용을 입증한다("절대주의 색종이"는 비테브스크의 도로들을 위해 말레비치가 한 장식들을 가리켜 세르게이 에이젠쉬체인이 한 표현이었다). 세 번째의 층은 띠들과 주요 루트들을 따르는 경로들로 이루어진다. 이 루트들은 띠들과 직각으로 배치되는 장방형의 몰과 다른 크기와 경사를 가지는 부분들로 분리되는 휘어진 산책로들이다; 둘 모두는 관심을 끌만한 장치들이 주어지며, 그러므로 "부지 내의 부지들(sites dans le site)"로 알려진다. 몰은 보들레르 식으로 메트로폴리스 대로로서의 특징을 따라 " '무목적 배회자' 의 영역"으로 정의되며, 공원의 다른 부분들이 문을 닫을 때에 조차도 항상 조명이 밝혀진다. 띠와 그리드들은 그것에 대해 "최종적 층"의 거대 스케일 오브제들이 위치하게 되는 일종의 배경막을 형성한다. 그것들 중 어떤 것은 이미 존재하고, 어떤 것들은 OMA가 기본적인 기하학적 형태로 디자인했지만, 프로운과 같이 세 개의 보들로 잘려진 삼각형 매스로서 세 개의 기관들—음악 학교, 연구 센터, 음악 박물관—을 재현하게 되는 음악 도시(Cité de la Musique)와 같이 계몽주의 혹은 절대주의적 상징들로 채워진다. 나무들의 열은 무대 위의 "영화적 요소들"(éléments scénographiques)과 같이 띠들을 가로지르며 "실체를 제공하지 않는 [...]깊이의 환영"을 창조하는 듯이 위치한다. 프로젝트 모델에서 운하를 따라 있는 수림의 촘촘한 스펀지 띠는 루치오 폰타나(Lucio Fontana)의 캔버스와 같이, 다양한 각도의 통행로들로 잘려져 베르사이유 공원의 길들을 연상시킨다. 다른 부분들은 「엑소더스」의 "띠"로부터 파생되어 서비스 존을 포함하는 "건물 파사드"의 형태를 하는 "입구 벽체(murd'entrée)"와 같이, OMA의 단편들이다.

원근 축을 통한 공원의 시각적 영역에 관한 보통의 경험은 "수평적 밀집"을 야기하는 띠와 층들의 연속에 의해 지워진다. 방문객은 "국제적 상황주의"의 설명으로 이론화된 전체적 방향 상실의 지점에 이를 때까지, 조경 변화의 영원한 상태, 연속적인 "유래", 혹은 표류 속에 있는 자신을 발견한다. 그러므로 이 계획은 보이지 않는 메트로폴리스 건축에 대한 콜하스의 목표, 허공 속에 떠다니는 군중의 삶을 위한 무대를 성취한다.

라 빌레트 공원의 띠들의 시스템을 설명하기 위해 콜하스는 엑소더스의 "띠", 마이애미 주택의 평행 벽, 더블린 수상 관저 정원을 위한 OMA의 유사한 디자인, 혹은 매혹적 시체의 무작위적 시퀀스 등을 이용할 수 있었을 것이다. 그러나 이제는 편집증적

68) [Koolhaas-OMA], *Projet 327* cit., p. 73.

69) The Story of the Pool/1976 cit., p. 356.

70) [Koolhaas-OMA], *Parc de La Villette. Concours, Paris, 1982-83. Eloge du Terrain Vague*, in "'L' 'architecture d' 'aujourd' 'hui'", 1985, No. 238, p. 46.

71) [Koolhaas-OMA], *Exposition Universelle, zone ouest*, in "'L' 'architecture d' 'aujourd' 'hui'", 1985, No. 238, pp. 48.

72) Ibid., pp. 48 and 52.

73) Ibid., p. 52.

그림 126. 렘 콜하스, 엘리아 젱겔리스/ OMA, 1989 세계박람회를 위한 현상설계, 파리, 1983. 서쪽 지역 계획; 다른 도시 조직을 통한 부지 잠재력 연구.

비판 방법으로 훈련된 그의 상상적 지식은 그가 띠들로 이루어진 공원의 표피 디자인과 마천루 단면의 층들 사이의 놀라운 유사성을 지적하도록 만들어주며—"띠들 내의 이러한 배치는 또한 마천루의 기능을 상기시킨다"[68]—라 빌레트 공원 계획이 브리젠도르프에 의해 누워있는 것으로 묘사된 맨해튼의 환상적 거인들이나 웰페어 팰리스 호텔의 물속에 잡아당겨진 타워, 혹은 심지어는 떠있는 수상 수영장 자체들 중의 하나의 개념적 뼈대였을 뿐이라고 제시한다. "구름들이 그 자체의 표면에 반사되었기 때문에—그는 후자에 관해 썼었다—수영장은 마천루 이상이었다—그것은 여기 지구상에 있는 천국의 조각이었다".[69] 이 지점부터 띠들 내의 평면의 구조화는 상황주의에 의해 영향 받은 텍스트, 버려진 공터의 찬양(Eloge du Terrain Vague) 속에서 1985년 콜하스가 쓴 성명과 함께 다운타운 운동클럽 단면의 치환으로 비평가들에 의해 해석되었다:

"「광기의 뉴욕」의 본질이 다운타운 운동클럽의 단면이었다면—영원히 변화하는 형상의 메트로폴리스적 삶의 소용돌이적 축적—[...] 라 빌레트는 3차원적 양상을 거의 완벽하게 억압하고, 대신 어떠한 억제로부터도 자유롭게 되는 순수한 프로그램을 제시함으로써 더욱 급진적으로 될 수 있었다[...]. 라 빌레트가 궁극적으로 제시한 것은 메트로폴리스적 조건의 순수한 개발이었다: 건축이 없는 밀도, '보이지 않는' 밀집의 문화".[70]

칼비노(Calvino)나 라이트의 작업과 같이, 군중만이 거주하는 "보이지 않는 도시들" 속의 건축의 비물질화는 1960년대와 1970년대 아방가르드들의 목표였으며, 1989년 세계박람회를 위한 현상설계에서 OMA가 제출한 두 개의 계획안들의 부분이었는데, 그 프로그램은 파리의 서쪽과 동쪽을 보여주는 두 개 영역을 제안했다. 두 개 영역 모두는 "보이지 않는 경계(frontières invisibles)"[71] 로 경계가 지어지는 "정보 영역(un champ informatique)"[72]으로 되는데, 거기서 전산화된 소통 시스템의 진보에 의해 가능하게 되는 "이동화와 무형화(le mobile et l'intangible)"는 건축가가 "동역학적 상황의 작성(créer des situqtions dynamiques)"[73]을 가능케 하도록 해준다.

서쪽 영역은 베를린 장벽과 같이 다양한 기능들(입구, 매점, 영사 스크린, 나무들)을 가지고 다양한 높이와 형상을 가지는 "주변 벽(mur périphérique)"으로서의 벽과 경계를 한다. 영역의 잠재성에 대한 연구는 반 아이크가 선호했던 원시적 마을들로부터 폼페이, 피라네지의 마르치오 광장(Campus Martius)에 이르기까지 밀집 문화의 무질서한 형태로 취해진 다양한 도시 조직들을 주입하며, 에이-플레인(IJ-plein)에서 응용된 방식에 기초했

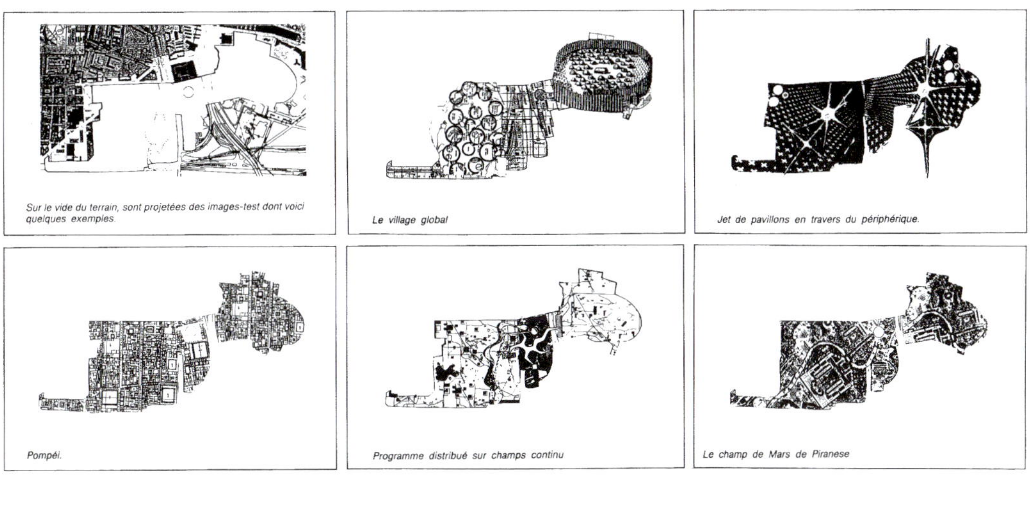

Sur le vide du terrain, sont projetées des images-test dont voici quelques exemples.

Le village global

Jet de pavillons en travers du périphérique.

Pompéi.

Programme distribué sur champs continu

Le champ de Mars de Piranese

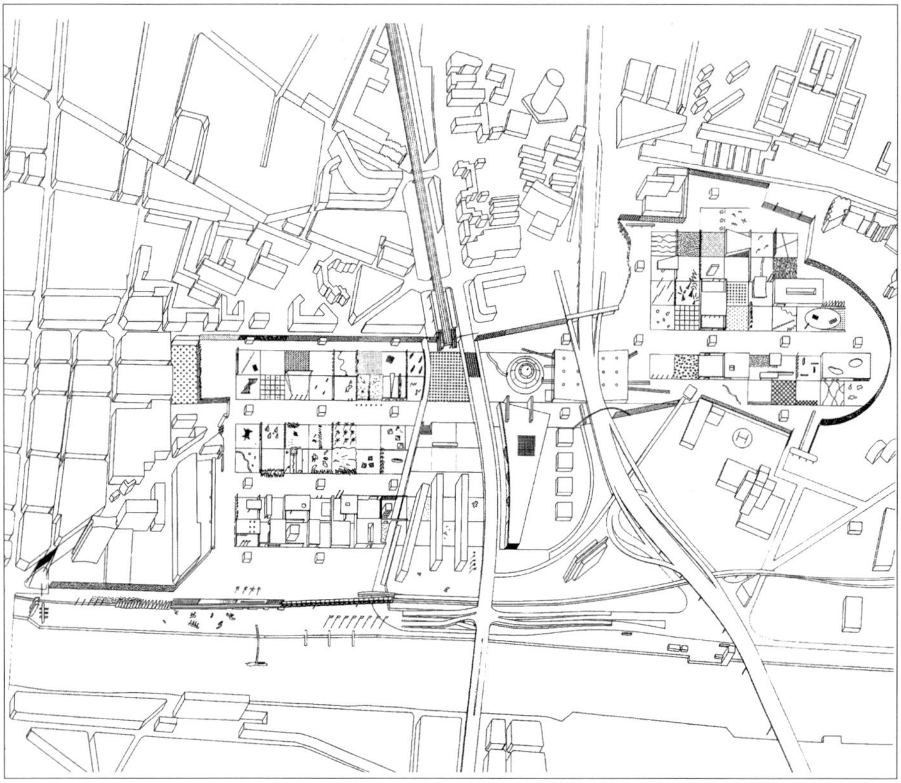

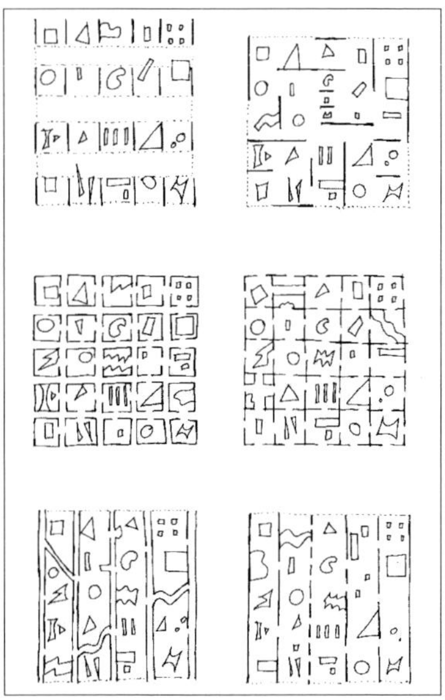

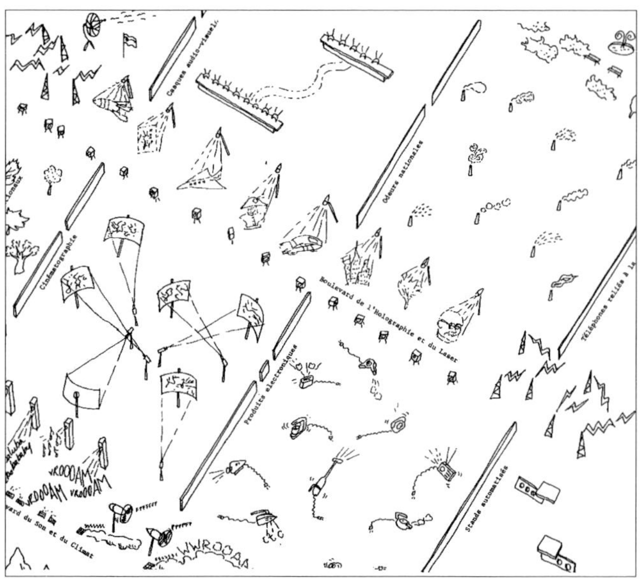
Cinématographie
Casques audio-visuels
Boulevard de l'Holographie et du Laser
Produits électroniques
Stands automatisés
VROOOAM
WWROOAA

그림 127–129. 렘 콜하스, 엘리아 젱겔리스/ OMA, 1989 세계 박람회 현상설계, 파리, 1983. 서쪽 영역 계획; 영역 구성과 교통 체계들의 다양한 디자인.

그림 130. 렘 콜하스, 엘리아 젱겔리스/ OMA, 1989 세계 박람회 현상설계, 파리, 1983. 동쪽 영역 계획.

다. "파빌리온들의 양탄자(tapis des pavillons-territoires)"[74] 로도 정의되는 영역은 "구획지(lots)" 로 알려진 정형적 패턴의 정방형들로 다시 나뉜다. OMA는 순환을 위해 두 가지의 안을 제안하는데, 그것은 구획지의 외부에서 나타나 도로나 복도들을 만들어낼 수도 있고—"자율적 순환"—혹은 구획지를 가로 질러—"통합된 순환"—나타날 수도 있다. 이 두 가지 해결책에 의해 만들어지는 변양태들의 범위는 맨해튼과 같이 여전히 블록 내에서 조직되는 도시로부터 "Citté 2000 t." 에 이르기까지, 수퍼스튜디오의 「12개 도시들」(*Twelve Cities*)시리즈에서 아키줌의 「중단 없는 도시」(*No-Stop City*), 미스 반 데어 로에의 바르셀로나 파빌리온, OMA의 띠 구조들까지 19세기와 20세기 공간 모델들의 탐구를 제공해준다. 모든 대안들에서 콜하스는 그리드와 마천루의 의미들에서 「광기의 뉴욕」에서 행해진 탐험의 타당성을 관찰한다: "그리드의 2차원적 담론은 또한 3차원적 아나키를 위한 꿈꾸어지지 않은 자유를 창조한다".[75]

동쪽 영역의 계획에서 정방형들의 그리드는 수퍼스튜디오의 비전들에서와 같이 포장재의 모듈러 디자인으로 더욱 환원된다. 이 구조화된 표피에는 전자 장치가 설치되는데, 그것들 중 어떤 것은 아키그램의 계획에 기초한다. 모험적인 주제 여행을 통한 관객들의 이동을 위해 OMA는 콜하스가 환상적 기술에 대한 자신의 열정을 통해 풍부하게 만든, 세계 박람회를 위한 기술적 발명들의 19세기 목록들과 같은 맥락에서 다중적인 관객 경험을 제공하기 위해 속도에서부터 서로 다른 사용 선택에 이르기까지 특성들의 지침을 가지는 다양한 범위의 시스템들—워크맨으로 걷기, 양탄자와 움직이는 소파(tapis et canapé roulants), 롤러코스터, 케이블웨이, 모노레일, 회전교각 등등—을 개발한다. 동일한 유형의 연구들이 나중에 미술관 설치와 마천루들을 위한 OMA의 계획들에서 행해진다.

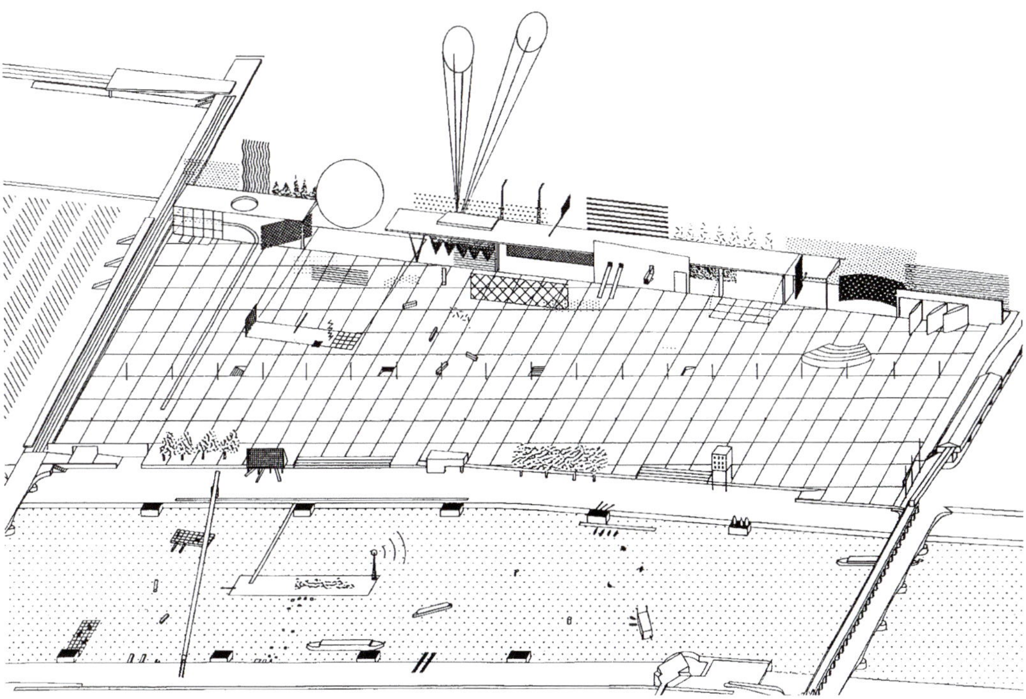

74) Ibid.

75) Ibid.,p.50 (from *Delirious New York*).

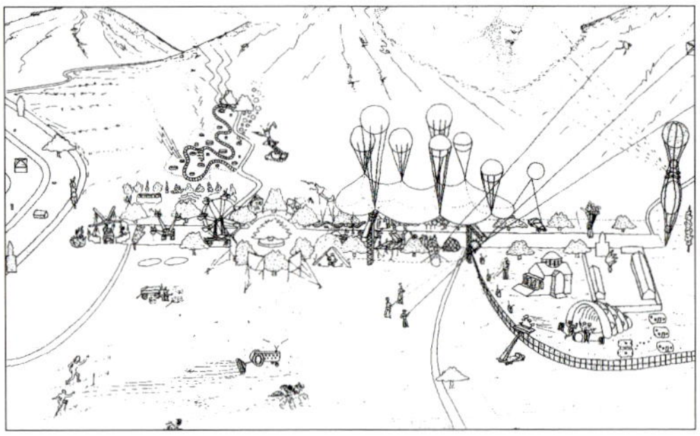

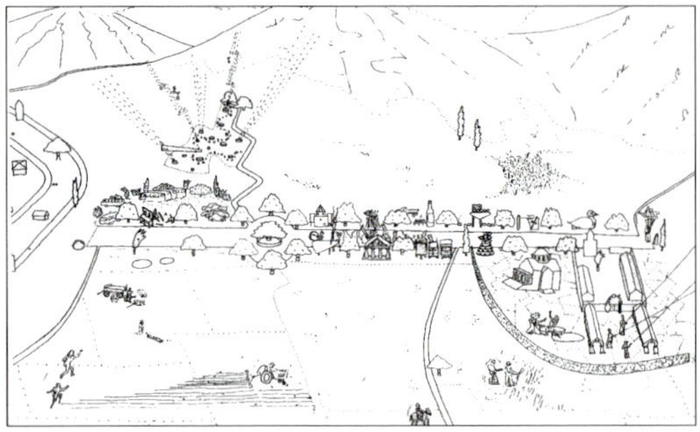

그림 131-132. 엘리아 젱겔리스/ OMA, 성 게라시모스의 신성한 평원" 계획, 케팔로니아, 1984.

그림 133. 렘 콜하스/ OMA, 무용극장 스파우, 헤이그, 1984-87, 폴로니(Polony)와 핀크(Finck) 협업. 무용극장을 가진 영역의 그래픽 안, 딕 반 무릭 베르메울렌(D. van Mourik Vermeulen)의 안톤 필립스 박사의 방, 카렐 베버(C.Weeber) 호텔.

라 빌레트 공원과 1989 세계 박람회에서 보여주었던 어린이용 책의 도해와 만화들에 기초한 드로잉들은 빌럼-얀 네우텔링스(Willam-Jan Neutelings)의 계획안들의 전형으로 되었고, 그것들 중 어떤 것들은 알렉스 월(Alex Wall)－역시 OMA와 함께 일했던－과 함께 준비되었다. 비슷한 그래픽들이 1980년대 후반 도시 복합시설을 위한 후기의 계획들에서 삶의 양상들을 도해하기 위해 OMA에 의해 사용되었다.

"암스테르담을 위한 계획들, 그러나 무엇보다도 라 빌레트와 파리 세계 박람회를 위한 계획들－콜하스는 쓴다－은 메트로폴리스의 심장부에서 전혀 열려지지 않은 자질을 상상하려는 시도이다".[76]

1984년에 젱겔리스가 이끈 OMA와의 협업 그룹은 케팔로니아의 섬을 위한 계획을 발전시켰는데, 그것은 현대 건축의 예들로부터 끌어온 해결책들과 마찬가지로 두 가지의 파리 계획안들의 일련의 기준을 적용하는 것이었다. 그 섬의 수호성인을 기리려는 목적으로 해마다 8월에 열리는 축제를 위해 "성 게라시모스의 신성한 평원(Plaine Sacrée de Saint Gerasimos)"의 구성을 위한 계획에서, 젱겔리스는 영역을 굴곡진 벽체로 경계가 이루어지는 교회의 계단식 관람석 주위에 있는 종교적 특성의 지역과 그가 현대적인 건축적 방향에 기초해 더욱 유희적인 대안으로 제안하는, 도시와 연결되는 장방형 루트를 따르는 박람회 지역으로 구분한다: 네오 아키그램적 "펀 팰리스"이자 "신구성주의적 문화의 궁전(plais de la culture néo-constructiviste)", "새로운 길(Strada Novissima)"－"축제의 다중 주의적 오브제들에 대한 포스트 모던적 인식"[77]－과 마찬가지로 교회의 양식과 연속성을 가지는 네오 비잔틴식으로 덮여진 갤러리아, 스칼라와 아르고스톨리 공공 해변을 위한 계획에서 그는 점 모양의 요소들과 다양한 기하학적 디자인들(스칼라 해변의 잘려진 선, 아르고스톨리 해변의 곡선들)과 유희를 하며 일련의 매점, 식당, 바, 주차장, 보행로들을 첨가한다.

"이 각각의 경우에－그는 설명한다－객관적 법칙은 상징과 도시 프로그램의 중재를 통해, 그리고 고지되지 않은 도시 프로그램의 침투에 의해 장소의 본성과 특성을 획득하고 강화하려는 것이었다. 최소한의 융기와 건축적 유입을 통해 이 가벼운 터치는 급격한 표시를 만들고, 배치된 표피들이 즐겨질 수 있고, 그것이 침해되지 않은 채, 연결되는 자연적 주변을 특별하게 식민화하는 방식으로 만드는 것을 목표로 한다".[78]

76) Cit. Lucan, *OMA. Rem Koolhaas*, cit. p. 157.

77) Cf. [Zenghelis-OMA], *Aménagement de la Plaine Sacrée de Saint Gerasimos*, in ""L' 'architecture d' 'aujourd' 'hui" ", 1985, No. 238, pp. 56-59.

78) Elia Zenghelis, *ARCADIE: Le paradis transposé*, in ""L' 'architecture d' 'aujourd' 'hui" ", 1985, No. 238, p. 55.

79) [Zenghelis/OMA], *Aménagement de la Baie de Koutavos*, in ""L' 'architecture d' 'aujourd' 'hui" ", 1985, No. 238, p. 68.

80) Ibid., p. 70.

81) [Koolhaas-OMA], *Théâtre national de danse. Projets 1 et 2* cit., p. 84.

아르고스톨리의 코우타보스 만을 위해 젱겔리스의 안은 "도시 공원", "스포츠 공원", "수상 공원", "위락 공원", "교육 공원" 등으로 구분되는 한편, 물의 본류는, "그것들의 위치나 그 운동을 통해 남겨지는 형태로 인해 진정한 '수중 발레(ballet nautique)' 로 되며, 일련의 정적이거나 동적인 구조물들이 설치되는 물의 공원"[79] 으로 되는– 일종의 코니아일랜드–어트랙션들을 가지는 위락 공원의 창조를 요구한다. 밤에는 빛의 투사가 "어틀랜티스의 변형(la métamorphose des Atlantides)", 혹은 "타이타닉의 난파(Naufrage du Titanic)"[80]에 기초한 장관을 창조한다.

헤이그 무용극장, 1984-87: "충돌"

스케베닝헨의 무용극장 두 번째 디자인은 헤이그의 스파우 근처에 지하 주차장 위로 단일의 복합 건물로 짓기 위해 1984년에 그것이 결정되었을 때 포기되었다; 그 복합 건물은 OMA가 디자인한 무용극장과 딕 반 무릭 베르메울렌(Dick van Mourik Vermeulen)이 디자인한 "안톤 필립스 박사의 방(Dr Anton Philips Zaal)" 으로 구성될 예정이었다–두 개 작품 모두는 1987년에 완공되었다(카렐 베버[Carel Weeber] 호텔 옆에). 스케베닝헨 계획이 독립되고 병치된 부분으로 잘려졌다는 사실은 "버나큘라한 리조트 건축" 의 축제적 특성에 기초한 헤이그 센터에 작품을 창조하며, 물결치는 지붕과 장식된 창고의 무대 볼륨과 같이, 그것들 중의 일부를 재활용하는 것을 가능케 만들었다. 큐폴라의 상징적 가치를 확인하며, 두 번째 안의 특징적인 포물선 아치는 대신 제거되었다.

실무 드로잉은 무용극장의 부분들을 각각과 함께, 그리고 "안톤 필립스 박사의 방" 과 호텔과 조합하는 다섯 개의 안들을 보여준다– "장식된 창고" 로부터 "텍토닉" 까지, "매혹적 시체" 까지. 완성된 작품[81] 을 결정하기 위해 콜하스가 선택한 마지막 안은 헤이그와 더블린을 위한 초기 계획들의 많은 선수들의 게임으로부터 단일의 제작자에 의해 창조된 단편들의 초현실주의적 콜라주로 변형된다.

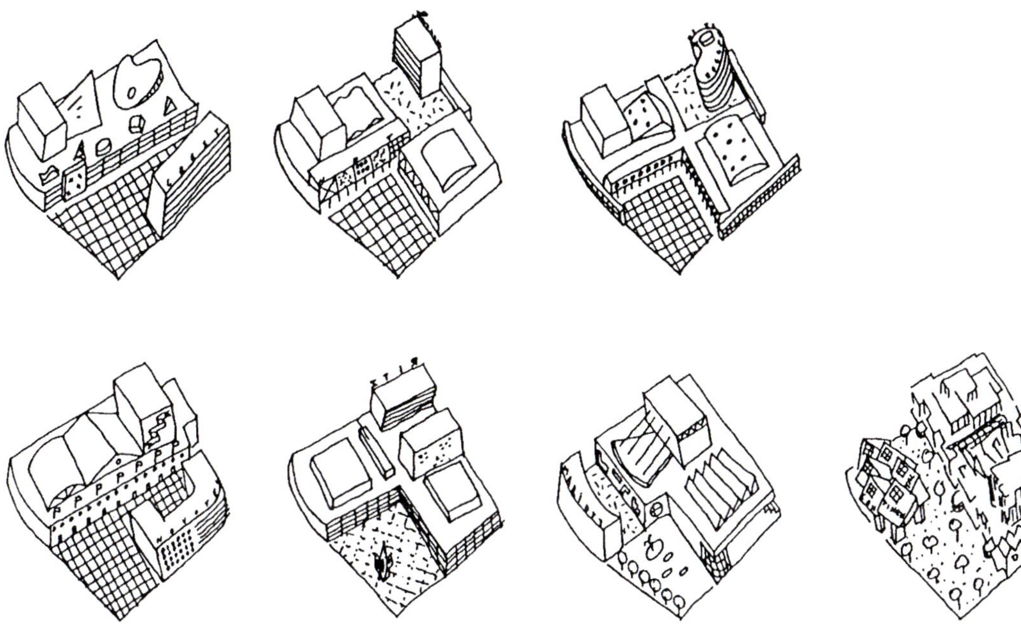

그 작품은 베를라헤의 회화풍 전통과 콜하스의 새로운 맥락주의 속에서 스파우의 무정형적 전후 도시 랜드스케이프를 반영한다. 재료와 색채의 은유적 사용은 1977-78년 디플로마 유닛 9의 프로그램에서 예견되었던 "풍부한 디테일"의 모험을 보여준다.

오케스트라 피트, 무대, 서비스 룸과 리허설 룸, 드레스 룸, 예술가용 샤워실, 분장실, 저장실, 행정 사무실 등의 백스테이지와 식당들이 차별화된 용기들 속에 주입되는 극장은 스케베닝헨 두 번째 안의 모델에 기초했으며, 신문 면의 배치에서와 같이 장방형 평면 속에 압축되었다. 프로그램은 「엑소더스」의 "띠"와 다운타운 운동클럽에 영향을 받은 휘트니스 공간들-사우나, 마사지, 수영장-로 증대되었다. 디자인 과정은 벤추리에 의해 이론화된 팝 버전 속에서 각 부분의 표현적 영향을 보자르 문법으로 남겨두며, 기능들의 리스트와 규모 산정으로 제한된다.

물결 모양의 지붕과 홀과 무대 타워 파사드의 덮개는 검정색의 물결치는 판금으로 돌려지며, 반면에 스파우를 향한 무대 타워의 파사드는 3명의 무용수들로 브리젠도르프의 장식된 창고를 보여준다. 드레스 룸과 분장실, 사무실을 포함하는 볼륨은 3층으로 나뉘어져, 각각은 그것이 다른 기능들을 표현하기 위해 재료와 개구부들을 바라보는 방식으로 특징이 지어진다. "안톤 필립스 박사의 방"과의 연결부에는 입구가 위치하며, 이곳에 콜하스는 1층에서 매표소, 2층에서 극장 카페를 포함하는 레오니도프식 원추형 황금색 볼륨을 끼워 넣는다. 무용극장의 뒷부분은 월러스 해리슨의 UN 빌딩과 같은 오목한 지붕을 가지는 낮은 구조물의 영향을 받는다. 그러한 디테일은 백스테이지 파사드의 개구부들을 묶어주는 가는 수평적 선들, 그리고 도로 건너의 영역, 또 다른 장식된 창고로 적용되는 백색 패널과 같이, 벤추리의 영향을 반영한다.

새로운 맥락 속에서 스케베닝헨 계획으로부터 취해진 물결치는 지붕은, 수평 띠들을 가지는 볼륨이 잘려진 고깔형 볼륨을 따라 반대편으로부터 첫 번째 스팬의 보를 노출된 채 남겨놓으며, 백색의 장식된 창고와 함께 돌출되는 도로를 향해 흐르는 듯이 보이는 반면, 무대 타워와 "안톤 필립스 박사의 방" 사이에서 압축된 유연한 수평적 표면의 결과로 해석될 수 있다. 볼륨의 미끄러짐과 표면의 압축은 콜하스의 그 다음의 작업들에서 반복적인 수행으로 나타난다. 로우와 쾨터는 로마 나보나 광장의 산 아네제(Sant'Angese) 교회 파사드의 굴곡을 부지에서 적용된 "압력들"의 결과로 해석했으며, 충돌(collision)의 개념을 1975년 「콜라주 시티」의 아티클에서 꼴라주의 더 나아간 버전으로 논의했는데, 그것들의 주제는 1970년과 1971년 AA 스쿨에서

그림 134-136. 렘 콜하스/ OMA, 렘 콜하스/ OMA, 무용극장, 스파우, 헤이그, 1984-87, 폴로니와 핀크 협업, 전경; 액소노메트릭; 평면.

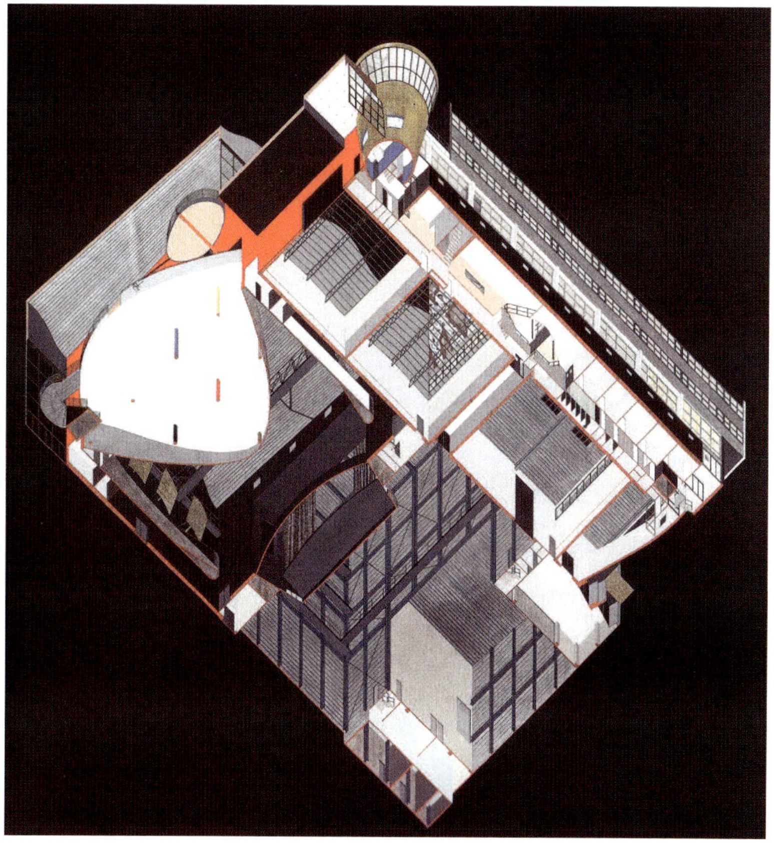

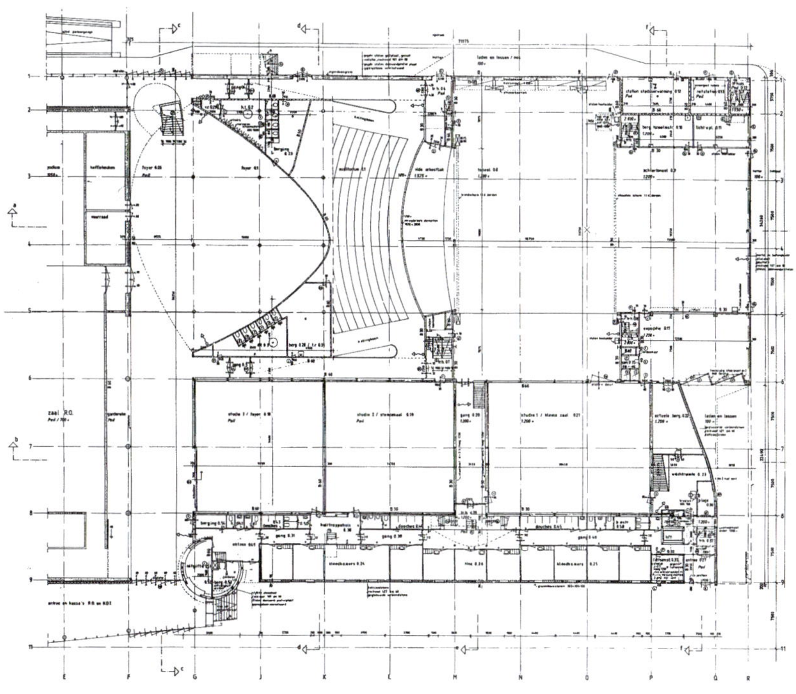

로우가 보야르스키와 행한 세미나에서 개괄되었었다.[82]

무용극장에서 그런 부분은 마치 그것들이 무용을 하듯이 움직이는 것으로 나타난다; 입구 부분의 뒤집혀진 원추는 뾰족한 발레리나의 빛나는 몸이 기계적 발레로 관중을 환영하는 은유로 된다.

무용극장의 볼륨들은 "사이의", 좁은 수직적 공간을 남기기 위해 "안톤 필립스 박사의 공간"을 향해 눌려지며, 그것을 따라 두 개의 건물이 채색된 철근 콘크리트 벽들("안톤 필립스 박사의 방" 벽은 핑크빛, 무용극장의 벽은 빛나는 붉은 빛)로 서로를 마주보게 된다. 물결치는 지붕은 "사이의" 공간이 무용극장에 의해 만들어졌다는 것을 선언하기 위해 콜하스의 홀로부터 밑으로 내려간다. 이 공간에서 19세기와 20세기의 갤러리들과 통행로들의 전형적 특성들[83]을 가지며, 또한 두 개의 유리로 된 끝부분들로 노출되어, 콜하스는 두 개의 극장들로 공유되는 기능들을 구성한다. 그는 "안톤 필립스 박사의 방"의 구역 내에 클록룸과 카페 주방을 설치하기 위해 벽들을 자르며, 한편 무용극장의 구역 내에 일층에는 카페와 현관, 그리고 또 다른 들어 올려진 로비로의 연결부를 위치시킨다. 무용극장 홀의 경사진 슬래브와 거친 합성 타일의 통행로 층은 방음 패널들로 덮여 쐐기 같은 형태의 또 다른 좁은 "사이의" 공간을 창조한다. 이 공간 속에서 평면상에서 포물선 형상의 굴곡을 만드는 벽—그것의 정상부는 홀 슬래브의 최하 지점과 일치한다—은 카페 옆쪽으로 설정되는 부분과 경계를 하는데, 그것은 통행로의 더 넓은 부분으로 된다. "내부의 공공 공간들—로비, 무용실—은 외피의 내부에서 굴착되는 볼륨-동굴과 같이 별도의 계획으로 인식되었다", 콜하스는 실제적인 디자인 과정을 설명하지 않은 채 주장한다.[84]

그림 137. 오스카 슐레머 연극 워크숍에서 만든 무대 의상들, 바우하우스, 데사우, 1927.

그림 138. 이반 레오니도프, 레닌 협회 계획, 1927.

그림 139. 렘 콜하스/ OMA, 무용극장, 스파우, 헤이그, 1984-87, 폴로니와 핀크 협업, 극장 카페와 입구.

82) Cf. Rowe, Koetter, *Collage City*, in ""The Architectural Review"" cit.

83) 극장에서 멀리 떨어지지 않아, 의사당을 바라보며, 이 통행로들 중의 하나는 그라벤 거리(Gravenstraat)를 호프로(Hofweg)로 연결한다.

84) [Koolhaas-OMA], *Théâtre national de danse. Projet. La Haye 1984* cit., p. 91.

85) "공중 바는[...]—콜하스는 설명한다—200명을 지탱한다. 그들이 북쪽이나 남쪽 어디에 서있느냐에 따라 그것을 잡고 있는 튜브는 인장되거나 압축된다. 그러므로 구조적 행

그림 140-143. 렘 콜하스/OMA, 무용극장, 스파우, 헤이그, 1984-87, 폴로니와 핀크 협업, 후면, 홀 밑의 카페, 공중 바.

지하 주차장 부분의 정형적 그리드 질서로부터 자유롭기 위해, 카페의 철근 콘크리트 원형 기둥들 각각은 서로 다른 색채로 칠해져서 지하 주차장 위에서 그것들은 미켈란젤로의 "감옥들" 같이 된다. 1980년대 후반의 작업들에서 콜하스는 그리드의 정형성을 깨기 위해 장식적 고안들로 가기 보다는 구조의 실제적 형상 속으로 개입하게 된다.

타원형의 플랫폼이 통행로 위에서 균형을 잡는다: 그것은 "공중 바(skybar)"로 불리며, 스케베닝헨 무용극장의 캐노피를 위한 콜하스와 폴로니의 연구에 기초한다. 완전히 금속으로 만들어진 공중 바는 원형의 중간 보위에 부착되어 동적이고 변하기 쉬운 균형을 유지하며, 기둥과 인장봉으로 안정되어 구조 자체에 불안정성의 인상을 부여한다.[85] "유리 천장—콜하스와 오르트하우스(Oorthuys)는 레오니도프의 모스크바 마천루 디자인에 대해 썼었다—은 붉은 광장으로부터 보여지기 위해 "공중-퍼포

먼스"태는 완전히 변화한다;그것은 단지 부하를 해결하는 것의 문제가 아니라 불안정한 구조적 행태를 보여주는 것의 문제이다" (cit.in Alejandro Zaera, *Finding freedoms: conversations with Rem Koolhaas*,in ""El Croquis"", No.53+79, p.20).

먼스"를 위한 플랫폼을 지지하는 여덟 꼭짓점의 철제 구조들로 이루어진다".[86] 로프들은 공중 바 밑 부분의 흰색을 이상적인 항해로 변형시킨다. 그 플랫폼으로부터 방문객들은 로비와 창문 밑 도시의 파노라마적 광경을 볼 수 있으며, 메두사호 뗏목의 난파된 선원들과 자신들을 동일시함으로써 허공에 매달려 있는 느낌을 가질 수 있게 된다.[87] 무용극장의 기능적 프로그램이 콜하스 자신의 시적 추론을 추구하기 위한 그의 구실로 된다는 사실은 또한 위로 매달린 프리즘 형상의 볼륨에 의해서도 확인되는데, 그것은 초기 계획 단계에서 주 파사드로부터 나타났다－건물 몸체 속으로 박히는 수상 수영장의 끝부분.

홀의 야경적 분위기는 계단식 좌석들의 바닥과 앞무대, 검정과 회색의 무대와 금속 지붕을 가지며 두 가지의 푸른 색조로 된 옆면의 콘크리트 벽과 벨벳 좌석들로 얻어지는 반면, 벽에 매달리는 굴곡진 장방형 패널들－베를린의 샤로운이 디자인 한 필하모니의 것들을 모델로 한－은 음향을 더 좋게 만들며 커튼과 같이 빛나는 노란색으로 칠해져 있다.

1980년대 중반의 "버나큘라 모더니티"

대략 무용극장과 같은 시기인 1980년대 중반의 다른 작업들에서, OMA는 새로운 절제의 국제주의적 해석을 추구한다. 이것들 중 어떤 작업은 포스트 모던과 맥락주의에 대한 비판에서 여전히 동기를 부여받았으며, 심지어는 1985년 로테르담과 베를린의 재건에서 콜하스에 의해 인식된 2차 세계 대전 이후 기간 건축의 "버나큘라 모더니티"를 실현하려 노력한다.[88] 콜하스는 로우가 만든 맥락주의의 이론적 한계를 버려진 공터(Terrains Vagues) 같은 도시의 공터와 조경 등에 적용하기 위해 그것을 계속해서 침식시켜 나갔다. 그가 언급했듯이, "각각의 사생아는 자신의 독자적 족보를 가진다"는 것은 도시의 이런 영역들과 그것의 교외들에 집중하는 것을 의미한다.[89]

로테르담 철도역의 광장 중심에 1985-87년에 세워진, 여행 정보 사무실을 갖춘 버스와 지하철 역사는 OMA 맥락주의의 또 다른 예로, 광택 타일로부터 알루미늄 창틀에 이르기까지 최근의 건물 재료들을 선택하는 것에서조차 전후 재건의 건축적 자질을 해석하는 것에 목표를 두었다. 삼각형의 캐노피는 위로 굴곡이 져있으

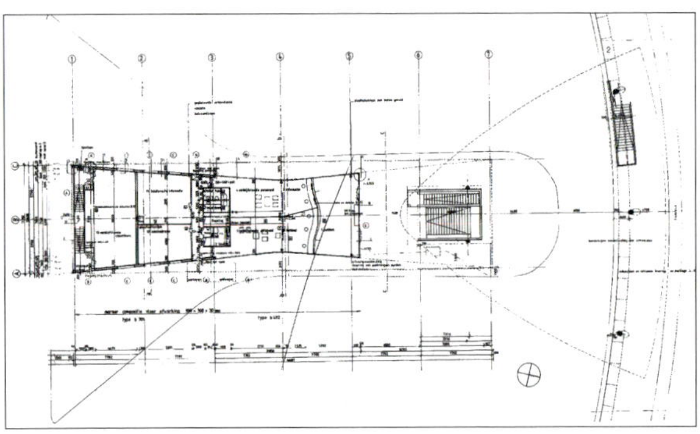

86) Rem Koolhaas,Gerrit Oorthuys, *Ivan Leonidov''s Dom Narkomtjazjprom, Moscow*,in ""Oppositions"",1974,No. 2,(pp.95-103),p.103.

87) 공중 바는 마른 라 발(Marne-la-Vallée의 유로 디즈니 호텔을 위한 1988년 현상 설계의 홀에서 다시 나타난다.

88) Rem Koolhaas, *LE CONTEXTE:La splendeur terrifiante du XXe siécle*,in ""L' 'architecture d' 'aujourd' 'hui"",1985,No.238,p.15.그의 정의는 젱스가 만든 말로부터 나온다: "새로운 현대적 버나큘라" (Charles Jencks, *Modern Movements in Architec-*

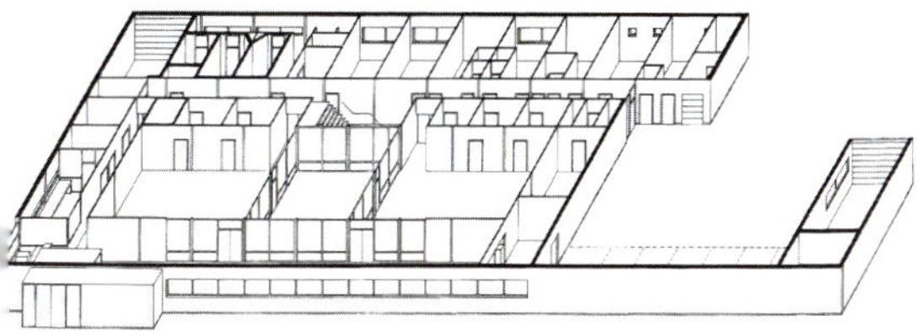

그림 144. 렘 콜하스/ OMA, 스파우, 헤이그, 1984-87, 폴로니와 핀크 협업, 홀.

그림 145-146. 렘 콜하스/ OMA, 버스, 지하철 역사, 스타치온-플레인, 로테르담, 1985-87(2004년 해체), 파트너스 앤드 반 푸텐(Van Putten) 협업.

그림 147-148. 렘 콜하스/ OMA, 경찰서, 알메레-하벤, 1984-87.

그림 149-150. 렘 콜하스, 엘리아 젱겔리스/ OMA, 모건 은행 현상설계, 아폴로란, 암스테르담, 1984-85, 오브 어룹 협업.

며, 아래쪽을 향해 가늘어지는 조각과 같은 기둥 위에 안착되어 니마이어(Niemeyer)나 반 라베스테인(Van Ravesteyn), 샤로운(Scharoun)의 지붕들을 연상시킨다. 엘 리시츠키의 프로운 또한 도로 띠들의 네거리 위로 배치되는 삼각형을 보여주었다.

1984년 디자인되고 1987년에 세워진 알메레-하벤의 경찰서에서 벽돌의 흰색과 푸른색은 1950년대와 1960년대 리트펠트의 작업과 같이, 볼륨과 평면 속으로의 건물의 분해를 강조한다. 공간들은 띠와 평행 벽들로 구성되며, 중앙에 거대한 홀이 있어 마이애미 주택 모델과 동일한 수법을 보여준다. "Politie"라는 글자가 씌어진 주 파사드의 긴 푸른 벽은 또 다른 장식된 창고를 형성한다(하늘색은 도시 맥락의 개발에서 계속 등장하는 색이다).

암스테르담 모건 은행 본사를 위한 현상설계로 1984-85년 OMA가 보여준 계획은 두 개의 볼륨으로 나뉘어져, 하나는 사무소, 다른 하나는 아파트로 된다. 사무소 부분의 주 볼륨은 음적으로(en négatif) 코너를 만들며, 볼륨의 단편들을 제거함으로써 도시 계획의 정형으로 부여된 베를라헤 광장을 재해석한다.[90] 없어진 공간은 대칭적인 L자 형태의 코너 타워로 건물을 올림으로써 회복이 된다. 콜하스는 이 예외적 형상을 정형의 해석으로부터 파생시킨 초현실주의적 모토로 정의한다: "부지의 주축을 향해 돌아서는 책".[91] 정방형 그리드의 이상적인 유럽식 기하학에 기초한 벽기둥들의 패턴 속에서, 욕실과 엘리베이터, 계단실들이 평면의 중앙 띠 속에 배치된다. 구조적 그리드 외부는 회

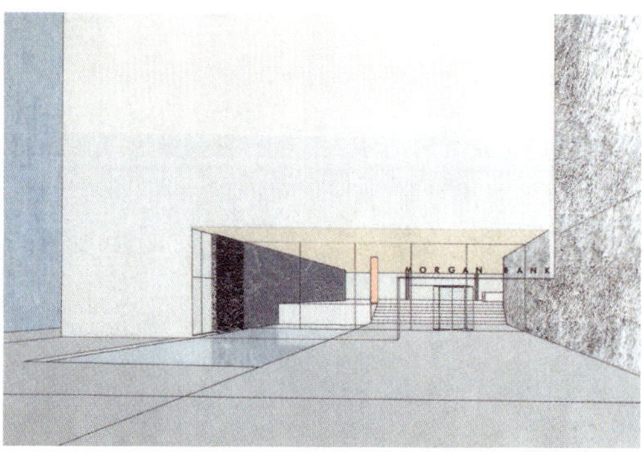

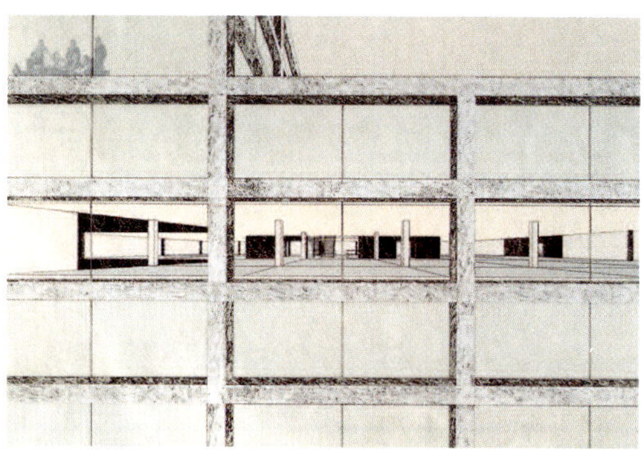

ture, Harmondsworth, Penguin Books, 1973; ed. 1980, p. 249).

89) Koolhaas, *LE CONTEXTE* cit.

90) [Koolhaas-OMA], *Une angle de place. Agence de la Banque Morgan, Amsterdam, Pays-Bas. Rem Koolhaas, OMA*, in ""L' 'architecture d' 'aujourd' 'hui" ", 1985, No. 242, (pp. 53-57), p. 53.

91) Ibid.

색의 화강석 슬래브로 덮여 힐버자이머의 시카고 트리뷴 계획에 헌정된다; 단지 귀퉁이만이 채워지며, 벽체들은 흰색 대리석으로 덮여진다. 그러므로 벽체들과 프레임은 연속성과 불연속성 사이의 텍토닉 대립을 만들어내기 위해 병치되는데, 그것은 테라니와 아이젠만 뿐 아니라 마이애미 주택으로까지 거슬러 추적이 될 수 있다. 정원을 따라 있는 유리창의 벽들은 새로운 절제를 위한 재료들과 형태의 범위를 완성시킨다. 그 계획은 콜하스와 세실 발몽, 그리고 런던의 공학 그룹인 오브 어룹(Ove Arup)과 파트너스 사이의 오래 지속되는 협업의 시작을 만든다.

1984년 콜하스가 무용극장의 두 번째 안을 발전시키고 있을 동안, OMA는 젱겔리스의 지도하에, 그리고 폴로니와 핀크와의 계속되는 협업 하에 IBA에 의해 추진된 작업들의 맥락 속에서 베를린 프리드리히 슈트라세 207-208을 위한 빌딩 계획을 했다(건설은 1990년 1월에 완공되었다). 그 건물은 유명한 체크포인트 찰리 옆에

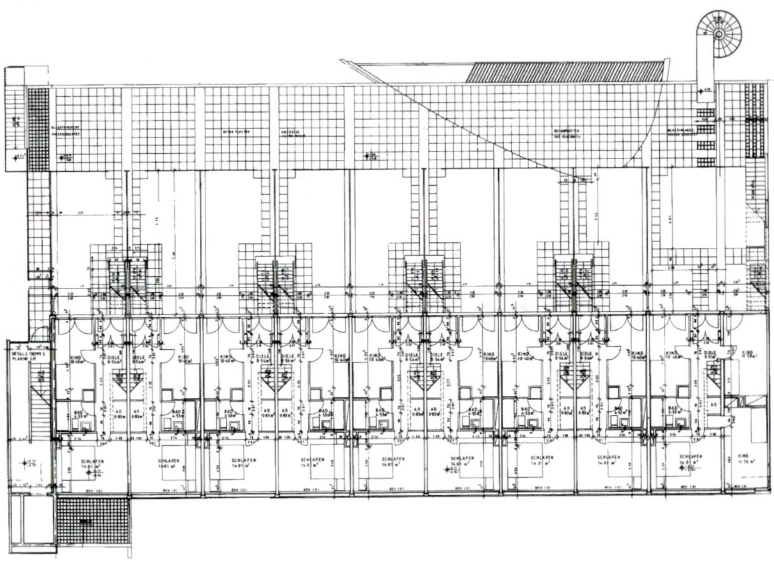

그림 151-154. 엘리아 젱겔리스/ OMA, 주거 빌딩과 관세 사무소, 프리드리히 슈트라세 207-208, 베를린, 1984-1990, 폴로니와 핀크 협업. 프리드리히 슈트라세를 따라 본 전경; 평면; 후면 상세.

서 있으며, 그 이름을 빌려 쓴다. 도로로부터 셋백되어, 클라이후에스(Kleihues)의 베를린 재건축과 반대 방향으로 하나는 수평적으로, 다른 하나는 수직적인 두 개의 서로 관통되는 슬래브로 형성되어 헤이그 국회 의사당 시설과 동일한 수법을 사용한다. 수평적 슬래브는 버스 승객들을 위한 대기실과 체크 포인트의 서비스 공간들을 포함하는데, 그것들 중 어떤 것들은 에이-플레인(IJ-plein) 주 건물의 것들과 같이 돌출되는 파빌리온들이다. 이 슬래브는 뒤쪽으로 돌출되어 거대한 지붕 테라스를 만들어낸다. 수직적 슬래브는 다른 것에 기대려 하며, 뒤쪽의 테라스(개인 정원을 가지는)와 프리드리히 슈트라세를 따르는 상부 레벨에 있는 두 개의 발코니들로부터 접근하게 되는 다양한 유형의 아파트들을 포함하고, 금속 구조에 부착되며, 브리즈-솔레이유(brise-soleils)와 유사한, 기울어진 유리창들로 스크린이 쳐진다. 건물의 보조적 구조는 아파트를 포함하는 슬래브의 수직 스팬의 더 육중한 시스템을 유지하기 위해 지면에서 거대하고 넓게 분리된 기둥들을 가진 철근 콘크리트로 이루어진다. 평평한 지붕은 프리드리히 슈트라세를 향해 위로 걸쳐지는 거대한 비행기 날개와 같이 디자인되며, 눈과 같은 구멍들을 가지는 콘크리트 블록으로 만들어진다. 뒤쪽의 두 개의 계단실들은 구조적 기교의 더 많은 단편들을 보여준다: 철근 콘크리트로 된 하나는 베를린에 있는 샤로운의 구조를 연상시키며, 금속으로 된 부분은 긴 중앙의 보가 포크와 같이 배치된 기둥들로 안정된다는 사실에도 불구하고, 사람이 지나갈 때 흔들거리는, "공중 바"에 기초한다. 천공된 금속판으로 되고, 수평 띠들의 교대와 몇 개 벽들에서 데 스테일의 빨강과 노란 색으로 되는 파라펫은 이 작품을 일종의 MoMA 국제주의 양식으로 만든다. 마지막 레벨 옆에 있는 발코니의 콘크리트 벽은 체크 포인트 찰리에 바쳐져, 붉은 색으로 도장된 군사용 위장색으로 칠해진다.

"OMA의 전략–그룹은 쓴다–은 본질적이지만 잠재적인 특성들에 기초한, 부지의 회고적 개념을 설정하려는 것이었다: 18세기 블록의 단순한 회복이나 재해석이라기보다, 우리의 해결은 도시 환경의 이질적 본성으로 보이는 것을 언급한다–그것의 최근의 과거와 현대적 사용 패턴의 결과들".[92)]

92) Office for Metropolitan Architecture, *IBA Scheme for Checkpoint Charlie, Friedrichstrasse 207/208, 1984-*, in "AA files", 1987, No. 15, p. 90.

1980년대 중반에 시작된 또 다른 계획인 "비잔티움"은 주차장, 상점, 아파트, 사무실들을 가지는 거대한 복합 시설로, 1985년 콜하스가 디자인하여 암스테르담 폰델 공원을 따라 1988-89년에 세워졌다. 그것은 무용극장과 같이 프로그램과 맥락에 부합하는 다른 볼륨들을 조합한 결과이다; 어떤 것들은 초기의 OMA 작업들로부터 나온다. 비잔티움은 낮은 벽돌 주택들로 연결된다; 그것은 두 개 도로의 교차점에서 자라는데, 그 곳에는 사무소 타워가 모건 은행 계획으로 되돌아오는 가시적 골조로 위치한다; 그것은 OMA의 유형학적 안들을 유지하며 주거 건물들의 낮은 볼륨들 사이에 만들어진 공중 정원을 가지고 폰델 공원을 향해 개방된다. 상점들의 황금빛 평지붕은 스케베닝헨의 무용극장 지붕과 체크 포인트 찰리의 건물 날개와 유사하다; 그러나 그것은 경사져 있으며, 측면 유리의 한 부분은 콜하스의 후기 작업들에서 발견되는 기하학적 해결로, 그것에 수직적으로 남는다. 나사우카데(Nassaukade)와 공원 사이 모퉁이의 상부에 역시 황금 빛으로 돌출되고 끝이 잘린 원추형 볼륨이 무용극장의 원추형 볼륨과 유사하게 부착되어, OMA의 작품들을 그들의 다양한 도시적 맥락들 속에서 즉각적으로 알아볼 수 있게 만드는 클리셰를 창조한다. 미스적 취향으로 디자인된 주거 홀로부터, 계단실과 마주보는 도로와 아파트 복합 시설의 다른 순환 루트들과 같이, 정원을 향해 열린 넓고 조명되는 복도로 올라가게 된다.

"보이드(void)"의 전략: 믈룅-세나르 신도시와 "현대 도시"의 계획

1985년 OMA를 다룬 "오늘의 건축"(L'architecture d'aujourd'hui) 이슈를 위해 콜하스는 보이드의 개념에 관한 세 개의 아티클을 썼다. 그 이슈는 그 다음 해 OMA를 떠난 젱겔리스와 콜하스의 협력 관계의 끝을 선언했다. 「맥락: 20세기의 무서운 탁월함」(*LE CONTEXTE: La Splendeur terrifiante du XXe siécle*) 에서 콜하스는 맥락주의의 개념 속에서 초현실주의와 문자주의, 콘스탄트, 「라스베이거스로부터의 교훈」등의 예를 따르며, 파리와 베를린, 로테르담의 비난되거나 무시된 부지들을 덧붙인다. 레 알(Les Halles)과 보부르, 데팡스, 세느강 전면 등에 대한 첫 번째 부분은 "보이지 않고, 접근할 수 없고, 소화할 수 없는 것"을 추구하며, 광기의 파리를 위한 밑 작업을 한다.

"20세기 맥락의 특별한 아름다움들 중의 하나는—그는 쓴다—그것이 더 이상 거의 눈에 띄지 않을 정도로 진화하는 하나나 그 이상의 건축적 노선들의 결과가 아니라는 것이다; 대신 그것은 별개의 고고학적 층들의 동시적 형성을 재현한다—각각의 건축적 노선이 서로 모순되고, 사실상 밤 다음에 낮이 오듯, 확실하게 이전의

그림 155-157. 렘 콜하스/OMA, 상점, 아파트, 사무소 복합 시설로서의 "비잔티움", 폰델 공원, 슈타트후데르스카데, 나사우카데, 암스테르담, 1985-89, 그라보우스키와 포르트(Grabowsky & Poort) 협업.

것의 본질을 원상태로 되돌리게 되는 영원한 진자 운동. 결과적 풍경을 푸는 것은 결합된 해석적 능력과 샹폴리옹(Champollion), 슐레이만, 다윈, 프로이트 등의 19세기 분류학적 스태미나를 요구한다".[93]

베를린과 로테르담은 두 도시들의 새롭고, 놀랄만한 현대적 아름다움을 위한 기초로서, 2차 세계 대전의 폭격에 의해 만들어진 "보이드"를 공유하는 도시들이다. "이제—콜하스는 베를린에 대해 쓴다—역사의 이름으로 IBA는 증거, 심지어는 그 역사의 가장 의미 있는 사실(그것의 미학을 언급하는 것이 아닌) 인 파괴의 증거조차 지우고 있다". 로테르담의 재건은 "중심의 스케일에서" 실현된 "열림의 아이디어"의 모델로 나타난다.

"결국—그는 자서전적 톤의 문장들로 로테르담을 '콤팩트한 도시'로 변형시키는데 연루된 건축가들에 관해 쓴다—이 도시 계획가들은 이 예상되는 빈 공간들의 신비한 자질들과 그들이 가지는 자유들에 대해 무지하게 남았다. 그들은 어린이들이 포장 석재들의 바닥에 있는 흙탕물 속에서 즐겁게 물을 튀고 있고(관광객들의 즐거움을 위해), 이제 자라서 오늘날 모든 것이 가능한 이 포스트 모던 계획을 완벽하게 채우고 개발할 수 있는 도시적 돌연변이들의 일련의 집합을 형성하는 것을 보기를 원치 않았다".

로테르담의 텅 빔의 치료제로 고안된 "사물"의 "밀집화"—예상된 밀집화의 형태는 단지 건축가만이 물질적 단계로 생각할 줄 아는 것이다—와 그 동일한 보이드에 재활력을 줄 수 있는 "일단의 도시적 돌연변이들"의 것들 사이의 대립은 밀집 문화의 개념을 도해하기 위해 사용되었던, 1977년 "아키텍처럴 디자인" 지에서의 맨해튼 공중사진과 붐비는 수영객 군중 사진 사이의 비교를 연상시킨다.

방법은 콜하스의 파리와 베를린, 로테르담에 대한 고려로 결론을 맺는다: "이 작업에 방법이 있다면 그것은 시스템적 이상화, 존재하는 것의 자동적 과대평가, 가장 평범한 양상일지라도 회고적인 개념적, 이데올로기적 부과로 공을 들이는 사고의 폭격을 하는 방식이다. 각각의 사생아에겐 계통수가 있다; 아이디어의 가장 희미한 힌트도 간통의 흥미진진한 사례에 관한 형사의 집요한 관찰로 추적된다. 우리는 만약 우리의 작업이 지적 명성의 이상적 세계, 예술적 통합, 그리고 가장 중요하게 심각함 속에 이식되었다면 그것이 자동적으로 이 동일한 자질들을 요구하고, 작가의 해석적 골격이 제거된 지 오랜 후에 이론적 완벽함의 가시적 선언으로 남을 것이

93 Koolhaas, *LE CONTEXTE* cit.

그림 158-159. 렘 콜하스/OMA, 믈룅-세나르 신도시 현상설계, 1987.

라 비밀스레 믿는가? 이런 행위의 거울 이미지는 아무리 영감이 없을지라도 각 부지의 실제적 조건들의 가장 임상적인 목록이다. 이것은 맥락적 해석의 복잡성을 은폐하고 동시에 그것의 가장 정교한 양상들에 대해조차 처벌하는 거의 교만한—실제로 믿을 수 없을 정도의—단순함에 대한 기질적 요구와 결합된다".

"아무 것도 없는 곳에서는 모든 것이 가능하다. 건축이 있는 곳에서는 어떤, 어느 것도 가능하지 않다"라는 것이 베를린의 폐허 사진과 함께 소개된 「도시계획: 무언가를 상상해보라」(*URBANISME: Imaginer le néant*)의 결정적인 시작이다.[94] 콜하스에게 보이드는 인간 삶의 돌연변이적 단계의 의미를 가진다; 그것은 건축의 전통적인 물리적 구조들의 붕괴에 대한 아키그램과 프라이스, 밴험, 수퍼스튜디오, 아키줌, 심지어는 이브 클라인까지의 이론들을 반영한다. "필요한 것은—그는 웅거스의 교훈을 추구하며 베를린에 관해 쓴다—대신 물질에 대한 의지가 없이 밀도가 유지될 수 있는 방식, 건축의 부담이 없는 강렬함을 상상하는 것이다".[95]

아티클의 말미에 그는 「유폐된 지구 도시」에 기초한 "OMA의 개인적 전당의 요소들"의 새로운 목록을 제안한다. 이 "요소들"은 이제 콜하스가 보이드를 근대건축이 아니라 포스트 모던의 현재를 특징짓는 역사적 형태들로 채워진 디자인을 향한 구동에 반대하는 방식으로 사용한다는 것을 보여준다(베니스 비엔날레를 위해 쓰인 선언서에서 야기된 프로크루스테스의 언급이 여기서 돌아온다).

"[...] 많은 역사적 센터들—콜하스는 유럽에 관해 쓴다—은 사실상 메트로폴리스적 그물 속에 포함되며, 그것의 도시적 파사드는 단지 메트로폴리스의 침투적 진실을 가릴 뿐이다. 도시적 솔리드와 메트로폴리스적 보이드의 모델에서 안정성의 욕구와 불안정성의 필요는 서로 모순되지 않는다. 그것들은 보이지 않는 연결로 묶여져 두 개의 분리된 기획으로 추구될 수 있다. 재건과 해체의 평행적 행위를 통해 그런 도시는 건축 이후의 풍경이나 지움 속에 떠있는 '건축적 섬들'의 군도로 되며, 그곳에서 도시였던 것은 고도로 채워진 아무 것도 없음으로 대체된다.[...]. 도시의 디자인 보다 더 중요한 것은—그리고 확실히 즉각적인 미래에—그것들의 황폐화의 디자인이다. 단지 지움의 혁명적 과정과 '자유 지역'의 설정을 통해서만 건축의 법

칙이 정지되는 개념적 네바다는 정지된 도시적 삶의 본질적 고뇌—프로그램과 내용 사이의 마찰—어떤 것으로 될 것이다[...]. 아무 것도 없음을 상상하는 것은: 폼페이, 절대적 양의 벽과 지붕들로 세워진 도시; 맨해튼 그리드, 한 세기 전에 거기에 있었던 거기; 센트럴 파크, 지금은 그것을 한정하는 절벽을 야기시킨 보이드; 브로드에이커 시티, 구겐하임 미술관, 힐버자이머의 '미드웨스트'—제로 건축에 대한 그 광대한 단순함을 가진; 베를린 장벽. 그것들 모두는 이 보이드, 메트로폴리스의 보이드가 단순히 비워진 것이 아니라 각각의 보이드가 기존의 맥락 속으로의 주입을 프로크루스테우스적 노력으로 행위와 맥락 모두의 돌연변이로 이끄는 프로그램들로 사용할 수 있음을 보여준다".[96]

"맨해터니즘"의 "이론" 이후, 그리고 「도시계획: 무언가를 상상해보라」(*URBANISME: Imaginer le néant*)에서 논의되었던 웅거스의 군도 이론 이후, 콜하스는 역사적 센터와 근대적 주변 사이의 가치와 형태들의 대립을 넘어서 얻을 수 있는 "유럽 메트로폴리스의 이론"을 위한 밑 작업을 한다. 베를린의 사례로부터 그는 OMA의 전형적인 일련의 대립들—구축-파괴, 솔리드-보이드, 안정성-불안정성 등 「유폐된 지구 도시」의 이론적 노선을 따르는—에 기초한 메트로폴리스의 전체적 비전, 그리고 역사적 도시의 재구축 사이의 중간 단계를 구성하는 것을 끌어 오는데, 그것은 1980년을 주위로 OMA와 관계되며, 십년 후에 포괄적 도시(Generic City)로 되는 것의 발견과 관계된다. "메트로폴리스가 얻을 수 있는 응집의 종류는—그는 언급한다—동일한, 계획된 구성의 종류가 아니다. 그것은, 대부분의 경우에, 단편들의 시스템, 다중적 현실들의 시스템일 수 있다; 유럽에서 역사적 중심의 단편들은 그러한 시스템의 부분으로 훌륭히 될 수 있다".[97]

「건축: 누구에게? 왜?」(*ARCHITECTURE: Pour qui? Pourquoi?*)는 루이스 멈포드와 젱스를 따르자면 "아무 것도 없음의 우아한 기념비"[98]의 창조자인 미스 반 데어 로에의 사진과 함께 시작한다. 콜하스는 자신을 그들의 "과거 사례의 의식적 주술(*incantations rituelles d' 'exemples passés*)"을 위해, "세계가 결코 원치 않는(*le mond n' 'a jamais voulu*)" "구조"의 추진자, 몽상가, 그리고 포스트 모더니스트로부터 거리를 둔다.[99] 그리고 그는 마치 미스의 시대이듯이 영웅적인 건축 문화를 위해 그의 세대에서 전형적이던 다다이스트, 초현실주의자, 브루털리스트, 팝 활력의 분출로 쓰인 열정적 어필을 만든다:

"좋은 매너들의 그러한 과다함의 한 복판에서, 다시 한 번 투박하고, 참을 수 없고, 열정적으로 되기 위해서는 '쿨'해지지 않는 것이 중요하다. 단지 최근의 건축이 추락하고 있는 끔직한 조건들의 절망적 진전—그것은 그리스 비극의 차원으로 쉽사리 나타날 수 있다—만이, 자신의 가치와 무관하게, 오늘날 건축가로 된다는 것은 영웅으로 된다는 역설적 사실을 보여줄 수 있다. 자신의 건축주를 멀리하고, 자신의 보호자를 화나게 만들고, 정치적인 귀를 가지지 않는 것은 진정한 용기를 필요로 한다: 건축의 신화를 위해서는 그것이 필수적이다. 우리 문화의 잠재의식은 영웅주의의 상징을 부여받거나, 혹은 적어도 단지 건축가만이 성취할 수 있다는 그러한 기본적인 것들이 존재한다는 증거를 부여받아야 한다".[100]

94) Rem Koolhaas, *URBANISME: Imaginer le néant*,in "'L' 'architecture d' 'aujourd' 'hui' ",1985,No.238,p.38.
95) Ibid.
96) Ibid.
97) Ibid.
98) Cf. Jencks, *Modern Movements* cit., ed. 1980, p. 96.
99) Rem Koolhaas, *ARCHITECTURE:Pour qui? Pourquoi?*,in "'L' 'architecture d' 'aujourd' 'hui' ", 1985, No.238,p.71.
100) Ibid.

그림 160-161. 렘 콜하스/OMA, 베일메르메어 계획, 암스테르담, 1986-87.

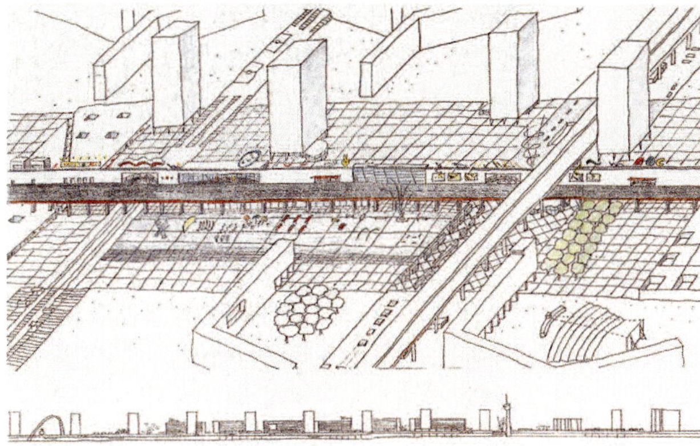

"보이지 않는 밀집의 문화"와 아무 것도 없음의 자질의 발견 이후에, 콜하스는 파리 지역 내의 처녀지 위에, 믈룅-세나르에 만들어지게 될 신도시(Ville Nouvelle)를 위한 1987년 현상설계에 제출할 계획안을 통해 도시적 스케일로 보이드의 전략을 실험할 수 있게 된다. "믈룅-세나르 부지는—그는 쓴다—면책을 가지는 새로운 도시로 상상하기에는 너무 아름답다: 조경의 광대함, 숲의 아름다움, 농장들의 평온은 어떤 개발의 개념에도 적대적인 위력적 존재를 만든다".[101)]

건축으로부터 자연적 조경을 보호하기 위해, 콜하스는 "군도"의 웅거스 시스템을 채택하여 조경은 각각이 자신만의 독특함을 지니며, 독자적 개발로 되는 "섬들"을 주입하게 되는 바다로 된다. 평면은 보호되기 위한 "띠들", 혹은 "선형적 보이드들"에 기초하며, 그것의 형상은 부지의 조경적 자질과 각각이 자신만의 논리로 세워질 "섬들"에 의해 결정된다(베를린의 경우에 웅거스 그룹에 의해 연기되었던 대로). 그러므로 라 빌레트 공원의 평행 띠들의 기하학적 시스템이 불규칙한 형상의 보이드의 뒤엉킴 속에서 변형된다. 그 보이드들은 폰타나(Fontana)의 캔버스나 아스거르 요른(Asger Jorn), 기 데보르(Guy Debord)의 도시 지도, 뉴 바빌론 속의 잘려진 부분이나 구멍들과 같이 무정형의 디자인 속에서 조합되며, 공원과 도시 조직의 역사에서 매우 드문 예로 되어 콜하스는 모건 은행의 "책"과 같이 예상치 못하고 초현실적으로 되는 "중국 피규어"의 이미지를 불러일으킨다. 단지 정방형들의 시리즈 속에서 구성되고 TGV에서 끝나는 선형의 도시 구조만이, 「엑소더스」 "띠"와 수상 수영장의 폭력성으로 띠들과 부지를 가로 지르며, 쇼핑 센터로부터 대학교에 이르는 공공 서비스와 행위들을 포함한다.

계획 모델에서 그 구조는 무용극장이나 "비잔티움"의 몸체와 같이 그룹화되어 흩뿌려진 나무 프리즘들로 재현된다. 밀집 문화의 이 띠들 속의 솔리드의 밀도는 유럽 도시들, 맨해튼, 혹은 로우와 크리에의 도시 계획들의 역사적 중심부들과 유사하다. 그러나 OMA의 섬-도시들에는 역사적 모델들로 되돌려 추적될 수 있는 어떤 도시적 조직도 없다. "전체 구조, 전체의 부분—OMA는 쓴다—은 마치 그것이 영원한 변형의 과정에 종속시키는 정치적, 재정적, 문화적 힘들의 영역이듯이, 지금까지는 조절 불능이다. 그러나 동일한 것이 보이드에서는 진실이 아니다: 이것은 아마도 여전히 어떤 확실성도 가지는 것이 가능한 남아있는 영역일 뿐이다".[102)]

1986-87년에 OMA는 암스테르담 교외에 있는 베일메르메어(Bijlmermeer)의 거대한 부분들의 해체에 대한 대안을 개발하도록 의뢰받았다. 첫 번째 안에서는 전체 구조의 중간에 육각형 패턴으로 거대한 비워진 녹지 영역이, 콜하스에 의해 베를린에서 이미 제

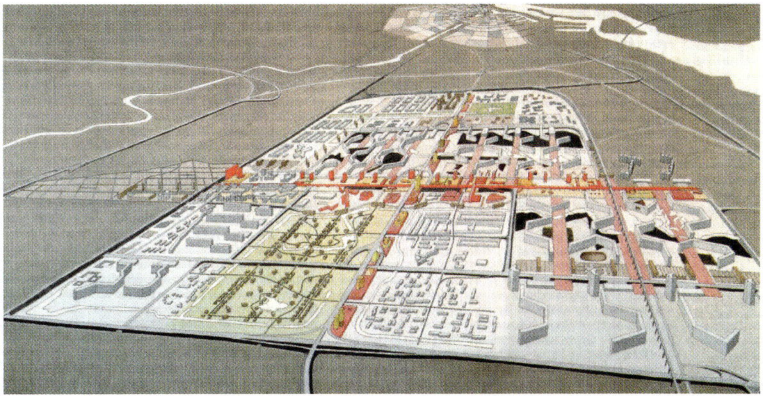

안되었듯이, 힐버자이머의 파티오 주택과 웅거스의 도시 빌라들의 텍스추어로 더욱 밀도 있게 만들어졌지만, 한편 도로 고가교는 「엑소더스」 "띠"의 연속적 벽들을 대략 닮는 구조로 또한 지어지기 위해 쇼핑 센터와 다른 시설들의 지붕으로 된다. 두 번째 안은 두 개의 주축을 제안하는데, 그것을 따라 새로운 타워 건물들과 서비스들이 집중하게 되고, 그럼으로써 복합 단지의 기념비적 특성을 고조시키며 기존의 맥락 위에 겹쳐지는 밀도 있는 도시 조직을 창조하게 된다. "베일메르 띠"[103] 로 불리는 이 축들 중의 하나는, 「유폐된 지구 도시」의 단편들이 이상적인 선형 도시를 형성하기 위해 배치되었던 듯이, 건물들이 배치되게 되는 장방형 기초들로 구성된다.

베일메르메어와 믈룅-세나르의 신도시 같은 도시 스케일의 계획들, 그리고 보이드와 맥락주의의 질문들은 1988년 OMA의 거대도시 재단(Groszstadt Foundation)의 설립을 위한 기초를 만들었다. OMA 작업의 연구와 출판, 전시 등에 관한 이 새로운 분과는 도널드 반 단식(Donald van Dansik)의 지도로 위임되었다. 거대도시 재단은 「현대 도시」(*Contemporary City*)라는 제목의 연구 계획을 시작했는데, 그것은 유럽의 역사적 중심이 아니라 20세기의 익명적인 주변부, 그리고 로테르담과 베를린의 보이드들과 같이 "20세기의 놀랄만한 장관" 등에 초점을 맞출 것이었다. 「현대 도시」는 「포괄적 도시」를 향한 또 다른 중요한 한 걸음이었다.

"책의 결코 표현되지 않았던 결론—콜하스는 「광기의 뉴욕」에 대해 쓴다—은 두 번의 세계 대전 사이에 건축이 결정적인 변화를 경험했다는 것이다. 전통적 형태의 문화적 의미는 그것의 명확함을 명백하게 상실했다. 오늘날 현대적 발전에 영향을 준—돌연변이들과 급격한 변화들로부터 시작하는—뉴욕 건축에 상응되는 것은 없다. 「현대 도시」는 오늘날 도시에서 창발되는 건축 형태들에 관한 연구로, 실제적 돌연변이들의 결과와 가능성들에 관해 연구하기를 원한다. 이것은 '공식적 논쟁' 으로 이끌려지지는 않고, 파리나 어틀랜타, 혹은 도쿄 같은 다른 도시들에서 작동되는 수많은 명백히 자생적이며 독립적인 과정들의 기록과 해석으로 이끌려질 것이다. 이 과정들 모두는 기존 도시의 피할 수 없는 단편화, 도시 중심으로부터 도시 주변으로의 도시 동역학의 중력 중심의 이동과 도시적 법칙을 피하는 놀라운 정교함 등으로 이끄는 듯이 보인다. 역사적 도시에 대한 거의 배타적인 흥미의 기간 이후—그리고

101) Cit. in Lucan, *OMA. Rem Koolhaas* cit., p. 114.

102) Ibid.

103) Donald van Dansik, *Le projet d' 'Oma pour Amsterdam*, in "''Urbanisme"'', 1987, No. 219, (pp. 80-87), p. 84.

'하우징' 과 연관된 시기 이후—수많은 건축가들이 자신들을 새로운 영역으로 연결시킨다. 이런 계획들의 많은 수가 근대의 '현대적' 환경, 버려진 공업 지역, 도시의 주변부나 '뉴타운' 의 더 먼 곳, 혹은 개방된 조경 지역 등에 위치한다. 프로그램적으로 존재하는 주제들이 새로운 방식으로 처리되어 공원, 회사 사옥...그리고 건축주들이 그들의 요구들을 변화시킨다. 여전히 불명확하지만 건축과 도시 계획에서의 새로운 형태의 시작을 포함하며, 포스트 모던의 향수나 근대의 백지 상태가 없는 가능성이 존재한다. 기본적인 특성은 미리 예정된 이론의 부재, 그리고 주변 환경의 자질을 위한 수많은 새로운 감수성과 자기 경도된 도그마들의 갈망적 해방이다. 「현대 도시」는 20세기 후반 도시 조경의 아직 인식 안 된 아름다움을 위한 회고적 선언서로 될 것이다".[104)]

또한 1988년에 콜하스는 「엑소더스」계획의 시기인 1972년부터 시작하는 OMA 활동에 대한 평가인 「OMA의 16년간」(*Sixteen Years of OMA*)을 썼다. 기간들은 1970년대와 1980년대로, "급격히 다른 문화적 기간들" 에 따라 8년씩 두 그룹으로 나뉜다. 콜하스는 그것들의 잠재된 초현실주의를 언급하지 않은 채 그의 계획안들의 "공격적으로 현실적인" 특성을 강조한다; 그는 1980년대의 어떤 안들(헤이그 네덜란드 국회 증축안, 봄프예스, 혹은 코흐-프리드리히 슈트라세 주거지)은 "크리에 형제의 유럽 도시 재발견" 에 대항하는 "논쟁적 시위" 들이며, 파리와 파리 지역들을 위한 도시 계획들은 " '아무 것도 없음' 을 다루는 것" 임을 설명한다: "건축이 각각의 질문들에 지어진 실체로 대답하는 현실에서—의미상—, 우리는 이 계획안들에서 새로운 문화적 조건들을 창조할 수 있는 프로그램적, 구성적 조작의 형태를 발견하려 노력했다: 건축으로부터의 '자유' . 이 시리즈들 중의 가장 최근의 계획은 믈룅-세나르를 위한 계획으로, 그것은 보이드로 구성되는 도시의 이론—일종의 포스트—건축적 모더니티—을 시험한다".[105)]

밀라노 트리엔날레 파빌리온, 흐로닝헨 데 브링크, 로테르담 두 개의 파티오 주택: 미스식 초현실주의

「건축: 누구에게? 왜?」(*ARCHITECTURE: Pour qui? Pourquoi?*)[106)] 에서 보여진 미스 반 데어 로에의 사진은 1986년에 완공된 독일 파빌리온의 바르셀로나에서의 재구축에서 보여지듯, 그것이 국제적 논쟁의 중심에 있었던 시기의 독일 거장의 건축에 대한 콜하스의 홍미를 보여준다. 콜하스의 부분에서의 이러한 홍미의 일시적인 절정은 1986년 밀라노 트리엔날레에서의 보디빌딩 주택의 창조였다. 콜하스는 트리엔날레의 조직자가 제시한 그로피우스와 피스카토르의 작업들을 바르셀로나 파빌리온의 재현 속에 주입했는데,[107)] 그것은 1939년 「빛의 도시」(*City of Light*)의 디오라마에서 맨해튼 그리드에 행한 것과 유사한 굴곡 속에서 트리엔날레 건물의 굴곡에 맞추어 휘어졌다. 그것의 설치는 그것이 마치 미스 반 데어 로에의 파빌리온이 미국 메트로폴리스의 전경을 즐기기 위해 마천루의 최상부에 놓여진 것 같이 보이도록 만들었다. 그러므로 미스의 작품은 일종의 "공중-파빌리온"(sky-pavilion), 수상 수영장이나 「메두사의 뗏목」에 대한 변양태로 변형되었다.

104) *Rem Koolhaas, Introduction for New Research 'The Contemporary City'*, in ""A+U"", 1988, No. 217, p. 152.

105) Koolhaas, *Sixteen Years of OMA* cit., pp. 16, 17.

106) Cf. Rem Koolhaas, *ARCHITECTURE: Pour qui? Pourquoi?*, in ""L' 'architecture d' 'aujourd' 'hui"", 1985, No. 238, p. 71.

107) "당신은—마리오 벨리니(Mario Bellini)와 조르주 테이소(Georges Teyssot)는 그에게 썼다—어윈 피스카토르(Erwin Piscator)의 편칭 볼을 가진 침실이나 1931년 베를린 박람회에서의 발터 그로피우스의 체육관을 기억하는지? 우리는 당신이 오늘날 우리 신체의 건강과 미에 바쳐지고, 오늘날 다시 디자인되기 위한 주택의 '픽션' 을 받아들이길 제안하고 싶다, 즉 보디-빌딩 주택: 김나

그림 162. 맨해튼의 디오라마, 빛의 도시, 세계 박람회, 뉴욕, 1939 (렘 콜하스, 「광기의 뉴욕」, 뉴욕, 1978).

그림 163. 렘 콜하스/ OMA, 카사 팔레스트라, XVII 트리엔날레 밀라노, 1986.

평면의 드로잉은, 봄프예스의 조감도에서와 같이, 상징들, 빛, 음향, 반향, 투사 등을 통해 기록되었는데 그것은 설치 속에서 "근대 건축의 감추어진 차원"을 드러내며 미스의 추상적 공간에 놀라운 아우라를 부여하는데 기여한다. 정확히 이 감각적이고 심리학적인 자질들로 인해 보디빌딩 주택은 역사, 그리고 청교도적 근대 건축을 비난하는 건축가들에 대한 OMA의 또 다른 공격으로 된다.

"근대 건축에 대한 최근의 공격들—OMA는 선언한다—은 그것이 생명력이 없고 텅 비었으며, 청교도적이라고 설명해왔다. 그러나 근대 건축은 쾌락주의적 운동이어서 그것의 추상, 엄격함, 간결함 등은 사실상 근대적 삶인 실험을 위한 가장 도발적인 세팅을 만들기 위한 플롯이라는 것이 항상 우리의 신념이었다. 밀라노 트리엔날레에서의 OMA의 설치는 바르셀로나 파빌리온의 평면을 구부리고, 가장 넓은 감각에서 물리적 문화와 통합될 것들로 점유시키는 방식을 제안함으로써 이러한 주제를 보여주려 시도했다. 그 '주택'은 심지어 현대 문화의 가장 도발적인 양상들일지라도 그것의 타당성을 보여주기 위해 신성모독화 되는 동시에 선언이 되었다. 투영된 이미지, 조명 효과와 인간 육성을 이용한 추상적 사운드 트랙들은 프레젠테이션을 완성시켰는데, 그것은 근대 건축의 가능한 '감추어진' 차원들을 인식하도록 사람들에게 충격 요법을 주는 것을 목적으로 했다".[108)]

트리엔날레 설치와 대략 비슷한 시기의 두 개 작품들은 모더니티의 이러한 해석을 다시 확인시킨다.

동일하고 평행한 두 개의 아파트 건물, "데 브링크 1, 2"는 흐로닝헨의 역사적 중심지 근처의 두 개 운하들의 교차점에 위치한 삼각형 부지 위에 헤를링스 바스트후드(Geerlings Vastgoed)를 위해 1984년 디자인 되어 1987-88년에 지어졌다. 그것들 모두는 장방형 평면을 가지며 지상 레벨에서 연결된다. 둘 중 하나의 건물이 「뉴 웰페어 아일랜드/ 이상적 조경」에서 보여진 것과 같은 끌림의 인상을 주며, 도시를 향해 도달한다는 사실은 데 브링크가 단지 신즉물주의(Nieuwe Zakelijkheid) 건물의 생명력의 언급을 위

지움 주택을 의미하는" (Mario Bellini, Georges Teyssot, *Pensate, architetti, alla casa degli uomini*, in *Il progetto domestico. La casa ell' 'uomo: archetipi e prototipi. Progetti*, Milan, Electa, 1986, (pp. 9-13), p. 12).

108) OMA, *1. La casa palestra*, in ""AA Files" ", 1986, No. 13, p. 8. Cf. also [Koolhaas-OMA], *Body-building home: la casa palestra, progetto Office for Metropolitan Architecture, in Il progetto domestico* cit., pp. 52, 53.

그림 164-165. 렘 콜하스/ OMA, 주거 빌딩 데 브링크 1, 2, 오스터하벤, 흐로닝헨, 1984-88.

그림 166. 미스 반 데어 로에, 레이크 쇼어 드라이브 아파트, 시카고, 1951-57.

그림 167. 렘 콜하스/ OMA, 비디오 버스 정류장, 타운부브슈트라트, 흐로닝헨, 1989-91.

그림 168. 렘 콜하스/ OMA, Super and Popular, 공중 변기, 호헤 데라, 흐로닝헨, 1994-95, 사진작가 E, 올라프(Olaf) 협업.

해서만 자신을 한정하도록 나타난다는 사실의 힌트를 제공한다. 두 개 건물들 각각은 더 큰 쪽은 갈색 벽돌로, 다른 쪽은 흰 색 벽돌로 마주 보고, 또한 데 스테일을 연상시키는 다양한 색의 장식들로 점이 찍힘으로써 얻어지는 서로 다른 높이와 색들의 두 개 부분으로 나뉘어진다. 아마도 이 색채적 다양성은 데 브링크를 미스 반 데어 로에의 유명 작품들의 알레고리적 재현으로 변형시키는 것으로 여겨진다. 사실상 두 개의 동일 건물들의 아이디어는 1951-55년에 시카고에서 호수를 바라보도록 세워진 미스의 레이크 쇼어 드라이브 아파트의 쌍에 기초한 것으로 보이는데, 콜하스가 쌍둥이로 두 개의 건물을 나눈 것은 미스가 또 다른 한 쌍의 동일한 건물들을 첨가해 1957년 이후에 만들어진 배치로 나타나는 레이크 쇼어 드라이브의 네 개 건물의 복합체를 재해석한다. 흐로닝헨의 이런 종류의 레이크 쇼어 드라이브에서 지

상층은 또한 거대한 십자형의 미스식 벽기둥을 보여주며, 미스식 파사드의 정형적 배치를 통해 콜하스는 정방형 창들을 가지는 커튼월을 디자인한다. 계획안의 조감도에 OMA는 운하 위에 떠 있는 긴 네덜란드식 바지선, 즉 떠 있는 수상 수영장의 기능적 원형을 첨가한다.

1984년 로테르담 교외 주거지의 녹지 위에 OMA는 파티오를 가진 세 개의 주택들을 디자인했는데, 그것들은 부지의 경사를 마주 보고 도로 레벨에 지상층을 가지며, 정원과 운하 레벨에 그 위의 일층을 가진다. 그 주택들은, 미스의 작품에서와 같이, 복합체의 통합을 강조하는 연속적 평지붕과 대조를 이루며, 검정 색 벽들로 분리되고 주변을 넘어 돌출된다. 수평의 리본 창(가로띠 창)들과 넓은 유리들이 새로운 절제에 대한 기본적 언급을 완성시킨다.

1987-88년에 세워진 결정적 계획에서 주택들은 단지 두 개 뿐이다(두 친구를 위한 주택이 이 작품의 제목들 중의 하나로 될 것이었다,[109] 초기의 제목 두 개의 파티오 빌라에 대한 대안[110]). 주 레벨의 평면은 "파티오"로 불리는 중앙의 지붕 없는 공간을 가지는 정방형(3.55×3.56 미터)인데, 그것은 콜하스가 이미 사진 박물관에서 적용했었던 수법을 사용하며 유리 바닥을 통해 도로 레벨에 있는 운동실에 빛을 제공해준다. 주방이 있는 파티오의 측면은 빛나는 물결 모양의 금속판으로 전체가 덮인다; 다른 측면은 유리로 된다. 주 레벨의 바닥은 모두 목재로 되는데, 그것은 후

109) OMA, Koolhaas, Mau, op.cit., p.65.

110) [Koolhaas-OMA], *Two Patio Villas, 1984-1988. Rem Koolhaas-OMA*, in ""A+U"", 1988, No.217, p.76.

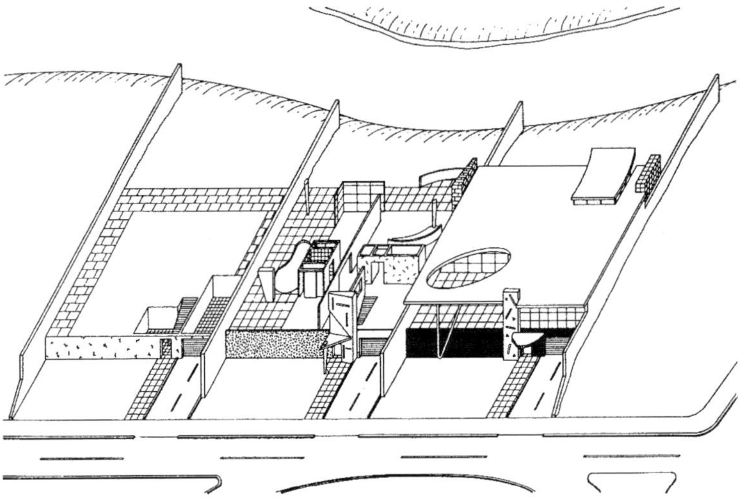

그림 169. 렘 콜하스/ OMA, 파티오 주택 계획, 크랄링제 로, 온데어랑스, 로테르담, 1984.

그림 170-174. 렘 콜하스/ OMA, 두 개의 파티오 주택(빌라 크랄링헨), 크랄링제 로, 온데어랑스 44, 46, 로테르담, 1987-88.

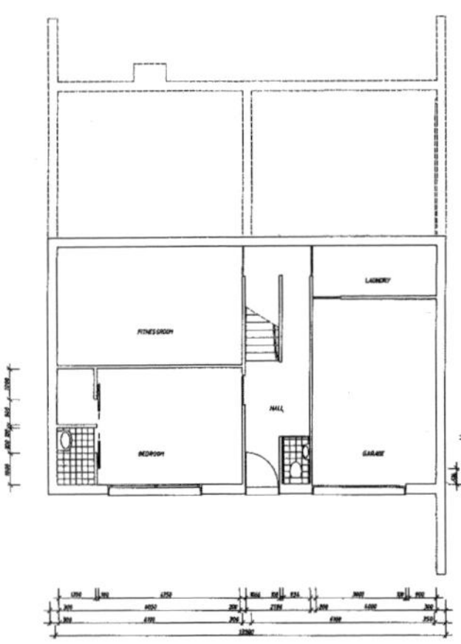

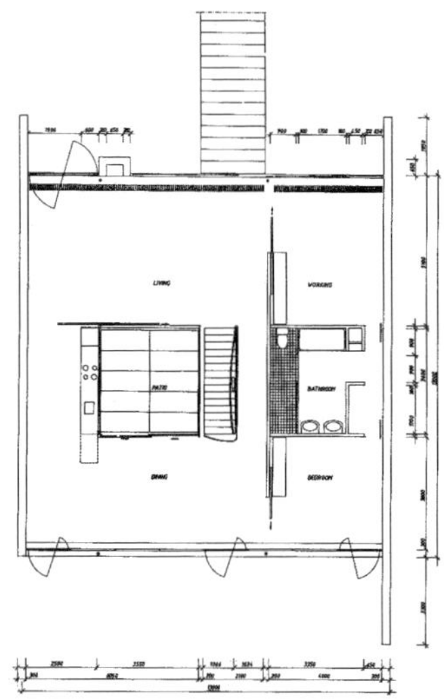

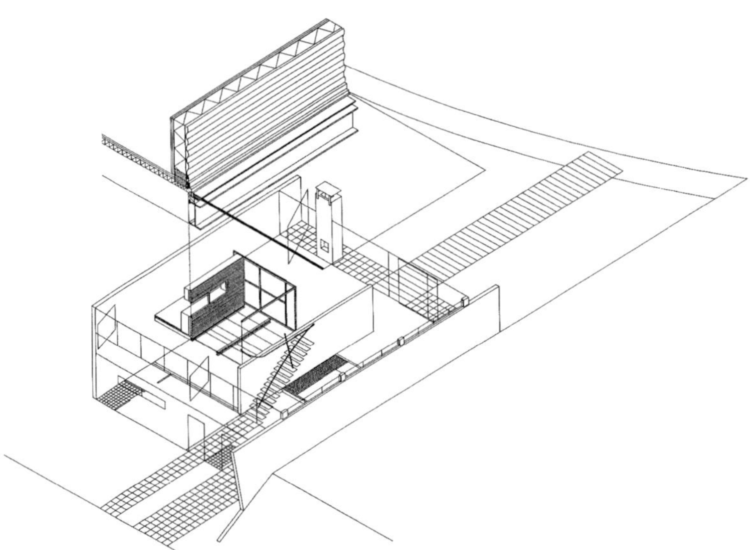

드의 연속적 표면에 상응되며, 관습적인 배치 기준을 대신해 평행 띠들의 두 개 집단으로 성층화 되어 나뉜다. 큰 슬라이딩 패널은 다양한 부분들 사이의 연결을 제어하는 것을 가능하게 만들어준다(파티오 역시 개방될 수 있다). 거실과 서재가 있는 침실은 캐비닛과 도관들을 가지는 두꺼운 벽으로 분리된다. 이 벽은, 미스가 그랬듯이, "자유 벽"(free wall)으로 불리는데,[111] 이것은 아마도 비내력벽으로서의 역할에 대한 언급이라 할 수 있다. 가구로 점유되지 않는 측면은 일시적 작업들을 위한 건설 부지에서 보통 사용되는 유형의, 프레스 목재 띠의 패널들로 덮인다. 파티오의 물결 모양 금속판과 함께, 이 패널들은 OMA의 아이콘들이다. 평지붕은 천장으로 감추어지는 금속제 보들로 이루어진다; 그것들 중 어떤 것은 존슨 빌라에서와 같이 가시적인 작은 원통형 주변 벽기둥들 위에 놓여진다. 정원을 향한 파사드의 거대한 유리 패널은, 국제주의 양식의 절대적 투명성에 대조되어, 조경의 다른 시각적 버전들을 만들기 위해 다른 방식들(투명, 공단 마감, 반투명, 녹색)로 처리된다. 색채는 도로를 따라 네 개의 서로 다른 사다리꼴 색채 영역으로 벽을 나누는데, 그것은 돌출되는 검정 벽들을 가지는 복합체의 원래 구성에 대한 기억이라 할 수 있다. 그러므로 차고 문 위의 거대한 검정 캐릭터로 칠해지는 주택의 번호, 혹은 차량과 보행용 접근로를 가리키는 흰 색의 화살표와 횡단보도 등은 벤추리의 팝 방식을 반영한다.[112]

로테르담 처칠-플레인 계획과 헤이그 시청사: 네덜란드 맨해터니즘의 형태들

1980년대 중반의 두 개 계획에서 콜하스는 「광기의 뉴욕」에서 발견되고, 이미 봄프예스 계획에서 부분적으로 적용되었던 첫 번째 맨해튼 마천루들의 일련의 생성 과정을 업데이트할 가능성을 연구했다.

1984년 봄프예스의 경우와 같이, 로테르담의 역사적 중심과 항구 사이의 경계인 처칠-플레인 사무소 건물을 위한 현상설계를 위해 콜하스는, 페리스가 하려 했듯

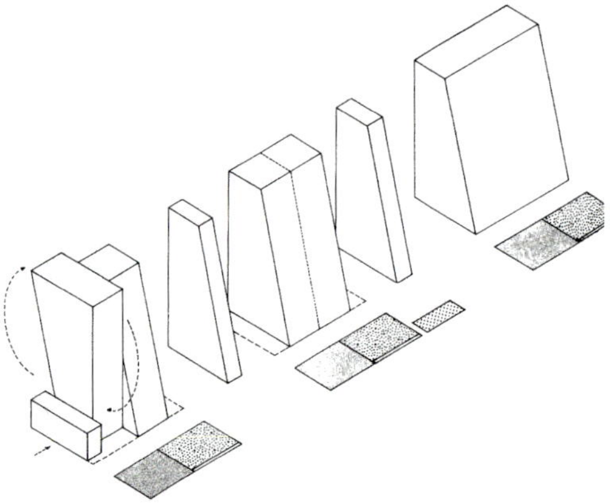

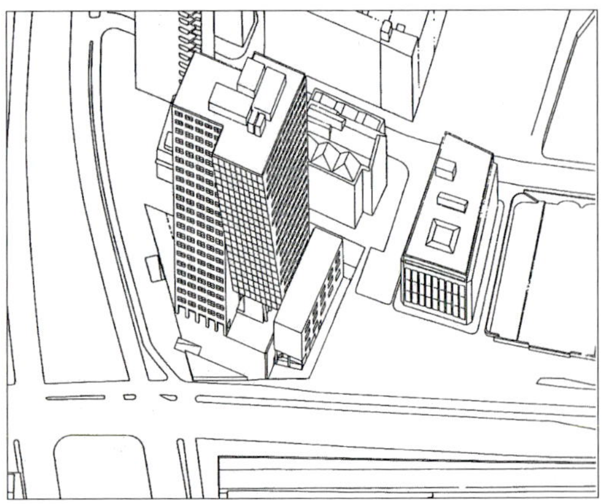

111) Cit. in Lucan, OMA. Rem Koolhaas cit., p. 44. 기후 제어 시스템의 도관과 덕트들은 정원을 향하고, 도로를 따라 연속적인 수평 창들의 아래에 있는 창들을 마주 보는 바닥의 띠 안에 설치되는데, 거기서 그것들은 검정 색으로 칠해진 목재 캐비닛(문들의 뒤에서 가사용 물건들을 위한 선반을 가진)으로 보호된다.

112) 흐로닝헨에서 1989-91년에 만들어진 "비디오 버스 정류장"은 미스 반 데어 로에에 대한 또 다른 헌정이다.

113) [Koolhaas-OMA], Immeuble de bureaux. Projet, Churchillplein, Rotterdam, 1984, in ""L' 'architecture d' 'aujourd' 'hui" ", 1985, No. 238, (pp. 32-37), p. 33.

114) 수퍼 스튜디오와 아키줌은 건축에서 비슷한 창작 과정을 적용한 첫

이 마스타바식 피라미드 같은 솔리드를 얻으며, 빌딩 법령에 의해 허용되는 볼륨을 첫 번째로 한정했다; 그리고는 그 솔리드를 두 개의 동일한 부분으로 잘라 그것들을 다시 같이 놓은 뒤 그것들 중 하나를 뒤집어, 뒤집혀진 피라미드의 부분이 지상 레벨에서 구조의 면적을 감소시키고, 반면 다양한 층들의 전체 표면적, 두 부분들의 합계에서 균형을 잡기 위해 상부 층에서 면적을 넓혀 나가도록 했다. 콜하스 자신은 기능적 결과를 강조한다: "각각의 층들은 동일한 표피로 마무리된다".[113] 두 개의 병치된 부분들로 구성되기 때문에, 처칠-플레인은 데 브링크의 변양태이다. 그럼에도 불구하고, 이번에 콜하스의 창작 과정은 1965년 로버트 모리스(Robert Morris)가 동일한 대상에 대한 우리의 인식에서의 위치의 영향을 보여주기 위해, 다른 위치로 있는 두 개의 동일한 보들을 보여주었던 사례로까지 거슬러 올라갈 수 있다.[114]

처칠-플레인 복합 시설의 동일하지만 회전하고 병치된 두 개의 볼륨은 다양한 층에서 동일한 평면의 반복을 피하는 공간적 효과와 다양화된 배치 해결책을 창조한다. 그러나 콜하스가 말한 이 건물의 파사드가 "하나는 도시를 향해 기대고, 다른 하나는 항구를 향한다"[115] 는 언급은, 이 건물 역시, 봄프에스나 데 브링크와 같이, 두 도시 부분들 사이의 초현실적 대화를 하느라 바쁜 몸체들로 분해된 듯이 보일 정도로, 초기의 솔리드와 역위에서 만들어진 절단의 실질적 기원—기능적, 혹은 상징적?—과 관련된 불확실성의 정도를 보여준다.

보통 그렇듯이, 외피의 재료들은 그것들의 상징적 함축을 위해 선택된다: 경사진 파사드의 유리 커튼월은 근대 도시를 암시하며, 석재 슬래브의 피복은 전시 폭격에서 살아남은 역사적 건물들과의 대화를 설정한다. 나아가 커튼월의 두 개 영역의 반대되는 경사는 반사되는 풍경을 두 개의 다른 구성으로 분해한다(봄프에스에서 이미 논의되었던, 미스와 웅거스식 반사 모티브로의 회귀). "건물에 가까이 다가서면—OMA는 쓴다—우리는 기울어진 유리 파사드 속에서 도시, 하늘을 향해 반사되고, 항구, 우리의 발에 정박된 '부팔'(Buffal)호를 향해 반사되는 우리 자신을 보게 될 것이다. 이 나뉘어진 건물의 애매한 자질은 각도 구성의 방향의 문제를 해결해준다: 그것은 부지를 표시하는 것이 아니라 오히려 그 환경의 분위기를 반사한다".[116]

그림 175-176. 렘 콜하스/OMA, 처칠-플레인 사무소 건물 현상계획, 로테르담, 1984, 아론존(Aronsohn) 구조 공학자와 협업.

OMA는 새 천년의 첫 해에 세계적 근대화 특허(*Universal Modernization Patent*)로 되도록 결정된 새로운 건축의 특정 수업(*Précis de leçons d' 'architecture*)의 양상을 윤곽 지으며 형태의 발생 과정 단계들을 도해하기 위해 특별한 액소노메트릭 다이어그램을 개발했다.

1986-87년에 헤이그 시청사 현상설계가 열렸는데, 그것은 아직 건설 중이었던 무용극장에 인접하여 네덜란드 국회 의사당 근처의 240 미터 블록을 차지하는 클라베르마르크트(Klavermarkt)를 따라 세워지도록 되었다. OMA의 안은 봄프에스와 처칠-플레인 이후에 뉴욕 마천루의 또 다른 변양태를 제안하지만, 월도프 아스토리아 호텔과 록펠러 센터의 기념비적 비례를 가진다. 높은 기초로부터 다양하게 계단 모양으로 이루어지는 볼륨들과 옥상 정원들이 나타나고 지침에서 충분하지 않게 설명된 기

번째 사례들 중에 속한다("평행 육면체를 가지고 그것을 물결 모양의 선을 따라 잘라라",그러면 아키줌의 파도 의자가 된다의 그래픽 도해를 볼 것:cf.Gargiani,*Archizoom* cit.,p.25).

115) [Koolhaas-OMA], *Immeuble de bureaux. Projet, Churchillplein* cit.,p.33.

116) *Immeuble de bureaux. Projet, Churchllplein, Rotterdam, 1984, in "L' 'architecture d' 'aujourd' 'hui"* ,1985,No. 238,(pp.32-37),p.33.그 계획의 출처를 위해 콜하스는 Narkomtjazjprom를 위한 계획과 베를린 프리드리히 슈트라세의 마천루를 위한 미스 반데어 로에의 계획을 가리킨다 (cf. ibid.,p.9). ""Ces deux projets—그는 결론을 내린다—illustrent très bien ce que peut apporter un gratte-ciel en milieu historique" " (ibid.).

그림 177-179. 렘 콜하스/OMA, 시청사 현상설계, 클라베르마르크트, 스파우, 헤이그, 1986-87, 오브 어룹과 협업, 포켓 내의 중심부 평면; 평면들; 전경.

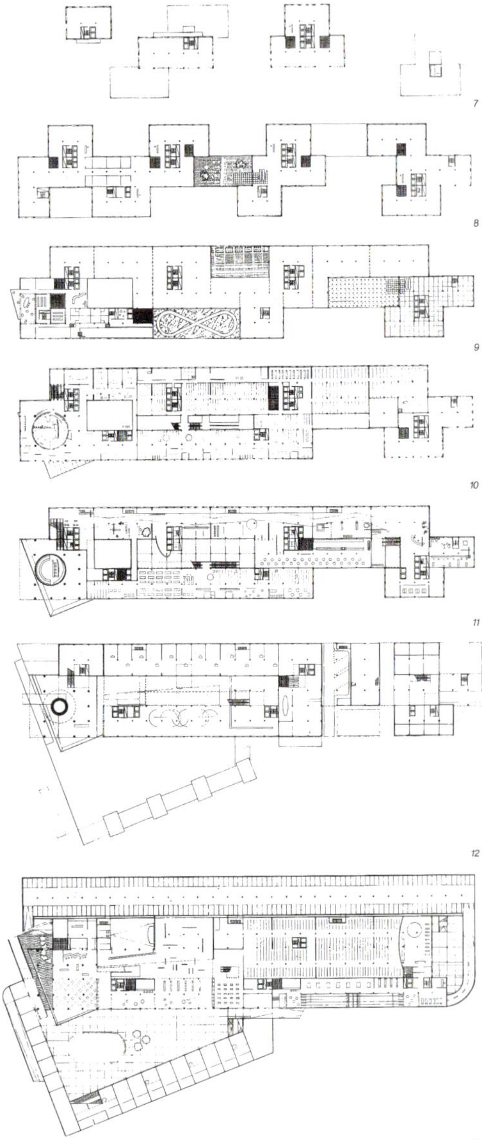

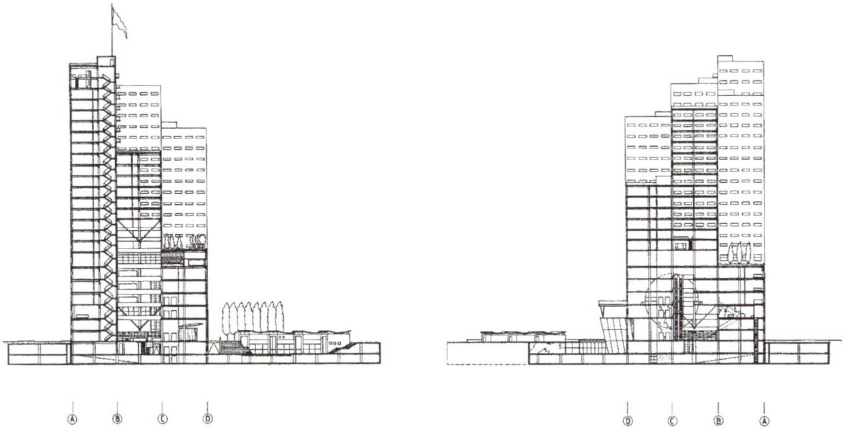

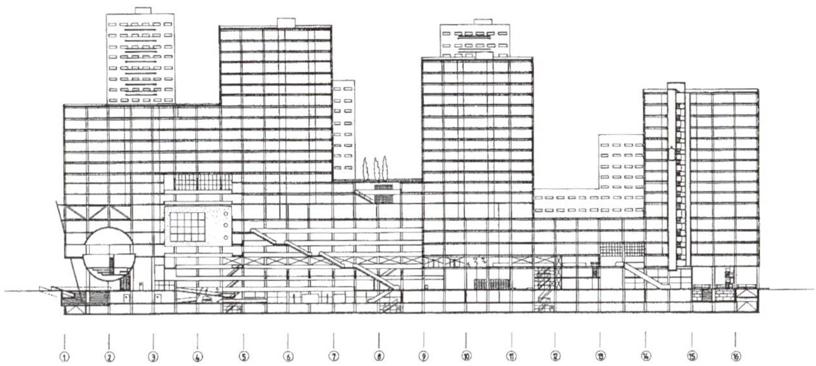

그림 180-182. 렘 콜하스/OMA, 시청사 현상설계, 클라베르마르크트, 스파우, 헤이그, 1986-87, 오브 어룹과 협업, 단면; 스티로폼 모델; 아트리움 투시도.

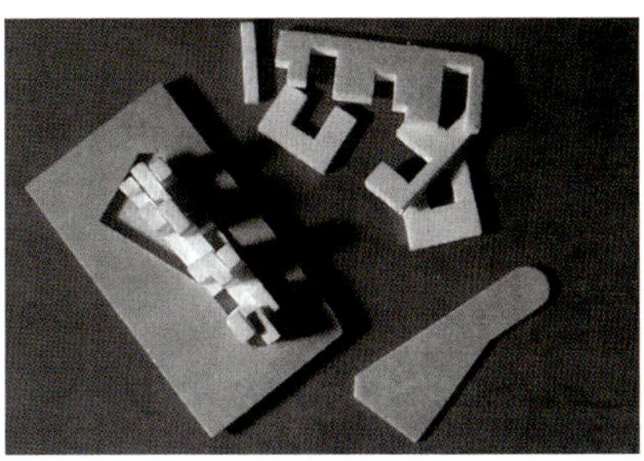

능들을 포함하며, 그러므로 "건축적 의미 속으로 프로그램적 불안정성"[117]을 번역하게 되는 맨해튼과 같은 타워들로 종결될 것이었다. "[...] 영원한 거대 거석이 메트로폴리스적 불안정성을 찬양하는 도시를 창조하기 위해", 콜하스는 「유폐된 지구 도시」의 문화적 프로그램 위에 적었었다.[118]

계획의 초기 단계에서 건물은 페리스와 말레비치의 건물과 같이 거대한 추상적 솔리드인데, 콜하스는 데 브링크나 처칠-플레인에서와 같이 평행 띠들로 잘라 세 개의 막대를 만든다. 처칠-플레인의 그래픽 다이어그램과 같이, 모델의 제작을 보여주는 사진들의 시퀀스는 타워들이 매스로부터 해방되는 조각 과정을 도해한다. 여기서 콜하스는 미켈란젤로의 감옥을 연상하게 만든다.[119] 모델은 합성 물질인 "스티로폼"[120]으로 만들어지는데, 그것은 작업하기 쉽고, 콜하스의 디자인 기준의 진화에서 점점 중요한 역할을 할 것이었다.

맨해튼의 거의 웅거스식 "축소판 복제"[121]인 전체적인 볼륨 형상 속에 프로그램으로 규정된 다양한 기능들이 주입된다–시청 사무실, 전시 갤러리, 도서관, 공공과 개인용 사무실, 등등. 구조는 모건 은행과 같이 정방형 그리드로 구성된 뼈대로 이루어진다. 외피의 재료는 여전히 그것들의 은유적 자질을 위해 선택된다(역사적 중심을 향해 바라보는 석재, 2차 세계대전 이후 계획된 도시를 향한 철제 그리드; 중간 볼륨을 위한 커튼월; 두 개의 단부를 위한 콘크리트 패널로, 그것들 중 주 입구를 가진 쪽은 스파우의 방향을 따르도록 휘어져 있다). 중간의 볼륨은 맨해튼 마천루 로비들의 진화로서 기념비적 아트리움을 얻도록 8층 높이까지 비워진다. 시의회실은 스파우의 끝 부분에서 바닥 슬래브들의 층 속으로 들어가며, 르두, 불레, 레오니도프 등에 의해 사용된 후에, 1980년대에 다시 로시의 1982년 밀라노 의회 궁전에서, 그리고 이소자키의 1985-86년 신 도쿄 시청사 계획에서 다시 사용되어 건축에서 하나의 상징으로 되는 구체 속에 포함된다. 타워 하나의 22층에 있는 "굴 판매점"의 존재는 권투 글로브를 낀 채 굴을 먹고 있는 누드의 메트로폴리스 독신자들로 브리젠도르프가 묘사한, 다운타운 운동클럽의 수영장에서 설정된 신을 연상시킨다.

콜하스는 맨해튼 마천루들의 들쑥날쑥한 형상들을 탄생시켰던 1916년 조닝법과 록펠러 센터를 위한 석고 모델 작업들을, 미국 전문가적 실용주의의 시적 취향으로, 그런 형상들을 위한 향수적인 조각적 취향을 향해 더욱 나아가며 스티로폼 블록들의 조각적 절단으로 대체한다.

콜하스의 작업 스케치는 르 꼬르뷔제의 뉴욕 드로잉과 니마이어의 UN 계획 스터디[122]와 도해적 유사성을 지니는 반면, 창들의 선이 없는 시청사 타워의 OMA 파스텔 드로잉은 페리스가 그린 추상적 볼륨들을 연상시킨다. 시청사와 함께 OMA가 그린 헤이그 중심부의 평면은 벤추리와 놀리의 로마 평면에서 발견된 기준을 따라 준비된 것으로, 마당, 교회, 상점, 백화점, 공공 홀 같은 공공장소에 개방되는 도시적 장소들의 보이드를 가진 검정 색의 포켓으로 된 구성으로, 현관 통로를 가진 무용극장을 포함한다.

117) Cit. in Lucan, *OMA. Rem Koolhaas* cit., p. 58.
118) Koolhaas, *Delirious* cit., p. 244.
119) "[...] 콜하스는 세 개의 그런 건물들의 샌드위치를 택해 그것들의 고압적인 매스를 더욱 다룰만한 스케일로 된 타워들로 축소시켜주는 방식으로 깎아낸다- 콜하스가 비유하듯 미켈란젤로가 노예들을 대리석 결박으로부터 해방시킨 것과 유사한 접근 방식" (Graham Wyatt, Koolhaas and *OMA Win The Hague City Hall Competition*, in ""Progressive Architecture"", 1987, No. 4, (pp. 27, 28), p. 28).

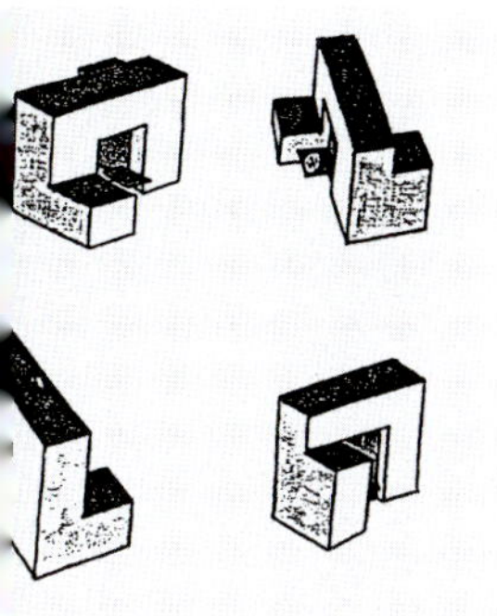

1988년을 중심으로 한 기간 동안 일련의 계획들에서 콜하스는 봄프에스, 처칠-플레인, 헤이그 시청사 같은 작품들의 조각적 요소들을 더 발전시키며, 맨해튼 마천루들에 대한 그것들의 형태적 언급들의 볼륨을 자유롭게 만들기 시작하고, 그것들을 자신들이 보이게 되는 "현대 도시"의 시나리오와 같이 비형태적으로 만드는데, 그것은 앞으로 올 새로운 십년들에 이루어질 OMA 작업의 "놀랄만한" 아름다움에 대한 전주곡이었다. 이런 감각에서 가장 의미 있는 계획들 중의 하나는 1988년 아른헴의 ARCHIPAC 사무소로, 그것은 수직으로 올라서고, 수평으로 달려, 마치 살아있는 존재와 같이 지면에 안착하기 위해 내려가는 단일의 연속적 볼륨으로 형태가 이루어진다.

생-클로드의 빌라, 1985-91: 베를린 장벽과 수상 수영장의 변형

지금까지 자서전적 은유들로 채웠던 OMA의 새로운 절제의 섬광은 파리에서 르 모니테르(Le Moniteur) 출판 그룹의 임원인 도미니크 부데(Dominique Boudet)와 그의 부인 달라바(Dal-l'Ava)를 위해 1985년과 1991년 사이에 생-클로드에 지어진 달라바에 도달했다. 몇 명의 프랑스 건축가들과 만난 후, 부데는 콜하스에게로 돌아와 자신의 집을 디자인해 달라 부탁했는데, 그는 자신의 집이 빠듯한 예산으로(비록 그는 또한 옥상에 수영장을 원했지만) 20세기 건축의 상징으로 되기를 원했다.[123] 이 작품은 분할의 일련의 기하학적 법칙과 모든 프로그램을 시나리오로 변형시키는 일련의 은유적 형상들에 기초하고, 항상 철저하게 완성되지는 않았던 구조와 배치 시스템의 발명을 도입하는, 콜하스의 일련의 빌라들의 첫 번째 시도이다.

작은 20세기 빌라들의 회화풍 개발 속에서 애비뉴 클로도알드를 향해 경사지는 플롯은 콜하스의 기본적 시스템에 따라 세로 방향으로 세 개의 평행 띠로 구분되었다. 중앙의 띠는 빌라의 기초를 포함하며, 왼쪽 편은 정원으로, 오른 쪽 편은 지하 주차장으로 가기 위한 접근로를 허용하기 위해 포장이 된다. 주차장을 향한 빌라의 측면은 정원의 뒷면을 향해 넓어지는 경계 벽의 형태를 따르기 위해 살짝 기울어진다. 공중에 매달려 있는 빌라의 몸체 또한 세 부분으로 나뉜다: 중앙 띠 위의 길고 좁은 수영장, 하나는 부모를 위해, 또 하나는 딸을 위해 서로 반대 방향으로 나가며 이웃한 띠 위로 돌출되는 두 개의 상자들. 서로 다른 부분들의 비슷한 병치는 매혹적인 시체의 기준을 사용하며 만들어진 초현실주의 드로잉들에서 찾아볼 수 있다.

그림 183. 렘 콜하스/ OMA, ARCHIPAC 사무소 건물 계획, 아른헴, 1988.

그림 184-185. 렘 콜하스/ OMA, 달라바 주택, 클로도알 애비뉴, 생-클로드, 1985-91, M. 맹랑과 협업, 평면.

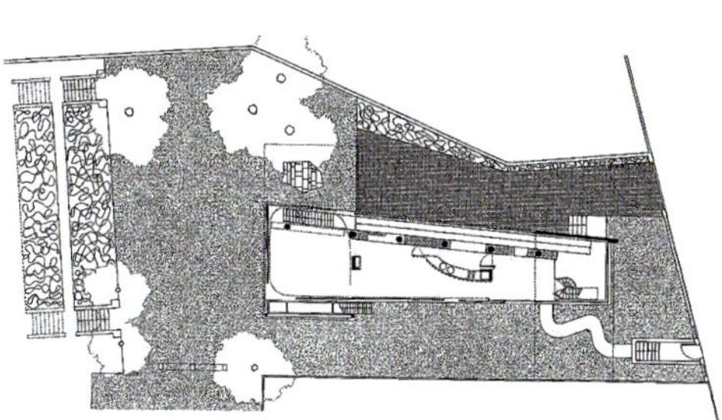

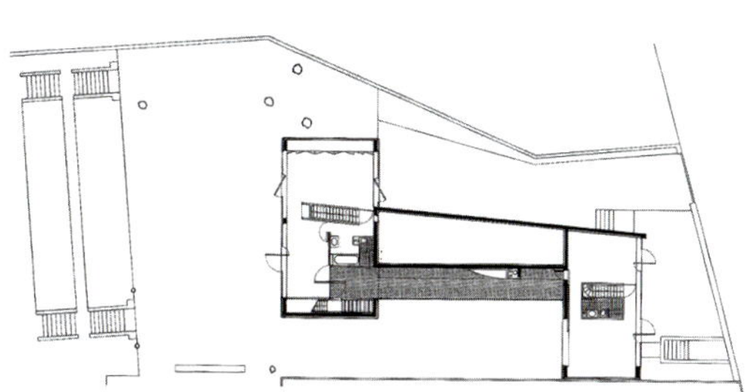

120) Cf. OMA, Koolhaas, Mau, op. cit., pp.547 et seq. 스티로폼은 건물의 단열에 사용된다.
121) Ungers, *Architecture as theme* cit., p.115.
122) Cf. *Oskar Niemeyer*, Milan, Mondadori, 1975, p.323.
123) 빌라의 건설 이후에 부데는 콜하스 작업의 기록에 가장 능동적으로 연루된 건축 비평가들 중의 하나로 된다.

그림 186-189. 렘 콜하스/OMA, 달라바 주택, 클로도알 애비뉴, 생-클로드, 1985-91, M. 맹랑과 협업.

공학자 마르크 맹랑(Marc Mimram)과 함께 발전시킨 철근 콘크리트 구조의 드로잉은 이 구조를 덜 보이도록 만들려고 함으로써 상자들과 수영장은 공중에 기적적으로 매달린 듯이 보인다. 어떤 부분들은 콜하스의 다른 작품들의 구조를 위한 기초를 형성하게 된다. 수영장은 두 개의 L자형 벽기둥과 딸 방 유닛의 벽에 의해 균형을 잡는 원형 기둥들의 중간 열 위에 위치한다. 전체적으로 철근 콘크리트로 되고 정원을 향해 바라보는 상자는 수영장을 지지하는 기둥들과 줄을 맞추며, 천장 밑에 위치한 반보(semi-beam)들이 설치된 기둥들로 구성된 중심 구조 위에 놓여진다. 정원 위로 뻗는 거대한 캔틸레버는 공중 바에서 이전에 적용되었던 구조 논리를 따르며 두 개의 결착재 필로티 기둥들로 균형이 잡힌다. 캔틸레버 구조와 한 쌍의 결착재 필로티는 19세기 자연사 박물관에 있는 선사 시대 동물의 거대한 뼈대를 지지하는 포크 형상 단부를 가진 기둥의 구조와 유사한데, 그것은 달리가 1930년대에 림프나 부패한 육체의 돌출부를 지지하는 그림으로 묘사했었다. 「광기의 뉴욕」에서 콜하스는 "달리의 편집증적 비판 방법의 다이어그램 방식이 철근 콘크리트의 다이어그램과 같다는 것 [...]"[124] 을 도해하기 위해 달리의 목발 드로잉을 보여주었다. 달리가 악몽을 꾸는 동안 경험하는 붕괴의 감각을 표현하기 위해 그림 「잠」(*Sleep*)에서 그런 목발을 재현한다는 사실은 달라바 주택의 상자를 초현실주의적인 심리분석적 도구로 변형시킨다.

역시 철근 콘크리트로 되고 도로를 향해 있는 또 다른 상자는 철근 콘크리트 벽과 16개의 길고 가는 철제 필로티들 위에 놓여진다(그 필로티들 중 어떤 것들은 배관용 배수관이다). 이 필로티들은 어떤 기하학적 질서도 없이 배치되며, 구불구불 돌아가는 접근로를 가능하게 하는 각도로 인해 숲의 효과를 얻는다.

배치 시스템은 두 개의 극단들에 위치하며 그 지형의 원래 경사를 거의 그대로 따라가는 긴 램프와 결합되는 점들로 구성된다. 이것은 두 개의 상자들과 수영장으로 독립적으로 접근하는 것을 가능하게 해준다: 그것의 선구자는 르 꼬르뷔제의 해석을 거쳐 프랑스 중세 전통으로까지 거슬러 올라간다. 거대한 유리와 일련의 필로티들을 감싸고 가정용 오브제들의 용기—역시 유리창들을 갖춘 현대적 목세공—로

124 Koolhaas, *Delirious* cit., p. 207.

그림 190. 렘 콜하스/ OMA, 달라바 주택, 클로도알 애비뉴, 생-클로드, 1985-91, M. 맹랑과 협업.

되는, 노출된 목재 패널들로 만들어지는 "중공벽" 사이에는 램프가 위치한다.

빌라 프로그램의 기능들은 다른 재료들과 상징적인 형상들로 되는 용기 내에 자리잡는다: 기초, 유리 볼륨, 상자와 수영장. 기초는 지면 내로 주입되어 입구와 서비스, 서고, 기술적 공간들과 열릴 수 있는 좁은 일렬의 유리창으로 채광이 되는 스튜디오들을 정원의 지상 레벨에서 포함한다. 두 개의 지면 위 파사드들의 회색 슬레이트로 된 거친 슬래브의 표피는 기념비적인 석재 단의 특성을 더해준다. 슬래브들은 파리 외곽에 있는 빌라의 거친 울타리 벽과 같이 불규칙한 형태를 가진다; 그것들은 벽돌 기하학으로부터 자유로운 연결선들의 디자인을 얻도록 조합된다. 이 디자인은 1990년대 초 OMA의 작업에서 실용화된 검정색의 합성 벽체 치장을 위한 그래픽적 매트릭스로 된다.

기초와 매달린 몸체는 연속적인 중간적, 혹은 유리로 경계가 되는 "사이" 공간을 압축한다—콜하스가 정의하듯, "유리 주택".[125] 그것은 울타리와 장막들로 경계가 이루어진 정원의 한 부분으로 간주되며, "인형 내의 인형"이나 "러시아 부활적 달걀"[126] 에 대한 웅거스식의 기준을 따른다. "유리 주택의 작은 장방형—콜하스는 쓴다—은 최소의 발자국을 재현한다. 그것은 단지 예비의 담장일 뿐이다; 실제의 주택은 '다른 것들'이 시작하는 벽들에서 끝난다".[127]

유리 주택의 실내 전경은 우리로 하여금, 무용극장의 카페에서와 같이, 공간의 팽창과 압축의 예기치 못한 원근적 효과로 이끌며, 경사진 벽의 결과를 충분히 인정할 수 있도록 해준다. 반투명 벽체에서 전형적인 닫힘의 정도는 커튼을 따라 외부에 솟아 오른 대나무 막대들과 구멍 뚫린 철제 슬라이딩 패널들을 가지는 불투명 유리 패널들을 통해 도입된다. 황금빛의 커튼은 콜하스의 유리 주택의 연속성 내에서 정원을 바라보는 구역의 탄생을 허용해준다. "[...] 그것의 황금빛 그늘은 모더니즘의 빙산 속에서 타오르는 불과 같이 보이는[...] 태양을 반사시키기 위해 잡

125) OMA, Koolhaas, Mau, op. cit., p. 134.
126) Cf. Ungers, *Architecture as theme* cit., p. 57.
127) OMA, Koolhaas, Mau, op. cit., p. 134.
128) Koolhaas, *Delirious* cit., p. 160.
129) *The Story of the Pool*/1976 cit.

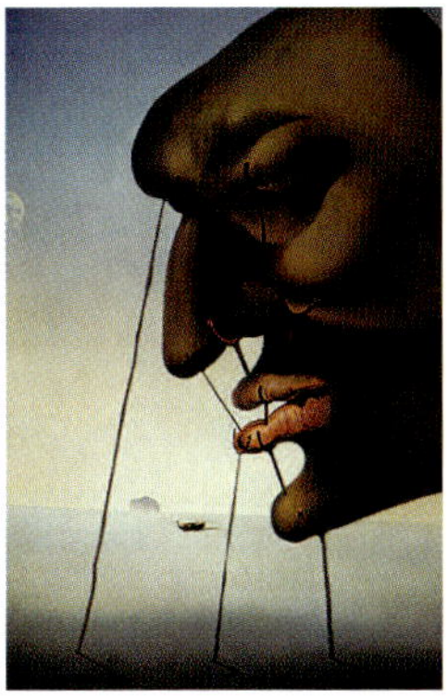

그림 191. 살바도르 달리, 잠, 1937, 디테일, 개인 소장품.

아 내려졌다"[128]—콜하스는 맥그로-힐 건물에 대해 그렇게 썼었다.

주방의 굴곡진 벽체는 이중 켜의 부드러운 물결 모양의 폴리카보네이트 패널로 이루어지는데, 그것은 빛을 차단해주고 시야를 차단해준다. 빛은 액체와 같이 이 벽을 횡단하는데, 그것은 우리가, 수상 수영장에서와 같이, "수영장 내의 건강하며 때로는 자극적인 물속의 행위들"[129] 을 관찰하기 위해, 부모 침실 내의 계단의 착지 높이에서 수조의 벽에 위치한 구멍 속으로 수영장 물을 통해 바라볼 때 느끼는 것과 비슷한 시각적 효과를 가져다준다.

수영장과 상자의 길고 좁은 몸체는 "콘크리트 나비와 같이 떠있는"[130] "주택" 에 대한 콜하스의 목표를 달성하기 위해 매달려진다. 두 개의 상자들은 각각 침실과 서재로 구성되어 그 옆에 있는 욕실과 계단으로 분리된다. 두 개의 상자들은 서로 평행하지만 침실로부터 파리의 파노라마와 정원을 향한 시야를 보호하기 위해 서로 다른 높이(딸 방은 더 낮게)에서 엇갈리게 배치된다. 상자들 모두는 딸 방의 거대한 정방형 개구부를 제외하곤 르 꼬르뷔제의 "창 길이"(*fenêtres en longueurs*)로 잘려진다. 상자들의 덮개는 섬세한 표피 마감으로 된 주름진 금속판—딸 방은 "알루미늄", 부모 방은 "구리"—이다. 그 빌라는 금속과 폴리카보네이트 모두에서 주름진 패널이 OMA 작품에서 상징적인 재료로 된다는 사실을 확인해준다. 그 덮개는 상자들과 수영장의 철근 콘크리트 구조의 세 부분의 구분을 강조하며 빌라에게 기계와 비행기, 오두막의 혼합의 모양을 가져다준다. 두 개 상자의 금속판 천장 아래에서, 스포트라이트에 조명되어 느끼는 감동은 솔리드의 석재 기초 위의 플랫폼에 방금 착륙하여 다시 파리를 향해 이륙하려는 단순한 비행기의 조종석 아래에서 느끼는 느낌이다.

지붕의 마감은 부분적으로는 한정된 예산에 기인하는 임시적인 감각을 가진다. 그것은 작업 현장이 갑자기 중단된 듯이 보인다. 수영장은 빌라의 상부에 있으며, 마치 스핑크스 머리 부분의 수영장에서 수영객들이 즐기는 전경과 같이, 메트로폴리스의 전경을 제공한다. 수영장은 뉴욕의 비상계단과 같이, 부모 방의 지붕으로 연결해주는, 흉하게 움츠린 철제 계단을 통해 도달한다. 디자인에서 요구되었고 스케베닝헨의 무용극장의 버나큘라 비치 형상에서 유래한, 가는 포트 형상 지지대 위의 계란형 지붕은 지어지지 않았다. 아직까지 파라펫이 없고 아래의 플랫폼에 의해 이동된 목재 보드의 보행로는 방문객들을—공중 바의 관람객들과 같이 균형 잡힌 행위 속에서—딸 방 상자의 지붕으로 이끌며, 그 곳에서 계란형 영역은 방금 전부터 빌딩 부지를 구획짓는 데에 사용되기 시작한, 오렌지 색의 구멍 뚫린 플래스틱 판으로 둘러싸인다.

석재 단, 유리 주택, 철근 콘크리트 벽, 금속제 상자와 매달린 수영장 등은 빌라의 기능적 프로그램을 초월하며 내러티브와 상징적 소명을 가지는 매혹적 시체의 단편들이다. 상자-수영장의 조합은 우리에게 루스벨트 아일랜드 계획의 전경에서 나타났던 수상 수영장 버전을 연상시키는데, 거기서 극단은 수영장의 장방형 몸체를 통해 최고조에 이르렀다. 두 개 상자의 금속제 판 덮개는 또한 「수영장 이야기」에서 설명된 금속제 수상 수영장의 물질적 양상을 제안한다. 노출 철근 콘크리트 벽은 콜하스의 은유적 세계의 또 다른 단편이다: 그 자신이 빌라의 평면에서 간략히 언

130) [Rem Koolhaas], *Villa Dall' 'Ava*, in Michel Jacques, ed., *OMA Rem Koolhaas. Living, Vivre, Leben*, Arc en rêve centre d' 'architecture, Birkhäuser Verlag, 1998, p. 52.

그림 192-193. 렘 콜하스/OMA, 달라바 주택, 클로도알 애비뉴, 생-클로드, 1985-91, M. 맹랑과 협업. 딸 상자의 디테일, 주택 개관시 기린과 함께 찍은 베를레만(H.Werlemann)의 사진.

그림 194. 살바도르 달리, 성 안토니의 유혹, 1946.

급하듯, "베를린 장벽".[131] 그것은 도로와 건물들을 가로질러 자르는 그 장벽을 흉내 내며, 부모의 상자를 관통하고 단과 딸 상자를 자르려 한다. 그러므로 건축주에 의해 요구된 두 개의 독립된 유닛들과 지붕 위의 수영장을 가지는 특별한 기능적 프로그램과 콜하스의 "은유적 의도"는 다시 한번 아른헴의 감옥 계획에서와 같이 부합된다.

빌라의 개관을 위해 한스 베를레만(Hans Werlemann)이 찍은 사진들과 시나리오들이 창조되었다. 이 사진들은 브리젠도르프의 그림들을 대신하며 "개념적인 은유적 계획" 기간의 종료를 기록하는데, 그것은 OMA 계획의 다른 시리즈들과 분리되지 않지만, 구축된 작업들의 명백한 네오 모던적 진부함에 활기를 불어넣어 준다. 기린이 정원에 놓였을 때[132] 딸 상자의 가는 필로티들은 살바도르 달리의 「성 안토니의 유혹」(Temptation of St. Anthony)에 그려진 말과 코끼리들의 발굽들과 같이 연약하고 흉하게 변한 기관들 같이 보인다. 1930년에 크리스토퍼 우드(Christoper Wood)는 사보아 주택 테라스 위

131) OMA, Koolhaas, Mau, op.cit., p.189.

132) 늑대와 보아 뱀 역시 놓여져, 보아 뱀은 나무에 위치시키려 했다.

133) Koolhaas, interview in *Villa Dall' 'Ava*, video by Richard Copans and Alain Guiheux, Paris, Centre Pompidou. "[...] 수영장은 에펠탑과 같은 축 상에 있었지만, 그럼에도 이 단순한 사실이 건물을 메트로폴리스적으로 만들지는 않는다". 콜하스는 1991년에 말했다(Sanford

그림 195. C. 우드, 얼룩말과 낙하산, 1930.

그림 196. 렘 콜하스/ OMA, 달라바 주택, 클로도알 애비뉴, 생-클로드, 1985-91, M. 맹랑과 협업. 주택 개관시 OMA의 건축가-수영객들과 함께 찍은 베를레만(H.Werlemann)의 사진.

의 얼룩말을 묘사했다.

일련의 사진들 속에서 수영복과 수영모를 입은 콜하스의 직원들(현장 감독을 했던 자베르 데 헤우테르(Xaveer de Geyter)를 포함한)은 수영장 측면에서 준비 운동을 하며 파리의 배경을 향해 다이빙을 할 준비를 한다. 그들은 또 다른 "표류" 끝에 생-클로드에 임시 정박하여 항상 메트로폴리스에 끌려, 다시 한 번 자신들의 금속제 수상 수영장과 함께 떠날 준비가 되어 있는,「수영장 이야기」의 건축가-안전 구조원들이다.

"[...] 나는 그 주택이 정확히 에펠탑의 축 위에 있다는 사실에–콜하스는 말한다–짜증이 났을 수도 있다. 그러나 친밀한 상황 속에 있다는 것은 또한 독특한 기회일 수도 있었다, 거의 알몸인 상태로 수영을 하고, 동시에 거대한 메트로폴리스의 스케일과 접촉된다는 것[...]. 나는 이 순간이 주택의 숭배가 되는 것으로부터 피하기 위해 모든 것을 다했다. 그 주택은 이런 탁월한 이벤트로 이끄는 복도가 아니다".[133)]

Kwinter, ed., *Rem Koolhaas. Conversations with students*, Houston-New York, Rice University School of Architecture, Princeton Architectural Press, 1996, 2nd ed., p. 12). 빌라의 정원 디자인에 관해서는 다음을 볼 것. Michel Jacques, ed., *Yves Brunier. Landscape architect*, Basel-Boston-Berlin, Birkhäuser, 1996, pp. 52-55.

불가사의의 시기

3

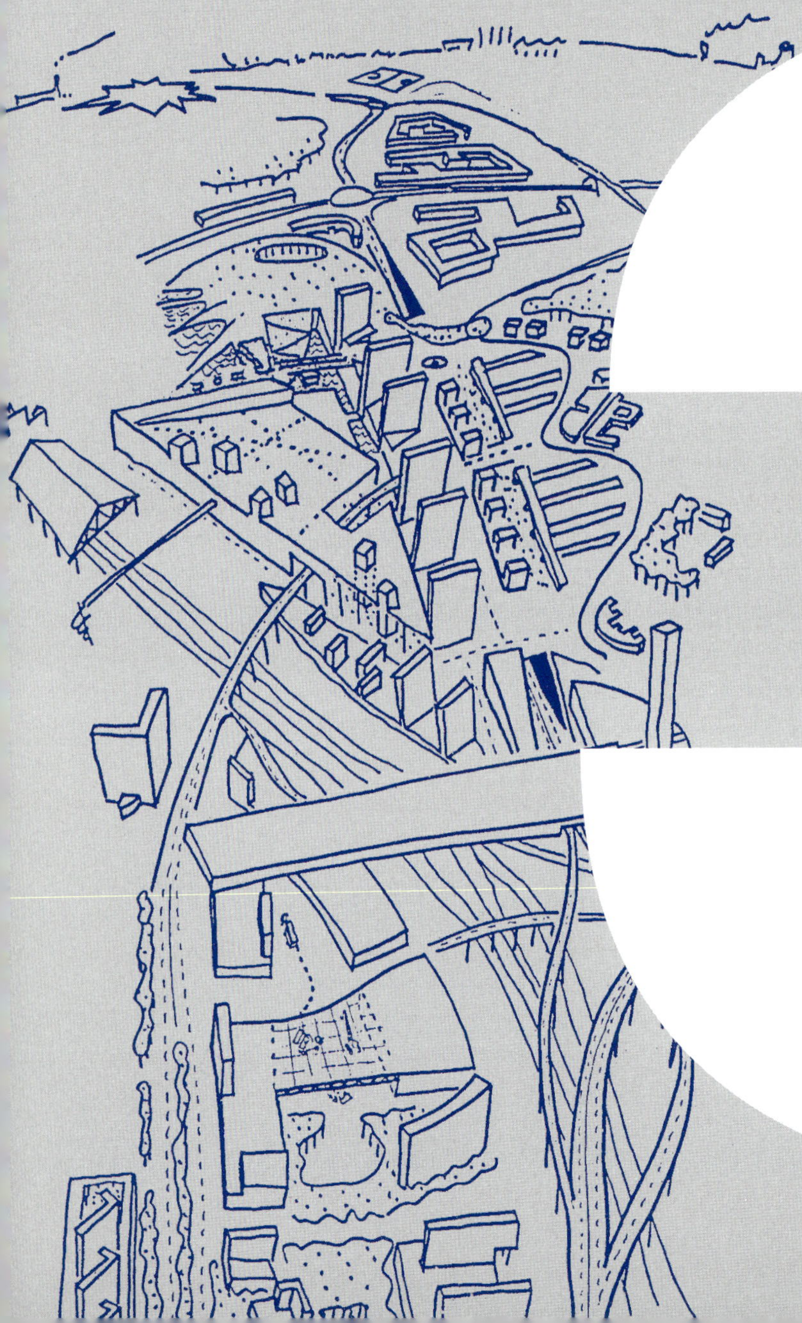

그림 197. 렘 콜하스/ OMA, 유라릴 도시 계획, 1988-91.

쿤스트할 I과 로테르담 네덜란드 건축가 협회 본부 계획, 1987-88

1987-88년의 일련의 계획들은 포스트 모던을 향한 OMA의 반론 단계의 결론을 내리며, 한편으로 1989년 현상설계로 시작된 새로운 단계의 전주곡을 만든다. 1986년에 OMA의 구성에 급격한 변화가 있었다(젱겔리스가 그룹을 떠났다). 1987년 말 결코 지어지지 않았던 로테르담 계획 이후에 OMA는 현대 미술 전시를 위한 시설로, 보에이만스 반 베우닝헨(Boijmans van Beuningen) 미술관을 포함하는 공원의 남쪽 끝 부분에 있는 마스불레바르드(Maasboulevard)에 위치하는 쿤스트할의 계획을 발전시키도록 의뢰 받았다. 다음 해 스튜디오는 동일한 공원의 다른 끝에 세워지게 될 네덜란드 건축가 협회에 의해 치러지게 될 현상설계에 참여하도록 초대 받았다. 1989년에 OMA는 미술관 공원을 만들기 위해 공원 자체의 변형을 디자인했다.

쿤스트할 계획은 1988년 현상설계의 결과에 의해 분리되어 두 단계로 나타났다. 첫 번째 디자인의 일련의 변양태들에서—OMA 분류 체계 내의 쿤스트할 I—건물은 정방형 평면의 상자로, 마스불레바르드의 급단면에 정박된 보트와 같이 지면으로부터 솟아오른다. 상자로의 접근은 급단면을 향해 위로 위치한 창과 같은 형상의 볼륨의, 방파제와 같이 경사진 지붕으로부터 이루어진다. 이 볼륨은 서비스 공간과 사무실들을 포함하며, 공원의 레벨로 내려가는 차로의 윤곽으로 형상지어진다. 솟아 오른 상자는 단일의 거대한 방을 포함하며, 세 개의 유리 파사드를 지닌다. 중앙 영역의 채광은 역시 상자 속으로 주입되는 프리즘 같이 보이는 천창으로 제공된다. 회의실, 카페, 기타 다른 공간들은 평지붕을 넘어 마스불레바르드와 직각으로 돌출되는 긴 볼륨 속으로 주입된다.

콜하스는 발몽과 협업해 상자와 같은 높이의 비렌딜(Vierendeel) 보의 구조 시스템을 개발했는데, 그것은 모듈을 반복함으로써 얻는 공간적 효과를 피하기 위해 다른 간격으로 위치하는 수직 봉들과 슬래브의 두께 내에 맞게 들어감으로써 보이지 않는 수평봉들로 이루어졌다. 이러한 보의 봉들의 분해는, 공원 내의 나무들과 같이, 수수께끼적 질서 속에 배치되는 기둥들을 만들어내는데, 그것은 베노아 만델브로가 "프랙탈 오브제"에 대해 설명한 수학적 감각으로 확실한 임의성을 갖는다.[1] 1988년 10월의 계획에서 한 열의 기둥들의 배치는 심지어 수학적 수열을 따른다(그것들의 단면 또한 각각 다르다). 이것은 심지어 비렌딜 보가 포기된 후에 조차 그 계획의 다음 단계들 배후에 있는 논리이다.

1) Benoît B.Mandelbrot, *Les objects fractales*, Ital. transl., *Gli oggetti frattali. Forma, caso e dimensione*, Turin, Einaudi, 2000, p.156.

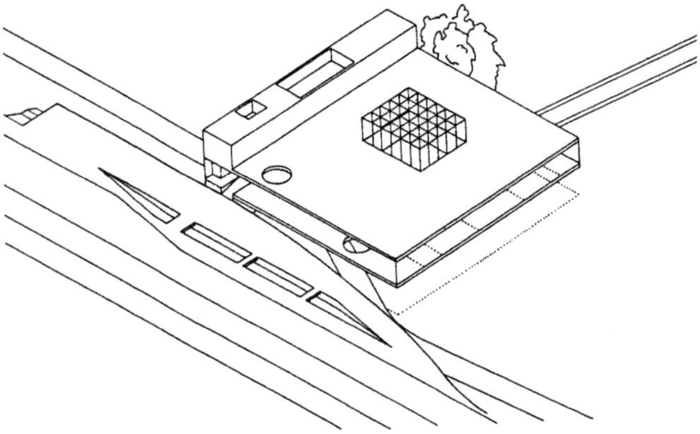

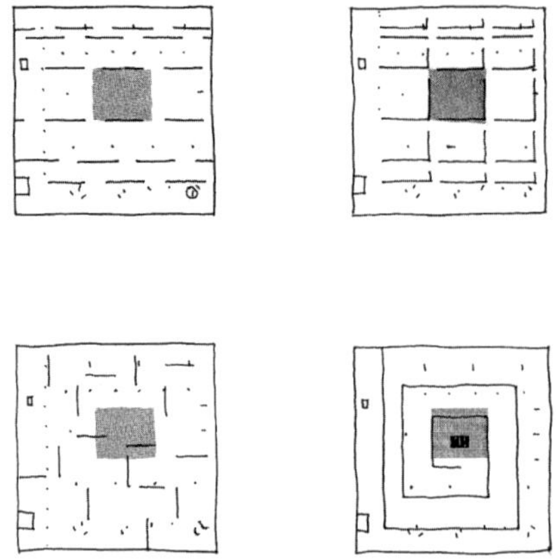

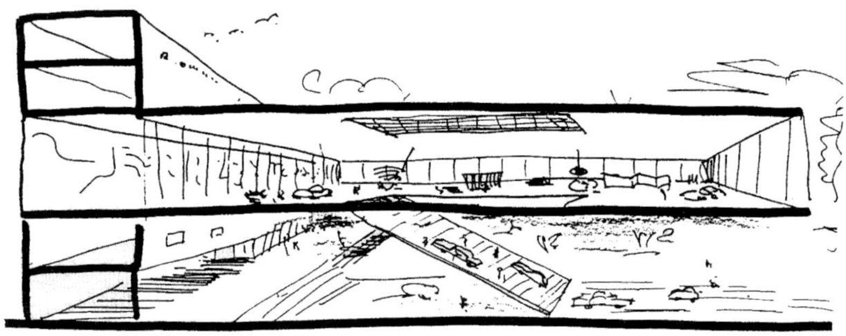

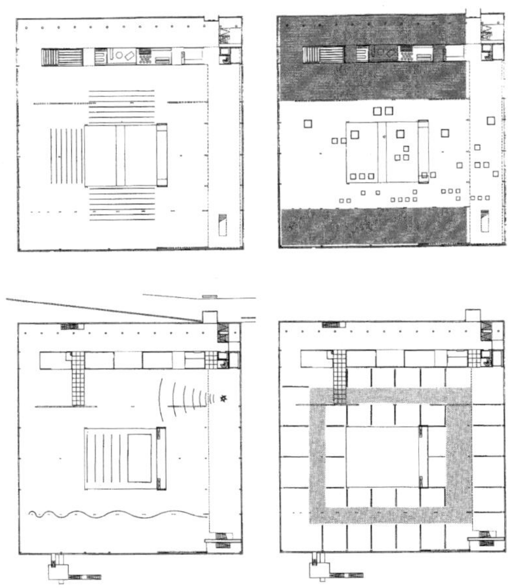

그림 198-202. 렘 콜하스/OMA, 쿤스트할 I 계획, 마스불레바르드, 로테르담, 1987, 오브 어룹과 협업, 액소노메트릭; 평면 스터디 디자인; 투시도 단면; 평면; 비렌딜 보 모양.

OMA는 1982-83년 파리 계획들에서와 같이, 패널들의 사용을 통해 다른 설치들을 얻을 가능성을 실험했다.: 문들로 연결되거나 복도들로 분리되는 사각형 방들; 평행한 길이 방향의 방들; 미스와 같은 연속적 공간들이나 르 꼬르뷔제와 라이트의 미술관 같은 나선형 공간들. 중심에는 "로봇"으로 알려진 이동식 플랫폼 같은 고안물이 있는데, 그것은「광기의 뉴욕」에서 설명된 라디오 시티 뮤직홀에 있는 것에 기초하며, 중앙의 오디토리엄으로부터 램프를 통해 공원으로부터 도착하는 자동차들의 쇼에 이르기까지 각기 다른 형상을 취할 수 있다.

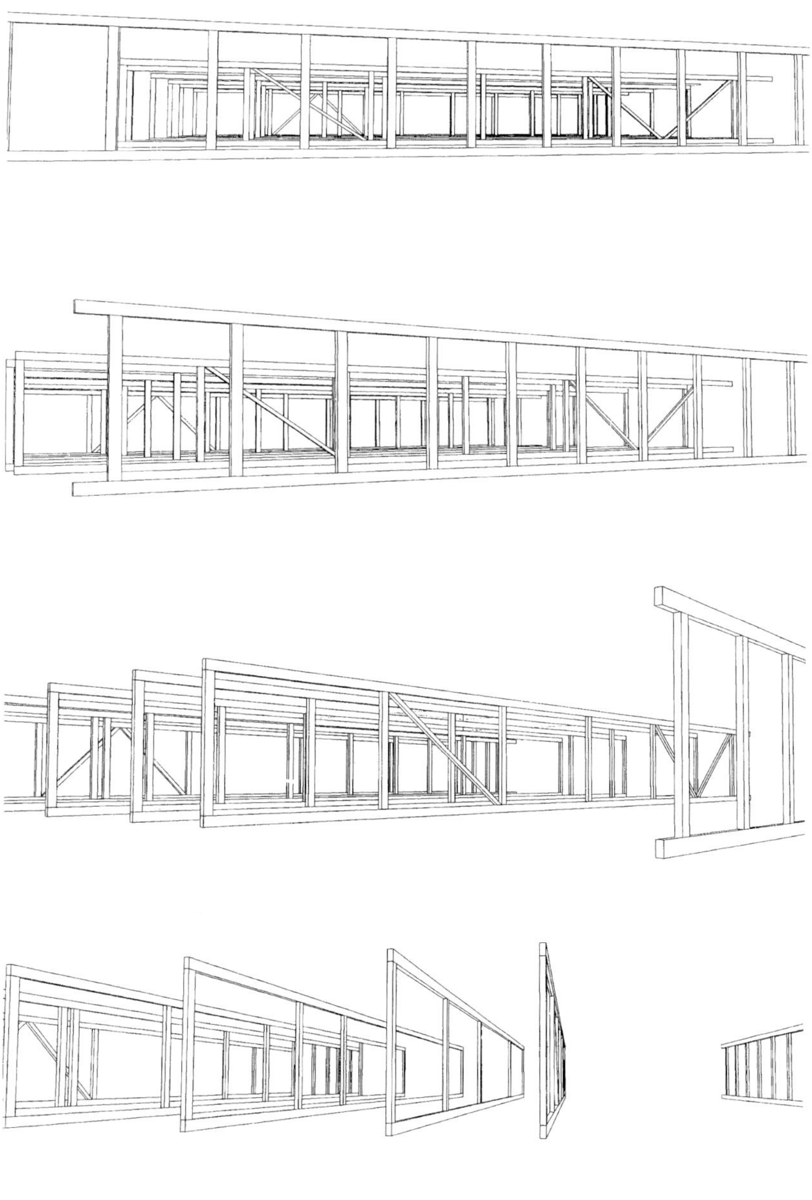

쿤스트할 I에서의 프리즘의 관통은 OMA 상징의 노선 속에서 은유적 구성을 만들어내기 위해 네덜란드 건축가 협회 본부를 위한 계획에서 재현된다. 시설의 기능들은 두 개의 그룹으로 나뉜다: 전시, 도서관, 식당과 오디토리엄, 모든 것이 공공으로 개방되는 첫 번째 그룹; 드로잉과 모형들의 서고, 연구원과 행정직들을 위한 방과 사무실들의 두 번째 그룹. 첫 번째 그룹은 삼각형 평면으로, 조명되고 넓은 현관 속에 위치하며, 지형의 형상에 대응되고 연속적인 판들로 덮여 유리와 물결형 폴리카보네이트 패널들과 경계를 한다(후자는 도로를 따라 약간 굴곡진 파사드를 가진다). 두 번째 그룹은 "단"[2]이라 불리는 솔리드의 용기 속에 위치하며, 그것으로부터 높고 폐쇄된 검정 프리즘이 솟아오른다. 삼각형의 지붕은 비잔티움에서 이미 발전된 논리를 따르며 높은 프리즘을 결정하는 경사를 가진 단일 물매의 금도금된 하나의 판이다. 프리즘과 지붕은 레오니도프와 후드의 작업 같이 색채와 상징적 대조를 보여준다. 지붕은 철근 콘크리트로 된 프리즘의 주변 벽과 거대한 정방형의 파티오로 차단되는 정방형 그리드 속에 배치된 철제 직립 기둥들 위에 놓여진다. 쿤스트할 I 의 비렌딜 보의 봉들과 같이, 직립 기둥들은 쿤스트할 II의 기둥-나무 은유를 예견하는 "숲"[3]의 효과를 창조한다. 파티오의 층은 모형들을 위한 창고의 천창을 만들기 위해 유리로 되는데, 이것은 로테르담의 주택들을 위해 고안된 채광 방식이다. 오디토리엄에서는 에이-플레인의 주 건물들에서와 같이, 지붕 위에 위치한 한 쌍의 보들로 인해 그리드의 기둥들이 두 개 더 제거될 수 있다. 프리즘과 파티오는 동일한 정방형 평면을 가지며 웅거스식의 대조적 형상을 형성하는데, 하나는 유리 표면을

2) [Koolhaas-OMA], *Netherlands Architecture Institute*, in *1987- 1998 OMA/Rem Koolhaas*, in ""El Croquis"", No. 53+79, p. 60.

3) Ibid.

4) Ibid.

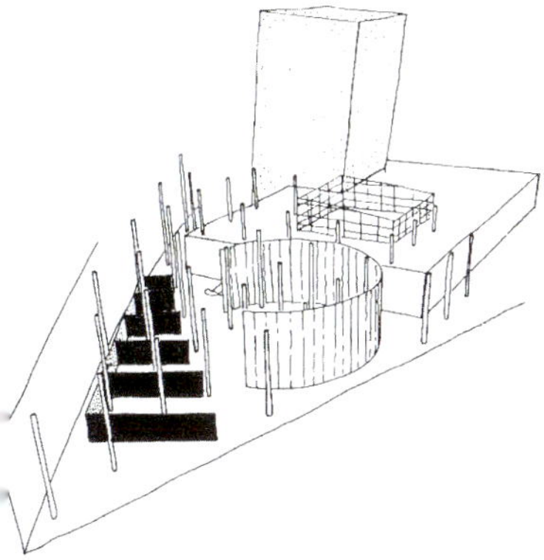

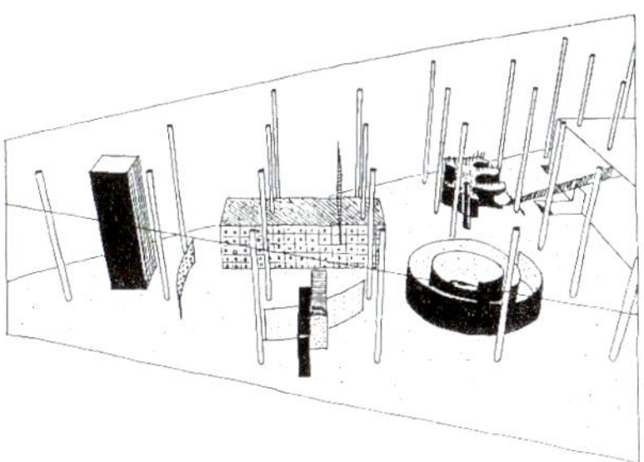

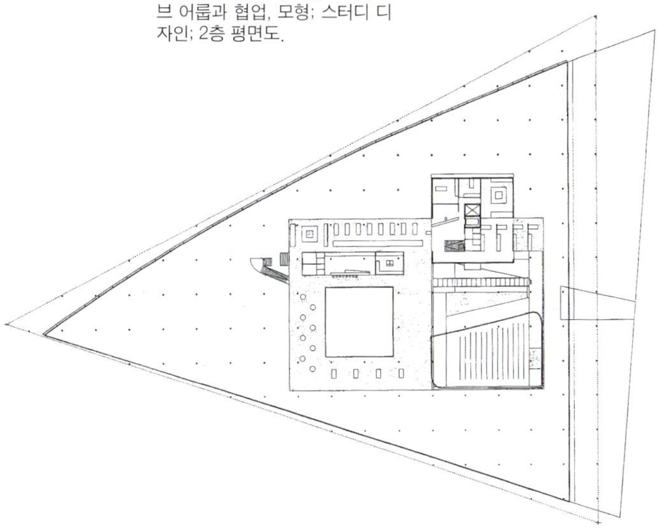

그림 203-205. 렘 콜하스/ OMA, 네덜란드 건축가 협회 본부 현상설계, 로테르담, 1988, 오브 어룹과 협업, 모형; 스터디 디자인; 2층 평면도.

가지는 빈 공간이며, 또 하나는 1977년 버전의「엑서더스」"띠"에서 하나가 또 하나의 반대였던 두 개 미술관들과 같이, 검정 색으로 칠해진 콘크리트 표면으로 가득 찬다. "단—콜하스는 설명한다—은 수집과 보유, 연구를 상징한다; 그 주변의 공간들이 접근하는".[4]

미술관 공원을 위한 OMA의 계획에서 이브 브뤼니에(Yves Brunier)와의 협력 하에 지형은 전통적인 정원 디자인 기준을 깨며 과수원, 단, 공원으로 분할된다. 흰 색 돌들의 표면 위에 사선의 열로 식재되는 나무들을 가지는 사과 과수원은 줄기들이 흰색으로 칠해지며, 보에이만스 미술관과 네덜란드 건축가 협회를 위한 조명되는 로비를 형성한다. 단은 검정색 타르머캐덤으로 칠해진 솟아오른 표면으로, 퍼포먼스를 위한 무대이다. 반사 표면의 벽으로 분리되어, 과수원과 단은 위에서 내려다 볼 때 검정과 흰 색의 절대주의 구성 같이 보인다. 쿤스트할 앞에 있는 공원을 만들기 위해 나무들은 더욱 촘촘히 심어지며(기어오르는 식물들은 새롭고 오래된 줄기들의 차이를 가려준다), 반면 지면은 다양한 색채의 꽃들이 흩뿌려진 표면으로 변형된다. 그 작품은 끝 부분들이 OMA 건축 작품의 정방형과 삼각형으로 되는 미술 산책로로부터 네덜란드 분리파를 상징하는 정원으로 칭송을 받기 위해, 절대주의와 점묘법식의 구성을 불러들인다.

그림 206. 렘 콜하스/ OMA, 미술관 공원 계획, 로테르담, 1989, 이브 브뤼니에와 협업, 모형.

쿤스트할 II, 1989-92, 근대의 본질

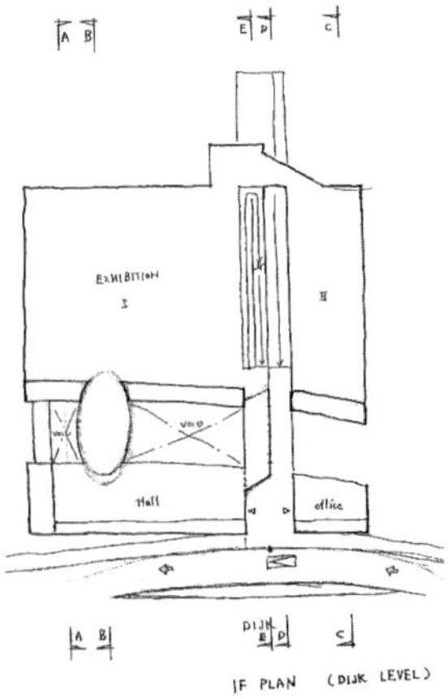

네덜란드 건축가 협회 본부가 요 쿠넨(Jo Coenen)의 디자인으로 지어졌고, 미술관 공원이 단지 원래 계획의 부분으로만 1991-93년에 지어졌을지라도,[5] 쿤스트할은 달라바 주택에서처럼, 르 꼬르뷔제나 미스 반 데어 로에의 걸작을 위해 이 경험들의 단지 시적 본질만을 유지한 채, 새로운 절제를 구성주의와 절대주의, 데 스테일을 향한 향수로부터 자유롭게 하려는 콜하스가 지었다.

"쿤스트할 II" 에 매진한 1988-89년의 디자인들에서 원래 마스불레바르드의 급단면을 향해 위치되었던 건물의 볼륨은 정방형 평면의 단일 상자로 통합된다(사무실들은 지형을 향한 영역에 있는 반면, 굴곡진 유리벽은 초기의 창과 같은 형상의 상기물이다). 기능들의 집약화는 쿤스트할 I의 가능한 설치들 중의 단지 하나로 제안되었던 나선형 시퀀스의 모든 레벨들에서 전시 시스템을 발전시키기 위해, 솟아오른 부분, 로봇과 비렌딜 보 등을 제거하는 것을 필연적으로 만든다. 그러므로 다양한 레벨 위의 전시 공간들이 램프의 연속적 통로로 연결되며, 오디토리엄의 경사진 슬래브를 포함한다. 차로를 따라 도로와 공원을 연결해주는 램프-드로잉에서 각각 "도로"(street)와 "길"(road)이라 이름 붙여진-는 정방형 평면을 가로질러 잘라 거대한 정방형 전시 공간, 홀과 사무실들을 위한 두 개의 직교 띠들, 전시 갤러리 들을 만들어낸다. 어떤 버전들에서는 달걀형 구조가 길을 연결하며 홀과 정방형 방을 연결해준다; 다른 것에서 길은 하늘에 개방되며, 반면에 아치형의 덮개가 도로 위에 위치하고 (장식된 창고와 같이) 쿤스트할의 위치와 역할을 상징하면서 둑과 공원 사이의 교각 역할을 한다. 이전 계획의 단편들이 무용극장의 끝이 잘린 원추형 파빌리온 같이 때때로 다시 나타난다. 실시 도면에서 구조는 종종 부재하여, 마치 그것이 공간 배치 시스템이 결정된 후에 소개되려는 듯이 보인다.

그림 207-211. 렘 콜하스/OMA, 쿤스트할, 마스불레바르드, 로테르담, 1987-92, 오브 어룹과 협업, 1989-90년의 계획, 평면과 단면.

1991-92년에 지어진 쿤스트할은 정방형 평면을 가지는 프리즘인데, 그 파사드는 전부 다르다. 그것은 나선을 안에 포함하며, 공원을 마스불레바르드로 연결해주는 보행용 램프와 차로 옆에서 평지붕 위로 솟아오르는 높은 칼로 잘린다. 램프는 라빌레트 공원의 몰과 무용극장의 몰과 같이 항상 개방되는 통행로의 역할을 한다. 통행이 또한 디자인 단계에서의 단순한 순환 요소이기 보다 구조적 요소로 될 때, 수상 수영장의 금속이 「메두사의 뗏목」을 관통하듯이, 그 지붕의 단단한 극단성이 상

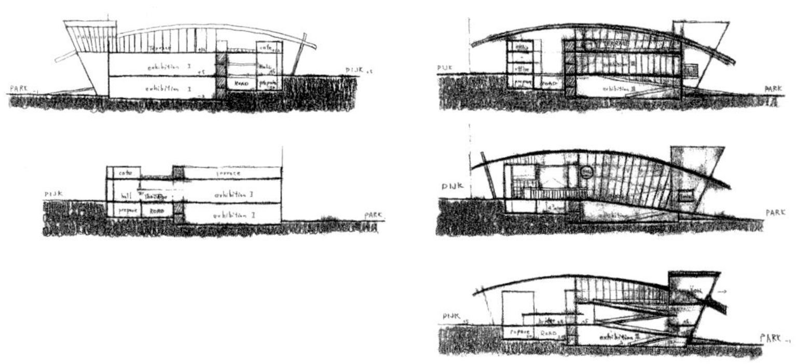

5) 이 작품은 1987년 OMA와 작업을 같이 하기 시작한 페트라 블레스(Petra Blaisse)의 지도하에,브뤼니에의 계획을 따라 부분적으로 만들어졌다(cf. Petra Blaisse, *A personal impression*, in Jacques, *Yves Brunier* cit., pp. 19-24).

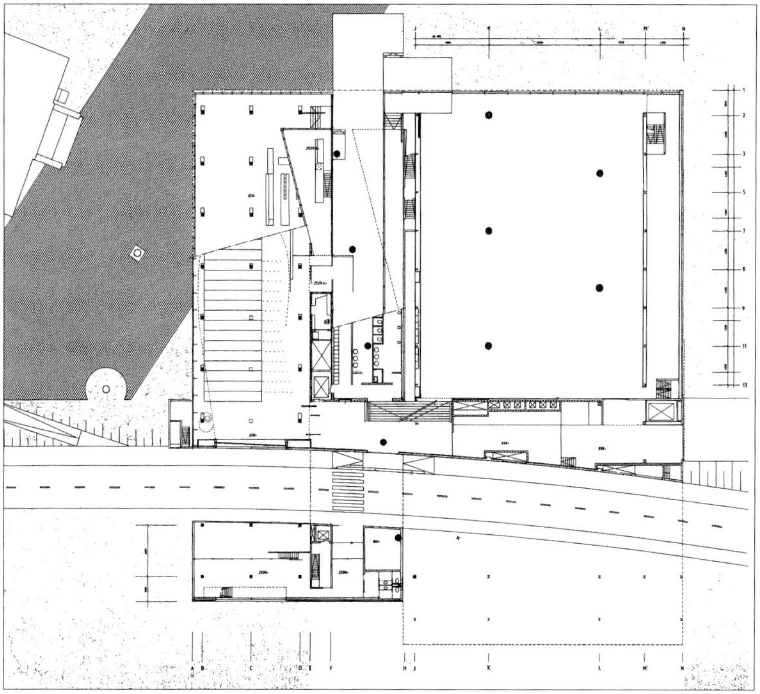

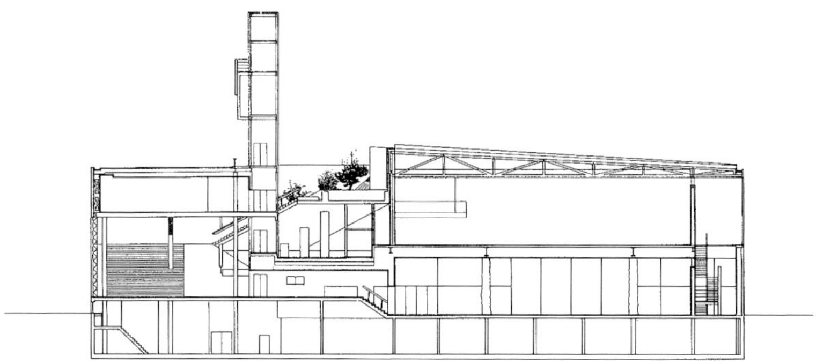

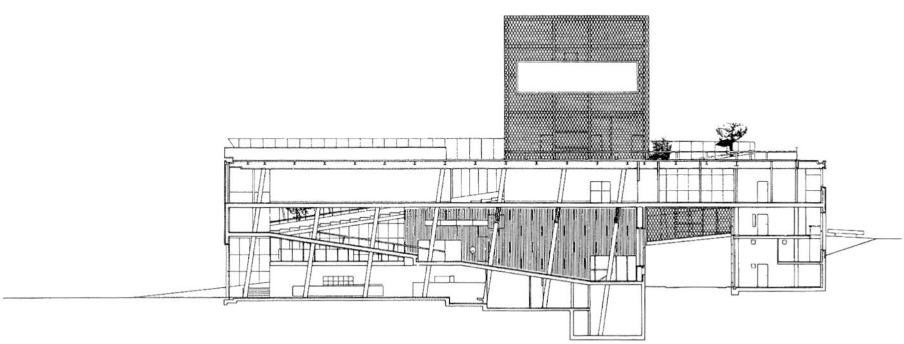

그림 212-213. 렘 콜하스/OMA, 쿤스트할, 로테르담, 1987-92, 오브 어룹과 협업, 통행로, 마스불레바르드와 공원 사이의 연결 램프; 공사 중인 건물.

그림 214. H.P. 베를라헤, 시립 미술관, 헤이그, 1928-35, 공사 중인 건물.

자의 연약하고, 투명한 울타리를 관통하도록 만드는 것은 초현실주의적, 멜르니코프적 충동이다. 통행로의 폴리카보네이트 패널 벽에 있는 개구부를 통해 쿤스트할로 들어가는 방문객의 경로는 당김음 처리된 리듬으로, 경사진 장방형의 단편을 가지고, 다양한 폭으로 계단이나 램프로 되어 계단참과 전시실 모두를 연결하는 보이지 않는 나선을 감아나간다. 그 나선은 2번 복도(Hal) 위에서 균형을 잡으며 3번 복도의 발코니에서 차단이 된다. 그것은 통행로 위로 솟아오른 정원 옆에서 외부로 연속되며, 평평하고 단지 부분적으로만 접근이 가능한 지붕에서 끝이 난다. 그러므로 당김음 처리되고 통명스럽게 끝이 잘려진 나선은 방문객을, 콜하스가 집어넣듯, 하나의 서사적 끈, 즉 "단어로 말해질 필요는 없지만 단순히 운동으로 보이고, 그럼으로써 경로를 시작해 어떤 곳으로 이끄는 하나의 이야기"[6]를 따르는 시나리오의 시퀀스 속에서 상자를 통해 안내한다. 복잡한 연속적 경로로 횡단되는 이 체적적 프리즘

6) *Interview with Rem Koolhaas. Interviewer: Hilde Bouchez*, in ""A+U"", 2005, No. 419, p. 93.

7) the drawing of the section made by Arup (Cecil Balmond, *Informal*, Munich, Berlin, London, New York, Prestel, 2002, p. 98) 참조.

8) Ibid., p. 395. "아마도 비유럽인만이 그럴 수 있다—콜하스는 발롱에 관해 썼다—그는 데카르트적 안정성의 전통—답답하고 너무 명백하게 되었던 시스템—을 불안정화

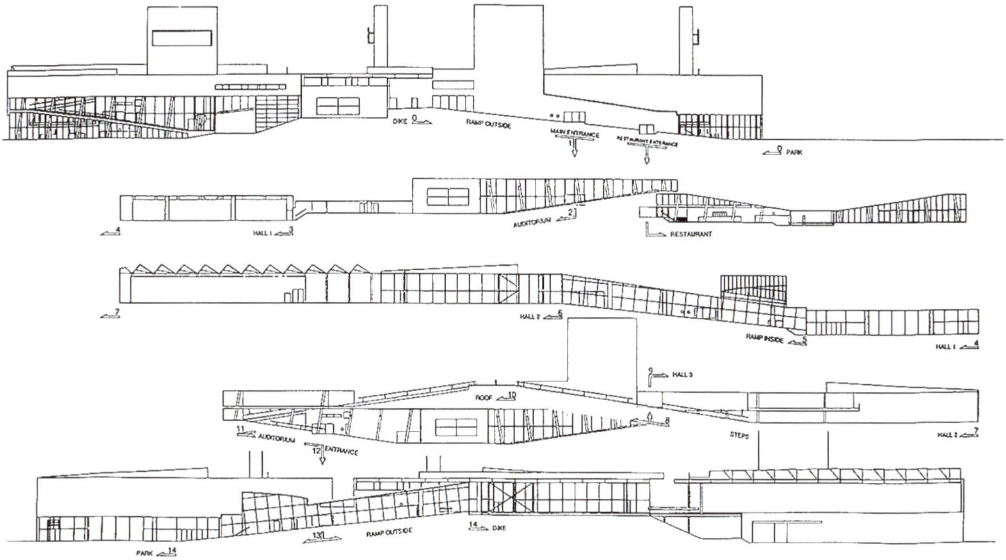

그림 215-216. 렘 콜하스/OMA, 쿤스트할, 로테르담, 1987-92, 오브 어룹과 협업, 연속적 순환의 개념 다이어그램, 2번 복도.

은 항상 연속적 레벨들의 연결을 위한 다른 해결 방안들을 추구하며, 콜하스가 계속해서 재작업 하게 된다. 매혹적 시체와 같이, 다른 단편들로 구성되는 긴 연속적 띠의 형태를 한 나선의 다이어그램은 OMA 드로잉에서 하나의 불변수로 될 것이다.

"벽"[7] 으로 알려진, 통행로 옆의 길고 좁은 띠는 폴리카보네이트 패널로 싸여지며, 물리적인 설비 요소들, 화장실, 계단실, 엘리베이터, 티켓 데스크 등을 포함한다. 틈새 공간에 설치된 형광등은 그것을 조명된 외피로 변형시킨다. 이 벽은 이미 쿤스트할 I의 버전에서 나타났으며, 그것의 계보학은 마이애미 빌라의 "중공벽", 「엑서더스」"띠"의 벽들, 수상 수영장의 벽들로까지 거슬러 올라간다. 이 벽의 중간 영역은 기술적 시스템의 도관과 기계들을 포함하도록 지붕을 넘어 확장된다. 공원의 조경 속에서, 벽은 그러므로 쿤스트할의 조명되고 투명한 장식된 창고로 되며, 그것은 OMA의 네덜란드 건축가 협회의 블랙 콘크리트 프리즘과 형상적 대조를 이루게 된다.

쿤스트할의 구조 디자인에서, 콜하스는 네덜란드 건축가 협회에서와 같이 정형적 패턴을 만들지 않고, 발몽과의 협업으로 인해 나선의 개별적 단편들의 정체성을 해석하도록 발전되는 서로 다른 시스템들을 결합시켰다. 발몽은 사실상 쿤스트할을 "병치들의 카탈로그"[8] 라고 정의했다.

식당과 오디토리엄, 3번 복도의 영역에서 철근 콘크리트 벽기둥들은 콜하스에 의해 이미 시험된 논리를 유지하며, 역시 철근 콘크리트로 된 경사진 슬래브에 수직으로 서 있다. 그럼에도 불구하고 이 벽기둥들은 이곳의 슬래브들이 수평적일지라도 3번 복도에서 계속 기울어진다. 세 개의 경사진 벽기둥들은 무대 근처에 있는 오디토리엄의 중간 열에서 사라진다; 그것들의 흔적은 매달린 아치(voussures pendantes)로 디자인된 조명 기구의 형태로 남아있다. 3번 복도에서 전체의 중간 열은 사라진다; 파사

하고 심지어 해체했다... 고형성과 확실성 대신, 그의 구조는 의혹, 임의성, 미스터리, 심지어는 신비감 등을 표현한다. 그는 현재적 순간의 불확실성과 유동성을 표현할 수 있는 레퍼토리를 창조하고 있다" (Rem Koolhaas, *Preface*, ibid., p. 9).

그림 217, 219. 렘 콜하스/OMA, 쿤스트할, 로테르담, 1987-92, 오브 어름과 협업, 외부 전경; 오디토리엄.

그림 218. H. 소이에(H. Sohier), 매달린 아치, 생-피에르 성당 앱스, 카앵, 1518-45.

드를 따르는 하나는 철근 콘크리트 벽으로 변형되며, 한편 통행로의 구조의 관통으로 다른 열의 두 개의 또 다른 벽기둥들이 역시 제거되어 지붕 위에 위치한 보통의 철제 보로 대체된다.

1번과 2번의 복도에서 구조는 두 개의 시스템으로 구성되는데, 하나는 다른 하나 속으로 주입된다: 하나는 2번 복도 속으로 확장되는 철제 이중 T 벽기둥의 두 개의 평행 열로 형성되는데, 거기서 그것들은 지붕을 받친다; 다른 하나는 다섯 개의 더 큰 철제 이중 T 벽기둥들로 구성되는데, 그것들은 단지 1번 복도의 중앙 영역에만 있으며, 거기서 거대한 보들을 지지한다. 후자의 벽기둥들은 관습적 스팬들을 피하기 위한 목적에서 원래의 정방형 그리드 안에서 발견되는 어떤 것들을 억압함으로써 얻어지는 예외적 리듬으로 위치한다. 두 개의 평행한 열 속의 벽기둥들은 달라바 주택에서와 같이 두 개의 길고 좁은 포개진 갤러리와 서비스 공간들과 경계하는 벽들 속에 흡수된다. 다른 한편으로 1번 복도 중간에 있는 벽기둥들은 나무의 껍질로 싸여 공원의 이상적 확장으로 된다. 웰페어 팰리스 호텔의 홀 안에 있는 "기둥들" 역시 "등대 같이 위장"[9] 되었었다.

2번 복도의 지붕은 다양한 단면을 가지는 그물 모양의 보로 이루어진다. 그것들의 사지들 중의 하나는 연속적 창을 만들어내며 길고 좁은 갤러리의 "벽"을 넘어서 돌출된다. 이 창으로부터 아래의 갤러리에서 바닥의 금속제 그릴- 콜하스 파티오의 또 다른 형태- 을 통해 빛이 들어오는데, 그것은 대신 콘크리트 벽으로 폐쇄되어 있다. 2번 복도의 보들의 버팀대는 오렌지색으로 칠해진 금속제 튜브들로 제공되는데, 그것은 쿤스트할 I의 비렌딜 보의 봉들의 시퀀스와 같이 단편화된 포물선을 형성한다. 보들 사이의 천창은 폴리카보네이트 패널을 통해 보이는 기후 조절 시스템의 도관들을 포함한다.

9) Koolhaas, *Delirious* cit., p. 252.

통행로의 철근 콘크리트 구조는 달라바 주택과 1990년대 콜하스의 주택들 사이의 과도기적 해결이다. 그것은 평형을 보장해주는 모든 요소들이 보이지는 않기 때문에 4개 필로티들의 대각선 열위에서 균형을 잡는 듯이 보이는 경사진 장방형 플랫폼으로 구성된다(슬래브와 외부 철근 콘크리트의 다른 두께들).

"단면에서—발몽은 쓴다—그것은 절망적으로 균형을 잃은 듯이 보일 수 있다. 그러나 그 구조는 이중 캔틸레버로 디자인되어 있다. 평면에서, 대각선의 각 측면에서, 동일한 정도의 부하가 전체적 균형을 주기 위해 평형을 회복한다. 강력한 수직 보들의 격자 구조가 비대칭으로 인한 일그러짐과 뒤틀림을 안정시키며 램프 슬래브를 받쳐준다".[10)]

필로티 열의 경사는 지붕과 일치하지 않는다. 그것은 필로티들이 순환을 막지 않는 통행로를 유지하도록 위치하는 방식으로 계산되는데, 그것은 주랑 아래에서, 유리로 둘러싸이는 통행로의 램프 단면의 경계로 한정되는 선을 가로 막는 2번 복도 출입구 근처에서 통로의 시작점에 서도록 만들어준다(두 번째 필로티는 창문의 선에 위치한다). 그것들이 철근 콘크리트로 만들어지지 않았을지라도, 필로티와 경사진 슬래브는 검정색으로 마감된 필로티와 슬래브의 노출 콘크리트 사이의 대비로 인해 동일한 이미지를 가지지는 않는다. 조명 시설들은 RCA 빌딩 홀의 벽기둥에서와 같이 필로티들 속으로 부착된다.

마스불레바르드를 따라 2번 복도를 마주 보며, 다른 형태들의 수직 기둥들이 위에 매달린 지붕을 받치며 스케베닝헨의 무용극장 디자인의 캐노피로부터 자신들의 열쇠를 취한다. 이 기둥들은 그러므로 조각으로 변형된 20세기의 구조적 원형들

그림 220-221. 렘 콜하스/OMA, 쿤스트할, 로테르담, 1987-92. 오브 어룹과 협업. 1번 복도의 기둥; 2번 복도.

그림 222. 렘 콜하스/ OMA, 웰페어 팰리스 호텔 계획, 뉴욕, 1976-77, 홀의 모습.

그림 223-225. 렘 콜하스/ OMA, 쿤스트할, 로테르담, 1987-92. 오브 어룹과 협업, 통행로의 철근 콘크리트 필로티 디테일; 갤러리. 상부 레벨; 주랑 밑 도로의 모습.

그림 226-228. 쿤스트할, 로테르담, 1987-92. 오브 어룹과 협업, 마스불레바르드를 따르는 주랑 디테일; 외부 모습; 코너 디테일.

에 속한다: 끝에 서있는 철제 비렌딜 보; 노출 철근 콘크리트로 된 정방형 벽기둥; 검정 색으로 칠해진 철근 콘크리트의 육중한 필로티; 흰 색으로 칠해진 십자형 철제 벽기둥; 그리고 마지막으로 검정 색으로 칠해진 이중 T자형 벽기둥. 정방형 벽기둥과 비렌딜 보는 철제의 세인트 앤드류스 십자가로 버트레스 되며—이중 T 벽기둥과 함께—지붕의 철제 보를 지지한다. 이 보는, 지붕 위로 보이며, 기념비적 보금자리를 형성하는 두꺼운 캔틸레버 지붕의 더 작은 보들이나 주랑이 부착되는 또 다른 것으로 배가된다.

주랑의 금속제 그리드 포장재 아래에서 보이는 급단면의 덮개는 네덜란드 둑 언덕에서 사용되었던 것과 동일한 소박한 석재 블록으로 만들어진다. 이 석재는 수상 수영장과 같이 정박된 쿤스트할의 은유를 암시하며, 마스불레바르드와 공원, 바다와 땅 사이의 높이 차의 의미를 강조하기 위해 선택되었다.

쿤스트할의 각각의 파사드는 프로그램 기능, 조경, 콜하스의 은유와 구조 시스템들에 따라 서로 다른 형상을 가진다. 파사드들은 띠들로 세분되어 한 층이 하나의 높이로 되고, 회색이나 검정 색으로 칠해진 콘크리트로 만들어지며, 석재 슬래브와 투명하거나 반투명한 유리 등으로 된다. 코너를 따라 하나의 띠로부터 다음의 띠로의 통행은 전체 작품에 걸쳐 발견되는 병치와 텍토닉적 대비에 관한 콜하스의 시학을 유지하며, 서로 다른 재료와 두께들을 조합함으로써 만들어진다. 창문의 패턴들

10) Balmond, *Informal* cit., p. 101.

조차 각각이 베를라헤와 같은 접근 속에서 각각의 단면을 위한 가장 적합한 모듈러 논리를 따라 디자인되어 어떤 획일성도 만들어내지 않는다. 두 개의 주 파사드 단면에서는 트래버틴 대리석으로 된 불규칙한 장방형의 마주 보는 슬래브들이 「엑소더스」의 벽을 복제한다. 화살표들과 양식화된 형상들, 글자들이 입구와 방, 루트들을 위한 벤추리식의 팝 신호들을 형상화 한다.

다중 색채의 네온 등들이 식당 천장의 조명 원들을 만들며[귄터 푀르크(Günter Förg)의 작업 속에서], 한편 헨크 비쉬(Henk Visch)가 만든 낙타 조각은, 지울리오 로마노(Giulio Romano)가 팔라초 테(Palazzo te)에서, 피라네지가 카페 데글리 잉글레시(Caffé degli Inglesi)에서, 그리고 말레비치가 큐비스트 정물화에서 공중에 그린 네 발 짐승과 같이, 초현실주의적인 형상으로 통행로의 위치에서 마스불레바르드를 따르는 오렌지 색 철제 보위에 서있다.

쿤스트할은, 콜하스가 그 시점에서 그것들이 처음 나타났을 때와 같이 활력적이고 예상치 못한 것들로 만들 수 있는, 어떤 것들은 50년 이상 된, 폐기되고 시대에 맞지 않는 아이디어들로 조합된 작품이다. 이것은, 국제주의 양식의 역사의 또 다른 장 속에서, 근대의 연약한 본질의 새로운 종말 속에서 항상 떠오르는 위험에 대한 인식 속에서, 1970년대에 시작되어 새로운 절제를 능가하는 것을 향해 점점 경도되는 근대 건축의 반영 과정 속의 한 장일 뿐이다: OMA 양식.

칼스 루에 예술과 미디어 기술 센터와 파리 프랑스 대 도서관: 비렌딜 보의 진화

1990년에 델프트 공대에서의 2년간의 강의를 결론짓기 위해, 콜하스는 "전전의 모더니즘"의 재발견의 단계가 결정적으로 종결될 필요가 있음을 인식하고, 1989년에 완공된 에이-플레인에 대한 자기 비평으로 "모던이 어떻게 네덜란드 건축인가?" (*Hoe modern is de Nederlandse architectuur?*)라는 제목의 회의에 참여했다. 이 자기 비평은 역시 1989년의 베를린 벽의 해체에 의해 상징화된 사회주의의 쇠락의 배경에 대항해 발전되었는데, 그 벽의 해체는 심지어 아직 덜 완공되었고 그 벽이 여전히 서있을 때 디자인되었던 체크포인트 찰리의 OMA 빌딩의 부분을 기능화하는 것을 중단시켰다.

"신의 사랑 속에서—콜하스는 궁금해 한다—불안정성과 변화로 완전히 기록된 세기에서[...] 거의 한 세기의 간격으로 구축된 이 모든 건물들에도 불구하고, 각

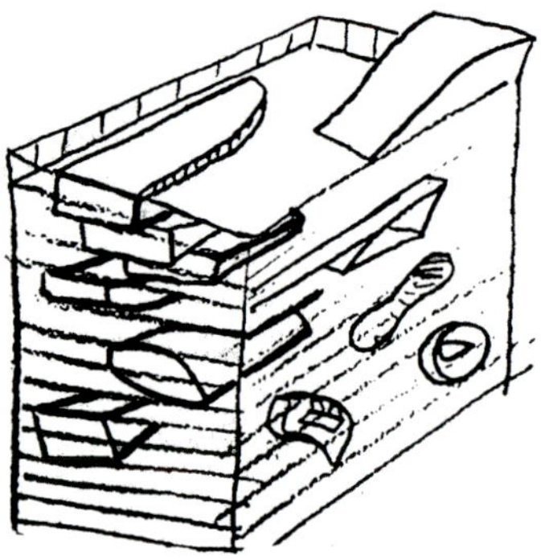

그림 229-231. 렘 콜하스/OMA, 예술과 미디어 기술 센터 현상설계, 아이젠바호프 슈트라세, 칼스루에, 1989-90, 오브 어룹과 협업, 예비 개념 스케치(액소노메트릭과 단면); 단면.

각이 서로 매우 밀접하게 닮는다는 것이 어떻게 가능한가? 이것이 이 자기 비평을 촉발한 요소였다". 그 비평은 완벽하고 기능적인 건축 방식을 가졌음에도, 이상적 충동들, "장엄함"과 "신비"에 대한 감상, 아방가르드 예술의 실험적 대담함(그는 미래파와 구성주의를 지적했다), 그리고 미국 문화의 전형인 "물질주의" 등이 결여된 모든 현대의 네덜란드 현대 모더니즘으로까지 확장되었다. "[...] 우리는 오늘날의 네덜란드 건축에 대해 — 그는 결론을 내린다 — 의도가 없는 건축, 완전히 비도전적이고, 이빨이 없고, 불임성의 승리 주의적 모더니즘이라 말할 수 있다. 그것은 우리가 밤에 자는 것을 방해하지 않을 것이지만, 또한 잠에서 깨우지도 않을 것이다".[11]

이런 맥락에서 말레비치와 미스 반 데어 로에, 심지어 로시의 작품은, 방향성의 예와 같이, 무해한 기능주의의 "근대적 언어"의 네덜란드 버전을 넘어서 갈 것을 제안한다.

콜하스의 기여 내의 결정적인 시적 언급은, "네덜란드 모더니즘의 유일하게 진실하고 진정한 산물", "알리바이와 같이 형언할 수 없는 것"이라고 경멸스럽게 정의되는 공간 개념의 비평이 수반되며, OMA의 창조적 진화의 조짐으로서의 말레비치의 "관통될 수 없는" 솔리드에 할당된 "근대 건축의 절정"의 가치 등과 관련이 있다.[12]

"나에게 근대 건축의 높은 지점은 — 이것을 한 개인적 레벨로 소개하는 것에 대한 사과와 함께 — 말레비치의 아키텍토닉스와 함께 남는다. 그것들은 관통될 수 없으며 — 그것들이 실제로 솔리드라는 관점에서 — 정확하게 그렇다. 우리는 그것들 속으로 들어갈 수 없다. 기껏해야 우리는 꼭대기, 펠트와 아스팔트로 된 플랫폼으로 올라갈 수 있고, 나머지 세상을 관찰할 수 있을 뿐이다. 모더니티의 최근의 법칙은 사람에 관심이 없고, 인간적이지 않고, 자신을 아무 것도 할애하지 않는 터빈의 부분으로 여기는 것으로 존재한다. 이것이 우리가 네덜란드에서 결코 받아들이지 않았던 모더니티이다".[13]

11) Rem Koolhaas, *Hoe modern is de Nederlandse architectuur?*, in Federico Bilò, ed., *Rem Koolhaas. Antologia di testi su Bigness, progetto e complessità artificiale*, Rome, Kappa, 2004, (pp. 38-49), p. 46.

12) Ibid., pp. 44 and 43. "나는 게리트 오르트하우스와 함께 리트펠트의 슈뢰더 주택을 방문한 것을 — 콜하스는 말한다 — 기억한다[...]. 그 주택은 의심할 여지없이 인상적이고, 감동적이고, 차분했다. 그러나 잠시 후에 미스 반 데어 로에에 비교해 볼 때 나는 슈뢰더가 그만큼 인상적이지는 않다고 볼 수밖에 없었다. 미스: 반투명한 유리 창 근처에서 육감적인 장의자가 발견되고, 줄무늬 대리석 근처에 외설스럽고, 야한 붉은 커튼이 있고, 어떤 것 다음에 항상 아무 것도 놓이지 않고, 무게가 나가는 것이 떠있는 것과 밀접하게 접촉하게 되는 곳. 슈뢰더 주택은 탁월하게 여겨질 수 있지만, 또한 너무 과하고, 17세기 장르의 한 부분이다. 왜냐하면 그것은 너무 가득하기 때문이다. 발견으로 가득차고, 크고 작은 의도들로 가득하고, 욕망으로 가득하고, 사물들로 가득하고, 색채들, 혹은 적어도 페인트로 가득하다; 그것은 추상, 승화된 대상물들로 가득하다[...]. 누군가는 이 모든 것이 진정으로 네덜란드 모더니즘의 신화가 주장하듯이 자유로운지를 의심할 수도 있다. 누군가는 또한 그것이 다른 의미에서 질식할 만하다고 말할 수도 있다. 아마도 다음이 게리트 리트펠트와 미스 반 데어 로에 사이의 차이에 대해 가장 훌륭하게 표현하는 질문일 것이다: 막아버리는 자유의 유형, 그리고 다른 한편으로 자유롭게 만드는 고정성이 존재하는가? 전자는 리트펠트일 것이다, 그리고 후자는 미스일 것이다. [...]. 고정시키고, 이름 짓고, 부풀리고, 텅

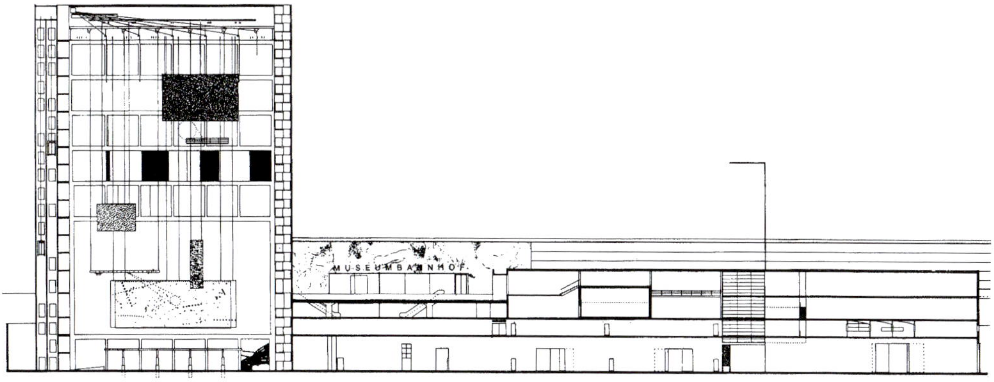

정확히 1989-90년에 「광기의 뉴욕」에서 개괄된 법칙들의 새로운 종합, 서사적 은유와 구조적 개념들을 향한, OMA의 작품에서의 전환점이 나타난다. 이것은 칼스루에 예술과 미디어 기술 센터, 파리 프랑스 대 도서관(Trés Grande Biblioth?que de France in Paris), 제브뤼헤의 해양 터미널, 프랑크푸르트 사무소 도시, 아가디르의 팜베이 컨벤션 센터 현상설계안들에서 보여진다. 이 계획안들의 세 개—예술과 미디어 기술 센터, 프랑스 대 도서관, 터미널—에서 콜하스는 발몽과 협업하여 거대한 구조적 크기가 층들의 성층화, 매혹적 시체의 기준에서 발견되는 자유, 볼륨들의 충돌, 라 빌레트 공원의 층들, 도시적 비움 등에 통제를 부과하게 되는 건물들에서 조차 안전 구조요원 역할을 하려 한다. 이런 감각에서 가장 중요한 요소는 비렌딜 보로부터 나온다.

예술과 미디어 기술 센터(ZKM)는 OMA의 맥락주의의 또 다른 표현을 만드는 도시적 조건 내에서 도시의 변두리를 향해 상징적으로 마주 보며, 역 뒤에서 철로에 인접한 영역에서, 세 개의 원근적 축들("도시로의 연결의 축; 건물 내의 순환 중의 하나; 그리고 마지막으로, 바로크 도시를 보는 즐거움을 가져다주는 수직축"[14])의 시스템으로 구조화되어 세워지게 될 것이었다. ZKM은 기술적 공간들과 창고들, 연구 분과와 다목적 홀을 가지며, 콜하스의 띠 계획안을 따라 배치되는 장방형 평면의 길고 낮은 볼륨과 극장, 오디토리엄, 미술관, 파노라마식 테라스를 가지는 식당 등을 포함하며, 띠의 끝 부분으로 이식되는 정방형 평면을 가지는 크고 깊은 프리즘으로 구성된다. 철로 밑의 통행로—극장의 현관과 새로운 ICE 역사의 홀 안에서 나타나는 "타임 터널"—는 ZKM을 역사, 그리고 칼스루에의 역사적 부분으로 연결해주며, 「엑서더스」의 "런던의 구역"과 같이 인식된다: "고전적 도시의 시민들을 새로운 미술관으로 들어가도록 준비시키는 장소".[15]

빔을 남겨둘 수 없도록 하거나 원하지 않도록 하는 것—이것들이 우리가 리트펠트에 대해 말하건,반 아이크,혹은 반 벨젠에 대해 말하건,네덜란드 모더니티의 특성들이다"(ibid., pp. 41, 42). 후쿠오카에 로시가 지었고,동일한 도시에 넥서스 월드 주거단지를 건설 중이었던 콜하스가 방문한 소위 "팔라초"는 그것의 "사회적 요소들의 당황스러운 밀도"로 인해, 그리고 포스트 모더니스트적 특징에도 불구하고 콜하스의 반 네덜란드적 예들의 삼부작을 결론지어준다. "그것이 충격적이고 특별히 끌리지 않더라도—콜하스는 말했다—나는 어떤 경우에도 그 순간의 기술적,문화적 잠재력을 기발하게 사용하고, 놀랄만하게 만드는 또 다른 최근의 건물을 여전히 보아야만 한다. 그것은 모든 유형의 정보,있음직하지 않은 것들의 전체적 덩어리의 특별히 창조적이고 지적인 종합을 결합한다.그것에 관한 나의 애매한 감정에도 불구하고,나는 이 건물의 내부에 들어갈 때 누군가는 진정으로, 최근에 첫 번째로, 새로운 조건으로 들어가는 느낌을 가진다고 확실히 말할 수 있다. 무장해제시키는 방식으로 잠재력의 모든 현재 유형들을 활용하고,동시에 항복하고 포획하는,혼성되고 종합적인 조건"(ibid., pp. 48, 49). "동시에 항복하고 포획하는 것": 이것은 콜하스를 따르자면,파도타기 선수-건축가가 대도시(Groszstadt)의 열들과의 관계 속으로 들어가야 하는 방식이 아닌가?

13) Ibid., p. 44.

14) Cit. in Kwinter, *Rem Koolhaas. Conversations with students* cit., p. 31.

15) [Koolhaas-OMA], *ZKM/Centre for Art and Media Technologie*, in ""El Croquis"", No. 53+79, p. 86.

프리즘을 위한 스케치는 정형의 구조 계획과 자유롭게 형상화된 공간들 사이의 새로운 위계적 추구의 이슈—1989-90년 사이의 OMA 계획안들에서 결정적인—를 반영하며, 비정형의 공간이 잘려 나가게 되는 층들의 성층화를 보여준다. 최종적 해결책에서 쿤스트할 I에 적용되었던 비렌딜 보는 우리에게 칸의 작품을 연상하게 만드는 위계를 창조하도록 활용된다.

평면은 주요 공간들—"방들"이나 "내부—건물"—을 위한 광대한 중앙 영역과 체육시설, 도관들, 기술과 서비스 공간들을 위한 주변부 띠들, 그리고 수직적 접근 요소들—콜하스의 "중공벽"으로부터 도입된 다양한 깊이의 "기술적 방들"[16]—로 세분된다. "방들"은 한 개 층 높이의 겹쳐진 비렌딜 보로 얻어지며, 그럼으로써 하부 레벨은 보-층과 구조로부터 자유로운 층들의 교대를 목적으로 해 벽기둥으로부터 자유롭게 된다.

콜하스의 작품에서 "기술적 방들"의 논리는 쿤스트할에서 지붕 위로 솟아오르는 부분과 같이. "중공벽들"로부터 도입된다.[17] 체육시설과 수직 접근 요소들을 유치하기 위해, "기술적 방들"은 네 개 측면에서 두께가 다 다르지만, 그것은 다른 레벨들에서도 동일하게 남는데, 어떤 경우에는 더 적합한 깊이를 요구할 수 있는 기능들의 주입을 요구한다(예를 들어 극장의 무대는 좁으며 건물 전체 높이로 확장된다). 정확히 이러한 제한이, OMA가 "미래주의적"이라 정의한,[18] 외피를 스크린으로

16) Ibid.

17) 단면에서는 주변부 띠들과 서비스 공간들을 위해 따로 남겨진 지붕의 부분들이 포셰로부터 파생된 그래픽 기술을 유지하며 어두운 스크린으로 보여진다.

18) "남측면은 '로보터'—다양한 기술적 장치들과 이동식 요소들을 포함하는 전통적 극장의 공중 타워의 버전—이다. 이 기술적 영역은 미술관 방들로 연결되며,각각에서 항상 다른 미래적 특성들을 위한 잠재력을 창조한다. 이 시각적 스펙터클은 센터의 활동을 선언하며 투명 표피를 통해 고속도로로부터 보여질 수 있다" ([Koolhaas-OMA], *ZKM/Centre for Art and Media Technologie*,in, ""El Croquis"",1992,No.53,p.120).

19) Rem Koolhaas,*Junkspace*,in ""A+U"", May 2000, *OMA@work. a+u*, special issue, p. 20. Cf. Roberto

그림 232-233. 렘 콜하스/OMA, 예술과 미디어 기술 센터 현상설계, 아이젠바호프 슈트라세, 칼스루에, 1989-90, 오브 어룹과 협업.

변형시키는 해결책－전자적 장치의 환상적 기술이 계속 변화하는 조명 투영을 창조하게 되는 거대한 장식된 창고－으로 이끈다.

서비스 띠들은 트러스들 위의 캔틸레버 된 바닥 슬래브들로 얻어지는데(동쪽 파사드의 계단실과 램프, 화장실들을 포함하는 좁은 띠에서), 그것은 주변부를 따라 배치되거나 램프에 수직으로 경사진 보의 추가－주 입구의 한 쌍의 에스컬레이터를 포함하는 띠 속에서－로 이루어지는 구조로 되며, 쿤스트할의 오디토리엄 구조의 논리를 따른다. 이 후자의 경우에서 외피와 "방들" 사이에서 창조되는, 수직적 연결을 가지는 구멍은 UN 어셈블리 빌딩의 북측 로비의 부분과 유사하다. 가장 큰 깊이의 띠는 가장 중요한 서비스 공간들이며, 유일하게 불투명하고 창문이 없는 외피이다.

"각각의 건축은 이제 두 개의 조건을 구현한다: 하나는 지속적이며, 또 하나는 일시적인 것", 콜하스는 메타볼리즘과 아키줌의 문화를 계승하지만, 또한 무의식적으로 페레를 연상시키는 위계들을 불러일으키듯이 썼다.[19]

ZKM의 스케치는 프랑스 대 도서관(TGB) 디자인을 위한 영감의 원천으로 되었는데, 그것은 그것의 두 개 기본적 부분들의 기호였다: 적층(층들의 겹쳐짐)과 독서실들(커들 속으로 잘라내어지는 빈 공간들). 회의장, 전시실, 리셉션, 창고와 기술적 공간들을 위한 저층 볼륨들 위로는 ZKM에서와 같이 프로그램의 자율적 부분들로 인식되어 사각형 평면(대략 75×87미터)의 높고, 거대한 도서관 프리즘이 나타난다. 세느를 향한 저층 레벨들에는 어떤 다른 중재적인 수직적 지지도 제거할 수 있도록 해주는 레오니도프식 구조 격자가 주입된다. 상부의 부하 지지 구조는 평면을 적층식의 평행 띠로 세분하는 다섯 개의 긴 벽들로 구성된다. 그 벽들은 대략 2 미터 두께의 "속이 빈 세포식의" 철근 콘크리트로 만들어지며, 방화벽으로 계산되고, 도관들과 기술적 장치들을 위한 빈 공간으로 구성된다－"자기 충족적 구조 시스템을 한정하는 거대하고 깊은 보들".[20] 벽들의 패턴 속으로는 "유리 장"[21] 로 둘러싸인 아홉 개의 엘리베이터 그룹이 주입된다.

벽과 바닥 슬래브들은 구조적 요소들로 횡단되지 않고 바닥 슬래브들 사이의 공간 보다 더 큰 독서실들을 서로 맞물리게 하도록 잘려진다. 바닥들의 성층화 속에서 큰 공간들을 얻도록 하는 이 방식은 OMA 작품의 경우에 스핑크스 속으로 주입되는 몸체들, 「자유의 꿈」에서의 크라이슬러 빌딩 내의 자유의 여신상, 헤이그 시청사 내에 배치되는 구형 대회의실 등으로까지 거슬러 올라간다. 독서실들은 조개껍질 모양의 표피로 둘러싸이며, 저층 레벨에 임의적으로 배치되는 "자갈들"(오디토리엄과 영사실들), 다른 볼륨들 사이의 "십자형"(최신 이슈들을 위한 도서관), "나선"(세 개의 거대한 램프들 위의 학습용 도서관), "조개"(카탈로그실), 그리고 뫼비우스 띠에 기초한 "고리"(연구용 도서관) 등의 형태를 가진다. 방들의 단부는 로우와 아이젠만에 의해 제시된 르 꼬르뷔제와 테라니의 작품들에 대한 개념적 해석에서와 같이, 유리 외피로 잘려지며, 그럼으로써 프리즘의 수직적 단면들 중의 하나로 된다. 창문들로 구멍이 뚫린 사무실들의 파사드를 제외하고, 다른 것들은 구름 모티

Gargiani, *Le condizioni permanenti e le condizioni passeggere dell' 'architettura*, in Id., Auguste Perret, 1874-1954, Milan, Electa, 1993, pp.96-117.

20) [Koolhaas-OMA], *National Library of France*, in ""El Croquis"", No.53+79, p.73.

21) Ibid., p.68.

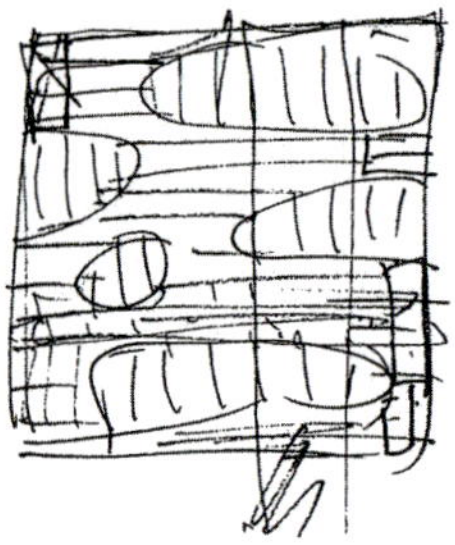

브로 장식되는데, 그것은 "성운과 같은 매스" 속에서 창조되는 일련의 빈 공간들의 개념을 이미지로 번역한다. 우리가 그것을 자갈들–다양한 방들–로 상상한다면, 이 '성운과 같은 매스'는, 1958년에 RE 19 라는 명칭으로 시작되어, 마치 구름, 혹은 해저의 돌들과 같이 무작위적으로 배치되고 동일한 색으로 젖어 캔버스에 다른 크기의 스펀지들로 부착되었던, 클라인이 그렸던 청색 모노크롬들의 공간적 승화로 보여질 수도 있다. TGB의 상부 레벨에서는 콜하스의 상징적인 수영장이 재등장한다.

복합적인 구조 시스템은 계획의 첫 번째 단계에서 고려되었던 모델들 중의 하나인 도미노 스켈턴에 의해 제안되었던 공간적 가능성들의 재사고를 재현했다. 디자인 과정의 목표는 그러한 거대한 구조 시스템에 의해 허용된 자유의 정도를 발견하려는 것이었다. "초기에–OMA는 썼다–우리는 단순히 TGB의 무게가 정형적 그리드의 기둥들에 의해 지지될 것으로 가정한다. 불리한 점은 빈 공간들–건물의 전체 지점–이 꼬챙이로 꿰어질 것이라는 점이었다. 또한 저층부에서 기둥들은 끔찍할 정도로 뚱뚱해질 것이었다. 입구 레벨은 아름다울 수도 있지만–적어도 225개의 거대한 기둥들의 숲–, 비효율적일 것이었다. 아무도 어디로 갈지를 모를 것이다. 그리고 오디토리엄 밑으로 더 큰 공간들을 파내는 것은 불가능할 것이었다".[22]

다음 단계에서 OMA와 어룹은 바닥들의 성층화 속으로 놓여지는 방들의 외피를 "심해의 압력에 대항하는 잠수함과 같이"[23] 슬래브들을 지지해주기 위한 구조적 "껍질들"로 변형시키며, 기둥들을 제거할 가능성을 고려했다. 그럼에도 불구하고 실들의 위치는 하중의 분배에 의해 제한되었다. 그러므로 계획안은 도미노 스켈튼의 한계를 극복하는 동시에 "너무 많은 화려함: 30층의 하중을 지탱할 작은 동굴들"[24]로 되지만 않는다면, 칸에 의해 발전된 통합된 공간-구조 시스템의 제한의 위험을 무릅썼다. 이 후자의 해결에서 제시된 경로는 구조의 계산과 그것들의 구축 경비에서 더욱 어렵고 복잡하지만 또한 칸에 의해 상상된 통합의 한계를 넘어 가는 것이 가능한 공간-구조 관계의 발명으로 이끌 수 있을 것이었다. 그러나 콜하스와 발몽이 제안한 시스템이 자유로운 평면(plan Libre)에 포함된 유연성을 중요할 정도로 희생한다는 사실은 남는다.

OMA의 설명을 따르자면 이것은 비렌딜 보가 층의 높이로 도입된 계획의 한 지점이다(ZKM에서와 같이). 층들의 수직적 시퀀스 속에서 비렌딜 보들은 수직 기둥들에 기대어, 보들의 높이에 부합되는 층들과 두 개 보들 사이에 끼이는 층들 사이의 교대를 만들어내며, 부분적으로는 라 홀라에 있는 생물학 연구를 위한 솔크 협회 연구실에서 사용되었던 해결책을 반영하며, 서로 다른 형상들로 사용된다. 도미노 스켈턴에서 기둥들이 실들을 관통했다면, 이제 비렌딜 보들은 실들을 구조 내에 주입시키는 것을 어렵게 만든다. 그러므로 그 계획에서 깊게 고려되었던 다양한 해결책들이, ZKM의 스케치에 포함되었던, 건물의 정형적 볼륨 속에 불규칙한 형상의 거대한 실들을 넣으려는 원래의 아이디어의 영속으로 인해 모두 포기되었다. 도서관의 다양한 공간들 사이의 이러한 특별한 관계를 얻기 위해 마침내 하나의 해결책이 발전되었다: 실들의 주입을 허용하기 위해 자유롭게 잘려질 수 있는 단일의 연속적인 수직적 구조를 얻기 위해 보들을 재결합시키는 것. 시작점은 비렌딜 보이지만, 이 보-벽에 가장 가까운 구조적 모델은 배치 요구 사항에 적용되기 위해 자유롭게 잘려

그림 234-236. 렘 콜하스/OMA, 프랑스 대 도서관 현상설계, 파리, 1989, 오브 어룹과 협업. 예비 개념 스케치; 모델과 벽, 바닥이 없는 액소노메트리.

22) OMA, Koolhaas, Mau, op. cit., p.669.
23) Ibid.
24) Ibid.

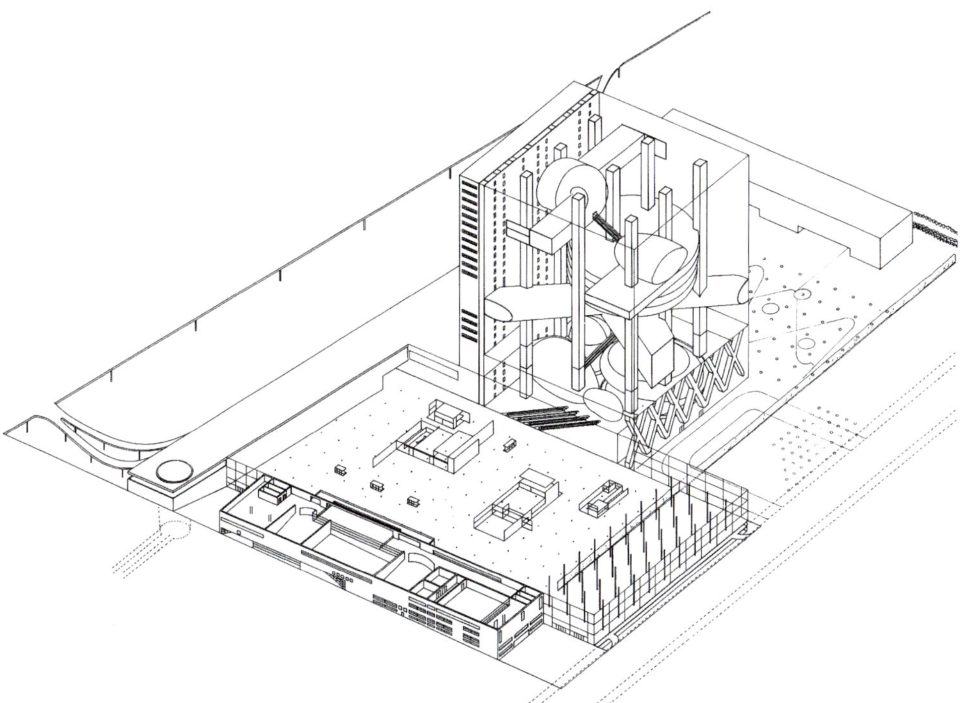

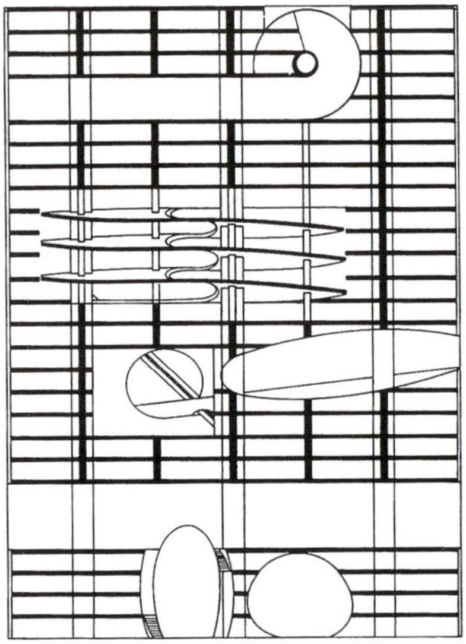

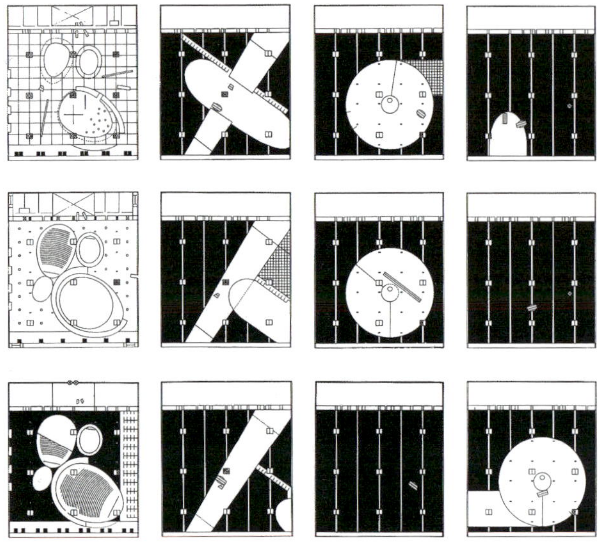

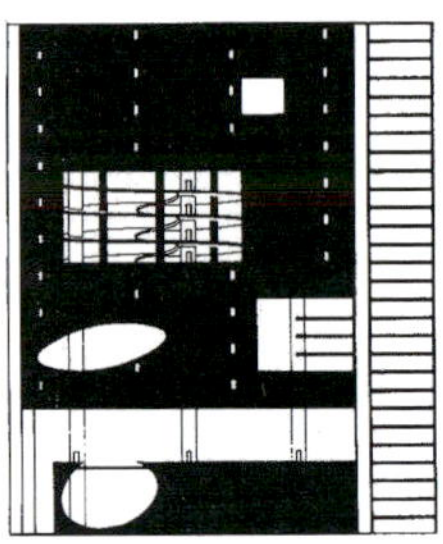

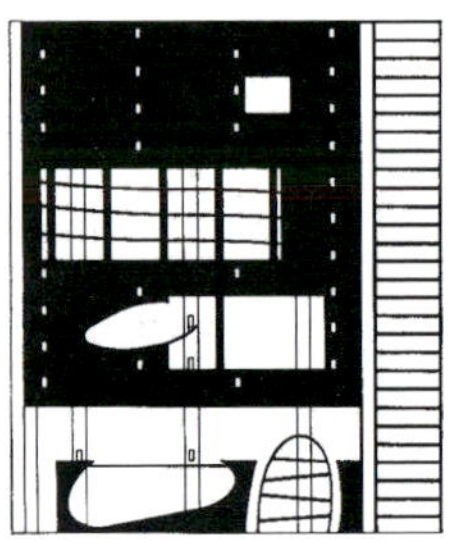

그림 237-240. 렘 콜하스/OMA, 프랑스 대 도서관 현상설계, 파리, 1989, 오브 어룹과 협업. 단면; 다른 레벨의 평면들; 벽 2와 3을 가지는 포셰의 단면; 모델의 전경.

그림 241. 이반 레오니도프, 나르콤트야츠프롬 빌딩 현상설계, 모스크바 붉은 광장, 1934. 디테일.

지는 철근 콘크리트 벽으로, 현재까지도 널리 퍼진 구조적 해결책이다.

"이제 평면-OMA는 계속한다-은 각각 12.5 미터이고, 콘크리트 벽들로 분리되는 평행적 구역들로 구분된다; 벽들은 100 미터 높이에 이론적으로 무한한 강도의 '깊은 보들'로 작용한다. 빈 곳이 생기는 곳에 그것들은 보들 속에 단순히 구멍을 뚫는다. 상승의 대 홀(The Great Hall of Ascension)에서 보들은 70×70 미터의 기둥이 없는 정방형을 창조하기 위해 두 개의 반대 측면들 위에서 지지된다.[...]. 그러므로 벽들은 중공벽으로 만들어지며,-심지어 더 강하게-메워주고 끌어내 주는 수직적 통로들-충만한 공간들-로 세분된다. 사이에서 12.5 미터를 서비스하기 위해 그것들은 단지 구멍이 날 필요만 있다. 각각의 빈 공간은 자신들의 독자적인 실외기실들을 가진다: 5개의 기술적 태반들".[25]

OMA가 준비한 일련의 평면과 단면들은 일종의 돌 내부로 비워지는 독서실들의 개념을 가져오기 위해 벤추리식의 포셰 영역을 보여준다. 두 개 모델들 중의 하나는 단지 실들, 모레티(Moretti)스타일로 솔리드 형태로서의 엘리베이터와 서비스 공간들을 재현하며, 다른 것은 실들의 구멍들로 대량의 구멍이 뚫리는 형태를 한 서가들의 복합체를 보여준다. 이것들은 포셰의 조각적 버전과 같다. "도서관-OMA는 쓴다-은 정보의 고형적 블록, 모든 형태의 기억, 책, 시각용 디스크, 마이크로피시, 컴퓨터 등등의 보고로 해석된다. 이 블록에서 주요 공공 공간들은 건물의 부재, 정보의 솔리드로부터 파내어진 빈 공간으로 정의된다".[26]

제브뤼헤 터미널부터 릴의 그랑 팔레(Grand Palais)까지: "불가사의의 중요함"

1989년 영국으로의 페리 서비스 질을 개선하고 해저 터널 현상설계의 효과를 제한하기 위해 세워진 제브뤼헤의 해양 터미널을 위한 현상설계로 제출된 계획에서 우리는 「콜럼부스 센터의 달걀」에서 가져왔던 마그리트적 차원으로, "어떤 인식 가능한 유형으로부터도 의도적으로 거리를 둔 형태"[27]를 통해 하나의 용기로 변형된 달걀의 재등장을 보는데, 그것은 다양한 기능들을 포함하도록 된다. 바다를 건너오는 하나의 불가사의로서, 이 달걀은 해변에 정착하는 듯이 보이며, 꼭대기에서 껍질이 깨져 거기서 타워가 등장하는, OMA 선언의 상징과 같이 나타난다. 의미심장하게, 이 초현실주의적 형태를 형상화하기 위해 OMA는 폴리스티렌 마네킹 머리를 이용했다.

"건축가로서의 경력에서 최초로-콜하스는 썼다-우리는 매우 예술적인 선택과 직면한 우리를 발견했는데, 그것은 우리가 할 수 있는 유일한 판단이 더 이상 기능적인 것에 기초한 것이 아니었기 때문인데, 왜냐하면 그 문제는 합리적인 방식으로 분석되기에는 너무나 복잡했기 때문이었다.[...]. 현상설계의 중간 지점에서 우리는 하나의 형상이 다른 것 보다 더 아름다운지 아닌지를 판단하는 우리 자신을 발견했다. 하나의 형상에 대한 우리의 비평은 그것이 너무 인간 머리 같다는 것이었고, 우리는 현상설계 마감 4일 전에 원추와 구체의 교차로 만들어지는 형상에 안착했다".[28]

터미널은 트럭, 자동차, 버스들의 순환을 위한 고가교들과 램프들로 싸여지고 관통된다. 글로브 타워 밑의 대지는 또한 페리 부두를 향해 갈려 나가는 커뮤니케이션 루트들의 띠로 횡단된다. 터미널의 저층 레벨에서는 주차 공간과 서비스들을 포

25) Ibid., p, 673.
26) Ibid., p. 66.
27) Cit. in Lucan, OMA. *Rem Koolhaas* cit., p. 128. Cf. Martine de Maeseneer, Dirk van den Brande, *Rem Koolhaas. Sea Trade Center at Zeebrugge: A Working Babel*, in ""Architectural Design Profile"", 1992, No. 98, *Pop Architecture*, pp. XV-XIX.
28) Cit. in Kwinter, *Rem Koolhaas. Conversations with students* cit., p. 20.

함하며, 중앙의 구조는 네덜란드 건축가 협회의 지붕 위로 솟아오르는 프리즘과 같이, 반원형의 호텔로부터 검정색의 사무소 타워들에 이르기까지, 다양한 건물들이 위치하게 되는 슬래브를 지지하는 방사형 날개들로 되는 원 안에 배치되는 여섯 개의 철탑들로 이루어진다. 두 개의 부분들 사이에 기술적 고안들을 위한 하나의 레벨이 주입되는데, 그것은 날개들을 위한 보강의 구조적 기능을 가지며 상부의 구조들을 위한 플랫폼으로 작용한다. 마천루들, 구겐하임 미술관, 원형 감옥의 단편들이 서로 통합되지 않고 매혹적 시체의 형상을 낳으며, 콜하스식의 한 쌍의 긴 에스컬레이터와 함께 중앙에 아찔한 피라네지식의 빈 공간을 남기며 달걀과 같은 껍질 속으로 주입된다. 구체 구조 내부에 "연이은 층들 위로 쌓이는"[29] 매력적 요소들을 축적하는 법칙은 콜하스가 글로브 타워의 디자인에서 발견했었다; 그 타워와 같이, 터미널은 또한 "구체와 원추 사이의 하나의 교차"[30] 이다. 하나의 더 큰 컨테이너 속으로 컨테이너들을 말뚝박는 것은 또한 "인형 속의 인형", "집 속의 집" 같은 웅거스의 개념과 부합한다; 그럼에도 불구하고, 콜하스는 컨테이너들의 연속을 재연결할 수 있는 기하학적 질서를 발견하는 것과 웅거스의 영향을 공유하지 않는다.[31]

터미널의 홀로부터 위를 바라보는 여행객은 후드의 「단일 지붕 아래의 도시」의 패러디로, 벅민스터 풀러가 맨해튼 위로 디자인한 지오데식 돔과 유사한 거대한

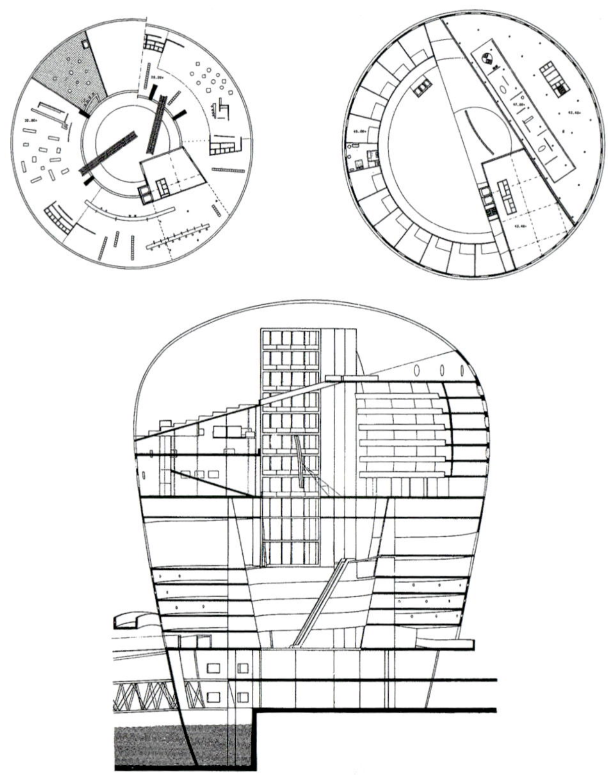

그림 242-244. 렘 콜하스/OMA, 제브뤼헤 해양 터미널을 위한 현상설계, 1989, 오브 어룹과 협업. 여행객 층; 사무소들과 호텔 층; 단면; 모델.

29) Koolhaas, *Delirious* cit., p.59.
30) [Koolhaas-OMA], *Zeebrugge Sea Terminal*, in ""El Croquis"", No. 53+79, p.78.
31) 제브뤼헤 터미널의 동일한 현상설계를 위한 로시의 안은 콜하스의 것과 유사한 접근을 보여주는데, 그것은 대상물들을 그룹핑하지만 그것들을 포함하는 외피를 하나로 통합하지 않는다; 그것들은 베를린에서의 웅거스의 계획을 위한 콜하스의 워킹 스케치에서와 같이 높은 단 위에 배치된다.

유리 지붕의 배경을 향해 플랫폼들의 축적, 균형 잡힌 볼륨들, 계단과 보행로들을 보게 된다. 제브뤼헤의 은유적 달걀 내부에서 여행객은 외식을 하거나 행위들을 관찰하는 장소로서의 메트로폴리스의 이미지와 삶과 조우하게 된다. 여객선을 기다리며, 그는 강렬하고 맥동하는 밀집 문화 속으로의 이상적 여행과 동반하게 된다. 사무소 타워의 꼭대기에서 그는 심지어 수상 수영장의 최초의 주도적 오디세이에 참여하며, 콜하스의 수영장에서 잠깐 수영을 할 수도 있다.

프랑스 대 박물관에서 얻어졌었던, 층들의 성층화를 통한 질서는 여기서 쿤스트할의 상자의 개념을 극단으로 취하는 창조적 과정을 유지하며, 다른 층들에서 반복되는 동일한 구조를 포함하지 않고 컨테이너들의 다른 구조들을 축적하게 되는 빈 공간으로서, 하중 지지 구조로 되돌아오게 되는 달걀형 외피로 보장된다. 껍질은 자동차 접근로, 주차장들의 현창, 호텔 실들의 더 큰 창들, 사무실들의 장방형 창들, 파

노라마식의 고리 창들로 구멍이 뚫리는데, 거기서 그것은 프랑스 대 도서관의 것과 유사하게 격자 구조물로 대체된다.

껍질 내부로 주입되는 기능들의 다양성은 "건물 속의 건물들"의 파괴를 통하지 않는다면, 그것들이 시간 속에서 더 이상 수정될 수 없는 견고한 시스템을 구성했던 일련의 복잡성과 특수성의 구조들과 용기들을 만들어냈다. 아직까지 가능한 유일한 질서는 맨해튼 그리드의 영속성의 본질로서의 탁월함인 껍질의 질서로, 그것은 터미널을 불안정한 요소들의 축적을 위한 순수한 외피로 환원되는 마천루의 은유로 만든다.

구조를 철근 콘크리트와 철로 만들기 위해 오브 어룹은 두 개의 다른 구축 모드로 작업했는데, 하나는 신속한 조립을 위한 프리패브 부분이고, 또 하나는 현재의 붕괴를 닮으며 서서히 자라나는 바벨탑이나 사그라다 파밀리아와 같이 현장에 대해 오랜 기간 동안 접근하는 소수의 작업자들에 의해 세워지게 될 것이었다. 두 개의 가설들에서 OMA는 현장의 다른 풍경과 상징적 자질들을 강조했다: "첫째로, 속도에 이끌려, 초기의 기초 설정이 제시되고, 그러면 프리패브 요소들의 신속한 조립이 있게 되는데, 그것은 육각형 철망의 거푸집 위에 뿌려지는 철근 콘크리트 포말의 거품 속에서 최종적으로 가려지게 될 것이었다. 두 번째의 시나리오에서 건물은 극도로 견고하게 되었다: 그것은 시간을 어마어마하게 소비하고 소수의 노동자들에 의해 철근 콘크리트로 지어질 것이었다. 첫 번째의 경우에, 갑작스런 건립은 스펙터클하게

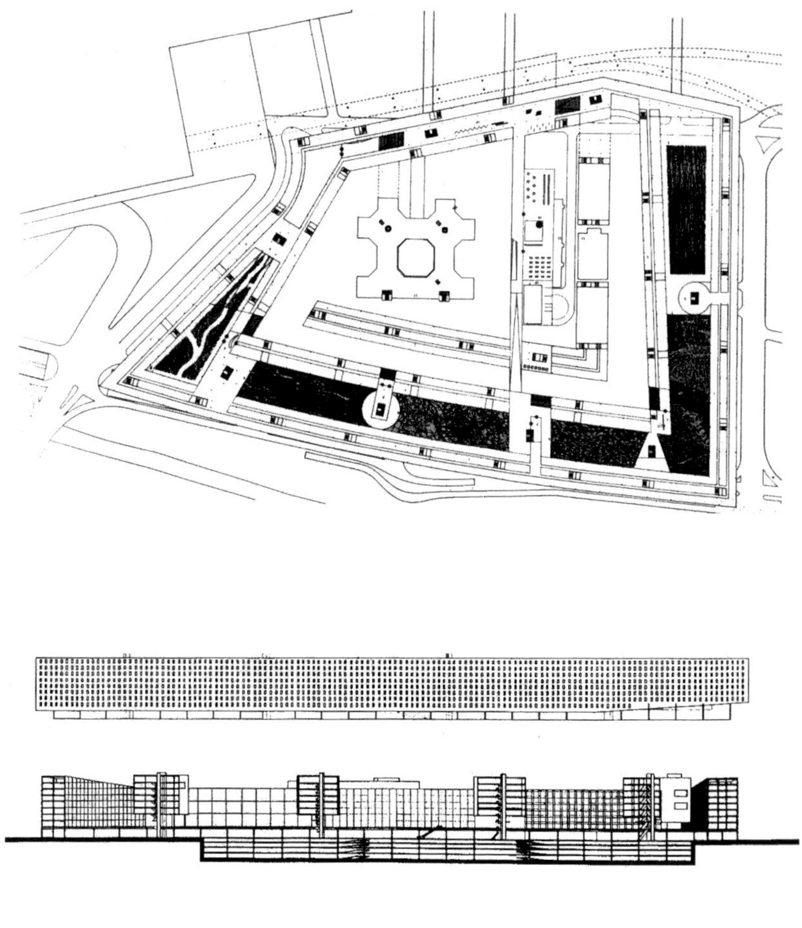

그림 245-246. 렘 콜하스/OMA, 사무소 도시를 위한 현상설계, 프랑크푸르트 암 마인, 1989. 배치도; 입면과 단면.

될 것이었다; 두 번째의 경우에, 그것은 거의 인식할 수 없는 진전으로, 서스펜스의 잠재적 원인이다: 건물이 완강하게 미완성으로 남아있는 동안 어린이들은 성인으로 된다. 더욱 충격적으로, 첫 번째 건물은 즉각적이지만 중요하지 않다; 두 번째는 천천히 완공되지만 '진짜' 이다: 상반되는 것이 표면적으로는 동일한 평면, 단면, 건축에 기초한다".[32)]

연속성의 또 다른 형태는 프랑크푸르트의 사무소 도시를 위한 1989년의 현상설계 안에서 나타나는데, 그것은 이미 몇 개의 건물이 서있는 신공항 터미널 옆 부지의 15,000명 노동자들을 위한 주거로 계획되었다. 도로와 고속도로, 교차로들의 풍경은 도로들의 굴곡을 따라 만들어지는 볼륨과 부분적으로 필로티 위에 세워지는 단일 건물의 거대한 스케일을 결정했다. 평행 띠 속으로의 전형적인 콜하스식 구성은 동심원적 띠, 혹은 "틈새" 공간을 만들기 위해 기존 건물 주위로 보이드와 솔리드를 반복하는 "고리들"[33)] 의 시스템으로 옮겨진다. 이 띠들은 볼륨들의 수직적 연결에 의해 파괴되며, 해바라기, 밀, 포도밭, 과일 나무들의 경작으로부터 상점들의 거리, 작은 숲까지 망라되는 연속 속에서 다른 자질들을 부여받는다—OMA가 설명했듯이, 에른스트 마이의 신 프랑크푸르트 집합주거에 영향을 받은 "거의 회화풍의 아늑함".[34)]

구조적 패턴의 드로잉은 모건 은행과 헤이그 시청사에 대한 변양태이며, OMA가 보통 중립적이며 연속적인 층들의 개념이 지배적인 사무소 건물들 내로 도미노 스켈턴을 적용한다는 사실을 확인시켜준다. 위로 향한 경사의 끝은 신즉물주의 요소주의에 OMA의 전형적 작업의 운동을 가져다주며, 자신의 머리를 들려고 하는 꽈리를 튼 뱀과 같이 건물이 살아있는 것처럼 만든다. "이국적인 공항 맥락을 향한 유일한 제스추어—콜하스는 썼다—에이프런을 향한 개념적 개구부를 창조하는 경사진 지붕선".[35)] OMA의 다른 이전 계획안들에서와 같이, 외피의 재료들은 시각적 기초에서 선택된다: "내부를 향해, 사무소들은 유리 입면을 가진다; 입면 외부는 벽돌로, 흰색으로부터 검정까지, 그리고 그 역으로 과학적으로 등급 지어지는데, 그것은 아우토반 위의 '눈부심' 이다".[36)]

터미널의 경우에서와 같이, 또 다른 해안가 부지가 1990년경의 OMA 계획에 포함되었는데, 그것은 몸체에서의 급격한 잘림으로 인해 풍경 속으로 유사하게 개방되며, "바닷가" 오브제의 콜하스적 신화로 또 다른 형태로 돌아오지만, 그럼에도 제브뤼헤의 불가사의와는 놀랄 정도로 다른 방식을 취한다. 아가디르 컨벤션 센터 현상설계에서 콜하스는 U자형의 서비스와 주차장 띠로 보호되는, 유칼립터스 나무들을 가진 공원과 해변 사이에 위치하는 140×140 미터 정방형 평면을 가진 낮은 프리즘—쿤스트할에서는 아직 지어지지 않은 종류의 변형—을 제안했다. 어번 스퀘어로 알려진 빈 공간은 바다와 공원의 시야와 함께 두 개의 솔리드 층을 형성하도록 프리즘을 자른다. 모래 속으로 파고 들어가는 부분은 컨벤션 센터이며, 윗부분은 호텔이다. 어번 스퀘어를 구성하는 슬래브의 물결치는 형태는 모래 언덕의 굴곡을 재생산해낸다- 니마이어를 연상시키는 조각적 자질을 작품에 부여하는, 스케베닝헨의 무용극장의 첫 번째 안에서 이미 보여졌던 아이디어.

"베란다의 바닥과 지붕—OMA는 설명한다—은 콘크리트 '쉘' 로 이루어지는

32) [Koolhaas/OMA], *Bifurcation (1993)*, in OMA, Koolhaas, Mau, op.cit., p.601.

33) Cit.in Lucan, OMA. *Rem Koolhaas* cit., p.66.

34) Ibid.

35) OMA, Koolhaas, Mau, op. cit., p.479.

36) Ibid.

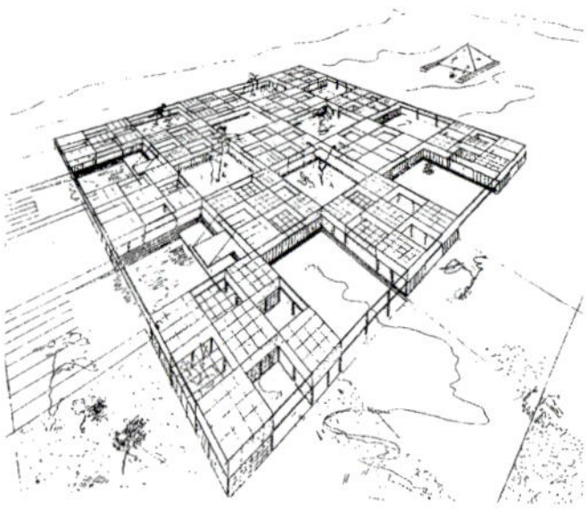

데, 그것은 모래를 자연적 주형틀로 사용해 모래 언덕 위에 주형되었다".[37)]

어번 스퀘어를 가로 지르는 원통형 기둥들의 패턴은 각각 가로 세로 20 미터 간격의 36개 모듈의 원래 그리드를 따라 배치되는데, 나중에 상부로부터 일련의 기둥들을 옮기고 다른 것들을 없애며, 그것들을 루이스 칸식의 공동 구조로 변형시키기 위해 몇 개의 지름을 확대함으로써 상부 층의 다양한 볼륨들 아래로 위치시키는 것으로(부분적으로는 쿤스트할의 과정을 반영하며) 수정이 된다. 그 결과는 명백히 숲의 이미지, 쿤스트할의 기둥-나무 은유를 확장시키는, 유칼립투스 숲의 반영을 창조하는 임의적 배치로 된다. 가로 세로 5 미터 모듈의 두 번째 그리드는 어번 스퀘어의 플랫폼의 영역이 매달리게 되는 결착재들의 시리즈로 사용된다. 이런 해결책은 상부 층 아래로 적용되는 "매달린 방들"의 구조적 등가물을 만든다.

콜하스의 일상적인 기계적 장치들, 에스컬레이터와 엘리베이터들은 두 개의 솔리드 층을 연결하며 어번 스퀘어의 빈 공간을 교량으로 연결한다. 호텔을 위한 상부 층은 휘트니스 시설과 공중 수영장, 이슬람식 금박 도금의 큐폴라를 가진 로열 스위트룸으로부터 파티오식의 룸들까지 명백히 아랍식 도시 조직으로 배치된 다양한 유형의 숙박시설들을 포함하지만, 정확히 그것은 레오니도프의 학생이 계획한 돔-코뮤나에 기초한다. 그것의 주 구조는 보들을 통한 방들의 구성을 허용하기 위해 비렌딜 보들과 쌍으로 된 벽/보들로 구성된다. 벽/보 쌍의 좁은 사이 공간은 긴 복도를 만들며, 20 미터 간격의 두 쌍 사이의 공간은 파티오를 지닌 두 개 열의 방들을 포함한다.

파사드와 지붕은 지역의 석재로 덮이며, 서로 다른 방식으로 작업되는데, 그것은 그 작업에 거대한 덩어리의 침식된 바위의 특성을 가져다 줄 것이었다. 검정의 포셰 영역을 가진 단면의 드로잉은 솔리드/보이드 관계를 설명한다. "우리의 계획—

그림 247. 파블로프 형제, 이반 레오니도프의 지도하에 수행된 레닌그라드 근처 돔 코뮤나 학생 계획, 1929-30.

그림 248-249. 렘 콜하스/OMA, 아가디르 팜베이 회의센터를 위한 현상설계, 1990, 오브 어룹과 협업. 모델 모습(현상설계 모델; 어번 스퀘어).

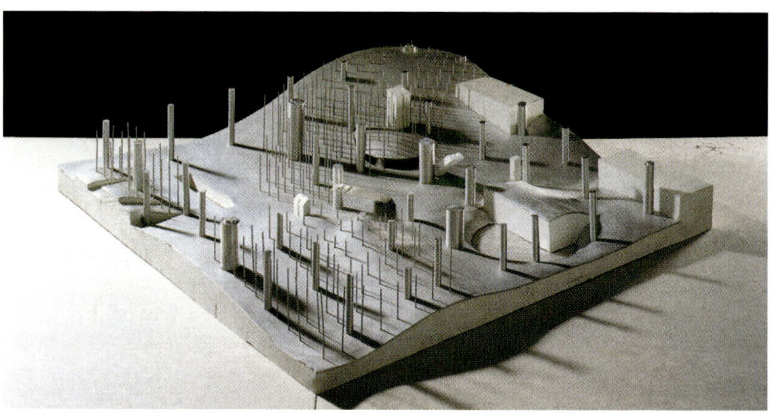

OMA 계획안 설명서는 서술한다—은 바다를 바라보는 주요 도시적 '방'—해변 위의 지붕 덮인 광장—을 창조하기 위해 지붕과 받침대의 두 부분으로 '나뉘어진' 건물로 읽힐 수 있다".[38]

컨벤션 센터 건물 주위의 공원에는 호텔들과 다른 형태들의 클럽들이 위치하는데, 토요 이토의 화이트 U와 같이 U자 형이거나 미스 반 데어 로에의 두 번째 베를린 마천루 계획의 평면 같이 물결 형상으로, 모두는 편집증적 비판 방법을 유지하며 디자인된 회화풍 정원의 "조각적 요소들"이나 파빌리온들로 계획된다.

1990년을 향해 은유적인 OMA 달걀의 "초기 고정된 개념"은 더 이상 제브뤼헤의 불가사의를 만드는데 한정되지 않고 릴의 "현실"을 관통하는데, 거기서 "기체와 같은 사색"으로부터 그것은 "사실의 밀도"[39]를 얻으며, 다시 한 번 채널 터널에 의해 야기된 질문들의 배경막을 향하게 된다.

릴의 철도 역사 뒤편의 부지, 국내와 국제선의 교차로로 지하의 TGV(*Trqin à Grande Vitesse*)를 위해 설정된 곳은 런던, 파리, 브뤼셀 등으로부터 쉽게 접근할 수 있는 곳으로, 유럽의 스케일에서 업무와 상업, 문화, 예술과 음악의 국제적 센터를 형성하기 위해 유라릴로 알려진 복합 건물이 들어서게 된다. 1988년에 이 야망찬 계획은 OMA에게 주어졌고, 그들은 밀집 문화에 기초한 복합 단지를 제안하여 서로 다른 영역과 타워들의 압출로 만들어지는 건물들을 구성했다. 플랫폼은 OMA의 네덜란드 건축가협회 계획안에서와 같이 타워가 솟아오르게 되는 거대한 경사진 캐노피로서의 삼각형 포룸을 보여준다. TGV의 지하 철도 축을 기념비적으로 만들기 위해 OMA는 상점과 공공시설들을 위해 그 위에 갤러리들을 배치하며, 그 위로는 일곱 개의 사무소 타워들이 들어선다—르 꼬르뷔제 가(Rue Le Corbusier). 이 프로그램의 목표는 철

그림 250. 렘 콜하스/ OMA, 유라릴 계획 조감도, 1988-91.

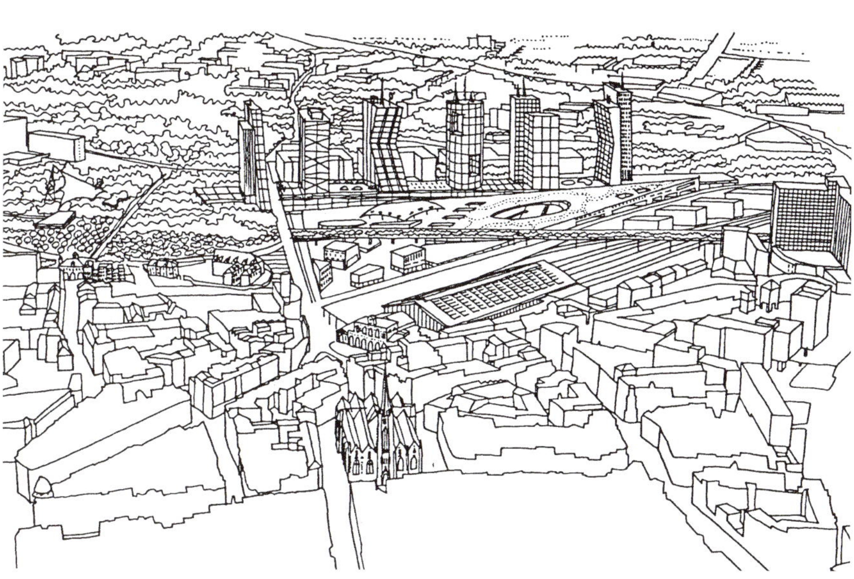

37) [Koolhaas-OMA], *Hotel and Convention Centre in Agadir*, in ""El Croquis"", No. 53+79, p. 104. 물결치는 표면과 매달린 슬래브는 리우 데 자네이루 음악센터를 위한 니마이어의 드로잉에서 발견된다. ""Désireux de préserver la vue en direction de la mer, nous suspendons tout l' 'édifice sur un appui central" ", Niemeyer says (cf. Oscar Niemeyer, in ""L' 'architecture d' 'aujourd' 'hui" ", 1974, No. 171, p. 33).

38) [Koolhaas-OMA], *Hotel and Convention Centre in Agadir*, in ""El Croquis"", 1992, No. 53, p. 182.

39) Koolhaas, *Delirious* cit., p. 202.

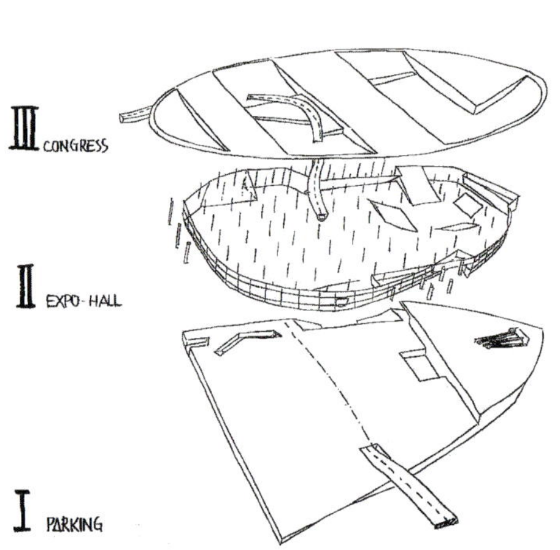

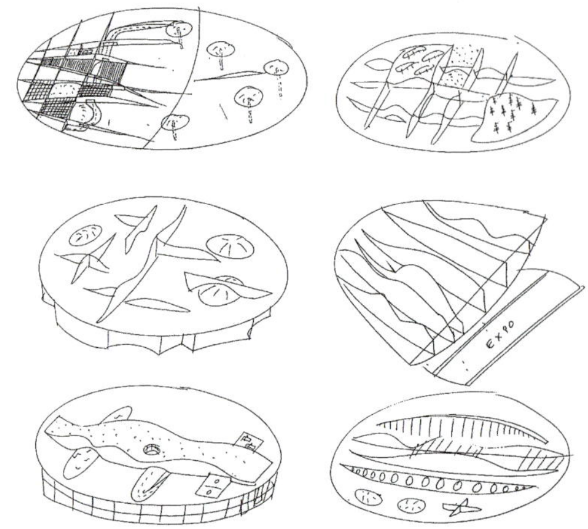

도 역사의 19/20세기 유형학을 급진적으로 변형시키는 것이다.

"고전적 역사의 기능적 단조로움−OMA는 쓴다−은 지하 건축(*underground plinth*)을 통해 피해질 수 있다. 터널 위에 위치하는 사무소와 호텔들은 TGV 시스템의 부분으로, 과다 활동의 우세한 지역을 창조한다[...]. 역사는 공공의 남북축 위에서 비즈니스 센터로 된다".[40]

일련의 드로잉들에서, 때때로 그 이전의 라 빌레트 공원을 위한 계획에서 만화책 스타일의 그래픽으로 만들어졌었듯이, 르 꼬르뷔제가 위의 각각의 타워는 전형적인 초현실적, 신인동형적 아우라를 부여하며, 다양하게 기울어진 파사드들로 다수의 그룹화된 볼륨들이나 영역들로 분할된다; 어떤 타워들은 머리를 가진 듯이 보이거나, 혹은 밀레의 만종에 나오는 두 농부의 자세로 브리젠도르프가 묘사한 맨해튼 마천루 같이 앞 쪽으로 기울어진다.

공중의 루트는 스미슨 부부의 도시적 비전이나 바케마와 반 덴 브룩의 도시적 비전에서와 같이, 복합 건물들의 다양한 부분들을 연결하며, 한편으로 제브뤼헤의 터미널과 아가디르의 어번 스퀘어에서 창조된 스펙터클한 메트로폴리스적 빈 공간과 유사하게, 에스컬레이터와 엘리베이터들과 함께 새로운 역사를 위해 틈새나 "피라네지적 공간"[41]이 계획된다.

르 꼬르뷔제 가의 끝에 하나의 공원이 창조되는데(1991년에 계획안은 브루니에(Brunier)와 웨스트 8(West 8)에게로 넘겨졌다), 그것은 OMA가 낭만적인 상징적 의미들로 채운다: "포룸의 삼각형의 움푹 들어간 광물적 공간과 대조되어, 식물들의 언덕으로 된 길 속의 원형 공간".[42]

1991년 동안 복합 건물의 개별적 부분들의 디자인은 장 누벨과 크리스티안 드 포잠팍 등을 포함한 다수의 건축가들에게 맡겨졌으며, 반면 콜하스는 유라릴의 상징으로 될 그랑팔레−그의 용어에 의하자면 콩그렉스포(Congrexpo)−를 디자인했다. 그랑팔레는 처음에 무용극장을 위한 스터디로부터 도출된 포물선 모양의 아치에 매달려 도로와 철도축 사이에 양다리를 걸치도록 계획되었다. 끝에 가서 그것은 1990년과 1994년 사이에 삼각형 부지에 세워졌으며(실제의 건설은 1992년에 시작되었다), 유럽 메갈로폴리스의 이상적 센터의 탄생을 재현하며, OMA 선언의 상징을 암시하는 타원형 평면을 가진다.

그랑팔레의 첫 번째 디자인에서 지붕은 로테르담의 OMA가 디자인한 역사와 같이 굴곡지며, 아가디르 계획안과 같이 공공 공간들을 포함하기에 충분할 정도로 두껍

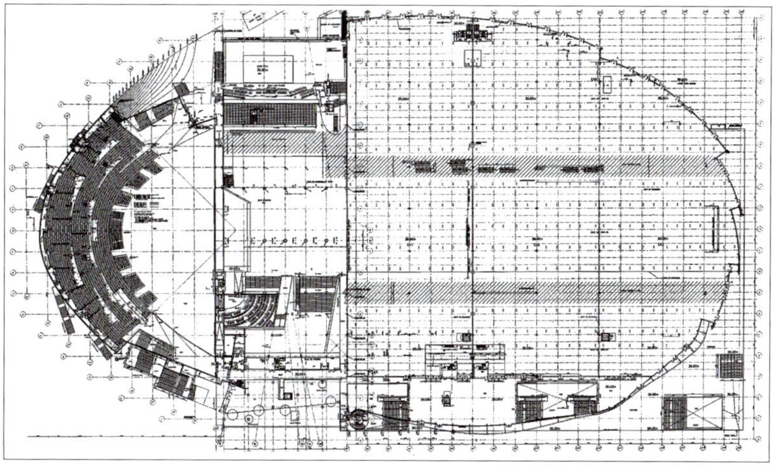

그림 251-253. 렘 콜하스/OMA, 유라릴 그랑팔레, 릴, 자바리 가, 페리페릭 대로, 1990-94, 오브 어룹과 협업. 초기 스터디 디자인; 주 레벨.

다. “크기 비교”[43]라 불리는 OMA 드로잉에서 그랑팔레와의 비교에서 여섯 개의 거대한 구조들이 보여진다: 콩코드, 보잉 747-200, 제펠린 비행선, 노르망디 횡단 여객선, 케네디 항공모함과 에펠탑, 후자는 그랑팔레의 평면을 연상시키는 타원형 프로필 속으로 주입된다. 에펠탑과 그랑팔레의 겹침은 글로브 타워의 바늘과 구체를 연상시킨다.

발몽과 오브 어룹과의 협업 하에 진행된 그랑팔레의 구조 스터디는 다른 요소들의 동시적 존재에 기초한 해결을 선호하려는 듯하며, 거의 “구조적 카탈로그”로서, 지붕은 구획들로 나뉜다: 하나는 첫 번째 무용극장에서와 같이 아치식의 외부 보로부터 케이블로 매달리며; 하나는 “채워진 한 쌍의 트러스들”로; 하나는 “공동 트러스”로; 마지막으로 또 하나는 “트러스”와 “콘크리트 버섯 구근”. 가능한 조합은 다중적이다(예를 들어 “트러스”와 “구근”, 다른 요소들의 수집들을 보여주는 “선택적 백과사전”으로 모든 방식이 가능하다). 기둥들의 패턴은 지붕을 위해 선택된 구조 형태에 따른다: “지붕은 아래 기둥의 자유로운 배치를 허용하는 트러스(고정된)로 된다”. 마지막 스케치 그룹은 둘이 모두 “늑골들”의 평행적 시리즈와 “그룹화된 많은 쉘들”로 구성된 타원형 지붕을 위한 두 가지 해결을 가지며, 비행기의 날개와 배의 선체 구조를 보여주는 “크기 비교” 속에서 비행기와 배의 존재 배후의 이유를 부분적으로 설명한다(우리는 OMA의 로테르담 “중앙역 버스 쉘”의 예를 연상해야 한다).

그랑팔레의 타원형 평면은 콜하스의 다른 기능들을 위한 평행 띠 기준을 따르자면, 암스테르담의 증권 거래소 평면과 같이, 세 개 구역으로 나뉜다: 콘서트홀이나 살르 제니스(Salle Zénith, 6,000석); 팔레 드 콩그레스(세 개 오디토리엄, 미팅과 회의실들, 사무소, 연회 지역); 세 개의 거대한 홀(“파리”, “브뤼셀”, “런던”)을 가진 팔레 드 엑스포지션, 그리고 마찬가지로 식당 카페, 상점, 미팅 룸, 사무소들. 팔레 드 콩그레스는 OMA 선언의 달걀로부터 솟아오르는 타워와 같이, 타원형 지붕으로부터 솟아오르는 프리즘이다. 건물의 타원형 경계는 안전 계단에 의해, 그리고 철로를 따라 릴의 보방(Vauban) 군사 요새와 달걀 껍데기의 파괴를 동시에 연상시키는 잘려진 선들의 프로필에 의해 간섭이 된다. 단지 살르 제니스만이 평면의 타원형 프로필로, 그것의 원형 극장 굴곡에 의해 선이 연속된다.

40) [Koolhaas/OMA], *Lille, France, 1988/1991.Centre International d' 'Affaires*,in ""El Croquis"",No.53+79,p. 350.

41) Ibid.,p.351.

42) Ibid.

43) [Koolhaas-OMA], *Congrexpo in Lille*,in ""El Croquis"",1992,No.53, p.168.

그림 254. 렘 콜하스/ OMA, 유라릴의 그랑팔레, 릴, 1990-94, 오브 어룹과 협업. 외부 전경.

그림 255-259. 그랑팔레의 살르 제니스. 전체 모습; 음향 패널; 도관들; 현관; 안전 계단.

그림 260. 아키그램, 걸어가는 도시, 1964.

"[...] 편집증 환자는－콜하스는 달리의 방법을 설명하며 썼다－전체 세계를 모두가 동일한 방향을 가리키는, 사실들의 자기장으로 바꾸어놓는다: 그가 가는 방향으로의 자기장".[44)]

주 순환 공간은 보통 같은 치수 돌로 된 벽의 이미지를 재생산하기 위해 조립되고, 때로는 달라바 주택에서와 같이 기둥들의 감싸는 열을 위해 조립되는, 장방형 목재 패널의 두꺼운 장벽과 유리의 형상을 취하며 엑스포지션과 콩그레스를 횡단하는 직선과 굴곡진 경계선 사이에서 창조된다.

그랑팔레의 각각의 세 개 구역들은 자신들의 상징적 정체성을 가진다. 록 콘서트와 다른 거대한 엔터테인먼트 이벤트들을 위해 살르 제니스는 노출되거나 붉게 채색된 콘크리트, 다른 덧댐이 없이 벽에 부착되는 장방형의 음향 패널들, 덕트 공원에서와 같이 피부 밑으로 내장 기관들을 드러내며－금속판과 금속 뼈대－빛들의 터널에 의해 중앙에서 잘리는 푸른색의 천장 들을 가지는 음악 공장과 같다. 무대 근처의 청중들을 위한 좌석의 경사진 구역은 블랙 콘크리트로 수평적인 바닥 깔기를 자유롭게 해주기 위해 낮은 굴곡벽을 향해 밀접되고 다시 밀려질 수 있는 금속과 목재 재질의 망원경식 구조를 가지며, 움직일 수 있다. 슬라이딩 커튼식 칸막이벽은 홀의 크기를 줄일 수 있게 한다. 발코니로 접근되는 계단실은 금속재 구조로, 결착재들을 통해 홀의 경사진 철근 콘크리트 슬래브에 부분적으로 부착된다(에이-플레인의 발코니에서 이미 보였던 해결책). 금속재의 동물 형태와 같은 안전 계단은 아키그램의 걸어가는 도시의 움직이는 기둥들과 비슷하게, 길게 벌려진 다리들로 경사지는 원통형 기둥들 위에 놓여진다.

44) Koolhaas, *Delirious* cit., p. 201.

T5

팔레 드 콩그레스에서 두 개의 거대한 경사진 철근 콘크리트 슬래브는 1600년대와 1700년대 프랑스 전통의 유산과 같이, 기념비적인 계단실의 빈 공간으로 분리되는 두 개의 방–살르 유로탑과 살르 파스퇴르–을 얻기 위해 분할 벽으로 나뉘어진다(두 개의 기둥들은 중앙의 빈 공간을 관통하는 램프를 동시에 지지하기 위해 기울어진다).

계단과 랜딩을 형성하는 목재 단편들의 얇은 켜는 계단실의 연속적인 경사 슬래브들 위에 위치한다. 목재는 자신의 표피로부터 떨어져 있는 덮개, 혹은 값비싼 카펫과 같이 분리되어 적용된다. 살르 유로탑은 마치 휘어져 있듯이 벽과 천장 위에 경사진 연속적 띠들로 정렬된 소나무 패널들로 완전히 덮여있다–장식 판자(*boiseries*)로 패널링된 방과 같이 목재의 강한 향기가 있다. 좌석 배열의 디자인은 타원형 극장의 평면을 분할하고 그것을 불규칙한 사다리꼴 배치 속으로 주입하고, 다양한 역사적 사례들의 평면으로부터 들어 올려진 구역들을 질문되는 장소의 평면 속으로 주입함으로써 건물이나 부지의 가능성을 연구하는 OMA의 일상적 실습을 반영함으로써 얻어진다. 같은 방식으로, 공기 조화 시설과 스포트라이트, 다른 기술적 장치들의 개구부들은 패널들의 동일한 패턴을 고려하지 않고 천장 속으로 잘려진다.

살르 파스퇴르에서 검정 색으로 칠해진 벽은, 몰리노(Mollino)와 니마이어의 작품에서 그러하듯이, 패딩 벽의 초현실적 효과를 창조하며 하늘색의 음향 패널들로 만들어진 경사진 벽으로 덮음으로써 대조를 이룬다. 살르 보방에서 폴리카보네이트 패널들은 벽과 천장을 구성하고 물리적인 설비 요소들의 희미한 번쩍임을 제공하며 인공적 빛을 필터링 해준다. 또 다른 벽은 노출 유리솜 패널들로 완전히 덮인다(그것

그림 261-264. 렘 콜하스/OMA, 유라릴 그랑팔레, 릴, 1990-94, 오브 어룹과 협업. 팔레 드 콩그레스: 계단실, 살르 유로탑, 살르 파스퇴르, 살르 보방.

들은 더 낮은 부분에서는 관객들과 직접적으로 접촉하는 가운데, 보통의 폴리카보네이트 패널들로 보호된다).

팔레 드 콩그레스의 상부 레벨의 끝 부분은 살르 잔느 드 플랑드르, 즉 대리석 무늬의 효과를 위해 그늘 속으로 적용된, 바닥 위의 합성 황록색 페인트로 칠해진, 파노라믹 테라스로 개방된 거대하고 통일된 공간을 포함한다; 천장은 달라바 주택이나 무용극장의 현관 복도에서 그러하듯이, 공간의 압축되는 동시에 팽창되는 인상을 위해 기울어진다(거기서 기울어진 벽은 비슷한 공간적 효과를 만들어냈다).

팔레 드 엑스포지션은 패널들에 의해 세 개의 띠들로 분할될 수 있다. 금속제의 벽기둥들은 15×24 미터의 스팬으로 구성되고, 상부에 원형의 단면을 가지며 기초에서 2 미터의 부분을 위한 십자형 단면을 가진다. 이 기둥들의 공동은 지붕의 상부에 설치된 장비들과 함께 공기 조화를 위한 도관으로 이용되며, 공기는 하부의 십자형 부분을 감싸는 원통형 그릴로부터 나온다. 록펠러 센터의 RCA 빌딩 홀의 기둥들 역시 내부에 설치된 공기 조화 출구들을 가진다(홈 속으로 주입되는 덕트들로써). 주 보의 높이를 한정하기 위해, 위쪽으로 밀어붙이는 거더들의 끝부분으로 정착되는 하나의 결착재와 두 개의 수직적 지주를 통해 아래로부터 두 개의 이중 T 자형 거더들이 보강된다—"보문"(poutre tirante)이 오브 어룹의 구조 드로잉에서의 결정이다.[45] 복합적인 두 번째 보들은 천장의 형태적 자질을 통합하기 위해, 가늘게 용접된 금속 부분들과 목재 보드들의 거대한 하부 날개들로 만들어진다. 이 보들은 가득차

45) Balmond, *Informal* cit., pp. 294, 295.

그림 265-270. 렘 콜하스/OMA, 유라릴의 그랑 팔레, 릴, 1990-94, 오브 어룹과 협업. 팔레 드 콩그레스: 살르 잔 다르크. 팔레 드 엑스포지션: 홀, 전시 홀, 공동 기둥, 천장 보들.

고 비워지는 띠들을 반복하는 천장을 창조하는 방식으로 서로 서로에 밀접하게 올려지며, 거기에서 비워진 구역들은 화재시 연기를 막는 역할을 한다. 구조의 브레이싱은 쿤스트할에서와 같이 홀을 침범하는 대각선이거나 십자형의 기둥들과 지붕 위로 돌출되는 기둥들의 끝에 정착되는 결착재들 속에서 단편화된다.

쿤스트할에서와 같이, OMA와 오브 어룹은 구조 시스템의 단편화를 통해 작업하며 비대칭적이며, 복합적이고, 혼성적인 해결책을 추구한다. "브레이싱의 어떤 부분들—발몽은 설명한다—은 지붕의 더욱 흥미로운 패턴을 위해 생략되었다. 보통 연속성의 이러한 파괴는 가능하지 않았을 것이다. 여기서는 발생하는 축력의 수직적 이동을 허용하기에 충분할 만큼 강한 기둥의 장점이 취해졌다. 기둥 단면 내의 국부적 휨을 통해, 안정력이 지상 레벨과 지붕 사이의 대각선 지주들 속으로 끌어내려졌다. 이 브레이스들은 주 기둥들의 크기에 맞는 거대한 직경의 관들이었다".[46]

경사진 구역들을 포함하는, 주름진 폴리카보네이트와 얇은 알루미늄 패널의 외피의 구불거리는 디자인은 떨림으로 움직이는 피부와 같이 그것들에 거의 유기적인 움직임을 주기 위해 이 재료들의 특성을 확실히 이용한다. 이것들은 압력에 의한 변형을 위해 콜하스가 처음으로 경험한 이상적인 탄성적 포장 주제이다. 이 포장은 거대한 나선형 계단 근처에서 단들의 램프를 둘로 자른다. 거대한 단들은 그러므로 내부와 외부의 부분으로 나뉘어져 외피가 쿤스트할의 오디토리움의 커튼과 같이, 나선형 계단 주위로 감싸질 수 있다는 인상을 전달해준다.

46) Ibid., p. 301.

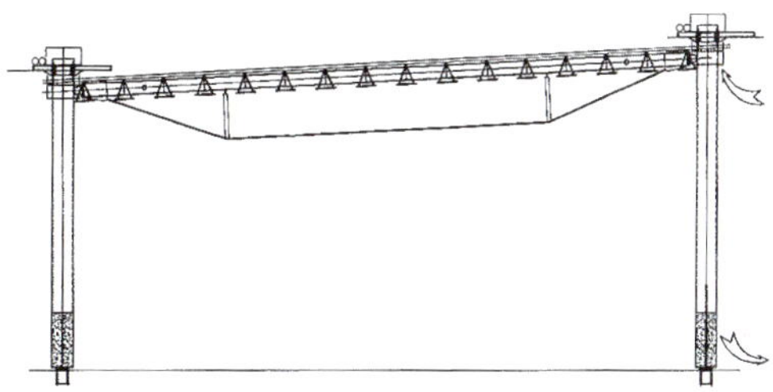

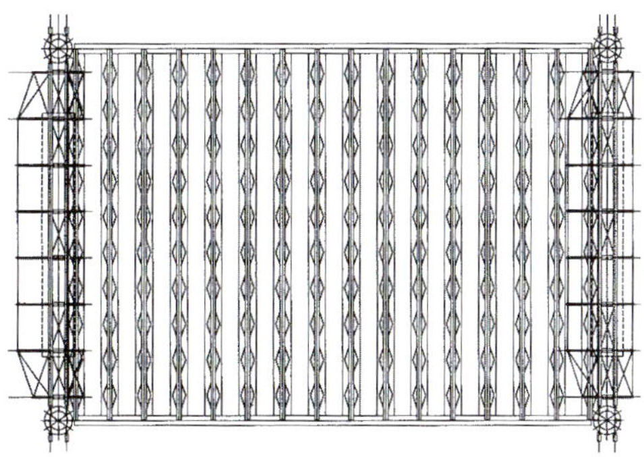

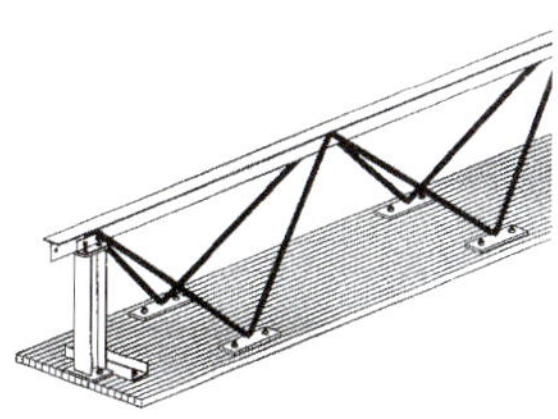

노출 콘크리트는 지하 주차장과 팔레 드 콩그레스, 살르 제니스의 구조들을 포함하는 지하의 기둥들 뼈대를 형성한다. 그것은 커튼의 은유를 확인하기 위해 거대한 회전 계단에서 주름진 폴리카보네이트 패널로 만들어진 주형틀 속으로 부어진다. 대신, 살르 제니스의 굴곡진 슬래브의 안쪽 만곡면 속에서, 콘크리트는 주형틀의 장방형 패널들의 거친 방사형 배치로 만들어지는 간격들을 채움으로써 얻어지는, 다른 두께의 양각 선들의 패턴을 형성한다. 지하의 콘크리트 벽의 외부 면들과 살르 제니스의 굴곡진 벽들 위로는 유기적 외피나 껍질의 효과로, 달라바 주택의 단에서와 같이, 대각선으로 올려지며 마주보는 석재 슬래브를 모방하는 패턴으로 짙은 회색 켜의 시멘트가 형성된다.

팔레 드 콩그레스와 살르 제니스에서 어떤 철근 콘크리트 슬래브는 쿤스트할의 나선과 같이 다른 레벨들에서 연속적 표피를 한정한다. 이 전반적 표피 위로 나무 판들로 만들어진 작거나 더 큰 계단들의 윤곽을 형성하기 위해 금속제 프레임들이 위치한다. 그러므로 방문객은 종종 오래된 주택의 나무 바닥이나 서커스의 구조같이 삐걱거리는 표피 위를 걷게 된다. 철근 콘크리트 슬래브와 판재 사이의 공간에는 공기 조화와 조명 시스템을 위한 도관들이 배치된다.

음향과 단열을 위한 패널들은, 콜하스에게는 데팡스와 프롱 드 세느, 로테르담과 베를린의 공터, 도시적 경계들을 포함하는, 동일하게 개발되지 않고, 인정받지 못한 세계의 단편들인 더욱 기술적인 건물 재료들—로테르담 주택과 생 클로드에서의 목재 패널들과 플라스틱 스크린 같은—에게 조차 표현적인 영향을 부여하기 위해 노출된 채로 남겨진다. 일련의 여섯 개 검정색 PVC 관들이 팔레 드 콩그레스의 홀을 가로지른다: 그것들은 지붕으로부터 빗물을 흘려 내리기 위한 홈통들인데, 그것은 후기 르 꼬르뷔제의 무모한 도급업자나 제자들이 그런 식으로 신경과민적으로 설치를 하려 했던 것일 뿐이다. 그것은 콜하스가 정크스페이스(Junkspace)의 개념으로 공식화하려 했던 이런 재료들을 유용하는 방식을 배경으로 했다. 살르 제니스에서와 같이, 목재 패널들의 천장에서 콜하스는 "하부구조의 잠재의식"[47]—구축 기술에서의, 문의 나무 판들 사이의 두 개의 작은 구멍을 통해 힐끗 보이는 뒤샹의 「에땅 도네」(*Etant donné*)의 개념적 디오라마에 대한 해석—을 노출하며, 슬래브에 매달린 기술적 기관들의 힐끗 보임을 제공하기 위한 거대한 원형 개구부를 만든다. "벌려진 접합부—콜하스는 「정크스페이스」(*Junkspace*)에서 쓴다—는 천장의 넓은 빈 공간(석면의 이전 협곡?), 거슬리는 보들, 배관, 밧줄, 케이블, 단열재, 방화재, 끈 들을 노출시킨다; 뒤엉킨 배치물들이 주광에 갑자기 노출되어, 매우 불결하고, 뒤틀리고, 복

그림 271-274. 렘 콜하스/OMA, 유라릴의 그랑 팔레, 릴, 1990-94, 오브 어룹과 협업. 외부 전경; 팔레 드 콩그레스; 홀 천장의 파사드와 디테일.

그림 275-276. 마르셀 뒤샹, 「에땅 도네」(Etant donné), 1946-66.

잡하여 그것들이 단지 결코 고려되지 않았기 때문에 존재하듯이 나타난다". [48)]

팔레 드 콩그레스의 대 계단의 경사진 벽을 덮는 광택 나는 스테인리스 스틸판은 피라네지적 버전에서와 같이 반영되는 이미지들을 왜곡시킨다(이것은 또한 니마이어의 일련의 작품들을 연상시킨다). 비슷한 효과가 팔레 드 콩그레스의 커튼월에서 불규칙한 형태와 크기의 유리 패널들에서 얻어진다. 서로 다른 각도로 설치됨으로써 이 유리판들은 처칠-플레인의 경우보다 훨씬 더 급격하게 풍경의 반사되는 모습을 깨뜨린다. 각각의 유리판들은, 달리가 꿈꾸었던 동정녀 마리아의 승천에서 위에서 아래로 던져진 완두콩들에서 일어났던 것과 같이, 풍경의 단일한 단편을 반사하는데, 달리의 작품에서는 성모 마리아의 이미지가, 달리가 콜하스가 인용한 문구에서 설명하듯이, 각각의 완두콩이 "전체 이미지의 단지 작은 부분"만을 기록하는 방식으로 투사될 것이었다. [49)] "[...] 그것은 확장을 가능하게 하고, 방향감 상실을 추진하는 어떠한 책략들(거울, 광택, 메아리)도 포함시키는 어떠한 발명도 활용한다", 라고 콜하스는 정크스페이스에 관해 쓴다. [50)] 이러한 원근에서, 투명한 폴리카보네이트 패널들로 만들어진 많은 표피들은 불확실한 경계들을 가진 이상적 깊이를 얻으려 획책하는 듯이 보이는데, 그것은 현대에서의 알베르티의 전주곡(*opus affictum*)이라 할 수 있다. [51)]

47) Koolhaas, *Delirious* cit., pp. 234, 235.
48) Koolhaas, *Junkspace* cit., p. 20.
49) Koolhaas, *Delirious* cit., p. 202.
50) Koolhaas, *Junkspace* cit., p. 17.

그림 277. 히에로무스 보쉬의 제자, 「달걀의 연주회」(*Le concert dans l'oeuf*), 16세기, 뮤제 드 보자르, 릴.

그림 278-279. 렘 콜하스/OMA, 쿠어트라이를 위한 도시 계획, 1990.

그림 280-281. 렘 콜하스/OMA, 라 데팡스 도시 계획을 위한 현상설계. 파리, 1991.

그랑 팔레는 암스테르담 증권거래소와 같이, 비록 더 이상 비올레 르 뒤크와 젬퍼의 법칙들에 기초하지 않고 초현실주의의 편집증적 비판 방법에 기초할 지라도, 베를라헤의 작품에서와 같이, 재료와 그것들의 배치의 선택이 계속해서 상징적 힘에 의해 움직이도록 되는, 의도적으로 덜 유혹적인 작품이다. 철로와 도로, 고속도로의 비정형적 도시 풍경 속에서, 그랑 팔레는 대지 위에 우연히 착륙한 듯이 보인다; 그것은 정확히 불가사의와 같이, 어떤 건축이나 조각도 닮지 않는다; 만약 무엇이라도 있다면, 그것은 큰 거북이나 아키그램의 거대한 기계적 장치와 같이, 한 순간에서 다음 순간으로 서서히 움직일 수 있다는 인상을 줄 뿐이다.

1994년 릴의 뮤제 드 보자르를 방문하는 동안, 발몽은 히에로니무스 보쉬(Hieronymous Bosch)의 무명의 제자가 그린 그림, 「달걀의 연주회」(*Le concert dans l'oeuf*)에 감탄을 보내기 위해 멈춰서, 그랑 팔레가 "릴에 최근에 낳은 또 다른 이상한 종류의 달걀"[52] 이라고 언급함으로써 그의 반향을 결론지었다.

유라릴과 동일한 스케일의, 그리고 거의 동일한 시기의 다른 계획안들에서, 1977-78년에 발표된 "'풍부한 디테일'의 새로운 세대" 이후, 콜하스가 어떻게 「광기의 뉴욕」에서 개괄된 "은유적 계획"의 아이디어에 실체를 가져다 줄 수 있는 "도시적 재료의 새로운 세대"[53] 를 찾았는지를 보여주며, 은유적인 OMA 언어의 요소들이 돌아온다.

"흐름의 도시"(Stad aan de Stroom)라 불리는, 1989년 안트베르프를 위한 현상설계에서, 그리고 네덜란드의 세 개 부지를 위한 1991년의 계획, "트랜스페리아"(Transferia)에서OMA는 평행적 고리와 띠들의, 그리고 사무소 도시에서와 같이 건축적 형태들을 양산하는 고속도로 형상들의 기능적 섬들의 군도 시스템으로 실험을 계속했는데, 그것은 안트베르프 계획에서 또한 기념비적인 플라스틱 압출성형을 만들어낸다("돌고래"로 알려진).

릴 근처의 달걀 형상의 광대한 구역인 쿠어트라이 구역("Hoog Kortrijk")의 도시 계획을 위한 1990년의 현상설계에서, OMA는 그랑 팔레와 유사한 연구를 발전시키며, 그 자체의 상징이, 그것으로부터 볼륨이 나타나고, 반면에 「엑소더스」의 띠와 「믈룅-세나르」 굴곡과 같은 띠가 뱀과 같이 미스식의 건물들을 가지는 대학 캠퍼스로 되는 물결치는 표피로 부분적으로 덮이는 것으로 본다.

파리의 데팡스 구역 계획을 위해 콜하스는 1991년의 현상설계－"거대 축 임무"(Mission Grand Axe)－를 위한, 자연적 노후 과정에 기초한 건물들의 점진적 붕괴로부터 기인하는보이드의 창조를 제안했다. 대략 30년간, 이 과정을 통해 광대한 영역이 힐버자이머와 맨해튼에 직접적으로 영향을 받은 그리드 모델에 따라 계획되도록 얻어질 것인데, 그것은 「중단 없는 도시」(*No-Stop City*)의 경우에서와 같이, 자신들의 진행의 임의성에 의해 결정되는 파괴된 선들의 경계를 창조하며 붕괴의 단계로 확장되어 나간다. OMA의 계획안은 일종의 「보와쟁 계획」(*Plan Voisin*)으로, 그것은 르 꼬르뷔제의 갑작스런 백지 상태가 없이 나타나 「엑서더스」의 띠와 같이 서서히 자라난다: 그것은 "도시-군도"

51) Cf.Roberto Gargiani, *Principi e costruzione nell' 'architettura italiana del Quattrocento*, Rome-Bari, Laterza, 2003, pp. 208-12.

52) Balmond, *Informal* cit., pp. 185-87. 발몽이 뮤제 드 보자르에서 본 그림과 보방의 모델에서 달걀을 비유한 것은 의미가 있다: "그 그림은 기이하고 매혹적이며 광적이다. 그들은 달걀 속에서 그것이 그들의 신발 위에 놓여졌다는 것을 발견하고 시간을 내어 음악회를 열고 있는가, 아니면 그들은 갑자기 전체적으로 만들어진 유동체의 현현, 일종의 찬양의 종류로 변형되는 달걀의 잠재성인가? 그 반향은 1671년 보방의 마스터플랜과 히에로니무스 보쉬의 깨진 달걀보다 더 좋을 수 없다" (ibid.). "최상부의 켜－OMA는 그랑 팔레에 대해 쓴다－지붕은 거의 완벽한 타원형을 가지는데, 그것은 중심을 향해 더 낮다. 천장은 건물의 형상이 전체적으로 보이지 않고도 상상될 수 있는 방식으로 원근에서 명백해진다" (www.oma.nl).

53) Rem Koolhaas, *City versus Periphery*, cit. in Daniel Guibert, *OMA dans la périphérie*, typewritten manu-

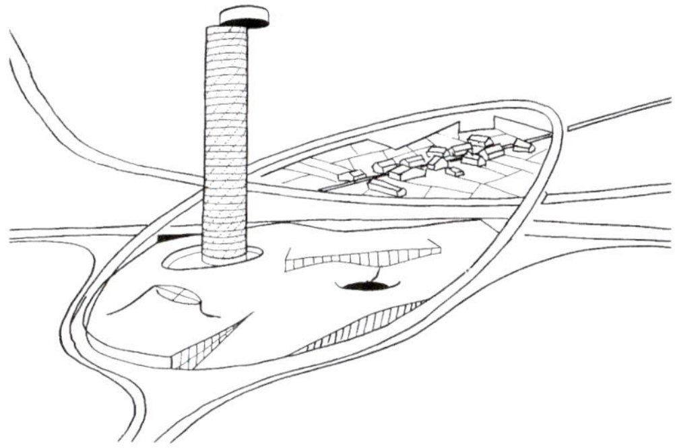

의 이론적 틀 속에서 공식화 된, 베를린의 비기능적 부분들의 붕괴에 대한 웅거스의 가설을 반영한다; 그것은 장방형의 블록 속에서, 때때로 매혹적 시체의 기준을 따라 조합되는 건물 유형들 그룹핑의 어마어마한 다양성—이것은 또한 콜하스가 웅거스의 건축에서 진가를 인정하는 자질들 중의 하나에 기초한다—을 포함한다.[54] 「보완쟁 계획」과 「엑서더스」, "도시-군도"와 같이, 새로운 그리드는 낭트르(Nanterre) 대학과 공원과 같이, 일시적 붕괴에 최소한으로 종속되는 도시와 지역적 조직의 부분들을 안주시킨다. "우리가 일단 모든 근대의 건물들의 존재가 고도로 불안정하다는 것을 받아들인다면—콜하스는 쓴다—근대적 존재 자체는 보이지 않는 백지상태의 논리를 따른다는 것이 명백해진다. 단순히 그 자체를 나타내기 위해 그것의 존재 모드를 기다리는 것—요즘에는 매우 하기 힘든 일인—만으로 충분하다".[55]

script, Ministère de l' 'Equipement, du Logement, des Transport et de la Mer, undated, p. 49.

54) 1992년에 반 베어켈과 보스, 크리스티안제(Christiaanse), 네우텔링스(Neutelings), 웨스트 8(West 8), 라이트(Light) 등과 함께 발전시킨 암스테르담의 에이-우베어스(IJ-Oevers) 마스터플랜은 마찬가지로 밀집 문화에 기초해, 세 개 그룹 내에서 교화된 블록들의 집중을 요구하는데, 그것들 중 가장 큰 것은 도로, 중정, 돌출부들을 포함하도록 조각되는 조각적 매스로 간주된다.

55) Rem Koolhaas, *Paris La Défense*, in ""Archis+"", 1991, No. 107, p. 110.

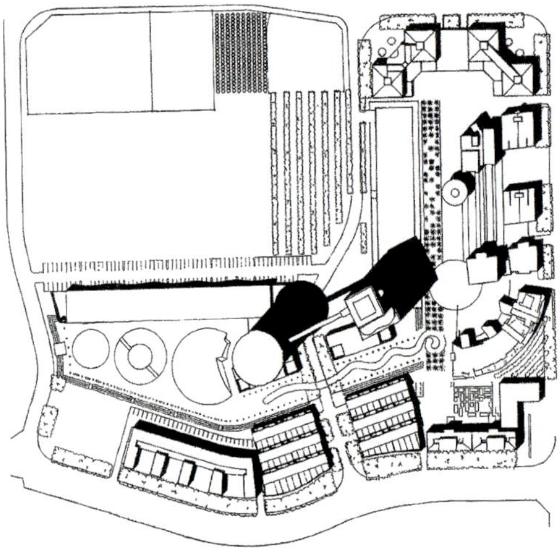

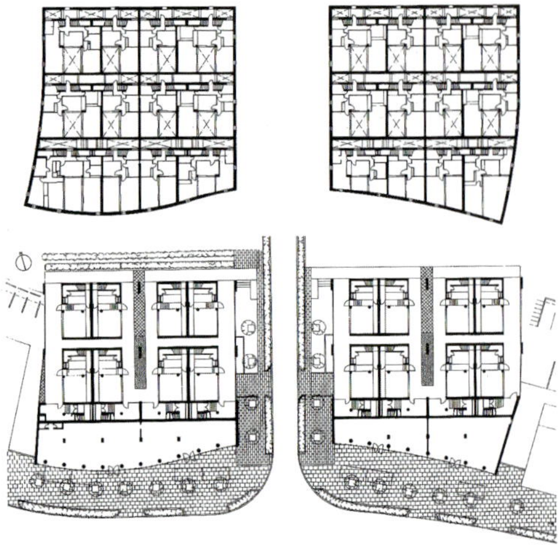

그리드의 블록의 크기를 위해, OMA는 세르다(Cerda)의 바르셀로나, 맨해튼, 파리 지역의 신도시와 르 꼬르뷔제의 빛나는 도시(Ville Radieuse) 등의 사례를 조사했다; 그것은 또한 블록 속으로의 주입을 위해 주거를 위한 건물 유형("빌라", "단일 주거"(unité), "띠 주택"(maison en band), "순회용 주거"(tour de logement))와 사무소 유형("바"(bars), "형태"(forms), "안뜰"(cour intérieure), "사무소 타워블록"(tourb de bureaux)) 들을 조사했다. 힐버자이머와 맨해튼의 도시와 유사한 블록 형태를 선택한 후, OMA는 각각의 블록을 다른 유형학적 그룹핑을 통해 구축하는 가능성을 보여주었다. "이 그리드의 편재성-콜하스는 썼다-은 동질적 밀도를 함축하지 않는다; 오히려 이 시스템은 매스와 보이드 사이의 공존을 정형화 시키는 데에 사용된다". 그러므로 라 데팡스는 맨해튼의 모델에 기초한 가능한 파리 개발을 위한 배아로 된다.

"이 근본적 역설을 해결할 수 있기 위해-이미 선행되었던 것을 계속 능가해야 하는 사회의 책임감과 모든 것을 새로 시작하는 것의 불가능성-우리는 이 현상설계를 백지 상태와 유토피아의 신화를 넘어서고 명백한 경제적 현실을 새로운 개념으로 해석하게 될 근대 도시계획의 전략적 형태 속에서 도시 재생의 결정적 매스를 상상하는 것이 당연히 가능하다는 것을 보여주는 데에 사용했다".[56)]

일본의 항구 도시인 후쿠오카에서 1991년 이소자키와 콜하스가 마련한 마스터플랜에 기초해 후쿠오카 지쇼 회사가 추진한 작업의 맥락 속에서 "넥서스 월드"라고 불리는 24개 주거의 단지가 지어졌는데, 그것은 도로에 의해 분리되어 오사무 이시야마(Osamu Ishiyama), 오스카 터스켓츠(Oscar Tusquets), 크리스티안 드 포잠팍(Christian de Portzamparc), 마크 맥(Mark Mack), 스티븐 홀(Steven Holl) 등이 디자인한 다른 주거 건물들을 따라 배치된다. OMA 건물 유닛들은 다시 쿤스트할이나 제브뤼헤 터미널의 기준을 따라 도로에 의해 분리된 두 개의 상자 내로 주입된다. 상자들의 굴곡진 측면은 이소자키가 디자인한 타워들로 이끄는 도로의 시작을 가리키며, 스티븐 홀과 마크 맥의 건물로 연결된다. 그랑 팔레에서 공사 중인 것과 같이 생긴 높은 검정 띠의 콘크리트는 주거의 밀도 높은 그룹핑을 감싸며 단안중적으로 매달린 외피 벽을 창조한다. 아파트들은 파티오(침실 구역) 주변으로 다층 레벨로 구성되며, 물결 모양 지붕의 단면으로 인해

56) Ibid.
57) Rem Koolhaas, *Case di abitazione a Fukuoka (Giappone)*, in ""Domus"", 1991, No. 730, (pp. 33-43, XXI, XXII), p.XXI.
58) "베를린 벽의 그늘 아래에 있는 초기의 안과 같이-콜하스는 1995년에 썼다-계획안은 로마다움-예를 들어 폼페이의 단면들은 주택들이 결코 오브제들로 되지 않는 연속적 태피스트리를 형성한다-과 개별적 중정 주택들이 블록을 형성하도록 통합

그림 282-284. 렘 콜하스/OMA, 넥서스 월드 하우징, 후쿠오카, 1991, 마에다 주식회사와 협업. 배치도; 이층과 지상층 평면; 전경.

상부 층(주간 구역)에서 하늘로 개방된다.

"블록으로부터 탈출하여 벽체들은 주거들의 떠 있는 지붕 선들이다", 콜하스는 봄프에스의 타워들[57] 과 같이 초현실적 운동을 연상시키며 설명하는데, 그것은 곧 단단함과 부드러움 사이의 텍토닉한 대비로 변형될 것이었다. 아파트의 디자인은 미스와 힐버자이머의 파티오 주택 조직으로부터 폼페이의 조직에 이르기까지 콜하스가 선호하는 다양한 모델들을 조합한다.[58]

두 개의 블록들은 여섯 개의 부분들로 분할되어 각각은 다른 크기의 두 개 플랫들을 포함한다. 공간들은 두 개 블록들 사이에서 도로와 평행하게 되는 동일한 길이의 열 개 띠들로 구성되는 직각의 기하학적 그리드로 구성되며, 두 개 크기의 아홉 개 띠들에 의해 다른 방향에서, 순환, 서비스, 환기, 조명 등의 공간들을 위한 다른 두 번째 띠들로 분할된다(엄격한 기하학적 질서는 박스들의 측면의 물결 모양 윤곽으로 인해 서로 다르게 된다). 두 개 블록의 굴곡진 끝부분의 지상 레벨은 공공 공간으로 따로 확보된다(아트 갤러리를 포함하여). 주거용 유닛들은 순환과 서비스 공간들을 위해 사용되는 지상 층 위로 솟아오르며(각각의 유닛들은 또한 선의 전통과 같이, 자갈들의 정원을 가진다), 파티오 주위로 감싸며(야간용 구역), 물결 모양 지붕의 기울어진 단면으로 인해 상부 레벨 위에서 주간 구역 속에서 하늘을 향해 개구부가 생기는데, 그것은 이중 볼륨의 공간 효과를 창조한다. 게스트 룸들은 거실 층보다 약간 낮은 레벨에 위치한 파빌리온들로 디자인되어 테라코타의 외피를 가진 무정형의 모자들로 덮이고, 그 곳에서는 이상적 풍경의 작은 언덕을 형성하며 식물들이 자랄 수 있다. 물결 모양 지붕의 더 높은 지점에는 닿기가 힘든 발코니들이 주입되어(무엇보다도 창을 닦기에 유용한) 다른 은유적 공중 플랫폼을 한정하여 콜하스의 전형적인 조각적 취향을 유지하며 유닛들의 내부로 관통된다.

마감 재료들은 다른 "공간적 조건"과 "텍토닉적 대비"를 얻기 위해 선택된다, 콜하스가 설명하듯이: "폐쇄 vs 폭발, 친밀 vs 개방, 공공 vs 개인, 높음 vs 낮음, 거칠음 vs 세련됨, 어두움 vs 빛, 구체성 vs 추상".[59]

되는 미스 반 데어 로에의 비슷한 실험들의 혼합을 실험한다. 근대 건축의 원심적 실체는 도시적 형태를 만들어내기 위해 응축된다" (OMA, Koolhaas, Mau, op. cit., p. 86).

59) Koolhaas, *Case di abitazione* cit., pp. XXI, XXII.

홀텐(Holten)의 헤를링스(Geerlings) 주택, 미끄럼 평면의 은유

그림 285-287. 렘 콜하스/OMA, 빌라 헤를링스, 홀테베르그 로 1/a, 홀텐, 1992-93, 오브 어룹과 협업. 상부와 하부 레벨 평면; 오브 어룹의 지붕 스터디.

네덜란드의 키 큰 소나무들을 가진 예외적으로 언덕 같은 풍경 속에서 1992-93년에 지어진, 헤를링스–흐로닝헨에 건물들을 디자인하기 위해 OMA에 일감을 주었던 회사의 주인–를 위한 주택은 존슨 주택 이후에, 아직도 판스워스 주택의 다른 버전도 아니며, 빌라 사보아의 또 다른 버전도 아니다. 그것은 도미노 스켈턴으로부터 유리 표피에 이르기까지 그것의 요소들이 국제주의 양식 내에서 자신의 원래 의미들을 붕괴시키는 은유적 서사를 위해 사용될 때, 현대의 건축 시스템의 아직 실험되지 않은 가능성을 탐구하는 작업이다.

그 주택은 장방형 평면의 두 개 유닛으로 구성된다. 상부 레벨은 부모를 위한 공간이고 하부 레벨은 부분적으로 지면 아래로 내려가 딸들이 방문할 때 그들을 위한 공간이다. 장방형 평면들은 뉴욕 마천루의 기준층 평면과 같은데, 그것은 콜하스가 다시 연구를 재개한 것이다. 어떤 손님도 없을 경우에 비워짐의 인상을 피하기 위해 둘로 나눠어지는 주택의 프로그램은 더블린의 수상 관저 프로그램과 유사하며, 작품의 상징적 주제로 된다. 부모의 유닛은 유리로 경계가 지어져 자동차 접근로를 제공하기 위해 영역 속으로 파여진 고리형 차로 위로 풍경 속에서 매달린다. 딸들의 유닛은 석조 외피 내에 있으며, 지상에서 후퇴된다. 두 개의 유닛들은 동일한 폭을 가지지만, 상부에 유리 볼륨을 가진 지하실과 같이, 쌓여지지 않고 일렬로 정렬되어 수평적으로 이동함으로써 딸들의 유닛을 의존적으로 만드는 동시에 단순한 중량-경량 시퀀스를 깨뜨린다.

딸들의 유닛은 홀텐의 영역 속으로 선큰된 「엑서더스」의 단편 같이 보인다–콜하스의 정의를 따르자면, "내향화되고 지면에 놓여진 딸들의 모델", 혹은 "감싸진 벽".[60] 그것은 긴 벽체들로 형성된 서로 다른 폭의 평행 띠들로 구성된다. 침실들의 파티오[61]는 도시적 회랑과 같이 크기가 이루어지며, 그것들의 포장은 보행을 어렵게 만드는 돌들로 된다; 그것들은 후쿠오카의 단지와 같이 동양적 정원이다. 욕실들

60) [Koolhaas-OMA],*A Dutch House*, in ""El Croquis"",No.53+79,p.286.

61) Ibid.

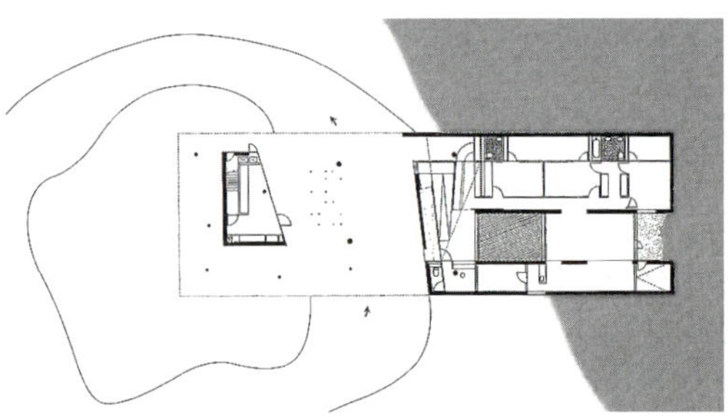

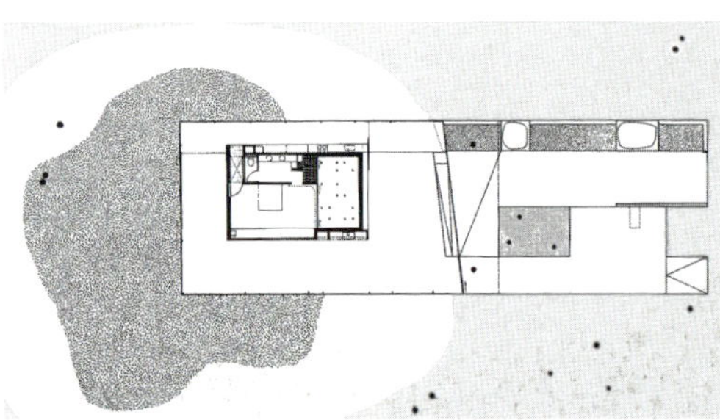

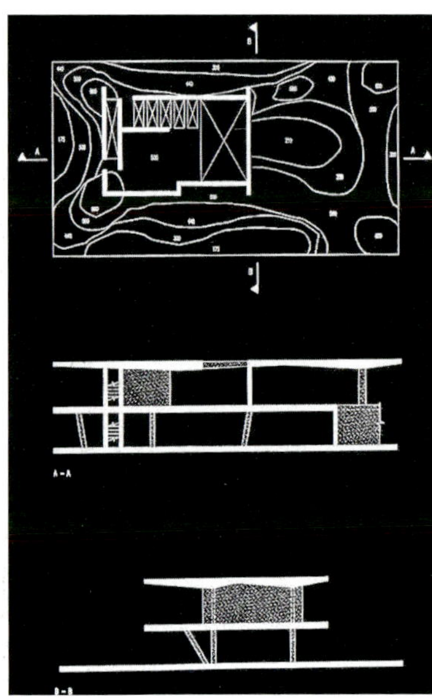

그림 288, 290-291. 렘 콜하스/ OMA, 빌라 헤를링스, 홀테베르그 로 1/a, 홀텐, 1992-93, 오브 어룹과 협업. 전경.

그림 289. "개구리 뛰기 철도(Leap Frog Railway)", 루나 파크, 코니아일랜드, 뉴욕(렘 콜하스, 「광기의 뉴욕」, 1978 발간).

은 빗방울을 직접적으로 잔디밭으로 향하게 해주는, 지붕 내의 얇은 흰색 폴리에스터 패널로 조명이 된다. 거실은 수평적 창의 창조를 가능하게 하며, 거대한 유리창이 있는 영역 속으로 잘려지는 가파른 풀로 덮인 램프로 인해, 들어 올려진 정원[62]으로부터 빛을 받게 된다(주방은 잔디밭과 같은 높이에서, 주위 벽 속으로 직접적으로 잘려지는 개구부를 가진다). 평지붕의 한 구역의 목재 판재들은 이 유닛에 언덕 위에 좌초된 난파선의 특성을 가져다준다.

패딩으로 덮이는 경사 벽을 가지며, 그랑 팔레의 거대한 계단과 같이 삐걱거리는 나무 구조를 가지는 램프를 올라가면, 달라바 주택과 유사한 루트를 따라 그늘에서 빛으로 지나가며 부모 유닛의 파노라마식 플랫폼에 다다르게 된다.[63] 부모의 유닛은 벽들—벽체 상자로 변형되는 감싸는 벽—로 둘러싸이며, 자기 포함적 상자가 주입되는 "유리 상자" 혹은 "결정화된 용기(crystallied container)"[64], 심지어는 "내부의 내실(Inner Sanctum)"[65] 이다. 이 폐쇄된 상자는 침실, 욕실, 파티오를 포함하며, 서비스 계단의 수평적 문으로 기능하는 도개교를 통해서만 다다를 수 있다. 그 벽들 속에 가구들로부터 물리적 설비들에 이르기까지 기능적 기관들과 구조들이 주입되어 그것을 미국 마천루의 기준층의 핵과 유사하게 만든다. 그것의 위치는 좁은 주방으로부터 넓은 거실에 이르기까지의 전통적 방들과 같이, 다른 크기의 띠들의 연속 속에서 유리 상자의 "자유 공간(Space Free)"[66]에 형태를 주는 방식으로 계산된다. 자유 공간, 이제 띠들의 배치, 쌓여진 방들의 개념의 흔적은 유리 주택의 미스식 시리즈의 범주에만 명백하게 맞는 유리 상자를 만들어낸다. 외피는 또한 유리 패널들의 치수가 창들의 리듬으로 다른 파사드를 만들어내며 장소들의 시퀀스를 따르기 때문에(주방을 따르는 좁은 패널들로부터 거실 부분의 더 큰 패널에 이르기까지), 그것을 미스식의 혈통으로부터 떨어뜨려 놓는 특성을 가진다. 식당 테이블 옆의 두 개 유리 패널들은 열려질 수 있다; 퀼트와 같은 패턴으로 배열된 검정색 인쇄물들은 이러한 다양성의 리히텐슈타인(Lichtenstein)과 같은 신호를 제공하며, 반면에 인접한 영역은 유리 상자를 그 자신의 표류로 포기하도록 조장하려는 듯이 들어 올려진다. 커튼들은 또한 실내의 차별화된 자질을 제안한다: 주방 패널들의 앞은 화려한 핑크색 실크의 여성적 베일, 반면 다른 쪽 면의 자동 메커니즘을 가진 금속제의 외부 블라인드는 남쪽 창의 태양으로부터 차광을 제공한다.

62) 그것을 장식하는 세 개의 나무들은 콜하스 자신이 심은 것이며, 일본식 정원의 돌들과 같이 그것들은 아마도 상징적 가치를 가진다(헤를링스 가문은 세 명의 딸들을 가지며, 정원은 그들 유닛의 일부이다).

63) 램프는 딸들 유닛의 외부 띠들 사이에서 잘려지며(욕실과 파티오를 가지는 띠와 주방을 가지는 띠) 두 개 유닛들에 걸쳐서 위치한다: 그것은 목재 구조로 만들어지며, 그러므로 두 개 유닛들에서 사용되었던 주요 구조와는 다르다. 그것의 측면은 각이 졌지만 반사가 된다(그것들은 이등변 삼각형을 형성하며 빌라의 주위를 넘어서 위치하는 지점에서 한 점으로 수렴된다). 램프의 첫 번째 확장의 측면은 마찬가지로 경사지며 반사가 된다(그것들은 주위 벽을 가로지르는 램프의 두 개 단편들로 측면이 공유되는 지점에서 정점을 가지는 또 다른 이등변 삼각형을 형성한다). 부모의 유닛으로 들어가는 단편은 일층의 슬래브 속으로 잘린다; 반대로, 최초의 단편은, 마치 그것이 욕실과 파티오를 가지는 띠와 램프의 기하학적 구성 속에서 두 개의 의미 있는 점들에 의해 결정되는 직선의 경사 선 속의 한 장의 종이와 같이, 딸들 유닛의 지붕 슬래브를 위쪽으로 누른다. 이 경사진 직선과 램프의 외부 측면 사이의 교차는 램프의 첫 번째 단편의 시작점을 설정한다. 휘어진 슬래브의 각도는 램프의 첫 번째 단편을 덧대는 패딩을 가지는 경사 벽의 각도를 결정한다.(휘어진 슬래브와 수직을 이루는). 우리가 램프의 한 쪽 측면이 어떻게 두 개의 필로티들과 서비스 볼륨의 경사진 측면을 포함하며, 동시에 램프의 기하학적 구성을 만들어내는 직선들의 띠의 기하학적 구성의 한 부분인지를 고려한다면, 우리는 주택의 모든 부분들이 선들의 구성 속에서 서로 연관됨을 알 수 있다. 그러므로 벽들의 서로 다른 경사, 필로티의 위치, 벽들의 돌출은 모두 배치와 크기가 수수께끼나 임의성으로 보이지 않을 수 없는 일련의 단편들 속에서 단지 힐끗 보일 수밖에 없는 기하학적 시스템의 부분들이다. 콜하스의 보이지 않는 기하학적 구성은 1800년대와 1900년대 네덜란드 건축에서 보이듯이, 베를라헤의 암스테르담 증권거래소의 예에서와 같이, 그렇지 않다면 회화풍 구성 속의 요소들의 임의적 위치를 설정하게 될 선들의 정형화에 대한 공전되는 사용의 또 다른 형태로 인식될 수 있다.

64) Ibid.

65) *Building. Double vision: a villa by Rem Koolhaas*, in " "Architecture Today" ", 1996, No. 69, (pp. 49-52), p. 50.

66) [Koolhaas-OMA], *A Dutch House* cit., p. 286.

67) 지상층의 구조를 위한 오브 어룹의 연구들에서 열들로써의 해결책이 등장하는데, 자동차 운행에 맞추기 위해 경사가 지고, 둘 다 모두 필로티로 되고(그들 중 어떤 것은 역시 기울어진다), 다양하게 점점 얇아지는 벽들을 가진다(캔틸레버 된 슬래브의 구역을 따르는 것들에서 얇아짐은 트러스 구조를 형성한다).

유리 상자의 구조적 안은 르 꼬르뷔제나 미스의 것들에 대한 급진적 비평을 재현한다. 벽체 상자와 철제 기둥들의 주위 열은 로테르담의 OMA 주택들과 기준층 평면의 구조적 해결들로부터 유래한 기본적 요소들이다. 수직 기둥들의 배치와 크기 산정에서 OMA와 오브 어룹은 계속해서 어떤 종류의 정형적 그리드도 피한다. 초기 연구에서 어룹은 콜하스의 주택이 보여지는 외부 벽기둥들의 질서로 인해 미스의 유리 주택 시리즈와는 다르다는 것을 확인하며, 벽체 상자의 주위와 그것의 두 개의 정렬된 필로티들 위에서만 수직적 구조들에 집중하려 노력한다.[67]

유리 상자의 두 개 슬래브들 끝 부분의 마주보는 재료들은 한편으로는 기초의 개념(흰 석재 슬래브), 다른 한편으로는 목재 지붕의 개념(노이트라의 빌라에서와 같이 붉은 삼나무 띠)을 상징한다.

콜하스는 딸들의 유닛을 결정짓는 벽 위에서 철제 케이블을 이용해 반대편 극단에서 주입되는 격자에 부모 유닛을 고정시키려 한다. 유리 볼륨은 무용극장과 같이 미끄러지는 듯이 보인다. 아마도 콜하스의 케이블들은 오디토리엄의 불안정한 유리 구체를 대지에 고정시키는 레오니도프의 레닌 협회를 위한 계획에 대한 언급이었을 것이다. 심지어는 램프 위로 퉁명스럽게 휘어진 슬래브조차도 운동의 시작을 제시하지만 즉시 딸들의 유닛 위로 부모의 유닛을 재위치시키며 좌초된다. "그들의 부재의 존재를 사라지게 하기 위해—콜하스는 쓴다—프로그램적 분리가 도입되었는데, 그것은 다른 주택을 잡고 있는 또 하나의 주택에 의해 잡혀진 슬래브로 인해 물질화된다".[68] 그러므로 이미 재료와 칸막이들에 의해 오염된 명백한 미스식 특징은 은유적 이미지들로 더욱 철저하게 스며들고 있다.

코니아일랜드의 "개구리 뛰기 철도" 놀이 장치는 어느 정도 평면들의 은유적 미끄러짐을 재현하는 개념과 연결되는데, 거기서 승객들로 가득 찬 두 개의 차는 같은 트랙의 충돌 과정으로 달리며, 콜하스가 "동물적 결합(animal copulation)"[69] 이라 정의한 겹침 속에서 하나가 다른 것 위로 지나가는 것을 허용해주는 두 개의 여분 트랙으로 인해 마지막 순간 충돌을 피하게 된다. "개구리 뛰기 철도"와 같이, 주택의 두 개의 이동된 층들은 "단일의 상당한 경험 속에서 죽음의 절박함을 가진 섹스의 메커니즘"[70]을 재현한다.

주택에서 상연된 미끄러짐을 완성하는 것이 가능했다면, 그러므로 부모의 유닛

각각의 열의 요소들은 종종 쿤스트할에서와 같이, 정형의 그리드의 기하학적 시스템에 도전하며, 동일한 열에 다른 것들을 가짐으로써 가능한 배치로부터 독립적으로 구성된다. 1992년 10월로 거슬러 가는 OMA 연구의 평면에서 우리는 선들의 세 개 띠들의 교차점들에 위치하는 동일한 크기의 필로티들을 보는데, 그것들 중 두 개는 두 개의 주거 유닛들 사이에서 공유되는 두 개 필로티들에서 시작하며, 세 번 째 것은 공원 내에 위치한 지점으로부터 나온다.

보여지는 트러스들을 가진 수평적 구조들이 또한 시험되었다.

지붕을 위해 오브 어룹은 OMA에게 아치 외호면에 약간의 직각 늑재들이 있는 슬래브로부터 정형적으로 굴곡진 아치 내호면을 가지는 보들의 격자에 이르기까지, 그리고 용골과 같이, 다양한 정지점들의 순간에서의 다이어그램을 따라 휘어지는 슬래브에까지 이르는 다양한 변양태들을 제안했다. 그러한 구조적 안들은 릴의 그랑 팔레의 타원형 지붕을 위해 오브 어룹이 개발한 해결안들을 반영하는 한편, 다른 것들은 아가디르의 컨벤션 센터의 층들의 경우에서와 같이, 구조를 또 다른 자연적 단편들로 변형시키며, 지상 레벨과 유사하게 굴곡들을 만들어내는 순간들의 다이어그램에 따라 조각적으로 분절되는 슬래브를 제안한다.

작은 두 번째의 직각 보들의 동일한 패턴을 가지는 수평적 지지 시스템의 세 가지 주요 변양태들이 있다: "직각 프레임" 혹은 트러스에서 끝나는 다섯 개의 주요 외부 직각 보들로 구성되는 "직각 그리드"; 벽체 상자 주위로 집중되는 수평적 구조—핵으로부터 가장 떨어진 평면의 끝을 향해 투사되는 돌출—와 두 개 필로티들 위로 고립되는 보로 구성되는 "고리"; 그리고 하나는 벽체 상자를 통해 사선적으로 위치하고, 또 다른 것은 두 개 필로티들 위에 위치하는 아치형 외호면을 가지는 단지 두 개 보들로 구성되는 "바나나 대각선들" (cf. Cecil Balmond, *Informelles Konstruieren*, in ""Archis+"", 1993, No. 117, (pp. 59-63), p. 61).

유리 상자의 주위를 따라 있는 작은 원통형 금속제 벽기둥들은 이 연구 이후에 소개되었다. 원래 버전 속의 이 벽기둥들의 부재는 콜하스의 주택을 미스의 유리 주택 시리즈들로부터 명확히 거리를 두게 만들며, 외부에서 완벽히 보여지는 것으로 남는 주위 벽기둥들의 열로 시작하는 것으로 인식된다.

68) *Building. Double vision* cit., p. 50.
69) Koolhaas, *Delirious* cit., p. 49.
70) Ibid., p. 50.

그림 292. 오스카 니마이어, 콘훈토 코판, 상파울루, 1951-53.

그림 293, 294. 렘 콜하스/OMA, 자크 당통 사무소 타워 계획안, 라 데팡스, 파리, 1991-93. 수평적 브리즈 솔레이유 디테일과 전경.

그림 295. 세르게이 에이젠슈체인, 피라네지의 감옥에 대한 해석적 드로잉, 1947년경.

을 표류된 뗏목이나 수상 수영장 같이 떨어뜨리는 것이 가능했다면, 콜하스는 보이지 않는 건축에 대한 그의 시적 목표를 달성했을 것이고, 그 주택은 홀텐의 숲에서 발견된 폼페이 빌라의 고고학적 폐허의 형태로 보여졌을 것이다. 「미스를 만든 주택」(*The House That Made Mies*), 미스 반 데어 로에가 바세나르(wassenaar)의 크뢸러스(Kröllers)를 위해 디자인한 주택의 실제 크기 모델의 사진과 함께 시작하는 스토리는 1993년 콜하스가 썼는데, 그것은 정확히 홀텐의 주택이 디자인되고 지어진 기간이었다, 그것은 가족의 추억과 함께 결론이 난다: "나의 어머니는 16년 전에 사람들이 미스가 만들었다고 믿었지만 그가 만들지 않은 주택의 부지를 걸었다; 그것은 미스를 만든 주택이었는가?"[71] 이 이야기는 홀텐의 주택에서, 모델이 붕괴되었을 때 바세나르에서 그랬듯이, 다시 한 번 숲의 풍경을 개방된 채 남겨놓기 위해 미끄러지고 있는 볼륨의 의미를 말해준다.[72]

홀텐 주택의 경우에서와 같이, 1991-93년 카프리 회사(Capri Enterprises)가 기획한 파리 데팡스 지구의 자크 당통(Zac Danton) 사무소 타워—실내 주차장, 회의실, 클럽, 사무소와 식당을 포함하는 프로그램을 가진—를 위한 현상설계의 OMA 수상작에서 하나의 층은, 마치 외측 밀림에 의해 이동되었듯이, 강력한 구성주의식 매달림을 창조하기 위해, 혹은 메트로폴리스에 의해 어쩔 수 없이 끌리는 공중 수영장에서 만들어지는 또 다른 여행을 암시하기 위해 옆으로 이동된다. 14층의 상부 블록 역시 파리를 향해 다른 방향 축을 따라 이동한다. 그것은 "[...] 파리에 더 '가깝게' 이동한다(중심으로의 영원한 끌림?)", 콜하스는 이 계획안에 대해 「뉴웰페어 아일랜드/ 이데올로기적 풍경」에서와 같은 "끌림들"을 언급하며 쓴다.[73]

마천루의 프레임워크는 중앙 서비스 띠를 가지는 스팬들의 세 개 시리즈들 속에서 장방형 평면으로 배열되는 벽기둥들을 가지는 PS 콘크리트로 된다. 누벨이 디

71) OMA,Koolhaas,Mau,op.cit.,p.63.
72) 이상적 반대의 추구는 홀텐 주택 평면의 검정 포셰 그래픽 계획안에서 요약되는데, 거기서 부모 유닛의 연속적인 공간과 파티오들은 흰색으로 남겨지고, 딸들 유닛의 방들과 부모의 욕실 달린 침실은 마치 그것들이 솔리드인 듯이 검정색으로 보여진다.
73) OMA, Koolhaas, Mau, op. cit., p. 1134. 에이젠슈체인은 피라네지의 감옥에 대한 그의 분석과 관련된 스케치에서 네 개 상자들의 쌓아올림을 그리고 옆쪽으로 외측 밀림에 의해 두 개의 중앙의 상자들이 이동

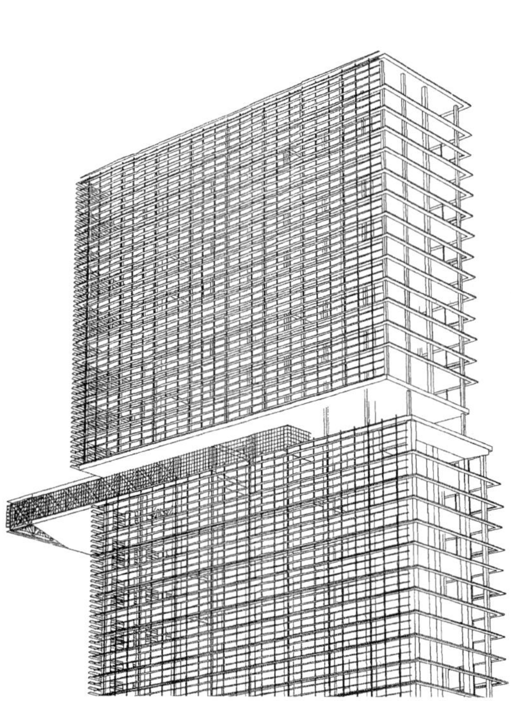

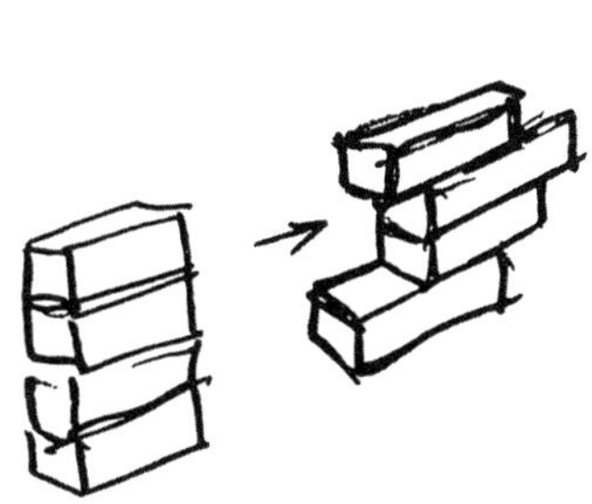

자인한 "투르 상 펭(Tour Sans Fin)"을 향하는 파사드의 유리창들 앞에 있는, 니마이어의 것과 같은 밀접한 시퀀스의 불규칙한 수평적 브리즈-솔레이유는 아래로부터의 시각에서 바위와 같은 성층화의 자연적 효과를 만들어낸다—"누벨의 완벽함의 해결에 대한 지저분한 생명력의 주장"이라고 콜하스는 말한다.[74)]

쥐시에 대학의 두 개 도서관, 에두카토리움, 카디프 만 오페라 하우스와 "유연한 표면(Pliable surface)"

동일한 직경의 원통형 기둥들의 뼈대는 위를 향한 확장의 가능성을 가리키며 지붕 슬래브를 넘어 자란다. 그것은 아가디르를 위한 계획의 원래의 수정안과 거의 같이, 엄격한 모듈러 질서 속에서 배치된다. 렘 콜하스가 파리의 쥐시에 대학 캠퍼스의 두 개 도서관을 위해 1992년 디자인한 20세기 건축의 이 규범적 뼈대의 투시도—과학과 사회 과학을 위해 하나가 다른 하나 위에 있는—는 페레(Perret)가 샹젤리제 극장의 뼈대를 위해 그런 혁신적인 개념적 드로잉을 필연적으로 닮는데, 그것은 르 꼬르뷔제의 도미노 스켈턴을 위한 기초를 형성하기도 했다. 그러나 콜하스의 경우에 규범적인 20세기 형태 속에서의 뼈대로의 회귀는 자유로운 평면(Plan Libre)과 층들의 성층화의 질문에 대한 재공식화를 함축하는 것으로, 그것은 연속적인 상승—건축가가 부르듯이 하나의 "궤적"—으로 변형된다. 이 "궤적'은 쿤스트할의 나선으로 가정되는 새로운 형태를 재현한다. 그것은 두 개의 도서관들로 들어가기 전의 파리를 통한 행로들의 단순한 최근의 단편들이다.

"방문객은 책들과 정보의 세계를 점검하고 그것에 매료되는 보들레르식 무목적 배회자—콜하스가 도시적 시나리오에 의해 상상한 시나리오에서 읽혀지듯이—

한 동일한 쌓아올림을 그린다 (cf. Diana Agrest, *Design versus Non-Design*, in ""Oppositions"", 1976, No. 6, p.59). 1980년에 수퍼스튜디오 또한 에이젠슈체인의 것과 같은 "미끄러짐"을 어떻게 얻을지를 설명했다 (cf. ""A+U"", 1980, No. 9, p. 87).

74) OMA, Koolhaas, Mau, op. cit., p. 1134.

그림 296-298. 렘 콜하스/OMA, 쥐시에 두 개 도서관을 위한 현상설계, 생 베르나르 부두, 파리, 1992, 오브 어룹과 협업. 모델; 카드보드 조각들을 이용한 계획의 개념 모델; 연속적 궤적의 드로잉.

로 된다. 그것들의 스케일과 다양성을 통해 주입되는 평면들의 효과는 거의 도로의 효과들로 된다; 이 대로는 실내에 초 프로그램적인 도시적 요소들의 시스템을 양산한다: 광장, 공원, 기념비적 계단, 카페, 상점들"[75]

그러므로 두 개 도서관의 디자인은 국제주의 양식, 혹은 포스트 모던 형태로 위장한 도미노 스켈턴을 묘사하며, 크리에의 다이어그램, "더 많은 것들이 변경될수록, 더 많은 동일한 것들이 생긴다 '(*Plus ça change, plus ce'st la meême chose*)에서 요약된 공식을 넘어서 가는 것의 가능성을 보여준다.

콜하스의 계획안에서 각각의 층은 "유연한 표면", 혹은 "사회적인 마법적 카펫"[76] 이며, "궤적"의 단편들 중의 하나로 되기 위해 연속적으로 다음으로 넘어간다; 때때로 슬래브는 무용극장에서와 같이, 거의 바로크 공간적 효과를 가지며, 활용될 수 없는 창 모양의 단면을 만들어내기 위해 휘어진다. 연속적 플랫폼들의 기능적 단면들로의 분할은 다양한 각도의 선들과 평행한 띠로, OMA의 전형적인 기하학적 칸막이들로 인해 생겨난다(단편들은 또한 피라네지의 마르티우스 광장(Campus Martius) 평면에서도 나타난다). OMA는 쿤스트할과 그랑 팔레에서 이미 비슷한 연속적으로 휘어

75) [Koolhaas-OMA], *Two Libraries for Jussieu University*, in ""El Croquis" ", No.53+79, p.118.

76) Ibid., p.116.

77) Cf. Gilles Deleuze, *Le pli. Leibniz et le Baroque*, Paris, Editions de Minuit, 1988, Ital. transl., *La iega. Leibniz e il Barocco*, Turin, Einaudi, 2004, p.25.

78) Ibid., pp.24, 28.

79) ""Pour moi, le travail d' 'un Hélio Oiticica ou d' 'une Lygia Clark est essentiel" ", Koolhaas said in 1998 (Jean-

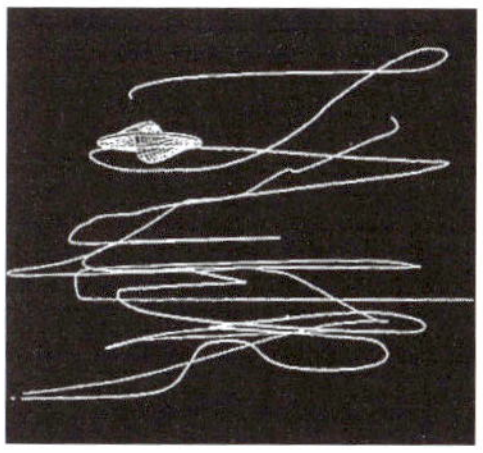

지는 표면을 세웠으며, 1990년에는 헤이그의 힐튼 호텔을 위한 계획에서 두 개 도서관을 위해 활용된 경사진 바닥의 해결책을 발전시키기 시작했다.

세 개 유형의 재현 시리즈를 통해 OMA는 두 개 도서관의 디자인 개념을 표현하려 시도한다. 검정 배경 위에서 흰 색으로 추적된 선들은 모델의 모습으로 시작하여 "궤적"에 의해 가능하게 된 운동의 경험들을 사진 찍는다. 단지 "궤적"만을 묘사하는 이 드로잉은 단지 뼈대만을 보여주는 페레와 르 꼬르뷔제의 드로잉과 반대급부를 이룬다. 도미노 스켈턴의 단단함은 들뢰즈(Deleuze)가 「접힘, 라이프니츠와 바로크」(*Le Pli, Leibniz et le Baroque*)[77]에서 분석한 클레(Klee)의 드로잉 속에서 선들에 의해 촉발된 것과 같은 동역학적 에너지 속에서 승화된다. 사실상 콜하스의 계획안에서 우리는 들뢰즈가 라이프니츠와 클레의 "바로크 수학"에 대한 언급으로 논의한 "직선"(도미노의 그리드)과 "굴곡"(휘어진 슬래브)의 "혼합"을 본다.[78]

콜하스의 손을 보여주는 사진들의 필름과 같은 시퀀스, 한 장의 종이와 가위의 모습은, 그 종이에 의해 재현된, 에두아르 알베르(Edouard Albert)의 대학 파빌리온의 앞뜰이 들어 올려져, 두 개 도서관의 "궤적"을 만들어내기 위해 반복해서 접히고 잘려 나가는 디자인 과정을 보여준다. 리지아 클락(Lygia Clark)의 작품[79] 에서와 같이 이런 종이 접기 자르기의 사진은 목재와 금속으로 된 동일 계획안의 모델 보다 더 훌륭하게, 정형적인 도미노 스켈턴이 콜하스가 허공 속에 집어넣어진 것으로 생각하는 "유연한 표피"의 많은 단면들을 단지 보조하기 위해 도입된다는 것을 보여준다.

동일한 개념의 또 다른 묘사가 쿤스트할의 나선을 위한 것과 동일한 기준에 기초한 "궤적"의 연속적 다이어그램의 드로잉에서 발견된다.

프랑스 대도서관의 뫼비우스 띠 형태의 방과 사무소 도시의 연속적인 비틀린 몸체, 쿤스트할과 두 개 도서관의 프리즘적 볼륨 속으로 잘리는 연속적 보행로들은 OMA의 작품, 그리고 요코하마의 도시 디자인 포룸을 위해 1992년 계획안의 한 구역에 있는 시장(Market Halls)과 주차 구역을 덮기 위해 확장되는 구불거리는 지각 층의 형태로 나타나기 시작하는, 새롭고, 더욱 독단적이며 상징적이고 기능적인 연속성에 대한 전주곡을 형성한다. 요코하마의 지각층은 "프로그램적 용암", 혹은 "융단"으로 은유적으로 정의된다: "우리는 어쩔 수 없는 한계와 분리를 가지는 건물들의 디자인을 피했다; 연속적이며 무형태적으로, 그 계획은 부지를 프로그램적 용암과 같이 집어 삼킨다".[80]

François Chevrier, *Entretien avec Rem Koolhaas. Changement de dimensions*, in ""L' 'architecture d' 'aujourd' 'hui" ", 2005, No.361, p.89).

80) [Koolhaas-OMA], *Yokohama Urban Ring*, in " "El Croquis" ", 1996, No.79, p.208.

그림 299. 리지아 클락, 「걷기」(Caminhando), 1964-66.

그림 300. 렘 콜하스/ OMA, 요코하마 센터를 위한 계획, 1992.

그림 301-303. 렘 콜하스/OMA, 에두카토리움, 데 아우트호프(De Uithof) 대학 캠퍼스, 레우벤란, 우트레히트, 1993-97, ABT 건설기술 자문 사무소(Adviesburo voor Buwtechniek) 협업. 스터디 스케치; 일층과 이층 평면.

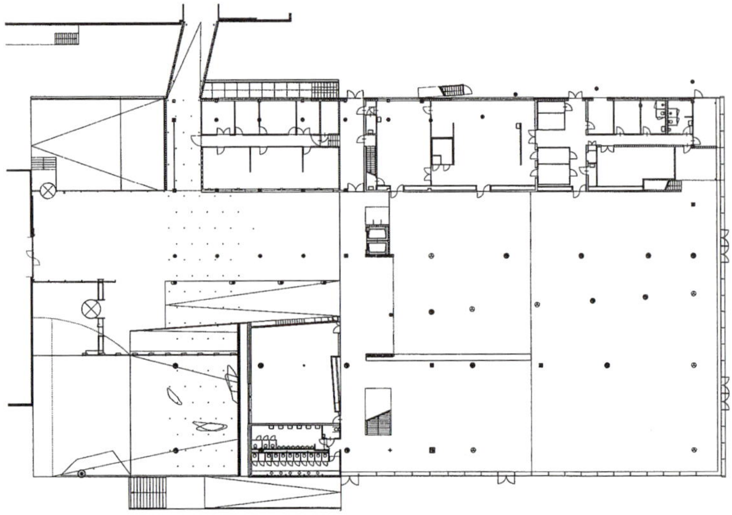

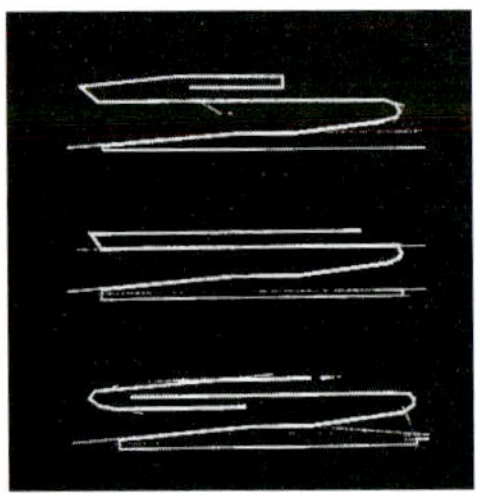

1993년에 디자인되고 1995-97년에 세워지는, 레우벤란을 따라 우트레히트의 대학 캠퍼스의 중심에 위치하게 되는 에두카토리움에서는 연속적으로 휘어지는 표피의 상징적이고 기능적인 자질들이 시험된다.[81] 에두카토리움은 데 아우트호프 2000(*De Uithof 2000*)이란 명칭의 마스터 플랜의 맥락에서 1985년 OMA에 의해 발전되고, 캠퍼스를 네덜란드 건축 주요 트렌드의 요약으로 변형시킬 목적에서 최초로 완성된 작품이다. 선택된 명칭은 소비에트의 노동자 클럽과 유사하게, 다양한 학과들을 위한 행위들의 센터, 회합 장소, 학생들의 레크리에이션 시설들로서의 건물의 역할을 강조한다.

에두카토리움은 자전거들을 위한 지하 주차장과 지상층의 거대한 카페테리아를 포함한다. 다른 층들은 대형의 강의와 시험용 홀, 대화를 위한 라운지, 학습과 휴게실, 두 개의 오디토리엄—메가론(Megaron)과 테아트론(Theatron)—을 포함한다. 그것은 "트랜지토리움 1(Transitorium 1)"의 길고 낮은 건물의 끝부분에 이식되며, "빌렘 C. 반 우니크헤보우(Willem C. van Unnikgebouw)" 타워로 연결된다. 에두카토리움의 슬래브들의 시리즈는 지상층에서부터 지붕으로 확장되며 이상적으로 연속적인 슬래브로 변형된다. 두 개 도서관을 위한 스터디들로부터 유래되었을지라도, 연속적인 슬래브는 쥐시에 계획을 설명하기 위해 콜하스가 손에 들고 있던 종잇조각 같이, 마치 에두카토리움에는 단지 하나의 "유연한 표면"만 있듯이, 반복적으로 휘어지는 듯이 보이는 뒤틀린 상징적 단면을 자신의 주위로 감싸는 트랜지토리움 내부의 길고 넓은 궤적을 암시한다.

다른 예비적 해결안에서 OMA는 연속적인 S자 형의 접힘을 얻지만, 이것은 "유연한 표면"의 첫 번째 단편과 상부 레벨 사이의 과다한 높이로 인해 거부되어야 했다. 이것은 홀텐 주택의 두 개 유닛들 사이의 미끄러짐의 개념을 부분적으로 반영하며, 두 개의 서로 관통되는 U자형 슬래브로 해결하는 선택으로 이끌었다. 이 해결책은 프로그램에 맞추기 위해 건물의 분할을 만들어낸다(한쪽으로는 강의용 홀, 다른 쪽으로

81) 그 구조는 스튜디오 ABT, 델프트-벨프의 건설기술 자문 사무소의 롭 네이세(Rob Nijsse)와 스티븐 라메어레(Steven Lammeré), 암스테르담의 스튜디오 IBL, Ingenieursuro Linssen의 헹크 크니프스케르(Henk Knipscheer)와 헤르만 베르크만(Herman Bergman)과의 협업으로 개발되었다; 기후 조절을 위해 OMA는 로테르담 근처 구다의 스튜디오 W/E Adviseurs Duurzaam Bouwen의 키엘 본스트라(Chiel Boonstra)에 의지했다. 개리 베이츠(Gary Bates), 뤽 베게르(Luc Veeger), 클레망 질르(Clement Gillet)와 함께 일하는 크리

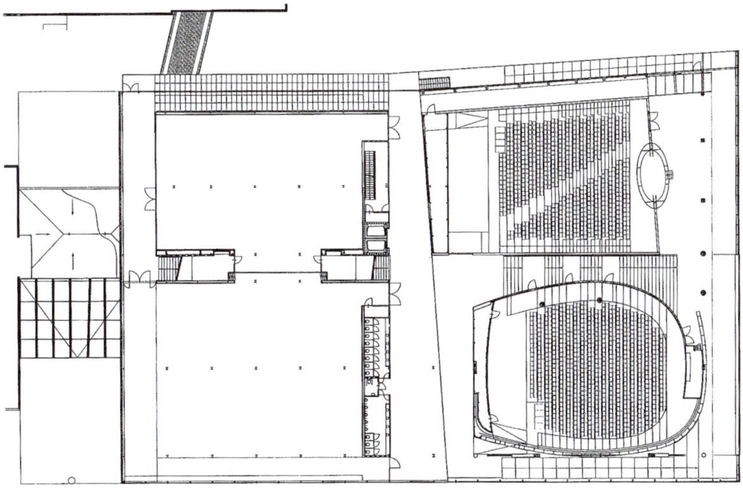

는 오디토리엄). 램프와 오디토리엄의 기울어진 슬래브는 굴곡진 연결로 인해 오디토리엄의 평지붕으로 되려는 듯이 보이며, 수직적 요소에 의해 연결되는 다른 한 쌍의 슬래브를 깊게 관통한다. 그러므로 굴곡 연결을 가지는 "유연한 표면"은 한 쌍의 상호 관통되는 U자형 슬래브의 고안을 보일 수 있게 만들고, 쌓여진 강의 홀들 사이의 상호 관통 슬래브를 형성하며, 다른 "유연한 표면"의 수직적 연결재 앞에서 멈춘다. 끝 부분에서 휘어지는 연속적 평면들의 효과는 슬래브의 외부 마감으로 강조되는데, 그것은 굴곡진 "유연한 표면" 내의 보이는 철근 콘크리트로 되며, 수직적 연결재를 위한 흰 색 플라스터로 된다.

프로그램의 기능들은 은유적으로 기울어진 연속적 "유연한 표면" 위에 구성된다.[82] 그랑 팔레의 경우와 같이, 에두카토리움에서 구내는 두 개의 오디토리엄을 형성한다. 장방형 평면의 메가론은 노출 철근 콘크리트로 된 두 개의 긴, 솔리드의 벽들 사이로 폐쇄된다(뒷면의 유리벽은 달걀의 상징적 형태를 한 영사실을 자르기 위한 기능을 한다). 달걀 모양 평면의 테아트론은 그랑팔레에서와 같이, 입구와 영사실을 얻기 위해 엇갈리게 배열된 두 개의 굴곡진 벽들과 경계를 이룬다; 이들 중 하나의 벽은 불투명하고 목재 패널로 덮인 반면, 다른 하나의 벽은 고대의 원형 극장에서와 같이, 자연적 풍광을 제공하는 유리로 만들어진다(시야는 보통의 금박 후디니식 커튼으로 가려질 수 있다).

오디토리엄의 경계들은 순환을 위한 "사이" 공간들을 만들어낸다. 메가론의 노출 철근 콘크리트 장방형 벽과 테아트론의 벽 사이의 공간은 빛나는 시트 철판으로 덮이고 돌출되어, 그랑팔레의 극적인 계단의 한 변양태로, 목재로 덮인 단들의 비상을 보여주며, 두 개의 오디토리엄들 사이로 주입된다. 나무 조각으로 덮이고 멜르니코프를 연상시키는 "유연한 표면"의 굴곡진 접합부[83]는 밑의 카페테리아의 유리를 보호하는 돌출부를 창조한다; 유리는 그것이 슬래브에 수직을 이루도록 경사진

스토프 코르뉘베르(Christophe Cornubert)는 그 계획에서 함께 일했으며, 초기 스터디를 발전시켰다.

82) "단일의 공간이나 방을 만들기보다, 그것은 영역이 다른 분위기를 얻기 위해 더 작은 로비들이나 라운지들의 시리즈로 나뉠 수 있는 것으로 상상되었다" ([Koolhaas-OMA], *Educatorium in Utrecht*, in ""El Croquis"", No.53+79, p.302).

83) "유연한 표면"의 굴곡진 끝 부분은 멜르니코프가 모스크바의 스보보다 팩토리 클럽(1927)의 디자인을 위해 행했던 이전의 연구들과 유사하다.

그림 304-306. 렘 콜하스/OMA, 에두카토리움, 데 아우트호프 대학 캠퍼스, 레우벤란, 우트레히트, 1993-97, ABT와 협업. 전경; 두 개 오디토리엄들을 연결시키는 통로; 메가론의 프로젝션 룸.

그림 307. K. 멜르니코프, 스보보다 클럽의 입구 예비 스케치, 모스크바, 1927.

그림 308. "산토스 뒤몽 비행선 N. 9", 코니아일랜드 루나 파크, 뉴욕(렘 콜하스의 「광기의 뉴욕」에 실린 사진, 1978).

그림 309-313. 렘 콜하스/OMA, 에두카토리움, 데 아우트호프 대학 캠퍼스, 레우벤란, 우트레히트, 1993-97, ABT 와 협업. 전경. 테아트론; 메가론의 전경과 디테일; 강의와 시험용 방; 테아트론의 측통로.

다. 이 접합부의 부분은 그렇지 않다면 좁게 될 뻔했던 테아트론 옆의 통행로를 넓히며, 수평적 슬래브를 바깥쪽으로 돌출시키도록 잘려져 나간다. 여기서 나무로 덮이는 부분은 굴곡진 접합부의 금속제 구조를 노출시킨 채 남겨두며 중단된다—이미 콜하스에 의해 살르 제니스 천장의 잘려진 부분에서 시도되었던 "미완성"에 대한 미켈란젤로 식의 취향.

건물의 남쪽 주변에 있는 화재용 비상계단의 부분적으로 외부를 향한 운동은 평면에서 콜하스의 시야에서 임의적이지 않은 장방형 평면에서의 기하학적 차이들을 만들어내며, 메가론의 두 개의 연속적 벽들과 중앙의 가로로 난 루트의 한쪽 면의 방향을 결정하는 경사진 측면을 만들어낸다. 메가론의 좌석 열들 사이의 통로의 각도는 그것이 건물의 장방형 평면의 대각선을 따라 위치하듯이, 비슷한 논리를 따른다. 이 기준은 쿤스트할과 그랑팔레에서 경사진 바닥 슬래브에 직각인 기둥들을 위해 콜하스에 의해 적용되거나, 홀텐의 주택에서와 같이 예외적인 구조적 논리를 따라 배치되듯이, 비관습적인 기하학을 따라 배치되는 수많은 요소들을 증가시킨다. 그럼에도 불구하고, 우리는 그랑팔레의 폴리카보네이트 감싸개에서 발견되고, 에두카토리움에서 발견되는 동일한 유기적 본성의 움직임의 은유로서의 화재용 비상계단의 돌출이 건물 회전의 단서를 만든다는 것을 또한 알 수 있다.

"유연한 표면"의 연속적 두께를 보존하기 위해, 슬래브의 개별적 부분의 서로 다른 구조적 논리에도 불구하고, 거장과 같은 구조적 형상이 개발되었다. 테아트론의 지붕을 위해 슬래브의 두께로부터 구조적 요소들을 제거하며, 그것들을 위쪽으로 옮겨 놓는 쿤스트할과 그랑팔레의 부분들에서 적용되었던 아이디어에 기초해 하나의 시스템이 디자인된다. 그러므로 지붕의 중앙부 달걀형 영역에서, 금속제 막대들의 보강 부분은 철근 콘크리트 슬래브 아래로 내려간다; 콘크리트 내로 주입되는 금속제 장치들에 의해 끝 부분에 정착되어, 이 막대들은 현수선의 형태를 따르며 그랑팔레의 "보의 문"(poutre tirante)과 같이, 짧은 수직 막대들에 의해 아래로부터 슬래브를 지지한다.

거대한 간격으로 나뉜 쌍둥이인 두 개의 홀은 콜하스가 기준층 평면에서 설명하는 미국 사무실들의 특성을 가진다; 이 특성은 회색으로 칠해진 H자형의 단면을 가지는 철제 기둥들에 의해, 그리고 조명 기구들과 공기 조화 덕트들을 가지는 흰색의 기둥들과 철제 트러스 위에서 다른 높이들로 부착된다; 슬래브의 높이가 줄어드는 구역에서 빛들은 검정 금속제 패널이나 석고 패널로 만들어진 천장이나 콘크리트 슬래브 속으로 직접적으로 구축되며, 종종 기하학적 질서가 없이 배치된다. 방향 조절이 가능한 스폿들은 집합이나 경유를 위한 구역들의 천장에 매달린다(공간의 높이에 따라 직접적, 혹은 긴 막대를 이용해). 두 개 오디토리엄에서와 같이, 상부 슬래브의 구조가 엄격한 질서를 가지는 곳에서, 조명 시스템은 그 논리를 따른다. 쿤스트할에서 적용되었던 물결 모양의 투명한 폴리카보네이트 패널의 벽은 또한 사이 공간으로 주입되는 형광등을 가지며 재활용되지만, 이번에는 붉은 배경막("빛의 벽"이라 알려진) 위로 솟아오른다.

발산된 빛의 최대 밀도는 패널 천장 속으로 구축되거나 천장 시트로부터 하강하는 장치들을 통해 강의홀에서 얻어진다. 카페테리아와 오디토리엄의 내부 접근용 램프 위의 슬래브에서는 태양과 같이 둥그런 극적인 조명 장치들이 주입된다.

에두카토리움의 두 개 구역의 슬래브들의 다른 구조는 물리적인 설비 도관의 다른 구성으로 이끈다. 슬래브가 철근 콘크리트로 될 때 도관들은 매달린 천장이 없는 공간에서 매달리고 보여지도록 남는다. 유리벽을 따라 달리고 지상에 있는 특별 주거들 내의 계단실 옆에 있는 전기와 공기 조화용 도관들은 파라펫으로 또한 사용되는 금속제 그릴들로 보호된다; 그것들은 메가론 옆의 복도에서와 같이, 사이 공간으로 주입되거나 벽을 향해 위치한다. 카페테리아에서 공기 순환용 도관은 또한 철근 콘크리트 기둥들과 같이 동일한 직경을 가진 금속제 원통으로 싸인 특별한 Y자형 기둥으로 설치되며, 내부 구역과 유리벽을 따라 이런 목적으로 배치된다. 다른 장치들은 에두카토리움을 이면의, 정확한 공기 순환에 대한 연구에서의 중요한 경험으로 만든다: "열 매스로 작동하기 위한 콘크리트 구조를 허용하며 잘못된 천장은 가능한한 모든 곳에서 피해졌다. 여름밤의 환기는 콘크리트를 식혀주며, 낮 동안 건물이 다시 더워지는 데는 오랜 시간이 걸린다. 밤의 환기와 결합된 건물의 잘 생각된 구조는 기계적 냉각 시스템의 필요를 없애준다[...]. 공기의 질

84) [Koolhaas-OMA], *Educatorium in Utrecht* cit., p. 302.

85) 베를린 장벽과 「엑서더스」의 띠에 대한 연구의 시기로 거슬러 올라가는 현상학적 개념은 OMA로 하여금 두 개의 오디토리엄들 내의 "벽"의 개념을 형태와 두께, 그리고 투명성의 정도에 대한 지표와 결합하도록 이끌었지만, 구조적 본질에 대한 지표와 결합하도록 이끌지는 않았다(site www.oma.nl; cf. also Educatorium in Utrecht cit., p. 302). 인공조명은 구조를 따르는 또 다른 해결 범위를 창조하며, 에두카토리움의 모든 공간을 차별화하고 특징짓도록 도운다. 카페테리아에서 방향 조절이 가능하고 경사진 슬래브의 노출 콘크리트 만곡면을 향하도록 된 세 개 스포트라이트의 다발은 일단

패널의 천장에 의해 당연시된다. 대신, 천장 바로 밑의 상부 레벨의 홀에서 동일한 기둥들이 마치 공간이 구름으로 덮여지거나, 다른 OMA 작품에서 패딩 벽 덮개에 의해 얻어지는 초현실적 부드러움 속에 담겨지듯이, 불거져 나온 흰 색 커튼의 천장을 관통한다.

카페테리아를 위한 지상층에서, 오디토리엄의 경사진 슬래브 아래로 대부분의 원형과 정방형 기둥들은 철근 콘크리트로 된다; 원통형의 철제 기둥들은 그랑팔레에서와 같이 바닥에 설치된 공기 조화 덕트를 가진다. 기둥들은 어떤 시각적인 구조적 질서로부터도 놀랄 만큼 자유로운 불규칙한 패턴을 만들어내며, 두 개 오디토리엄의 형태에 맞추어지도록 배치된다: 콜하스의 말에 의하자면 "임의적 기둥들".[84] 그 패턴은 또한 남쪽 벽의 불투명함으로부터 북쪽 유리벽의 투명함까지에 이르는 공간적 시퀀스에 참여하고 그것을 강화하며, 남쪽 지역에서 최대로 되고 북쪽 지역에서 최소로 되는 밀도들의 연속을 창조하기 위해 변형된다. 베를라헤는 암스테르담 증권 거래소의 메인 홀에서 지상층의 기둥들을 최소로 줄이려 시도했다. 에두카토리움에서는 철근 콘크리트의 기둥 위에 위치한 철제 트러스 보(달라바 주택 것의 변양태), 그리고 압축재가 철근 콘크리트로 된 지주이며, 인장재는 철제로 된 결착재로 되는 테아트론의 유리벽에 인접하는 구조로 인해 일련의 기둥들이 제거된다. 이 후자의 구조는 지붕 위에 위치하는 보들의 콜하스식 시스템에 대한 변양태이며, 다시 한 번 그 목적은 낮은 레벨에서의 수직적 지지재들의 수를 줄이는 가능성을 보여주려는 것이다. 강의 홀 구역의 구조 부분들은 또한 지붕 위로 솟아오른 보들에 매달리며, 일련의 기둥들은 비렌딜 보들의 사용으로 인해 지상층으로 들어가지 않는다. 황색 대리석 시트의 긴 벽 덮개는 지상층을 가로 질러 자르는데, 그것은 베를린 장벽과 「엑소더스」, 그리고 그랑팔레와 달라바 주택의 목재 벽들의 석재 버전을 연상시킨다.[85]

콜하스는 카디프의 카디프만 오페라 하우스를 위해 1994년에 발주된 현상 설계에서 "가변적 표피로 취급된"[86] 철근 콘크리트 슬래브의 형태적 잠재력을 가져오는데, 거기서 그는 홀텐의 주택과 에두키토리움에서와 같이 몸체들 사이의 운동을 연출한다. 홀텐에서는 하나의 몸체가 다른 몸체 위로 미끄러지며, 에두키토리움에

은 정기적으로 측정됨으로써 건물에 있는 사람들의 변수들의 계산이 이루어질 수 있게 된다. 이것은 과다한 환기 손실을 막는다. 이러한 과정에 필요한 설치는 가능한 최고 정도로 통합된다. 에두카토리움은 히트 휠(heat wheels)을 통한 열 교정을 가지는 중앙식 열 순화 시스템을 가진다. 환기된 공기가 강제 공기 시스템을 통해 공급되고 기계적으로 제거된다. 공기는 상부로 추출된 이미 사용된 공기를 대체하며 바닥이나 기둥들로부터 느린 속도로 불어 넣어진다. 식당의 철제와 콘크리트 기둥들의 숲 중의 몇 개는 공기 공급의 기능을 가진다. 이 특별한 기둥들은 바닥에 얇은 거즈 층들을 가진다. 그것들은 실제적으로 금속 주조된 교차 형상의 콘크리트 기둥들로 이루어진다. 배관을 위한 좁은 공간으로부터의 맑은 공기는 기둥들과 케이싱 사이의 간격 속에서 흐른다. 건물이 가열될 필요가 있을 때 우트레히트 대학의 결합된 열 발전소는 열을 공급한다. 발전소 전기 발전의 주 과정의 결과로 방출되는 열은 여름 동안 지하에 저장되고 겨울 동안에 아우트호프에서 사용된다. 에두카토리움은 저장된 완충기로부터 직접적으로 열을 끌어내는 저온도 가열 시스템을 가진다. 에두카토리움 내의 방들은 대류식 방열기와 래디에이터, 환기된 공기 열들을 통해 적절한 온도로 유지된다" (*Ecological Model*, in Janny Rodermond, ed., *Educatorium. Office for Metropolitan Architecture. Synthetic Landscape*, Utrecht, Universiteit Utrecht, n.d., (pp.56-59), pp.58, 59).

86) Site www.oma.nl.

그림 314, 316. 렘 콜하스/OMA, 카디프만 오페라 하우스를 위한 현상설계, 카디프, 웨일스, 1994, 오브 어룹과 협업. 모델; 단면.

서는 하나가 다른 것을 관통하는 반면, 카디프만 오페라 하우스에서는 무용극장과 "넥서스 월드"에서와 같이 두 개 몸체들 사이의 충돌이 만들어진다. 이 충돌은 「수영장 이야기」에서 설명된 수상 수영장의 철과 메두사 뗏목의 플라스틱이나 달리의 회화에서 종종 묘사되는 대상과 같이, 하나는 단단하고 다른 하나는 부드러운 두 개 볼륨들의 반대되는 이상적 두께의 일관성을 노출한다. 결국 "편집증적 비판 행동"의 본질은 우리의 맥락을 위해 의미 있는 용어로 달리에 의해 설명되었다: "편집증: 부드러움; 비판: 단단함".[87]

그림 315. 살바도르 달리, 「기억의 영속」, 디테일. 개인 소장.

카디프만 오페라 하우스의 기본적 부분—극장 홀, 현관과 작품들이 만들어지는 "공장"—은 콜하스가 논의하길,[88] 가르니에의 오페라가 장면들 배후의 기능적 부분과 관객을 위한 부분 사이의 크기의 불균형을 감추는 형태적 함정을 벗겨냈듯이, 명백한 상징적 형상을 탄생시킨다. 공장이 자율적인 프리즘인 반면, 현관과 홀은 입구로부터 홀의 지붕에 이르기까지 연속적인 슬래브로 연결되며, 그 위에는 미스식의 현관 대합실이 위치한다. 부분들은 슬래브와 현관의 대합실을 충돌할 지점까지 공장 프리즘을 향해 위로 밀어붙이는 관계로 놓이는데, 그것은 슬래브가 홀의 지붕을 형성하도록 휘게 만든다. 슬래브는 더 나아가 현관의 견고한 지붕 슬래브와 충돌함으로써 자신의 위로 다시 휘어지며, 홀의 발코니로 되는 동시에 콘트롤 부스를 포함하는 두 개의 경계를 형성하도록 끝 부분에서 두 배로 된다. 콜하스는 이 부스를 부적절하게 "고리의 구멍 속으로 굴착되는"[89] 것으로 정의하며, 그 구멍을 뒤에 단지 껍질들만을 남겨두는, 구축의 두께를 제거한 결과로 해석한다—칸의 전형적인 포셰 개념의 수행.

"가변적 표피"의 휘어짐은, 비록 콜하스의 조형적 효과들이 초현실주의적 뿌리와의 충돌로 야기된 변형의 결과일지라도, 르 꼬르뷔제와 니마이어의 후기 작품들의 휘어진 표피들과 유사한 조각적 자질을 나타낸다.

공장은 디플로마 유닛 9의 텍토닉과 같이 부분들의 조합이다; 그러나 개별적 부분들은 돌출이 없는 볼륨 속에 포함된다. 무대는 생산과 극장 작업의 여흥 사이의 상

87) Dalí, op. cit., p. 18.
88) [Koolhaas-OMA], *Cardiff Bay Opera House*, in ""El Croquis"", No. 53+79, p. 147.
89) Ibid., p. 148.
90) Ibid.
91) Ibid.
92) Jacques-François Blondel, *Cours d'Architecture*, Paris, Desaint, 1771, vol. I, p. 422.
93) AMOMA, Rem Koolhaas, &&&, Simon Brown, Jon Link,

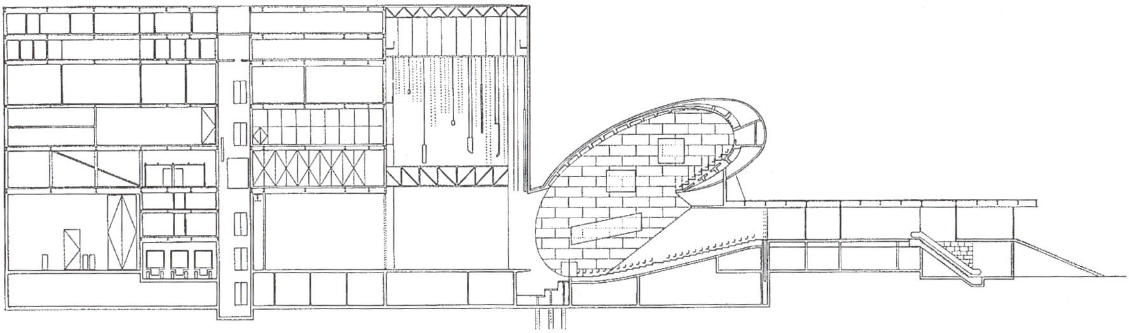

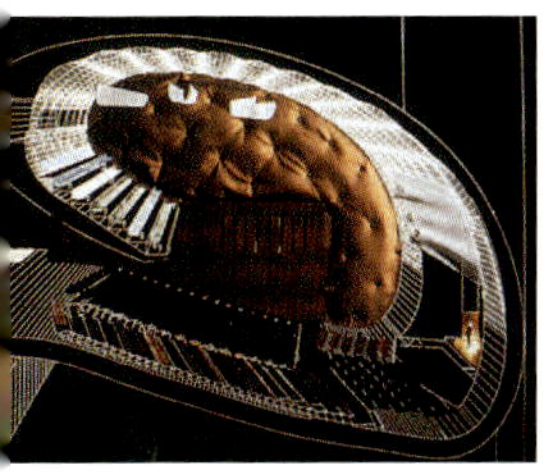

그림 317. 렘 콜하스/ OMA, 룩소르 극장 계획, 로테르담, 1996.

정적 결합을 재현하는데, 그것은 공장의 프리즘을 관통하고 홀텐 주택에서의 램프와 유사한 의미를 지닌 "교접"[90]을 촉발하기 위해 홀의 가변적 슬래브를 자름으로써 얻어진다. 현관의 대합실을 형성하는 두껍고 연속적인 시트는, 각각이 정방형의 귀퉁이들에 배치되는 네 개의 철제 기둥들에 의해 형성되는, 정방형의 배치를 가지는 네 개의 대형 지점들에 의해 지지되는 철제 보들의 보이지 않는 구조를 가진다. 각각의 정방형의 주변은 칸의 예일 대 아트 갤러리의 철근 콘크리트 원통이나 존슨의 유리 주택 벽돌 원통과 같이, 물리적인 설비 요소들, 계단, 에스컬레이터들을 포함하며, 위로부터 채광이 되는 프리즘적 구멍을 만들기 위해 유리창들로 막혀진다. 그러나 콜하스는 그의 "탑"들을 일종의 마주 보기에 의해 비물질화되는 미스식의 조명되는 파티오로 계속 생각한다: "구조의 증거는 최소화 되며- 신비는 최대화된다",[91] 그는 "신비적 건축"에 대한 18세기의 블롱들식 개념, 혹은 시야로부터 일련의 구축적 해결을 감춤으로써 얻어지는 건축에 대한 부지중의 언급을 하며 쓴다.[92]

카디프만 오페라 하우스 계획안은 약간의 변양태들과 함께 1996년 로테르담의 룩소르 극장 현상설계에서 재제안 되었는데, 공장의 프리즘은 1995년 취리히 극장(Schauspielhaus) 증축을 위한 계획의 기초를 형성하며, 거기서 프로그램의 각각의 기능은 "연금술적 상자"[93]의 내부에 유사하게 위치한다. 극장에서 상자들의 조합으로 만들어진 빈 공간은 공공과 미술관 공간을 위해 설정된다.

플로락, 혹은 떠있는 상자의 주택

무용극장과 홀텐의 주택, 카디프만 오페라 하우스, 그리고 생 클로드 빌라의 떠있는 상자들을 위한 계획에서의 건물의 부분들 사이의 미끄러짐에 대한 환상은 신비스럽게 매달린 상자의 개념으로 이끄는데, 그것은 보르도 근처 플로락의 주택에서 예외적으로 미끄러지며, 간신히 지지되는 상자로, 1994-96년에 디자인되어 1996-98년에 지방 신문 "쉬드 우에스트"(Sud Ouest)의 편집장인 장-프랑수아 르몽(Jean-Francois Lemoîne)

Content, Taschen, 2004, p. 530. 광주의 광주 오페라 하우스를 위한 2002년의 현상설계는 또한 카디프만 오페라 하우스에서 적용되었던 병치—휘어진 표면과 프리즘—에 기초하는데, 후자는 여기서 직각의 그리드를 가지는 프레임으로 변형된다.

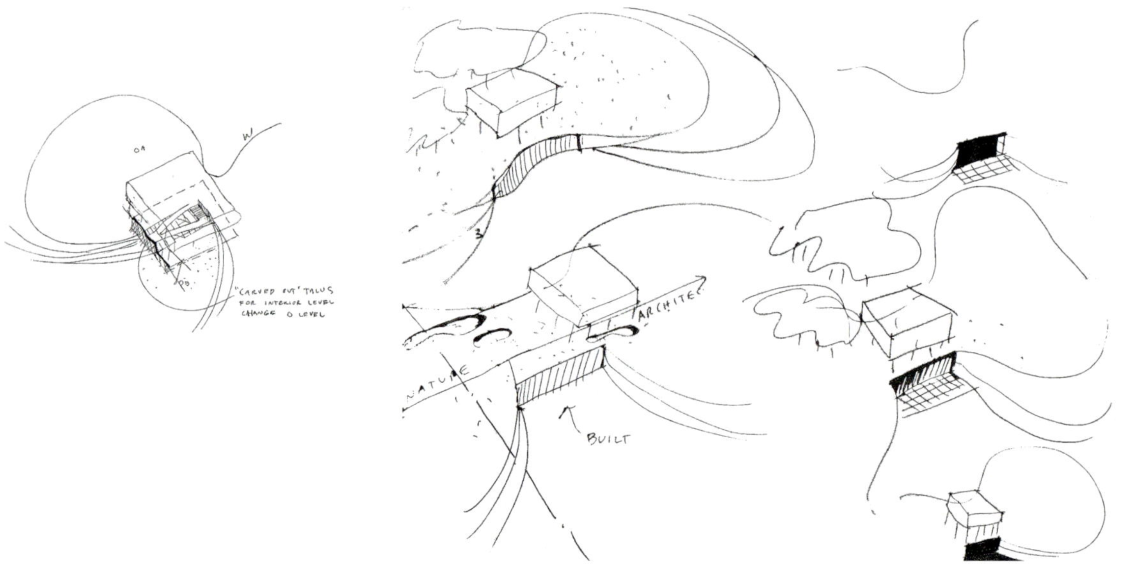

그림 318-321. 렘 콜하스/OMA, 르몽 하우스, 플로락, 보르도 근처, 1994-98, 오브 어룹과 협업. 예비 스케치; 예비 계획의 모습; 저층부 평면.

과 그의 아내 헬레느(Hélène), 그들의 세 자녀를 위해 지어졌다.[94] 쿤스트할과 홀텐의 주택에서와 같이, 발몽과의 협업은 콜하스가 비록 이 계획이 꼴라주, 텍토닉, 혹은 매혹적 시체 등에 의해 허용되는 자유의 정도를 더 이상 가지지 않는 시스템으로 통합되도록 형상과 프로그램, 구조 사이의 어려운 종합에 대한 도전을 보여줄지라도, 그 자신의 은유적 형상에 기초한 구조적 요소들을 형상화할 수 있도록 해준다.

주택은 분류된 부지에 파노라마적 위치를 가지는 언덕의 꼭대기에 서 있는데, 거기서 건물들은 지상 9 미터 이상으로 올라갈 수 없으며, 그것들이 보르도 계곡으로부터 보일 수 있도록 만드는 색채를 가질 수 없었다. 그것은 자동차 사고의 결과로 1991년부터 휠체어를 타야만 했던 장애인 건축주를 위해 디자인되었다.

초기 드로잉들의 어떤 것은 빌라 사보아에서와 같이 필로티 위에 서 있는 정방형 평면을 가지는 프리즘을 보여준다. 두 개의 기본적 해결책이 시험되었는데, 하나는 생클로드와 홀텐의 주택에서와 같이 서로 다른 텍토닉들의 층들의 쌓임에 기초하며, 또 하나는 적합하게 질서가 잡힌 영역("파내어진 거골" carved out talus)에 위치하며 휠체어로 움직이는 것이 가능하도록 디자인된 긴 램프의 존재에 기초했다. 램프의 발전은 일련의 연구들에서 주택의 모든 레벨들을 연결해주며 계획을 에두카토리움과 같이 휘어진 슬래브의 시스템을 향해 진화해가도록 만든다. 다른 연구들에서 상자의 기초는 아가디르 계획에서와 같이 물결치는 평면으로 형성된다. 이 요소와 지하로 주입되는 기초 사이의 빈 공간은 "사이/둘 사이(in-between/entre deux)" 로 정의된다. 이것은 움직이는 거대한 플랫폼이 달라바 주택에서와 같이, 세 개 켜들의 창조를 허용하며 램프를 대체하게 되는, "수직적 조직을 가지는 수평적 주택" 의 안을 선택하도록 이끈다.

결정적 디자인으로 접근하는 버전들에서, 주택의 지하 부분은 "보이지 않는 받침" 으로 불리며, 반면에 이 "받침" 위에 안착되거나 위로 매달리게 되는 상자의 위치를 언급하기 위해서는 "떠있는 벙커" 와 "놓여진 벙커" 등의 용어가 사용된다. 최

94) 1988년에 신문사의 편집장은 콜하스와 토요 이토, 게리와 접촉해 그들에게 보르도에 지어질 주택의 스케치를 요구한다;단지 몇 년 후 그는 콜하스에게 직접적으로 기울어져 그 자신의 주거 건물의 개념으로 돌아오기로 결정한다(cf.Arthur Wortmann, *Un paradis artificiel. A house by OMA in Floirac*, in ""Archis"", 1998, No.11, pp. 46-53). 헬레느 르몽은 콜하스와 헤어조크 드 뫼롱 사이에서 망설였다고 설명한다(conversation with the author, 8 July 2004). 주택에 대해서는 다음을 참조할 것: Beatrice Lampariello, *Villa a Floirac. Rem Koolhaas/OMA 1994-1998*, thesis, Università degli Studi Roma Tre, Facoltà di Architettura, with Prof. Roberto Gargiani,

종의 디자인은 또한 빌라와 관리인, 손님을 위한 부속 건물을 바라보는 넓은 중정의 중요성을 강조하며 "파티오 주택"으로 불린다.

주택은 주방으로부터 침실에 이르기까지 기능들의 전통적인 층별화를 반영하는 것으로 보이는 세 개의 레벨을 가지지만, 실제적으로 서로 다른 거주 조건들을 결정한다: 인공적 동굴로서의 지하로의 선큰; 전원 레벨에서의 이상적으로 제한이 없는 표면; 혹은 비행 오브제의 내부. 세 개의 레벨은 하나는 부모를 위해, 다른 하나는 아이들을 위해 각각이 자신만의 수직적 접근과 욕실을 가지며, 상부 레벨에서 두 개의 분리된 유닛을 얻도록 두 개의 수직적 구역으로 나뉜다. 생클로드의 주택에서 두 개의 유닛이 떠있는 수영장의 끝을 향해 위로 위치하고 지상층의 공유되는 유리 영역 위로 매달리는 두 개의 상자로 번역된 반면, 플로락의 주택에서 그것들은 다시 한 번 완벽히 유리로 된 보통 구역 위로 매달리는 단일의 상자 속으로 주입된다. 비슷한 프로그램의 이 서로 다른 형상의 배후 이유는 플로락에서는 명백히 보이지 않는 떠있는 수영장의 변형에 기인한다.

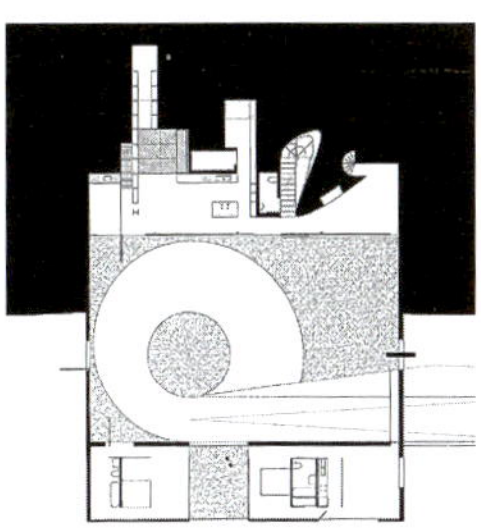

빌라의 낮은 레벨은 영역 속에서 부분적으로 선큰된 벽으로 둘러싸인 광대한 사각형의 표면이다. 그 표면은 생클로드 주택의 구획과 홀텐 주택의 지하와 같이, 세 개의 띠로 나뉜다. 가장 큰 중앙의 띠는 중정이나 파티오이며, 반면 다른 두 개는 주방, 식당, 텔레비전 실, 서비스 공간들(옷장, 창고, 기술적 공간, 식품실, 세탁실)을 포함하는 주택의 첫 번째 레벨을 위해, 그리고 주 파티오로 열리는 작은 파티오로 나뉘는 두 개의 기본적인 일층 주택 유닛(손님을 위한 욕실을 가지는 침실, 관리인을 위해 욕실, 주방, 식당을 가지는 침실)를 위해 존재한다. 단순한 비례 법칙이 부분들의 전체적 크기를 결정한다.[95]

경계 벽은 「엑서더스」나 「건축의 자발적 수감자들」의 벽들과의 관계를 나타내며 파노라마적 시야—계곡을 향해 거대한 회전식 눈에 의해 당연시되는—를 가린다.[96] 휠

2005-06.
95) 두 개의 주거 유닛을 가지는 띠의 폭은 상자 폭의 반이다; 중앙 파티오의 대각선은 상자의 길이와 부합하며, 장방형 테두리의 짧은 변의 수치는 상자 폭의 두 배이다. 상부 레벨들의 장방형 평면의 길이는 두 개의 주거 유닛과 작은 파티오를 가지는 띠의 크기의 두 배이다.
96) See Jacques Lucan, *OMA/Rem Koolhaas, une maison à Bordeaux. Prisonniers volontaires de l' 'architcture*, in ""Le moniteur architecture.AMC"", 1998, No.91, pp.58-61.

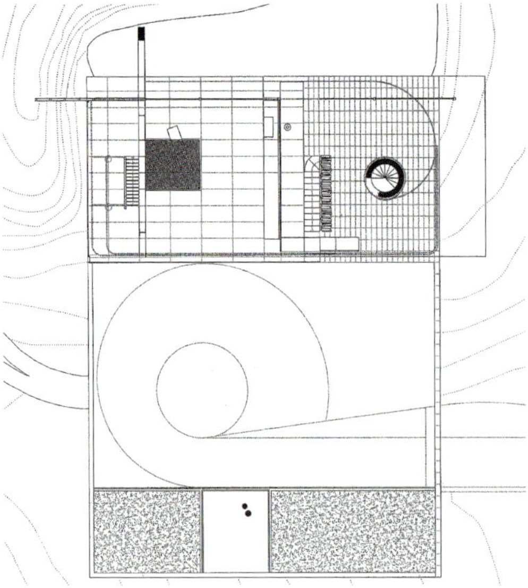

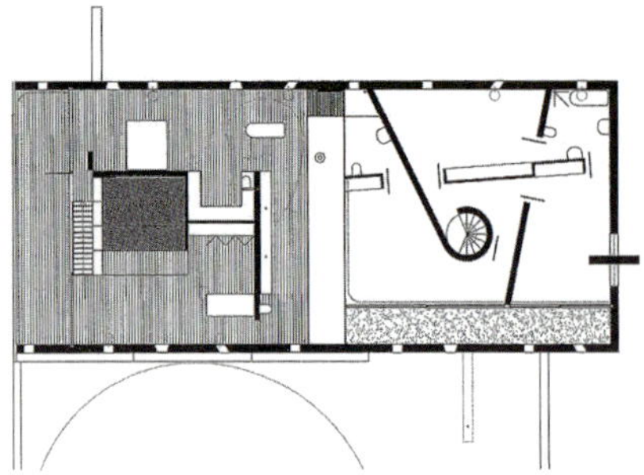

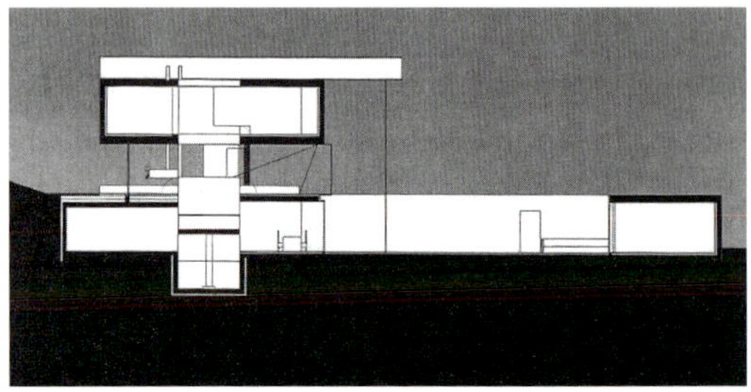

체어를 타야 하는 이 특별한 건축주의 경우에, "건축의 수감자"의 개념은 극적인 실존적 의미를 취한다: "나는 복잡한 주택을 원한다, 왜냐하면 주택이 나의 세계를 한정할 것이기 때문이다..." 라고 콜하스가 회상하듯이 그는 말했다.[97] 도로를 향한 경계 벽의 외부 면은 지역적 관습에 따라 잘리지 않고, 석회석과 같이 울퉁불퉁한 표면을 가지는 방식으로 잘려진 보르도석의 장방형 슬래브들로 덮인다. 슬래브들과 그것들의 조합의 치수는 「엑서더스」와 마이애미 주택, 쿤스트할의 벽들로부터 유래된 동일 치수의 형태를 모방한다.[98]

주택의 첫 번째 레벨을 위한 띠는 투명하고 불투명한 유리 패널들을 통해 파티오로 완전히 개방된다. 위에서 슬래브의 구조를 지지하는 한 열의 원통형 검정 색의 금속제 기둥들은 약간의 거리를 두고 유리를 따라 달린다—홀텐의 주택에서 이미 사용된 안. 지하로 들어가는 띠의 측면에서 벽은 효과적인 테라스와 자연적 구멍과 같이 땅 속으로 박히는 돌출부를 날카롭게 만들기 위해 후퇴하고 돌출하는 부위를 모두 가진다. 주방에서는 설비와 조명을 위한 채널링이 상부의 슬래브에 매달리며, 주거 환경 속으로 공공건물을 넣기 위해 OMA에 의해 사용된 해결책을 주입하며, 투명한 폴리카보네이트 패널의 경사진 천장에 의해 가려진다.

아이들용 유닛으로 접근은 나선형 계단으로 제공된다. 다른 한편으로 부모의 유

97) [Koolhaas-OMA], *Maison à Bordeaux* cit., p. 134.

98) 디자인 연구에서 파티오의 표면은 액세스 드라이브를 가로 지르는 그물망형 금속제 보에 매달리는 슬래브이다; 그 밑으로는 떠있는 상자의 지붕 위에서 보의 결착재의 정착점을 형성하는 둥근 석재가 몇 개의 필로티들을 따라 보인다. 주택의 이 부분의 전체 볼륨은 상자와 같이 떠 있으며, 캔틸레버로 된다. 보의 간격들은 경계 벽의 이미지를 반영하며 돌들로 채워진다. 자연의 일상적 재료는 그러므로 보의 결착재를 정착시키는 둥근 석재의 경우에서와 같이, 시적으로 혼성적인 구조 시스템 속에서 철제 단면들과 함께 통합된다. 전통적인 구축에서 돌들을 결합시키는 모르타르는 헤어조크와 드 뫼론에게 역시 흥미로운 주제인, 기술과 재료, 형태들의 대비를 만들어 내며 보로 대체된다.

99) Koolhaas, *Delirious* cit., p. 12. OMA는 운하의 낮은 교각 아래를 지날 때 자신들을 더 낮게 낮추는 것이 가능한 메커니즘을 갖춘 네덜란드 바지선의 이동식 캐빈의 사례를 제시한다. 다음의 언급은 또한 수상 수영장의 콜하스의 개념에 대한 이 바지선들의 영향의 관점으로 해석될 수 있다. "네덜란드는 물의 국가이다—OMA는 설명한다.—믿을

그림 322-327. 렘 콜하스/OMA, 르몽 하우스, 플로락, 보르도 근처, 1994-98, 오브 어룹과 협업. 중간과 상부 레벨 평면들; 횡단면; 외부 전경들.

닛은 가파른 단일 램프 계단실과 건축주가 휠체어를 타고 움직일 수 있도록 수압식 피스톤 엘리베이터로 움직이는 거대한 3×3.5 미터의 플랫폼으로 접근이 된다. 이 플랫폼은 움직이는 사무실로 준비되며, 로테르담 주택의 파티오와 유사한 보이드의 공간을 만들어낸다. 유사한 플랫폼이 콜하스에 의해 사진 미술관, 쿤스트할 I 의 디자인에서 사용되었는데, 그것은「광기의 뉴욕」에서 설명된 기계 장치, 1853년 오티스의 플랫폼, 플로락에서와 같이, "거대한 번쩍이는 피스톤들"[99]에 의해 작동되는 라디오시티 뮤직홀의 화물용 엘리베이터 등에 기초한다. 조셉 맨케비츠(Joseph Mankiewicz) 감독이 1959년에 만든 영화「지난여름, 갑자기」(*Suddenley, last Summer*)에서의 바이올렛 베너블(Niolet Venable)은 그녀 집의 한 층에서 플랫폼을 통해 휠체어를 타고 다른 층으로 옮긴다(뇌엽 절제 수술이 그 영화의 주제이다). 플로락에서의 메커니즘을 위해 OMA는 루브르 피라미드에서 사용된 피스톤으로 작동되는, 장애인을 위한 원형 플랫폼의 모델을 직접적으로 이용했다.

마지막으로, 두 개 유닛들 사이의 중앙에 위치한 또 다른 계단실은 정확히 일층과 이층 레벨을 연결한다; 그 벽의 물결 모양의 형태는 어두운 "동굴"로부터, 홀텐 주택에서의 램프의 상승에서 나타났듯이, 빛과 시야의 발견으로의 경로를 반영한다. 연결의 이러한 다양성은 부모와 아이들의 유닛의 독립성이 생클로드의 주택을 위해 OMA가 이미 연구했던 배치적 특성이라는 것을 돕도록 발전되었다.

수 없을 정도로 많은 운하들이 북해 속으로 다시 가라앉는 것을 막기 위해 나라를 영원히 배수시키는 것은 물에 의한 집약적인 화물 수송에 대한 자연적 지지를 제공한다. 오랫동안, 바지선은 낮은 교각을 지나가야 하는 문제와 직면해왔는데, 그것은 선미에 위치한 캐빈으로부터 머리숙임에 대한 조종을 요구한다. 이것은 화물의 중요한 볼륨을 상실하는 것을 야기했다. 이 문제를 극복하기 위해 캐빈은 궁극적으로 높은 위치에서의 360도의 제어 타워와 최대한의 짐 모두를 허용하는 이동식 플랫폼에 위치하도록 되었다. 캐빈은 단지 낮은 교량 밑으로 통과할 때만 짐 뒤에서 밑으로 내려갈 수 있다. 이윽고 이 법칙은 개량되었고, 오늘날 전체의 방들은 최적의 안락함과 안전으로 위 아래로 움직인다. 이 법칙은 보르도 주택에서 이상적으로 보였는데, 그것은 층의 프로그램적 요소로서 수직, 수평 방향 모두로 기능할 수 있는 장치를 요구했다" (OMA, *Genesis of the elevator-as-room*, in Jacques, OMA Rem Koolhaas cit., p.92). 2001년 장 프랑수아 르몽의 죽음 후 빌라의 플랫폼은 헬레느에 의해 이동식 내실(boudoir)로 변형되었다.

그림 328-332. 렘 콜하스/OMA, 빌라 르몽, 플로락, 보르도 근처, 1994-98, 오브 어룹과 협업. 외관; 부모의 욕실; 주방; 헬레느의 침실; 이동식 플랫폼과 거실.

전원 레벨에서의 빌라의 중간적 배치는 2.4 미터 높이의 두 개의 장방형 슬래브들 사이에 위치하며, 유리와 알루미늄 패널들로 경계를 이룬다. 잔디밭을 향한 면에서 하나의 모터가 완벽한 개방을 허용하며 바닥-천장 트랙 위의 두 개의 대형 유리 패널들의 움직임을 제어한다. 이 거대한 유리는 달라바 주택의 콘크리트 벽과 같이, 스튜디오의 고정된 유리와 마찬가지로, 더운 공기의 출구와 대형 스피커를 포함하는 낮은 알루미늄 캐비닛을 통해 잘리는 듯이 보인다(실제적으로 두 개 모두의 요소는 슬라이딩 창들을 넘어서 돌출된다). 슬래브 내에 장착된 다른 장치들은 장막의 움직임을 위한 레일 스위치, 태피스트리, 커튼, 그림, 조명, 문, 심지어는 비둘기장들을 포함하는 복합적 시스템을 형성한다.

이 레벨 위의 공간은, 완벽한 개방성에도 불구하고, 아래 쪽 레벨 공간의 "동굴"과 같은 자질의 정도를 유지할 정도로 레벨을 압축하는, 노출 콘크리트의 표면을 가진 높은 상자 구조로서, 가는 기둥에 의해 지지되며 흰색으로 된 미스식 빌라의 슬래브의 교체로 인해 오로지 미스의 작품으로부터 명백하게 유래된다. 달라바 주택과 같이, 이것 역시 "사이" 의 공간으로, 거주 장소의 전형적 자질을 가진 공간이라기보다는 조경에 완전히 개방된 중간적 켜이다. 이 곳에서의 삶은 야외의 바위로 된 피난처 아래의 삶과 같다. 스튜디오와 거실 영역의 바닥은 공공장소에서 사용되는 것과 같이 알루미늄 시트로 된다; 그것은 표피에 수퍼스튜디오와 「엑소더스」 "할당 부지"와 같은 추상적이고 이상적인 특성을 부여하며, 유리를 넘어 잔디밭의 가장자리까지 확장된다.

상부의 레벨은 두 개 유닛으로 그룹 지어지는 침실과 욕실을 포함한다. 각각의 유닛은 철근 콘크리트의 단일 상자로 싸여진 거의 정방형의 평면을 가진다. 유닛들은 자연 채광을 위해 좁은 콜하스식 파티오를 창조하며 바닥 슬래브와 지붕의 횡단

그림 333-335. 렘 콜하스/OMA, 르몽 주택, 플로락, 보르도 근처, 1994-98, 오브 어룹과 협업. 예비 스케치; 구조 스터디.

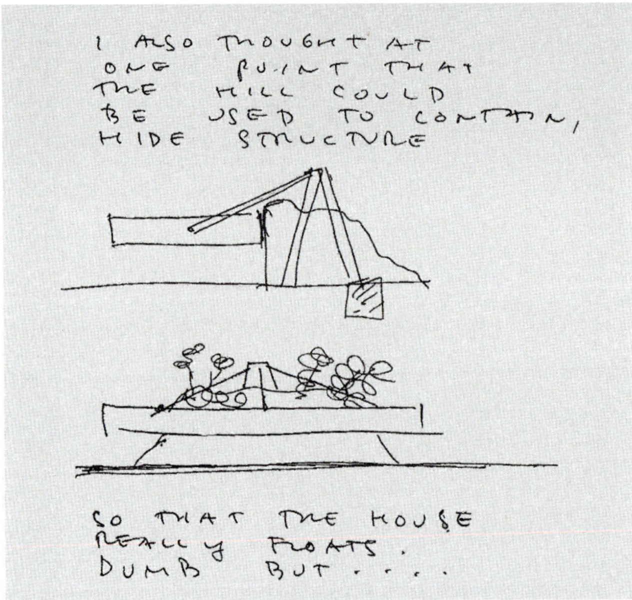

식 절단에 의해 분리된다. 단지 연속적인 측벽들만이 생클로드 주택의 경우에서와 같이 플로락의 주택이 두 개의 상자 단편들로 파괴되는 것을 막아주고 있다. 단지 하나의 상자만 있을지라도 상부의 레벨은 두 개의 플랫폼들로 구성되는 것으로 예외적으로 보이며, 각각은 무게 중심 지지대 위에서 균형을 이루는 듯이 보인다.

구조는 상자를 공간의 자질과 일련의 배치 해결을 결정하며, 공중에 떠있는 견고하고 육중한 블록으로 나타나도록 만들도록 디자인된다. "텍토닉 법칙은 공중에 떠있는 상자로 될 것이며, 거기에 침실들이 위치할 것이다. 이 아래는 거실 공간으로, 유리로 둘러싸일 것이다": 이것이 발몽이 OMA가 그에게 제공한 이상적 안에 대해 요약한 것으로, 그것이 그가 언덕 비탈 부지를 방문했을 때 "마술적 카펫"(magic carpet) 주택이라고 상상할 정도로 그가 공유했던 안이었다.[100] 환상의 기술은 또한 코니아일랜드를 "마술적 카펫"으로 변형시켰었다.[101] 플로락의 주택에서 감성적 반응은 조명 효과나 공기 조화, 향기 등에 의해 야기되지 않고, 환상으로 되는 구조 그 자체에 의해 야기된다.

세 개의 기본적인 구조적 요소들이 있는데, 그것들은 부분적으로 생클로드의 주택과 쿤스트할로부터 유래된다: 철제 입구, 철제 보와 결착재를 가지는 철근 콘크리트의 필로티, 매달리게 되는 거대한 철근 콘크리트 상자.

몇 개의 실무 스케치는 바위로부터 상자를 매달고 구성주의 계획안에서와 같이 그것을 결착재와 지주, 무게추 등으로 부착시키는 것을 가설로 보여준다. 다른 것들은 일단 언덕의 형상이 결정되고 부지 위에 상자를 안착시키도록 결정이 내려졌을 때, 상자가 그것의 극단을 향해 이동된 하나의 거대한 필로티 위에서 균형을 잡고, 지붕 위의 보에 의해 다른 극단에서 벽을 따르고 때때로 보강이 된 X 구조에 의해 그것에 정착이 되는 것을 보여준다. 그러면 이제 상자의 지지 위치를 무게 중심으로 옮기는 가설이 고려되었지만, 불안정성의 감각을 보전하기 위해 지지대를 뒤집혀진 쐐기나

100) Balmond, *Informal* cit., p. 24.
101) Koolhaas, *Delirious* cit., p. 51.
102) 어떤 버전에서는 파티오의 둘러싸는 벽이 딸의 유닛의 상자를 지지하는 달라바 주택의 철근 콘크리트 벽에서 나타나듯이, 떠있는 상자를 위한 지지대로 되며 솟아오른다.
103) Hans Sedlmayr, *Verlust der Mitte*, Salzburg, O. Müller, 1948, Ital.

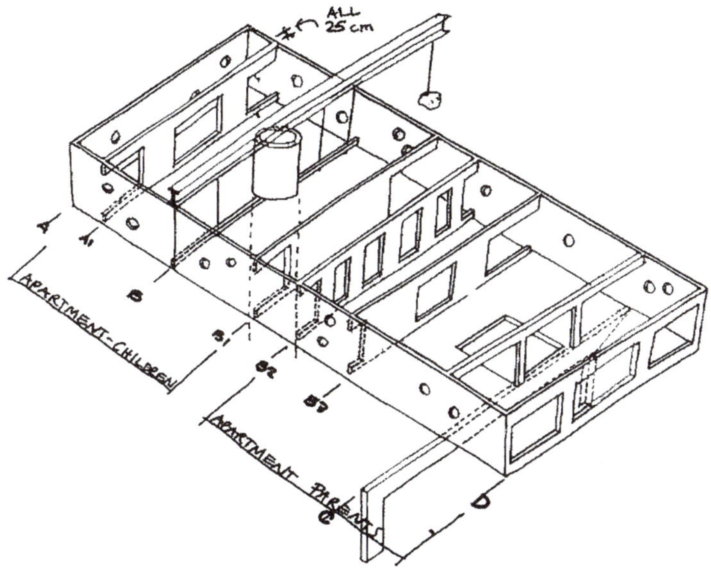

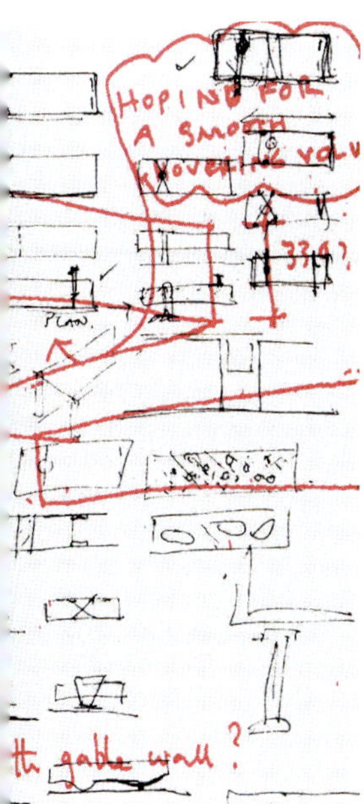

구체로 형상화한다. 두 가지 모두의 경우에 형상은 지붕을 넘어서 상자의 부분들에 매달리며, 매달린 볼륨의 원래 구조적 직관의 어떤 것을 되찾는다. 아마도 쐐기 형상의 지지를 가지는 주택의 버전은 이미 무용 극장에서 사용되었던 레오니도프의 레닌 협회 계획안의 뒤집혀진 원추형에 기초했을 것이다. 니마이어 역시 1970년대에 극단으로 부착되는 케이블로 중심에서만 지지되는 거대한 상자를 디자인했다. 구체의 극단적인 변형으로서, 주택의 구조를 위한 스케치들 가운데에서 OMA의 아가디르를 위한 계획안의 윤곽을 부분적으로 반향하며, 지면에 기초하게 되는 두 개의 다른 굴곡을 부여해 상자의 안쪽 윤곽을 수정하는 개념 역시 등장한다.[102]

"지상의 기초를 부인하는"[103] 구체 형상 지지대의 개념은 농장 지기의 주택을 디자인한 르두에 의해 시작된 전통과 연결된다. "구체는 더 이상 지면에 기초하지 않는다: 그것은 매달린다 – 한스 제들마이어(Hans Sedlmyar)는 1948년에 르두의 주택에 대해 논의한 이후, 레오니도프의 레닌 협회를 위한 계획에 관해 썼다 – 그것은 단지 끝부분 만으로만 지면에 착지하는 뒤집혀진 원추의 형태로, 거미줄과 같이 훌륭하게, 금속제 스크린에 의해 낮은 부분에서만 지지되며, 명백히 어떤 것에 의해서도 지지되지 않는 유리와 철의 구체이다".[104] 중심의 부재와 안정성의 전통적 개념의 부재에 대한 그의 논의를 계속하며, 제들마이어는 사보아 주택을 르두와 레오니도프의 작품에 비교하면서 그것을 "버팀대 위에 기초하며 계류된 비행선과 같이"[105] 지면에 기초하는 "공중의 상자"라고 부른다. 그럼에도 그것은 확실히 레오니도프 계획의 이상적 프로그램을 시행하려는 노력 속에서 플로락 주택의 구조를 위한 콜하스와 발몽 연구의 공언된 목표로 되는 – 엘 리시츠키가 말하듯, "몸체들의 공중 부양, 예를 들면 물리적으로 역동적인 건축"[106] – "떠있는 상자"이다.

transl., *Perdita del centro*, Rome, Borla, 1983, p. 129.
104) Ibid., p. 136.
105) Ibid., p. 139.
106) *El Lissitzky, Neues Bauen in der Welt: Russland*, Vienna, 1930 (cit. in Sedlmayr, op. cit., p. 137).

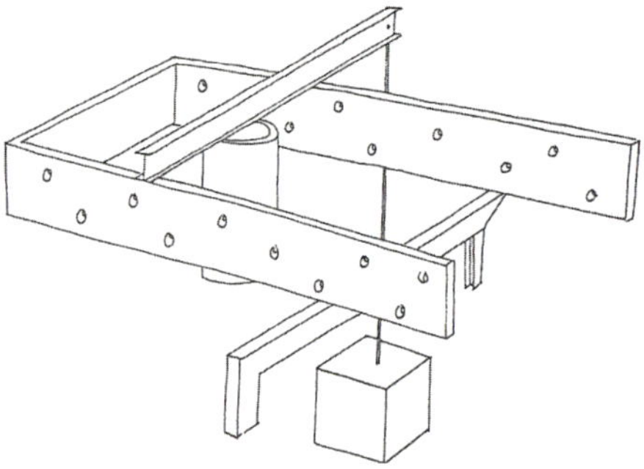

그림 336-337. 렘 콜하스/OMA, 르몽 주택, 플로락, 보르도 근처, 1994-98, 오브 어룹과 협업. 구조의 개념적 드로잉; 조립 과정 중의 대문 요소.

그림 338. R. 모리스, L자형 보와 다른 조각들("oppositions", 1974, n. 2).

그림 339. 리처드 노이트라, 싱글턴 주택, 로스앤젤레스, 1959.

그림 340. 살바도르 달리, 「기욤 텔의 수수께끼」(*L' 'enigme de Guillaume Tell*), 1933, 스톡홀름 근대 미술관.

콜하스와 발몽의 연구 결과는 상자를 단지 두 개의 서로 다르게 형상된 수직물 위에 안착시키는 선택이다: 아가디르 계획을 연상시키는, 철제 대문과 철근 콘크리트로 된 큰 직경의 속이 빈 필로티(필로티는 나선형 계단을 포함한다). 시각적 불안정성의 더 이상의 결정적 정도를 도입하기 위해, 콜하스의 다른 작품들과 속이 빈 필로티 위의 정착들에서와 같이, 지붕 위에 첨가되는 금속제 보에 의해, 속이 빈 필로티 위에서 지지되는 구역에서 한 쪽 측면 위에 더 큰 돌출부를 가지며, 그럼으로써 균형을 잡아야 하는 상자가 캔틸레버로 되기 위해 두 개의 수직재가 엇갈리게 배열된다. 그 상자는 자신의 경계벽 속으로 주입되며 슬래브로 연결되는 금속제 결착재로 이 보에 정착된다. 이 결착재들이 보이지 않는다는 사실은 지붕 위의 보로부터 이해가 안 될 정도로 매달린 상자를 균형 잡는 효과를 위해서는 근본적이다. 파노라마적 테라스를 가로 지르는 필로티의 부분은 상자가 심지어 더욱 생생하게 떠있는듯이 보이도록 만들기 위해, 바르셀로나 파빌리온의 십자형 기둥들을 위해 미스가 예시했던 유사한 겉면 효과의 예를 따르며, 광택나는 스테인레스 스틸 겉면으로 비물질화된다. 더 큰 돌출부를 가지는 부분으로부터 상자의 가능한 하향식 회전은 공중 바와 유사한 동역학적 평형을 얻으며, 파티오 정원 안에 묻히는 콘크리트 블록에 정착되고 보의 돌출된 단부에 정착되는 결착재로 인해 피할 수 있게 된다. 홀텐의 주택에서 유리 상자를 정착시키는 듯 보이는 케이블의 개념은 구성주의의 교의에 기초한 구조적 시스템 속에서 여기서도 다시 등장한다.

대문은 두 개의 비대칭적 부분으로 파괴된다: H 형상의 단면을 가지며 하늘색으로 칠해지고, 일층을 가로지르는 기둥과 정방형 단면으로 L자를 형성하도록 휘어지며 검정으로 칠해진, 한 쪽 끝은 정원으로 선큰되고 다른 쪽은 벽기둥 위에 정착되며, 그것으로부터 그것의 짧은 부분이 까치발 같이 돌출되는 속이 빈 연속적 보. 대문의 보는 레오니도프에 대한 콜하스와 오르트하우스의 아티클을 포함하는 「오포지션」(*Oppositions*) 지 1974년 이슈에서 논의된, L자형 보의 형태를 한 모리스(Morris)의 조각을 닮도록 만드는 조형적 자질을 가진다.[107]

상자의 경계를 넘어서 돌출하는 콜하스의 보는 미니멀리즘적 분위기로 리트펠트의 단면들, 건물의 경계로부터 추출되고 아이젠만에 의해 선호된 테라니의 골조

107) Cf. Rosalind Krauss, *The Fountainhead*, in ""Oppositions"", 1974, No. 2, pp. 61-69.

108) 필로티와 대문은 상자의 돌출부의 관점에서만이 아니라 구조적 기능 외의 다른 기능들을 통합하는 지점까지 세 개 층들의 공간의 분할 요소들로도 되기 위해 위치하고 디자인된다. 필로티는 아이들 유닛의 나선 계단을 포함하며, 반면에 정문의 간격은 마르텐 반 세베렌(Maarten van Severen)에 의해 디자인되고 "벽"으로 알려진, 유리창들로 보강된 폴리에스테르 선반을 포함한다 (cf. [Koolhaas-OMA], *Rem Koolhaas. Maison à Bordeaux*, in ""Global Houses"",

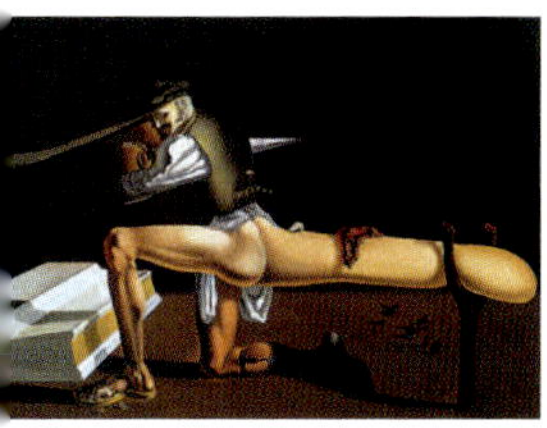

들, 노이트라의 "거미 다리들", 그리고 달리가 묘사한 인체 장기들의 변형된 지지들을 재해석하는 정원 속에서 조각적 작업을 창조한다. 비교될 만한 보는 「콜럼부스 센터의 달걀」에 포함된 건축 학교 계획에서 이미 사용되었었다.

마지막의 구조적 시스템은 생클로드 주택에 적용된 시스템의 진화로, 그것은 정원을 향해 부모들의 상자와 쿤스트할의 통행로의 지붕 시스템의 상자를 균형 잡는다. 지지대와 상자의 형상, 그리고 그것들의 상호적인 정적 관계는 균형이 단순히, 콜하스의 다른 작품들에서 보다 여기서 더욱 극적인, 부단한 동역학적 행위 속의 순간적 멈춤이라는 개념을 받아들일 수 있도록 만든다. 이 점에서 도미노 스켈턴의 기본적 구조는 관객에게 엘 리시츠키에 의해 강조된 동역학이 부여된 균형 구조의 인상을 주며, 장력의 동역학적 균형 속에서 서로를 상쇄시키는 힘과 지지, 회전의 복잡한 시스템으로 된다.[108] "테이블의 개념은 파괴된다. 대신 동역학이 나타난다", 라고 발몽은 쓴다.[109]

상자는 장방형 평면의 철근 콘크리트 구조로, 단지 하나의 짧은 쪽으로만 열리고, 내리막을 바라보는 면을 따르는 보에 의해 접합되는 두 개의 긴 경계 보와 두 개의 슬래브로 구성된다. 이 보들이 경계를 따라 배치된다는 사실은 그것들을 OMA의 벽/보의 변양태로 만든다. 발몽은 플로락의 상자를 짧은 쪽이 완전히 개방되도록 남겨두려는 욕망을 제안하는 이미지로서 "콘크리트 배수관"(concrete culvert)[110] 이라고 불렀다. 그러나 두 개의 긴 벽/보의 보강의 필요는 횡단식 구조의 주입을 요구했는데, 그것은 쿤스트할 I 에서와 같이 비렌딜 보들의 평행적 시리즈를 통해, 하나의 디자인 안에서 떠있는 상자의 실내를 가로질러 자른다. 콜하스의 이후의 주택에서 "터널", Y2K는 플로락의 지어지지 않은 "배수관"의 형태를 취하게 된다.

OMA가 준비한 액소노메트릭 안에서는 아마도, 데 스테일의 종합적인 구조적 다이어그램들과 마우리티우스 코르넬리우스 에셔(Mauritius Cornelius Escher)의 불가해한 드로잉들에서와 같이, 정적 기능의 수수께끼를 보전하기 위해 구조의 모든 부분이 재현되지 않는다.

두 개의 긴 경계 벽/보는 방의 조명과 시야에 영향을 주는데, 그것은 창들이 고

1998, No. 57, p. 57). 이 벽은 달라바 주택의 한 벽의 진화이며, 각각의 층을 그 옆을 지나는 플랫폼에 의해 다다를 수 있는 건축주가 요구하는 오브제들과 책들의 보관을 위해 세 개 층에서의 연속적인 분할을 형성한다 (부모 유닛의 계단은 그 "벽"의 다른 쪽을 향해 위치한다).

109) Balmond, *Informal* cit., p. 27.

110) Ibid., p. 36.

그림 341. 렘 콜하스/ OMA, 르몽 주택, 플로락, 보르도 근처, 1994-98, 오브 어룹과 협업. 공원 내의 풀장, 2004.

려되는 단지 두 개의 지점에서만 안착되는 상자 구조의 하중 다이어그램을 취하도록 디자인되어야 했기 때문이다. 이러한 구조적 제한은 무작위로 배열된 작은 현창과 같은 개구부들의 시리즈로 이끈다. 어떤 것들은 바닥 레벨에서도 나타나는 눈들의 시리즈로 구멍이 뚫리는 벽들은 스핑크스 호텔이나 에이-플레인과 같은 OMA의 다른 작품들에서 이미 나타났었다. 현창들은 기본적으로 세 개의 층들에서 나타나며, 그것들은 바닥 레벨에서 아래를 바라보는 한쪽 방향의 시야와 휠체어를 사용하는 자의 눈높이와 보통의 서있는 사람의 눈높이에서의 시야를 얻도록 주입된다. 이 레벨들에서의 현창들의 빈발은 배치된 가구(어떤 것들은 금이나 은 시트로 씌워 져 있는)의 각도와 마찬가지로 테이블, 책상, 침대의 고정된 위치나 주요 통로들의 분석에 의해 결정되는데, 그것은 시각에 따라 다르며, 그러므로 어떤 한 가구의 이동도 하나 이상의 현창들의 기능적 의미를 상실시킬 수 있다.

부모 유닛이 벽/보가 없는 쪽으로 개방된 테라스와 두 개 유닛을 분리시키는 파티오의 존재로 이득을 보는 반면, 아이들 유닛은 U자 형 구조로 조절된다. 좁은 파티오가 두 개 침실에 충분한 채광을 제공하기 위해 하나의 벽/보 옆으로 그것을 위해 창조되었으며, 그 유닛의 끝에서 개방된 거대한 회전식 눈은 계곡을 향한 시야를 제공한다. 세 번째의 침실과 욕실은 두 개 침실들에 걸쳐서 지붕 속으로 잘리는 장방형의 천창과 현창들로부터 채광이 된다(그것 밑으로는 옷을 걸기 위한 목재 캐비닛이 서있다). 단지 회전 계단 주위의 계단참만이 자연 채광이 안된 채 존재하며 편집증적 비판 방법의 사용에 의해 촉발된 일련의 불완전성을 노출한다.

111) Koolhaas, *Delirious* cit., p.255.

112) 콜하스는 이 단어를 후드(Hood)에 대해 썼다 (Koolhaas, *Delirious* cit., p.141).

그림 342–343. 렘 콜하스/OMA, 마이애미 퍼포먼스 아트센터, 비스케인 가 마이애미, 1994, 오브 어룹과 협업. 모델과 평면.

각 작품의 서로 다른 프로그램들과는 별도로 생클로드와 홀텐, 플로락의 주택들은 서로 다른 텍토닉 켜들의 병치와 두 개의 독립된 유닛들의 비대칭적 구조, OMA에 의해 끊임없이 사용된 은유 속에서 지속적으로 승화된 상자의 주제에 대한 콜하스식 반영의 삼부작을 형성한다. 플로락의 주택에서 아방가르드의 반중력적 시는 더욱 극적으로 만들어지는데, 그것은 공중에 떠있는 것이 더 이상 날씬한 유리창이 아니라 말레비치의 "플래니트"(planit), 모리스의 매달린 보, 혹은 수퍼스튜디오의 큐브릭(Kubrick)식 "검정 돌-모노리스"와 같은 철근 콘크리트 상자이기 때문이다. 벽들의 녹슨색은 효과를 강조한다. 상자의 의미를 노출시키는 것은 정확히 이러한 색채적 양상으로, 그것은 단지 "녹슨 황갈색"[111] 으로 1976년 맨해튼에 도착한 구성주의자들의 수상 수영장의 버전이며, 이제는 플로락의 언덕에 착륙한 것이다. 그 계획의 한 단계에서 우리는 심지어 플로락의 떠있는 상자를 「수영장 이야기」의 수상 수영장과 유사하게 만드는 녹슬음 방지 강철(Cor-Ten steel)의 사용을 발견한다. 지하실 너머로 미끄러지는 홀텐 주택의 유리 상자와 같이, 플로락 주택의 떠있는 상자는 도시가 위치하는 계곡에 대한 끌림을 표현하고, 달라바 주택에서와 같이, 자신의 오디세이 속에서 계속 또 다른 "표류"를 하는 수상 수영장의 임박한 출발을 암시하기 위해, 언덕의 경사가 시작하는 경계 벽을 넘어서 돌출된다. 명확한 프로그램의 요구에 명백히 기초했을지라도, 플로락의 주택은 콜하스의 서사 속에서 "그의 건축주에게 미지로 남은 채"(unbeknownst to his client)[112] 세워진 또 다른 에피소드이다.

2004년에 플로락 주택의 소유지 위에 콜하스는 지역의 수상 식물을 가지는, 지형 속으로 주입되는 면도칼과 같이 – 25×25 미터 – 형상 지어지는 수영장을 세웠다. 도시를 바라보며, 그 수영장은 언덕 위의 그곳에 착륙한 듯이 보인다.

마이애미, 뮌헨, 알메레를 위한 계획들

90년대 중반에 콜하스는 경사진 평면들을 가진 볼륨들의 분절, 그리고 프리즘적 상자를 넘어, 그가 2000년 경 주위에 디자인한 많은 작품들에서 보이게 되는 비정형적 솔리드 형상들의 존재를 발견하도록 그를 이끈, 비정형적 형상들을 가지는 볼륨들의 분절을 발전시켰던 계획에 관해 작업했다.

1994년 마이애미의 마이애미 퍼포먼스 아트센터 현상 설계에서는 오페라 하우스의 달걀형 윤곽과 콘서트홀의 종 모양이 음향 전문가들에 의해 선택되었으며,

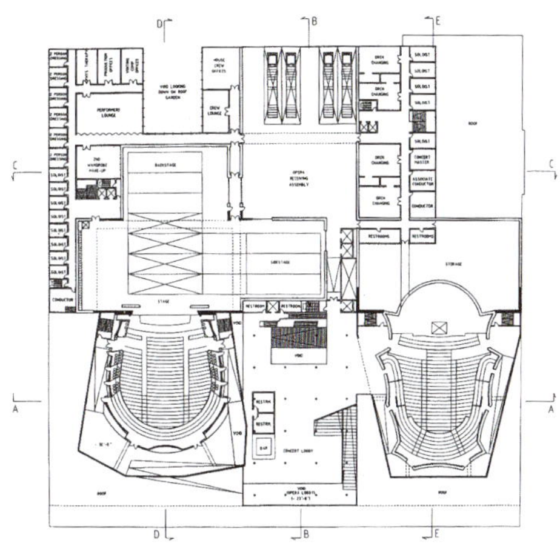

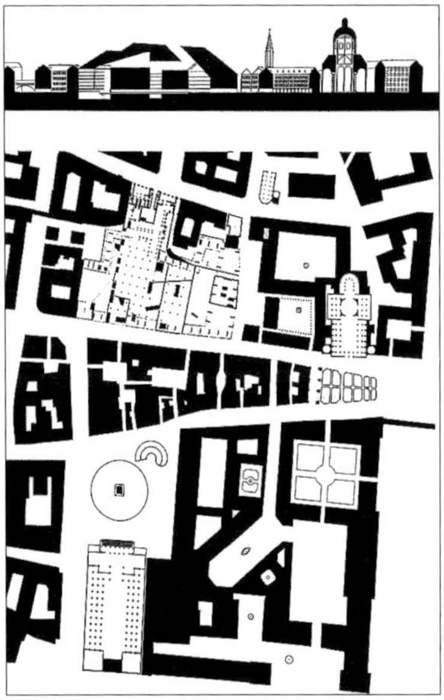

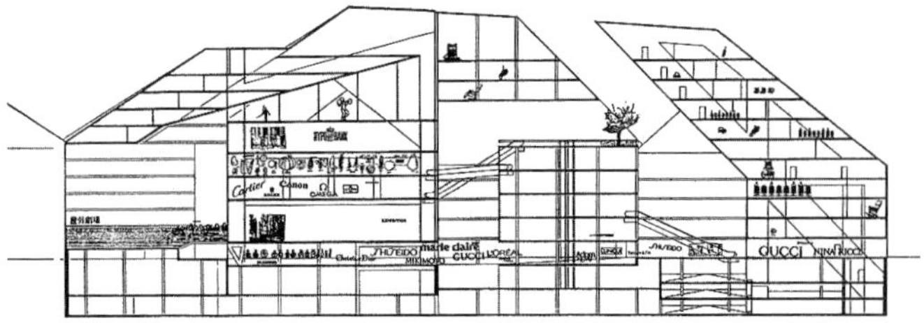

현상설계 지침에 부과되었다. 콜하스는 두 개 모두의 홀을 두 개의 결정체적 볼륨으로 만들기 위해 다양하게 경사진 평면들로 씌웠다. 각각의 홀의 이중 외피들은 독립적으로 되어 첫 번째는 음향 법칙에 따라 형상지어지고, 두 번째는 더욱 자유롭게 조각적인 형상으로 되는 것을 허용한다. 그것들은 보조적 기능들을 위치시키게 되는 비정형적 빈 공간을 결정한다. 이중 외피의 이러한 시스템은 포셰에 기초한 칸의 시스템과 유사한 잠재력을 가지지만, 콜하스는 기본적으로 되기 위한 구조의 내포를 고려하지 않는 결정적 차이를 가진다.

뮌헨 히포테아티너 센터(Hypo-Theatiner-Zentrum) 계획(1994-95)의 첫 번째 단계에서 콜하스는 (페리스와 같이) 법규에 의해 허용되는 최대 볼륨을 정하고 비공식적인 솔리드를 얻는다. 솔리드는 역사적 도시와 유사한 도시의 단편이다; 그것은 유럽 도시의 포스트 모

113) Koolhaas, *Delirious* cit., p. 92.
114) "최대 외피의 설정－형태, 볼륨－은 부분적으로 도시 계획적 정형화, 그리고 모방이 없이, 새로운 건물과 도시의 기존 실체 사이의 감각적 공존을 보장하는 수많은 도시적 각도, 윤곽, 시각과 관계들의 외삽으로부터 유래한다. 두 번째의 수행에서 이 최대 외피/형태는 프로그램, 빛, 접근, 순환, 시야, 조용함, 도시성, 사생활, 공공성 등의 최적 조직의 관점에서 분석된다. 이 과정에서 형태/볼륨

그림 344-345, 렘 콜하스/OMA, 히포테아티너 센터(Hypo-Theatiner-Zentrum) 현상설계, 가블러하우스, 뮌헨, 1994-95. 단면과 배치도; 건물의 단면.

그림 346-347. 렘 콜하스/OMA, 알메레 마스터플랜의 도시계획적 연구, 1994-98. 예비 평면과 쇼핑센터의 모델.

더니스트적 재건의 기준을 따르며 블록 주변의 도로와 건물들의 높이를 확인한다. 그리고 콜하스는 솔리드 속으로 프로그램의 다양한 기능들을 주입한다—전시실, 상점, 주거, 사무소. 처마 선 위로 발전되는 예외적인 결정체적 볼륨들의 효과는 환기와 채광을 위해 공중 정원을 가지는 구멍들로 뚫리는 거대한 경사진 판들로부터 나온다. 전체는 페리스의 이론적 외피의 주제에 관해 「광기의 뉴욕」에서 썼듯이, "원래 네덜란드 박공주택의 거대한 확대"와 같이 보인다.[113] 역사적 도시에 관해, 콜하스의 맥락주의는 로우와 크리에의 방식으로 환원되기를 원치 않으며, 심지어는 지붕이 불가사의를 만들어낸다는 것 같은 전통적 주제로의 회귀도 원치 않는다.[114]

단면과 평면 드로잉에서, OMA가 디자인한 시청사가 있는 헤이그 중심부 평면에서와 같이, 놀리의 평면에서의 포셰의 기준을 이용하며, 강조된 블록들은 검정색 영역이며, 반면 흰색은 도로, 광장, 중정과 상점들 같은 공공장소에 개방된 공간들을 가리키기 위해 사용된다.

"로마의 유명한 지도에서- 콜하스는 뮌헨의 계획을 논의하며 설명한다- 놀리는 도시를 평면에서 교회, 광장, 혹은 다른 공공건물들이 공공 영역의 부분으로 되기 위해 파내질 수 있는 솔리드들의 시리즈로 재현했다. 우리의 계획은 이 개념을 단면으로 확장한다: 도시에 의해 그것의 부분들이 요구될 수 있는 하나의 솔리드".[115]

밀집 문화의 전형적인 의식 고양의 혼돈적 밀도를 암시하기 위해 자신이 계획한 평면들에 부착된 마르티우스 광장을 위한 피라네지 평면의 단편들이 콜하스에 의해 사용된 반면, 놀리의 평면은 사적으로 고양된 블록을 파냄으로써 얻어지는 공공 도시 공간의 예로 사용된다. 포셰에 대한 이러한 해석에는—직접적으로가 아니라 놀리의 평면 예를 통해 동원되는—칸과 벤추리의 포셰 개념과는 동떨어지며 로우와 크리에에 의해 개발된 개념에 더 가까운 조각적 강조가 존재한다. 콜하스는 1990년대 말까지는 포셰라는 용어와 그것의 조각적 함축에 대해 직접적으로 논의하지 않았다.

가든 시티의 모델에 따라 1970년대에 개발된, 미로와 같은, 암스테르담의 보이지 않는 위성 도시인 알메레 마스터플랜을 위한 1994년의 현상설계에서 OMA는 두 개 영역에서의 개입의 집중을 제안하기 위해 밀집의 문화로 되돌아온다: 철도역사에 인접한 장방형의 영역은 사무소 복합시설로 사용될 것이었는데, 그것은 연속적인 플랫폼에서 시작해 헤이그 시청사 디자인의 모델에 기초해 타워들의 시리즈를 형성한다; 베르바터(Weerwater)를 바라보는 정방형 영역은 단일 건물로, 아가디르 계획의 지붕과 같이 평행 띠들로 구조화되고 낮은 형태의 쇼핑센터를 포함한다. 각각의 개별적 유닛들은 수상 수영장을 닮으며, 다시 한 번 드로잉에서 나타난다.

1995년에 행해진 연구에서 원래의 쇼핑센터는 도시적 조직으로 되어 다른 변양태들이 제안된다: 블룅-세나르의 신도시(Ville Nouvelle)에서와 같이, 빈 공간들을 가지는 프리즘적 볼륨의 임의적 배치; 원래의 매스 속으로 주입되는 경사진 대각선의 도로들; 마지막으로 어떤 통일적 형상도 없는 해결책들. 이 연구들의 어떤 것들에서 OMA는 크리에의 경험을 통해 구축을 하며, 전통적 개념에서 자유롭고 때로는 심지어 폰타나의 "공간적 개념들"(Spatial Concepts)에 가까운 창조를 허용하는 포셰의 혁신적 사용을 추구한다.

의 내부는 수평적이거나 수직적인 아트리움으로 둘러싸이는 다수의 오브제들로 읽힐 수 있는 솔리드과 보이드의 복합적 구성,혹은 다수의 프로그램적 컨테이너들을 한정하는 단일의 축수가 있는 빈 공간을 창조하도록 파내진다" ([Koolhaas/OMA], *Hypo-Theatiner-Zentrum in the Gaglerhaus, Munich, Germany, 1994/1995*, in ""El Croquis" ", 1996, No. 79, (pp. 200-07), pp. 200, 204.)

115) Ibid., p. 204.

OMA는 역사적 도시들의 예에 가까운 장방형 블록들의 패턴으로 시작해 평면들의 시퀀스를 이론적 질서 속으로 집어넣으며, 로우와 크리에의 포세 기준에서 얻어진 도시 조직들로 옮겨가고, 역사적 도시의 도시적 조직에 대한 어떤 언급으로부터도 가장 완전히 떨어진 부분 속에서 볼륨들의 임의적인 배치의 예들로 끝을 낸다.

"우리의 제안—OMA는 썼다—은 교외의 수법과는 대조를 이루는 (새로운) 중심부 속에서 공공적 존재의 밀도를 창조하며 모든 하부 구조들 위에 보행로와 건물들을 겹쳐 놓는다. 가능한 도시 블록 패턴들을 연구하며, OMA는 중심부를 밀도에 관점에서 기존 도시와는 '다른', 특별한 밀도와 최대의 공공적 상호 작용의 장소를 얻기 위한 방향의 장소로 정의했다".[116]

헤이그에서 OMA는 주 상업 도로 아래에 자동차들의 주차를 위한 터널을 창조했는데, 1994년 디자인하여 2004년에 완공했고, "지하의 대 시장 거리"(Souterrain Grote Markstraat-Kalvermarkt)라고 불렀다. 그 터널은 세 개의 주요 상호 연결되는 레벨들을 가지는데, 하나는 지하철 라인으로, 콜하스를 따르자면, 그것이 바다와 인근의 도시, 고가도로들로 둘러싸인 도시를 위한 유일의 가능한 확장이다—"수감된 도시".[117] 그 터널은 계획안 속에서 풍선들의 원근적 시야로 언급된 지하의 「즉석 도시」(*Instant City*)와 같이, 메트로폴리스적 삶을 증폭시키도록 디자인된다. 동시에 터널은 지지적 구조

116) [Koolhaas/OMA], *Almere Urban Redevelopment*, in ""El Croquis"", No.53+79, p.389.
117) [Koolhaas-OMA], *Service Tunnel in The Hague*, ibid., p.362.
118) Site www.oma.nl.
119) [Koolhaas/OMA], *Extension to the Tate Gallery*, in ""El Croquis"", 1996, No.79, pp.184, 185.

그림 348. 렘 콜하스/ OMA, 지하의 대 시장 거리, 헤이그, 1994-2004, SAT 엔지니어링과 협업.

그림 349. 렘 콜하스/ OMA, 테이트 갤러리 증축을 위한 현상설계, 런던, 1994-95, 오브 어룹과 협업. 모델의 모습.

와 환기 도관으로, 콜하스의 훗날의 "궤적들"을 위한 다중 기능들의 기술적 통합의 모델이다.

"보통—OMA는 쓴다—구축된 주차 시설들은 기술적, 경제적 제약의 희생물들로, 모든 구조적, 기술적 어려움의 완벽한 제약들이 그것들에 부과된다. 이 경우에 부지의 선형성은 이 실습적 감옥으로부터의 탈출구로 판명이 났다. 환기: 터널은 덕트이다; 구조: 터널은 벽과 보, 슬래브들이다. 주차장은 유연한 공간으로 되며, 레일의 경사를 이용하고, 예견치 못한 자질로서의 그것의 막대한 길이 같은 주어진 것들의 하나를 개발하게 된다".[118]

방치된 뱅크사이드 발전소로 주입되는 런던 테이트 갤러리의 확장을 위해 1994-95년에 나온 현상설계에서 OMA가 제안한 전시 시설은 싱크벨트(Thinkbelt)를 위해 프라이스(Price)가 제안한 공업용 건물의 재활용 모델에 기초했는데, 그것은 세인트 폴 성당을 마주보며 테임즈 강을 따르는 중심 부분의 급격한 제거가 요구되었으며, 거기서 원래의 굴뚝은 철제 프레임이 보이도록 남겨둔 채 자신의 벽돌 외관을 은유적으로 벗도록 되었다. 콜하스의 주택들에서처럼 그 계획안은 "블록들"이라 정의되는 세 개의 주요 커들을 가지며, 다른 재료들로 씌워지고 다른 종류의 전시들을 위해 사용되는 폐쇄된 상자들로 구성된다. 이 블록들은 "접합부", "사이의 영역", "연속적인 이벤트 공간"이라 알려진 빈 공간들로 교대되며, 카페, 식당, 비디오, 도서실, 퍼포먼스, 임시적 전시 등을 위해 확보된다. "접합부"를 위해 예시되는 행위들은 밀집 문화의 또 다른 표현으로, 그것을 위해 피라네지의 마르티우스 광장의 형태적 모델이 사례로 제시된다. 상자들의 교대와 "사이의 영역"은 우리를 이 점에서 콜하스에게 근본적인 것으로 되었던 "솔리드"와 "보이드"의 변증법으로 다시 데려다 준다.[119]

나무로 씌워진 더 낮은 부위의 상자에서 실제의 방들은 서로 서로 연속적인 보이드에 의해 고립되어 문과 함께 주입된다. 알루미늄으로 씌워진 상자에서 방과 보이드들은 「엑서더스」의 벽들과 동일한 두께를 한 칸막이들의 단편들로 미스식의 유닛을 형성한다. 마지막으로 상부의 상자—루스벨트 아일랜드 하우징 현상설계를 위한 OMA 계획안의 하나와 같이 캔틸레버로 되고 파노라마적인—는 나눠지지 않고 벽/보들로 구성된다. 시퀀스로 볼 때 상자들은, 방으로부터 개방된 공간으로 되는 단편화, 그리고 벽으로부터 복잡한 보까지의, 공간과 구조 개념의 진화를 보여준다. 방문객들에게 두 개의 주요 "궤적들", 혹은 "대로들"은 1989년 세계 박람회를 위한 계획에서 OMA에 의해 제시된 다중적 방문 형태에 기초한 다른 속도들로 방문되도록 그려진다.

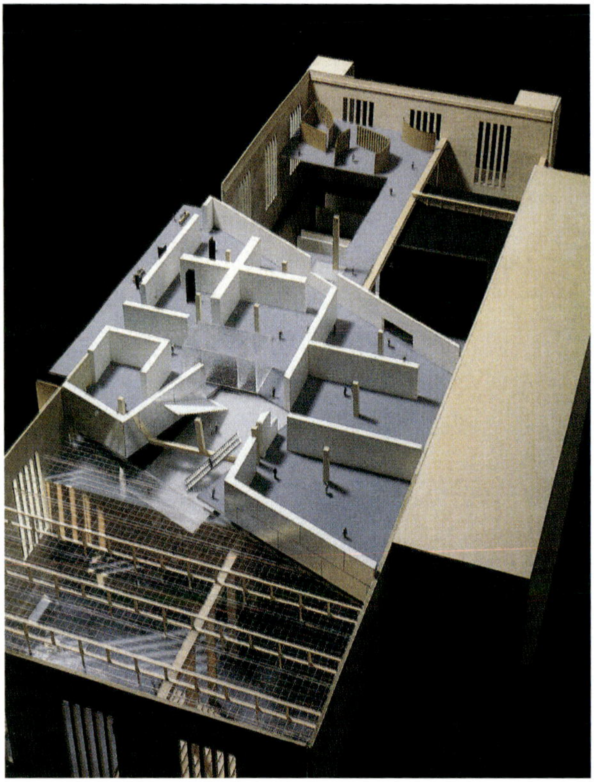

콜하스는 1990년대 후반에 두 개의 네덜란드 하우징으로 주거 디자인의 OMA 전통을 이어나갔다: 1995년에 디자인되어 1998년에 크리스티안제(Christiaanse)에 의해 완공된 헤이그 주거 축제(Woningbouwfestival)와 1996-2002년에 브레다의 차세 지구(Chassé Terrein) 계획의 맥락에서 세워지고, 1995년 데 게이테르(De Geyter)의 감독하에 OMA가 디자인 한 브레다 카레(Breda Carré)의 주거. 헤이그의 건물은 도로의 다른 편의 기존 건물과 같이 필로티 위로 솟아오른다; 일련의 필로티들은 달라바 주택의 트러스를 가진 필로티에 기초한다. 다른 종류의 아파트들과 배치 시스템들이 에두카토리움의 슬래브와 같이 휘어지게 나타나는 복합 시설을 만들어내며 볼륨 속으로 조합된다(길게 솟은 수평 레벨은 내부로의 구동으로 두 열의 주택들을 지지한다). 높은 기존의 건물과 함께, 머리 부분은 도로로의 통행로를 틀 짓는다. 외피의 디자인과 재료는 초기의 OMA 작품들에서 개발된 법칙들에 기초한다(물결치는 판 금속으로 된, 매달린 볼륨의 아래 쪽 표피; 다른 재료들의 띠 속으로의 분해 등등).

브레다의 건물은 모든 주거 유닛들에 햇빛을 가져오도록 디자인된 볼륨적 배치를 통해, 힐버자이머와 페레에 의해 개발된 중정식 건물의 20세기 사례들의 시리즈를 결합한다. 접근 발코니들은 고정된 유리 패널의 수직적 띠들로 스크린 되며, 아파트 발코니들은 셔터들과 같이 슬라이딩 식의 구멍난 알루미늄 패널들을 형성한다. 외피는 나무 패널들로 이루어진다.

그림 350. 렘 콜하스/ OMA, 테이트 갤러리 증축 현상설계, 런던, 1994-95, 오브 어룹과 협업. 모델.

그림 351-352. 렘 콜하스/ OMA, 브레다 차세 지구 주거 빌딩, 1995/96-2004.

그림 353. 렘 콜하스/ OMA, K. 크리스티안제, 주거 축제, 데뎀스바르트벡(Dedemsvaartweg), 헤이그, 1995-98.

S,M,L,XL, 1995: 건축 이론을 위한 법칙들

4

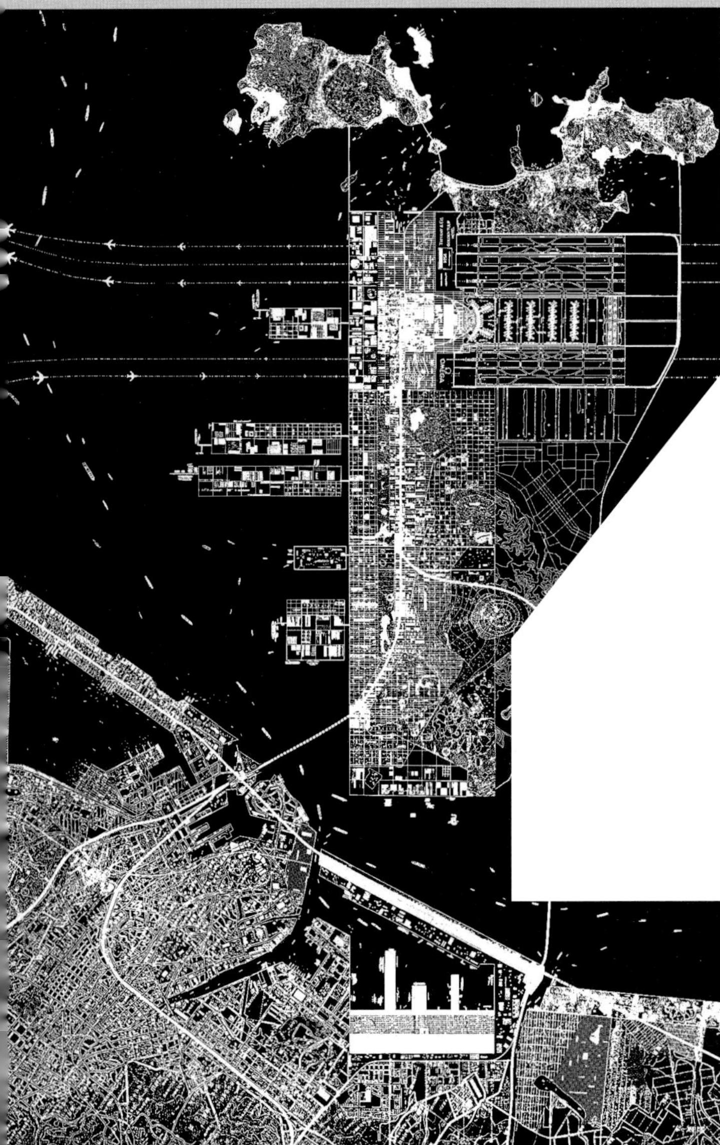

그림 354. 렘 콜하스/ OMA, 공항 현상설계, 서울, 1995.

기준층, 혹은 중립적인 장방형 평면

1977년 「아키텍처럴 디자인」 지의 OMA 글은 1995년 콜하스와 브루스 마우(Bruce Mau)가 발간한 책 *S,M,L,XL* 에서 도해되었듯이, 그것들의 크기에 기초한 계획들의 분류를 위한 기초 작업을 준비했다. 그 제목은 "Small", "Medium", "Large", "Extra-Large"의 머리글자들이다. 「에토레 소사스. 대형, 중형, 소형 개인주택들」(*Ettore Sottsass. Large, medium and small size private houses*) 는 1990년 발간된 로시(Rossi)의 편지에 주어진 제목이었다[1] — 안드레아 브란치(Andrea Branzi)가 1973년 「카사벨라」 지에 쓴 「급진적 노트들」(*Radical Notes*) 중의 하나로부터 취한 제목: 「소형 중형 대형」(*Small Medium Large*).[2]

"Small", "Medium", "Large"와 "Extra-Large"는 「엑소더스」로부터 시작하는 OMA 작품 그룹핑의 크기에 부합된다. 이 기준은 리처드 세라(Richard Serra)의 동사들 리스트나 미국 건축 잡지들에서 발간된 뉴욕 마천루들의 경제적 수익성에 관한 자료 같이, "더 헤이그 포스트" 저널리스트들의 비인간적인 서술들과 유사한 분류를 선호하여 OMA 선언에서 개괄된 계획들의 세 가지 "범주들" — "개념적-은유적 계획들", "이상화된 계획들", "현실적 계획들" —을 대체하며 모든 형태적, 혹은 유형학적 평가를 유예시킨다.[3] 단지 글자들로만 장식된 뻣뻣한 알루미늄 톤 표지는 「광기의 뉴욕」 표지의 벤추리식 상징주의를 피한다. 사진과 디자인, 텍스트들의 1346 페이지에 대한 그것의 관계 — 뒤표지에서 정의되듯이 "매시브"한 책 —는 맨해튼 마천루와 1989-90년의 콜하스의 계획들에서의 층들의 켜와 핵에 대한 건축적 테두리의 관계와 비슷하다. 그것 역시 뇌엽절제술을 겪는다. 「기준층 평면. 명상」(*Typical Plan, Meditation*, 1993), 「거대함, 혹은 대형의 문제. 선언」(*Bigness, or the problem of Large. Manifesto*, 1994), 「마지막 사과. 구조와 서비스에 관한 추측들」(*Last Apples. Speculations on Structure and Service*, 1993), 「포괄적 도시. 지침」(*The Generic City. Guide*, 1994)이라는 제목의 네 개 에세이들에서 콜하스는 평면, 계획의 크기, 구조의 역할, 현대의 메갈로폴리스의 개념을 포함하는 이론의 법칙들을 개괄한다.

기준층 평면은 1902년부터 1972년까지 뉴욕에 세워진 사무소 타워 평면들의 자질을 개괄하는 「광기의 뉴욕」의 또 다른 장이다. 기준층 평면이란 용어는 (프랑스어로 된) 자유로운 평면(Plan Libre)의 경쟁적 개념을 만들어내기 위한 목적에서 건물의 표준

1) Aldo Rossi, *Ettore Sottsass. Large, medium and small size private houses*, in ""Terrazzo.Architecture,Design"", 1990, No. 4, p. 29.

2) Andrea Branzi, *Radical Notes 9. Piccolo medio grande*, in ""Casabella"", XXXVII, 1973, No. 379, p. 12.

3) See, for example, *Two-purpose tower*, in ""Architectural Forum"", vol. CXIII, 1960, No. 2, pp. 74-81.

그림 355. 기준층 평면으로부터의 두 페이지(S,M,L,XL 로 발간, 1995).

그림 356. 에메리 로스와 선즈, 마천루, 635 3번 애비뉴, 200 East 42번 가, 뉴욕, 1958.

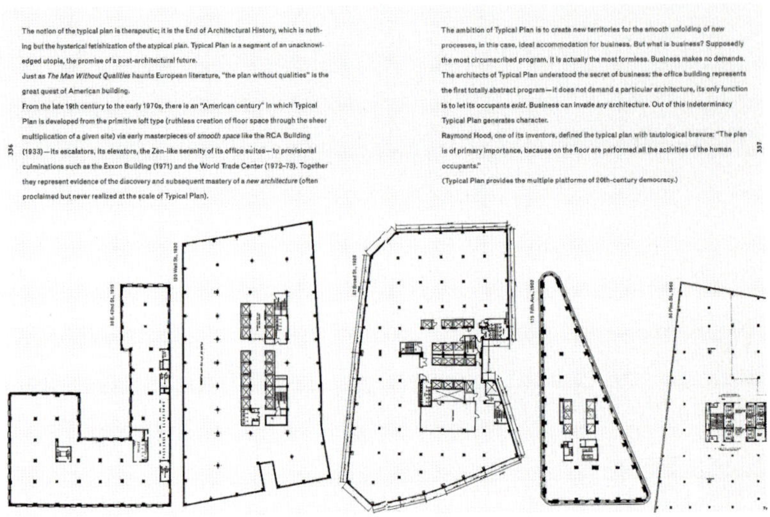

336

The notion of the typical plan is therapeutic; it is the End of Architectural History, which is nothing but the hysterical fetishization of the atypical plan. Typical Plan is a segment of an unacknowledged utopia, the promise of a post-architectural future.
Just as *The Man Without Qualities* haunts European literature, "the plan without qualities" is the great quest of American building.
From the late 19th century to the early 1970s, there is an "American century" in which Typical Plan is developed from the primitive loft type (ruthless creation of floor space through the sheer multiplication of a given site) via early masterpieces of *smooth space* like the RCA Building (1933)—its escalators, its elevators, the Zen-like serenity of its office suites—to provisional culminations such as the Exxon Building (1971) and the World Trade Center (1972–73). Together they represent evidence of the discovery and subsequent mastery of a *new architecture* (often proclaimed but never realized at the scale of Typical Plan).

The ambition of Typical Plan is to create new territories for the smooth unfolding of new processes, in this case, ideal accommodation for business. But what is business? Supposedly the most circumscribed program, it is actually the most formless. Business makes no demands. The architects of Typical Plan understood the secret of business: the office building represents the first totally abstract program—it does not demand a particular architecture, its only function is to let its occupants *exist*. Business can invade *any* architecture. Out of this indeterminacy Typical Plan generates character.
Raymond Hood, one of its inventors, defined the typical plan with tautological bravura: "The plan is of primary importance, because on the floor are performed all the activities of the human occupants."
(Typical Plan provides the multiple platforms of 20th-century democracy.)

337

적인 층의 평면을 가리키기 위해 영어로 사용된 용어로, 기준적 층, 혹은 기준적 층의 평면에 대한 변형으로부터 나온다. 콜하스의 기준층은 표준적 층 보다는 연속적 표피의 개념을 가리킨다. 그것은 "중립적", "추상적", "금욕적", "충분히 불분명", "가능한 한 공허하며", 대신 독특함과 개별성의 특성을 가지는 이례적 평면과 대조를 이룬다. 콜하스가 이런 대조를 설명하는 흐름은 건축의 역사 기록에 대한 강렬한 공격을 포함하는데, 그것은 밴험의 비판적 위치를 부분적으로 반영한다: "기준층 평면의 개념은 치료적이다; 그것은 이례적 평면의 히스테릭한 집착에 불과한 건축 역사의 종말이다".[4] 콜하스는 기준층 평면의 창조자들의 이름을 열거한다, "소거자로서의 건축가들의 아방가르드". 그들 중 누구도 근대 운동의 거장으로 명성이 있지 않다: 레이먼드 후드, 고든 분샤프트(Gordon Bunshaft), 월러스 해리슨과 맥스 아브라모비츠(Max Abramovitz), 에머리 로스와 선즈(Emery Roth & Sons).[5]

새로운 구조의 건축의 모델들 가운데에서 20세기 초기의 유럽 건축가들에 의해 이미 포함된 미국 사무소 건물들에 대한 이러한 새로운 초점은 그 초기의 반영들로부터 나타난 자유로운 평면의 이론적 결과를 넘어서 가기 위한 기초 작업을 깔기 위한 시도이다. 콜하스는 구조가 아니라 최초로 "전체적으로 추상적"이며, "가장 무형태적인" "사업"의 프로그램을 분석하기 시작하며, 층들의 구분의 모든 흔적들이 지워 없애져, 대신 종종 기준층의 미국식 드로잉으로 나타나는 칸막이들에 의해 복도와 사무실들로 되는 평면들을 발표한다. 이러한 그래픽적 불확정성으로 인해 기준층 평면의 계획들은 칸막이가 없이 앞으로의 이상적 조건을 제시하는 도미노 스켈튼에 대한 르 꼬르뷔제의 투시도와 유사하게 보인다.

기준층 평면에서 콜하스는 또한 마천루의 생산자로 「광기의 뉴욕」에서 그가 찬양했던 그리드의 어떠한 언급도 지움으로써 그 페이지에서 평면들로 나타나는 보이드가 블록과 도로들이 지워진 도시 계획을 암시하는 듯이 보이도록 만든다. "기준층 평면은 도시를 인식할 수 없고 확인할 수 없는 대상으로 만들었다", 라고 콜하스는 결론짓는다. 그러므로 미국 사무소 타워들의 기준층은 기준층 평면, 즉 어떠한

4) Koolhaas, *Typical Plan* cit., p.336.
5) Ibid., p.343.
6) Cf. Gilles Deleuze, Félix Guattari, *Mille plateaux. Capitalisme et schizophrénie*, Paris, Editions du Seuil, 1980. 르 꼬르뷔제에게 자유로운 평면은 오직 "어떤 명백한 늑재도 없이 아랫부분에서 매끄러운" 슬래브로서만 가능했다. (cit. in

형태적 특성도 제거된 건축적 자질의 표현, "건축적 미래 이후의 약속", 바르트(Barth)식의 "영점 건축", 무질(Musil)식의 "특성 없는 평면"의 개념을 만들어낸다.

콜하스는 기준층 평면의 기원을 "원시적 로프트 유형", 예를 들어 단지 기둥들의 열로만 점이 찍히며 분할되지 않은 층으로, 창고, 공장, 사무실, 혹은 상업 행위들을 포함하기 위해 1800년대에 그 모습을 만들어냈던 것으로 지적한다. 이 점에서 기준층 평면은 압출 성형의 법칙과 투쟁한다. "주어진 부지의 철저한 증식을 통한 바닥 공간의 무자비한 창조"는 가장 특이한 예로 상기되는데, 그것은 플랫 아이어언 빌딩의 삼각형 평면의 예이다; 그러나 이제 기준층 평면의 구적계적 형태는 부지의 형상과 분리된다.

RCA 빌딩의 잘 공간화된 지지 구조를 가지는 길고 좁은 장방형 배치는 기준층 평면에 대한 콜하스의 해석에서 결정적이다. 그는 들뢰즈와 가타리의 정의로부터 인용한 "매끄러운 공간의 걸작"이라는 관점으로 논의한다.[6] 「광기의 뉴욕」과 「현행범」(*Flagrant Délit*)에서 RCA 빌딩에 의해 저질러진 원래의 뉴욕 마천루에 대한 범죄로 보여지는 것은 기준층 평면에서의 새로운 배치의 설립 행위로 된다. 뉴욕에 대한 콜하스의 초기 연구들의 편집증적 비판 방법에 관한 하나의 기본적 결과는 르 꼬르뷔제의 UN 타워의 의미와 관계되는데, 그것은 RCA 빌딩 이후로 기준층 평면을 향한 또 하나의 발걸음을 기록한다. 그러나 콜하스는 기준층 평면에 시리즈에서 남아 레버 하우스와 시그램 빌딩의 프리즘들을 양산시켰던 사무국 평면을 포함시키지 않는다.

「기준층 평면」에서 발행된 평면들은 기준층들이 아니다, 왜냐하면 콜하스가 선택한 마천루들 대부분의 볼륨은 1916년 조닝 법칙에 기초한 모델이 이미 도전을 받았을 때, 심지어는 1958년에 세워진 635 서드 애비뉴의 경우나 1950년대와 1960년대에 세워진 280과 300 파크 애비뉴의 경우에서조차, 기초, 가장자리, 철각이나 타워들에 의해 형성되기 때문이다. 마지막의 두 개 건물은 레버 하우스와 시그램 빌딩의 미니멀리스트 타워들 근처에 위치하는데, 이 미니멀리스트 타워들은 텍스트에서 설명된 기준층 평면의 형태적 자질들을 반영한다. 텍스트와 도해 사이의 이 불일치는 한편으로는 여전히 맨해튼의 초현실주의적 비전을 가져다주었던 편집증적 비판 방법에 뿌리를 두지만, 다른 한편으로는 또한 어떠한 은유적 구축도 지우려는 것을 향해 기대려는 콜하스 시학의 복잡한 진화를 조명해준다. 상징적 사례들은 1928년 75 브로드 스트리트(67 브로드라고 잘못 표기된)에 세워진 인터내셔널 텔레폰 빌딩과 1960년에 80 파인 스트리트에서 단지 발자취만 반영하는 에머리 로스 앤드 선즈(Emery Roth & Sons) 빌딩을 포함한다. 콜하스가 도해한 파크 애비뉴의 두 개 건물은 사례들의 선정 속에서, 텍스트의 이론적 공식과 대조되어, 그가 20세기 전반으로부터의 마천루들의 볼륨적 분절을 향해 기울었다는 것을 확인시켜준다(280 파크 애비뉴의 기초와 타워; 300 파크 애비뉴의 기초와 계단들). 이 경우에 다시 한 번 평면은 단지 기초 부분만을 언급한다.

콜하스는 기준층 평면의 기하학적 형태가 장방형이어야 한다고 설명한다, 왜냐하면 그것이 가장 포괄적이기 때문이다. 그는 그러므로 평면을 위한 어떤 형태도 가능하게 만들었던 압출 성형 법칙의 종식을 간접적으로 선언한다. 이 스펙은 장방형 평면을 "실용주의"와 "순수한 합리성과 효율성"의 표현으로부터 "신비적 상태"로 변형시킨다. 1977년에 콜하스는 "장방형 계획들"로 시작하는 그의 작품들 세 개

Giovanni Fanelli, Roberto Gargiani, Storia *dell' 'architettura contemporanea. Spazio, struttura, involucro,* Rome Bari, Laterza, 1998, p. 267).

그림 357. 아키줌, 중단 없는 도시, 1971.

그림 358. B. 벨라스(B.Bellas), S. 커닝햄의 사진, 1966(S.M.L.XL 발간, 1995)

를 그룹 지었을 때 이미 장방형 평면의 의미를 암시했었다.[7)]

콜하스의 기준층 평면의 형태는 "전체 평면" 배치, 혹은 중앙 구역에 그룹된 서비스들을 가지는 장방형 평면들의 부상 시기인 이차 세계 대전 이후 뉴욕에 세워진 사무소 타워들에서 발견되는 것으로, 그것은 자연 채광과 환기를 위한 구멍들로 조직된 경계로 평면을 탁월하게 만드는 것을 의미했다. 1969년에 밴험은 UN 사무국과 레버 하우스 같은 타워들의 미학을 "완전한 장방형"(starkly rectangular)[8)] 이라 정의했다. 기준층의 발전을 위해 요구되는 기술들 가운데에서 콜하스는 인공적 조명 장치와 더불어 공기 조화가 기준층 평면의 또 다른 자질을 위한 전제들을 창조한다고 언급한다: "그것은 깊다"("Deep Plan"). 그럼에도 불구하고 콜하스가 모델로 선택한 어떤 마천루들은, 평면 디자인에서 아직 공기 조화의 효과를 고려하지 않은 듯이, 사무소의 자연 채광과 환기를 향상시키기 위해 철각보(redan)를 가지거나(1931년 브로드 스트리트의 빌딩과 같이), 상대적으로 작은 깊이(RCA 빌딩과 같이)를 가진다.

평면에서의 공기 조화 시스템의 효과를 최초로 논의한 밴험에 따르면 "전체 평면"과 "매우 깊은 층-평면"은 "단지 공기 조화와 저열 조명에 의해서만 적절하게 존재하는 가능성"을 재현했다.[9)]

그러나 기준층 평면에서 뉴욕 실용주의의 형태와 기술은 유럽의 "플라토닉한 중립성"[10)]을 향해 이동했으며, 사무소 평면은 다시 한 번, 마치 수퍼스튜디오와 아키줌의 이상적 안에서 표현된 듯한, 연속적이고 중립적인 표면 위에 모여든 "보이지 않는 커뮤니티들"의 창조를 가능케 하는데, 그것은 정확히 그 평면으로 시작함으로써 공식화되었다. 기준층 평면이 「중단 없는 도시」의 부록으로 정확히 끝난다는 것은 결코 우연이 아니다. "기준층 평면은 인식되지 않은 유토피아의 단편이자 포스트 건축적 미래의 약속이다"라고 콜하스는 설명한다. 콜하스가 발간한 시리즈를 결론짓는 세계 무역센터의 정방형 평면은 장방형 평면의 약속을 예견하지 않는다—"어떤 다른 형상도 그것을 이례적으로 만든다—심지어는 정방형도"—왜냐하면 그것은 1960년대의 구조적 진화에 기인해 어떤 기둥으로부터도 "부드러운 공간"의 해방이라는 일시적 목표를 재현하기 때문이다.

"배치 매뉴얼" 속에 암호화되어, 단지 기준층의 미국 과학으로 씻길 때에만 기준층 평면은 예술적 표현—"대중을 위한 미니멀리즘"—으로 될 수 있고, 솔 르윗(Sol LeWitt)이 입방체에서 본 자질들을 나타낸다; 그것의 "코어"와 "바닥"은 "절대주의적 장력"을 가지는 형상으로 환원될 수 있다; 평면의 "반복"—"그것은 n층의 평면이다: 전형적이며, 다수여야 하는"—은 아우라의 상실로 이끄는 예술 복제 가능성의 또 다른 벤야민적 형태로 된다(이례적 Atypical 평면). "기준층 평면 x n= 하나의 건물"은 층들의 반복을 워홀(Warhol)의 「200개 캠벨 수프 캔」(*200 Campbell's Soup Cans*)과 유사한 예술 작품으로 변형시키는, 콜하스식의 팝 등가물이다. 기준층 평면과 20세기의 예술적, 문화적 현상 사이의 또 다른 등가물은 워홀의 실크스크린에서와 같이 "연속적" 생산으로부터 르윗의 "연속적 안", 그리고 장 뒤뷔페(Jean Dubuffet)에 의하면 예술적 문화가 없는 자들에 의해 만들

7) Cf. ""Architectural Design"", vol. XVII, 1977, No. 5, p. 352.

8) Banham, op. cit., p. 183. 젱스 또한 마천루들의 디자인에 연루된 기술과 매개 변수들을 논의했는데, 그것들 중 어떤 것은 콜하스의 기준층 평면의 논의로 되돌아온다("자연 채광"을 얻기 위한 "창문"과 "코어" 사이의 간격; 물리적인 설비 채널을 위치시키기 위한 "깊은 천장"에 의해 가능하게 되는 "깊은 평면"; "기계장치의 층들"; 마천루가 "반복의 은유"라는 개념에 이르기까지). Cf. Charles Jencks, *Skyscrapers-Skypricker-Skycities*, London, Academy Editions, 1980.

9) Banham, op. cit., p. 182.

10) 콜하스에게 플라토닉이란 용어가 아카데미시즘과 경계를 하는 형식주의 추상을 향한 경향들의 비평을 위한 기본적이고 반복되는 범주로 알려진 건축 에세이는 젱스의 「건축에서의 근대 운동」(*Modern Movements in Architecture*)이었다. 이 경우에서 멈포드와 동의하는 젱스에게 플라토니즘의 최고봉은 미스 반 데어 로에였다.

11) Koolhaas, *Typical Plan* cit., p. 348.

12) Archizoom Associates, *No-Stop City. Residential Parkings, Climatic Universal System*, in ""Domus"", 1971,

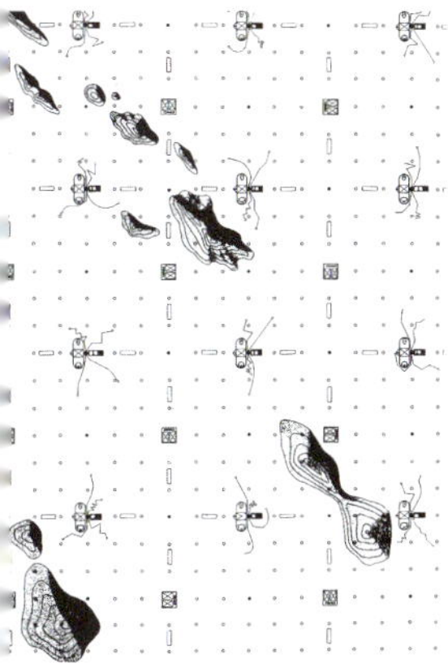

어지는 예술인 아르 브뤼(Art Brut)에 이르기까지 유사한 주제 주위로 끌려간다.

「광기의 뉴욕」 이후 대략 20년 후 콜하스가 이전에 구성주의적, 초현실주의적 작품으로 보았던 맨해튼은 2차 세계 대전 이후 예술 아방가르드의 징후로 나타나며, 기준층 평면은 아일랜드 사무소 타워들의 2세대의 회고적 선언으로 된다.

「유럽에는 어떤 기준층 평면도 없다」라는 제목으로 된 에세이의 마지막 부분에서 콜하스는 미스 반 데어 로에의 프리드리히 슈트라세 마천루 계획의 평면을 보여주는데, 그는 그것을 "궁극적인 이례적 평면" 으로 부르며, "사회주의적 기준층 평면으로 여겨지는" 레오니도프의 공업 주택(House of Industry), 그리고 "기준층 평면을 (서구) 문명화의 최종 조건으로 해석한, 규범적 유토피아로서의" 아키줌의 「중단 없는 도시」에 비유한다.[11] 「중단 없는 도시」의 어떤 페이지들은 다시 읽어 볼 가치가 있다. 1971년에 아키줌이 쓴 「거주용 주차장」(*Residential Parking*), 「기후적 보편 시스템」(*Climatic Universal System*): "공장과 수퍼마켓은 미래 도시의 진정한 사례적 모델로 된다: 미세 기후 조절과 최적의 정보 시스템에 의해 동질적으로 만들어지는 자유로운 평면 위에 기능들이 즉흥적으로 배치되며, 잠재적으로 무한한 최적의 도시 구조. 빛과 공기의 '자연적이며 즉흥적인' 균형은 실제적으로 능가된다: 주택은 장비가 갖추어진 주차 구역으로 된다. 내부에는 어떤 위계질서나 결정적인 공간 형상도 없다.[...]. 자신의 '특성 장구' (character armor)로부터 자유로이, 건축은 개방 구조로 되어야 한다[...]. 오늘의 유일하게 가능한 유토피아는 양적(quantitative)이다".[12]

거대함의 이론

「거대함, 혹은 큰 것의 문제」(*Bigness, or the problem of Large*)는 콘크리트 각기둥을 들어 올리려 하는 남자를 보여주는 1966년도 브루스 벨라스(Bruce Bellas)의 사진으로 시작한다. 이 사진은 OMA와 거대 크기 건물 사이의 최근의 대면을 상징하기 위해 선택되었다. 맨해터니즘과 같이, "사고하는 자들이 없고", "프로그램이 없이" 나타나서, 거대 스케일-"거대함"-은 콜하스가 종종 압도적일 정도로까지 언급하는 "임계 질량"의 문턱을 넘어서는 건축을 흡수하는 개념이다.

거대함은 기준층 평면이 괄목할 만한 "깊이"에 도달하고 "높이", "깊이", "밀도", "통합" 등을 만들어낼 때 그것의 당연한 귀결이다. 처음부터 "크기"는 건축가의 "의지"와는 대조를 이루며 이론적 갈등을 보여주었다. "복잡성의 체제"는 벤추리가 주장했듯이, 더 이상 계획의 역사적 문화에 의해 촉발되지 않고, 거대함에 의해 선호되었던 기술적, 공학적, 도시적, 재정적 사업의 축적에 의해 촉발된다. 1900년대의 시작 이래 맨해튼에서 지어진 건물들은 콜하스에 의하면 거대함의 첫 번째 단계를 재현하는데, 그것을 그는 기준층 평면에서의 "원시적 고층 유형"에 더 크게 부합되는 것이라 말한다.

1991년에 콜하스는 「광기의 뉴욕」에서의 네 가지 "주제들" 혹은 "특징들"의 존재를 지적했지만,[13] 반면에 거대함에서 "「광기의 뉴욕」이 잠재적인 '거대함의

No.496,(pp.40-55),p.52. 에세이의 부록에 콜하스는 모건 은행을 위한 OMA의 안을 실었는데, 그것은 미국의 기준층 평면의 부상 속에서 발견되는 어떤 자질들을 요약하며, "유럽에서의 기준층 평면의 드문 시도"로 나타난다-"고층 건물", "단순히 추상적인 사무소 공간", "예외적 깊이", "전체 표면을 가로 지르는 서비스의 동질적인 조건". 그러나 기준층 평면의 완벽한 실현은 건축법이 허용하는 높이 제한, "비사무소용 프로그램"을 위해 디자인된 지붕의 레오니도프식 특성, 유리 계단실의 디자인("단일의 특성") 등에 의해 거부된다: "기준적/이례적 평면의 비례는 그 자체가 이례적이다: 이례적으로 유럽식의 50/50 분열" 이 콜하스의 아이러닉한 결론이다.

13) Koolhaas in *Conferenza. Rice School of Architecture* cit., p.10.

이론' 을 암시했음을 인식하며",[14] 그는 다섯 번째 주제, 즉 기준층 평면의 장방형과 같이 압출 성형의 과정을 기원하는 것을 예견하며, 다른 것들의 초기적 종합을 재현하고 마지막 가장 급진적인 파괴로 이끄는 주제를 첨가했다: "거대함은 더 이상 어떤 도시적 조직의 부분이 아니다".[15]

그러므로 기준층 평면의 장방형 형태와 거대함의 수치 모두는, 「메두사호의 난파」와 같이, 그럼에도 불구하고 그것들을 양산했던 맨해튼 그리드의 한계로부터 탈출하는 거대한 건물들로 이끈다. 도시적 스케일에서의 거대함의 결정적인 결과는 도시 계획 논리의 상실로, 그것은 거대함의 축적 과정, 분할되지 않은 플랫폼이나 메트로폴리탄 스케일에서의 중립적 평면으로 인식되는 표면 위에서의 거대한 건물들의 피라네지적 쌓임, 런던을 삼켰던 성장 시스템을 고안하며, 「엑소더스」에서 언뜻 보였던 역사적 조직의 파괴를 완성하는 것 등으로 대체되었다.

"만약 거대함이 건축을 변형시킨다면—콜하스는 기술했다—그것의 축적은 새로운 종류의 도시를 만든다.[...]. 도로는 잔여물, 조직적 고안, 과거의 잔여물이 불편한 고립 속에서 새로움의 장치와 마주하게 되는 연속적 메트로폴리탄 평면의 단순한 단편으로 되었다. 거대함은 평면 어디에서나 존재할 수 있다.[...]. 거대함은 더 이상 도시를 필요로 하지 않는다: 그것은 도시와 경쟁한다; 그것은 도시를 재현한다; 그것은 도시를 선취한다; 혹은 더 낫게, 그것은 도시이다.[...]. 거대함은, 그것의 맥락적 독립을 통해, 백지 상태의 새로운 세계적 조건으로부터 살아남을 수 있고 심지어 그것을 개발할 수 있는 하나의 건축이다[...]. 거대함은 건축의 마지막 보루이다—하나의 계약, 하나의 초건축(hyper-architecture)".[16]

"비렌딜 개념"

제브뤼헤 터미널 단면을 결론짓는 「분기, 구조의 효과」라는 제목의 페이지 시작 부에서 콜하스는 「마지막 사과들」(*Last Apples*)에서 논의되었던 질문을 제기한다: "제브뤼헤 터미널은 구조(그리고 조금 덜 가시적일 정도로, 서비스)가 '큰' 건물들의 시리즈를 낳게 될 효과에 대한 초기적 경고였다: 세 개의 거대 도서관(Trés Grande Bibliothèque), ZKM, 쥐시에(Jussieu)".[17] 거대함의 기술적인 필연적 결과인 마지막 사과들은 거대 건물들의 개념 속에서의 구조와 물리적 시설의 역할과 결과에 대한 콜하스의 초기의 비평적 평가이다. *S.M.L.XL* 에서 그것은 세 개의 거대 도서관과 ZKM 계획 사이에 주입되는데, 그것은 정확히 그것들의 개발이 OMA로 하여금 건축에서 구조의 "영향"을 재사고하고, 환상적 진화의 기술을 만들도록 강요했기 때문이다.

「마지막 사과들」은 건물의 더 낮은 층들에서 집중하기 위한 저항 재료들의 양에 대한 질문을 야기하기 위해 기둥의 원뿔형 윤곽과 거대 건물 사이의 비교로 시작하는데, 그것은 공간 구성에서의 "자유의 체계적 환원"으로 이끈다. 그 해결은 TGB와 ZKM 계획에 대한 콜하스의 회고와 발몽(Balmond)이 자필로 쓴 노트에서 논의된 비렌딜 보에서 발견된다. OMA가 쿤스트할 I 계획에서 사용하기 시작한 이 보가 바닥

14) Rem Koolhaas, *Bigness or the problem of Large*, in OMA, Koolhaas, Mau, op. cit., p. 499.
15) Ibid., p. 502.
16) Koolhaas, *Bigness*.
17) OMA, Koolhaas, Mau, op. cit., p. 600.
18) Ibid., p. 675.
19) Ibid., pp. 663, 664. "건물에서 흥분되는 것은—콜하스는 1991년 ZKM 계획에서 설명한다—구조가 매우 중요한 역할을 한다는 것이다. 우리는 벽에서 벽으로 걸쳐질 수 있는 거대한 트러스들의 시스템을 상상했다. 이 트러스들은 매우 깊게 될 것이며, 그러므로 그것들은 전체 층을 포함할 수 있다. 그러므로 하나의 층이 완전히 자유롭게 되는 것이 가능했다. 예술적 효과를 위해 건물 구조의 관점에서 일종의 감정이나 공감에 관한 것을 가져오기 위해 트러스들을 바꾸고 조작하는 것이 가능하게 되었다" (cit. in Kwinter, *Rem Koolhaas. Conversations with students* cit., pp. 31, 32).
20) OMA, Koolhaas, Mau, op. cit., p. 671.
21) Ibid., p. 504.
22) Ibid., p. 505.

슬래브, 물리적 설비와 공간들의 성층화와 수직 구조의 침투적 특성을 해결하기 위한 시스템이라는 사실 또한 "비렌딜 개념"이라는 콜하스의 표현으로 이끈다.[18]

비렌딜 보는 그것의 높이에서 교대되는 띠들의 단면이나 콜하스가 말하듯이 "흰색과 검정이 노골적인 지배를 위해 경쟁하게 되는" "개념적 얼룩말"을 만들어내게 되는 물리적인 설비 요소들과 도관, 경로들을 포함할 수 있다.[19] 물리적 설비 요소들의 전파적 자질의 질문은 콜하스의 이론이 물리적 설비와 서비스 공간을 만들기 위한 공동 구조에 대해 젬퍼와 라이트, 르 꼬르뷔제에가 지적한 방향으로 진화하도록 만든다. 콜하스의 "인간 점유를 위한 자유 영역은 콘크리트와 와이어, 덕트 등의 접근하기 어려운 띠들로 교대되며", 칸의 주공간과 서비스 공간－그리고 포셰의 어두운 띠들－에 부합되어 마무리된다. 비록 그가 건축가들에게 "구조와 서비스를 통합하는 단일의 거대한 해결을 피하도록" 권고하지만, 콜하스는 정확히 비렌딜 보로 인해, 솔크 생물학 연구소에서 칸이 제안했던 형태에서 조차 통합의 가능성을 고려한다. "그러나 바닥이－콜하스는 「마지막 사과들」을 따르는 페이지에서 의문을 가진다－거주되는 트러스로 될 수가 있는가? 우리는 어떤 구조적 현실로부터도 완전히 자유로운, '심지어' '기이한' 바닥들로 교대되는 구조로 지배되는 바닥들을 창조하기 위해서도 비렌딜 보로 (쿤스트할 I을 보라) 바닥의 전체 깊이를 점유할 수 있다".[20]

정확히 비렌딜 보들이 보부르의 바닥들과 비슷하게 기둥이 없는 기준층 평면의 목표를 달성하는 것을 허용해준다. 후자는 "원시적 로프트 유형", 혹은 「거대함」에서 불렀듯이 "플라토닉 로프트"의 극단적 발전으로 의미있게 보여진다:[21] "'어떤 것' 도 가능한 공간들".[22]

발몽의 노트들은 비렌딜 보의 가능한 형상과 구조적 산출과 관련이 되며, 건축가들이 그 보의 공간적 자질을 간과했다는 가정에서 시작한다. 우리가 칸의 작품을

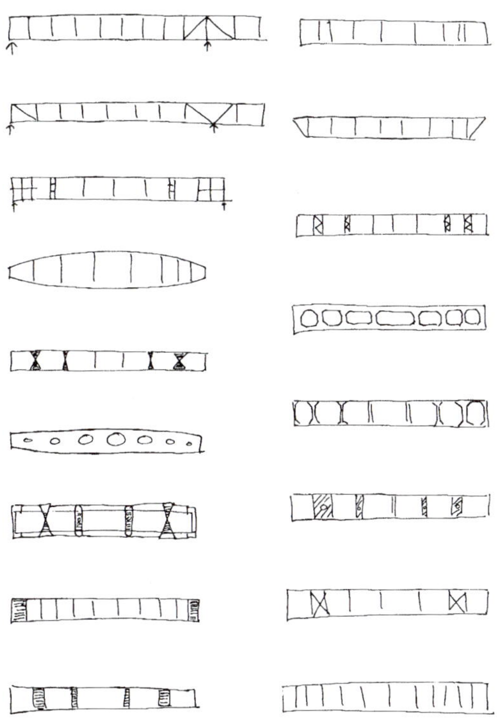

그림 359. 세실 발몽, 비렌딜 보들의 스케치(*S.M.L.XL*, 1995 발간).

생각해본다면 이것은 놀랄 만 하다. 이 성명은 20세기 구조의 근본적 진화와 관련된 무지의 결과이거나 콜하스가 정확히 「*S.M.L.XL*」에서 "괴물과 같이 이상적인 모양"이라는 용어로 매도하는 건축가의 작품에 대한 의도적 누락이다: "다시는 그러지 말기를..." [23)]

포괄적 도시, 연속적 표면의 유토피아

"지랄 같은 맥락", "거대함 = 도시계획 vs 건축", "포스트-건축적 조경", "연속적인 메트로폴리탄 평면"의 개념들은 「*S.M.L.XL*」에서 세계 속의 인간 거주의 자서전적, 종합적 비전을 위한 전제를 형성한다: 「포괄적 도시」. 그 에세이는 이 지점에서 자신의 삶의 대부분을 비행기에서 위로부터 인간 거주와 대륙을 관찰하는 건축가에 의해 씌어진다. 그는 공항들을 통해 지나가고, 「포괄적 도시」에서 지구 표면 위의 인간 밀집 현상의 종합적이고 시적인 해석으로 나타나는 그의 상상 속에서 이미지들의 축적을 창조하며 시간대와 지리적 경계들을 횡단한다. 콜하스는 자신을 원래의 신경증적 삶(*Nervenleben*)의 대변인, 자신의 "신경 시스템"이 그가 포괄적 도시로 발전한다고 보는 메갈로폴리스와 얽혀드는 새로운 밀레니엄의 휘장으로 만든다. 더 큰 정도에서 그는 보들레르의 무목적 배회자(*flaâneur*)와 같이 보이지만 그것은 20세기 말의 전 지구적 스케일에서이다. 하나의 도시에서 남미의 또 다른 도시로의 여행 동안 위로부터의 원근은 르 꼬르뷔제에게 대륙적 스케일에서의 새로운 도시적 형태의 존재를 보여주었다.

「포괄적 도시」로 인해 비록 「기준층 평면」과 「거대함 」속에 인식될만한 흔적들이 남아있을 지라도 뉴욕에 대한 어떠한 언급도 사라진다. 콜하스가 설명하듯이,[24)] 아시아, 특히 중국, 그리고 싱가포르 같은 도시−"청결한 종합적 표면, 능동적인 동시에 중립적인 영역"−는 새로운 도시 형태를 위한 콜하스 이론의 새로운 초점들이다. 동시에 그는 군도(archipelago)와 같은 그의 은유적 계획 모델들의 확인 작업을 계속 추구해나간다(예를 들어 "이벤트들의 패턴으로서의 도시" [25)] 에 관한 후미코 마키의 이론 속에서).

기준층 평면, 거대함, 포괄적 도시가 공통으로 가진 점은 "헤이그 포스트"(De Haggse Post)의 저널리스트들이 추구했고, 「광기의 뉴욕」에서 정의된 것 같은 비인간화된 예술적 형태들이다. 「포괄적 도시」에서 기준층 평면과 비기준층 평면 사이의 대립은 "포괄적 실체"와 "정체성" 사이의 대립으로 재설정된다. 도시의 역사적 중심−"정체성"−은 현대의 건물 성장에 관련된 크기의 관점에서 자신의 비적절성을 보여주는 지구 위의 인간 거주지의 전체적 시야 속으로 주입된다. 이것은 로우의 맥락주의와 크리에 형제의 포스트모더니즘의 도시적 가설에 대한 마지막의 무자비한 대응이다. 콜하스는 심지어 유럽 도시들을 그들의 역사적 정체성 자체로 인해 야기된 불활성으로 저주받은 것으로 본다: "정체성이 강할수록 그것은 더욱 구속되고, 확장과 해석, 재생, 모순 등에 더욱 저항한다". [26)]

역사적 중심과 주변 사이의 관계에 대한 해석은 중심이 더 이상 도시적 팽창을 지속적으로 지배할 수 없을 것이라고 결론지으며, 뉴욕 마천루들의 "임계 질량"(criti-

23) Ibid., p. 216.
24) Rem Koolhaas, *Singapore. Portrait of a Potemkin Metropolis. Songlines …… or Thirty Years of Tabula Rasa, 1995*, in OMA, Koolhaas, Mau, op. cit., p. 1039.
25) Fumihiko Maki, ibid., p. 1049.
26) Ibid., p. 1248.
27) Ibid.
28) Ibid., p. 1249.
29) Ibid., pp. 1249, 1250.
30) 콜하스는 포괄적 도시의 표면 개념을 설명하기 위해 중요한 이미지들을 사용한다: "모든 가설이 '시도'되고 또한 지워질 수 있는 하나의 슬레이트 판"(「유폐된 지구 도시」의 고안물); "순결한 유클리드적 평면"(수퍼스튜디오와 아키줌의 계획에 나오는); "해방된 대지"(콜하스에게 소중한, 상황주의자들의 「버려진 공터」terrain vague); "백지 상태"(로테르

cal mass)에 관련되어 발전된 법칙에 기초한다: "중심과 주변 사이의 거리는 한계점에 이를 때까지 증가한다".[27] "소진된 중심으로부터 뿜어져 나오는 마지막의 진동은 주변부를 임계 질량으로 독해하는 것을 불가능하게 한다" 라는 것이 렘 콜하스의 도시적 현상에 대한 건축적 비전의 또 다른 주요 구절이다.[28]

"포괄적 도시-그는 쓴다-는 중심의 구금, 정체성의 구속복으로부터 자유로운 도시이다. 포괄적 도시는 종속의 이러한 파괴적 주기와 결별한다: 그것은 다만 현재적 요구와 현재적 가능성일 뿐이다. 그것은 역사가 없는 도시이다. 그것은 모든 자에게 충분히 거대하다. 그것은 쉽다. 그것은 유지를 필요로 하지 않는다. 그것이 너무 작게 될 때 그것은 그냥 확장된다. 그것이 낡게 될 때 그것은 그냥 자기 파괴를 하고 재생한다. 그것은 모든 곳이 동일하게 자극적이거나-혹은 비자극적이다. 그것은 '피상적' 이며-마치 할리우드 스튜디오와 같이-그것은 매주 월요일 아침 마다 새로운 정체성을 만들어낼 수 있다".[29]

"비렌딜 개념" 에서 그것의 탁월함과 마찬가지로 「기준층 평면」과「마지막 사과들」에서 개괄된 구조적 그리드의 진화와 관련시켜 볼 때 포괄적 도시의 하나의 눈에 띄는 특징은, 「거대함」에서 예견되었듯이, 여전히 20세기 메트로폴리스의 조직을 형성했던 가로와 블록들의 그리드의 실종이다. 콜하스의 이론에서 도시 그리드와 구조적 그리드는 신플라톤주의적 원근의 유산으로 보여진다. "비렌딜 개념" 이 지지로부터 자유로워진 기준층 평면을 허용하는 반면, 영역적 스케일에서의 연속적 표면은 포괄적 도시의 탄생을 허용한다: "모든 포괄적 도시들은 백지 상태로부터 나온다: 아무 것도 없다면, 이제 그 곳에 그것들이 있게 된다; 그 곳에 무언가가 있다면, 그것들은 그것을 대체했다. 그것들은 그렇게 해야 했으며, 그렇지 않다면 그것들은 역사적 특징을 가졌을 것이다".[30] 피라네지의 마르티우스 광장 계획, 「중단 없는 도시」의 "연속적 평면", 수퍼 표면과 "도시-군도" 들은 포괄적 도시의 이러한 형태들 뒤에 있는 것으로, 그것은 피라네지와 아키줌, 수퍼스튜디오, 웅거스의 비전에서와 같이 도시적 조직이 없다.

콘스탄티누스 독시아디스(Constantinos Doxiadis)가 평면구형도(planisphere)에 대해 1970년에 만든 대지 표면의 거주 밀도의 다이어그램은 1971년에 젱스에 의해 "21세기 말을 위해 예견된[...] 350억 인구를 수용하는 끝없는 선형 도시"[31] 라고 논의되며, 세계 도시(*Ecumenopolis*)로 명명되는데, 그것은 콜하스에게 AA 스쿨에서의 훈련 기간 동안 「연속적 기념비」와「중단 없는 도시」로 점유되는 장소를 취하며, 확산되는 포괄적 도시의 크기를 예측하기 위한 이론적 모델을 제공한다.[32]

공항과 마천루들은 포괄적 도시의 기본적인 건축적 유형들이다. 공항들은 각자가 포괄적 도시의 중심으로 될 운명에 있으며, 단일의 전 지구적 포괄적 도시의 최종적 디자인을 형성하는 인간 행성 거주지의 모자이크 속에서 연결되도록 결정이 지어짐으로써, 이러한 원근 속에서 그것은 세계 도시(*Ecumenopolis*)와 유사하게 나타난다. 공항의 자질들은 포괄 도시의 자질들과 부합된다: "극단적인 중립성" 과 "급진적인 불확정성". 마천루는 "궁극적인 결정적 유형" 이다: "나머지 모두를 빨아들였다. 그것은 어디에서도 존재할 수 있다: 전답 속에도, 도시 중심에도; 그것은 더 이상 어

담과 베를린의 폭격에 의해 열려진 빈 곳, 혹은 프리드리히 슈트라세를 따르는 지역을 위한 힐버자이머의 계획); "오픈스페이스" (도시적 스케일로 확장되는 미국 사무소들의 개방 평면).

31) Charles Jencks, *Architecture 2000, predications and methods*, London, Studio Vista, 1971, p.

32) 2000년에 콜하스는 독시아디스의 다이어그램을 "계획과 건축의 관점에서 개방되고 진정한 비전적 추론의 마지막 순간" 이라고 불렀다 (Rem Koolhaas, *Start Again*, lecture at the Berlage Institute, Rotterdam, 27 march 2000, Kwinter, Rain?, op. cit., p. 49). 독시아디스는 콜하스가 일련의 연구들을 진행한 싱가포르와 라고스 같은 도시들의 도시 계획에 연루되었다.

그림 360. 데이비드 그린, LAWUN (Locally Available World Unseen Networks), "일시적인 비특정 환경", 1969.

그림 361. 렘 콜하스/ OMA, 네덜란드의 영역 계획안, "점 도시", "남쪽 도시", 1993.

떤 차이도 만들지 않는다. 타워들은 더 이상 함께 그룹지어지지 않는다; 그것들은 서로의 간섭을 피하기 위해 거리를 두고 서 있다". 이 결론은 포괄적 도시를 구성적 질서가 없는 빛나는 도시로 나타나도록 만든다.

포괄적 도시의 불안정하고 파괴적인 요소는 쿠르트 슈비터스(Kurt Schwitters)의 「메르츠바우」(*Merzbau*)로부터 로버트 라우센버그(Robert Rauschenberg)의 「지워진 데 코닝 드로잉」(*Erased De Kooning Drawing*)에까지 이르는 20세기의 일련의 예술 과정에 연관된다. 시간 속에서 지속될 어떤 기념비도 없이, 포괄적 도시는 고정된 부분들이 단지 지상 표면 위의 구조물들의 지속적인 수정을 허용하는 지하의 하부 구조들 뿐인 하나의 축소판이다. 이러한 관점에서 포괄적 도시는 여전히 1960년대와 1970년대의 계획들(플럭-인 시티, 초표면*Supersurface*, 중단 없는 도시)의 비전적 특성을 지니며, 그것이 뉴 웰페어 아일랜드/ 이데올로기적 랜드스케이프에서 제안된 하부 구조의 드로잉을 이론적으로 번역하듯이 암바즈(Ambasz)에 의해 공식화된 하부 구조의 개념을 반영하는 동시에, 로테르담과 베를린의 공터를 모델적 단계로 끌어 올린다. 이 경우에도 마찬가지로 포괄적 도시는 "보이지 않는 커뮤니티들"이 중립적 표면 위에서 형태를 취하게 되는 기준층 평면의 확장으로 보여질 수 있다; 그것은 단순히 기준층의 미국식 모델에 기초하며, 기술적으로 장치가 된 행성적인 기준층 평면이다.

「라스베이거스로부터의 교훈」의 방법과 목표에 기초하여 라고스와 같은 도시에 대해 1990년대 말까지 콜하스가 행한 연구들은 그가, 싱가포르의 경우에서와 같이, 포괄적 도시의 표면을 상상하는 것을 통해 맨해튼의 전설적인 그리드와는 다른 지상 표면의 다른 형태의 조직을 발견하도록 도와준다. 서구의 메트로폴리스 문화와는 매우 다른 이 도시들은 그에게 "어떤 종류의 형태적 구조에도 의지하지 않고 비정형성의 즉각적 수준을 발전시키는 도시적 패턴들[...]"로 된다;[33] 그것들은 군도의 은유적 모델, 스미슨의 클러스터 도시, 문자주의자들의 심리지리학적 지도들을 닮으며 복합적인 생동적 흐름에 의해 연결되는 세트들로 구성된다.

콜하스와 그의 세대에 의해 경험된 1960년대의 문화적 경험의 종합이자 극단적 실현으로서의 포괄적 도시는 밀집 문화의 주제들에 기초한 진정한 시나리오로 결론을 짓는다. 다시 한 번, 주인공은 군중이다:

"성경에 관한 할리우드 영화를 상상해보라. 신성한 대지의 어느 곳에 있는 도시. 시장의 장면: 왼쪽과 오른쪽으로부터 색색의 옷과 모피, 실크 외투를 걸친 조연들이 서로 욕하고, 손짓하고, 눈을 굴리며, 싸우기 시작하고, 웃고, 자신들의 턱수염과 접착제로 붙여 내린 머리들을 긁어대며, 지팡이를 흔들어대고, 주먹질을 해대고, 좌판을 엎지르고, 동물들을 짓밟으며 이미지의 중심을 향해 돌진해 나간다...사람들은 소리를 질러댄다[...]. 부글거리는 군중은 거대한 대양으로 된다. 파도들은 부서진다. 이제 음향을 꺼라–침묵, 반가운 안도–그리고 필름을 거꾸로 돌려라. 이제는 소리가 안 나지만 아직도 보이는 흥분된 남자와 여자들이 비틀거리며 뒤로 지나간다; 관객은 더 이상 인간들만을 인식하지 않고 그들 사이의 공간을 주시하기 시작한다. 중심은 빈다; 마지막의 그림자는 사진틀의 장방형을 비우며, 아마도 불평을 할테지만, 다행히도 우리는 그 불평들을 듣지 않는다. 침묵은 이제 비워짐에 의해 보강된다: 이미지는 비워진 가판대, 발에 짓밟힌 어떤 잔해를 보여준다. 안도... 이제 끝이 난다. 이것이 도시의 이야기이다.

33) Rem Koolhaas, *Bigness & Velocity*, in ""A+U"", 2000, (pp. 196-209), p. 198.

34) OMA, Koolhaas, Mau, op. cit., p. 1264.

35) David Greene, *Projet Lawun. Une boterie expérimentale*, 1969, in Archigram, Paris, Centre Georges Pompidou, 1994, p. 168.

도시는 더 이상 없다. 우리는 이제 극장을 떠날 수 있다…"[34]

포괄적 도시의 이러한 종말은 라 빌레트 공원 계획의 "건축이 없는 밀도, 보이지 않는 밀집의 문화"에 의해 미리 보여졌었다. 포괄적 도시의 보이는 형태는 미스 반 데어 로에가 바세나르의 초원 위에 짓지 않았던 주택의 모델과 같이, 자신의 솔리드 기초로부터 미끄러져 내리고 붕괴될 수 있는 홀텐의 주택 볼륨과 같이 불안정하다. 그것의 지하 하부 구조는, 도시의 폐허, 혹은 영원한 단층의 관점에서, 덕트 공원과 폼페이의 폐허에 의해 콜하스의 시학 속에서 가정된 의미에 빛을 조명한다. 그가 *S.M.L.XL*를 준비하던 1994년 이래 콜하스는 포괄적 도시의 기본 개념의 또 다른 표현으로서, 다시 한 번 영원한 폐허로 인식되는 동시에, 거대하고 육중한 볼륨이 불안정하게 균형잡는 것으로 남으며 우연히 좌초한 듯이 보이는 지하 기초로 구성되는 플로락의 주택 디자인 작업을 하고 있었다. 그것은 지상에 자신의 경로의 약간의 흔적만 남기며, 포괄적 도시 시나리오 속의 군중과 같이, 홀텐의 주택과 같이 하나의 순간으로부터 다음 단계로 떠날 준비가 되어있는 듯이 보인다.

"그는 자신의 텔레비전, 자신의 냉장고, 뒤에 있는 그의 자동차, 매우 깨끗한 모든 것들, 그를 위해 작동하는 모든 장면, 그러나 그 이후에 제거될 수 있는 것들과 함께 앉아 있다—아키그램은 나이든 어부의 사진에 대해 1969년에 썼다: 한번 지나가면, 납작하게 된 풀 한 줌, 아마도 더 나아가 타이어 자국이나 발자국 외에는 그의 존재의 어떠한 증거도 남지 않는다. 어떤 관점에서 모든 것은 완전히 안 보이는 존재들이다".[35]

아마도 거대함을 결론짓는 게르하르트 리히터(Gerhard Richter)의 「추상회화 726」(*Abstract Painting 726*)은 색채의 이해할 수 없는 자취를 남겨놓으며 문질러진 주체를 묘사한다. 그 그림은 "독특함과 특별함의 모든 흔적이 없어진 건축"과 같이, 기준층 평면 개념의 형상적 전시로 보여질 수도 있다. "부지의 나머지—「광기의 뉴욕」은 뉴욕의 UN 사옥을 위한 르 꼬르뷔제의 계획안에 대해 언급했다—는 너무 철저하게 복원된 오래된 그림과 같이 말끔하게 긁어내진다[…]".[36] 「기준층 평면과 포괄적 도시」에서 지칭된 표면의 자질들을 반영하기 위해 2001년에 콜하스가 다시 쓴 「엑소더스」 이야기에서 "띠"(strip)의 미술관의 내용물들은 "과거의 지워진 그림들", "빈 액자틀, 텅 빈 캔버스, 비어있는 받침대"들이었다.[37]

1990년대 중반의 도시적, 영역적 스케일의 계획들에서 콜하스는 「광기의 뉴욕」에서 설명된 "은유적 계획"을 이미지들로 번역하며, 밀집의 문화, 맨해튼 그리드의 버전들과 섬, 띠들의 시스템 들을 계속 재작업해 나갔다.

1993년에 수주한 네덜란드의 영역적 계획 연구—"점 도시"(Point City), "남쪽 도시"(South City)—에서 OMA는 르 꼬르뷔제의 방식으로, 단일의 거대한 중심적 메트로폴리스—점 도시—, 혹은 네덜란드의 남쪽 지역—남쪽 도시—둘 중의 어떤 것에 대한 함양에 집중하기 위한 필요를 보여주기 위해 맨해튼과 라스베이거스, 네덜란드 도시의

36) Koolhaas, *Delirious*, cit., p. 231.
37) Rem Koolhaas, Elia Zenghelis, Madelon Vriesendorp, Zoe Zenghelis, *Exodus, or the Voluntary Prisoners of Architecture, 1972*, in Jeffrey Kipnis, op. cit., p. 26.

그림 362-363. 렘 콜하스/OMA, 서울 공항 현상설계, 1995.

그림 364. 렘 콜하스/ OMA, 스히폴 공항 계획, 암스테르담, 1999.

도시적 조직의 거주 밀도를 비교했다. 두 가지 모두의 경우에서 모델은 밀집 문화의 적용이 영역과 OMA의 변증적 전형인 솔리드/보이드에서 "텅빔-보이드의 저수지"[38]를 창조한다는 것을 보여준다.

포괄적 도시의 상징인 공항 옆의 신 서울 국제공항을 위한 1995년의 현상설계에서 OMA는 새로운 종족—"세계 시민"[39]—의 환상적 배양기로 여겨지는 도시 단편을 배치한다. 이 새로운 도시의 장방형 평면은 업무, 연구, 개발, 교육, 문화, 주거 등을 위한 "띠들"의 시스템으로 깔리는 맨해튼과 같은 블록들의 그리드로 설정된다. 띠들은 더 이상 라 빌레트 공원과 같은 평행이 아니라 믈룅-세나르의 중국식 표의 문자와 같이 자유로운 패턴으로, 심지어는 프로그램들의 병치로 만들어지는 비정형의 예술적 표면 형태로 나타나며, 싱가포르와 같은 동양 도시들의 평면에서와 같이 병치된다. 건물들은 브로드에이커 시티에서와 같이 이 융단 위에 흩뿌려진다(레오니도프의 클럽들과 같이 "유토피아적 점들"이 또한 도시 속으로 주입된다).

도시는 또한 메타볼리스트들의 비전의 정확도를 보여주기 위해 영종도와 무이도 사이의 바다에 계획될 것이었다: "이 계획은 새로운 도시의 창조에 관한 낙관주의와 확신을 재창조하고 현대 도시 내의 이종성과 복잡성을 고무하기 위한 메커니즘을 제공하는 것을 목표로 한다"[40]

「엑소더스」나 믈룅-세나르에서와 같이, 단지 캠퍼스의 띠만이 장방형으로 남는다(세계 대학); 다른 띠들의 비정형성은 콜하스가 로우의 맥락주의에서 비판한 자질들을 만들어낸다: "도시는 '사건들'의 융단으로 된다, 그러나 이번에는 더 이상 역사에 의해 만들어지지 않고 인간에 의해 공학적으로 만들어진다".[41]

1999년 OMA가 지휘하고 KLM 로얄 더치 에어라인이 공동으로 협업한, 바다

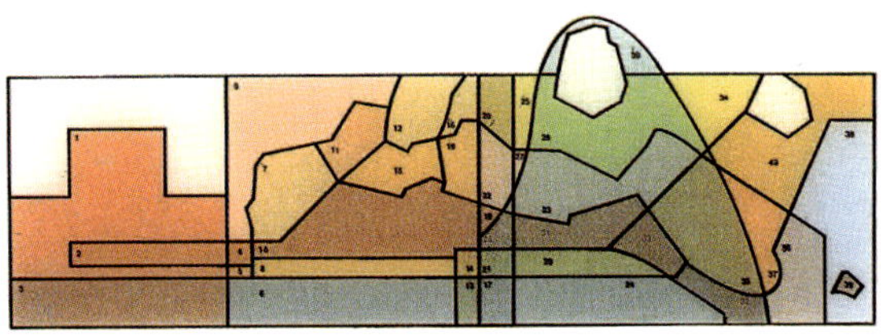

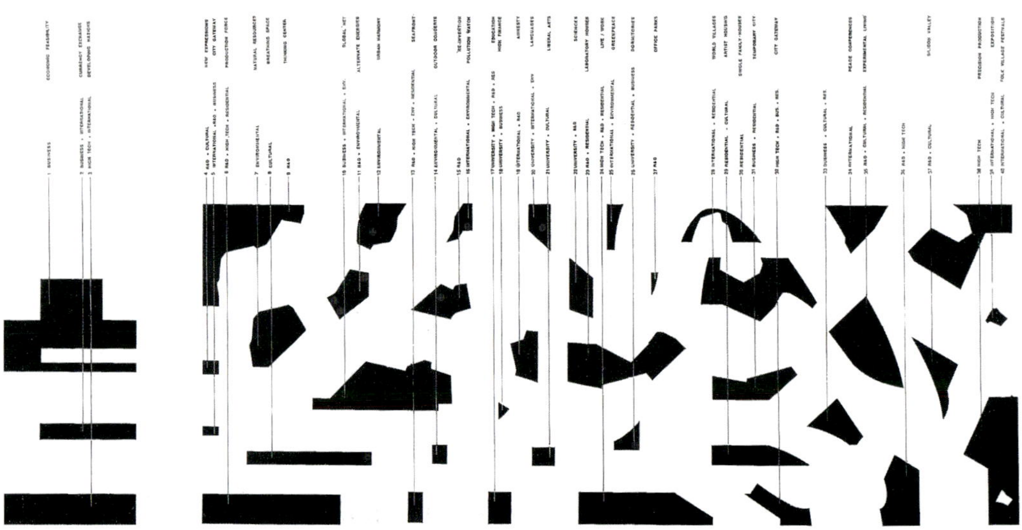

에 만들어지도록 된 스히폴 공항의 암스테르담으로부터 인공적 원형 섬으로의 이주에 관한 연구는 공항을 테마와 기능적 섬들의 콜라주로 만들어지는 포괄적 도시의 단편으로 변형시키려는 동일한 아이디어에 기초한다(다시 한번 이 경우에, 버려진 공항에 의해 뒤로 남겨진 부지는 고밀도의 교화를 위한 보이드를 만들어낼 것이다).

"합성된 안정성"과 "문자"(caractère): 타워들의 계획

에세이 「기준층 평면」의 집필은 깊은 평면과 장방형 평면들조차 튜브식 구조와 서비스, 엘리베이터들의 중심핵의 제약으로부터 자유롭게 된 유기체의 추구 속에서 능가된, 마천루에서의 결정적 변형으로 여겨지는 아시아의 도시들을 위해 특별히 디자인을 하고 있었던 시기에 시도되었다. 마천루의 국제주의 양식 이미지의 변형은 록펠러 센터 마천루들의 그룹핑에 대한 여전히 결정적인 역할의 배경막에 대항해, 봄프예스에서와 같이, 타워들과 플랫폼을 결합하며 계속된다. 「광기의 뉴욕」 시기의 애니메이션된 마천루들과 같이, 콜하스의 각각의 새로운 타워들은 자신의 독특한 문자를 표현하는데 결코 실패하지 않는다. 마천루의 유닛을 타워들의 다발로 분해하는 것은 콜하스가 "타워가 마천루를 대체한다"라고 계획의 제목을 명명한 데에서 반영된다.

2003년에 OMA의 새로운 디자인 기준을 설명하며, 콜하스는 쓴다: "70년대 이래로 마천루에서 어떤 실제의 '발명'도 없었다. 그것들의 구조적 법칙은 침체되어 남았다—튜브로서의 타워: 더 높고, 그 평면이 더 깊을수록 그 층의 공간은 주광으로부터 더 멀리 떨어지게 되었고, 피라미드로서의 타워로 되었다: 더 높고 기초가 더 넓을수록 그 시설들의 대부분이 그것의 어두운 아래쪽 반 속에서 더 광범위하게 되고 최상부에서 엘리트적 부분을 가지게 된다[...]. 좁은 상부와 넓은 기초 부분의 명백한 안정성 대신, 구조와의 협상을 결합하는 가는 부재들의 합성된 안정성을 추구한다. 노골적인 부풀림 대신 가는 것들의 상호적 보조를 취한다. 그러한 형상 속에서 단일 코어의 자명성은 개별적 타워들이 교차되는 지점에서 연결되는 분배된 코어들로 교체될 수 있다".[42]

에드가 브론프만 주니어(Edgar Bronfman Jr.)—시그램 회사 창업주의 상속자이자 미스 반 데어 로에로 하여금 뉴욕에 자신의 마천루를 디자인하도록 위임하고, 1995년 할리우드 유니버설 스튜디오를 매입한 증류주 업자—를 위해 1995-99년 준비된 로스앤젤레스의 유니버설 본부 빌딩을 위한 계획에서 사무소들의 기준층 평면의 기초들은 상징들을 만들어내기를 지속하는 건축의 가능성을 질문하는 반면, "실험적 정체

38) [Koolhaas-OMA], *Point City - South City*, in “"Arch+"", 1996, No. 132, (pp.36, 37), p.37.

39) [Koolhaas-OMA], Airport City Seoul. Two in One ? Airport City Seoul, ibid., (pp.30-35), p.31.

40) Ibid.

41) Ibid.

42) Ibid.

그림 365-368. 렘 콜하스/OMA, 유니버설 본부 빌딩 계획, 로스앤젤레스, 1995-99. 액소노메트리; 사무소 평면을 위한 다양한 해결책들; 타워들의 스터디 모델들; 집합적 타워.

성", 이상적인 "사무소 라이프스타일"[43] 을 추구하며 "플랫폼들", "장소들", "타워들" 같은 도시적 요소들의 주입을 통해 재활성화 된다.

그 건물은 정형의 구조적 패턴과 자율적 구조를 지닌 네 개 타워들을 가지는 장방형 판 사이의 콜하스적 연결의 결과이다. "사무소 층"의 장방형 슬래브들은 내부로 자연광을 허용하기 위해 은유적으로 "손가락들"[44] 로 알려진 철각 보들로 구성되는 남쪽의 경계를 가진다. 이론적 경계 연구의 두 번째 단계에서 페리스(Ferris)는 "주광을 허용하기 위해 매스 내부로 파낼 것"[45]을 제안했다. 이것은 인공적 채광을 수반하는 깊은 기준층 평면의 개념에 대항해 나아간다. 남측 파사드의 유리는 금속제 막들로 스크린 되며, 반면에 북측 파사드의 모든 창들은 마이애미의 주택에서와 같이, 심지어는 파사드를 전체적으로 사라지게 만들며, 로스앤젤레스의 기후 덕에 자연 환기를 위해 열릴 수 있다. "[...] 일련의 52% 동안, '작품'의 맥락 내에서 이전에 상상할 수 없었던 근접성으로 사용자와 자연을 함께 가져다 놓으며, '사라지는' 건물을 창조하기 위해 전 층 높이의 창들이 전체의 북측 경계를 따라 열린다".[46]

"포괄적 층의 판"[47] 이 1950년대의 뉴욕 버전들로부터 사무소 풍경(Bürolandschaft: "서정적[Lyrical]"[48] 이라 정의된 해결책)의 독일 버전에 이르기까지 네 가지의 사무소 배치 변양태들 속으로 제안된다. 유니버설 층은 시리즈들 중 가장 중요한 것으로, "거래 체결, 이사회, 부처간 회의, 전략 계획 행위 등을 위한 장터"로 디자인된다. 그것은 궁극적인 "미스식 궁전"[49]으로 불릴 정도로 중간적 자세로부터 자유롭다. 그것의 부분은 홀텐의 주거와 라데팡스의 타워를 위해 실용화된 대본을 유지하며 건물의 한 끝으로부터 돌출된다.

타워들은 판 위에서 행해지는 행위들에 생생한 메트로폴리스적 강화를 가져다 준다. 그것들은 도시적 맥락 속으로 주입되는 노동자 클럽과 「엑소더스」의 자질, 혹은 아른헴의 원형감옥 내의 쐐기 형 볼륨들의 자질을 포함한다. 그것들은 또한 칸의 타워들에서 전형적인 구조적, 기술적 역할을 담당한다. 각각의 타워는 자신의 독특한 정체성을 표현한다: 집합적 타워는 미팅 룸들을 위한 절대주의 용기이다; 뉴욕 마천루의 예들에 기초한 행정 타워는 "경영 팀들"을 위한 공간을 포함한다; 순환 타워는 미국 마천루 로비의 피라네지적 해석으로, "연속적인 트래버틴 아트리움"이다; 가상 타워는 ZKM의 모델에 기초하여 실험실, 연구와 실험 센터들을 포함한다.

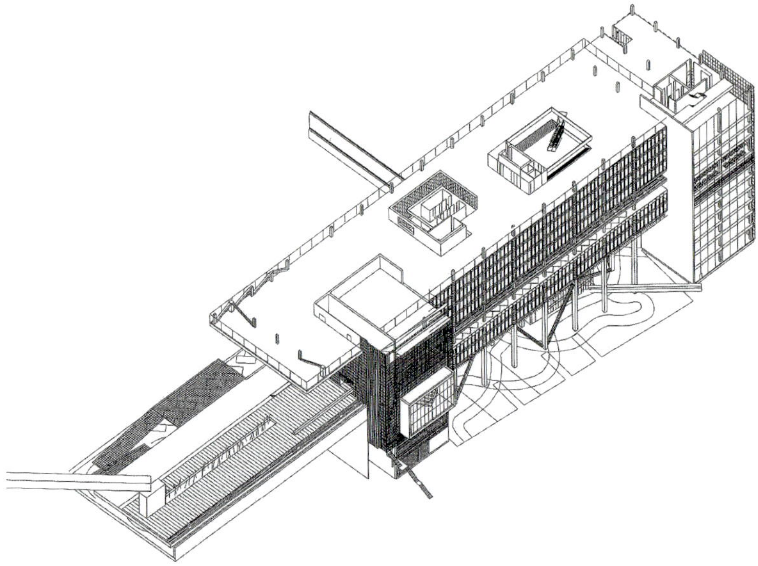

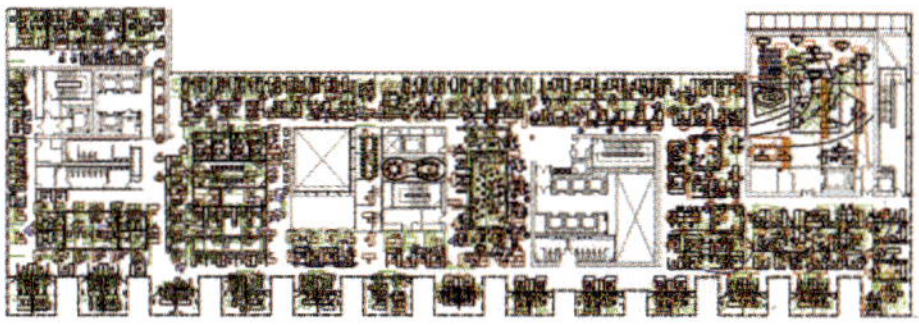

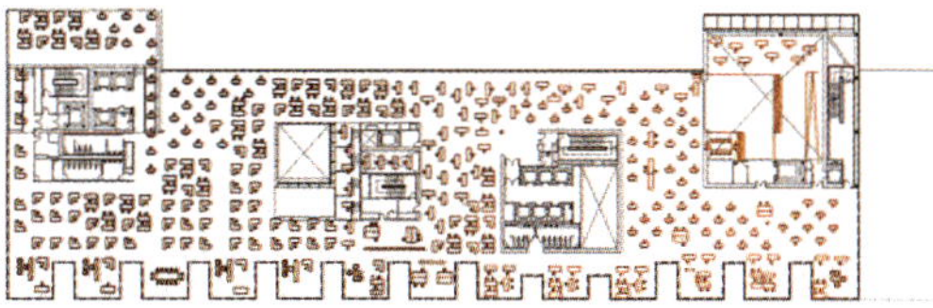

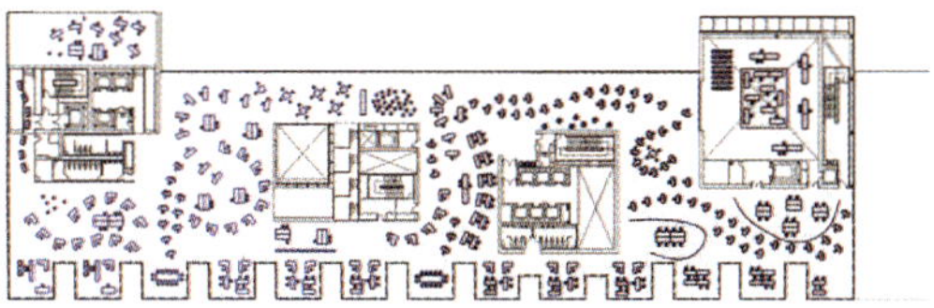

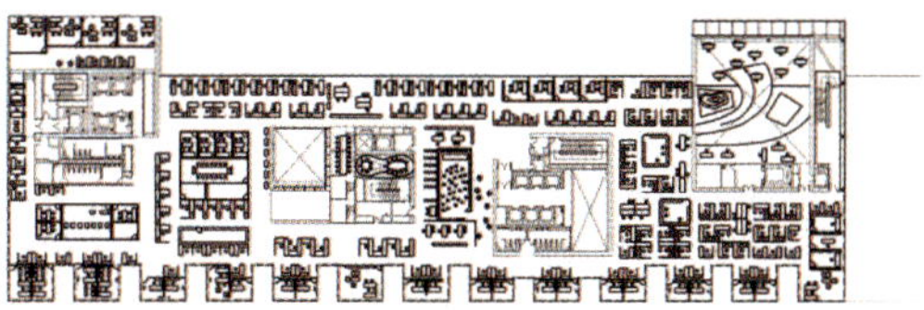

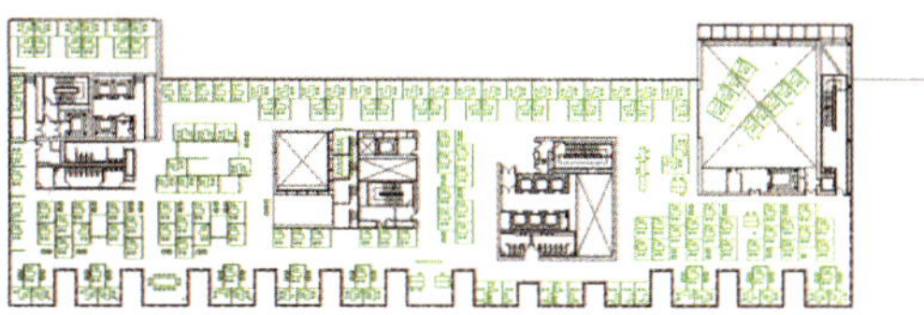

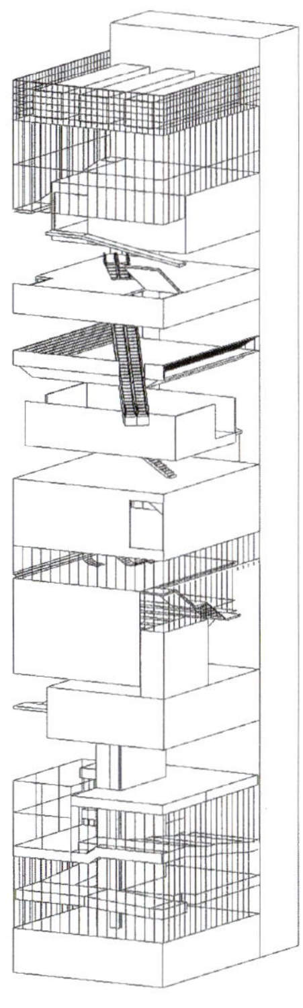

43) Rem Koolhaas, *Introduction*, in *OMa+uNIVERSAL*, in ""A+U" ", 2001,No.364,(special issue),pp.6,7.
44) Ibid.,p.45.
45) Koolhaas, *Delirious* cit.,p.105
46) *OMa+uNIVERSAL*, cit.,p.82.
47) Ibid.,p.62.
48) Ibid.,p.59.
49) Ibid.,p.74.

그림 369. 렘 콜하스/ OMA, 유니버설 본부 빌딩 계획, 로스앤젤레스, 1995-99, 가상 타워와 순환 타워의 상징적 묘사.

그림 370. J.F. 블롱들, "비뇰의 토스칸 엔타블레이처"(Entablement Toscan de Vignole)(J.-F. Blondel, *Cours d''Architecture*, Paris, 1771, vol.I, plate XII).

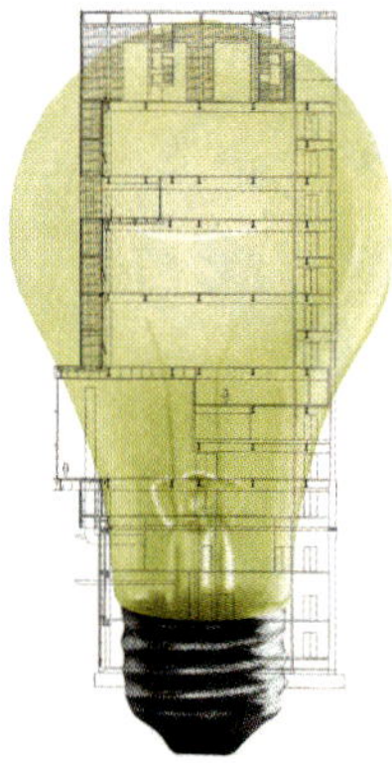

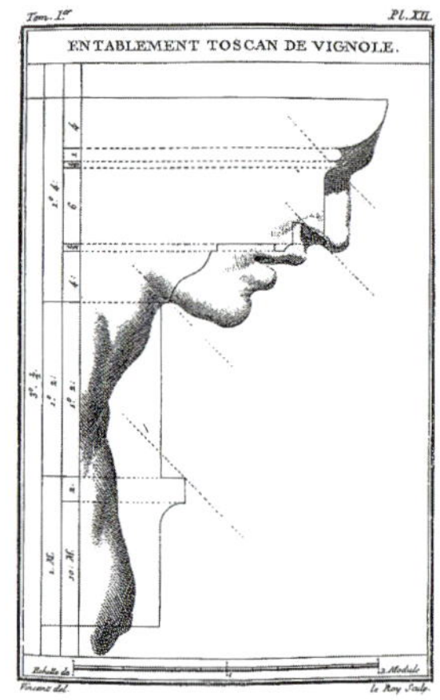

메트로폴리스 군중의 사진으로부터 인용된 전구, 달러 화폐, 사람의 고리와 화살들의 이미지들이 그것의 문자(caractère)를 지칭하기 위해 각각의 타워에 병치되며, 한편으로는 기둥 오더들의 신인동형설을 묘사하기 위한 기준을 반영—벤추리와 젱스의 팝 양식으로[50])—한다. 각각의 타워와 슬래브 평면들에 있는 술병들, 필름, 악보들의 꼴라주는 건물 정체성의 표현에 대한 그래픽적 연구의 또 다른 상징적 이미지이다: "건축이 주류 회사와 영화 스튜디오, 거대 음악 회사, 인터넷 회사의 의도된 혼합을 재현할 수 있는가?"[51])

"프로그램을 사무소 층과 타워들로 분할함으로써—OMA는 쓴다—건물의 조직은 독특함과 포괄의 문자 그대로의 다이어그램으로 된다: 수직 방향으로의 특수성, 수평 방향으로의 포괄적인 사무소 공간. 회사 조직이 아무리 격동하더라도 사무소 층들은 필연적인 유연성을 제공하며, 타워 요소들은 하나의 실체가 유지되는 것을 보장해준다. 조직의 이러한 스케일에서 건축은 도시 계획으로 접근한다. 유니버설은 사무소 평면이라기보다는 도시적 평면, 하나의 지도이다; 건물은 다른 요소들의 공존을 조직하는 하부 구조이다. 그 조직의 다이어그램은 건물 평면 보다는 지하철 지도와 더 공명된다".[52])

1996년에 OMA는 아시아 도시들에서의 두 개 계획안을 통해 타워의 유형학적, 구조적 모델을 더욱 발전시켰다: 도쿄의 도시적 미래를 연구하는 일본 정부의 하이퍼 빌딩 연구 위원회 사무소가 추진한 방콕의 프라 프라댕(Phra Pradaeng)의 그린 페닌슐라 위의 하이퍼 빌딩(Hyperbuiding); 그리고 삼성 전자 회사를 위해 디자인 된 서울의 대곡 타워(Tagok Towers) 디자인. 마천루 프로그램의 기능들은 뉴욕의 세계 무역센터와 시카고의 시어스 타워, 스티븐 홀의 뉴욕 패럴랙스 타워, 그리고 도시 유형에 대한 레슬리 마틴(Leslie Martin)의 연구 같은 작업들로 나타난 논리에 의거한 드로잉인, 가는 타워들의

50) Cf. Charles Jencks, George Baird, ed., *Meaning in Architecture*, London, Design Yearbook Limited, 1969.

51) [Koolhaas/OMA], in *Content* cit., p. 121.

52) *OMa+uNIVERSAL* cit., pp. 45, 47. 브루스 마우는 벽과 천장, 바닥, 가구들에 사용자들에 의해 제어될 수 있는 양으로 정보를 위한 그래픽 시스템을 디자인했다("Super Present"와 "Dormant"는 이 시스템의 두 가지 극단적인 단계이다: Ibid., p. 103). OMA는 시스템의 최대 유연성을 추구했다. "모든 사람이 올바른 순간에 올바른 정보를 가지는 유토피아적 환경을 상상해보라—브루스 마우는 썼다" (Ibid.).

53) [Koolhaas-OMA], *Bangkok is a city on the edge of the tolerable*……, in Content cit., p. 423.

그림 371. 렘 콜하스/ OMA, 하이퍼 빌딩 연구, 1996.

그룹핑과 프리즘적 블록들, 경사진 구조와 얇은 플랫폼들로 분해되었다. 하이퍼 빌딩과 대곡 타워로 인해 콜하스의 "결정적 매스"는 "가는 타워들의 매스"[53] 로 된다. 몸체들은 다양화된 궤적들의 시스템으로 연결되며, 또한 마천루에서 ZKM, 혹은 테이트 갤러리의 계획에서 개발된 다중의 경사진 기계적 연결의 조합들을 도입한다.

하이퍼 빌딩은 더 많은 거대함을 포함하며, *S.M.L.XL*에서 커버되지 않고 Large와 Extra-Large 사이, 거대함과 포괄적 도시 사이의 어떤 곳에서 나오는 크기를 반영한다. 그것은 120,000명 거주의 5백만 제곱미터의 매스로, 콘스탄트와 메타볼리즘, 혹은 맨해튼을 위한 후드(Hood)의 계획들 같은(실무 드로잉에서는 피라네지의 로마가 서사적 외양을 만든다) 환상적 마천루-도시의 형상을 취한다. 하이퍼 빌딩에서 수평적 플랫폼은 타워들 다발의 수직적 솟음을 가로 질러 자른다. 어떤 블록들은 아가디르 계획에서와 같이 플랫폼들에 매달리며, 어떤 것들은 플랫폼들 위로 안착된다. 그 조합은 세 가지 유형의 경로를 얻도록 디자인됨으로써 하이퍼 빌딩은, 쿤

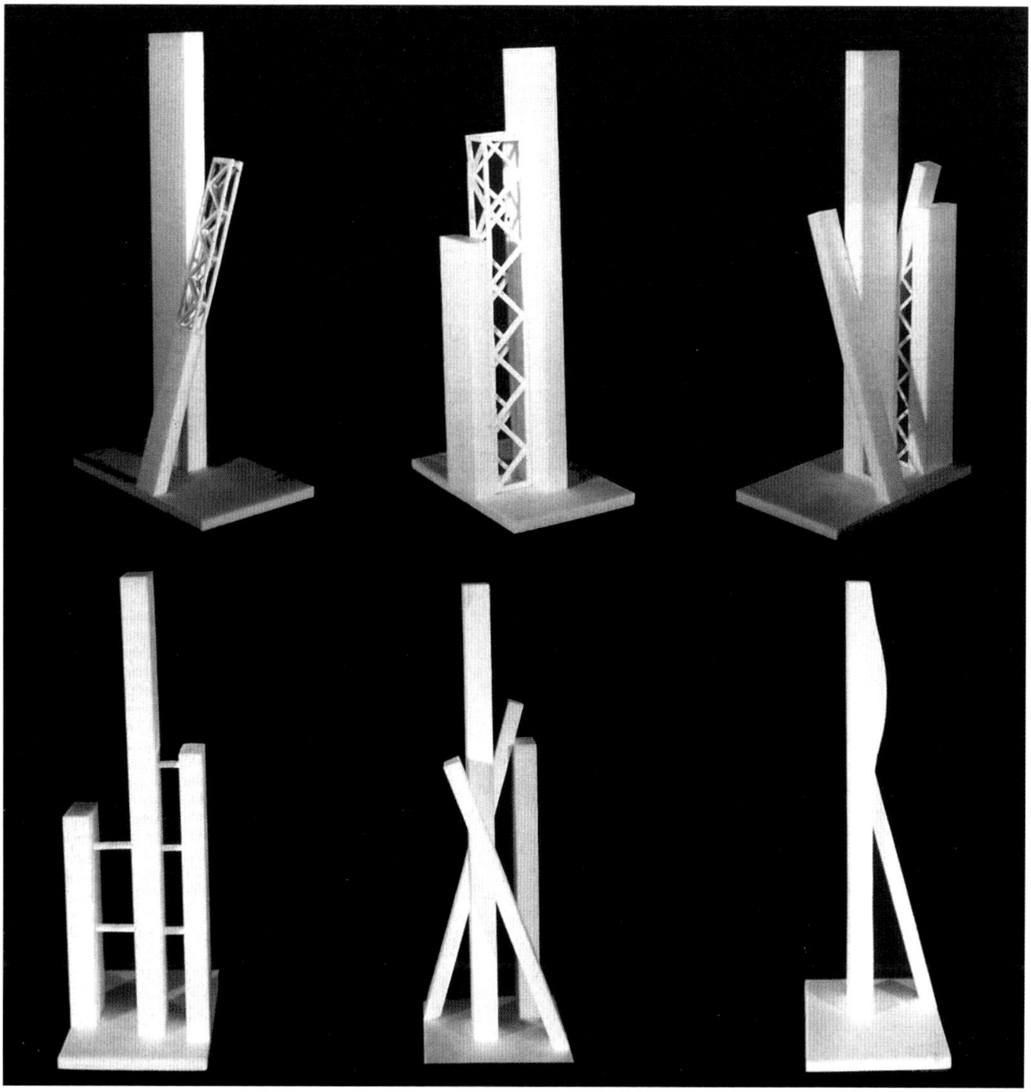

그림 372-373. 렘 콜하스/OMA, 하이퍼 빌딩 계획, 방콕, 1996.

그림 374. 엘 리시츠키, "볼켄뷔겔" 계획, 모스크바, 1924-25.

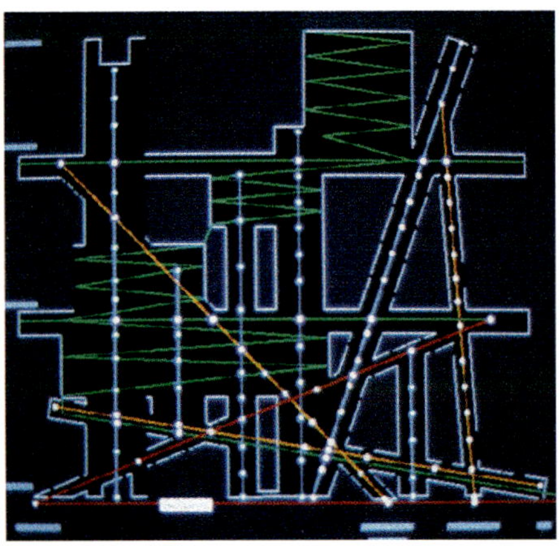

스트할, 쥐시에의 두 개 도서관, 혹은 테이트 갤러리와 같이, 도시 순환 시스템들의 수직적 확장으로 된다: 서로 다른 속도의 여섯 개 그룹의 엘리베이터들은 "도로"들을 형성한다; "대량 수송 케이블카와 곤돌라, 트레인 엘리베이터들을 가지는"[54] 네 개의 기계적 루트들은 파리의 오스망 대로와 같이 경사진 "대로들"(boulevards)을 형성한다; 마지막으로 램프와 플랫폼들로 형성되는, 보행로를 위한 "산책로"는 공원의 경로와 같이 12km 정도를 돌아간다.

만약, 콜하스가 언급했듯이, 마천루의 단면이 라 빌레트 공원에서 잡아당겨졌다면, 우리는 도시의 지하철 지도와 그것의 단면 사이에서 OMA가 지적한 유사성에 의해 노출되었듯이 수직적으로 솟아 올랐던 도시 조직의 단편으로서 하이퍼 빌딩을 생각해야 한다. "도시적 다양성과 복잡성을 얻기 위해－OMA는 쓴다－건물은 도시의 은유로 구조화 된다: 타워들은 도로들을 구성하고, 수평적 요소들은 공원들, 볼륨들은 구역들, 사선들은 대로들이다".[55]

비렌딜 보의 법칙－기능적 용기로 변형시키기 위해 구조를 확장하는 것－은 두 개 플랫폼의 기본적인 지지 구조들 중의 하나를 형성하는 이중 T 평면을 가지는 타워-기둥에 전념하며, 순환 체계를 배치하게 되는 거대한 그물형 경사 버팀 보들의 개념으로 이끈다. 유니버설 본부 빌딩의 타워들을 위한 동일한 시기 동안의 연구들에서 우리는 또한 코어의 표면에 적용되는 볼륨을 가지는 거대한 I형 보를 본다. 경사진 받침대들은 헤를링스 바스트구드(Geerlings Vastgoed)를 위해 1994년에 개발된 , C3 타워로 알려진 로테르담의 계획과 봄프예스의 구성주의식 가교와 같은 작품들에서 OMA가 사용했다. 오브 어룹과의 협업은 엘 리시츠키가 모스크바를 위해 상상했던 것만큼이나 환상적이며, 콜하스가 "구성적 안정성"이라고 정의한 개념에 기초한 도시적 구조의 가능성을 확인해주었다.

대곡 타워를 위한 디자인 연구에서 마천루는 두 개나 그 이상의 타워들의 다발로 분해되며, 그것들 중 어떤 것들은 경사지고 서비스와 엘리베이터들을 포함해 최대 높이 200 미터에 달하는 높고 가느다란 타워들을 위한 받침대의 기능을 가진다. 일련의 디자인들에서 타워들은 쿤스트할의 금속 버팀 기둥들과 유사한 복잡한 그물 모양의 구조에 연결된다.

54) Ibid., p. 424.
55) [Koolhaas/OMA], *Hyperbuilding Bangkok, Thailand*, 1996, in " "El Croquis" ", 2006, No. 131- 132, p. 66.

그림 375. 렘 콜하스/ OMA, 대곡 타워 계획, 서울, 1996.

그림 376-377. 렘 콜하스/OMA, MoMA 확장 계획, 뉴욕, 1997. 모델과 "오디세이"의 모습.

"이 계획의 돌파구는—OMA는 쓴다—몇 개의 건물들을 더 큰 하나의 전체로 통합하는 것이다. 더 이상 단독 공연을 하는 것이 아니라 다른 요소들이 모든 장면에서" 건축적으로 "각자를 보조하는 것으로, 그것들은 통합된 복합체를 형성한다: '기술적으로', 안정성, 접근, 순환과 서비스들의 이슈가 집합적으로 조직화된다; '도시적으로', 전체의 건물은 새로운 종류의 도시적 구역으로 된다. 이 모든 돌파구들의 조합은 질적으로 양자 도약을 발생시킨다. 분리시키는 대신, 마천루 복합체는 연속성과 다양성, 프로그램적 풍부함을 창조한다. 도시를 위해 이러한 배치는 마천루가 거대한 기생체의 단순한 시행이 아니라 이제 새로운 도시적 조건, 공중을 수용하는 새로운 방식의 재창조에 기여한다는 것을 의미한다".[56]

뉴욕을 위한 계획에서 콜하스는 마천루를 위해 피라미드 형상의 개념으로 돌아온다. 1995년에 획득한 자산(54번가의 도르셋 호텔과 53번가 MoMA 본부에 인접한 두 개의 건물들) 위에 MoMA의 확장을 위한 1997년의 현상설계에서 그는 피라미드—"트라이앵글"—으로 상부가 덮이는 수평적인 프림즘 형태의 볼륨을 가지는 호텔의 부지 위에 건축법에 의해 허용되는 전체 윤곽을 차지하는, 페리스 비전들 중의 하나를 제안했다. 지층 상부의 텍토닉한 이동은 도로 레벨 아래로 내려가는 유명한 애비 앨드리치 록펠러(Abby Aldrich Rockefeller) 조각 정원을 만듦으로 MoMA와 도시 사이의 경계는 더 이상 벽이 아니라 "정원/해자", 또한 실내의 채광을 위한 거대한 파티오의 기능을 만들어내는 미술관의 가장자리를 따르는 깊은 틈이다. 지상층에서 MoMA의 영역은 전형적인 맨해튼 존재로 「광기의 뉴욕」에서 지칭된 "메트로폴리스 섬들"의 하나를 형성한다. 경계로부터 자유롭게 되어, 그것은 따뜻한 계절에 완전히 개방되며, "도시적 표면"[57] 의 조건으로 회복된다. "오디세이"(Odyssey)로 불리는 기계적 장치는 수평적 볼륨 속으로 주입되는 경사진 구조를 따라 수평적 플랫폼—"여행실"(room travels)[58]—위의 단체 관람객들을 이동시킨다. 이것은 하이퍼 빌딩의 대로와 유사한 경사진 궤적을 창조하는, 플로락의 주택 내의 플랫폼의 변양태이다.

242

큐레이터 블록 평면의 이론적 연구에서 OMA는 네 가지 유형의 공간적 조직을 제안했다: "슬래브", "컨테이너들", "전형/배경", "단면들". 각각은 20세기 디자인 개념에 부합한다: 또한 「중단 없는 도시」(슬래브)에서 제안된 감각에서의 개방된 공간; 상자들의 시퀀스(컨테이너들); 로우와 쾨터의 이론에 연관되는 역사적 플롯들(전형/배경); OMA의 전형인 평행 띠들 내의 구조화(단면). 미술관 수장고 내의 미술품들은 도서관 내의 참고 도서들과 같이 요청에 의해 관람객들에게 접근이 될 것이다.[59]

로테르담 또한 *C3*타워들 디자인의 직접적인 진화인 MAB-타워—미국으로 수천 명의 이민자들을 보낸 배를 기념하기 위해 데 로테르담(*De Rotterdam*)으로 다시 명명된[60]—로 다시 한 번 메우제(Meuse) 강을 따르는 부지의 띠 위에 1998-99년에 계획된 안으로 록펠러 센터 원형에 대한 변양태들의 부지로 되었다. MAB-타워는 125,750 제곱미터의 복합체로, 기능들의 밀집된 그룹핑으로 구성되었으며(컨벤션 센터, 극장, 백화점, 식당, 사무소, 호텔, 주거 등), 다시 한 번 헤를링스 바스트구드로부터 수주되었다. 두 개 시리즈의 타워-몸통들이 다발로 되며, 장방형의 기초로 시

56) OMA, *Studio per un grattacielo*, in ""Domus"", 1998, No. 800, (pp. 48-51), p. 51.
57) Rem Koolhaas, *The Project(s)*, in Joanna Merwood, *Dieci progetti per il MoMA*, in ""Lotus international"", 1997, No. 95, (pp. 27-45), p. 37.
58) [Koolhaas-OMA], *Extension of the MoMA. New York, New York, USA 1997*, in *OMA@work.a+u* cit., p. 262.
59) Ibid., p. 265.
60) Cf. [Koolhaas/OMA], "*De Rotterdam*" *Building, Vertical City, Rotterdam, The Netherlands 1998-*, in ""El Croquis"", 2006, No. 131-132, p. 117.

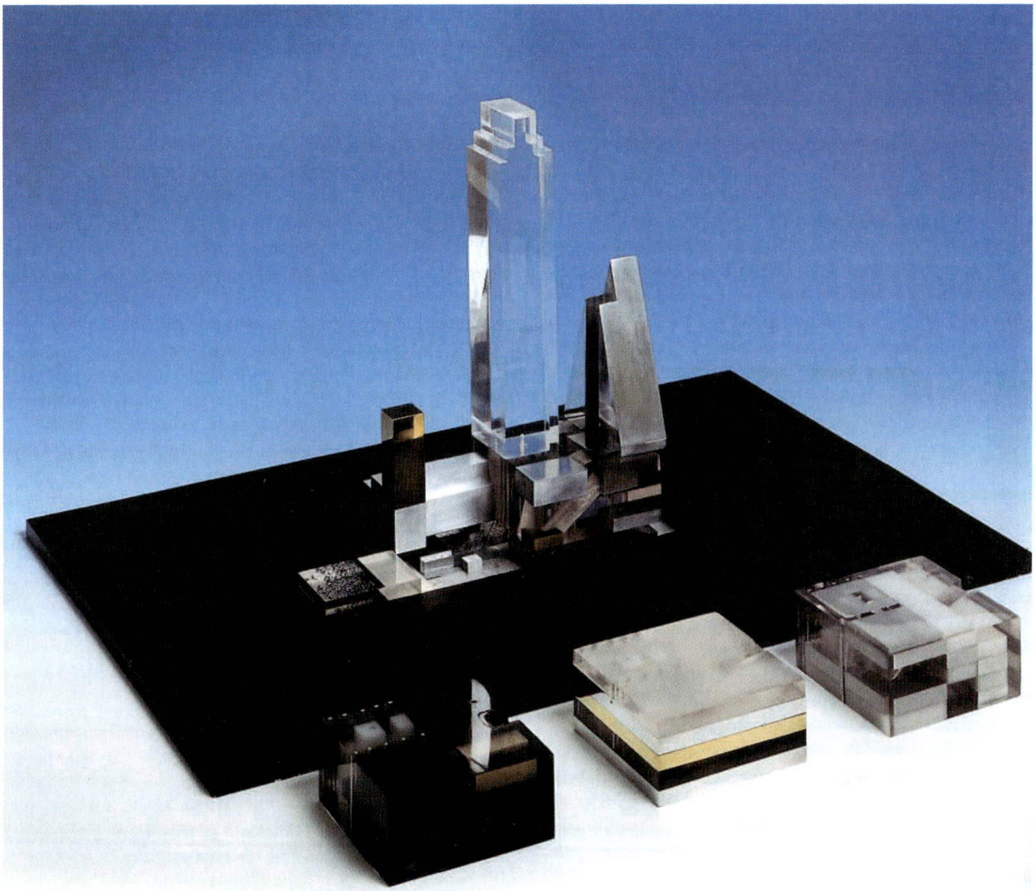

그림 378-379. 렘 콜하스/OMA, MAB-타워 계획, "데 로테르담", 로테르담, 1998-99. 모델과 평면들.

작되어 엘리베이터와 계단실, 서비스들이 그룹된 중심 뼈대를 가진다. 두 번째의 시리즈는 첫 번째에 대해 약간 어긋나며, 14층에서 시작하여 마치 타워들이 반으로 잘려 상부의 부분들이 대형의 테라스들을 만들어내기 위해 이동한 듯 보이고, 개별 타워들의 내부에서는 기능의 변화 지점을 가리킨다. 경사진 엘리베이터가 "기계적인 '건축 도로' (Route Architecturale)" [61] 를 제안하며 볼륨을 가로 지른다.

타워들의 토르소는 봄프에스에서와 같이 파노라마식 개구부를 만들어내기 위해 불규칙한 간격으로 놓인다; 어떤 것들은 데 브링크에서와 같이 두 개의 어긋나는 볼륨들로 구성된다; 그것들은, 다시 한 번 이 경우에는 문자의 상징적 표기와 지시를 도입하며, 사무소와 주거, 호텔 공간들을 구분하기 위해 서로 다른 디자인의 커튼 월들로 싸인다.

정형적 패턴 내의 정방형 기둥의 오더는 「기준층 평면」에서 개괄된 기준에 기초한다. 경사진 기둥들은 하부의 레벨에서 정지 점들을 감소시키는 분기된 구조를 창조하기 위해 그랑 팔레에서와 같이 수직 기둥들의 바닥으로부터 종종 솟아오르며, 단지 기초에서만 사용된다(경사 구조들은 또한 캔틸레버 된 구역들의 하부 레벨에서도 사용된다). 아파트는 미스의 레이크 쇼어 드라이브 아파트 같은 작품에 기초한 배치를 가진다(그러나 각각의 유닛은 또한 콜호프(Kollhoff) 덕분에 1990년대에 네덜란드에 넓게 퍼진 양상인 유리 패널이 포함된 지중해식 베란다를 가진다). 기초에 주입되는 일곱 개 영화관을 가지는 정방형 영역은 OMA가 알메레를 위해 1998년에 디자인한 블록 6의 변양태이다.

MAB-타워에서 콜하스는 또 다시 그가 "임의적 구성"이라 정의한 전체적 효과를 얻으며, 자크 당통 사무소 타워나 홀텐의 주택에서와 같이 필연적으로 그것들을 미끄러지게 만들거나 플로락의 주택에서와 같이 떠있게 만드는 운동에 의해 더 활력 있게 만들어지는 볼륨들을 제안한다: "다른 프로그램들이 개인적 사용자들에게 최대의 중립성과 유연성을 제공해주는 다른 블록들—근본적으로 쉘과 코어—속으로 조직된다. 기능화된 앙상블 속으로 이 블록들을 클러스터링하는 것은 건물이 그것의 맥락 속으로 혼합을 하지만 그럼에도 구별되는 모양을 유지하도록 허용해주는 일견 임의적인 구성을 창조한다". [62]

61) [Koolhaas-OMA], *MABTower, Rotterdam, The Netherlands 2004*, in *OMA@work.a+u* cit., p.67.

62) Ibid.

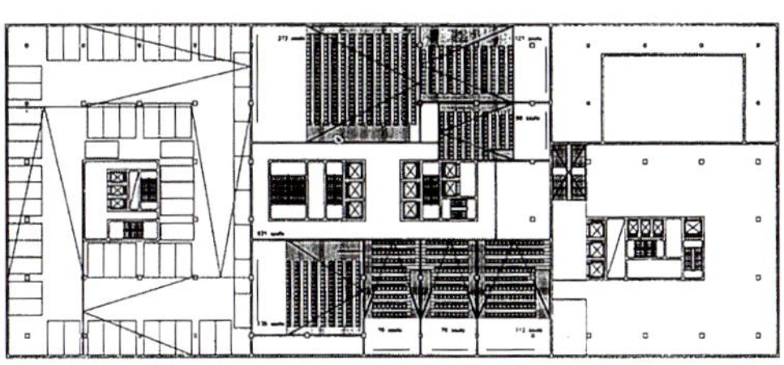

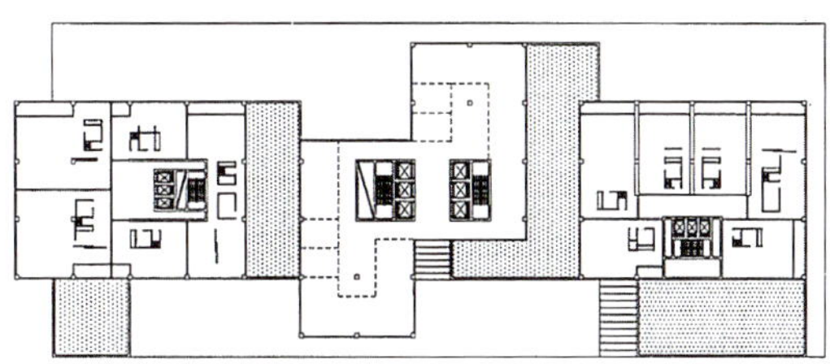

포괄적 볼륨, 비정형의 다각형 솔리드와 기능적 다이어그램들

5

그림 380. 렘 콜하스/ OMA, 스폰지, 프라다의 상징적 재료에 대한 연구, 2002.

맥코믹 트리뷴 캠퍼스와 프라다의 미국 시설들: 오스망 포셰와 "스폰지"

도시적 흐름의 밀도 있는 네트워크는 미스 반 데어 로에의 걸작들 중의 하나인 시카고의 일리노이 공대 캠퍼스에 세워지는 맥코믹 트리뷴(McCormick Tribune) 캠퍼스 센터를 위해 1997-98년에 두 단계의 현상설계에서 당선된 OMA 계획안을 횡단한다(공사는 2003년 완공되었다). 캠퍼스 센터는 미스의 일반 건물을 향해 세워지며, 캠퍼스를 두 부분으로 나누는—학생 주거와 강의 홀—스테이트 도로를 따르는 지역 내의 공중 지상철인 그린 라인의 고가 밑으로 주입된다. 사회적 쇠퇴 현상에 의해 점차적으로 황폐화 한 교외 지역에서 1940년대 학생 수에 비해 반으로 준 학생 수를 가진 학교를 재활성화 하기 위한 목적에서 캠퍼스 센터는 다이닝 홀, 카페테리어, 오디토리엄, 미팅 룸, 레크리에이션 시설, 행정 사무실, 학생 조직을 위한 사무실들, 컴퓨터 워크스테이션과 상점들을 포함한다. 프로그램이 에두카토리움의 프로그램과 비슷할지라도 시카고의 건물은 우트레히트의 건물을 닮지 않는다, 왜냐하면 콜하스는 동일한 프로그램으로 시작할 때조차, 그로 하여금 항상 새로운 불가사의를 창조하도록 허용해주는 알레고리적 내러티브와 맥락주의의 시적 종합을 통해 수행하고, 벽, 달걀, 떠 있는 수영장 같은 그의 신비적 형상만을 사용하지는 않기 때문이다.

콜하스에게 지상철 고가—방음벽인 엑셀론 튜브(Exelon Tube)로 감싸인—밑으로 캠퍼스를 밀어 넣는 것은 삶을 1950년대와 1960년대에 논의된 상징적인 버려진 공터(*Terrains Vagues*)와 "사이"(in-between) 공간들 중의 하나로 가져오는 것을 의미한다. 콘스턴트와 문자주의자들과 유사한 용어를 사용하며, 그는 그 부지를 "올려진 지상철 양쪽 편의 무인 지대"[1] 라고 정의한다. 그의 관점에서 그 부지는 그가 상파울루 방문길에 사진 찍었던 판잣집들로 막힌 두 개 철도 고가 사이의 하나와 닮았다.[2] 몸체들의 상호 관통은 또한 에이-플레인 필로티 위의 건물 아래와 베일메르메어의 고가도로 밑으로 주입되는 상점들의 볼륨과 같이 그의 다른 작품들 속에서 나타난다.[3]

"이슈: 보이드의 재도시화"; "재도시화하는 것: 도시적 활력을 창조하기 위해 최소의 군중을 가지는 최대의 영역을 점유하는 것":[4] 밀집의 문화에 기초하는 이 캡션으로 OMA는 도시 조직의 패러다임적 부분의 주입에 의한 부지의 잠재력에 대한 일반적 조사를 통해 개발된 그것의 제안을 도해한다. 높은 밀도가 "도시적 활력"의 가

1) OMA, *OMA Rem Koolhaas. The McCormick Tribune Campus Center, IIT. Chicago, Illinois, USA 2003*, in ""Casabella"", 2004, No. 721, p. 31.

2) Cf. *Content* cit., pp. 274-75.

3) 또한 "뉴 웰페어 아일랜드/ 이데올로기적 랜드스케이프"에서 콜하스는 퀸스보로 브리지의 두 개 철탑들을 향해 하나의 건물—입구 컨벤션 센터—을 배치했다.

4) [Koolhaas-OMA], *Project for the IIT Student Center Competition, Chicago, Illinois, USA 2001*, in ""A+U"", 1999, No. 342, p. 59.

그림 381-382. 렘 콜하스/OMA, 맥코믹 트리뷴 캠퍼스 센터, 일리노이 공대 캠퍼스, 시카고, 1997-2003, 오브 어룹과 협업. 폼페이의 구역 평면의 주입에 의한 지역의 잠재성 연구; 평면.

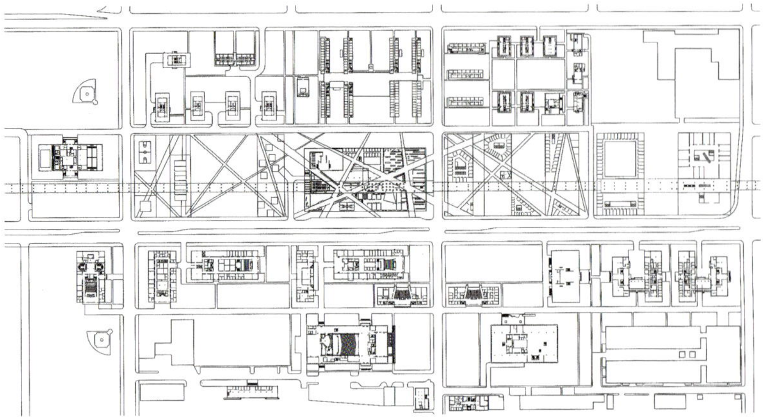

능성으로 이끌 수 있는 폼페이의 고고학적 평면으로부터 잘려진 띠가 「엑서더스」의 "띠", 레오니도프의 클럽, 「즉석 도시」의 가치를 취하며, 그린 라인에 걸쳐지는 땅의 띠를 따라 캠퍼스의 평면에 적용된다. 알렉산더와 스미슨 부부의 분석 기준으로 시작해, 주거와 강의 홀 사이의 학생들이 활용하는 주 경로의 다이어그램에 부합하며, 폼페이 "띠" 위에 사선이 추적된다.

"동쪽과 서쪽 사이의 개인적 운동들의 총합을 포획하기 위해—OMA는 쓴다—캠퍼스의 모든 목적지를 연결하는 직선의 망이 '도로', 광장, 도시적 섬들 속으로의 행위의 다양성을 조직하기 위해 중심을 관통해 자른다".[5]

연구의 이 두 번째 단계의 형태적 수행- 교화된 매스는 사선 도로들에 의해 잘린다- 은 알메레에서와 같이, 포셰(*poché*)로부터 유래한 기준에 기초하며, 초현실주의 면도칼과 폰타나의 "공간 개념"에 대한 콜하스의 경의를 반영하고, 자신의 생성 기준이 아방가르드 "오스망식 포셰"[6] 로 정의될 수 있는 파리의 역사적 조직 내로 대로를 여는 오스망에 의해 획득된 것과 유사한 드로잉을 만들어낸다.

맥코믹 트리뷴 캠퍼스 센터의 영역은 이상적인 연속적 폼페이 "띠"의 단 하나의 장방형 블록을 차지한다. 첫 번째의 계획 단계에서 대각선의 루트는 폼페이의 주택들이나 테이트 갤러리와 같은 두께의 직각 벽들의 원래 밀도의 조직을 관통해 자른다; 루트를 따라 위치한 유리 패널 칸막이들은 기하학적인 벽돌 질서의 폐허들을 보도록 허용해준다. 대각선은 맥락의 자질들에 의해 블링-세나르의 한자 형태와 같이, 촉발된 비정형적 형상을 창조한다. 스테이트 도로(State street)를 따라 세 개의 대각선 루트로 경계를 이루는 불규칙한 사각형 요소는 장방형 평면을 가로 지르는 선들의 네트워크를 노출시키도록 제거된다(첫 번째는 투명한 울타리를 가지는 농구장으로 치워지며, 그 다음은 가로를 따라 개방되는 잔디 구장으로 남겨진다). 스테이트 도로를 따라 와바시 도로를 따르는 회전로로 달리는 주변의 고리는 스테이트 도로의 주입구에 설치되는 미스 센터로부터 미스 전시—폼페이 "띠" 내의 보행로 지역으로 부분적으로 변형되며 33번가를 따라 달리는 울타리—, 즉 와바시 도로를 향해 미스

5) Ibid., p. 55.
6) "오스망"은 맥코믹 트리뷴 캠퍼스 센터를 위해 OMA가 개발한 해결책의 제목이다 (cf. Philipp Oswalt, Matthias Hollwich, *OMA at Work*, in "Archis", 1998, No. 7, pp. 12-22).
7) [Koolhaas-OMA], *Project for the IIT Student Center Competition* cit., p. 59. "포스트모더니즘은—콜하스는 쓴다—전시의 끝없는 최전선을 파괴하고 다중화하는 바이러스성

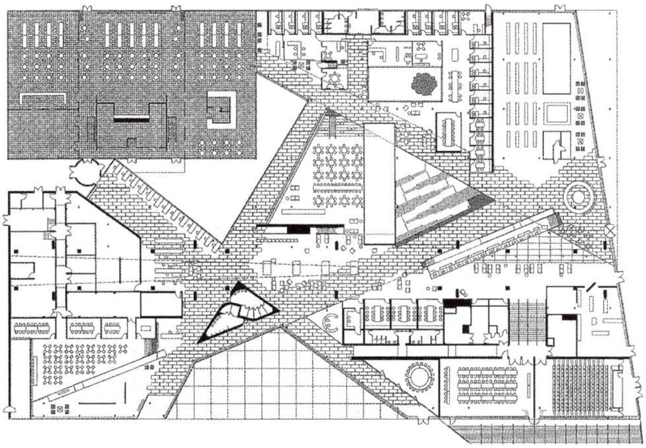

연구소로 알려진 홀로 시종 연결되는 부분까지 미스 반 데어 로에의 작품에 대한 헌정의 시퀀스를 형성한다. 미스 전시의 투명하고 두꺼운 울타리는 도시적 포세와는 다른 콜하스의 포세의 정의를 반영한다: "'두꺼운' 파사드는 캠퍼스의 미스 영역과 건물의 내향화한 도시적 조건 사이를 중재한다. 그것은 크라운 홀을 바라보는 북동측 모퉁이에 있는 작은 미스 센터로부터 달린다: 미스식 개입의 영원한 스크린을 창조하며 2D와 3D, 물리적, 가상적으로 미스의 것들을 보여주는 선형의 쇼케이스, 엑스레이된 포세".[7)]

결정적 계획에서 다른 두께와 재료의 직각 칸막이들은 다시 한 번 직각 패턴으로 유기체와 같이 그룹지어지는 사무소와 미팅, 오디토리엄을 위한 방들과 경계를 이루며(건물 행정, 캠퍼스 안내 센터, 학생 회합실, 학생회 사무실, 서점, 회의 센터, 회의실, 등등), 반면에 주 대각선 루트의 네트워크는 순환, 휴식, 레크리에이션 등으로 구분되는 표면을 창조한다(중앙 마당, 램프-좌석, 미스 다리, 라운지, 레크리에이션, 환영센터). 볼륨들은 또한 화장실들의 삼각형 평면을 가지는, 압출 성형된 볼륨과 같이 대각선들의 만남에 의해 만들어진다(아메바 화장실). 평면의 기능들의 조직 기준은 OMA에 의해 "프로그램들의 평평한 폼페이 카펫"[8)] 의 상징적 이미지로 요약된다.

캠퍼스 센터는 일반인 건물을 통합하지 않고, 초기의 디자인 단계에서 조차 OMA가 그것을 떼어내기 시작하며 루트들을 그것의 몸체 속으로 또한 확장시키는 것으로 고려했던 일련의 지점들에서만 그것을 다루며 접근한다. 일반인 건물은 미스 다리에 유리창을 만듦으로써 18세기 회화풍 "모서리 시야" 속에서 관람을 위한 유물과 같이 전시된다. 후자는 중앙 마당을 포함하며 캠퍼스 센터의 최하부 레벨에 빛을 가져오기 위해 일반인 건물의 모서리 주위로 정확히 파여진 미스 중정의 잔디밭 경사를 그냥 지나간다. 방문객은 계단과 램프를 조합하는 연결을 통해 어려움 없이 중앙 마당의 레벨로 갈 수 있다.

포세의 일그러진 영역을 첨가한다, 모든 상업적 교환에 대해 결정적인 연동하는 랩" (Rem Koolhaas, *Junkspace*, in " "A+U" ", May 2000, *OMA@work.a+u*, special issue, p. 21).

8) [Koolhaas-OMA], *Project for the IIT Student Center Competition* cit., p.59.

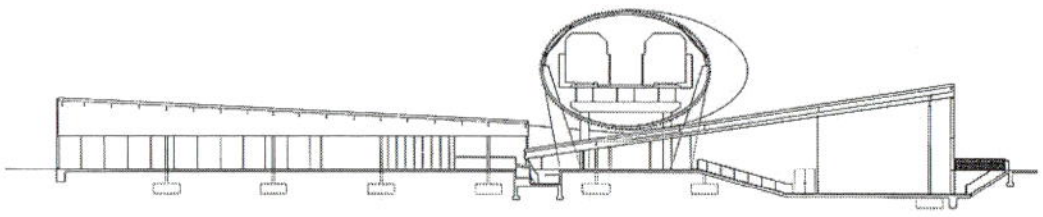

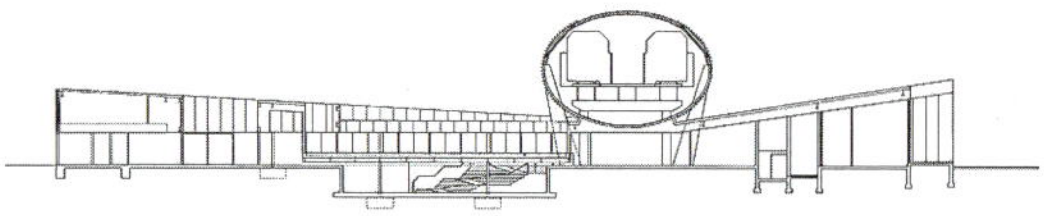

두 개의 기본적인 벌려진 선들은 일반인 건물에서 시작하는 축을 창조하며, 자신을 향해 엑셀론 튜브의 머리와 33번가의 캠퍼스 센터의 측면이 또한 자유롭게 얽히는 듯이 보이는 유명한 크라운 홀을 향해 캠퍼스 센터를 사선으로 횡단한다. 에두카토리움 머리의 한쪽 측면 역시 다른 곳을 향하는 듯이 보인다. 이 기능적이고 시적인 축은 건물의 볼륨에, 다시 한 번 건물을 브리젠도르프와 콜하스가 무대를 만든 알레고리적 행위의 연기자로 변형시키며, 콜하스의 미스에 대한 명백한 사랑[9]을 암시하는 감지하기 어려운 왜곡을 가져다준다.

지상 레벨에 존재하는 "평평한 폼페이 카페트"는 회의 센터, 환영 센터, 미스 중정과 중앙 마당과 같이, 더 높은 높이의 영역을 창조하기 위해 파여진다. 보행로와 바닥의 재료는 콘크리트, 단색과 줄무늬(현관), 혹은 부드럽고 채색된 부분(중앙 마당과 광역), 알루미늄 패널이나 무늬 있는 철, 고무, 카페트나 나무 등으로 구역들의 패치워크를 만들어낸다. 종종 이 패널들은 평면의 전체 디자인을 반영하며 각이 진 선들을 따라 결합된다; 때때로 그것들의 표면은 정크스페이스의 전형인, 비스듬한 빛이 눈부신 스크린으로 변형시키는 조형적 채색에 의해 부드럽고 광택이 나게 만들어진다. 사람들이 주로 모이고 순환되는 영역의 천장은 심지어 치장 벽토 접합부가 보이도록 남겨진 채 그대로 노출된 석고 보드 패널로 되며,—OMA의 다른 작품들에서도 사용될 것이며, 게리의 작품에서는 이미 사용된 "마감 처리 안 된" 해결

9) Cf. Rem Koolhaas, *Miestakes*, in Phyllis Lambert, ed., *Mies in America*, Montreal, New York, Abrams, 2001, pp. 717-41.
10) 회의 센터의 두 개 홀들을 바라보며(볼룸과 오디토리엄), 철근 콘크리트로 형상지어지고 금속제 핸드레일의 시리즈로 유지되는, 길고 가파른 계단의 구배는 거꾸로 된 미스식 혈통의 기념비적 입구를 창조하며 스테이트 도로 위의 인도로부터 내려간다. 다양하게 경사진 끝부분들은 쿤스트할의 공원을 향한 램프의 디자인에서와 같이, 건물 벽의 확장으로 결정되며, 건물의 다른 부분들에서는 회피된 이 구성적 연결들로 인해 계단의 구배의 한 부분은 오디토리엄의 낮은 콘크리트 벽을

그림 383-385. 렘 콜하스/OMA, 맥코믹 트리뷴 캠퍼스 센터, 일리노이 공대 캠퍼스, 시카고, 1997-2003. 오브 어룹과 협업. 단면, 엑셀론 튜브의 전경과 디테일.

—한편 아메바 화장실의 천장은 살르 제니스에서와 같이 노출된 음향 패널이다.

지지 뼈대의 이중 T 벽기둥들은 루트들의 형상에 잘 순응하는 사선의 열들을 도입하며, 다시 한 번 검정으로 칠해지지만, 미스의 절대적 기하학적 질서를 따르지 않고 조직되며, 일반인 건물에서와 동일하게 만들어진다. 그린 라인 고가교의 금속제 격자 구조 벽기둥들은 노출 콘크리트 속으로 감싸지고 거대한 정방형 기둥들로 변형되며, 반면에 검정색으로 칠해지고 경사진 채 기초를 향해 가늘어지는 7쌍의 철근 콘크리트 벽기둥들이 엑셀론 튜브를 지지하기 위해 첨가된다. 이 후자의 요소들은 미스가 사용한 것과 같이 빛나며, 양각된 강판의 타원형 단면을 가진 울타리이다. 하부의 반쪽에서 강판은 보호막의 콘크리트를 위한 상실된 거푸집으로 된다(그랑 팔레의 폴리카보네이트 패널들 역시 거푸집으로 기능했다).

금속 뼈대로 만들어진 캠퍼스 센터의 지붕은 서로 다른 디자인이 단면의 분절을 따르지만 또한 상징적 표현의 이유를 가지는 세 개의 주요 두꺼운 패널들로 세분된다. 연속적이며 경사진 평면이 회의 센터의 거대한 높이를 만들기 위해 스테이트 도로를 향해 엑셀론 튜브 밑으로부터 나타나며,[10] 한편으로 반대편에서 그것은 무용 극장에서와 같이, 실용화될 수 없고 그러므로 목재 패널의 높고 깊은 선반에 의해 접근할 수 없도록 만들어지는 넓은 구역을 형성하는 지점까지 통행로와 현관을 위한 공간을 압박한다. 이 불필요한 "사이" 공간은 기능주의의 어떤 논리도 넘어서 추구된 수행들의 결과로 나타나는 콜하스의 또 다른 장소들이다. 지붕의 경사진 평면의 끝부분은 지붕에 의해 압축되는 공간 내에 적어도 하나의 유용한 구역을 만들게 될 높이를 가지기 위해 "평평한 폼페이 카펫" 밑으로 발굴되는, 광역으로의 접근 램프의 위치를 결정한다. 정확히 광역, 압축된 공간, 회의 센터의 높이, 지붕의 연속적 평면의 이 복잡한 관계는 콜하스의 디자인 과정의 일련의 기본적 기준을 드러내주는데, 그것은 하나의 기본적인 상징적 요소의 표현적 요구에 비해 프로그램의 개인적 부분들을 경시한다- 이 경우에 지붕의 평면은 엑셀론 튜브 아래로 미끄러졌다. 다양한 단면을 가진 다른 지붕 평면은 수평 지붕과 엑셀론 튜브를 향해 기울어진 덮개로 구성된다; 와바시 도로를 따르는 사이 공간에서는 그랑 팔레의 지붕 디자인이나 카디프만 오페라 하우스 홀의 지붕에 있는 컨트롤 부스에서와 같이 방들이 주입된다. 엑셀론 튜브를 향해 다른 경사를 가진 지붕의 두 개 구역은 건물이 마치 고가교 아래로 강제적으로 주입된 듯이 보이고, 고양이 몸체의 탄력으로 자신을 동그랗게 구부리며 탈출하려 시도하는 듯이 보이도록 만든다.[11]

와바시 도로를 향한 지붕의 끝 부분에서 정방형 패턴을 가진 장방형의 패널들이 방들의 창을 감추는 한편 빛이 들어오도록 부착된다. "맥코믹 트리뷴 캠퍼스 센터" 라는 용어는 어린이 장난감과 같이 그리드로 주입되는 작은 오렌지 빛 실린더들로 만들어진다. 일반인 건물에 인접한 벽과 지붕의 또 다른 끝 부분은 주름진 표면에 스텐실로 만들어진 흐릿한 붉은 색과 검정색의 수직 띠들로 칠해진 장방형의 합성 판으로 덮인다. OMA가 설명하듯,[12] 모티브는, "나무 입자 패턴" 에 기초했을지라도, 마치 수상 수

향해 끝이 나며, 그러므로 사용될 수 없다.

11) 이와 동일한 형상은 콜하스가 2001년 2월에 뉴욕 540 웨스트 26번가에 세운 레만 모팽 갤러리의 실내에서 또 한 번 복제했는데, 거기서 그는 원래 차고로 지어진 구조 내부로 전시 공간의 밝은 채색의 용기를 주입했다.

12) [Koolhaas-OMA], *OMA.McCormick Tribune Center*, in " "GA Document" ", 2003, No. 76, p. 14.

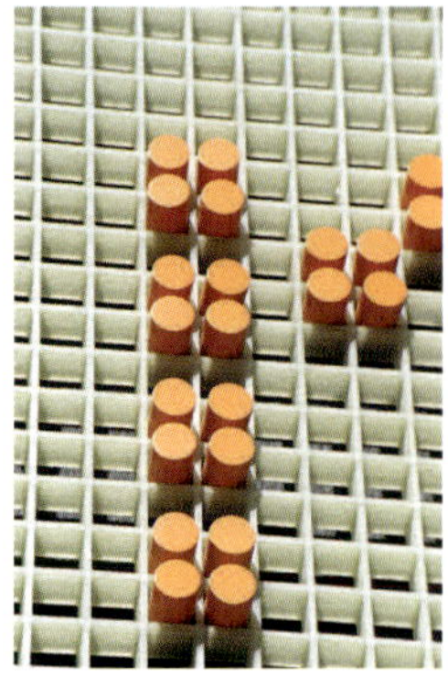

영장이 시카고 EL.의 고가교 아래에서 좌초한 듯이, 녹슬고 긴 자국이 나 금속판의 효과를 암시한다. 결국 콜하스는 초현실주의적 관점으로 캠퍼스의 맥락을 본다: "홀로 있는 미스 상자와 지나치는 EL. 기차 로켓과의 우연한 만남은 로트레아몽이 말한 우산과 재봉틀 사이의 만남과 같이 부조리하다—초현실주의식 파스티셰".[13]

커튼월의 유리 패널들은 투명하거나 장식되거나 오렌지 빛 벌집 모양으로 만들어진다. 단지 스테이트 도로를 따라서만 위치한 후자의 버전은 실내에 과다 노출된 색수차 눈부심의 분위기를 가져다주며, 마치 우리가 노랗게 된 사진의 확대를 바라보듯이, 그것을 시간에 맞춰 거리를 두고, 영화적 용해와 플래시백 효과로써, 도로를 넘어서서 바로 서있는 미스의 IIT의 직접적 시야를 한번 걸러 내주는 목적을 가진다. OMA가 말하듯 이 "미스식 포장"(Mies Wrap)은 원래의 "엑스레이 된 포셰"에 의해 취해진 형태이다. 강의 사이의 휴식 시간에 캠퍼스 센터에 들어가는 학생은 자신들의 강의에 출석하기 위해 매일 들어가는 건물의 아우라와 역사적 가치들을 그 스크린을 통해 엑스레이 찍게 된다.

"엑스레이 된 포셰"로부터 나온 다른 것들은 아메바 화장실의 벽을 위해 사용되고, 테이블과 선반을 위해 사용되며, 빛을 걸러내 주는, 다시 한 번 벌집 속의 두꺼운 합성 패널들이다. 벌집 패널들에 대한 이 연구는 또한 프라다에서 행해진 합성재료의 반투명한 벽체들의 구축에 관한 실험으로 확장된다. OMA의 역사에서 캠퍼스 센터의 벌집 패널들은 달라바 주택의 주방에 있는 두 개의 폴리카보네이트 패널들을 가진 반투명 벽의 기술적 진화를 재현한다; 그것들은 원재료의 인식이 또한 사라지게 되는 신비의 빛(*a lumiére mystérieuse*)을 방사한다.

경영 회의실, 볼룸, 회의 센터의 오디토리엄을 가로 지르는 듯이 보이는 벽은 노란색과 오렌지색의 띠들이 관찰자의 움직임에 따라 진동하는 듯이 보이게 만들고, 표면에 "방향 상실을 추진하는 장치"로 기능하는 감싸개에 대한 콜하스의 추구와 항상 조화를 이루는, 깊이의 환영을 가져다주는 3차원적 비닐 필름으로 덮인다. 에두카토리움의 유사한 벽은 노란색 대리석 슬래브로 덮였었다. 벽은 검정색 부조의 글자로 새겨진 "일리노이 공대"라는 명패를 달고 있는데, 그것은 세 개의 부분으로 나뉘어 거의 IIT의 미스 건축의 도상적 침묵을 존중하기 위해 건물의 몸체로 흡수되었던 사인과 같이, 스테이트 도로로부터 유리를 통해 보인다. 초기 디자인에서 그것은

13) *Content* cit., p.182.

14) 미스 반 데어 로에의 작품에 대한 다른 헌정은 "다른 릴리 라이히(Lily Reich)에 영감 받은 색채"로 기록되는 세 개의 "회의실들"([Koolhaas- OMA], OMA. *McCormick Tri-*

그림 386-388. 렘 콜하스/OMA, 맥코믹 트리뷴 캠퍼스 센터, 일리노이 공대 캠퍼스, 시카고, 1997-2003, 오브 어룹과 협업. 와바시 도로의 전경과 ktkem 디테일; 스테이트 도로 입구.

캠퍼스 센터의 내부에서 "엑스레이된 포세" 로부터 유래한 두꺼운 주변 감싸개의 연속을 형성했다. 이 벽에 대한 OMA의 정의는 각각의 요소를 침투하는 서사적 차원을 확인한다: "오렌지 렌즈의, 오렌지 미스 감싸기의 연속".

스테이트 도로를 따르는 접근로의 유리 패널에 적용되는 상징들의 풍부함(마이클 록(Michael Rock)의 작품 속의)은 리히텐슈타인의 만화 패션 속에서, 로마에 있는 페데리코 추카리 주택의 괴물과 같은 입의 형태를 한 입구에서 나타나는 것과는 달리, 미스 반 데어 로에가 학생들을 삼켜버리거나 뱉어버리는 인상을 가져다주며 열리는 두 개의 움직이는 패널들의 중심에 있는 입으로 미스 반 데어 로에의 늙은 얼굴을 형성한다. 입구 이후에 대각선으로 주입되는 유리 패널의 매우 얇은 미스식 벽체는 IIT 창조의 7명의 주인공들의 얼굴들을, 그들의 사진을 재생산하는 동일한 장식적 적용과 함께 전시한다-"창시자들의 벽"(그 시리즈는 젊은 미스의 얼굴로 시작한다[14]).

네 개 파티오의 유리벽들로 인해 캠퍼스 센터 안으로 빛이 들어오는데, 그 모두는 많은 방식으로 미스 반 데어 로에의 작품으로 연결될 수 있다: 바르셀로나 파빌리온에서 콜베의 동상이 있는 풀장에 대한 헌정인 반사식 풀장; 건물의 코어 내에 창조된 주요 빛의 근원이며, 또한 일반인 건물의 관찰에서 최고의 지점인 미스 중정; 일본식 정원에 영향을 받고, 사무실들에 빛을 제공하기 위해 주입되며, 미스식 파티오 주택 모델에 기초한 중정; 마지막으로 콜하스의 자전적 단편으로, 쿤스트할의 공중 정원과 유사하게, 그러나 기초 부분에서 갈라진 틈들을 통해 자라나는 잡초들을 가진 거의 방치된 물 빠진 수상 수영장과 같이, 길쭉한 장방형으로써, 홀텐 주택의 딸 유닛과 같은 접근할 수 없는 파티오의 형태로 중앙 중정과 램프 좌석 사이에 걸쳐 있는 공중 정원.

캠퍼스 센터는 어떤 위계적 시퀀스나 선호되는 소실점도 없이 다중의 비전들로 황단되는데, 거기서는 벽과 바닥들의 빛나는, 거의 눈부신 표면들이 오스망 대로로 횡단되는 파리 인근을 통해 배회하거나, 혹은 피라네지의 감옥 내에서 걸어 다닐 때 나타나는 방향 상실의 감각을 강조한다. 결국 캠퍼스 센터는, 파리와 같이, 문자주의 "표류"를 위한 이상적 장소로서, 정크스페이스의 미로와 같은 효과 속에서 공간의 전통적 개념들을 바람직하게 해체하는, 그랑 팔레의 거대 계단과 같은 실험적 단편들 이후에, 그것을 첫 번째의 성취된 것의 하나로 만들어주는 모퉁이별 시야의 다중성으로 잘리는 매스이다.

bune Center cit., p. 14), 이거나 미스의 IIT 계획 드로잉의 복제로 장식되는 볼륨의 커튼들이다.

그림 389-394. 렘 콜하스/OMA, 맥코믹 트리뷴 캠퍼스 센터, 일리노이 공대 캠퍼스, 시카고, 1997-2003, 오브 어룹과 협업. 내부 전경; 오디토리엄; 광역 램프 시작부의 바닥 디테일과 주 집합 구역 천장 디테일; 아메바 화장실.

NOLOGY

"정크스페이스-콜하스는 주장한다-는 종종 흐름의 공간으로 설명되지만, 그것은 부적절한 명칭이다; 흐름들은 규율된 운동과 결합된 몸체에 기인한다. 비록 그것이 매스의 건축일지라도 각각의 궤적은 엄격하게 독보적이다. 정크스페이스는 거미가 없는 거미줄이다. 이 아나키는 우리가 우리의 자유를 측정하게 되는 마지막 가시적 방식들 중의 하나이다. 그것은 충돌의 공간, 원자들의 용기이다. 그것은 바쁘지만 밀집되지 않는다. 그것은 바람직한 문화이다".[15)]

1999년에 OMA는 프라다로부터 가족 패션 회사에서 세계적인 기업으로의, 1990년대에 시작한 변형에 형태를 주도록 요청을 받았다. 이 기간 동안 콜하스는 거대 도시 재단(Groszstadt Foundation)의 기능을 물려받은 분과를 창조했다. 그는 그것을 "건축 미디어 조직"(Architecture Media Organization), 혹은 AMO-"OMA의 유희적인 도치"이자 "가상의 거울 이미지"[16)]-로 불렀다. AMO는 라이너 데 그라프(Reiner de Graff)가 지휘하게 되었는데, 그것의 목적은 마케팅 연구와 자문, "디자인 해체의 공학"(engineering undesign)-혹은 해체(demolition)[17)]-, 그리고 "메트로폴리스의 심장부에서 아무것도 개방되지 않은 것"[18)]의 "자질의 상상" 등을 포함해서, OMA가 요구하는 정보의 수집을 하기 위한 연구를 수행하려는 것이었다. OMA/AMO는 "하나의 상점이 그 환경에 대해 가질 수 있는 변화의 효과"[19)]를 강조하기 위해 그들이 "진앙"(epicenter)이라고 정의한 샌프란시스코와 로스앤젤레스, 뉴욕, 도쿄의 프라다 시설을 위한 계획을 연구했다(도쿄의 디자인은 헤어조크와 드 뫼론에 의해 행해졌다). 진앙은 각각의 아파트들의 특성의 발생 장소를 가리키기 위해 「콜럼부스 센터의 달걀」에서 이미 나타났었던 용어였다. 세 개의 OMA 진앙들은 샌프란시스코 시설에서 절정을 이루는 새로운 프라다 정체성의 정의 속에서 연결된다. 쇼핑의 형태에 대한 재정의가 다른 기능들의 주입을 통해 나타난다(기록 보관소, 도서관, "다중적 행위를 위한 공간들" 등등). 가구의 어떤 재료와 색채들은 밀라노의 첫 번째 프라다 숍의 것들에 기초하는 반면, OMA는 새로운 진앙들의 상징으로 될 수 있는 재료를 정하기 위한 연구를 또한 진행했다. 그 결과는 아이콘 재료들의 OMA 카탈로그에 대한 또 하나의 첨가물인 "스펀지"로 알려진 합성 재료-"폴리카보네이트, 레진, 백색 유리 섬유 보강 집섬"[20)]-였다. "스펀지는 빛이 내부로 통과해 밝힐 수 있도록 허용해주는 매우 다공성의 실체이지만, 그것은 또한 옷들을 걸기 위해 사용될 수도 있다" 라고 올레 스케렌(Ole Scheeren)은 설명했다.[21)]

2000년부터 그것이 포기되었던 2002년 여름까지 개발되었던 샌프란시스코의 프라다 시설 디자인은 부지에 의해 압출 성형된 미국 마천루의 또 다른 변양태이다. 그것은 정형의 프레임워크이지만-"마천루에 관한 선언서와 같이 근본적으로 수직적인 구조"[22)]-프리즘을 각각 다른 기능으로 두 개의 몸통으로 자름으로써 만들어지는 요소적 상징주의가 마찬가지로 스며든다: "소매점 입방체와 쇼룸/ 상부의 사무소 입방체".[23)] 표피는 측압에 저항하기 위해 계산되고, 서로 다른 채광 조건에 대응하기 위해 구성된, 서로 다른 지름의 작은 원형 창들로 구멍이 뚫린 철제 패널들로 만들어진 외부 켜를 가지는 켜들의 시퀀스이다. "파사드-OMA는 설명했다-는 유리, 철, 석재, 희고 맑은 폴리카보네이트, 레진 패널들 등으로 구성된 물질과 서로

15) Koolhaas, *Junkspace* cit., pp. 19, 20.

16) *What Comes After Prada? An Interview with Ole Scheeren of OMA*, in "Detail", 2004, No. 3, (pp. 138-46), p. 145.

17) Cf. Gary Wolf, *Exploring the Unmaterial World*, in "Wired", 2000, 8.06, pp. 306-19.

18) The conclusion of the paper of *URBANISME: Imaginer le néant* cit.

19) *What Comes* cit., p. 143.

20) [Koolhaas-OMA], *OMA/Rem Koolhaas. Prada San Francisco Epicenter*, in "A+U", 2002, No. 383, p. 122.

21) *What Comes* cit., p. 145.

22) [Koolhaas-OMA], *OMA/Rem Koolhaas. Prada San Francisco Epicenter* cit., p. 122.

23) Ibid.

그림 395-396. 렘 콜하스/OMA, 프라다 샌프란시스코 진앙의 계획, 샌프란시스코, 포스트 스트리트, 그랜트 애비뉴, 2000-02.

그림 397-398. 렘 콜하스/OMA, 프라다 뉴욕 진앙, 575 브로드웨이, 뉴욕, 2000-01, L.E. 로버트슨 어소시에이츠와 오브 어룹과 협업.

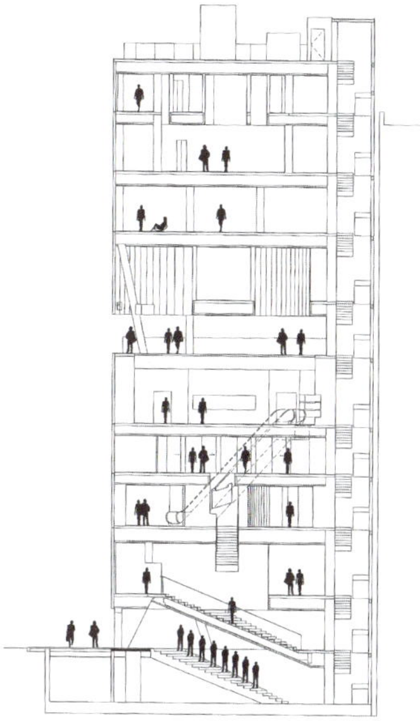

다른 색채들의 켜들을 포함한다".[24]

2000년에서 2004년에 지어진 뉴욕과 로스앤젤레스 프라다 숍은 서로 다른 레벨을 횡단하는 수퍼-웨이브의 개념을 공유한다. 전형적인 OMA 재료들과 고안들이 모두에서 되돌아오는데, 뉴욕의 숍에선 아가디르의 "매달린 방들"이 가이드에 따라 슬라이딩 되는 전시용 케이스로 변형되어 나타나며, 플로락의 움직이는 플랫폼이 포함된다. 매달린 전시 케이스는 단일의 입방체 볼륨의 단편으로부터 나온다; 함께 그룹 지어질 때 그것들은 공공의 이벤트를 위해 쇼핑 공간을 해방시킨다. 이 케이스들은 카디프 만 오페라 하우스의 공장 디자인으로 시작하는 콜하스에 의해 시험된 창작적 수행에 물질적 형태를 가져다준다; 그것들은 심지어 우리에게 파리를 위한 요나 프리드만(Yona Friedman)의 공간적 비전을 상기시킨다—OMA는 그것들을 "공중 도시"(hanging city)[25] 라고 정의했다.

로스앤젤레스 숍에서 지상층의 개구부는 다음의 구절에서 1972년부터 수퍼스튜디오에 의해 상상되었듯이, 조절된 공기의 보이지 않는 스크린으로 해결된다: "외부와 내부를 구분하는 막은 점차 희박하게 된다: 다음 단계는 이 막의 사라짐과 에너지를 통한 환경의 제어로 될 것이다(공기-쿠션, 인공적 공기 흐름, 뜨겁고 차가운 공기의 경계벽, 열방사 판, 방사 표피 등.)".[26]

샌프란시스코 프라다 아울렛을 위한 디자인 주제에 관해 콜하스는 파내기 위한 매스를 가리키기 위해 "수퍼 폼-포셰"(super foam-*poché*)라는 표현을 사용했다.

"나는 전체의 건물들이 이제 석고보드(Sheetrock)로 만들어진다는 것을 의미한다[...]. 그것은 다시 한 번 누구에 의해서도 분명하게 표현되지 않았던 건축에서의 그런 혁명들 중의 하나이다- 아마도 벤추리를 제외하고는. 그러나 내가 알기로는 이것을 이슈로 만드는 어떤 건축가도 없다. 이제 건축에는 솔리드도 아니고 보이드도 아니고, 사이도 아닌 많은 공간들이 존재한다. 그러므로, 모든 것이 더욱 공허하게 되고, 많은 평면들과 건축적 조건들에서 당신이 그 내부에 어떤 충전재를 넣으려는 경향을 가진다는 사실이 주어진다면, 그것은 우리가 건축적 조건으로서 충전재를 개발할 수 있을지 없을지를 연구하려는 시도였다. 그것은 디자인, 혹은 발명, 일종의 포말이다".[27]

구겐하임 미술관: OMA vs. 라스베이거스

라스베이거스에서는 베네치안 리조트 호텔 카지노 복합건물의 내부—베니스적 단편의 성실한 복제—에서 2000년 9월에 두 개의 외부적 몸체들을 위해 건축이 시작되었다: OMA가 디자인해 2001년 10월 7일에 개장한 구겐하임 재단의 갤러리들. 하나는 현대 미술의 전시를 위한 구겐하임 라스베이거스 미술관을 포함할 것이었으며, 다른 하나는 유명한 러시아 협회가 소장한 작품들의 전시를 보여주는 구겐하임 에르미타주 미술관.

구겐하임 라스베이거스는 남은 영역을 채우며 공장 유형의 금속제 구조로 만들어져 하늘색으로 칠해진다; H-형 철제 벽기둥들은 밝은 회색으로 칠해진다. 그것은 미스의 작품들과 뉴욕에 있는 워홀의 공장에 영향을 받는다. 층의 중심 절단면은 뉴욕의 프라다 숍과 같이, 천창을 통해 전시 공간과 사무소, 창고들을 포함하는 낮은 층으로 빛

24) [Koolhaas-OMA], *Prada San Francisco Epicenter, San Francisco, USA, 2000*, in " "El Croquis" ", 2006, No. 131-132, p. 195.

25) Site www.oma.nl.

26) Superstudio, *Description* cit., p. 244.

27) *Branding-Signs, Symbols or Something Else? Charles Jencks in conversation with Rem Koolhaas*, in ""Architectural Design" ", 2000, No. 6, (pp. 34-41), p. 39. ""Your foam-*poché* is solid, void, and air - all three together" ", Jencks observes (ibid.).

그림 399-400. 렘 콜하스/OMA, 라스베이거스 구겐하임 갤러리, 베네치안 리조트 호텔 카지노, 라스베이거스, 2000-01, 마틴 앤드 마틴, 오브 어룹, MSA 엔지니어링과 협업.

이 관통해 내려올 수 있는 거대한 장방형 파티오를 형성한다. 베네치안 리조트의 스터코 치장과 다중적 색채의 대리석 층들, 복제된 고풍의 천장들이 갤러리로의 주 입구의 다양한 유형의 판금속을 향해 쌓인다. 뒤쪽으로의 접근은 대형 미술 작품들의 이동을 위해 지상과 지붕 사이에서 회전하는 입구로 제공된다. 이 입구는 아폴로 미사일이 휴스턴에 나올 수 있도록 되어 있는 나사(NASA)의 행거의 거대한 입구-벽과 유사하며, 그것은 철제의 신호들로 사용되고 여기서는 장식된 창고로 변형된 V자형 무늬로 칠해진다. 두 개의 층들은 노란색으로 칠해진 거대한 계단실, 그랑 팔레에서 이미 사용된 유사한 시스템의 변양태인 한 쌍의 에스컬레이터로 구성된 시스템으로 연결된다. 그 시스템은 공기 조화용 도관들과 또 다른 물리적 설비 요소들이 지나가도록 허용해주며,

철제 패널들과 플렉시글라스로 만들어진 두꺼운 중공벽들 사이에 위치한다. 이 시스템에 부응하며, 높고 투명한 프리즘이 파티오의 벽체들 위에 놓어지고 하늘색으로 칠해진 금속제 구조로 구성되어, 바닥 레벨에서 세 개 측면의 유리 패널들로 폐쇄된다. 천창을 통해 내려가는 변화하는 주광은 다양한 반사, 광채와 투명성, 때로는 라스베이거스의 공공장소에서 매우 예외적으로 보이는 자연광의 절정으로, 베르메르 회화의 영향을 받은 조명 기계를 구축하려는 시도를 얼핏 보여주며, 초현실적인 심해적 농도들의 창조에 기여하는 계단실과 프리즘의 콜하스식 고안을 촉발한다.

베네치안 호텔의 기념비적인 천장들의 어떤 것들이 베니스의 듀칼 궁전의 회화와 금박된 틀들의 구획들을 복제하지만, 갤러리의 천장을 장식하기 위해 콜하스는 예술가들이 보티첼리의 「비너스의 탄생」과 레오나르도의 「최후의 만찬」같은 회화의 디테일, 혹은 전체 작품을 복제하기 시작한 시기인, 워홀의 마지막 기간 작품들에 기초한 창작적 과정을 이용한다. 그러므로 구겐하임 라스베이거스의 빛나는 천장은 철제 보들의 패턴을 넘어서 보이는, 시스티네 성당의 아담의 창조 에피소드의 거대한 복제로 스크린된다(후자는 워홀이 「최후의 만찬」의 복제 위에 모노크롬적 색채로 덧칠했듯이, 복제품 위에 겹쳐진다).

구겐하임 에르미타주는 장방형 평면의 갤러리로, 두꺼운 '벽들' 로 경계를 이루며, 원래 파사드의 한 구역에 걸쳐져 베네치안 호텔의 지상층 속으로 끼워 넣어진다. 파사드의 구조적 틀의 세 개 벽기둥은 사진 박물관을 위한 계획의 벽들과 같이 회전하며, 갤러리를 나누는 "벽들" 을 위한 피봇과 같이 사용되며 남는다. 주위 벽과 내부 벽들은 거대한 코르텐 강판 패널들이 부착되는 장방형의 금속제 구조로 형성된다. 두 개의 긴 주위 벽들의 경우에 보는 단지 끝 부분에만 있다—콜하스의 상징적 충동으로 강행된 거장다운 구조적 터치.[28] 패널의 코르텐 강판은 녹슨 표피를 얻기 위해 화학적으로 처리되며, 딱지들이 떨어지는 것을 막아주기 위한 투명한 밀봉으로 보호된다. 패널들이 더 커지는 갤러리 내부에서 어떤 것들은 또한 그림들의 부착 시스템에 맞추어지기 위해 심지어 더 기념비적으로 된다(대략 4×2 미터).[29] 다른 한편으로 외부 패널의 크기와 조합은 동일 치수 벽의 기하학에 기초하며, "구겐하임 에르미타주" 의 글자는 유적지의 낙서와 같이 전체 표면을 침범한다. 장방형의

28) "연속적인 6인치의 유리 기초는 —OMA는 쓴다—지층과 전시 표피 사이를 날카롭게 구분한다" (www.oma.nl 인용).

29) 세 개의 중간 "벽들" 의 정면은 5 개의 패널들—두 개는 위쪽에, 세 개는 아래쪽에—로 각각 구성되며, 그 접합부들은 그림들을 걸기 위한 기본적 선으로 여겨진다: 바닥으로부터 대략 1.8 미터 높이의 수평적 접합부를 따라 지지용 브래킷이 박히며, 세 개의 수직적 접합부들(하나는 위쪽, 두 개는 아래쪽)은 그림들의 이상적 위치를 결정한다. 그러므로 중간 "벽들" 의 각각의 정면에서

그림 401-402. 렘 콜하스/OMA, 구겐하임 에르미타주 갤러리, 베네치안 리조트 호텔 카지노, 라스베이거스, 2000-01, 마틴 앤드 마틴, 오브 어룹, MSA 엔지니어링과 협업.

목재 패널들의 천장은 세로 쪽 벽들로부터 떼어 내지고, 다양하게 기울어진 부분들로 구성된 일종의 차일막이다(살르 보방의 천장으로부터 유래된 디자인).

코르텐 벽, 목재 바닥, 천장의 패널들은 통합되고, 심지어는 라스베이거스의 전형적인 모든 다른 장소들과는 이질적인 점잖은 장소를 만들기 위해 결합된다. 연결선들은 단지 장식일 뿐이다; 코르텐 패널의 연결선은 그림들의 배열을 질서 잡으며, 계획의 기본적 선택에서 콜하스는 단지 미술관 프로그램의 요구 사항들을 만족시키기 위해서만 노력하지는 않기 때문에, 가장 적절한 유리한 지점으로부터 항상 보이지는 않는 제한된 수의 작품들의 전시를 허용한다. 때때로 패널들 사이의 접합부들은 정크스페이스에서 기술된 것들과 같다: 구조와 기술적 내장들을 포함하는 어두운 공동을 힐끗 볼 수 있는 거대한 틈새들.

구겐하임 라스베이거스와 구겐하임 에르미타주의 "벽들"은 콜하스의 벽들이 상징적 의미와 구축 시스템, 기능들의 관점에서 복합적인 조직들이라는 것을 보여주며「엑서더스」와 마이애미의 스피어 주택의 "중공벽"으로부터 유래된 점진적 시리즈를 연결해준다. 그것들은 전반적으로 미스 반 데어 로에의 바르셀로나 파빌리온의 "벽들"과 같이, 그러나 지지가 없는 덮개 같이 얇지 않고, 고대의 벽들과 같이 두껍게 만들 정도의 치수를 지닌 구조적 프레임워크-코어를 가진다; 그것들은 광택 나는 철, 유리창, 플렉시글라스나 폴리카보네이트, 목재나 코르텐 등으로 석재나 대리석 슬래브를 채운다. 단지 석재 슬래브만이 벽돌과 같이 작은 크기를 가진다; 다른 내부 재료들의 패널과 시트들은 일반적으로 커서 구겐하임 에르미타주의 코르텐 패널의 경우에서와 같이 심지어는 매우 거대하기도 하다. 때때로 콜하스의 벽들은 거의 마치 그것들이 그것들 코어의 비조적적 본성을 드러내기를 원하는 듯이, 플로락 주택의 외벽과 구겐하임 에르미타주에서와 같이 지상으로부터 분리되려 한다. 단순히 공간을 조직한다기 보다는 대신 그것들은 종종 초현실주의 면도칼의 폭력으로 그것들을 관통해 자른다. 어떤 경우에 그것들은 또한 상징적 충동에 의해 만들어지는 거대한 실내에서 칸의 벽들과 놀랄 만큼 유사하게 되며, 도관과 다른 기관들을 포함하는데, 그것은 공간적 위계와 구조적, 기술적 기능들의 통합을 추구한 결과였다.

콜하스의 두 개의 갤러리들은 구겐하임 라스베이거스의 경우에서와 같이, 그것들 자신의 디자인 모두에서 반대의 시리즈를 보여주는데, 거기서 입구의 도로-사인 장식은 빛이 나는 천장의 겸허한 시스틴 이미지와 대조를 이루며, 둘 사이에서, 하나는 공업용 창고로 인식되며, 또 하나는 값비싼 보물 상자로 인식되며 대조를 이룬다. 하나는 자연광의 극치를 이루며, 또 하나는 완전히 폐쇄된다. 그러나 가장 명백한 대비는 두 갤러리들의 서로 다른 목적과는 전혀 상관이 없이 오히려 그것들의 의미들과 관계가 있다: 구겐하임 라스베이거스는, 또 다른 압출 성형된 볼륨과 같이, 무형태의 보이드를 사용하고 어떤 외적 가시성도 포기한 채, 의도적으로 질적 가치를 가지지 않는 콜하스의 건물 연작들에 속하며, 반면에 구겐하임 에르미타주는 심지어 러시아 미술관의 19세기 실내 색채를 모방하는 가죽 상자라고 잘못 인식되며, 귀중한 대상물로 신속히 가장을 한, 콜하스의 은유적, 시적 강박의 또 다른 자전적

는 단지 세 개의 그림들만이 보이며(2004년 7월부터 2005년 1월까지 열렸던 개막 쇼, 혹은 다섯 번째 전시, "쾌락의 추구"에서와 같이), 그림들의 치수의 선택을 요구한다. 그럼에도, 수평적 접합부에 따르는 부착 시스템으로, 대형 포맷의 그림들은 너무 낮게 매달리게 된다. 주위 벽들의 표면을 따라 그림들의 배열은 더 자유롭게 되며, 보통 수직적 접합부를 고려할 필요가 없게 된다.

단편이다.[30] 콜하스 자신은 우리가 후자의 갤러리가 "벨벳 같은 조직을 흉내 내기 위해"[31] "녹슨" 색채를 가지는 단순한 "보석 상자" 거나, 혹은 "미술관은 자신의 자율성을 유지하며, 예술은 자신의 아우라를 유지한다"[32] 고 여겨지도록 만드는 "코르텐의 금고"라고 믿도록 만들기를 원한다.

구겐하임 에르미타주는 콜하스의 자전적 단편으로, 금속제 수상 수영장의 부활이며, 그것이 이번에는 메두사의 뗏목이 아니라 베네치안 호텔을 난폭하게 자른다. 주위 "벽들" 의 기초에 있는 연속적 개구부는 건물들 사이에서 좌초된 난파의 특성을 암시한다. 동일 치수의 기하학으로 설치된 금속판과 글자판은 단순히 건물들과 도시를 통해 잘린 베를린 장벽의 새로운 버전으로, 간판과 낙서를 위한 표피로 되며, 처음에는 「엑서더스」의 "띠" 에서, 그리고 다음에는 구성주의자들의 수영장에서 콜하스가 변형시켰던 것으로 되고 있다. 플로락 주택의 매달린 부분이 또한 구겐하임 에르미타주와 같이 코르텐 강판으로 만들어지도록 되었다는 사실은, 두 개의 작품에서, 1976년에 맨해튼에 도착할 때 녹슬도록 된 금속제 수상 수영장에 대한 언급의 연속성의 열쇠이다. 지금까지 수영장은 콜하스에게는 필름 시퀀스의 장면들이나, 혹은 밀레의 만종으로 시작한 달리에 의해 창조된 것과 유사한 편집증적 비판 방법의 강박적이고 정신착란적인 변양태들과 같이, 그가 놀랍고 항상 다른 이벤트들, 그럼에도 강하게 서로 연결된 것들을 창조하도록 허용해주는 시적 규범으로 되었다. 우리는 「유폐된 지구 도시」에 포함된 "O.M. 웅거스 건축의 잠재의식적 초상화"가 "연속적인 변형과 재해석, 재생성의 멈출 수 없는 충동에 의해 만들어지는"[33] 작품의 특별한 본성을 파악하는 것을 목표로 했다는 것과, 그것이 정확히 콜하스 작품의 특별한 본성이라는 사실을 기억해야 한다. "초현실주의는 그것을 저버리기 위해 그것에 헌신하는 자들을 허용하지 않는다" 라고 브르통(Breton)은 경고했다.[34]

벤추리가 두 개 갤러리의 개장일에 열린 강연에서, 10월의 동일한 달의 도쿄 모델[35] 과 같이, 빛의 신호의 도시에서 라스베이거스에 대한 그의 역사적 해석의 극단적 발전을 예견했다면, AA 스쿨의 강연에서 콜하스는 「라스베이거스로부터의 교훈」의 발간이 두 가지 모두가 재앙인 콩코드 기의 최초의 비행과 세계 무역센터의 건립 결정과 동시에 일어났다는 것을 상기시켰다.[36] 그러나 수상 수영장의 라스베이거스 도착은 그것이 정확히「수영장 이야기」에서 서술된 구성주의자 수영장의 뉴욕 도착을 따르듯이, 마찬가지로 재앙이다. 베네치안 호텔을 "무자비한 단순성"[37]으로 자르는, 벽의 유럽식의 개념적 폭력성은 쉽게 인식되는 유럽식 상징과 도상들(로마식 기둥과 조각상들, 에펠탑, 가장 유명한 건물과 곤돌라들을 가지는 베니스의 운하)에만 끌리는 군중에 의해 그냥 간과되어 버린다. 라스베이거스의 심장부에서 기능하지 않는 유일한 것이 두 개의 구겐하임 갤러리들이라는 것은 우연의 일치가 아니다; 현대 예술을 위한 것은 환승과 베네치안 리조트의 사람들을 위한 임시적 창고로 사용된다; 에르미타주 갤러리는 이 최후의 수상 수영장, 혹은 "데카당스"[38]의 "온도"를 재기 위해 도시 속으로 주입된 "온도계"를 또 다른 라스베이거스의 간판으로 변형시키며, 전시를 홍보하는 플

30) Clifford A. Pearson, *Rem Koolhaas plugs the Guggenheim and Hermitage Museums into the high-voltage setting of the Las Vegas strip*, in ""Architectural Record"", 2002, No. 1, (pp. 100-07), p. 103.

31) 발표된 이 문구는 그의 것으로 보인다, in Tony Illia, *Bright light city: Koolhaas' ' Vegas Guggenheim*, in ""Architectural Record"", 2000, No. 12, p. 33.

32) 에르미타주의 벽 색채에 대한 언급은 개장일에 돌아다닌 안내지에 나온다. Cf. *Extract from the press release on October 7, 2001*, in *Rem Koolhaas/OMA. Guggenheim Hermitage Museum, Las Vegas, USA 2001*, in ""A+U"", 2001, No. 376, (pp. 16-27), p. 22: "미술관의 외벽과 내벽 모두는 에르미타주의 18세기 고전적 갤러리의 벨벳이 씌워진 벽들을 상기시키는 벨벳과 같은 녹이 슨 표면을 가지는 재료인 코르텐 강판으로 만들어진다. 철제 파사드의 엄격함과 평정함－라스베이거스 띠로부터 볼 수 있는－은 가까운 영역에 있는 주요 호텔들과 카지노의 뻔한 모조 건축과는 극적으로 대비를 이룬다". Also see Clifford A. Pear-

라스틱 패널로 "벽"을 덮어버림으로써 보기 흉하게 변해버렸다. 두 개 갤러리의 다른 실패 역시 공간적 연속성, 콜하스가 라스베이거스의 혁신적 자질로 여겼던 "쇼핑의 태피스트리", "우리가 지금까지 본 가장 믿을 수 없는 도시적 연속성"－요코하마 센터에서 그가 만들려고 시도했던 동일한 연속성(심지어는 라스베이거스의 연속성과 요코하마를 위한 OMA 계획의 연속성을 설명하기 위해 동일한 용어를 사용하며)－으로부터, 이질적 몸체와 같이, 그것들을 격리시키려는 결정의 결과이다.

"벤추리가 70년대 초기에 순진하게 읽은 것에 반대되게,－그는 정크스페이스의 한 버전에서 쓴다－그들이 띠를 그려 넣고 수많은 형태적 일관성, 형태적 유형, 일련의 법칙들을 확인할 수 있던 곳에서, 이제 라스베이거스는 모든 다른 매체와 모든 다른 프로그램을 집어 삼키는 완벽한 쇼핑의 태피스트리로 변했으며, 거기서 전체는 더 이상 인식될 만한 실체로 세분되지 않고, 반대로 모든 행위의 완벽한 패치워크로 변하는 동시에, 건축적으로 우리가 지금까지 본 가장 믿을 수 없는 도시적 연속성의 장으로 변하고 있다. 오래된 유형과 오래된 사고들의 어떤 것들은 아직 인식될 수 있다: 예를 들어 호텔은 아직도 인식 가능하다. 그러나 이제 우리는 호텔이 단지 엘리베이터들의 거대한 집약을 통해 확인될 수 있지만 그것이 실제로 유일한 종류의 지침으로 되는, 훨씬 더 많은 무형의 조건들과 마주하게 된다. 그렇지 않다면 거기에는 호텔의 어떤 더 이상의 증거도 없으며, 당신은 그 구성 요소들의 모든 것 사이에 끊임없는 구성적, 무형태적 연속성이 존재한다는 것을 보게 된다. 전형적인 라스베이거스의 실체 속에서 대상물의 등급은 완벽히 흐려지고, 분산되고, 부정된다. 한 번의 내리침으로, 전체의 건축적 장 역시 부정되며, 남는 것은 모든 것이 모든 다른 것으로 연결되는 전체 도시를 삼켜버리는 프로그램적 용암일 뿐이다".[39]

궤적을 가지는 포괄적 볼륨과 경사진 평면을 가지는 프리즘: 알메레 블록 6, 네덜란드 대사관, 쉔쿵의 주택

"노스탤지어가 없는, 심지어는 근대 건축이 아닌 건물을 어떻게 만들 것인가?":[40] 콜하스의 작품이 새롭고, 의미 있는 진화를 겪게 되는 것은 그것의 논리적 산물－네덜란드 건축은 어떻게 모던한가?(*Hoe modern is de Nederlandse architectuur?*)－과 같이, 또 다른 질문의 10년 후에 부과된 이 질문의 배경을 향한다. 팔레 드 콩그레스와 제브뤼헤 터미널, 생 클로드, 홀텐, 플로락의 주택들에서, 달걀이나 수상 수영장 같이, 건물의 상징적 정체성이 OMA 역사의 기본적 형상들 속에서 여전히 추구될 수 있었다면, 1990년대 말경의 작품들에서 콜하스는 "솔리드"와 "보이드" 사이의 관계의 표현적 가능성으로 그것들을 두 가지 실체의 구성에 연관된 두 가지 구별되는 형태들에 따라 개발하며 실험하기 위한 일련의 프로그램들의 유형학적 특성의 부재를 실험했다.

이러한 구성들 중의 하나에서 콜하스는 그가 포괄적 도시와 동일한 형용사로 명칭을 하는, 추상, 절대주의식 솔리드로 변형된 상자의 미니멀리즘적 본질을 재발견했다: "포괄적 볼륨",[41] 소위 정형적인 "솔리드". 이 포괄적 볼륨은 이미 결과적

son, *Rem Koolhaas plugs the Guggenheim and Hermitage Museums into the high-voltage setting of the Las Vegas strip*, in ""Architectural Record"", 2002, No. 1, (pp. 100-07), p. 103; Mark Irving, *n' 'altra lezione da Las Vegas*, in ""Domus"", 2001, No. 843, pp. 106-19.

33) *The City of the Captive Globe/1972* cit., p. 332.

34) Breton, op. cit., p. 39.

35) Cf. Irving, op. cit., p. 112.

36) Ibid., p. 110.

37) Koolhaas, *Delirious* cit., p. 255.

38) Ibid.

39) Rem Koolhaas, *Junk Space*, in ""Domus"", 2001, No. 833, (pp. 33-39), p. 37.

40) [Koolhaas-OMA], *Casa da Música. Porto, Portugal 2001*, in *OMA@work.a+u* cit., p. 127.

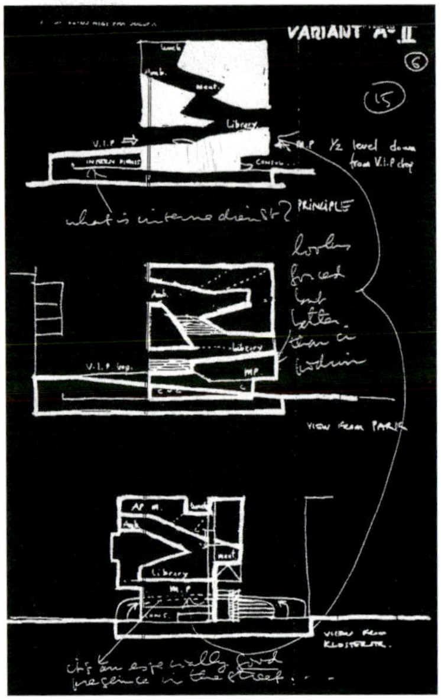

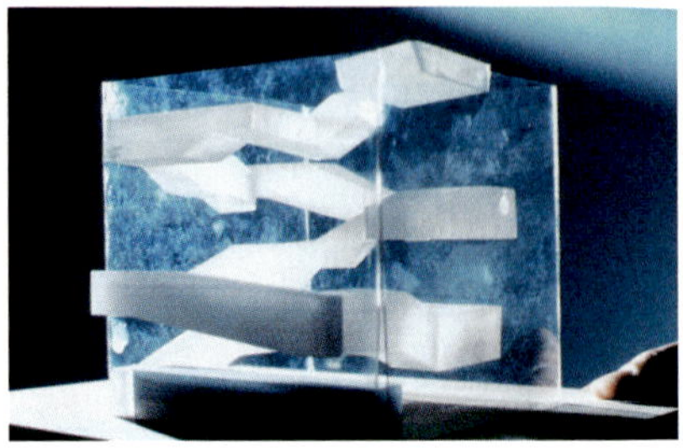

으로 쥐시에의 두 개 도서관의 “궤적” 속에서 변형되었던, 쿤스트할의 나선의 극단적 변형인 불규칙한 “보이드”에 의해 구멍이 뚫린다.

“솔리드-보이드” 변증법의 다른 구성 속에서 솔리드는 불규칙한 면을 취하며, 페리스의 솔리드나 마이애미 퍼포먼스 센터, 하이포 테아티노 젠트룸 디자인의 솔리드와 비슷하게 비정형적인 다면체로 된다. 비정형성과 그 형상의 예외적 본성은 그것을, 거의 마치 그것이 달걀의 확대된 형상의 극단적인 승화인 듯이, 초현실주의적 불가사의의 시리즈와 유사하게 만든다. 이 솔리드 비정형의 다면체는 통일된 다중면의 매스를 만들어내기 위해 다각형 작품 내의 대충 잘라낸 석재 블록과 같이 다른 것들에로 역시 연결될 수 있다. 그럼에도 불구하고 그것은 또한 포괄적 볼륨 속에서 나타나는데, 거기서 그것은 “보이드”의 모습, 예를 들어 그 볼륨의 기본적인 기관의 모습을 취한다: “궤적”. 실시 모델에서 OMA가 종종 그 “보이드”를 “솔리드”로 보여준다는 것은 우연의 일치가 아니다. 베를린의 네덜란드 대사관 계획은 1998년 현상설계에서 채택되어 1999-2004년에 지어졌으며, 비정형의 연속적 보이드로 구멍이 뚫리는 포괄적 볼륨의 범주에 속한다.

“단”으로(보통 그러하듯이, 이 지점에서) 정의된 플랫폼으로 시작하여, 콜하스는 폭탄 투하로 야기되는 것들을 상징하는 보이드에 의해 분리되는 두 개 볼륨들 속에서 프로그램을 구성한다: 부지의 모퉁이에 위치하며, 대사관 서비스 부문을 포함하는 입방체와 사람들의 숙소를 위해 기존 건물을 향해 부분적으로 위로 위치하는 I자 형태의 솔리드. 이 후자의 솔리드는 “벽” ―이것은 콜하스가 그렇게 정의한 것이다[42]―과 같이 보이는 작은 깊이를 가지며, 콜하스의 시학 속에서 베를린 장벽을 떠올릴 수밖에 없게 만든다.

입방체의 볼륨은 지붕으로 향하는 연속적 루트로 횡단되며, 항상 “궤적”으로 불린다. 이 루트는 항상 평행하지는 않는 벽들과 경계를 이루며, 바닥이 유리로 되어 있는 입방체의 주위 벽을 넘어 돌출되는 구역을 가지는, 연속적인 램프나 거대한 단들, 계단, 복도, 다른 크기의 랜딩들의 연속으로 구성된다. 루트를 따라서는 20세기 베를린을

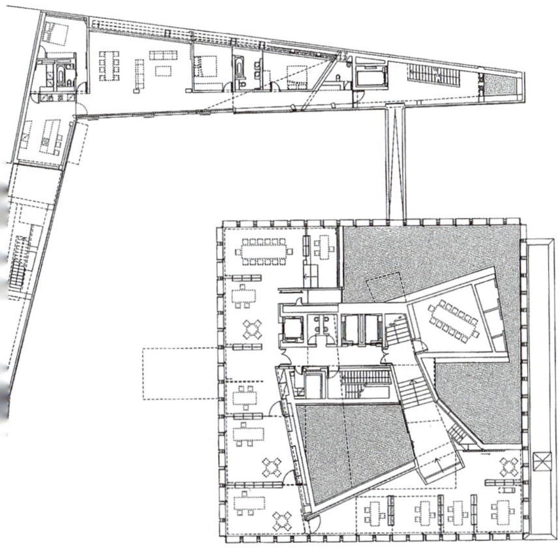

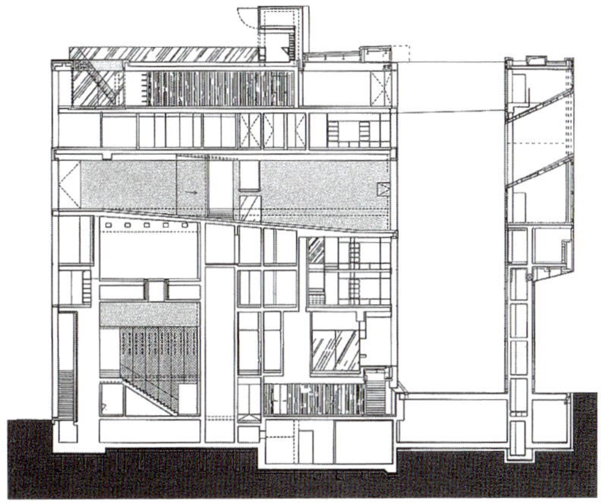

그림 403-407. 렘 콜하스/OMA, 네덜란드 대사관, 클로스터 슈트라세, 롤란두페르, 베를린, 1998-2004, 오브 어룹과 로얄 하스코닝 협업. "궤적"의 스케치와 스터디 모델; 평면과 단면.

상징하는 건물들을 프레임 짓는 파노라마적 시야가 펼쳐진다. 그러므로 그 궤적은 쥐시에의 두 개 도서관에서와 같이, OMA 건축의 "메트로폴리스적" 특성을 확인하며, 건물의 몸체를 횡단하는 더 넓은 구역과 광장, 막다른 길 들을 가지는 비틀려진 대로와 같이 인식된다. 그것은 완전히 캔틸레버로 된 VIP 룸을 관통할 정도로까지, 거대한 피봇이나 슬라이딩 도어를 통해 인접한 방들로 확장될 수 있다. 그것이 주위 벽이나 외부로의 돌출을 따르게 되는 구역에서 그것은 국제주의 양식의 추상적이고 획일적인 커튼월들의 반복을 막으며 파사드의 수직 막대들을 자른다. 비슷한 방식으로 램프는 멜르니코프의 파리 차고를 위한 첫 번째 계획안에서의 정방형 그리드로 커튼월을 자른다.

비록 그것이 또한 파노라마식 시야를 창조하는 비슷한 방식으로 인해, 그리고 쥐시에의 두 개 도서관의 "궤적"으로 인해, 쿤스트할의 나선과 유사성을 가질지라도, 대사관의 "궤적"은 그럼에도 불구하고 ZKM과 TGB의 스케치의 볼륨들과 같이, 입방체 내부로 파들어 가는 일종의 형태가 없는 터널이며, 보행로 건축(promenade architecturale)이라기보다는 투명한 용기에 담긴 액체 속에 잠긴 장기에 더 가깝다. "그것은—콜하스는 설명한다—사무소와 포괄적 작업장들의 레벨들로 만들어진 입방체의 내부로부터 파내어진 그 자체의 공간적 요소이다".[43] 궤적과 커튼월은 또한 공기 순환 시스템의 기본적인 요소들이다(첫 번째는 헤이그 터널의 구조적, 공기 순환 법칙을 따라 기능한다).

두 개의 모델들, 혹은 작품의 "개념적 이미지들"에서 "궤적"은 푸른 실체의 입방체 내에 잠겨 흰 색의 레진으로 된 모레티식(Morettian) 솔리드로 처음 재현되며, 다음에는 다섯 개의 켜들로 구성된 흰 색의 입방체적 매스로부터 파내어진 보이드로 재현된다. 이 모델들은 "솔리드"와 "보이드"의 더 이전의 그래픽 포셰 재현을 대체한다. "정크스페이스는 어떤 다른 형태로 응집될 수 있었던 액체와 같다", 콜하스는 쓴다.[44]

"궤적"은 도미노 스켈턴에 의해 발견된 구조적 자유로부터 파생되지만, 이 경우에 그것은 입방체적 매스 내에서 파냄을 수행하는 것의 복잡성으로 인해 자유로운 평

41) Cf. www.oma.nl.
42) *OMA, Berlin Ambassade de Hollande*, in ""Le moniteur architecture. AMC"", 2000, No. 109, pp. 84-86.
43) Ibid., p. 85.
44) Koolhaas, *Junkspace* cit., p. 19.

면, 개방 공간, 그 뼈대의 직접적인 결과였던 기준층 평면으로부터의 결별을 요구한다. 그러므로 비록 콜하스가 도미노 스켈턴이 다시 적용되었던 쥐시에의 두 개 도서관 계획에서와 같이, 다양한 층들 사이에서 연속성을 만드는 목표를 추구할 지라도, 이제 그는 전혀 다른 공간적, 구조적 기준을 다루고 있다. 마치 솔리드 매스와 같이 성층화를 보여주며 그가 그것들을 자르는 슬래브를 휘는 대신(ZKM의 스케치를 연상시키는), 그리고 스켈턴을 사용하는 대신, 그는 철근 콘크리트의 벽들을 형상 짓는다. 이 벽들은 심지어 가구들과 그것들을 향해 위치하고 알루미늄과 목재, 석회석 등으로 된 거대한 전면 패널들 뒤에 감추어진 물리적 설비 시설들의 도관들을 통해 전통적인 두께를 취한다. 그러므로 벽들은 기능적인 기관과 공간적 경계로 되돌아 오지만, 그럼에도 다양한 레벨에서 공간적 형상화의 독립을 가능하게 만들었던 스켈턴의 기본적인 구조적 자질을 잃지 않는다. 그러므로 대사관의 철근 콘크리트 벽의 시스템은 "자유 벽" – 이것은 로테르담의 파티오 주택에서의 분할 벽들을 위한 콜하스의 용어였다 – 으로 되며, 캔틸레버들의 부하의 계산에 의해 지배되는 한계 내에서 그것의 구조적 본질을 유지하는 현대 스켈턴의 진화에서의 새로운 단계라고 여겨질 수 있다.

"(약간 과도하게 압력이 가해진)궤적 – OMA는 설명한다 – 은 맑은 공기가 이중의(강제 환기식) 파사드를 통해 뽑아내질 수 있도록 사무실로 주입되는 주 환기 덕트로 작용한다. 이 환기 개념은 하나의 요소로 더 많은 기능들을 통합하려는 전략의 부분이다. 통합 전략은 또한 구조적 개념과 함께 사용된다. 궤적에 인접한 내부 벽들은 하중을 충분하게 낮추기 위해 서로의 위로 횡단하는 하중 적재 보들이다. 이로써 건물의 낮은 층들에 거대한 개방 공간들이 창조된다. 상부 구조를 여전히 온전하게 유지하며, 화재 시에 해체되도록 되는 하중 적재 창틀 멀리온들은 궤적이 파사드를 만나는 곳에서 바닥 슬래브들을 지지한다".[45]

프리즘으로부터 완전히 바깥으로 돌출된 VIP 룸은 궤적과 같이 자주 인용되는

45) *OMA, Berlin Ambassade de Hollande* cit., pp. 85, 86. Cf. *Rem Koolhaas/OMA. Netherlands Embassy* in Berlin, in "A+U", 2004, No. 401, p. 14.

46) [Koolhaas-OMA], *The Dutch Embassy in Berlin by OMA/Rem Koolhaas, With a text by François Chaslin*, Rotterdam, Nai, 2004, p.

그림 408-411. 렘 콜하스/OMA, 네덜란드 대사관, 클로스터 슈트라세, 롤란두페르, 베를린, 1998-2004, 오브 어룹과 로알 하스코닝 협업. 전경들.

도상적인 OMA 형상이다: 그것은 "스카이 바"를 연상시키는 "스카이 박스"[46] 라 불린다; 그것은 텍토닉에 관한 디플로마 유닛 9의 연구들에서와 같이 바깥쪽으로 자유롭게 돌출된다; 그것은 수상 수영장으로 만들어지는 균형을 잡는 볼륨들의 시리즈에 속한다; 그것이 또한 "내부 중정 위의 트리뷴"[47]으로 정의된다는 사실은 그것의 리시츠키적 특성을 보여주며, 또한 그것이 "벽"을 향해 닿는 방식은 그것을 구축된 몸체들 사이의 초현실적 끌림의 또 다른 예로 만든다.

1998년에 MAB-타워를 디자인하는 동안, OMA는 2005년에 완공을 하게 되는 또 다른 포괄적 볼륨, 극장과 상점들을 위한 알메레의 블록 6—유토폴리스(*Utopolis*)—의 디자인에 들어갔다. 네덜란드 대사관 모델에서와 같이, 레진으로 된 모델은 "보이드"를 재현하며 비정형의 붉은 기관이 집어넣어 지는 노란 투명의 프리즘을 재현한다. 다시 한 번, 놀리의 로마 평면으로부터 유래된 포세나 모레티의 솔리드에 기초하며, 그것은 건물을 횡단하는 경로—또 다른 "궤적"—를 물질화한다. 이 모델은 의미심장하게 매스 vs 보이드를 제목으로 가진다.[48]

"보이드"의 외피는 환상의 기술로 인해, 「라스베이거스로부터의 교훈」에서 찬양된 현대 도시 가로를 따르는 신호와 신호 체계들인 간판을 대신하며 조명되는 투영들로 덮인다. 보이드는 19세기 도시의 통행로와 갤러리들과 같은 것으로 되며, 콜하스가 하버드 디자인 대학에서 진행한 세미나에서 연구된 것들을 보여준다.

그러므로 OMA가 디자인한 도시의 보이드는 OMA의 이전의 계획들에서와 같이 충분히 많은 유리로 된 낮은 레벨들 속으로 관통한다; 그것은 고양된 부피들 사이로 간신히 들어간 대로와 같이, 구축된 매스의 간격을 통해 위쪽으로 발전될 수 있도록 줄어든다; 그것은 대사관의 스카이 박스와 같이, 돌출된 볼륨으로 일련의 지점에서 갑자기 나타난다; 그것은 중앙이 덮여진 파티오를 형성하기 위해 하늘 쪽으로 놓아진다.

136, fig. 108-109.
47) *OMA, Berlin Ambassade de Hollande* cit., p. 85.
48) [Koolhaas-OMA], *Almere Urban Redevelopment/Block 6*, in *OMA@work.a+u* cit., p. 166.

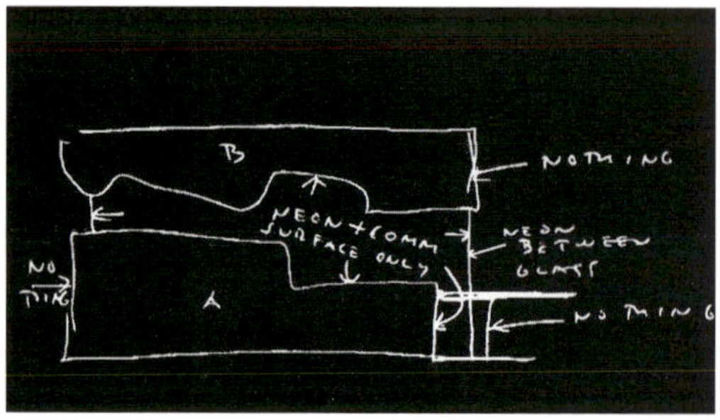

그것이 비록 대사관의 "궤적"과 유사한 기관일지라도, 실제로 블록 6의 "보이드"는 다른 방식으로 만들어진다. 사실상 첫 번째 것이 매스에서 파내어 진다면, 두 번째 것은 포괄적 볼륨의 상부 부분 속으로 쌓여지는 8개 극장들의 볼륨들로 남겨지는 간격들을 통해 만들어지는 "사이 공간들", 혹은 "쉽게 바뀔 수 있는 볼륨"의 비정형적 네트워크이다.[49] 그러므로 이 보이드는 에두카토리움의 오디토리엄들 사이에 남겨진 보이드, 혹은 테이트 갤러리의 방들 사이의 "접합부들", 심지어는 살르 제니스의 슬래브의 거푸집 공사를 위한 패널들에 의해 남겨져 콘크리트로 채워진 비정형의 보이드를 닮는다. 건축에서도 역시 보이드는 이제 콜하스가 믈룅-세나르의 신도시를 고려하며 관찰했듯이, "어떤 확실성이 여전히 가능한 유일하게 남은 영역"이다.[50]

"[...]매스의 부재로 인해 보이드가 창조된 이래—그는 블록 6에 대해 쓴다—정체성은 보이드의 표면에 의해 결정된다. 그래픽과 정보의 유연성으로써 표면은 쇼핑 환경의 급격한 노후화—벽지와 같이 쉽게 바꿀 수 있는—에 잘 대응할 수 있다".[51]

오디토리엄은 중앙의 연결부로부터 캔틸레버된 그물망 구조이다. 금속제 뼈대들은 녹색으로 칠해져 밝은 회색의 구멍 뚫린 금속제 패널들의 덮개들을 통해 보인다. 물리적인 설비 시스템들은 솔리드 매스 내의 연속적 보이드 형태의 목표를 더 잘 성취하기 위해 화재 안전 법규에 기초한 일련의 구조적 습관을 급격히 수정하도록 또한 발전되었다.

"솟아오른 오디토리엄의 벽들이—OMA는 썼다—반쪽 래티스의 철제 보들로 만들어지기 때문에 그것들을 구조적인 중앙 지역 내에서 연결함으로써 모든 오디토리엄들을 캔틸레버화 하는 것이 가능해진다. 이 중앙 지역은 건물의 상부 부분의 전체 하중을 취한다. 결과적으로 보이드 공간은 어떤 보이는 구조로부터도 확실하게 되며, 최대치의 유연성과 공간적 명쾌함을 얻는다. '아드비에스부로 반 호프트'(Adviesburo van Hooft)와의 협업 하에 건물을 스프링클러에 맞추도록 선택이 이루어졌다. 이것은 몇 가지의 장점을 창조한다: 어떤 화재 구획도 필요하지 않게 되는데, 그것은 건물의 개방성과 유연성이 유지될 수 있음을 의미한다; 극장의 철제 구조는 화재 보호를 덜 필요하게 되며 출

49) Ibid., p. 164.

50) Cit. in Lucan, *OMA. Rem Koolhaas* cit., p. 114.

51) *Almere Urban Redevelopment/Block 6* cit., p. 164. "유형학적으로 개념화되는 대신—OMA는 쓴다—이 건물의 정체성(그것의 '첨가된 가치')은 그것의 조직으로부터 유래되었다. 상업적 프로그램으로 채워진 포괄적 볼륨은 매스와 보이드로 나뉘어졌다—건축가의 제어 바깥에 있는 프로그램을 포함하는 매스, 그리고 더 많은 응집력 있는 정체성이 조율될 수 있게 되는 볼륨으로 되는 보이드. 하부의 매스는 브랜드로 되던 생산 기초로 되든, 자신들 자체의 정체성의 요구를 따르는 상점들을 포함한다. 상점들은 실내 건축가와 숍 윈도우 디자이너들, 장식가들, 마케팅 전문가들에 의해 연속적으로 재창조된다. 상부의 매스는 극장의 폐쇄된 볼륨들을 포함한다—자신들의 내용을 심지어는 더 빨리 바꾸는 투영의 공간들. 보이드는 블록의 전체적 특성을 결정하고 그것의 끌림을 한정하며, 새로운 정체성을 창조하기 위한 서로 다른 프로그램들의 시너지를

그림 412-414. 렘 콜하스/OMA, 블록 6, 유토폴리스, 알메레, 1998-2005, 보이드의 모델; 스케치; 전경.

구 계단의 크기가 줄어들고 파사드로부터 셋백될 수 있다".[52]

2002년에 OMA는 서울의 서울대학교 미술관 1996년 계획을 재작업하며(2005년에 완공), 원래의 상자를 금속제 보로 만들어지고 철근 콘크리트의 공동 타워(계단을 포함하는)로 지지되는 쐐기 형태로 변형시켰는데, 그 벽은 책들로 덮이도록 된다.[53] 책들의 타워들과 시차를 둔 슬래브들의 상호 관통은 유니버설 스튜디오 본부를 위해 디자인된 시스템의 관점으로 해석될 수 있다; 그것 역시 불레(Boullée)로 환원되는 계몽주의적 상징주의의 섬광인데, 왕립 도서관을 위한 그의 디자인에서 책들로 가득 찬 선반들 위에 기둥 열들을 위치시키는 듯이 보인다.

그 미술관은 OMA 작품의 진화에서의 구조주의적 구성 요소와 지상 레벨에서의 지지 점들을 감소시키기 위해 블록 6에 적용된 매달린 금속제 뼈대의 주제에 대한 강조를 확인시킨다. 금속제 구조의 배치는 비올레 르 뒤크로부터 미스 반 데어 로에의 후기 작품들까지 확장되는 문화적 디자인과 궤를 같이 하며, 목재 전면 패널과 유리 외벽들을 위치시킴으로써 보일 수 있게 된다. 기초 위로 솟아 오른 쐐기 형태는 콜하스 작품의 되풀이되는 주제(아가디르 계획에서부터 플로락 주택까지)를 반향하며, 지상층을 공공의 루트를 위한 공간으로 변형시키는 것을 가능하게 만든다(그것은 르 꼬르뷔제의 이론의 기초가 되는 법칙들 중의 하나였다).

1998년에 루돌프 슈타이너(Rudolph Steiner)가 세운 인지학 운동의 베를린 본부를 위한 현상 설계에 대한 OMA의 또 다른 계획인 쉔쿵의 주택(Haus um die Schenkung)으로 네덜란드 대사관이 서 있는 블록을 완공하려는 작업이 끝났다. 대사관의 두꺼운 벽을 마주

포함한다. 그 공간은 보행로 레벨로부터 극장 실내까지의 모든 연결을 허용한다. 그것은 순환이 쇼핑 매스의 상부에 위치하는 방식으로 조직되었다. 보이드는 어떤 첨가적 층들이나 발코니들이 없이 자신의 의무를 완성한다—그것의 공간적 존재를 최대화하는 것. 최상부 발코니부터 보행로 레벨, 밑의 차고로까지의 보이드의 공간적 연속성은 광장에 대한 그것의 활동성을 노출시킨다. 상점과 식당은 심지어 최고의 밀집과 보이지 않는 시간의 활동을 가지는 극장의 불규칙한 활동성 외부에 있다 보이드가 매스의 부재로 인해 창조되므로 정체성은 보이드의 표면에 의해 결정된다. 그래픽과 정보의 유연성으로써 표면은 쇼핑 환경의 급격한 노후화—벽지와 같이 쉽게 바꿀 수 있는—에 잘 대응할 수 있다" (Ibid.).

52) Site www.oma.nl.

53) Cf. *OMA. Seoul National University Museum, 2005*, in "“A+U”", 2006, No. 432, pp. 40-53.

그림 415-418. 렘 콜하스/OMA, 서울대학교 미술관, 서울, 1996-2005, 전경; 단면과 평면; 실내 전경.

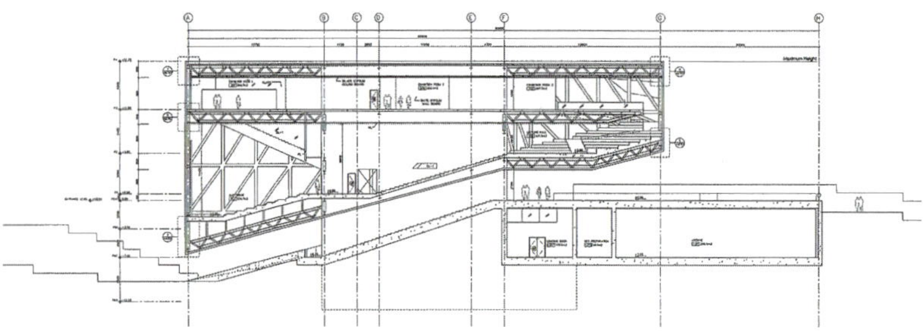

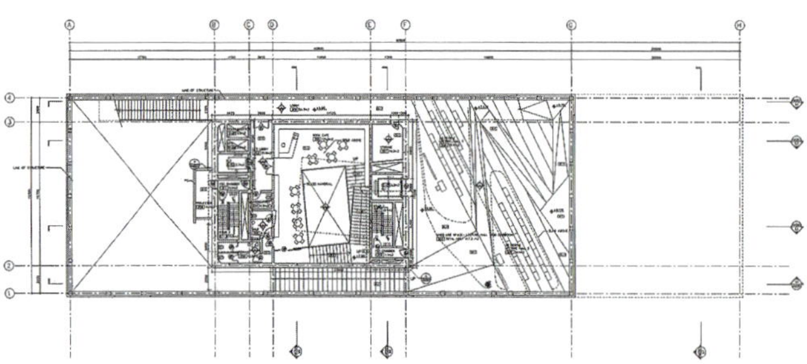

그림 419-420. 렘 콜하스/OMA, 쉔쿵의 주택 계획, 클로스터 슈트라세, 슈트라울라우어 슈트라세, 베를린, 1998, 데 베게어 그룹과 협업, 모델들.

그림 421. J. Ph. 보름저, 모래 언덕 위의 네덜란드 주택, 1923.

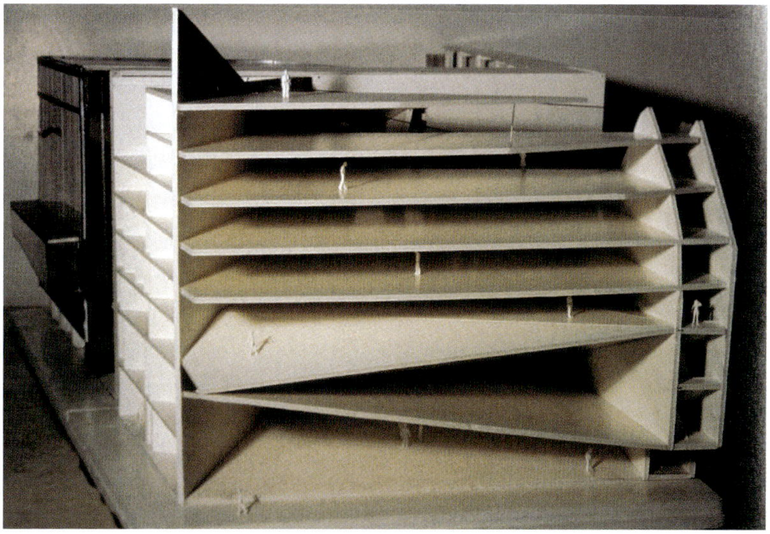

보고 위치한 건물은 미헬 데 클레어크(Michel de Klerk), 코르넬리스 욘케 블라우(Cornelis Jonke Blaauw), 야코부스 보름저(Jacobus Ph. Wormser), 얀 프레데릭 슈탈(Jan Frederik Staal) 등의 작품, 혹은 헤어조크 드 뫼론의 작품들과 하이포 테아티너 젠트룸(Hypo-Theatiner-Zentrum)에서와 같이, 작은 면들과 비정형의 솔리드를 창조하며, 파사드에 부분적으로 영향을 주는 기울어진 평면들의 지붕을 가진다. 슬래브들의 켜는, 다시 한 번 기준층 평면으로 되돌아가 추적될 수 있는 모델을 만들지만, ZKM에서와 같이 중간에 있는 구조들은 제거된다(플로락 주택의 구조는 또 다른 선례를 재현한다).

"상부 층들—OMA는 썼다—은 사무소들, 유치원, 의료 시설, 아파트, 최상부의 아틀리에 들을 포함한다. 그것들은, 나선면의 계단을 포함하는 원통을 빼고, 지상층 레벨(들)의 기둥을 자유롭게 유지하기 위해 외부 벽들 사이에 고정된 두 개의 다층 트러스들에 매달린다. 두 개의 '두꺼운 벽' 요소들은 트러스들을 지지한다".[54]

54) Ibid.

Y2K 주택, 카사 다 무지카, 시애틀 공공 도서관: 비정형적 다면체

쉔쿵의 주택을 위한 계획의 발전은 1999년 2월에 OMA가 수주한 로테르담의 주택을 위한 디자인의 시작과 때를 같이 한다. 이 주택은 상자를 비정형의 다면체 솔리드로 결정적으로 변형시킨 작업으로 기록된다. 건축주는 가족들이 모일 수 있는 공간과 개인적 사생활을 위한 공간들을 가지고 감탄스런 시야를 가지는 주택을 원했다. 그 주택은 소위 밀레니엄 벅, 혹은 Y2K("Year Two Kilo", 혹은 2,000)의 데이터 프로세싱 시스템의 영향에 대한 공포로 인해 2,000년 이전에는 세워지지 않도록 되었다. 정확히 이 이유로 Y2K가 이 빌라의 이름으로 되었다.

첫 번째 버전의 모델에서 그 계획은 상자 형태의 콜하스 주택 시리즈들에 대한 하나의 변양태이다. 그것은 사실상 "가족들이 원할 때 모일 수 있는"[55] 짧은 쪽 측면으로 완전히 개방된, 장방형 평면과 정방형 단면을 가지는 하나의 거대한 상자로 구성된다. 상자의 측면과 지붕 위에 디플로마 유닛 9의 텍토닉에서와 같이, 차례 차례의 디자인 단계에서 점차적으로 돌출되고 그룹 지어지는 기술적 공간과 방들이 첨가되었다. 도관들과 물리적인 설비 부분들은 마이클 웹(Michael Webb)이 시작한 "보얼리즘"(Bowellism) 시리즈의 계획과 같이 보일 수 있다. "모든 것—콜하스는 설명했다—은 모든 기관들이 외부에 있고, 피부는 내부에서 사용되는 외부적 요소이거나 신체와 같다".[56] 이 단계에서 생 클로드와 홀텐, 플로락의 주택들의 은유적 상자는 1960년대의 기술적 캡슐로 변형된다.

"우리는 방금 보르도의 주택을 지었는데—콜하스는 계속한다—그것은 장애인을 위한 주택이었다. 어느 정도까지 그것은 수많은 절묘한 요소들을 가지는 세련되고 복잡한 주택이었다. 나는 주택으로 이끌었던 계획들의 시리즈를 포기하는 것이 흥미로울 것이라는 본능적인 개념을 가졌다. [...] 그러므로 나는 어떤 '바보 같고 단순한' 것으로 되돌아가는 것이 흥미로울 것이고, 그 자체로서의 네덜란드식 맥락이 그러한 바보 같은 것을 하기에 자극적인 맥락으로 될 것이라는 본능을 가졌다".[57]

그러나 캡슐은 밴험이 정확히 "다양한 튜브들을 가리기 위해"[58] 칸이 리처드 의학 연구소와 생물학 건물에 위치시켰던 타워들에 대해 말했을 때, 밴험이 비평했던 것과 매우 유사한 방향을 향한 Y2K 주택의 디자인 진화에서의 단지 한 단계일 뿐이다. 콜하스가 결과적으로 상자의 노출부 위로 퍼뜨린 감싸개는, 칸의 타워들과 같이, "유연한 외피", 방울과 닮게 만드는 압력에 의해 탄성적으로 되고 확실히 변형되는 달걀 껍데기와 거의 비슷하게—폐쇄되고 변형 가능한 볼륨—기관과 공간들을 감싸게 될 것이다.

첫 번째로 콜하스는 상자의 꼭대기에 하이포-테아티너 젠트룸과 쉔쿵의 주택 계획에서와 같이 여전히 경사진 지붕의 이미지를 만들어내는 경사진 평면들을 도입했다. "여전히—그는 언급했다—주택을 박공식 지붕으로 만들려는 개념의 잔여물이 있었다—내가 그렇게 하는 타당한 방식을 발견할 수 있다면 그것은 내게 무한한 기쁨을 줄 것이었다[...]".[59] 후기의 모델들에서 그는 지붕 타일들이 역시 벽 구역에 부착되고 때때로 경사진 것들도 있게 되는 데 클레르크와 크라머 작품들의 비정형적 매스들과 유사한 효과들을 얻으며, "두꺼운 켜"[60]로 상자에 부착되는 물리적 설비

55) Koolhaas, *Transformations, in OMA@work.a+u* cit., p. 107.
56) Ibid.
57) Ibid.
58) Reyner Banham, *A Home is not a House*, in Charles Jencks, George Baird, ed., *Meaning in Architecture*, London, Barrie & Jenkins, 1966, (pp. 109-18), p. 109.
59) Koolhaas, *Transformations* cit., p. 108.
60) Ibid. Cf. *OMA, Y2K Private Residence Rotterdam, Rotterdam, The Netherlands, Design 1999*, in ""GA Houses"", 2000, No. 63, pp. 16-21.

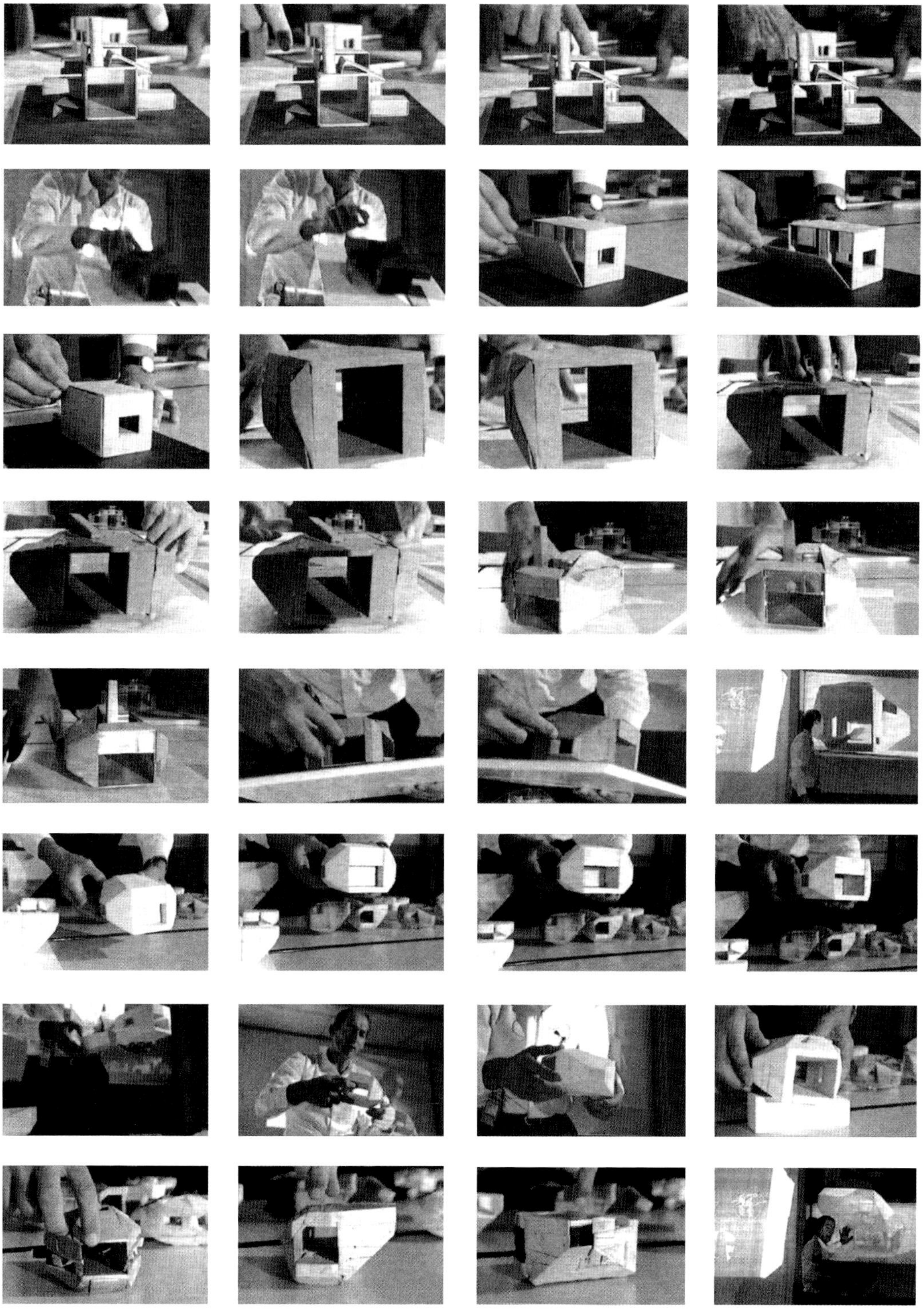

그림 422. 렘 콜하스/ OMA, Y2K 주택, 로테르담, 1999, 콜하스와 주택의 첫 번째 모델들.

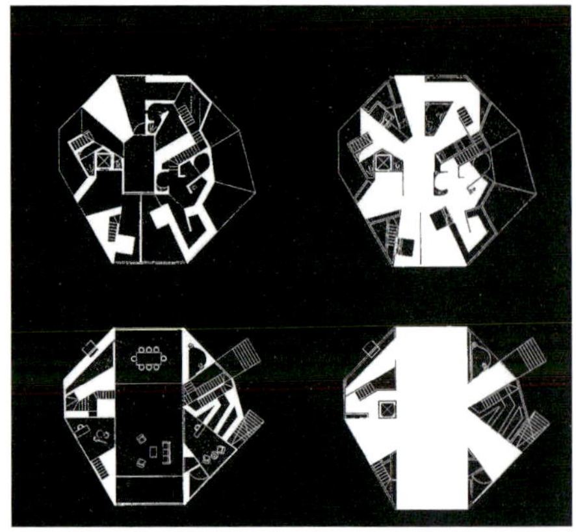

요소들과 볼륨들을 감쌌다. "사이 공간들"과 같이, 다면의 외피와 방들의 볼륨들 사이의 결과적 간격들은 기술적, 기능적 기관들로 채워진다. 시작부터 계획안이 쉔쿵의 주택에서와 같이, 동일한 슬래브들의 켜를 포함하지 않고 볼륨들의 집합으로 되었다는 사실은 주택의 다면체적인 비정형 기하학을 설명해준다. 초기의 기술적 캡슐로 인해 "이 형태가 더욱 한 눈에 알아볼 정도로 '불필요하게 되었다'"[61]는 성명은 "두꺼운 켜"의 적용으로부터 결과하는 형상과, 페리스의 이론적 외피나 멜르니코프와 스털링의 다면식 구성주의 볼륨들과 마찬가지로, 일련의 OMA 계획안들—특히 마이애미 퍼포먼스 센터의 수정과 같은 방들 같은—사이에서 발견되는 유사성의 관점으로 해석될 수 있다.

"두꺼운 켜"의 도입은 그것에 비정형 다면체 솔리드로 만들어진 개구부의 형상을 가져다주며 원래의 상자를 보이지 않게 만든다. 개방된 단부를 가지는 상자는 그것이 여전히 "두꺼운 켜"를 가지지 않았을 때 계획의 초기 단계에 대한 언급 속에서 콜하스가 말하듯, "거의 터널과 같이 보이는 단일 공간"으로 된다.[62] 터널이란 용어의 사용은 주택의 지붕을 "산의 최상부"[63]와의 유사성으로 언급한 것으로 또한 확인된 것과 같이, 솔리드 혹은 바위와 같은 매스 속으로 뚫린 어떤 것의 본성을 명백히 지칭한다. 상자로부터 터널까지의 콜하스의 용어의 진화는 공간을 조직하는 다른 방식을 반영한다; 첫 번째의 경우에 그것들은 상자 안에 쌓여지며, 두 번째의 경우에 그것들은 터널 주위로 그룹화 된다. 이러한 변형들을 고려해 말하며, 콜하스의 직설적 언급은 하나의 계시로 된다: "상자는 이번에는 내부이다".[64]

Y2K 주택의 후기 버전들에서 터널은, 천장을 주 개구부의 정방형 형태 속에서 종료될 지점에 이르기까지 기울임으로써 얻어지는, 콜하스의 작품에서 공전되는 양상으로 되었던 점차적으로 증가되는 단면으로 인해, 공간들에 따라 측정되고 파노라마를 향해 모아지는 스파이글래스이자, 어떤 내적 아우라도 유동체의 수집가와 더욱 같아 보이는 보이드 속에서 용해되는—"콘크리트 지하 배수로"가 플로락의 상자를 위한 용어였다—만델브로의 구멍[65]과 같이, 절대적이고 개념적이며, 통일된 공간이다.

"두꺼운 켜"의 첨가로써 주택의 디자인 과정은 비정형적 매스에서 수행되는

62) Ibid., p. 107.

63) Ibid., p. 110.

64) [Koolhaas-OMA], *Y2K. Rotterdam, The Netherlands*, ibid., p. 124.

65) Mandelbrot, op. cit., p. 157.

66) Koolhaas, *Transformations* cit., p. 108.

67) *The Egg of Columbus Center*/1973, in ""Architectural Design"" cit., p. 337.

그림 423-426. 렘 콜하스/OMA, Y2K 주택, 로테르담, 1999, 모델들; 포셰의 평면; 투명한 벽들을 가지는 버전의 모델; 마지막 버전의 스티로폼 모델.

조각적 본성의 시술을 통해 진행되며, 상자 주위의 볼륨들의 집합 기준을 포기하는 듯이 보인다: "파내기"와 "구멍 내기"가 콜하스가 사용한 다른 용어들이다.[66] "[…] 블록들로부터 파내어진 구멍들"이 「콜럼부스 센터의 달걀」의 아파트에 있는 "이중 볼륨 공간들"에 대한 OMA의 정의였다.[67]

"두꺼운 켜"를 첨가한 직후의 단계에서 개별적 방들은, 각각의 경우에 탄성적 그물망 같이 팽창과 수축에 민감하고 항상 새로운 형상을 취하는 외피에 서로 다른 압력을 야기하며, 사이 공간들의 치수를 기술적, 기능적 기관들에 더 잘 적용하기 위해, 경사진 파사드들의 기하학을 통해 그것들이 전체 매스와 같이 무형태로 되게 만드는 것으로 시작함으로써 형상이 지어진다. 단지 터널로 변형된 상자만이 어떤 변화도 겪지 않는다. 모델들의 시퀀스에서 터널 위로 이식된 후기의 볼륨들은, 터널에 고정되는 지주와 결착재로 되는 "두꺼운 켜"의 경사진 벽의 구조적 기능으로 인해

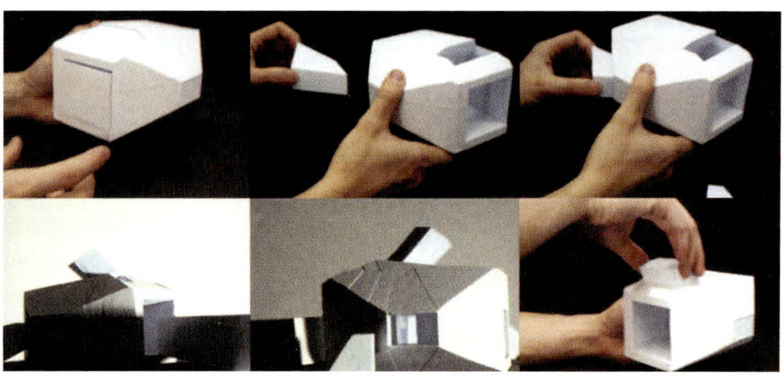

십자형의 분절로 되는(주된 것들은 스튜디오와 도서관이다) 지점에 이르기까지, 점점 깊어진다.

비정형적 다면체의 완벽한 이미지를 발견하기 위해 콜하스는, 또한 터널이 호텔 스핑크스의 움직이는 머리와 같이, 움직이고 다른 시야를 목표로 할 수 있는 스파이글래스로 되도록, 심지어는 주택에 움직임을 주는 가능성을 실현하는 지점에 이르기까지 지상에서 분리시키며 터널 아래에 "두꺼운 켜"를 도입했다. 이 마지막 버전에서 Y2K 주택은 구체의 형상을 한 르두의 주택, 반 두스부르흐와 반 에스테렌의 예술가 주택(Maison d'Artiste), 벅민스터 풀러의 다이맥시온 주택, 레오니도프의 레닌 협회 등에서 예견된 반중력적 상태를 얻는다. 그것은 콜하스가 그의 초기 주택들에서 항상 추구했던 불안정성의 또 다른 표현으로 된다. Y2K 주택의 벽체들의 마지막 버전은 투명한 패널들 속에서 첫 번째 디자인에서 발견된, 상자에 부착된 기관들의 보이는 정도로 되돌아오며, "더러운 리넨, 책들 등등의 형태 속에서 일상생활의 증거"[68] 를 인식하도록 허용한다. "벽들이 없는 주택"이 콜하스가 이 버전을 정의한 방식이다.[69]

앤트워프에서 1999년 6월 25일 열린 강의에서 콜하스는 Y2K 주택의 공간들이 두 개의 유형으로 구분되었다고 설명했다: "깨끗한 공간"(거실, 남편과 부인의 침실, 주방)과 "나머지 공간"("가구, 장치, 구조").[70] 그 또한 주된 공간과 부수적 공간에 대한 칸의 구성을 "보이드"와 "솔리드"의 변증법으로 변형시키며, 첫 번째를 "텅 비고 추상적인 공간"으로, 두 번째를 "솔리드하고 신비적인 공간"이라고 정의했다.[71] "잔여 공간"은 주된 공간과 구조에 연관되는, 유기적으로 조절된 서비스 공간들에 대한 보자르와 칸식의 시스템에는 근본적으로 이질적인 창조적 과정을 통해 획득된 조각들－"정크"[72] 라는 용어의 상징적인 사용으로써－의 모임이다. 의미심장하게, 구조는 더 이상 콜하스의 작품에서 "솔리드"와 "보이드" 사이의 관계를 조절하는 시스템이 아니다. 그것은 "잔여 공간" 속에 쌓이는 조각들 중의 하나이다.

검정색 배경 위에 프린트되어 "솔리드와 연결들"이라는 제목으로 된 평면의 다이어그램들은 벤추리와 로우의 포셰로부터 나오며, 붙박이 가구들("솔리드들")과 연속적인 보이드("연결들")를 포함하며 벽 구조의 두꺼움을 보여주기 위해 흰색을 사용한다. "여기서 당신은 흰색의 공간들을 보며－콜하스는 이 다이어그램들을 보여주며 설명했다－여기서 장애물은 흰색이다. 이런 종류의 미학을 발전시키도록 강요되는 것은 흥분되는 실험이었다. 또한 건축적으로, 최초로 소위 포셰로써 작업하는 것은 환상적인 조건으로 되었다".[73]

보이드를 만들기 위해 모델의 스티로폼 블록으로부터 잘라낸 솔리드를 추출해내는 듯한 건축가 손의 사진 시퀀스는 상자 주위의 볼륨들의 집합으로서의 Y2K 주택의 원래 개념을 결정적으로 지워버린다. "각각의 요소는 볼륨으로부터 파내어진다", 라고 캡션이 설명한다.[74] 그 볼륨은「연속적 기념비」의 프리즘적 매스와 단지 형상적으로만 다르다. 이제부터 콜하스는 말레비치의 "관통할 수 없는" 텍토닉과 페리스의 이론적 외피의 모델에 기초를 둔 솔리드한 비정형적 다면체로부터 디자인을

68) Koolhaas, *Transformations* cit., p. 108.

69) [Koolhaas-OMA], *OMA.Y2K. Private residence, Rotterdam. Rotterdam,The Netherlands.Design 1999*, in ""GA Houses"", 2000, No. 63, (pp. 16-21), p. 18.

70) Ibid., p. 17.

71) Ibid., p. 19.

72) Ibid.

73) Koolhaas, *Transformations* cit., p. 110.

74) [Koolhaas-OMA], *Y2K. Rotterdam,The Netherlands* cit., p. 120.

75) Fenna Haakma Wagenaar, *Astrology. Protect us from what we want*, in *Content* cit., (pp. 204-07), p. 205.

76) Koolhaas, *Delirious* cit., p. 92.

77) [Koolhaas-OMA], *Casa da Mùsica* cit., p. 147.

78) Ibid.

그림 427-429. 렘 콜하스/OMA, 카사 다 무지카, 보이비스타 플라자, 포르토, 1999-2005, 오브 어룹과 협업. 모델, 단면과 평면들.

시작할 수 있다; 그러면 그는 「콜럼부스 센터의 달걀」 내의 달걀과 같이, 불가사의의 조각적, 초현실주의적 특성을 보존하기 위해, 주택으로부터 기념비에 이르기까지 크기의 마그리트식 이동을 하며, 기능들을 주입하기 위해 그것을 파내고, 단순히 그것을 확장하거나 그것의 부분들을 추출함으로써 프로그램들의 다양성에 그것을 적용할 수 있다.

이미 헤이그 시청사를 위한 디자인 시절부터 유용하기 시작했던 스티로폼이 Y2K 주택으로 작동된 창조적 과정을 발전시키기 위한 결정적 재료로 되는 것은 콜하스 작업의 이 단계에서이다. 스티로폼은 포셰, 그리고 예술 워크숍에서의 수행을 닮고, 자르고, 파고, 변형시키는 마무리 작업을 디자인하는 것을 대신한다.

"당신은 스티로폼으로 모든 것을 할 수 있다–칼로 그것을 자르고, 스프레이 페인트로 그것을 녹이고, 붙이고, 핫건으로 휘고, 담뱃불로 그것에 구멍을 내고, 평면 위에 그것을 값싸게 옮겨라. 그 재료는 쉽고 빨리 작업할 수 있다. 그것이 없이는 OMA도 없다", OMA는 나중에 그렇게 썼다.[75]

Y2K 주택의 비정형적 다면체 솔리드는 1999년에 현상 설계에서 당선되고 2001-05년에 세워진 오포르토(Oporto)의 카사 다 무지카(Casa da Musica) 계획에서의 스케일의 마그리트적 도약, 혹은 "거대한 확대"[76] 를 통해 변형되었다. 마이애미 퍼포먼스 센터의 두 개 홀이 비슷한 형상을 가진다. Y2K와 같이 기능적 프로그램은 두 개의 영역으로 나뉜다: "집합적 공간들"(오디토리엄, 현관, 공공을 위한 공간들)과 "부수적인 서빙 공간들"(사무실, 화장실, 드레스룸, 기술적 공간들).[77] "파내어진 공간들을 보여주는 다이어그램"[78]은 "부수적인 서빙 공간들"(엘리베이터와 계단, 에스컬레이

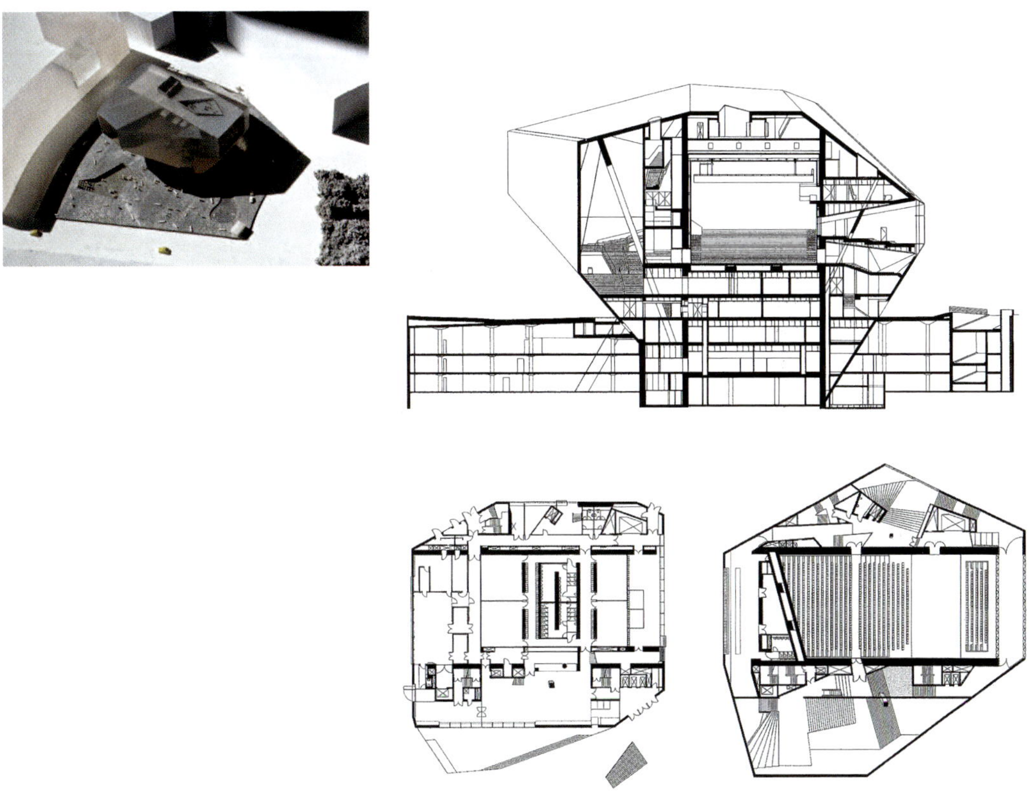

그림 430-433. 렘 콜하스/OMA, 카사 다 무지카, 보이비스타 플라자, 포르토, 1999-2005, 오브 어룹과 협업. 전경과 단부 디테일들.

그림 434. Ch. N. 르두, 모페르튀이(Maupertuis)의 전원 가드하우스를 위한 계획, 1804년경.

그림 435. G. 피라네지, 공상의 감옥, 1761.

그림 436. 렘 콜하스/ OMA, 카사 다 무지카, 보이비스타 플라자, 포르토, 1999-2005, 오브 어룹과 협업. 입구와 현관.

터를 포함하는)이 검게 보여지고 "집합적 공간들"이 희게 보여지는 콜하스의 포셰와 솔리드-보이드 변증법의 발전에서의 또 다른 단계이다. 이 다이어그램으로써 콜하스는 파내기의 간격들 내의 "서빙 공간들"을 포함하며, "집합적 공간들"을 만들기 위해 비정형적인 다면체 매스가 파내지는 조각적인 창조적 과정을 보여준다.

콜하스의 포셰가 칸의 것에서와 같이 더 이상 조적 매스로부터 유래되지 않고 건물의 전체 매스를 재현한다는 사실이 주어진다면 – "솔리드/건물은 OMA가 사용한 용어이다[79)] – 구조는 공간들의 두 가지 유형의 배치와 조직에서의 결정적 요소로 되기를 멈춘다; 그것이 다양한 부분들의 치수와 위치들에서의 디테일의 단지 수정만을 제시하게 되듯이, 그것은 다음의 단계에서 발전된다. 구조의 발전 동안 나타나는 지지대들의 시리즈는 모델 작업을 용이하게 하기 위한 단순화 때문이 아니라, 그 작업이 스켈턴이 아닌 솔리드로 시작할 것으로 여겨지기 때문에, 초기 모델에서는 나타나지 않는다.

Y2K 주택에서 볼륨들은, 다시 한 번 추출을 해내는 건축가 손의 시퀀스로, 비정형적인 다면체 솔리드 옆에서 추출되고 사진이 찍힌다. "건물을 우리가 두 개의 콘서트홀과 다른 모든 공공시설들을 제거하는 솔리드 매스로 고려함으로써- 콜하스는 썼다- 우리는 내부와 마찬가지로 건물 블록 외부에서도 흥분되는 파내어진 블록을 창조한다".[80)]

그럼에도 불구하고 콜하스의 언급과 대조되게, 비정형의 다면체 솔리드는 여전히, Y2K 주택에서와 같이, 주택에 대해 오디토리엄의 비례를 맞추고, 그 후 주 경사진 평면들의 형태를 만드는 인장식 덮개로 싸이는 상자들의 병치로 만들어진다. 이 두 가지 수행들 – 병치와 싸기 – 의 어느 것도 "솔리드 매스"와 "파내어진 공간"의 개념으로 되돌아가 추적될 수 없다.

카사 다 무지카의 비정형 솔리드의 기원은 외피의 역할과 용기에 대한 콜하스의 개념을 수반한다. 쿤스트할과 제브뤼헤 터미널, 그랑 팔레, 혹은 플로락의 주택에서 기능들은, 종종 콜하스의 은유에 의존하며, 자신의 독특한 상징적 가치를 지님으로써 자신의 원래 형태가 질문되지 않았던 용기 내부에 축적되었다. 은유적 용기의 개념은 20세기 초의 네덜란드 건축 문화에서 소중하고, 건축 외피의 상징적이며 불변하는 층으

79) Ibid., p. 133.
80) Ibid., p. 131.
81) Ibid.

로 이해되었던 "피복 법칙"(Prinzip der Bekleidung)의 극단적 표현이다. 대신, 카사 다 무지카에서 다양한 기능들은 어떤 상징적 역할과 적용도 상실한 외피로 인해, 탄성적인 커튼월과 무관하게, 다양하게 경사진 면들을 통해 그것이 사이 공간들의 확고함을 만들어낼 때까지 서로 다르게 병치된 볼륨들에 연결된다. 이런 원근에서 카사 다 무지카의 비정형 솔리드는 첫 번째 OMA 단계의 초현실주의적 은유들의 용해 이후에 남는 것이다: 의미가 없는 불가사의, 그러므로 미스의 프리즘과 같이 더욱 놀랍고 수수께끼와 같은 것.

비정형 솔리드는 부지의 기하학과 대화를 할 수 없으며, 보아비스타 광장의 굴곡을 완성시킬 수도 없다는 콜하스 시학의 내적 논리로 만들어져, 그것은 빌바오의 구겐하임 미술관과 같이 맥락주의의 새로운 개념을 만들어내는 조각적 작품과 같이, 광장과 대로, 골목들을 통해 관찰되는 "자율적 오브제"[81]로 되기 위해 자신을 고립시켜야만 한다.

비정형 솔리드는 일련의 수평적 평면들을 만들기 위해 솔리드 속으로 계속되는 스켈턴으로 구성되며, 지하 주차장을 가지는 거대한 기초 속으로 박힌다. 솔리드와 스켈턴의 경사진 정면들은 주차 레벨에서는 회색이고, 신축 이음이 없이, 비정형 솔리드에서는 흰색인 노출 철근 콘크리트로 된다. 주 오디토리엄의 레벨에서 시작하여 어떤 슬래브들은 솔리드의 경사진 정면들을 위한 버팀대들을 형성하기 위해 산출되는데, 그것은 또한 1980년 비엔날레에서의 OMA 설치 내의 판을 가로 지르는 막대와 같이, 단지 제자리에서만 보일 수 있는 지주들로 보강된다. 지주들과 연결재들은 수정의 기하학에 기초한 다면체 큐폴라를 가지는 콘서트홀을 위한 비올레 르 뒤크 계획안의 금속 구조의 기본적 요소들이었다. 그러나 다면체와 콜하스의 구조는 1800년대와 1900년대의 구성주의적 기하학의 통일과 정형성, 시스템적 가시성을 파괴한다.

비정형 솔리드의 낮은 레벨은 리허설과 녹음실, 기능과 기술적 공간들과 사무실들(맥코믹 캠퍼스 센터에서 사용된 복합 접합부를 가지는 석고보드 패널로의 회귀를 가지는)을 포함한다. 긴 장방형의 계단은 드레스 룸으로부터, 로마식 건물의 고대 지하 공간, 혹은 오포르토의 가파른 도로와 계단들로부터의 승천에 대한 기념비적인 원근적 효과를 가지는 솔리드를 가로 질러 무대로 이끈다. 두 개의 오디토리엄들로 연결되는 루트들이 갈라지는(주 오디토리엄 밑에서 하나의 터널이 다른 끝에 있는 계단에 도달하기 위해 통과한다) 거대한 입구와 현관은 솔리드의 경사진 전면들과 주 오디토리엄의 장방형 전면과 경계를 이루는 틈새 공간을 형성한다. 그 공간은 경사진 전면들을 위한 큰 보강 지주들, 그리고 날아가는 계단과 에스컬레이터들에 의해 두 번째 오디토리엄의 매달린 볼륨으로 횡단된다. 이 모든 요소들은 콜하스가 선호한 현기증 나는 피라네지적 비전들의 하나를 만들기 위해 어떤 미리 설정된, 인식될만한 기하학적 질서도 없이 펼쳐진다. OMA의 작품에서 이 거대한 입구와 현관의 직접적인 선구자는 타원형 쉘의 굴곡진 외피와 전시장의 거대한 장방형 벽 사이에서 만들어진 그랑 팔레의 순환 공간이다.

주 오디토리엄의 철근 콘크리트 구조는 뼈대 속으로 주입되며, 음향의 개선을 위해 고무 접합부로 절연된 앵커를 가지는 금속제 구조는 오디토리엄 구조 내로 주입된다. 두 번째 오디토리엄은 주 오디토리엄의 측면 속으로 놓이며, 반대편의 끝 부분에서 그것은 솔리드의 경사진 전면 위로 안착되고, 반면에 그것은, 플로락 주택의 상자를 균형 있게 유지해주는 것과 유사한 비대칭적인 구조적 고안물을 창조하며, 주 오디토리엄의 측면 쪽으로 상부에서 고정된다.

주 오디토리엄의 형태와 크기는 OMA가 오디토리엄으로 변형되는 Y2K 터널의 효험을 도해하기 위해 사례들에 대한 연구를 하는 동안 발견했듯이, 보스턴의 심포니 홀, 암스테르담의 콘체르트헤보우(Concertgebouw), 비엔나의 그로서 무직페어라인잘(Grosser Musikvereinsaal) 등을 닮는다.

"이 나라는－OMA는 썼다－특별한 자들(우리 자신을 포함하는)을 위해 완벽

그림 437-440. 렘 콜하스/OMA, 카사 다 무지카, 보이비스타 플라자, 포르토, 1999-2005, 오브 어룹과 협업. 궤적들의 전경.

한 음향의 가장 훌륭한 보증서로 남는 악명 높은 '구두상자' 의 폭정을 탈피하기 위한, 건축적으로 광적인 시도를 보았다. 이러한 형상의 큰 장점은 음향이 매우 잘 조절될 수 있다는 것이다".[82] 오디토리엄의 끝 부분들은 쿤스트할 오디토리엄 벽의 거대한 개구부가 "전에 결코 일어나지 않았던 방식의 도시"[83]를 보여주기 위해 확대되었듯이, 완전히 유리로 된다. 관람객들은 「현행범」(*Flagrant Délit*)을 위한 세트를 설정했던 방의 것과 유사한 유리를 통해 도시의 장관을 본다. 카사 다 무지카에서 유리들은 음향의 목적을 위해 반대편 끝 부분에서 서로 다른 물결 모양을 가지는 이중 패널을 가지며, 반면에 벽들은 비올레 르 뒤크가 재료 본성의 표현이라 인가했을 장식을 추구하기 위해 금박을 입힌 입자들의 목재 패널들로 만들어진다.

순환 체계는 음악 연구에서의 순환과 시간 소비 모두를 위한 혼성적 장소를 형성하기 위해, 다이아몬드 포인트의 음향 패널이나 오포르토 건물 전통의 전형인 자기 타일들(키치와 초현실주의 사이의 취향에 기반한 선택들)로 덮이는 천장과 벽들을 가지는 방들 속으로 확장되며, 베를린의 "궤적"과 유사한 어떤 떠오르는 부분들로써 주 오디토리엄 주위로 다중의 루트를 허용하며 건물을 장악한다.[84] 두 개의 주 공동으로 뚫리는 솔리드 매스의 효과를 보존하기 위해 일련의 사이 공간들이 창문이 없이 남겨진다. 디자인 단계에서 콜하스가 외피를 위한 "반투명의 시멘트"를 창조하기 위한 가능성을 고려했다는 것은 우연이 아니다.[85] 상부 지역들의 거대한 비정형의 사이 공간들은 기술적 시설들을 위한 공간이며, 루트들은 주 오디토리엄 상부의 보드 사이로 주입되는 레스토랑-카페에서 끝이 난다. "남는 공간"은 오디토리엄들의 두 개의 상자 주위로 감싸는 것을 위치시키는 것으로부터 결과한 무작위적 공간의 설정을 위한 OMA의 적절한 결정이다.[86] 보위의 빈 공간에 매달려 주 오디토리엄의 한 개구부를 향해 위치한 카페는 편집증적 비판 방법에 의해 만들어진 콜하스의 강박적 형상들의 또 다른 경우이다: 공중 바, 혹은 메두사의 뗏목.

비정형적 솔리드의 경사진 평면들은 철근 콘크리트로 되며, 솔리드의 모든 면들 위에서 연속적인 경사의 평행 띠들을 만들어내기 위해 조립된 장방형 목재 패널들로 만들어진 형틀 속에 부어져, 40 센티미터 가량의 두께로 양쪽 면 모두에서 보이도록 된다(그랑 팔레의 살르 유로톱이나 게리의 작품들에서와 같이). 인접한 면들을 따라 부어지는 가운데 만들어지는 불완전성을 피하기 위해 도입되는 네거티브 코

82) Ibid., p. 134. 발코니들의 위치와 그것들의 측면의 각도 또한 음향을 위해 연구되었다("[...] 강력한 측면 반사가 청중으로 향하도록 디자인된 밖으로 향하는 발코니들" (TNO/Renz van Luxemburg, *Acoustics*, ibid., p. 135).

83) Ibid., p. 131.

84) 작품을 "포르투갈 사람들에게 이해가 되도록" 만들기 위해 콜하스는 전형적인 지역의 전면 타일을 사용하고 – 아줄레호스(azulejos) – "일종의 포스트모더니즘 아방 라 레트르를 실습하는 "다치아노 다 코스타(Daciano da Costa)의 키치 가구들을

그림 441-442. 렘 콜하스/OMA, 카사 다 무지카, 보이비스타 플라자, 포르토, 1999-2005, 오브 어룹과 협업. 주 오디토리엄; 주 오디토리엄 앞의 보행로.

너의 해결은 평면 속으로 솔리드를 파괴하며 띠들의 정제된 연속성과 모순되는 미묘한 그림자 선을 만든다. 띠들은 또한 경사진 면으로 콘크리트를 붓는 단계를 위한 임시적 구조로 인해 만들어지는 수평적 인상으로 잘린다. 지붕의 경사진 평면들을 위해 방수 슬래브 위로 프리패브 콘크리트의 거대한 판이 위치하며, 솔리드의 다른 레벨의 띠들이 연속되는 것을 반향하기 위해 거대한 지붕 타일과 같이 고정된다.

솔리드의 경사진 면의 구역 사이에 있는 일련의 중간 방들에는 소켓과 스위치를 위해 사용되는 개구부를 위한 실린더와 전기선들이 콘크리트의 주입 전에 형틀 사이의 공간에서 금속제 보강과 함께 설치되었다. 그러므로 파내어진 솔리드의 기준이 개방 공간의 어떤 가능성도 제거할 뿐만 아니라; 어떤 경우에는, 물리적 설비 시설과 구조 사이의 관계조차도 전통적인 조적식 구축에서 전형적인 개념으로의 회귀에서와 같이, 변하는 것이 불가능한 영구성의 지점으로 통합된다. 천장이 단면 속에서 뼈대로 제공되어야 했던 곳에서 일련의 물리적인 설비적 양상들이 마찬가지로 슬래브에 매달리며, 솔리드의 노출 철근 콘크리트 면들 사이에 창조된 바를 가지는 현관에는 바닥 밑에 설비 요소들이 설치된다. 바닥을 위한 알루미늄 패널과 그리드, 천장 내의 구멍 뚫린 금속제 패널, 기관들을 보이게 만들고 조명 스크린을 창조하기 위한 벽들은 모두 OMA의 실내 디자인 재료 목록에서 입증된 부분들이다.

주 오디토리엄에서 조화된 공기는 수평적 슬래브와 좌석의 경사진 판 사이의 간격으로 들어가 경사진 판에 뚫린 구멍들에 의해 좌석의 열들을 따라 퍼져 나간다(그랑 팔레의 오디토리엄을 위해 이전에 부분적으로 개발되었던 해결책); 그리고 그것은 오케스트라 무대 위로 조명이 또한 설치되어 있는 지붕의 넓은 개구부를 통해 빨려 나간다. 대신, 오케스트라와 청중 사이의 관계의 다른 형상을 얻기 위해 좌석들이 수평의 움직이는 슬래브 위로 솟아오른 두 번째의 오디토리엄에서 조화된 공

사용한다고 말한다(*Interview with Rem Koolhaas. Interviewer: Hilde Bouchez*, in ""A+U"", 2005, No. 419, p. 90).

85) Cf. Ken Shulman, *X-Ray architecture*, in ""Metropolis"", 2002, April, (pp. 73-75, 98), p. 73.

86) [Koolhaas/OMA], *OMA. Casa da Música, Rotonda da Boavista, Porto, Portugal. Design 1999 (competition) - 2000. Construction: - 2005*, in ""GA Document"", 2005, No. 84, p. 14.

기는 벽들을 따라 홀로 들어간다.

아래에 식당과 버스 정류장 등의 다른 기능들이 조합되고 돌로 덮인 거대한 물결치는 플랫폼은 유연한 플라스틱 재료의 맨틀과 같이 보인다. 쿠르트레와 요코하마를 위해 디자인된 플랫폼과 같이, 이것은 무용극장, 넥서스 월드, 혹은 카디프만 오페라 하우스 등에서 활용된 휘어진 표면과 프리즘적 솔리드 사이의 텍토닉한 대비를 일깨우며, 거의 자신의 무게로 인해 구겨 넣어져 자신의 조각적 형상을 고양시키는, 비정형 솔리드의 발치에서 숙이는 또 다른 종류의 "유연한 표면"이다. 아가디르를 위한 계획의 도시 광장을 위해 계획되었던 듯이 물결치는 표면 위에서 방문객들은 오포르토의 인근의 가파른 경사에 대한 반향을 발견한다(그리고 젊은 사람들은 자신의 스케이트보드로 재미있게 놀 수 있는 장소를 발견한다).

콜하스가 제브뤼헤에 구축할 수 없었던 달걀 형태의 불가사의는 이제 글로브 타워와 같은 "거대한 추락 혹성"으로서의 어떤 상징주의도 제거되어 오포르토의 높은 대지 위에 서있다. "텍토닉—콜하스와 젱겔리스는 디플로마 유닛 9의 연구에 대해 그렇게 썼다—은 프로그램이 없는 플래닛(혹성)과 같이 다루어졌으며(말레비치 또한 그것을 플래닛[planits]으로 불렀다), 그것의 무게는 그것들을 텅 빈 메트로폴리탄 부지 위에 착륙한 운석으로 변형시킨다".[87]

만약 우리가 솔리드 매스 내의 파내기의 결과로 Y2K 주택과 카사 다 무지카를 해석한 콜하스의 견해를 거부한다면, 우리는 이 두 개의 비정형적 솔리드와 1999년의 현상설계에서 발전되고, 2001년까지 수정되어, 전통적인 건물과 마천루 사이의 경계에서 미합중국 법원을 마주보며 매디슨 스트리트 5번가와 스프링 스트리트 4번가의 중앙에서 시애틀 항을 향해 경사진 사각형 블록 위에 2002-04년에 지어진 시애틀 공공 도서관 계획 사이의 확실한 유사성을 파악할 수 있을 것이다.

프로그램의 기능들은 마천루의 형태 속에서 층들의 수직적 성층화를 보여주는 다이어그램을 사용하며 하부(주차)로부터 상부(행정)로의 논리적 시퀀스 속에서 분류되고 배분된다. 또 다른 다이어그램은 무용극장, 홀텐의 주택, 자크 당통 사무소 타워, 혹은 유니버설 본부 빌딩에서 층들을 이동시켰던 동일한 보이지 않는 힘에 의해 이동된 것 같이, 일련의 층들을 이동시키며 동질적인 행위들의 그룹을 확인한다. 이 후자의 다이어그램의 드로잉은 더 이상 단지 프로그램의 기능적 요구의 표현일 뿐만 아니라, 다이어그램에 대한 푸코와 들뢰즈의 이론을 따르는 하나의 추상 기계로도 인식된다. 그것은 반 베어켈과 보스, MVRDV의 다이어그램과 동일하게, 그것의 기계적 번역으로서의 건물의 형태를 도해하기 위해 연구된 형태적 다이어그램이다. 그러므로 층들의 임의적이거나 상징적인 미끄러짐은 프로그램의 논리로 정당화되며, 벤담의 원형 감옥- 감시 기능의 완벽한 다이어그램으로 여겨지는 감옥- 에서와 같이 시애틀 공공 도서관은 다중 매체 시대 도서관의 이상적 다이어그램을 보여주려 시도한다.

층들의 다양한 미끄러짐은 부지의 시야와 도시적 특성을 고려한다. 5번가를 따라서는 단지 도서관의 마지막 레벨만이 도로와 줄을 맞춰 남는데, 그것은 중간 부분의 층들의 그룹이 마치 도서관이 미합중국 법원과 그것의 정원으로부터 뒤로 잡아당겨졌듯이 뒤로 밀려졌기 때문이다. 반대편에서 4번가를 따라 동일한 그룹의 미끄러짐은 전통적 건물들의 경계선에서 멈춘다. 스프링 스트리트에서는 역시 레벨들의 캔틸레버된 그룹의 파사드가 연속적인 가로 전면의 경계로 밀려지며, 반면에 매디슨 스트리트를 따르는 반대편에서는 이런 이동이 마천루들의 배경에 의해 만들어지

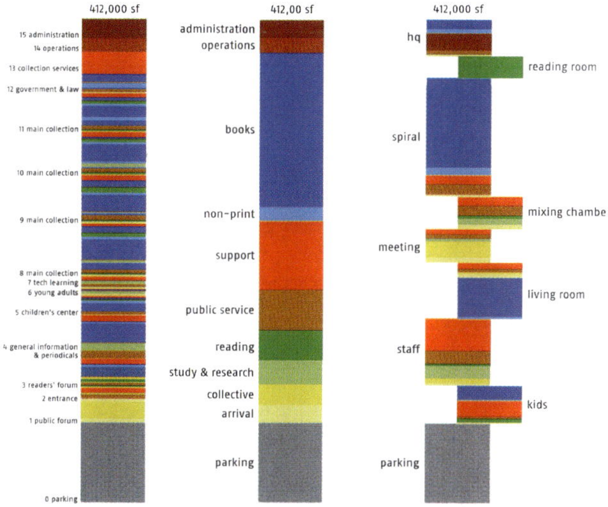

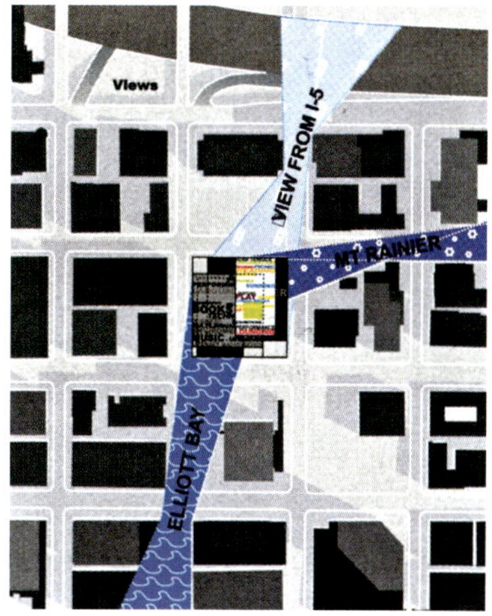

그림 443-444. 렘 콜하스/OMA, 시애틀 공공 도서관, 매디슨 스트리트 5번가, 스프링 스트리트 4번가, 시애틀, 1999-2004, LMN, 오브 어룹, 마그누슨 어소시에이츠와 협업. 프로그램의 기능적 요구를 보여주는 다이어그램들; 주 도시 블록을 통해 보는 시야를 가지는 드로잉.

는 테라스들을 증폭시키는 공동을 발생시킨다. 층들의 이동 또한 주출입구가 위치한 5번가를 따라 창문이 없는 프레임워크의 영역에 의해 만들어지는 갤러리부터 띠 형태의 식재를 위한 플롯이 주입되고, OMA의 첫 번째 정원을 연상시키며, 일련의 서비스 입구와 부수적인 공공의 입구가 위치하게 되는 4번가와 스프링 스트리트를 따라 공중에 매달린 층들의 그룹에 의해 만들어지는 거대한 캐노피에까지 이르는 다른 도시 디자인 해결책을 창조한다.

"전형적인 미국 고층 건물 내의 층들의 중첩을 유전자적으로 수정함으로써–OMA는 설명한다–건물은 감각적인 동시에(경사는 요구되는 주광의 예외적인 양을 허용할 것이다), 맥락적이며(각각의 측면은 특별한 도시적 조건들에 서로 다르게 반응할 수 있다), 상징적이다".[88]

시애틀 공공 도서관의 분절은 일단 그것이 최대 건물 이용의 논리로부터 자유로워진다면, 그럼으로써 계단식의 기초와 중앙의 타워가 프로그램의 기능적, 우의적 조직에 의해. 그리고 새로운 시야와 도시적 정렬의 추구, 상징적 충동 등에 의해 형상 지어지는 단일 몸체를 형성한다면, 그것은 맨해튼 마천루 형태의 극단적 결과로 보여질 수도 있다. 그 건물은 그랑 팔레와 같이 급격하고 격렬한 충동에 의해 횡단된 듯이 보인다; 그것은 브리젠도르프가 묘사한 마천루들과 같이 활성화된 몸체이며, 그것의 볼륨적 조직은 OMA가 논의한 "프로그램과 매체의 통제할 수 없는 양산"의 은유로 된다.[89]

콜하스는 쥐시에의 두 개 도서관에서 이미 중요한 발명으로 적용했던 도미노 스켈턴으로 되돌아오며, 은유적으로 이동된 층들 그룹의 성층화를 통해 거기서 다른 미실험된 자원들을 찾으려 시도한다. 디자인 개념은 더 이상 스켈턴과 외피 사이의 관계에 기초하지 않고, 국제주의 양식의 기초를 형성했던 동일한 구성적 요소들의 가능성을 그가 보여줄 수 있도록 허용하며, 미끄러지는 층들의 그룹을 성층화하는 것에 기초한다. 이론적 레벨에서 시애틀 공공 도서관은, "플랫폼들"과 "사이 공간" 개념 속에서, 정확히 정형적 스켈턴을 사용함으로써 허용되는 오픈 스페이스와 자유로운 평면 법칙의 용해를 기록한다.

87) Koolhaas, Zenghelis, *Architettura della metropoli planetaria* cit., p. 13.
88) [Koolhaas-OMA], *Seattle Public Library, Seattle, Washington, USA 2003*, in *OMA@work.a+u* cit., p. 90.
89) Ibid.

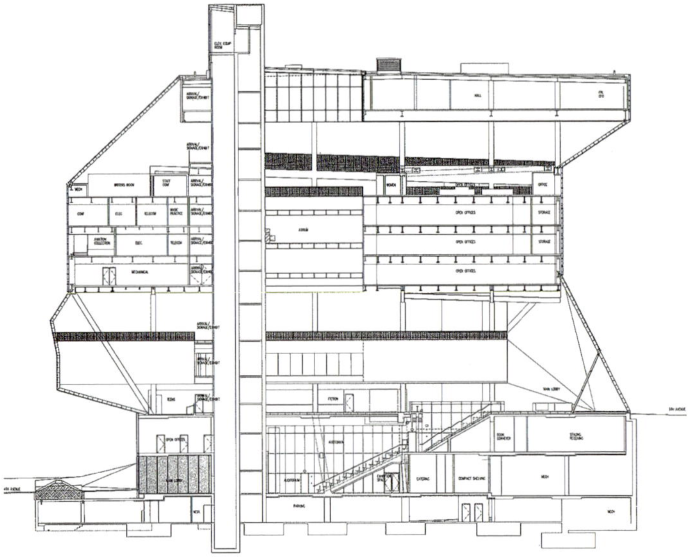

초기 단계에서 구조를 위한 디자인 과정은 OMA가 만든 모델로 시작했다; 그리고 대략의 계획이 충분한 결정적 레벨에 다다랐을 때 구조 디자인을 위해 어룹과 협업하여 마그누슨 클레멘식 어소시에이츠(Magnusson Klemencic Associates[MKA])가 발사로 모델을 만들었다–"구조 공학자에게는 매우 예외적인 접근". "기술로서는 드물게 되고 있는 이 과정–MKA는 언급했다–은 물리적 모델링 보다는 컴퓨터의 확장된 사용을 향해 이끈다; 그것은 OMA와 다른 디자인 팀들 모두에게 그들이 창조하고 있던 공간의 느낌과 그것을 위한 감각을 즉각적으로 발전시킬 수 있는 길을 보여주었다".[90)]

그 구조는 5번가의 레벨까지 지하 레벨을 위한 철근 콘크리트의 프레임워크와 층들의 상부 그룹들의 이동을 허용하는 철과 경사진 기둥들의 프레임워크로 구분되었다.

커튼월은 Y2K의 "두꺼운 커"와 같이 이동된 층들에 의해 야기되는 압력의 효과로 변형되는 탄성적 망과 유사하게 되었다;[91)] 그것은 또한 구조 시스템의 일부이다(일련의 측압들에 맞서는). 그것은 펴서 늘일 수 있는 표피들"에 대한 콜하스식 범주에 속하며 그것의 계보는 1950년대 후반의 인장식 구조와 굴곡진 외피들로 거슬러 올라갈 수 있다; 그것은 또한 정크스페이스의 이상적 모델로 콜하스가 취한 "텐트"이다: "다양한 실내 볼륨들에 대응하기 위한 다른 형상들을 가정하는 외피".[92)]

시애틀 공공 도서관의 커튼 월은 경사진 면에서 사용되고 슬래브에 고정된 다이아몬드 형상의 금속제 프레임워크로 인해 만들어졌다(대신, 수직면에서는 이 프레임워크가 없이 여닫이창이 설치된다). 경사진 면의 크기가 커질 때 프레임워크는 카사 다 무지카에서와 같이 버팀재로, 혹은 버팀재들의 수를 최소로 유지하려는 목적으로 그 영역들의 어떤 부분을 배가시킴으로써 보강된다. 카사 다 무지카와는 다르게, 자연 채광이 모든 사이 공간들에 퍼지며, 외피의 프레임워크의 금속 단면의 두

90) MKA, *The Seattle Central Library Structure:A Study in Intuitive Negotiation*, in OMA/LMN, Seattle Central Library,Seattle,USA 2004,in ""A+U"", 2005,No.412,p.165.

91) 하나의 그물망과 같이 이상적인 탄성의 외피는 1961-63년에 신 센터(Sin Centre)를 위한 마이크 웹의 계획에서 상상되었다. OMA 도서관의 외피는 "건물을 감싸고 '그물 같은' 패션으로 철제 구조의 오프셋 플랫폼들을 함께 묶도록 작용한다" (MKA,The Seattle Central Library Structure cit.,p.165).

92) Koolhaas, *Junkspace* cit.,p.19.

93) 인공조명 시스템의 디자인은 장

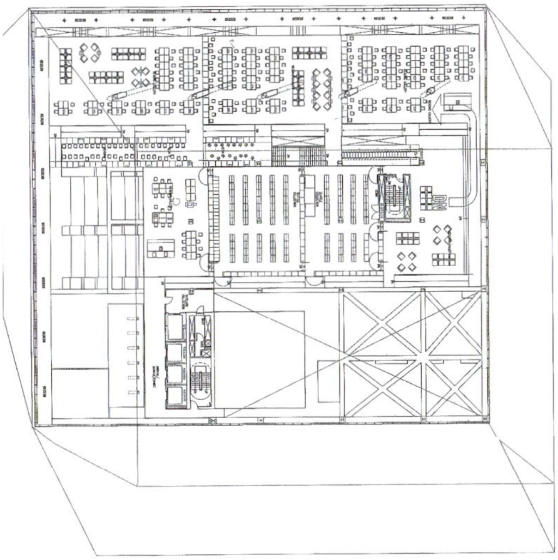

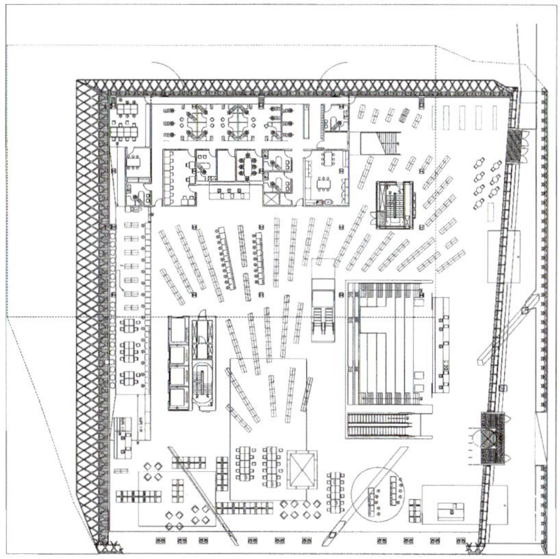

그림 445-447. 렘 콜하스/OMA, 시애틀 공공 도서관, 매디슨 스트리트 5번가, 스프링 스트리트 4번가, 시애틀, 1999-2004, LMN, 오브 어룹, 마그누슨 어소시에이츠와 협업. 단면과 평면들.

께로 인해 스크린되고, 유리에 주입된 얇은 막에 의해, 혹은 외피의 경사진 면의 돌출로 인해 주광에 직접적으로 노출된 면들에서 걸러진다.[93] 밤에 시애틀 공공 도서관의 모든 등들이 켜졌을 때 그 작품은 환상적으로 주름진 랜턴으로 변형된다.

철근 콘크리트 프레임워크를 가지는 도서관의 낮은 구역은 사적 사무소들과 마찬가지로 주차장, 기술적 공간, 서가, 오디토리엄과 젊은 사람들을 위한 독서실들을 포함한다; 철제 구조의 상부 구역은 테이트 갤러리를 위한 계획의 "블록들" 에 기초한 "플랫폼들" 과 "사이 공간" 의 시퀀스를 반복함으로써 OMA가 그룹화시킨 다른 기능들을 가진다: 전자는 미팅 룸과 서고, 독서실, 사무실 들을 포함하는 하나나 그 이상의 층들의 상자이다(어셈블리; 나선 도서(Book Spiral); 헤드쿼터); 후자는 "사이 공간" 의 상부 슬래브를 가리키고, 서고, 독서실, 컴퓨터실들의 옆에 위치한다(거실; 믹싱 체임버; 독서실).

층들의 그룹을 가리키기 위한 "사이 공간" 의 표현은 그것의 일상적 의미에 비추어 볼 때 적절치 못한 듯이 보인다(그것은 층들의 그룹 사이의 빈 공간–예를 들어 "플랫폼들" –에 더 가깝게 보일 것이다). OMA는 아마도 슬래브들의 성층화, 소위 "플랫폼들" 로 말레비치식 솔리드의 플랫폼에 대한 반향에 의해 도입된 도시적 광장들의 혁신적이고 활력적인 부분을 강조하기 위해 이런 선택을 했을 것이다. 콜하스는 플로락의 주택이나 ZKM에서와 같이 다양한 솔리드와 보이드의 켜들을 획득하며(그는 후자에 대해 "실험실 상부의 극장, 극장 상부의 미술관" 이라고 썼다[94]), 반면에 외피의 변형에 의해 만들어지는, 사용될 수 없는 빈 공간의 조각은 그의 초기 작품들에서 빈번하게 발견되는 원근적 확장의 거대한 극적 효과를 만들어낸다.

소에 따라 다르다: 부출입구의 지하 영역과 젊은 사람들을 위한 독서실의 철근 콘크리트 천장에 매달린 대형의 백색 전구들의 열; "믹싱 체임버" 의 천장과 "거실" 위로 확장되는 동일한 천장의 부분에 매달리는 검정색의 원통형 스포트라이트의 열; "나선 도서" 의 다양한 레벨들에 있는 양각된 폴리카보네이트 천장으로 스크린되는 형광등; "헤드쿼터" 를 덮는 텍스타일의 일련의 패널들 중앙에 주입되는 스포트라이트.

94) OMA, Koolhaas, Mau, op. cit., p.675.

유연성은 일반적으로 더 이상 도서관의 양상이 아니며 "수직적 분리"의 기준에 따라 제한된 구역 내에서 각각이 확장될 수 있는 "공간적 구획들(Spatial compartment)"의 양상이다. 자유로운 평면의 개념에서 유래한 추상적인 연속적 평면 대신 프로그램에 기초한 제한적 실체가 확인된다–"구획들". "공간적 구획"의 법칙은 각각이 고정된 제한을 가지는 구역들 내에서 확장될 수 있는 기능적 부분들 속으로 분해되는 건물 디자인을 위한 기초를 형성한다. "유연성–OMA는 설명한다–은 각각의 단면들 내에 존재할 수 있지만 어떤 다른 구획들을 희생시키지는 않는다..."[95]

기능들의 확장은 더 이상 이상적으로 무제한적인 층 내에서 일어날 수 없으며, 그러므로 구획의 붕괴로 이끌 수 있다. 마찬가지로 축소는 구획을 텅 비거나 쓸모없는 것으로 만드는 지점까지 도달할 수 있다. 이것은 "도시-군도" 내에서 발견되는 동일한 법칙이다. OMA에게 하나의 구획 내에 수많은 도서들을 저장한다는 것은 세자르(César)나 마이크로 칩과 같이 정보의 압축을 실행하는 것을 의미한다.

"플랫폼들"과 "사이 공간"은 엘리베이터를 포함하는 철근 콘크리트의 거대한 속이 빈 타워들 옆에서 천창으로 덮이는 아찔한 보이드에 의해 수직적으로 횡단된다. 이 보이드는 콜하스의 파티오들, 플로락 주택의 이동식 플랫폼 내의 개구부, OMA의 다른 작품들에서 발견되는 피라네지적 공간들을 연상시킨다. 그것의 솔리드한 백색 벽은 예술적 투영을 위한 스크린을 형성한다(영화 스크린은 또한 제브뤼헤 터미널의 보이드 내에 설치되도록 계획되었었다). 하나의 루트는 정크스페이스의 특징에 부합하며, 무용극장의 공중 바와 쿤스트할의 나선식 절단과 같이, 동일한 보이드 위로 균형 잡힌 발코니로 차단된다.

"플랫폼들"과 "사이 공간"은 첫 번째 레벨에서 에스컬레이터들로 구성되어 쥐시에 두 개 도서관의 연속적 슬래브들에 기초해 경사진 슬래브들이 나선형 성층화를 만들어내는 나선 도서까지 올라가 독서실에서 끝나는 경로로 연결된다(서로 다른 속도를 가지는 루트들에 대한 콜하스의 고안의 또 다른 경우로서, 금속제 계단은

95) [Koolhaas-OMA], *Seattle Public Library* cit., p. 88.

96) 콜하스가 사무소 기준층 평면의 중립성을 발견한 것을 확인하기 위해, OMA는 일련의 개별적 위치들 속으로 낮은 패널들로 구성된, 행정직 직원들 사무실의 가구와 마감을 확실한 회색으로 만들었다.

그림 448-451. 렘 콜하스/OMA, 시애틀 공공 도서관, 매디슨 스트리트 5번가, 스프링 스트리트 4번가, 시애틀, 1999-2004, LMN, 오브 어룹, 마그누슨 어소시에이츠와 협업. 외관과 5번가 갤러리, 커튼 월의 디테일.

나선 도서의 빠른 횡단을 허용한다). 그 경로는 하강하는 가운데 엘리베이터나 비상계단을 사용하는 것을 필요하게 만들며 나선 도서에서 믹싱 체임버까지의 경로에서 차단이 된다(이 두 영역을 연결해주는 유일한 에스컬레이터는 승강용이다).

색채는 콜하스의 접근에서 결정적 요소로 확인되며, 재료의 서로 다른 본성을 초월하며, 상징적 가치로 유닛 내의 개별적 부분들에 형상과 특성을 부여한다.

외피의 유리 여닫이창을 내부로부터 지지하는 금속 구조는 그것을 하늘의 배경 속으로 섞이게 하기 위해 스카이 블루로 칠해진다. 거실 위의 어셈블리 내의 회색 미팅 룸에 가기 위해,[96] 우리는 복도와 계단, 벽, 바닥과 천장이 모두 동일한 광택 나는 핏빛 붉은 색으로 칠해진 플로락의 주택에 있는 지상층 계단과 같이, 굴곡진 표면으로 형상지어진 배치 조직을 관통한다.[97]

97) 내부/외부, 그리고 실내 디자인에 참여한 마르텐 반 세베렌 (Maarten van Severen).

그림 452-457. 렘 콜하스/OMA, 시애틀 공공 도서관, 매디슨 스트리트 5번가, 스프링 스트리트 4번가, 시애틀, 1999-2004, LMN, 오브 어룹, 마그누슨 어소시에이츠와 협업. 4번가 입구에 있는 도서 분배 구역; 거실; 나선 도서를 가로 지르는 계단; 나선 도서의 전경; 독서실.

teens
starbucks teen center
EXIT

믹싱 체임버 속에서 기둥과 보, 슬래브의 프레임워크, 슬래브에 매달린 물리적 설비 요소들의 도관들은 노출된 구조와 설비 라인들의 복잡한 패턴을 인지 못하게 만들며 모두 검정색으로 칠해진다(뉴욕 지하철이나 엠파이어스테이트 빌딩 지하의 천장과 도관들 역시 모두 검정색으로 칠해진다). 금속제 구조는 보여지도록 남은 채 단지 방화 폼의 켜에 의해서만 보호된다－"미완성"과 기관들의 가시성에 대한 콜하스의 또 다른 표현(검정색이 이 켜에 적용된다). 천장 패널도 없고 부분들의 배치와 관련된 어떤 구성적 의도도 없이, 일련의 연결용 플랜지조차 비정형의 형상을 취하며, 일상적인 조각으로 되는 바로 이 구조가 워홀의 "공장"에 포함되었던 것과 같이, 19세기와 20세기의 뉴욕 공장(loft)의 구축 논리로 회귀하는 개념을 통해 반대되는, 콜하스와 하이테크의 기술적 정제 사이의 결정적 차이를 보여준다. 단지 벽기둥의 낮은 구역만이 플랫폼의 공간을 둘로 자르는 이상적 수평선을 형성하며－무광 금속판 바닥 위의 사람들의 열과 가구(플로락의 주택에 대한 변양태), 그리고 밤의 배경에서 승화되는 상부 구조들로의 분할－, 컴퓨터 워크스테이션을 위해 사용되는 가구 시스템과 시각적 통합을 위해 충분한 높이를 가지는, 흰색으로 칠해진 각기둥 모양의 건물로 감싸진다. 구조와 물리적 설비 디자인의 논리로부터 독립적인 이상적 선들의 존재는 도관들의 튜브를 반 데스테일식으로 칠하는 것으로 확인된다－그것들이 슬래브를 향해서는 검정색으로, 외피의 경사진 면들을 따라 하강할 때는 스카이블루로 칠해지는 것.

나선 도서를 횡단하여 독서실에서 끝나는 에스컬레이터와 긴 금속제 계단은 그것들을 또한 더욱 가시적으로 만들기 위해 노란 색으로 칠해진다(믹싱 체임버에서 에스컬레이터는 심지어 밤하늘을 가로 지르는 광선같이 보인다).

지하층 레벨의 구조와 엘리베이터 볼륨의 노출 콘크리트로 된 기복이 심한 표면－믹싱 체임버의 노출된 금속제 구조와 같이 유럽의 구축적, 예술적 취향의 또 다른 표현들－은 시애틀 공공 도서관에 비교될 수 있는 기념비적 가치의 작품에서 이 재료의 예외적인 미국식 적용이다.

외피의 측면을 따라 설치된 반원형의 방향 조절이 가능한 송풍구는 공항의 홀과 같이 전형적인 거대 공간이다. "아트리움 에너지 절약 사이클－어룹은 설명했다－이 고안되었다－건물 전체로부터 공기를 빨아들여 아트리움의 꼭대기로 보내주는 시스템으로, 그곳에서 공기는 외부로 송풍된다. 제거된 공기로부터의 열에너지는 추출되어 시스템에 의해 회복되고 그것의 유리 표면을 냉각시키거나 가열하여 아트리움을 전제 조건화 하는 데에 사용된다".[98]

두 개 주요 플랫폼의 바닥에서－거실과 독서실－식물 장식의 다중적 색채의 카펫 구역은 어떤 경우에 좌석이 도시 공원 내의 벤치들을 닮게 배치되는 라부르스트식(Labroustian) 정원을 창조한다. 4번가의 두 번째 출구에 있는 나무 바닥의 판자들은 세계의 다른 문화들을 재현하는 책들로부터의 경로를 만든다(라브루스트의 생 제네비에브 도서관 파사드에는 저자의 이름이 새겨졌었다).

거실 레벨에 있는 책 선반의 불규칙한 바퀴살들은 「엑서더스」의 영접 구역에

98) [Arup], *Where information has no boundaries. Linking Engineering and Sustainability, in OMA/LMN, Seattle Central Library, Seattle, USA 2004*, in ""A+U"", 2005, No. 412, (pp. 150-67), p. 162.

99) Rem Koolhaas, Elia Zenghelis, Madelon Vriesendorp, Zoe Zenghelis, *Exodus, or the voluntary prisoners of architecture. 1972*, in Jeffrey, op. cit., p. 20.

100) 불레의 계획에 대한 원근이 시애틀 공공 도서관의 이미지 속에 포함된다 ([Koolhaas-OMA], *Seattle Public Library* cit., p. 90).

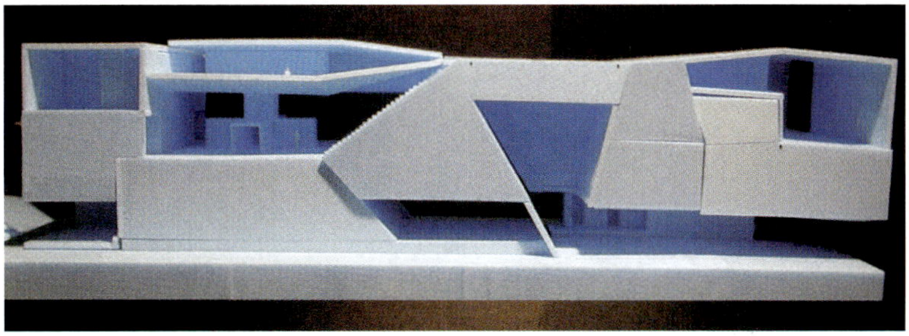

그림 458. 렘 콜하스/ OMA, F. Ch. Flick 하우스, 취리히, 2001.

있는 긴 가구들의 배열을 반영한다. 이 참조로 인해 도서관의 구역은 콜하스가 2001년에 「엑서더스」의 영접 구역에 대해 설명했듯이, "호화로운 웰빙"의 분위기 속에서 "감각들이 사고에 의해 압도되는" "주입식 프로그램"의 부지인 시애틀의 시민을 위한 활력적 재생의 장소로 되며, 영접의 상징적 가치를 취한다.[99]

방문객과 독자들은 이상적 정원을 반영하는 다양한 색채의 카펫으로 된 층들 위에서, 책장들 사이에서, 시애틀의 광장에서와 같이 거실 내를 순환하거나, 혹은 불레의 왕립 도서관의 중성적, 맨바닥 층 위의 소규모 그룹의 특성과 같이,[100] 시애틀 공공 도서관 같은 새로운 유형의 도서관의 첫 번째 사례였던 이 작품에 대해 논의하고 읽기 위해 남는다.

작은 면들로 이루어진 프리즘을 만들어내기 위해 다른 것들을 연결하기 위한, 방의 스케일을 가진 비정형적 다면체의 변양태(헬리오 오이티치카[Hélio Oiticica]의 메타에스쿠에마스[Metaesquemas] 같은 구성을 위한)가 프리데리히 크리스티안 플릭(Friederich Christian Flick)의 20세기 후반 예술 수집품들을 위한 미술관을 포함하는 그의 주거를 위한 2001년의 계획에서 발견된다—취리히의 플릭 주택. 방들은 그랑 팔레의 거대한 계단실 같이 경사진 벽을 가지는데, 그것은 스켈턴이나 자유로운 평면으로부터 유래한 법칙들 보다는 매혹적 시체와 라움플란을 만들어내는 것들에 대한 매우 큰 유사성을 품는 수행을 하는 가운데, 때때로 슬래브들의 켜를 가로 지르는 상부 쪽으로의 원추형 확장이나 날카로운 끝 부분을 만들어낸다. 콜하스의 시적 진화 속에서 그것은 마치 무용극장의 서로 다른 볼륨들이, 세자르의 작품에서와 같이, 모든 면들이 만나도록 만드는 지점에 이르기까지 더욱 압축된 듯이 보인다. 단지 십자형의 방—"나의 영혼이 빠져나간 방"—만이 「콜럼부스 센터의 달걀」 건물의 몸체 속에 담겨진 클럽이나 하워드 힌튼(Howard Hinton)의 4차원 정육면체와 유사하게 정형의 볼륨을 가진다. 파사드와 지붕은 살르 보방과 구겐하임 에르미타주의 천장과 같이 다양하게 경사진 평면들로 형성된다. 이 평면들은 Y2K, 카사 다 무지카, 시애틀 공공 도서관 같이, 조각적으로 강조되지 않고 간략한 변형을 가지는 솔리드를 만들어낸다.

Y2K에서와 같이, 플릭 주택 또한 2002년 12월에 새로운 상황에 적응하도록 조절이 되었다: 긴 볼륨은 두 개의 부분으로 잘려 재조합되어, 베를린에서 원래 쉔쿵의 주택(Haus um die Schenkung)을 위해 확보된 부지 위에 하나 위에 또 하나가 놓여졌다.[101]

101) 2000년 베너(Wenner) 주택을 위한 계획에서 "composite stability"의 추구 속에서 부분들의 단편화 법칙이 뒤따랐다—억제된 주택(the Withheld House), 혹은 분배된 주택(Distributed House). 바하마의 하버 아일랜드의 언덕에 계획되어, 그 주택은 18세기 회화풍 정원이나 존슨의 글래스 하우스에서와 같이, 풀밭 위에 고립된 파빌리온 형태의 방들을 가지는데, 그것은 수십 년에 걸쳐 공원 속에 흩뿌려진 파빌리온들 가운데의 주요 방으로 되었다.

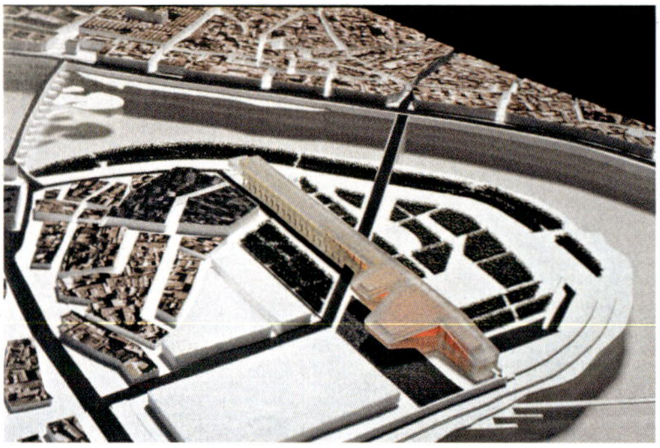 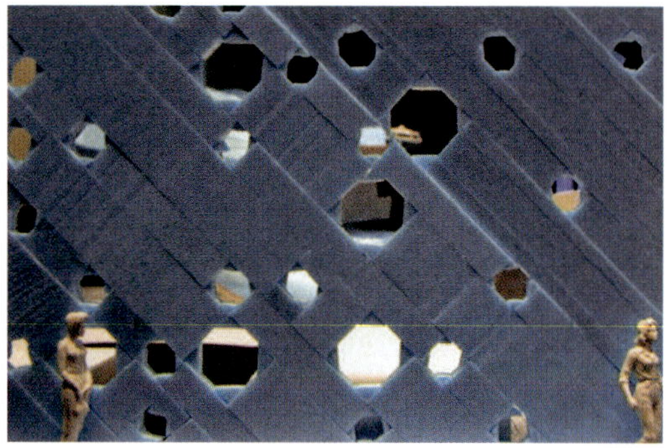

2001년 OMA는 코르도바의 미라플로레스에 있는 과달키비르 둑의 장방형 부지 위에 세워질 회의장(Centro de Congresos) 현상설계에 참여하도록 초대받았다. 그 시설은 또한 여기서 버스를 내려 시내를 방문하려는 여행객들을 위한 안내 센터를 포함할 것이었다. 새로운 센터를 위한 부지를 고려하는 지침서의 지침에 반대되게 콜하스는 미라플로레스와 역사적 도시를 연결해주는 새로운 다리를 향한 강굽이의 코드를 형성하는, 360 미터 길이의 필로티 위의 건물을 제안했다—"공중 보"(a floating beam).[102] 여행객들의 경로는, 또한 강을 따라 있는, 루브르의 그랜드 갤러리와 피렌체 바사리 통로(Corridoio Vasariano)와 흡사하게, 혹은 「뉴 웰페어 아일랜드」의 "가속된 건축적 산책로"(accelerated architectural promenade)와 에이-플레인(IJ-plein)의 필로티 위의 긴 건물과 같이 기념비적인 파노라마적 산책로로 될 것이었다.

두 개 오디토리엄의 비정형적 볼륨은 니마이어와 같이 연속적인 굴곡 표면을 창조하기 위해, 긴 건물의 뒤편에 있는 돌출부에 이식되어 에두카토리움과 같이 휘어진 슬래브에 연결된, OMA의 다면체 솔리드의 변양태이다. 건물을 따라 정형의 스켈턴에 의해 지지되는 슬래브 위에서, 기능들은 파노라마적 루트를 위해 강과 역사적 도시를 향해 자유롭게 스팬을 떠나는 식으로 배치된다. 솔리드 띠들은 이슬람식 전통에 기초해 다양한 크기의 다각형 개구부들로 뚫린다. 오디토리엄의 위치에서 파노라마적 루트의 개구부는 넓혀지며 도시를 향한 초현실적 눈 맞춤으로 된다.

계획의 마지막 버전(2002-08)에서, 주 오디토리엄은 지주 위에서 이식된 볼륨으로 남으며, 반면 전체의 긴 건물은 구조의 복잡한 패턴들의 시야를 제공해주는 유리 패널들—거의 프라다를 위한 "스펀지"의 변양태인—로 덮인다: "파사드를 위해 표준 U-플랭크 유리가 녹색의 버블 재료로 변형되어, 실내에 더욱 분산된 분위기를 제공하기 위해 날카로운 남향 햇살을 막아준다".[103]

102) [Koolhaas/OMA], *Córdoba Congress Center, C?rdoba, Spain, 2002 -*, in "El Croquis", 2006, No. 131-132, p. 213.

103) Ibid., p. 228.

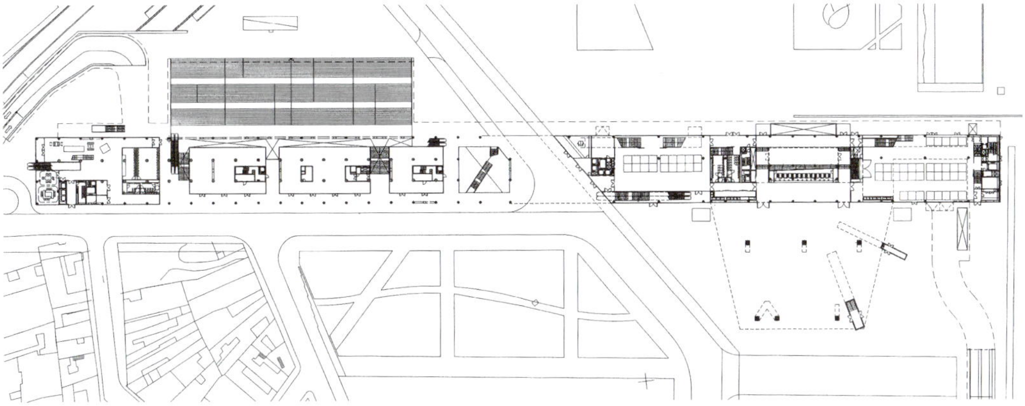

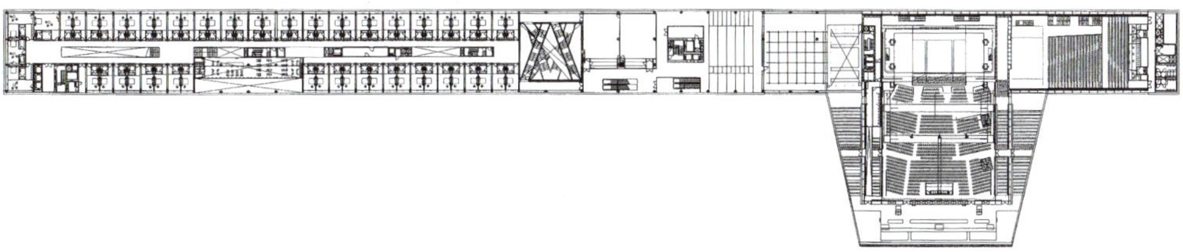

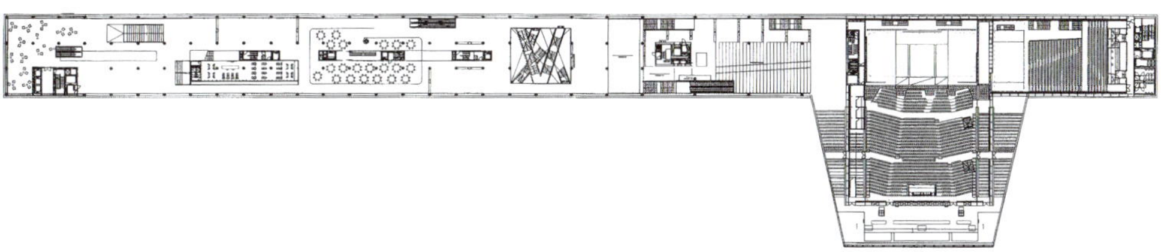

그림 459-463. 렘 콜하스/OMA, 회의장 현상설계, 코르도바, 2001-08. 첫 번째 계획안 모델; 마지막 버전의 평면과 모델.

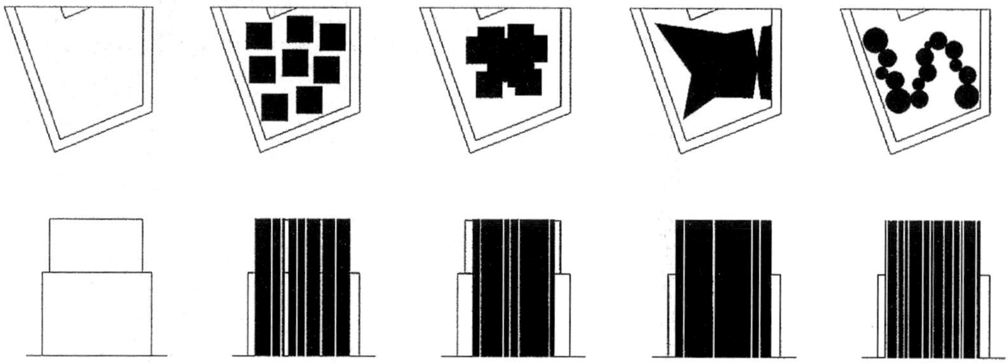

"맨해터니즘"의 변양태들

시애틀 공공 도서관의 비정형적 다면체가 내적 힘들을 받게 되는 원래의 기본적 프리즘으로 추정되는 형상이라는 사실은 콜하스가 「광기의 뉴욕」에서 썼듯이, 2세대 뉴욕 마천루를 "잊혀진 맨해터니즘"의 하나의 전형으로 바꾸는 방식으로 실험했다는 것을 보여준다. 마천루 탄생의 영웅적 시기에 대한 향수의 극단으로 끌려, 그는 심지어 레버 하우스와 시그램 빌딩 프리즘들 이전의 타워들의 형태로 되돌아 올 가설을 고려했다. 그러므로 2000년대 초기 시절의 OMA 계획안들의 시리즈에서 우리는 1950년대에, 뉴욕 건축 법규와 마찬가지로, SOM, 해리슨, 미스 반 데어 로에 등에 의해 금기시되었던, 끝이 잘린 피라미드 프리즘의 재등장(그리고 SOM의 존 행콕 센터의 경우에서와 같이 구조적 이유 때문이 아닌)을 본다.

뉴욕 마천루의 기원과 그것의 발전을 반향하는 이런 맥락에 정확히 들어맞는 2001년의 OMA의 한 계획안은 예술가들 사이의 은유적 충돌을 만들어낸다. 동일한 건축주를 위해 별개로 디자인된 몇 개의 작품들 이후에, 그리고 조인트 프로젝트와 함께 테이트 갤러리를 위한 현상설계에 참여하기 위해 OMA가 만든 제안 이후에—록펠러 센터의 연합 건축가들을 계속 고려하는 "콜하스의 이동"—콜하스와 헤어조크 드 뫼론(Herzog & de Meuron)의 스튜디오는 이안 슈라거(Ian Schrager) 호텔 체인을 위한 뉴욕의 아스토르 광장 호텔 계획에서 협업을 했다.

OMA-H&deM의 첫 번째 계획안에서 초점은 작은 별개 타워들을 이용하는 해결에 관한 것이다. 어떤 것들은 쌓여진 상자들로 디자인되어, 각각이 하나의 방을 가지며, 엘리베이터에서 직접 접근되도록 된다. 다른 것들은 여전히 바로크식 도시 설정을 형성하며 물이 뿜어져 나오는 기하학적인 지질학적 외피와 같이 보이거나, 혹은 그것들은 다운타운 운동클럽의 수영장에 대한 설명에서와 같이, 에스컬레이터가 다이빙하는 듯이 보이는, 수영장이 되기에도 충분히 깊은 풀로부터 솟아오른다—록펠러 센터의 풀과 분수를 가진 우묵한 레벨을 연상시키는 광경.

그 후 OMA-H&deM은 디플로마 유닛 9과 헤어조크 드 뫼론의 작업들에서와 같이, 때때로 비틀려지고 위가 잘리는 피라미드 솔리드를 제안하며, 1916년 조닝 법칙의 피라미드 형상을 부활시키기로 결정했다. 결정적 버전에서 아스토르 광장 호텔은 비정형적인 담뱃불 자국 구멍이 난 스폰지형 단일 구성의 위가 잘린 피라미드다. OMA의 작품에서 이런 개구부들은 헤어조크 드 뫼론에 의해 취해진 접근인 동시에

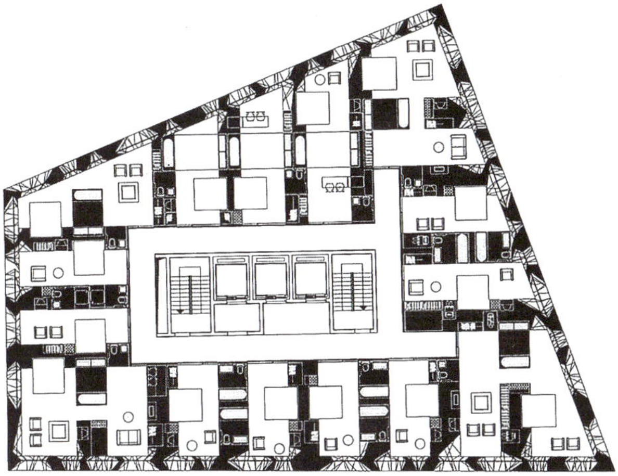

그림 464-466. 렘 콜하스/OMA, 아스토르 광장 호텔 계획, 아스토르 광장, 뉴욕, 2001, 헤어조크 드 뫼론과 협업. 초기 계획; 기준층 평면과 모델.

그림 467. 렘 콜하스/ OMA, Un 시티 계획, 뉴욕, 2001.

기능주의와 구조적 논리가 제거된, 플로락 주택의 원형 창들의 진화로 보일 수 있다.

비정형적인 사다리꼴 평면은 부지의 형상에 기초한다. 수직적 연결은 장방형 중앙 핵 속에 자리 잡으며, 평면의 나머지 부분은 서로 다른 깊이의 두 개의 교대적 유형의 띠들 속에 구조화된다: 좁은 쪽은 서비스와 구조, 물리적 설비 시설들을 위해, 그리고 넓은 쪽은 침실과 거실 구역들을 위해 사용된다. 첫 번째 레벨의 평면은 로마식 욕실과 같이 한쪽이 개방된 담화실을 가지는 공간을 포함한다- 예상치 못한 포스트 모던식 접근.

타워들의 복합체가 록펠러 센터 뒤에서 서사적 정신을 부활시키는 것을 목표로 했으며, 1950년대의 그것의 성장이 2001년의 현상설계 계획에서 발견되는데, 그것은 42번가와 34번가 사이의 이스트 리버를 바라보며 맨해튼 내에 서 있는 Un시티를 위한 네 개의 마천루들이다－"인터내셔널 타워", "서포트 타워". "워터 타워", "라이브/ 워크 타워"로, 그것에 부지 근처에서 다섯 번째의 타워 "가든 타워"가 첨가되었다. OMA 마천루들은 "프로그램의 가장 급진적인 혼합"을 추구하고, 항상 밀집 문화의 수호 아래에서 "뉴욕을 위한 새로운 종류의 발전을 재상상"하기 위해 서로 다른 다중의 기능을 가진다.[104] 타워들은 레오니도프의 나르콤트야지프롬(Narkomtjazіprom) 계획, 혹은 유니버설 본부 건물과 같이 다른 형상들을 가진다. 순환 시스템은 아시아 하이퍼 빌딩("경사각"[inclinator]이라 불리는 경사진 연결로를 포함해)의 것에 기초한다. 워터 타워에서 "공공"과 "개인"의 범주로 그룹 지어진 기능들의 다이어그램은 시애틀 공공 도서관에서와 같이 경사진 파사드의 커튼월을 만들어낸다.

"라이브/ 워크 타워－OMA는 기준층 평면에서 만들어진 고려와 「중단 없는 도시」의 연속적 평면을 더 발전시키며 설명했다－는 고층 개발을 위한 새로운 개념이다. 기둥이 없는 층들이 전통적인 주거 빌딩 보다 더 큰 규모로 되며, 집에서 일하는 사람들을 위하여 호화로운 거실 공간이나 작은 스케일의 작업장을 위한 이상적 조건을 창조한다. 최고의 상업적 발전으로부터 빌려 와, 모든 레벨은 들어 올려진 층들의 시스템으로 디자인된다. 이것은 궁극적인 유연성을 허용한다; 상업적 공간들의 케이블화를 쉽게 할 뿐만 아니라 거주용 층들에 욕실과 주방을 개별적으로 설치

104) [Koolhaas/OMA], *UnCity, Manhattan, New York, USA, 2001*, in "El Croquis", 2006, No. 131-132, p. 127.

105) Ibid., p. 133.

그림 468. 렘 콜하스/ OMA, 레알 계획, 파리, 2003-04.

그림 469. 레이먼드 후드, 타워들의 도시, 1927.(렘 콜하스,「광기의 뉴욕」, 1978 에서 인용).

그림 470. 렘 콜하스/ OMA, 유럽 중앙은행 본부 계획, 2003.

하는 것을 허용하는 것. 우리는 이 개념을 뭐든지(WHATEVER) 라고 부른다". [105]

또 다른 맨해튼의 은유는 파리의 레알 지구를 위한 2003-04년의 현상설계에 OMA가 제출한, 보통 개별적이고 다양화한 개입에 의해 형성되는 새로운 유형의 유닛 계획에서 발견된다. 서로 다른 반경을 가진 원들의 카펫이 라 빌레트 공원 계획의 띠 시스템을 대체하며, 서로 다른 식재와 주제를 보여주는 정원들의 군도를 형성하는 가운데 전체의 표면 위로 확장된다. 이 카페트의 개념은 원들의 시스템이 "식재된 영역의 유연한 모자이크" [106] 를 형성했던, 2001년 토론토의 나무 도시(*Tree City*)를 위한 OMA와 마우(Mau), 올레슨 볼란트(Oleson Worland), Inside/Outside의 계획으로부터 나온다.

레알 21개 타워 계획에서 모두 다르고 주변 건물보다 약간 더 높은 건물들은 지하에서 기존에 성층화된 기능들이 모습을 드러내도록 만들기 위해 불규칙하게 흩뿌려진다. 타워들은 1916년 조닝 법칙에 의해 만들어진 볼륨들로 다시 돌아오며, 이제 맨해터니즘의 도상학적 이미지 속으로 승화되는 가운데, 아스토르 광장 호텔과 같이 위가 잘려진 피라미드로 된다. 그것들은「광기의 뉴욕」에서 서술된 일련의 작품들을 다시 불러낸다: 콜하스가 "최초의 타워들의 도시"와 "다른 세계의 결정적 신호" [107] 라고 불렀던, 코니아일랜드의 프레데릭 톰슨(Frederic Thompson)이 만든 루나 파크의 "타워들의 숲", 혹은 수많은 "바늘들", 그리고 후드가 상상했던 타워들의 도시, 그리고 다시 한 번 "자유롭게 서서 경쟁하는 바늘들의 숲". [108] 각각의 타워는 유니버설 본부 건물과 같이 그 자신의 정체성을 가진다. "타워들이 비록 공유된 공간 속에서 취급되지만(돌출과 정제) 그것들은 서로 다른 정체성을 가질 수 있다. 서로 다른 향수병들과 매우 흡사하게, 각각은 각별하게 디자인되고 만들어졌으며, 자신만의 정체성을 가진다", OMA는 설명했다. [109]

페리스가 디자인한 끝이 뾰족한 타워들과 유사한 형상은 또한 2003년 프랑크푸르트의 유럽 중앙은행 본부 현상설계에 OMA가 제출한 계획에서도 발견된다: 각각이

106) [Koolhaas-OMA], *Rem Koolhaas, Bruce Mau, Oleson Worland, Inside/Outside. Downsview Park, Toronto — Tree City*, in ""Lotus international" ", 2002, No. 109, (pp. 41-46), p. 46. 원형의 파티오는 이미 테이트 갤러리 계획에서 등장했었다.

107) Koolhaas, *Delirious* cit., pp. 33, 34.

108) Ibid., p. 137.

109) [Koolhaas/OMA], *Reinvent a modern cityscape for Paris, in Concours 2004. Paris - Les Halles*, Paris, Paris, Le Moniteur, 2004, p. 118. 레알 계획을 윤곽 짓는 법칙은 말레이시아 페낭 열대 도시를 위한 OMA의 매스터 플랜(2006)의 기초를 이룬다. 방콕의 하이퍼 빌딩과 비슷하지만, 높은 기념비적 토대 위의 불안정한 균형 속에서 조합된 프리즘들의 구성으로 된 하이퍼 빌딩은 베이징의 창안 애비뉴와 서드 링 로드 사이의 거대한 장방형 속에서 중앙 비즈니스 구역의 계획을 위한 2003년 계획 속에서 이중의 개선문을 형성하기 위해 두 개의 도로를 가로 질러 위치한다. 평면의 주 조직은 베를라헤의 암스테르담 계획과 유사하게 낮은 중정 건물들, 그리고 기준층 평면으로부터 추출되고 사이의 집합적 공간들에 흩뿌려진 서비스들의 핵 등으로 구성된다.

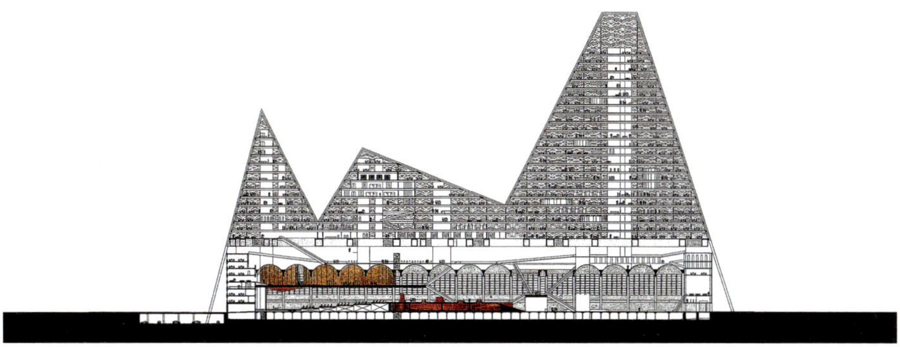

그림 471. 렘 콜하스/ OMA, 휘트니 미국 미술관 확장 계획, 945 매디슨 애비뉴, 뉴욕, 2001-02, 오브 어룹과 협업. 스터디 모델들.

프로그램의 한 영역("경영", "보안", "업무")에 부합되어 다른 높이의 세 개의 피라미드로 구성되는, 대시장 광장(Grossmarkthalle) 위로 이식되는 건물. 우리가 뉴욕의 MoMA를 위해 OMA가 제안한 "삼각형"을 고려한다면 맨해튼으로부터의 유추는 명백하다. 프랑크푸르트 계획의 목표는, OMA의 의도에서는, 어떤 암시적 도상학도 없이, 그러므로 "전통이 없는 은행인" 유럽 중앙은행의 상징으로 될 수 있는—정확히 그것의 예상치 못한 형태로 인해—기념비, 실제적인 "자동-기념비"를 창조하려는 것이었다.

"유럽 중앙은행을 위한 건물을 상상하는 것은—OMA는 썼다—계기 비행을 하는 것과 같다: 어떤 명백한 지표도 없이 한 구역 속으로 모험을 하는 것. 지금까지 유럽의 증가하는 통합에 적응하기 위한 유럽 양식이나 도상학을 질문하는 것은 보통 사업적 습관을 가진다: 갈색의 미러 글라스 창에 베이지 색 대리석으로 덮인 고층 타워. '유로 타워' 라는 이름 외에는, 통합된 유럽의 상징의 하나로서의 은행을 표현하기 위한 어떠한 노력도 행해지지 않았다".[110]

형태 혹은 프로그램 : 뉴휘트니(NeWhitney)와 ACMA

2000년대의 초기에 콜하스와 OMA는 두 가지 주요 연구 방향에 연루되었다: 자신의 패러다임이 2003년에 씌어진 에세이, 「형상으로 돌아가기 위한 12가지 이유」(*12 Reasons to Get Back into Shape*)[111] 로 보일 수 있는 순수한 형태의 절정에 이르기까지, 콜하스 작품의 초현실주의적 요소를 그 극단적 결과로 가져가며, Y2K주택과 함께 만들어진 비정형의 다면체적 솔리드의 기능적 잠재력을 시험하는 것; 그리고 AMO의 설립과 행위 배후의 이유들을 부분적으로 설명하는 이상적인 다이어그램적 메트로폴리스 건축을 추구하는 가운데 창조적 과정 속에서 프로그램의 기능적 논리를 강조하는 것. "[...] 한편으로—콜하스는 1993년에 선언했었다—여전히 형태를 믿는 자들이 있다(여기에는 피터 아이젠만, 바람 서덜, 자하 하디드 같은 사람들이 포함된다); 다른 한편의 자들은 형태를 믿지 않고 오히려 단지 정보만을 믿는 자들이다(여기에는 베르나르 츄미, 장 누벨, OMA 등이 포함된다)".[112]

2001년에 OMA는 두 개 미술관에 대한 증축 계획을 시작했는데, 하나는 뉴욕에 있는 현대 미술을 위한 휘트니 미국 미술관(Whitney Museum of American Art)이고, 또 하나는 로스앤젤레스에 있는 다른 대륙의 미술을 위한 카운티 미술관(County Museum of Art: LACMA)이었다. 두 계획 모두는 1997년에 빌바오에 게리가 디자인하고 그것의 놀랄만한 조각적 형태로 인해 큰 성공을 이루게 된 구겐하임에 대한 콜하스와 OMA의 비판적 반응의 배경에 대항해 시작되었다. 뉴욕과 로스앤젤레스를 위한 작품들은 형태나 프로그램의 우선권의 질문에 대한 서로 다른 해결을 제안한다. 혹자는 Y2K를 카사 다 무지카로

110) [Koolhaas/OMA], *European Central Bank Headquarters, Frankfurt am Main, Germany, 2003*, in ""El Croquis"",2006,No.131-132,p.405. 또한 역시 2002년에 나토 헤드쿼터를 위한 현상설계에 제출한 계획을 위해 OMA는 관습적 상징주의로 되었던 것으로 되돌아왔다: 정방형의 중앙 블록은 "심장"—TGB의 돌들과 같이 지붕으로 주입되는 달걀형의 용기 속에 위치하는 일련의 방들을 가지는 아가디르 컨벤션 센터의 변양태—을 재현할 것이며, 반면에 사무실들은 중앙 블록으로 무작위로 이식된 다른 형태의 블록들 속에 위치한다(우리는 또한 한 조각의 율리아나 여왕 광장[Koningin Julianaplein]의 단편을 볼 수 있다). "심장"으로부터 "조경의 부분으로 되기 위해 공원 속으로 확장되는" 수영장이 나타난다 ([Koolhaas/OMA], *Nato Headquarters, Brussels, Belgium, 2002*, ibid., p. 319). 2002년에 AMO는 유럽의 상징으로 "바코드"를 디자인했다 (2001년에 위임받은 작업). "그것은 서로 같이 작업하는 장점을 공유하는 반면 각각의 나라가 자신의 고유한 문화적 정체성을 보유한 채, 서로 다른 국가적 상태의 일상적 노력으로서의 유럽을 보여주는 유럽 계획의 본질을 재현하려—AMO/ OMA는 설명한다—시도한다. 최근의 EU 국기의 별들의 수가 고정된 반면, 바코드는 EU에 새로운 구성원들이 들어오면 확장될 수 있다" ([Koolhaas/AMO/OMA], *AMO Europe, Babel Bypassed*, 2002, ibid., p.334.)

111) Robert E. Somol, *12 Reasons to Get Back into Shape, in Content* cit., pp.86, 87.

112) *Die Entfaltung der Architektur. Rem Koolhaas in Gespr?chen mit Nikolaus Kuhnert, Philipp Oswalt und Alejandro Zaera Polo*, in ""Arch+"", 1993, No.117, (pp.22-33), p.27.

113) Koolhaas, *Transformations* cit., p.107.

ADDITIONAL
LAB
OFFICES

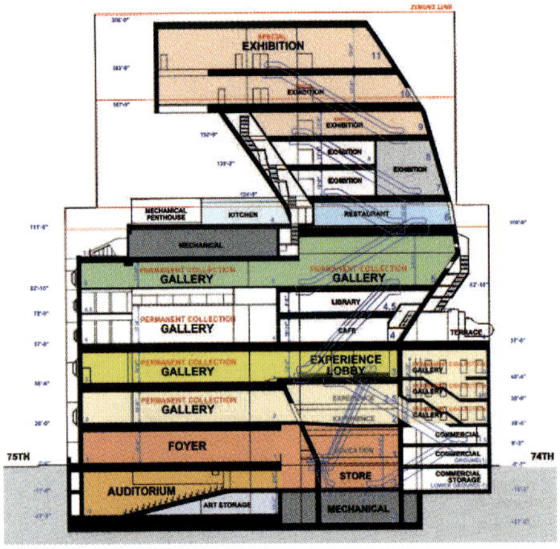

변형시킨 것을 고려하며 콜하스가 공식화한 아이디어를 해석한다: "형태의 추구"와 "프로그램을 이 형태 속으로 맞추는 과정";[113] 다른 자는 시애틀 공공 도서관의 프로그램의 결정을 위해 적용된 기준을 유지하며, 실제 다이어그램에서 프로그램에 대한 반응이 어떻게 형태의 지움을 허용할 수 있는지를 보여주려 노력한다.

Y2K와 카사 다 무지카는 콜하스가, 마르셀 브로이어가 지은 건물과 두 개의 인근의 브라운스톤에 포함된, 휘트니 미국 미술관의 확장을 위한 뉴휘트니라 불리는 계획을 발전시키는 과정에서 등장한 그의 관점, "너무 그로테스크한"[114] 속에서, 형태와 같이, 초현실주의자들에 의해 발명된 것 보다 심지어 더욱 예외적인 형상들과 친근하게 되도록 만드는 것을 도왔다. 콜하스의 초기 스케치는 브로이어의 미술관 위에 위치하고 브라운스톤들 사이의 공간 속으로 박히는 수직적 연결로 설치되는 프리즘적 볼륨을 보여준다. 그리고 그의 협업자들에 의해 만들어진 모델들의 범위 내에서 여전히 디플로마 유닛 9의 텍토닉적 접근을 하며, 콜하스는 요소들이나 전체 부분들을 발견하고 그것들을 수정한다 – "뒤집고, 결합하고, 절단하고, 이식하는 방식".[115] 그러므로 플로락 랜드의 주택과 유사한, 떠있는 상자는 브로이어 건물의 상부에서 비틀린다; 그것은 그것을 향해 위로 놓인 비정형 솔리드를 통해 엘 리시츠키의 트리뷴의 격자 구조와 같이 경사가 져서 프리즘적으로 좁은 받침대 위에 놓여진다; 혹은 솔리드가 통합이 되었으므로 비정형의 받침대 위로; 혹은 브로이어의 건물은 브라운스톤의 파괴를 요구하며, 또 다른 조각적 작품, 즉 프리즘적, 결정체적, 혹은 굴곡진 솔리드의 그룹과 측면을 접한다.

OMA는 또 다른 비정형의 다면체 솔리드를 얻으며, 받침대와 같이 파사드가 경사져서 떠 있는 상자로 결론을 지으며, 브라운스톤과 브로이어의 미술관 사이에서 비정형의 받침대가 발전하게 되는, 소위 "원형"(prototype), 혹은 "OMA 별관"이라는 해결책을 선택했다. 건축 법규에 의해 허용된 최대 볼륨의 연구는 원형의 어떤 구역에 대한 재구성을 위한 기초로 사용되며, 페리스와 같이 가상의 볼륨으로 이끌었는데, 그러므로 그것은 예술적 형태로부터 건축 법규에 이르기까지 서로 다른 지침의 산물로 되기 시작했다.

다음의 계획 단계 동안 OMA는 AMO에 의해 수행된 연구들, 브라운스톤의 보존, 부분적으로 다면체 솔리드의 원래 형태를 위한 기초 등을 통해 구축 가능한 볼륨의 환원을 제시하거나 정당화함으로써 비정형의 형상을 유지하려 애쓰며, – 예를 들면 – "원

114) Koolhaas, cit. in Shohei Shigematsu-OMA, *New Whitney, in OMA/Experience©*, in ""A+U"", 2003, No. 398, (special issue), p. 16.

115) Ibid., p. 10.

116) Ibid., p. 16.

그림 472-473. 렘 콜하스/OMA, 휘트니 미국 미술관 확장 계획, 945 매디슨 애비뉴, 뉴욕, 2001-02, 오브 어룹과 협업. 단면과 뉴휘트니 모델.

형"(prototype) 안에 기능적 프로그램을 주입하는 것의 가능성을 시험했다. 비정형의 볼륨으로부터 미술관 프로그램까지의 이런 처리 방식은 콜하스로 하여금 OMA의 한 부분의 창조적 과정이 이 지점에서는 조각적 형태의 영역, 즉 빌바오 구겐하임에 의해 상징적으로 재현된 영역 속으로 이동하는 것이라는 점을 인식하며, "원형"이 "OMA의 역사에서 최초의 형식주의적 계획"[116]이었다고 주장하도록 이끌었다.

뉴휘트니는 세 개의 구별되는 유닛으로 구성되어 전시 기능의 조직을 위한 기초를 형성한다: 브라운스톤은 2차 세계대전 이전부터의 미술품을 소장하며, 그것은 적절한 크기의 방들에서 보여진다(참조는 소온[Soane]의 미술관 모델로 만들어진다); 브로이어의 미술관은 그 큰 공간 속에서 전후의 작품들을 보여주는데, 그것은 전반적으로 더 크다; 마지막으로 "OMA 별관"은 "경험 공간"의 상업적 공식으로 인해 옆으로 비켜난다(창고, 식당, 카페, 서점과 새로운 전시실들). 별관은 브라운스톤의 위로 경사진 선을 따라 바깥쪽으로 확장되는 가운데 블록 내의 간격으로부터 성장하며, 그것의 캔틸레버된 결론에 다다라 더욱 경사진 선들과 함께 브로이어의 미술관 위로 발전된다.

오브 어룹과 파트너스와 함께 발전된 "OMA 별관"의 구조는 브로이어의 미술관과 같이 보여지는 노출 콘크리트로 된다. 그것은 제브뤼헤 터미널과 유사하게 "벽/피부 구축", 혹은 "튜브 구조"[117]를 만들어내며 비정형 다면체 솔리드의 면들을 따라 위치한다. 이 구조는 카사 다 무지카에서와 같이 슬래브로 지지되며, 그것들이 하중으로 인해, 그리고 실내와 시야를 형성하기 위해 특별하게 구불거리게 되는 구역들에서, 플로락의 상자와 같이, 구조적 띠들 사이에 위치하는 개구부들로 구멍이 뚫린다. 떠있는 상자—혹은 "OMA 별관"의 괴물과 같은 신인동형주의로 인해 콜하스와 그의 동료들이 그것을 부른 식으로 "머리"—에서, 마지막 디자인 단계의 배경을 형성했던 2001년 9월 11일 쌍둥이 타워의 붕괴 이후에 "광기 어린 뉴욕"을 보여주기 위해, 두 개의 긴 수평 창들이 2m 정도 높이로 바닥과 같은 높이에서 잘린다.

"타워—우리는 오브 어룹과 파트너스 스튜디오가 마련한 리포트를 읽는다—는 질감이 나고 구멍이 뚫린 철근 콘크리트 벽들을 가지는 솔리드 요소로 예상된다. 콘크리트의 연속적 피부는 프레임된 구조에 비교해 상대적으로 유연한 개구부 배치를 허용한다. [...]. 표피를 통한 두 가지 다른 종류의 개구부들이 있다. 첫째로 인근의 갤러리, 계단과 엘리베이터 등등으로 접근하기 위한 주 개구부들이 있다. 이 개구부들은 제 위치에 상대적으로 고정되어 있으며, 그것들이 높은 스트레스를 받는 구역에서는 생기지 않는다는 것을 확인하기 위해, 가능한 곳에서 비록 어떤 수정들이 만들어졌을지라도, 이것이 항상 가능하지는 않았다. 이 개구부들의 어떤 것들의 크기와 위치는 그것들이 표피 위 스트레스의 전체적 흐름에 영향을 미친다는 것을 의미한다. 두 번째 유형의 개구부들은 창문형 개구부들이다. 이것들은 더 작은 개구부들이며 그 배치에서 더 유연하다. 전형적으로 이것들은 카페와 식당들이 위치한 타워의 중앙 구역 주위에서 일어난다. 건축적 주제는 이 구역들 내에 구멍 뚫린 '베일과 같은' 구조를 창조하려는 것이었다. 국부적 스트레스 집중을 최소화하기 위해 이 개구부들은 자신들의 크기와 방향의 선택을 이끌기 위해 표피 내의 스트레스의 흐름을 사용해 모델화 되었다. 제거되었거나 활성화 된 부하들 아래에서 표피 내의 주요 스트레스들을 위한 벡터 플롯을 사용해, 개구부들은 주요 스트레스 방향들과 거의 같게 방향 지어졌다. 개구부들의 상대적 크기는 스트레스들의 규모에 연관된다".[118]

117) Ove Arup & Partners, *Concept Design - Engineering Report, December 2001, in OMA/Experience©*, in ""A+U"", 2003, No. 11, p. 66.

118) Ibid., pp. 67, 73.

2002년에 "OMA 별관" 계획은 쌍둥이 타워의 붕괴 이후에 그것이 단순히 비정형적 불가사의 보다는 다른 의미를 취했기 때문에 결국 포기되었다: 그것은 "불안정해 보였다".[119] OMA는 세워지지 않을 계획이었던 샌프란시스코의 프라다 시설을 위한 동일한 시기의 OMA 계획으로부터 어느 정도 취해진, 서로 다른 정형의 적층된 프리즘들로 구성된, 브라운스톤들의 광장 안에 세워질 타워의 형태로 또 하나의 계획–소위 "계획안 B"–을 발전시켰다.

B안의 발전을 위해 OMA 그룹이 준비한 일련의 모델들은, 각각이 이전의 작품들이나 여전히 연구되고 있는 것에서 발전된 디자인 기준들을 표현하는, OMA 전형의 연구 노선을 따라 그룹지어질 수 있는 해결들의 범위를 한정한다: 시애틀 도서관에서와 같이 플랫폼들과 교대되는 상자들이나 쌓여진 상자들; MoMA를 위해 제안된 "삼각형"의 모델에 기초한, 뾰족한 터미널을 가진 투명한 타워들; 피노(Pinault) 재단을 위한 계획에서와 같이 다른 상자들이 주입되는 거품 같은 포세 매스들; Y2K와 같지만, 단순한 터널 대신 C자 형상의 형태를 창조하며 제거되는 거대한 부분을 가지는 비정형의 다면체 솔리드들; 헤이그의 복합 건물(율리아나 여왕 광장[the Koningin Julianaplein])을 위한 이 동일한 기간 동안 개발되고 있는 계획들에서와 같이, 절벽 내의 벌어진 틈들과 같이 기초에서 경사진 수직적 절단을 가지는 작은 탑이 있는 프리즘들; 에두카토리움에서 적용되었던 기준에서 확장되거나, 베이징을 위해 개발되고 있는 계획(TVCC)에서와 같이 기초와 측면, 지붕들을 따라 달리는 연속적 외피를 형성하기 위해 싸여지며, 또한 슬래브와 플랫폼들을 창조하기 위해 몇 번 접히는 평면.

OMA는 이 해결책들을 그들의 주요 형태에 기초한 이름들로 세 가지의 계획안들로 그룹지었다: "C", "타워", "상자들". 간격들로 분리되어 잘려진 타워를 암시하며, 서로 다른 형상을 지닌 세 개 솔리드들의 적층으로 구성된 "세 개 상자"로 정의되는 안은 콘크리트로 된 불투명한 상부 부분이 다른 것들 중에서 이미 헤어조크와 드 뫼론에 의해 실험된 텍토닉 주제로 되돌아가는 반면, 기초가 브라운스톤과 같은 높이를 가지고 녹색 유리 패널로 덮이는 단 두 개의 상자들을 포함하도록 더욱 단순화되었다. 불투명한 상자는 쿤스트할 I 계획에서 콜하스가 이미 개발한 메커니즘 덕분에 네 개의 이동식 슬래브를 가진다; "유연한 공간"을 가지는 단일의 거대한 허공–보잉 747의 앞부분을 포함할 정도로 충분히 거대한–을 만드는 것도 역시 가능할 것이었다. 이동식 슬래브들은 마지막 버전에서 단 하나로 환원되었는데, 거기서 두 개의 상자는 브로이어의 미술관으로 연결되는 오디토리엄을 창조하도록 의도될 수 있는 허공으로 분리된다–쿤스트할 I에서 이미 개발되었던 또 하나의 해결책. 마지막 디자인에서 상부의 상자는 OMA가 계획안을 구축하기 위해서가 아니라 패션 회사의 결정을 따르며 샌프란시스코의 프라다 시설을 위해 발전시켰던 커버로 덮여진다. "[...] 실현되지 않은 디자인들의 부분들은 다른 계획안들에서 실현된 것으로 발견될 수 있다", OMA 기록은 발표한다.[120] 그러나 2003년 2월 휘트니 경영진은 미술관의 확장을 위해 평면들의 임시적 중단을 발표했다.

뉴휘트니가 프로그램과는 독립적으로 만들어진 형태의 기능적 잠재력의 발견을 재현한 반면, 다른 한편으로 LACMA는 전문가와 미술관 큐레이터들과 만나는 동안 프로그램의 분석을 수정 발전시키고 그것의 중심적 중요성을 확인하려 했다.

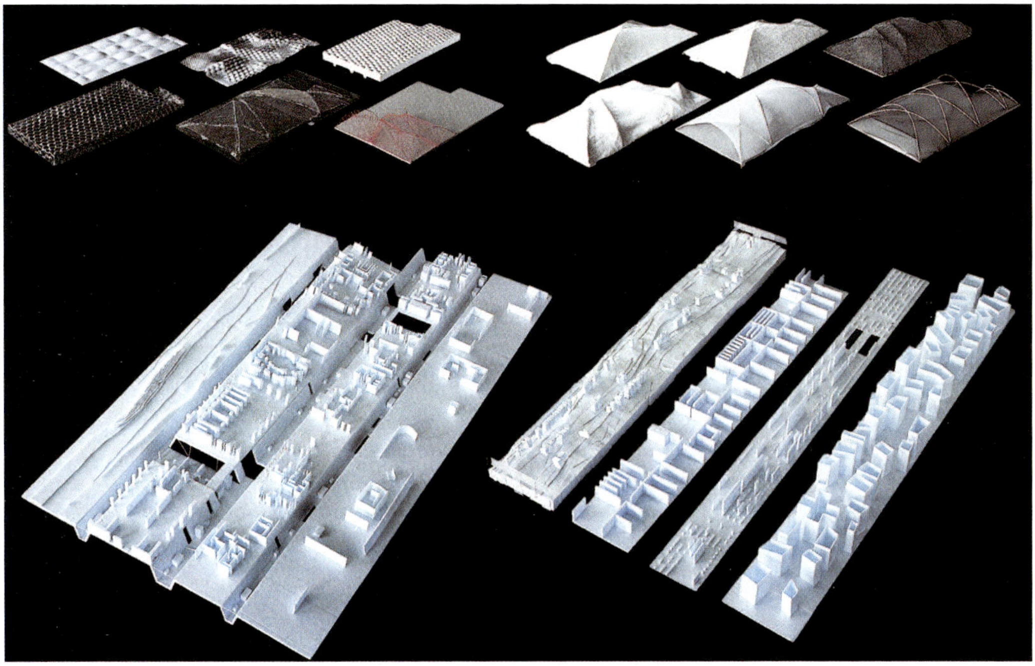

그림 474. 렘 콜하스/ OMA, 휘트니 미국 미술관 확장 계획, 945 매디슨 애비뉴, 뉴욕, 2001-02, 오브 어룹과 협업. 두 번째 계획, 혹은 B안.

그림 475-476. 렘 콜하스/ OMA, 카운티 미술관 확장 계획, 행콕 공원, 로스앤젤레스, 2001-02, 오브 어룹과 협업, 모델들.

"하부구조적 개념"[121] 의 결과적 정의는 뉴휘트니와 빌바오 구겐하임의 형태주의에 도전한다.

"아무도 실제적으로 미술관[빌바오의 게리가 디자인한]—OMA 보드의 구성원이자 LACMA 계획의 감독인 스케렌(Scheeren)은 2003년에 말했다—안에 무엇이 포함되어 있는지 말하지 않았으며, 단지 그것이 거기에 있고, 어떻게 보이는지에 대해서만 말했다. 그것은 일종의 현상학적 전이였다—그것은 형상과 외양이 내용을 대신했거나, 혹은 실제로 대체했다는 것을 의미했다. 나는 부분적으로는 의식적으로, 부분적으로는 잠재의식적으로 LACMA에 대한 우리의 제안이 이런 것에 대한 반대 입장을 분명히 하려 노력했다고 생각한다. LACMA 제안은 주 개념으로서의 형상을 포기하고 미술관의 내용을 실제 주제로 인정하는 프로그램적 배합으로 되돌아간다. 우리는 LACMA를 실제 건물보다는 일종의 하부구조로 더 논의했다. 우리는 형태를 창조하지 않고 오히려 그 내부에서 일어나는 일련의 것들을 가능하게 할 일종의 특징들을 가지는 공간을 창조하는 것에 대한 인식을 선언하는 용어법에 진정한 흥미를 가졌다".[122]

새로운 구축에 예산의 35%를, 1965-1988년 사이에 세워진 미술관 파빌리온들의 재건축에 65%를 사용할 것을 요구하는 현상설계 지침에 제시된 요구 사항들과는 반대로, OMA는 그것들을 기초 밑으로 해체하고 폐허들을 재조합하는 데에 30%의 예산을, 이 폐허들에 의해 형성된 기초 위로 두 개의 커들을 보태는 데에 67%를 사용할 것을 제안했다. "분리", "리모델", "소모" 에 반대되는 "합병", "재구축", "총망라" 등이 파빌리온들의 기존 시스템을 더 낫게 사용하기 위한 현상설계의 의도에 도전하며, 더 쉬운 논리적 전시 일정을 허용하게 될 통합된 복합 건물의 건설을 설

119) Shohei Shigematsu-OMA, op. cit., p. 18.
120) *OMA/Experience©*, in ""A+U"", 2003, No. 398, p. 6.
121) Ken Tadashi Oshima, *Interview with Ole Scheeren, partner at OMA, Rotterdam*, ibid., p. 104.
122) Ibid., pp. 102, 104.

명하기 위한 OMA의 키워드들로 되었다.

OMA는 그것의 "개념적 이미지"로 두 개의 평면 구형도를 선택했다. 하나는 대양에 의해 분리되고 고립된 파빌리온들의 시스템에 부합하는 대륙들을 보여준다; 다른 하나는 단 하나의 대양에 둘러싸이고 OMA 계획에 부합하는 판게아(Pangea), 즉 원래의 통합된 대륙의 매스를 보여준다. "예술의 역사가 연대기적 상응, 자율성, 영향과 수렴의 순간을 보여주며, 단일과 동시적 내러티브로 말해질 수 있는 거의 유토피아적 조건－OMA는 쓴다－을 상상해보라".[123)]

OMA는 라 빌레트 공원을 위해 개발된 켜들의 기준의 타당성을 재사고하며, 파괴된 파빌리온들의 폐허의 기초 켜 위로 첨가되는 단일 건물의 구축을 제안했다.

파빌리온들의 계획된 폐허는 단일의 덮개, "유기적 지붕"(Organic Roof)으로 보호되며 두 개의 다른 켜들, "미스식 중정"과 "백과사전적 고원"이 첨가되는 고고학적 층, 혹은 "폼페이식 기초"를 창조한다. 그 결과는, 맥코믹 캠퍼스 센터에서와 같이, 구제될 기존 파빌리온들 중 유일한 일본식 유기주의 파빌리온의 이식을 가능케 하도록 하나의 구역이 제거되었던 콤팩트한 장방형 평면이다.

세 개의 층들은 서로 다른 공간적 형상들에 부합된다. 폼페이식 기초는 상점, 작업실, 사무소, 서비스와 기술 공간들의 그룹이다. 미스식 중정은 내부에서 장방형 상자들이 오디토리엄과 전시 갤러리, 휴양 시설들을 포함하도록 창조된 기둥들의 기초적 패턴으로 만들어지는 전형적인 개방 공간이다. 마지막으로 백과사전적 고원은 아래의 미스식 중정을 위해 조명을 제공하는 더 좁은 띠들로 분리되어 네 개의 평행 띠들로 구분되며, 유기적 지붕으로 보호되는, 지지 기둥으로부터 자유로운 표피이다(띠들의 이러한 시퀀스는 아가디르 계획의 상부 켜에 기초한다).

고원에서 OMA는 네 개의 띠들로 되는 미술품 전시를 기획했는데, 그것들 중 세 개는 대륙들－아시아, 유럽, 미국－에 부합하며, "근대와 현대"라고 명명된 네 번째는 다양한 지리적 기원의 20세기 미술품을 포함할 것이다. 미스식 중정으로부터 방문객들은 전형적인 한 쌍의 콜하스식 에스컬레이터(상/하)를 통해 고원의 띠들, 즉 자신의 방문 일정을 선택하고, 다시 한 번 한 쌍의 에스컬레이터(상/하)에 의해 상부 레벨로 방문을 하게 되는 장소인 고원의 띠들로 십자형으로 설정되는 "오리엔테이션 갤러리"로 접근을 할 수 있다.

LACMA를 위해 제시된 모델이 더 이상 기대는 마천루 층들의 켜가 아니라 도시 가로와 블록들의 조직일지라도, 다이어그램과 그래픽은 다시 한 번 평행 띠로 구조화 된, 1970년대와 1980년대의 전형적인 OMA 계획의 패턴에 기초한다: 맥코믹 트리뷴 캠퍼스 센터를 고무시킨 폼페이식 티슈와 같은 "연결적 티슈".[124)]

고원의 띠들의 실내는 OMA가 느꼈던 형상적 문화가 전시 디자인과 전시되는 작품 사이의 감정이입을 설정하기 위한 시도 속에서 네 개 유닛들의 대리인이었던 것에 기초한다. 아시안 띠는 프리즘적 전시 케이스들이 선(Zen) 정원 내의 돌이나 식물들 같이 흩뿌려진 이상적 지형의 굴곡진 윤곽을 가진다. 유럽 띠는 고대 궁전에서와 같이 다양한 두께를 가지고 기념비적 문으로 연결되는 벽들로 형성되는 방들의 시퀀스이다. 미국 띠는 미스식 칸막이들과 프리즘적 전시 케이스들로 구성되는 연

123) Cf. [Koolhaas-OMA], *Pangea*, ibid., p.110.

124) Ken Tadashi Oshima, op. cit., p. 106.

125) 대상물들의 전시를 유지하는 가운데 세 개의 필터들이 태양광의 강도를 제어한다: 막 속에 주입되는 필터; 아치의 기공석에 위치하는 수평적인 "기술적 켜"; 조각의 경우에는 그것의 제거를 위해, 폐쇄된 "검정 상자"로부터 종이나 직물로 된 대상물들에 이르기까지 아우르는 각각의 단일 작업을 위한 필터.

속적 공간이다. 근대와 현대의 띠는 주택(현관, 복도, 방)이나 도시(도로, 광장, 건물)와 비슷하지만 프랙털 기하학-만델브로가 제시한 폐의 나뭇가지 형상 다이어그램에 대한 자유로운 버전-의 관점으로 해석되는 공간들의 패턴을 창조하기 위해 무작위로 배치된 비정형의 평면을 가지는 상자들로 채워진다.

OMA는 방문객들을 위해 연대기적이며 주제를 가지는 안내서를 제안했다. 각각의 네 개 평행 띠들은 연대기 순으로 구성되며, 방문객들은 하나의 용기 속에서 미술사를 배우며 시작부터 끝까지 하나의 띠를 따를 것인지, 혹은 같은 기간 동안 다른 대륙에서 일어나고 있던 것을 보기 위해 경로의 미리 설정된 지점에서 하나의 띠에서 다른 띠로 지나쳐 갈 것인지를 결정할 수 있다.

유기적 지붕은 주위를 따라 놓인 철제 튜브 내의 아치로 구성되고, 고원의 네 개 띠를 가로지르는 방문의 가능성을 제안하는 경사진 선들 속에서 서로 얽혀, 오브 어룹과 협업해 개발된 인장 구조물이다. 덮개는 다른 기능들(온도 보호, 조명[125] 등등)을 수행하도록 기술적으로 분화된 켜들로 설치된 막으로 구성된다. 안정화를 위해 필요한 이 막의 어떤 정착대들은 소온의 박물관에서 발견되는 것들과 유사한 효과로 더 낮은 층들에 채광을 가져오도록 비워진다.

율리아나 여왕 광장, CCTV, TVCC, 함부르크 하펜시티: 불가사의의 절정

뉴휘트니와 LACMA 계획에서 나왔던 형태/ 프로그램 딜레마는 이 주제에 대한 단 하나의 원근적 방향 속에서 OMA의 산물을 방향 짓게 될 결정적 해결과 만나지 못한 채 논쟁거리로 남았다; 어떤 경우에도 그룹의 목표는 작업의 시퀀스 내에서 형상적 응집력을 얻으려는 것은 아니었다. 놀라울 정도로 다른 기념비적 작품들을 위한 이 일련의 계획들은, 비록 이 형태들이 형상적 폭력과 힘으로 헤이그에서 베이징까지, 로잔에서 함부르크까지 자신들의 풍경에 항상 성공적 자취를 만들 수 있을지라도, 형태들의 발생을 위해 콜하스가 만든 기준과 참조의 다양성을 확인시켜준다. 주거 복합단지로부터 국영 텔레비전 방송국 본부에 이르기까지 각각의 프로그램은 S,M,L,XL의 크기를 따르자면 이 지점에서는 더 이상 분류될 수 없는 일련의 형태들의 창조를 위한 구실로 된다.

2002년 도시 정부를 위해 준비된 헤이그의 율리아나 여왕 광장으로 알려진, 주차장, 상점, 사무실, 주거 서비스 복합시설을 위한 계획은 역사적 도시, 중앙역과 공원 등을 가진 근대적 쿼터의 구역을 위한 것이었다. 그 평면은 안트베르프

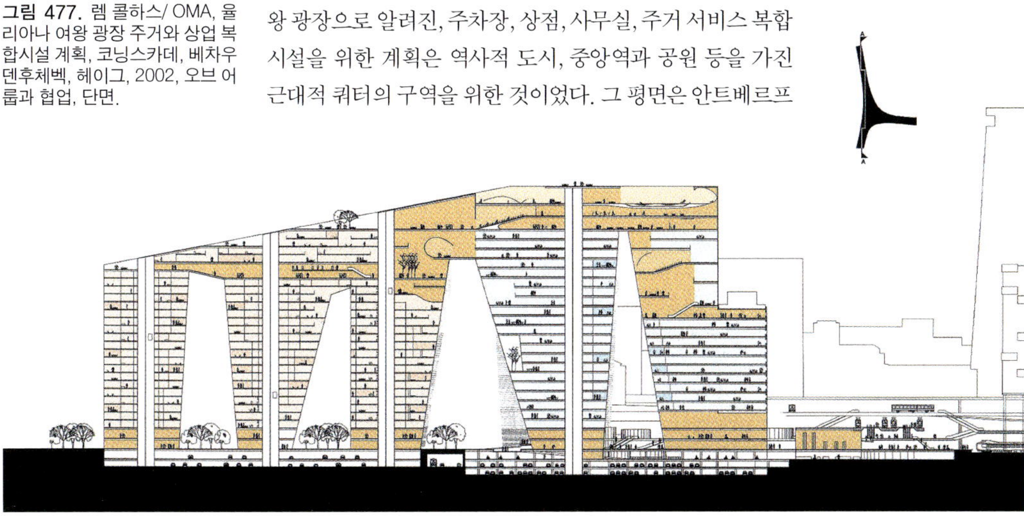

그림 477. 렘 콜하스/ OMA, 율리아나 여왕 광장 주거와 상업 복합시설 계획, 코닝스카데, 베차우덴후체벡, 헤이그, 2002, 오브 어룹과 협업, 단면.

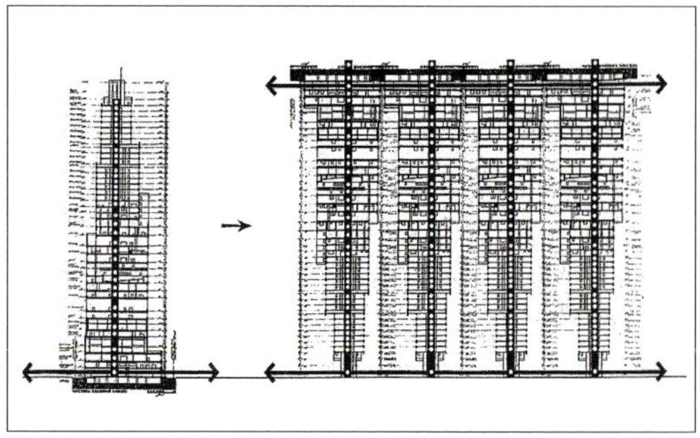

의 "돌고래"가 직접적 선례였던 도로 배치에 의해 만들어진 Y자 형의 형태를 가진다. 두 개의 팔들이 레인슈트라세(Rijstrasse)와 베차우덴후체벡(Bezuidenhoutseweg)의 교차점에서 역 앞의 광장과 경계를 가진다; 도시에 의해 제공되는 언급에 대항해 공원을 따라 연속되기 위해 삼분의 일이 베차우덴후체벡에 걸쳐진다. 인상적인 굴곡지고 분기된 벽은, 헤이그나 봄프예스 시청사에서와 같이, 각각 다른 기능—사무실이나 주거—인 기초를 향해 점점 가늘어지는 기둥들을 가지는 거대한 고가교로 변형시키는, 광대한 통행로로 잘려지며 미스식 커튼월로 덮인다. 율리아나 여왕 광장의 상부 구역은, 하이포-테아티너-첸트룸(Hypo-Theatiner-Zentrum)에서와 같이, 파내어진 보이드 속에서 만들어지는 공중 정원과 스포츠 시설들을 위해 마련된다.

콜하스의 편집증적 비판 방법의 창조적 과정을 유지하며, 율리아나 여왕 광장의 형상은 연속적 로비를 형성하기 위해 결합되어, 지면과 최상부와의 접촉을 줄이기 위해 위아래가 뒤집혀진, 다운타운 운동클럽의 많은 단면들의 병치에 기초한다. OMA의 한 다이어그램은 이 플랫폼 위로 시스템이 일련의 타워들에 의해 확장될 수 있음을 보여준다.

공원을 따르는 팔이 만들어질 수 없었음에도, OMA는 율리아나 여왕 광장을 조각적 토르소로 변형시키며 이 계획을 마치 팔이 절단된 듯이 표현했다. 미완성의 이러한 표현에 대한 콜하스 취향의 도해는, 공원을 향해 확장되는 팔이 있거나 없게 보이는 율리아나 여왕 광장의 모델을 가지는 부지의 포토몽타주와는 별도로, 미로의 비너스의 팔 없는 동상 사진의 몽타주에서 볼 수 있다.

OMA와 오브 어룹은 자연 환기와 채광을 확보하기 위해 공중 정원, 수직적 도관들과 열 수 있는 창들을 이용해 율리아나 여왕 광장을 "빌딩 생태학"으로 변형시켰다. 환상의 기술은, 「광기의 뉴욕」과 「기준층 평면」의 시기에 관련되어, 유니버설 본부 건물과 함께 우리가 이 계획을 두 번째 맨해터니즘의 기술적, 문화적 기초들의

126) "디자인 안—오브 어룹은 쓴다—은 공중 정원과 공공 프로그램의 켜 속에서 지상 레벨의 사회적 공간들을 창조할 것이다. 사회적 공간들은 물과 수목들을 포함할 것이며, 외부를 내부로 끌어들이는 것을 허용할 것이다. 정원들은 사무실과 주거 기능들에 걸쳐 자연 환기와 채광 사용의 확장을 위해 사용될 것이다. 그것들은 극단적인 직사광선과 냉기로부터 피할 미세 기후의 개발을 고무하고, 기후적 완충 장치로 작동할 원예학적 유형의 그물 스크린을 이용해 바람으로부터 보호될 것이다. 그것들은 건물과 도시 사이의 경계를 부수고 사람과 공기, 빛이 부지를 통해 자유롭게 움직이는 것을 허용할 것이다. 건물의 형태는 부지의 환경과 그것을 개량하는 것이 가능한 곳에 대한 그것의 영향을 최소화 하도록 개발되었다. 건축 재료는 그것들의 적합도와 낮게 구현된 에너지, 그것들의 미래의 재활용 가능성 등을 위해 선택될 것이다. 그 계획의 폐기물 발생은 공사 기간 동안 불필요한 굴착을 피하고, 재료들을 재활용하고, 건설 과정을 세심히 계획함으로써 최소화 될 것이다. 부지의 지하수는 시추공과 열펌프 등을 통해 난방과 냉방을 위해 사용될 것이다. 태양광 전지를 외부 스크린으로 통합시키는 가능성이 연구될 것이다. 이것은 방풍, 그늘, 전기 발전, 자연 채광과 환기 등의 기능을 포함하는 스마트 피부를 창조할 것이다. 유리 패널들이 외부 스크린이 제공하는 자연광과 그늘을 위한 파사드에 제공될 것이다. 정원은 자연광을 평면의 깊이 속으로 허용하도록 배치될 것이다. 맑은 공기가 파사드 내의 슬

그림 478-479. 렘 콜하스/OMA, 율리아나 여왕 광장 주거와 상업 복합시설 계획, 코닝스카데, 베차우덴후체벡, 헤이그, 2002, 오브 어룹과 협업, 모델; 다운타운 운동클럽의 뒤집힌 단면과 스터디 디자인.

위기의 상징으로 볼 수 있는 지점으로까지 마지막으로 변형되었다.[126]

베이징의 중심 업무 지구에 중국 중앙 텔레비전(CCTV) 본부를 위해 2002년 현상설계에서 당선된 OMA의 계획(건설의 완공은 2008년으로 계획된다)은 도로(2008년에 완공되는)에 의해 분리되는 두 개의 건물로 구성된다. CCTV는 대략 230미터의 높이이며, 이 구역에 계획된 300개 타워들 중의 하나이다(스튜디오, 녹화와 제작 기능, 사무실 등등을 포함하는 405,000 제곱미터); 텔레비전 문화센터(TVCC) 는 오디토리엄, 전시 공간, 방문객을 위한 안내 센터, 호텔 등을 포함한다(116,000 제곱미터).

CCTV의 형태는 "합성 안정성(composite stability)" 의 목적을 달성하기 위해 높고, 가늘고, 다양하게 경사진 건물들의 띠들의 조합으로 1990년대 말에 시작한 마천루에 대한 OMA 연구의 귀결점이다. 그것은 또한 혁신적인 구조적 형태 속에서, 콜하스가 비밀스런 심리적 이끌림에 끌려 맨해튼 마천루들을「만종」의 농부와 같이 서로를 향해 구부린 것으로 본, 초현실주의적 신인동형설의 절정을 재현한다. 1970년대 콜하스 문화의 초현실주의적 마그마 내의 이런 기원의 어떤 가시적 흔적도 CCTV의 디자인 과정 속에는 남아있지 않은데, 그것은 심지어 OMA에 의해 수학적 형상을 만들어내는 수행의 결과로 설명되기도 한다.

그러므로 새로운 타워는 뫼비우스의 띠와 모호하게 유사한 연속적 솔리드를 얻으려는 듯한 방식으로 비워진 스티로폼의 줄여진 피라미드, 혹은 에셔의 불가해한 드로잉들 중의 하나—콜하스가 설명했듯이, "하늘을 가리키기 보단 도시적 부지를 설정하는 수평적, 수직적 단면들의 연속적 고리" —로부터 나왔다고 말해진다.[127] OMA가 아시아 도시들을 위해 이전의 계획들에서 제안했던, 에스컬레이터와 플랫폼들에 의해 연결되는 타워들의 클러스터는 가소적 연속성을 창조하는 다중의 경사진 볼륨들을 가지는 단일의 타워로 진화한다. 클러스터로부터 단일 타워로의 경로는 기원의 단일 매스 내의 파내기— "수퍼 포말-포셰" 의 기준—로 대체되어, 부분들의 그룹핑 과정을 넘어서 감으로써 가능하게 된다.

두 개 타워 몸체들 각각은 다른 기능들에 부합한다: 첫 번째는 서비스와 연구, 교육; 두 번째는 방송. 허공 위로 매달리는 수평적 연결 몸체는 행정적 공간을 포함하며, 그것의 경사진 지붕은 옥상 정원을 만들기 위해 잘려진다. 정방형 플랫폼과 지하 부분은 녹화 스튜디오, 다이닝 홀, 체력 단련실, 기타 다른 서비스 용도를 포함한다.

미국 마천루 기준층의 일련의 특징들은 CCTV 두 개 몸체의 배치에 영향을 주는데, 거기서 화장실과 엘리베이터들이 중앙 핵에 집중된다; 관습적 타워들에 기초한 구조는 다양한 레벨들의 창조를 허용한다. 그러나 둘레 구조의 다양화된 패턴은 사선들로 채워지고, 스트레스에 따라, 그리고 뉴휘트니에서 이미 보여진 비정형의 논리적 디자인을 만들어내며, 내진 시스템을 만들려는 목적을 위해서도 어느 정도

라이딩 패널들을 통해 자연 환기로 제공될 것이다. 개구부들은 외부 스크린에 의해 직접적인 풍압으로부터 보호될 것이다. 더 깊은 평면 구역들은 계단실 코어 속으로 구축되는 환기용 굴뚝으로 될 것이다. 이것들은 파사드로부터 충관을 가로 질러 공기를 빨아들이고 지붕 레벨에서 그것을 내뿜을 것이다. 이 건물은 지하수 열펌프와 파사드 근처의 저열 방사체를 사용해 난방이 될 것이다. 전체의 공간은 외부 그늘을 이용해 과열로부터 보호될 것이다. 건설의 구조적 콘크리트는 발생하는 복사열과 대류열 교환을 허용하도록 사용되는 방에 노출될 것이다. 자연 환기와 식수가 결합되어 이것은 일년 대부분 쾌적한 조건을 제공해 줄 것이다. 경하중을 가지는 구역이나 자연 환기가 불가능한 곳은 냉각된 천장과 바닥 급기 환기 시스템으로부터 냉방이 제공될 것이다" (Ove Arup, *Environmental Strategy, in OMA/Experience©*, in ""A+U"", 2003, No. 398, p. 174).

127) OMA, cit. in K.L, J.E.C, *Koolhaas designs 80-story skyscraper for Beijing*, in ""Architectural Record" ", 2003, No. 3, p. 34.

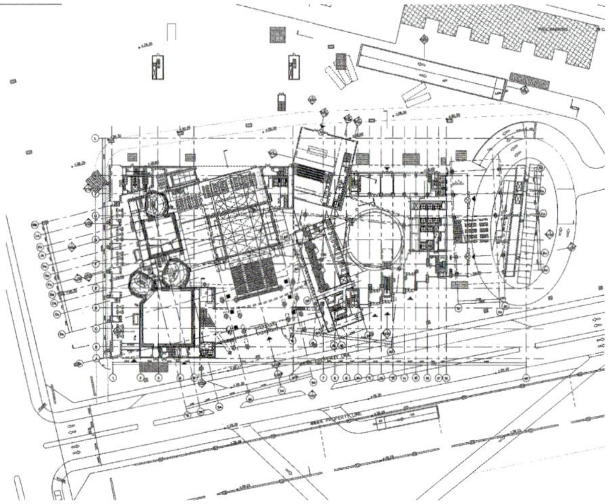

그림 480-483. 렘 콜하스/ OMA, 중국 중앙 텔레비전과 텔레비전 문화센터를 위한 본부, 베이징, 2002-08, 오브 어룹과 협업. 전경; TVCC의 평면과 모델; CCTV 평면.

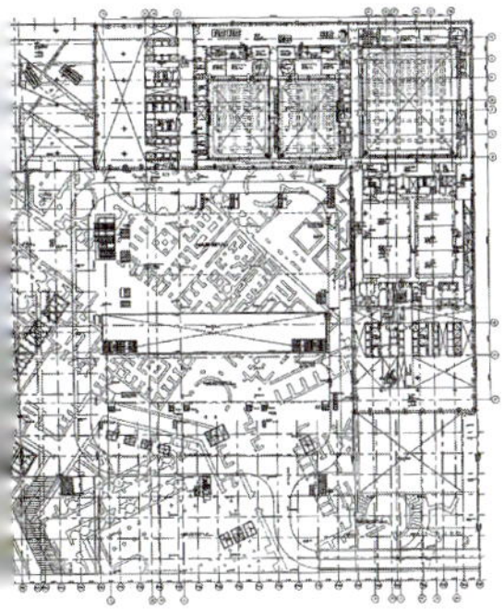

밀도 있게 된다. 결과적인 안–핵과 주변부, 그러므로 "메가-튜브"[128] 로 구성되는 구조–은 CCTV가 「기준층 평면」에서 일련의 마천루들로 결론이 났던 세계 무역센터의 쌍둥이 타워의 연속선상에 속하도록 만든다. 대신, 두 개 경사진 타워들 사이를 연결하는 수평적 구역은 다중의 다양하게 경사진 구조들로 횡단된다.

TVCC는 지면으로부터 측면을 따라 상부로 연속되며 솟아오르는 지붕을 가지며, 그러므로 종이와 같이 휘어지고, 콜하스의 "가단성 표면"(malleable surfaces)[129] 시리즈의 부분으로 된다. 지붕 아래에서, 더 낮은 건물과 지하에 수영장이 상부에 놓이는 극장, 볼룸, 호텔 리셉션을 위한 박스 등이 주입된다. 긴 목 부분에는 거대한 홀을 포함하며 호텔 방들의 상자들이 쌓이는데, 그것들 중 어떤 것들은, 아스토르 광장 호텔 연구나 헬리오 오이티치카(Hélio Oiticica)의 메타에스쿠에마스(Metaesquemas)에서와 같이, 자신들의 조합의 무작위성을 강조하기 위해 서로 다른 각도로 돌출된다. "그 방들–OMA는 썼다–은 CCTV와 CBD를 마주 보는 개별적 취침셀들의 화소식 부조를 만들어내며, 타워의 남측 파사드 평면을 향해 각각의 볼륨을 안과 밖으로 밀어 넣음으로써 구조의 유기적 자질을 분절한다".[130]

"가단성 표면" 이 작업의 기본적 구조인 듯 보일지라도 그것은 실제적으로 컨테이너들의 클러스터 위로 잡아당겨진 "두꺼운 켜" 이다. 그것이 없다면, TVCC는 1960년대나 네덜란드 구조주의의 작품들에서 발견되는 상자들의 집합의 후기 버전으로 될 것이었다(플럭-인 시티에서의 부착되는 셀들 역시 OMA 디자인을 위한 참조 요소이다).

TVCC는 유라릴과 심지어는 스핑크스 호텔을 위해 OMA가 디자인한 타워들을 닮으며, 반면 CCTV는 엘 리시츠키와 아이젠만, 스티븐 홀의 계획들, 그리고 솔 르윗의 조각들을 포함하는 듯이 보이는 연결선 상으로부터 나오는 듯이 보일 수 있다. 그러나 OMA의 심지어는 가장 추상적인 형태도 불가사의로 연속되며, 두 개 건물 모두 어떤 환상적 신화로부터의 존재와 같이 베이징의 파노라마 속에서 두드러진다- 비밀스런 만달라를 형성하기 위해 배열된 거북이와 용, 혹은 뱀. 두 가지 모두는 "중국적 자신감 속의 새로운 단계를 선언하며",[131] "전체 국민을 상징적으로 감싸는" "새로운 아이콘" 을 형성하려 시도하며, 맨해튼의 영웅적 타워들 같이, 콜하스가 "집합적 무의식" 의 "상징" 으로 되길 희망하는 새로운 중국의 마천루들의 스펙터클을 위한 길로 이끈다.

CCTV와 TVCC 주변의 대지–미디어 공원–를 위해 OMA는 역사적 평면들의 재현, 그 그룹이 개발 단계에서 종종 적용했던 기술로 실험을 했다. 피라네지가 그린 로마의 오래된 평면의 선들은 고고학적 공원을 창조하기 위해 120 센티미터 직경의 픽셀들로 변형되었다(각각의 원은 건축, 식물원, 도시 가구들의 요소로 될 수 있었다).[132]

128) [Koolhaas/OMA], *Structure*, in CCTV by OMA, in ""A+U" ", July 2005, special issue, p. 56.

129) "[...] 프로그램 개요에서 요구되는 모든 기능들은 느슨하고 임의적으로 보이는 방식으로 조합된다- 결합되고, 쌓이고, 박히는 볼륨들은 공공 프로그램들의 느슨하고 관통될 수 있는 축적을 형성한다. 이 조합물 주위로 감싸지는 표피는 본질적으로 형태가 없는 건물의 실제적 형태를 결정하고 실루엣을 그린다-명백한 불안정성의 동결틀" ([Koolhaas/OMA], *TVCC (Television Cultural Center), in CCTV by OMA*, in ""A+U" ", July 2005, special issue, p. 120).

130) [Koolhaas/OMA], *TVCC (Television Cultural Center)*, *in CCTV by OMA*, in ""A+U" ", July 2005, special issue, p. 149.

131) Koolhaas-OMA], *Loop*, in Content cit., p. 489.

132) Cf. *Inside-Outside – Petra Blaise, Tappeti dentro e fuori*, in ""Lotus international" ", 2006, No. 128, pp. 111-13. 미디어 공원의 CCTV와 TVCC의 밑에 물리적 설비 요소들을 포함하며, 무작위로 돌출된 볼륨에 고정되고, 커튼월로 덮이는 반지 형태의 서비스 빌딩 복합시설(2002-08)이 서 있다. 1990년대에 OMA가 세운 다른 기본적 주제들은 아시아 대륙을 위한 작품들 속에서 자신들의 방식을 발견한다. 그러므로 예를 들어 서울의 삼성 미술관 복합시설 (OMA가 1997년에 역시 마스터플랜을 마련한) 내에 2002-04년에 세워진 삼성 유아 교육, 문화 센터에서 "궤적", 램프, 바닥의 압출과 미끄러짐 등의 해결책(홀텐 주택의 모델에서의) 은 시애틀 공공 미술관에서와 같이 "사이 공간" 과 "플랫폼" 들을 만들어내고, 전시를 위해 사용되기 위해 장방형 평면의 상자가 주입되는 비정형적 형상의 건물을 만들어낸다.

그림 484-485. 렘 콜하스/OMA, 로잔 연방 정부 에콜 폴리텍 학습 센터 현상설계, 로잔, 2004.

그림 486-487. 렘 콜하스/OMA, 아스콧 레지던스 계획, 브락넬 포레스트, 런던, 2003.

2004년에 시작된 현상설계에서 학습 센터에 형태를 주기 위해, 로잔 연방 정부 에콜 폴리텍 캠퍼스의 오피스 시티와 CCTV를 위한 연구에서 하나의 단편이 개발되었다. 그 건물은 시애틀 공공 도서관에서와 같이, 프로그램 기능들의 리스트의 결과였던, 그렇지만 부지에 적응하기 위해 뱀같이 휘어지고 지면에 안착된, 긴 은유적 "띠"로 인식되었다(쿠트라이의 대학 띠-캠퍼스 역시 휘어졌다). 하나의 극단에서 띠는 주요 기능들이 주입되는 금속제 격자 구조물의 물리적 형태—"타워"와 길고 완만하게 경사진 "보"[133]—를 취하며 보행로의 교차점 위로 세워지는 뾰족한 다리를 형성하기 위해 솟아오른다. 그것은 호수의 파노라마를 향해 바라보며, 그것들이 "보"의 상부로부터 내려오듯이 길이 방향으로 점차적으로 증가하는 좁은 장방형의 계단식 플랫폼들 속으로 단편화되는 독서실들을 포함한다. 플랫폼들은 서로 다른 순환 시스템으로 연결된다—계단, 엘리베이터, 무빙 워크, 그리고 스키 리프트와 유사한 장치. 로잔의 풍경 속에서 그 첨점은 SOM의 로버트 맥매스(Robert R. McMath) 태양 망원경을 닮게 될 것이다. 그러면 학습 센터의 띠는 평평한 지붕 위의 스포츠장과 지하 주차 시설을 포함하는 과학, 기술 구역의 파빌리온들 앞에서 지면을 따라 지나가게 된다. 지붕은 폰타나의 "공간 개념"으로부터 직접적으로 인용한, 지하의 채광을 위한 세 개의 개구부들로 잘린다. 다른 끝 부분에서는 띠가 원형 극장을 포함하기 위해 약간 솟아오르고, 사회 과학과 인문학 구역을 향해 확장되며, OMA의 첫 번째 작품들에서와 같이, "건축적 멜로드라마의 미집필된 법칙"을 공연하는 건물들 사이의 프로이트식 끌림에 의해 여전히 구동되듯이, UNIL의 도서관과 대화를 한다.

"로잔 연방 정부 에콜 폴리텍의 학습센터—OMA는 설명했다—는 단지 캠퍼스만이 아니라 락 르망(Lac Leman)을 향하기도 하는 계단식 테라스를 가지는, 산과 같은 구성으로 형상지어진다.[...]. 캠퍼스의 기존 7.20 모듈은 조직적 유연성을 제공하기 위해 유지된다. 프로그램의 포괄적 요소들은 이 모듈 속에서 배치된다.[...]. 연결의 남쪽 파사드와 그것의 조경적 확장은 태양 전지들의 카펫으로 덮인다. 태양 전지들은 건물에 그늘과 전력 모두를 제공하도록 사용된다. 광전지 파사드로 만들어지는

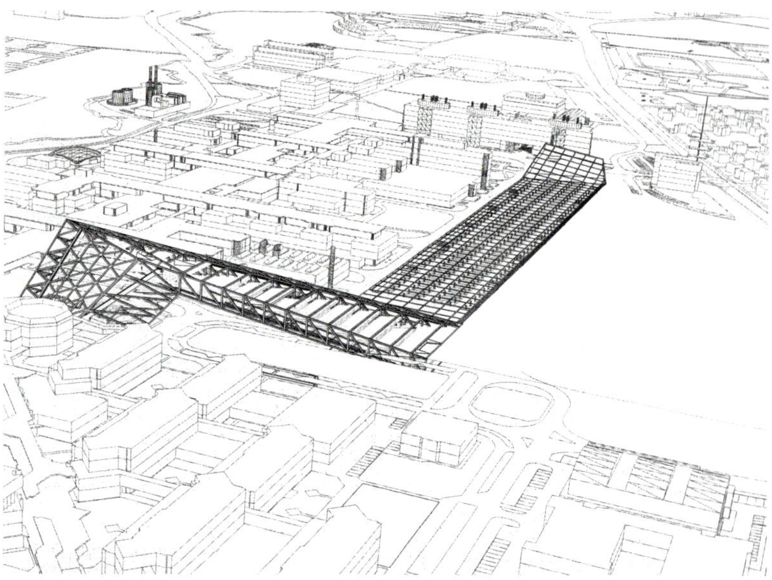

부산물로서의 열은 겨울에 건물에 의해 포획되고 여름에는 배기될 것이다. 에너지 효율적 기구와 자연 환기의 조합 속에서 이 시스템이 EPF 학습센터의 에너지 요구를 제공할 것이라 예상된다".[134]

OMA의 불가사의는 오브제들이 위치하는 예외적 위치의 결과일 수도 있다. 이것은 런던 근처 브락넬 포레스트의 조경 부지에 있는 아스콧 레지던스를 위한 2003년 계획의 경우이다. 계획의 첫 번째 버전에서, 담뱃불로 만들어진 스티로폼의 구멍과 같이, 불확정적 형태의, 중앙에 파티오를 가지는 정방형 프리즘으로 셀들의 그룹이 포함된다. 지역을 가로 질러 퍼지는 빌라의 전통적 형상은 수직적으로 동일한 볼륨을 위치시키며 그 끝부분에서 단절됨으로써 각각의 방은 조경의 직접적 시야를 가지며, 서로 다른 높이의 플랫폼들로써 파티오를 주택의 집합적 삶을 위한 구멍으로 만든다. 이것은 건물을 달걀로 변형시키거나 Y2K를 카사 다 무지카로 변형시키는 것과 같이, 콜하스의 전형적인 놀라운 수행들 중의 하나이다.

"전통적으로 – OMA는 쓴다 – 전원주택은 제멋대로 퍼져 나가고 수평적이며, 그것은 대지, 시야, 조경과 동일하게 밀접한 관계를 가지는 공간들을 결과한다. 우리의 초기 안을 90도 바꿈으로써 각각의 공간이 조경과 자신의 고유한 개인적 관계를 가질 수 있는 광대한 새로운 잠재력이 발견되었다. 일반적으로 관습적인 파티오로 되던 것이, 거주인들에게 예기치 못한 특별한 경험을 가져다주고, 동시에 프로그램의 매우 특별한 요구에 부합되는, 중앙 배치식 다층 레벨의 거주 공간으로 된다".[135]

불가사의를 만들어냈던 편집증적 비판 방법과 함께 니마이어의 작품에 대한 콜하스의 선호는, 오포르토에서와 같이, 그러니 카사 다 무지카와는 완전히 다른 형태로 함부르크 도시 구역으로 떨어지는 또 다른 운석이나 플래닛에서 확인된다. 이것은 2004년 항구를 위한 함부르크 하펜시티 디자인으로, 솔리드한 원형의 몸체 형태로 화산석과 같이 내부로부터 침식되어 두 개의 부분으로 잘리고, 그 각각이 서로

133) Arup, *Structural Statement*, in OMA, *EPFLC. Learning Center. Parallel Study Commission*, competition statement, 2004.
134) Ibid., n.p.
135) [Koolhaas/OMA], *Ascot Residence, Ascot, United Kingdom, 2003. Competition*, in "“El Croquis”", 2007, No. 134-135, p. 23.

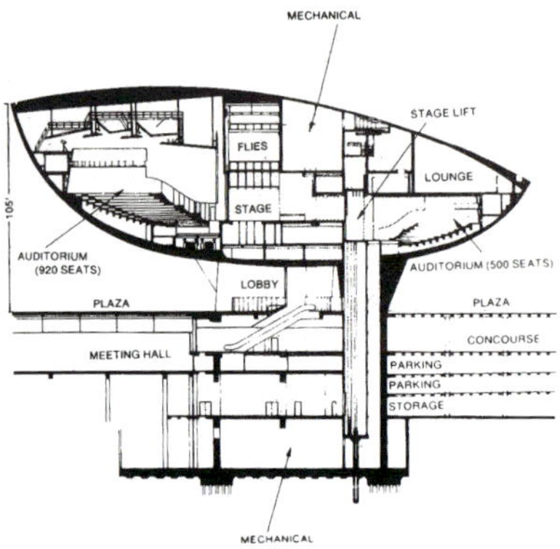

그림 488-489. 렘 콜하스/OMA, 함부르크 하펜시티 계획, 함부르크, 2004, 첫 번째와 두 번째 계획

그림 490. 월러스 해리슨(W.K. Harrison), 퍼포먼스 센터, 남측 몰, 1975.

그림 491. 오스카 니마이어, 상하원 건물, 브라질리아, 1956-63.

다르게 위치하지만, 브라질 상원과 하원을 위한 두 개의 반구에서와 같이, 자신의 원래 유닛을 보여주는 방식으로 위치한다(또 하나의 대상 역시 1975년 해리슨이 남측 몰에 디자인한, "달걀"로 알려진 퍼포먼스 센터를 닮는다). 두 개의 조각적 오브제는 프로그램의 기능을 포함하며(유람선 터미널, 호텔, 사무소, 컨벤션 센터; 극장, 수족관, 과학센터), 주차를 위해 지상 레벨 아래에서 넓고 평평한 받침대에 고정이 된다(이것의 모델은 카사 다 무지카이다). 두 개 오브제들 중의 하나는 수평적으로 위치하며, 다른 하나는 수직적으로 위치함으로써 구멍은 한 경우에 호텔의 대형 홀로 되고, 다른 경우에 극장의 실내로 된다. 이것은 아스콧 레지던스의 수평과 수직 두 개 위치의 가능성에 대한 연구에서 적용된 동일한 기준이다. 호텔을 포함하는 대상의 기능 조직은 제브뤼헤 터미널과 유사하며,-함부르크에서 역시 파노라마적 테라스는 바다를 바라본다.

두 개 오브제의 외피는 불규칙한 잘라냄들의 성운으로 구멍이 뚫린다(라 빌레트 공원에 뿌려진 "텍토닉 색종이 조각들"의 다른 표현); 개구부들은 뉴휘트니의 구조의 스트레스들로부터 파생된 것들과 유사하다.

프로그램에 적합한 예외적 형태의 추구는 메카 근처의 뉴 제다 국제공항을 위한 2005년의 계획에서 "유연한 표피"의 특별한 변양태를 결과한다. 두 개의 동심원적이지만 이동된 고리들은 중심을 벗어난 고리들에 기초한 배치-중앙의 보이드에는 녹색의 오아시스가 위치한다-와 함께 다른 기능들을 주최하기 위해 다양한 두께의 띠를 만들어낸다. 지붕 표피는 무용 극장의 현관에서 이미 예견된 공간적 원근효과를 만들어내며 다른 높이를 얻기 위해 완만하게 휘어진다. 두 개 표면들 사이에는 아가디르 컨벤션 센터나 에두카토리움에서와 같이 엘리베이터와 에스컬레이터

그림 492-494. 렘 콜하스/OMA, 뉴 제다 국제공항 계획, 메카, 2005.

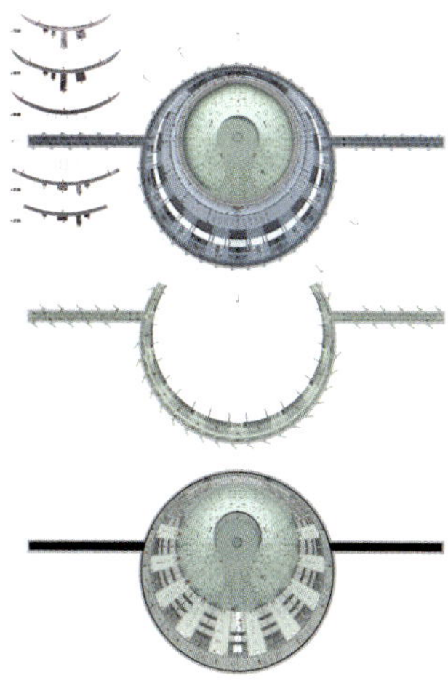

를 위한 유리 도관들과 원통형 기둥들의 숲이 있다. 일련의 기둥들은 달라바 주택이나 유라릴의 그랑 팔레와 같이, 오아시스의 야자수들을 따르는 환영을 전달하기 위해 경사진다. 굴곡진 표피 윤곽의 디자인은 브라질 건축에서의 일련의 정교하게 형상된 표피들을 닮는다. 로얄 파빌리온은 공항과 동일한 기준을 따라 구성되지만, 아랍 건축의 채광 효과를 연상시키는, 까다로운 디자인의 구멍 뚫린 표피로 덮인다.

불가사의로 되레 의도된 형상들과 동시에 OMA는 또한 포괄적 볼륨의 더욱 중성적인 형상의 실험을 계속한다. 알메레에서 블록 6에 의해 가정된 형태 속에서 이런 유형의 볼륨에 대한 변양태를 베이징의 베이징 신화(Xinhua) 서적 회사 본사를 위한 2003년의 현상설계에서 볼 수 있다. OMA가 정의하듯[136] "거대한 볼륨"은 문화 광장과 장안로 모퉁이의 장방형 부지에 위치하며, 정형적 패턴으로 구성된 기둥들 위에 슬래브들의 성층화를 포함한다. 이 슬래브들의 블록은 이제 Y2K 주택을 위한 제안에서 이론화된 솔리드의 절단 과정에 의해 획득된 두 개의 터널로 횡단된다("십자형 보이드 공간을 파내기 위한"[137]). 터널들은 그것들이 교차되는 부분에서 단부와 상부로부터 채광이 되며, 전형적인 19세기 유럽 도시와 같은 일종의 도시 쇼핑 공간들을 제공한다. 거대한 주 개구부 아래의 계단은 언덕의 원형 극장이나 로마의 바로크식 비행을 닮으며, 그랑 팔레나 맥코믹 캠퍼스 센터와 같이 다양한 기능들을 포함한다(좌석을 위한 계단들, 계단, 에스컬레이터). 블롱들식의 계몽주의와 팝 상징물들이 벌집 디자인과 함께 남아메리카식 브리즈 솔레이유(*brise-soleil*) 효과를 가지는 레진—각각의 부분이 유리로 폐쇄되는—으로 만들어지는 책장식 형태의 외피 속에서 반영된다.

댈라스의 디 앤드 찰스 와일리(Dee and Charles Wyly) 극장을 위한 2004-06년의 계획에서 OMA는 ZKM과 TGB의 프리즘들에서 이전에 보였던 밀집의 문화와 거대함으로 만들어지는 수직적 형태로 되돌아온다. 기능들은 ZKM에서 비렌딜 보의 사용에 의해 결정되었던 성층화를 피하며, 카디프만 오페라 하우스의 공장에서 발전되었던 텍토닉의 기준에 기초한 포괄적 볼륨에 집중된다. 일련의 불규칙한 물결 모양 접힘으로 형성되는 외피는 폴리카보네이트 패널들을 가진 그랑 팔레에 적용된 텐트 은유의 극단적 표현이다. 기계들의 사용은 OMA가 이미 헤이그의 파르드 반 트로예(Paard van Troje, 1995-2003)에서 실험했듯이, 극장의 기본적 요소(주 좌석 단면, 발코니 좌석, 무대, 조명, 등등)의 변형을 허용한다. 외피의 투명성은 심지어는 카사 다 무지카를 고려하며 원래의 방식으로 도시 건물들의 스펙터클한 시야를 위해 전체적으로 되며 정형화 될 수 있다. 콜하스가 선호하는 텍토닉 대비로 되돌아오는 가운데, 가벼운 포괄적 볼륨은 램프-광장에 의해 비워지는 석재 플랫폼 위에 안착한다. 그러나 플랫폼은 댈라스의 포괄적 볼륨이 가볍게 보이기 때문에 오포르토에서와 같이 휘어지지 않고 그것의 텐트로 감싸인다.

콜하스가 요코하마에 대해 썼듯이,[138] "프로그램적 용암과 같이 부지를 집어 삼키는" "연속적이며 무형태적인" 구조는 뉴욕 이타카의 코넬 건축, 미술 계획 대학의 밀스타인 홀(건설은 2007-09로 계획된다)을 위해 2006년에 시작된 계획에서도 볼 수 있다.

그 계획은 시블리(Sibley) 홀과 랜드(Rand) 홀, 파운드리(Foundry) 사이의 구역을 점유하며,

136) [Koolhaas/OMA], *OMA. Beijing Books Building. Beijing, China. Design: 2003 (competition)*, in ""GA Document"", 2004, No.79, p.85.
137) Ibid.
138) [Koolhaas-OMA], *Yokohama Urban Ring*, in ""El Croquis"", 1996, No.79, p.208.
139) Koolhaas/AMO, *The Gulf* cit., n.p.
140) Rem Koolhaas, cit. in *Milstein Hall design unveiled, chronicle online* (www.news.cornell.edu/stories/Sept06).

"공공 공간에 의해 서로 접착되도록 되는"[139] 기존 건물들을 향해 위로 올라가는 "프로그램적 용암"과 같이 위치한다. 그것은 에두카토리움과 맥코믹 트리뷴 캠퍼스 센터와 같이, 미술 도서관으로부터 강의 홀, 사무실, 전시 공간, 미팅 장소 등에 이르기까지 학생들을 위한 일련의 서비스들을 제공한다. 어떤 이벤트에도 적용할 준비가 되어 있는 비정형적 오브제의 자질을 가리키기 위해 콜하스는 르 꼬르뷔제의 공식을 사용한다: "기적의 상자"(boîte à miracles).[140] 이 "상자"는 세 개의 켜들로 이루어진다: "더 낮은 판", "더 높은 판", 중간적 켜, 혹은 "지상 레벨". "더 낮은 판"의 슬래브를 들어 올리는 것은 아가디르 컨벤션 센터에서 OMA에 의해 이미 시험된 양식을 따르며 입구와 컴퓨터실들의 창조를 허용한다. 이 슬래브의 한 구역은 뉴욕과 로스앤젤레스의 프라다 상점에서 물결들로 나타나는 것과 같이, 상부 슬래브와 서로 맞물린다. "더 높은 판"은 유리 파사드로 필로티 위에 부분적으로 들어 올려져, 「중단 없는 도시」의 평면과 같이 연속적이며 중립적인 상자로 된다. 로비와 오디토리엄은 경사진 계단식의 좌석을 만들기 위해 더 낮은 것 속으로 살짝 넣어짐으로써 두 개 슬래브들 사이에 위치한다.

2011년 개관을 위한 2006년의 리가 현대미술관 계획에서 OMA는 요소들을 사용하는 "프로그램적 용암" 개념의 또 다른 적용을 통해, 이타카에서와 같이 기존 건물을 감싸며, 부지를 연속적 매스로부터 나타나는 형상으로 변형시키는 미스식의 구조로 채운다—네덜란드 건축가 협회, 유라릴, 쿠르트레, 혹은 쿤스트할 I 계획들에서 돌출되는 볼륨들을 가지는 플랫폼 같은 것. 콜하스의 말들은 여전히 「엑서더스」를 위해 고안된 개념적 메커니즘을 반향한다: "우리는 새로운 건축물 속에 오래된 것을 삽입하고, 새로운 것에 연관된 공공 프로그램을 조직함으로써, 오래된 것이 항상 존재하지만 예술은 그것에 구속되지 않게 만든다".[141]

이 점에서 OMA의 "프로그램적 용암"은 정크스페이스의 또 다른 단편으로 변형되었다; 그것은 또한, 쓰레기 더미와 같이, 콜하스가 「덤프 스페이스」(*dump space*)에서 썼듯이 "공간적 조직의 가장 낮은 형태"로 되었다: 라고스 위를 나는 헬리콥터로부터 "거대한 도시적 쓰레기 더미"로 된 이후의 「질서로부터의 자유」(*freedom from order*).

「덤프 스페이스」는 슈비터스의 「메르츠바우」쓰레기로부터 시작해, 새로운 도시적 형태로서의 정크 문화와 아키줌이 상상한 쓰레기 더미로 옮겨 가고, "메트로폴리스 건축"을 관통하며 정크스페이스에 도달하는 무형태의 20세기 예술사의 또 다른 한 장이다.

그림 495. 렘 콜하스/ OMA, 베이징 신화 서적 회사 본부 현상설계, 베이징, 2003, 오브 어룹과 협업.

그림 496. 렘 콜하스/ OMA, 디 앤드 찰스 와일리 극장 계획, 댈라스, 2004-06.

그림 497. 렘 콜하스/ OMA, 코넬 건축, 미술 계획 대학 밀스타인 홀, 이타카, 뉴욕, 2006.

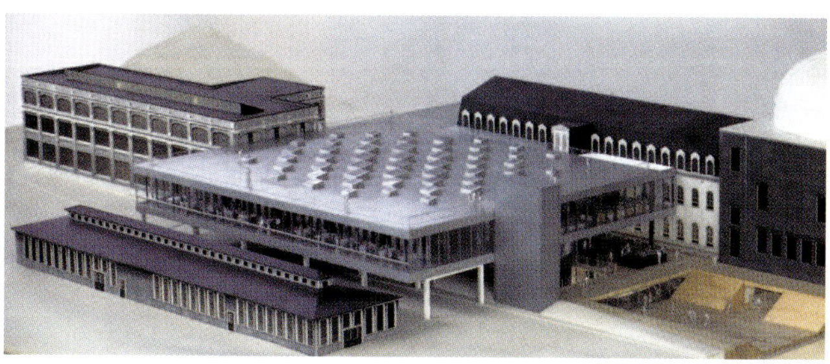

141) Rem Koolhaas, in www.earchitect.co.uk/riga/ltaviamuse umbuilding.htm. 리가를 위해 OMA 역시 포르트의 마스터플랜을 발전시켰다. OMA의 2006년도 다른 계획들 중에서 우리는 다음을 언급해야 한다: 베이데벨드(Wijdeveld)의 유토피아적 계획(2020년으로 계획된)과 코펜하겐의 덴마크 건축 센터 디자인에서와 같이, 타워들에 의해 분절이 되는 터널을 이용해 로테르담과 헤이그의 연결을 요구하는 빙크호르스트(Binckhorst) 마스터플랜.

"순수한 축적—콜하스는 쓰레기 더미에 대해 쓴다—그것은 무형태이며 불확실한 경계와 위치를 가진다. 쓰레기 더미의 표면은 내용물의 단지 한 부분만을 노출시킨다; 쓰레기 더미는 기본적으로 일관성이 없으며 예측 불능하다.[...]. 쓰레기 더미는 억압, 선택, 양식의 폭정으로부터 자유롭다".[142)]

정크스페이스

바닥 공간과 기준층 평면의 정의 이후에 콜하스는 소비 사회의 쓰레기들의 조합에 기초를 둔 네오 다다의 창조적 과정에 초점을 맞춘, 뉴욕에서 1961년에 열렸던 전시 「앗상블라주의 미술」(*The Art of Assemblage*) 을 따르며 나타났던 정크 문화에 기초한 용어, 정크스페이스란 말을 만들었다. 콜하스는 "서랍, 찬장, 다락, 쓰레기통, 도랑, 쓰레기 분류장, 도시 쓰레기 처리장들"[143)] 내에서 쌓이며 쓸모없이 된 대상물들에 대해 로렌스 앨로웨이(Lawrence Alloway)가 1961년 출판된 아티클 「정크 문화」(*Junk Culture*)에서 쓰인 것을 반영하며, Y2K[144)] 의 서비스 공간의 속성들 가운데에 "정크"란 용어를 첨가했다.

2000년에 콜하스는 그때까지는 그가 설명할 수 없었던, 기준층 평면, 거대함, 포괄적 도시, 그리고 무엇보다도 쇼핑 등의 본질을 재현했던 그런 공간의 자질들을 정의하는 것을 목표로 했던 「정크스페이스」의 첫 번째 버전을 출판했다.[145)] 정크스페이스의 개념은, 그것이 2차 세계 대전 이후 기간의 예술적 아방가르드들의 전형적 과정에 기초한 "고전적 공간"의 부재이듯이, 건축적 구성의 기본적 기준을 부정한다: "위계를 축적으로 대체하며, 구성을 첨가로 대체한다"; 그것은 디자인되지 않고 "협업"에 의해 만들어지며, "창조적 양산"에 의해 생명을 얻게 된다. 그것은 "지구를 덮는 거대한 안전 이불"을 만들어내는 "사이 공간들"의 합계이다; 그것은 쇼핑센터, 공항이나 라스 베거스의 띠에서와 같이 어떤 유형의 건물의 정체성도 흩뿌리고 집어 삼키는 실체이다.

"연속성"은 "벽들"을 "칸막이들"로 변형시키고, "투명성", "구조"의 가시성의 감소, 일시적이고 경량인 전면 패널들의 모자이크에 의해 가능하게 되는 정크스페이스의 "본질"이다. 기준층 평면과 깊은 평면에 대한 콜하스의 고려로부터 이미 나타났듯이, 정크스페이스의 실현을 위한 기본적인 기술적 요소는 "끝이 없는 건물을 만들기 시작했던" 공기 조화이다.

"건축이 건물들을 분리시키는 것이라면, 공기 조화는 그것들을 통합시키는 것이다. 공기 조화는 건축이 더 이상 따를 수 없는 공존과 조직의 돌연변이적 체제를 강요했다. 중세 시대에서와 같이, 단일의 쇼핑센터는 이제 세대들의 작업이다; 공기 조화는 우리들의 성당을 만들거나 파괴한다. 그것의 단가로 인해 돈은 더 이상 자유롭지 못하고 공간이 필연적으로 조화된 공간으로 되도록 조건지었다; 조만간에 모든 조화된 공간은 정크스페이스로 바뀐다".[146)]

정크스페이스가 "볼트와 돔"에 기댄다는 사실은「광기의 뉴욕」에서 보여진 글로브 타워와 수정궁의 구체의 상징적 의미의 관점에서, "오브제들, 사람, 도상, 상징주의들"[147)] 을 공존시키고 축적하기 위해 "텅 비어진", 계몽주의식 "세계의 복제"로 해석될 수 있다.

142) Rem Koolhaas, *DUMP SPACE: Freedom From Order* (2003), in www.wired.com.

143) Lawrence Alloway, Junk Culture, in ""Architectural Design"", vol.XXXI, 1961, No.3, p.122. 건축에서의 정크의 용어에 대해서는 다음을 참조할 것; Peter Blake, *God' 's Own Junkyard: The Planned Deterioration of America' 's Landscape*, New York, Holt, Rinehart & Winston, 1964.

정크스페이스의 물질적 경계의 제작과 조합의 묘사는 젬퍼와 비올레 르 뒤크의 이론으로 시작한 베를라헤가 주도한 재료들의 직조와 접합의 의미에 대한 네덜란드식의 비판적 반영의 부분이다. 콜하스는 이러한 반영을 리처드 세라(Richard Serra)가 만든 동사들의 리스트와 같이, 창조적인 예술적 과정들에 관한 현대적 이론들과 조합한다. 그가 「정크스페이스」에서, 건축 기술에서의 문화적, 사회적 불안정성의 더욱 일반적 개념의 물질화로 되는 접합의 주제에 대해 쓰는 것은 의미심장하다:

"모든 물질화는 임시적이다: 자르기, 휘기, 찢기, 코팅, 구축은 양복 재단과 같이 새로운 부드러움을 요구했다... 접합부는 더 이상 문제가 되지 않는다: 전이적 순간들은 온전한 표피의 환상을 거의 유지하지 않는 호치키스 봉합과 테이핑, 주름진 갈색 밴드 등으로 정의된다; 건축사에서는 알려지지 않은 동사들; 죔쇠 고정, 붙이기, 접기, 투척하기, 접착하기, 겉지 씌우기, 녹이기 등은 필수적으로 되었다. 각각의 요소는 협의된 고립 속에서 자신의 임무를 수행한다. 한때 세부 장식이, 아마도 영원히, 이질적 재료들이 함께 오도록 제안했던 곳에서, 그것은 이제 해체를 기다리고, 나사가 풀린, 임시적 결합이며, 그 어떤 구성적 부분도 살아남을 수 없는 일시적 감싸기이다; 더 이상 차이들의 조율된 조우가 아니라, 교착 상태이자 시스템의 갑작스런 종말이다".[148]

전형적인 정크스페이스에 대한 묘사에서, 콜하스는 '궤적'(trajectory)이라는 용어를 사용하는데, 그것은 그의 작품들에 포함된 궤적들과 유사한 특징을 가진다. 그것을 일종의 매혹적 시체로 만드는 방향의 갑작스런 변환이 공간 속에서 실행되는데, 그곳에서는 약간의 양상들이 하나의 시퀀스를 다음으로 연결해준다; 그것은 심지어 「광기의 뉴욕」의「궤적」이라는 제목의 부분에서 서술된 룹-더-룹(Loop-the-Loop)과 같이, 코니아일랜드의 일련의 현기증 나는 경험들을 닮는다(룹-더-룹은 1883년에 발명된 놀이 기구로, 나중에 롤러코스터로 변형된다). 오로지 「정크스페이스」에서 설명된 궤적의 관점에서만, 우리는 베를린 네덜란드 대사관의 궤적의 캔틸레버 된 부분들과 뉴휘트니 원형의 끝 부분에 있는 유리 바닥, 무용 극장의 공중 바로부터 균형을 잡는 플랫폼, 달라바 주택 수영장의 보행로, 유라릴 역과 제브뤼헤 터미널, 시애틀 공공 도서관의 현기증 나는 피라네지적 공간, 생 클로드와 플로락 주택의 불안정한 균형 내의 비대칭적 구조, 알루미늄, 폴리카보네이트, 플라스틱 콘크리트의 반사되거나 투명한 표피들의 은유적 의미를 완전히 설명할 수 있다. 정크스페이스는 파리 신작로의 군중 속에서 보들레르가 느꼈던 현대 시대의 심연의 현기증이 이제, 그것이 역시 "메트로폴리스 건축"으로 되었듯이, 또한 실내로 침범했음을 보여준다.

"궤적들—우리는 「정크스페이스」에서 읽는다—은 램프로 시작되어 어떤 경고도 없이 수평적으로 돌아가고, 교차하고, 밑으로 접혀지고, 갑자기 거대한 허공 위의 발코니 위로 나타난다.[...]. 에스컬레이터는 당신이 특별함이 없는 원천들에 고무 받고, 플라스터의 일시적 시야를 바라보며, 기념비적인 화강암 계단을 통해 들른 갑작스런 막다른 곳으로부터 당신을 미지의 목적지로 데려다 준다".[149]

"이론적으로—콜하스는 쓴다—각각의 거대 구조는 호환될 수 있는 입자의 각자 자신의 하부 시스템을 낳으며, 걷잡을 수 없는 화학적 결합의 우주를 창조하려 한다. 정크스페이스에서 목록들은 바뀐다: 그것은 개념이 없이 단지 평면이나 패턴을 추구하는

144) Cf. *OMA. Y2K. Private residence, Rotterdam. Rotterdam, The Netherlands. Design: 1999*, in ""GA. Houses"", 2000, No. 63, p. 19.

145) Koolhaas, *Junkspace* cit., pp. 17-24.

146) Ibid., pp. 17, 18.

147) Koolhaas, *Delirious* cit., pp. 59, 20.

148) Koolhaas, *Junkspace* cit., pp. 18, 19.

149) Ibid., p. 21.

가운데 입자들을 고아로 만든 하부 시스템일 뿐이다. 전통적으로 유형학은 경계, 다른 해석을 배제하는 단일 모델의 정의이다. 정크스페이스는 종류에 관한 것 보다는 보다 양적인 것에 관한, 축적적이고 난삽한 정체성의 거꾸로 된 유형학을 재현한다.[...]. 정크스페이스는 절대적으로 혼돈스럽거나 혹은 놀랄 정도로 멸균적이고 완벽할 수도 있고, 불확정적인 동시에 과잉 결정적일 수도 있다. 정크스페이스는 어떤 다른 형태로도 응집될 수 있는 액상과 같다. 그것의 특별한 형상은 눈송이의 기하학과 같이 우연적이다. 패턴들은 반복이나 궁극적으로 해독할 수 있는 법칙들을 함축한다; 정크스페이스는 기하학을 초월하고 패턴을 초월한다. 왜냐하면 그것은 파악될 수 없으며, 정크스페이스는 기억될 수 없기 때문이다. 그것은 화면 보호기와 같이 현란하지만 기억될 수 없으며, 그것의 동결에 대한 거부는 즉각적인 기억상실을 보장한다".[150]

보편적 근대화의 특허

디자인 수행을 도해하는 데에 사용된 그래픽 다이어그램과 모델, 사진들의 시퀀스에서 이미 보여지는 일반적인 창조적 기준의 정의에 대한 콜하스의 재능은 2003년에 「보편적 근대화의 특허」(*Universal Modernization Patent*)[151] 로 이끈다. 이것들은 실제적으로 라 빌레트 공원 계획의 띠들의 시스템으로 시작한, 다이어그램과 짧은 설명들을 가지는, OMA의 일련의 구성적 개념들을 요약하는 15개의 특허들이다. 각각의 특허들은 자신의 구성 요소들이 하나의 시스템을 설정하기 위해 와해되고 번호화된 하나의 발명, 건축 디자인을 위한 기준의 특정을 도해한다. 패턴들의 시리즈는 두 개의 그룹으로 나뉘는데, 첫 번째와 그 더 많은 것들은 1980년대와 1990년대의 발명들에 적용되고, 두 번째는 2000년대 초의 것들에 적용되는데, 다만 하나의 예외는 두 번째의 시리즈의 조짐을 보이며, 1996년으로 되돌아간다. 다이어그램들은 특허들의 전형적인 그래픽 양식으로 단면과 평면, 전경들을 보여주며, 각각의 발명의 수행을－종종 화살표들로－보여준다: 회전하고, 파내어지고, 압축되고, 접히고, 싸여지고, 올려지고, 관통하고, 병치되고, 뒤틀리고, 채우고, 분리되고, 축적되기 위해. 패턴들의 기본적 주제는 보이드, 층들의 성층화, 마천루들의 구조 등을 포함한다.

시리즈는 계획의 스케일을 고려하는 특허들과 함께 시작한다. "사회적 응축기"는 버려진 공터와 유사한 부지를 활용하기 위해, 구성주의 기원의, 라 빌레트 공원 계획에서 개발된 발명의 제목이다. 그것의 적용을 위해 요구되는 수행들은: "전형적인 마천루의 단면을 취해 그것을 그것의 측면에 둔다; 이제 각각의 층에 다른 프로그램들을 선언한다; 요구에 의해 강제되는 간격 내에서 부지를 가로 질러 반복적인 의무 사항들을 수학적으로 분배한다; '영원한' 인간 가치를 인정하기 위해 하나의(혹은 그 이상의) 상징적 요소를 디자인한다".

새 개의 특허는 믈룅-세나르 계획("보이드 I.의 전략, 계획")과 라 데팡스 계획("시간을 맞춘 지움"), 프랑스 세 개 대 도서관 계획("보이드 II.의 전략, 건물") 등으로부터 유래한다. 그것들은 도시와 지역 계획, 그리고 공공건물의 디자인에서의 보이드 차원의 가능성을 보여준다- 콜하스가 계속 "탁월함의 궁극적 자원"의 가치를 지닌다고 믿는 "안 지어진" 공간. "보이드 II.의 전략, 건물"은 층들의 성층화로부터 물질을 제거함으로써 얻어지는 "건물의 부재"나 보이드의 창조에 기반을 둔다. 설명을 결론짓는 아이스크림의 이미지는, 다시 한 번 콜하스에 의해, 스위스 치즈에 비교되는 건물을 포함하는 만

150) Ibid.,p.19.

151) [Koolhaas-OMA], *Patent Office*, in Content cit.,pp.73-83,510-13.

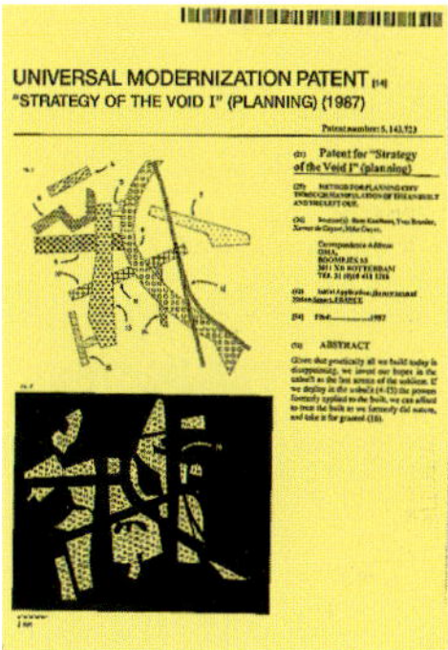

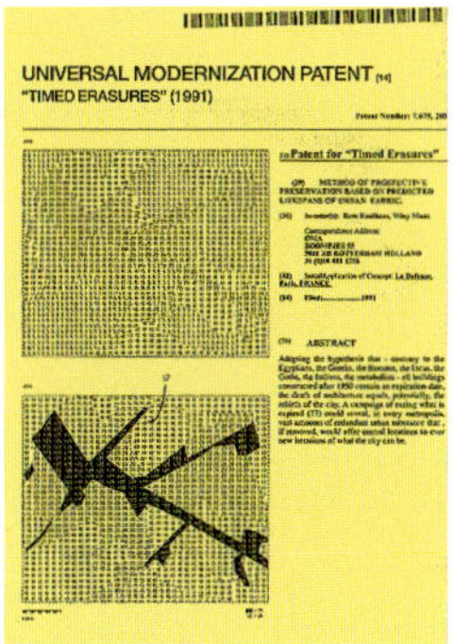

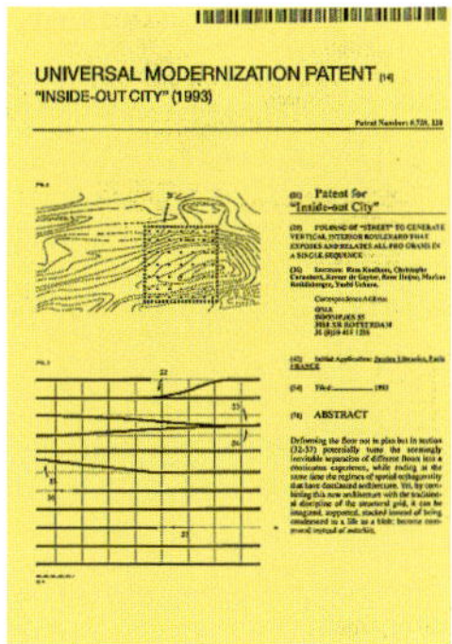

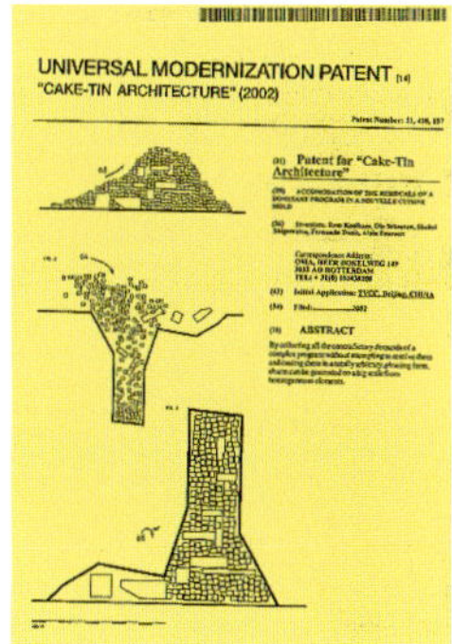

그림 498-501. 렘 콜하스/OMA, 보편적 근대화 특허 시리즈로부터의 특허들, 2003. "보이드 I.의 전략, 계획(1987)"; "시간을 맞춘 지움(1991)"; "뒤집혀진 도시(1993)"; "케이크 틀 건축(2002)".

델브로의 프랙탈 오브제의 목록에 또 다른 품목을 첨가한다: "철거하는 것 보다는 건설하는 것이 더 어렵기 때문에 건물 내의 가장 중요한 공간은 첨가 보다는 제거에 의해 창조될 수 있다—아이스크림과 같이 솔리드 블록으로부터 형태를 퍼냄으로써".

"루프-트릭"(Loop-trick), "쌓여진 자유들"(Stacked Freedoms), "뒤집혀진 도시"(Inside-Out City)라는 제목의 세 개의 다른 특허들은 바닥 슬래브들의 성층화의 압력을 허용한다. "루프-트릭"은 쿤스트할에 적용되었으며, 뫼비우스 띠에서와 같이, "위와 아래의 개념"을 제거하고, "개별적 층의 상태를 파괴하는 연속적 표면"을 창조하기 위해 하나의 X 내에서 결합되는 두 개 슬래브의 해결이다. ZKM으로부터 유래한 "쌓여진 자유"의 다이어그램은 관습적인 뼈대들의 전형으로부터 비렌딜 보로 지어진 것들에 이르기까지 슬래브들의 성층화의 진화를 보여준다. "뒤집혀진 도시"는 "루프-트릭" 해결을 관습적 뼈대들로 지지되는 무한한 수의 슬래브들로 확장시킨다. 쥐시에 두 개 도서관의 단면에 기초한 다이어그램은 "건축을 지배했던 공간의 직교성의 체계를 끝내며[...]", 슬래브들의 계승 내의 연속성을 어떻게 얻는지를 보여준다. 제목은 연속적인 도시적 루트 속으로의 건물 내부의 변형을 언급한다: "단일 시퀀스 내에서 모든 프로그램들을 보여주고 연결하는 수직적 실내 대로를 만들기 위한 '도로'의 접힘".

두 개의 특허는 슬래브에 관한 이전의 특허, 층들의 관습적 성층화의 인식에 대한 동역학과 같이, 그것들이 변형에 기여하기 때문에 항상 콜하스를 매료시켰던 엘리베이터와 플랫폼, 에스컬레이터 같은 기계적 장치들을 감싼다. "모든 곳과 어디에도 없는"(Everywhere and nowhere)은 "주택 건축의 안정성"을 "실제의 불안정성"으로 변형시킬 수 있는, 플로락 주택의 이동식 플랫폼이다. "가변적 속도의 미술관"(Variable-Speed Museum)이라는 제목의 특허는 테이트 갤러리의 확장 계획으로부터 나오며, 동시에 "잠재적 운동의 목록"을 확장시키기 위한 다중의 기계적 장치들을 결합한다. 유니버설 본부 건물에 기초한 "수정된 불활성"(Inertness Modified)이라는 제목으로 특화된 발명은 또한 마천루들로 인해, 각각이 하나의 특별한 행위로 확보된 층들의 성층화 내의 자유의 중요도를 도입하는 데에 작용한다. "분리"(Disconnect)는 극장의 다양한 "요소들"의 분리로 이루어져, 카디프만 오페라 하우스에서 사용된 해결의 특허이다.

21세기 마천루의 구조적 사양에 바쳐지는 특허의 두 번째 시리즈는 방콕의 하이퍼 빌딩 계획으로부터 유래한 다이어그램 "높고 가는"(Tall & Slender)으로 시작하는데, 그것의 특별성은 마천루를 가는 타워들의 다발로 분해하는 것으로, 낮은 것들은 피라미드 형상의 매시브한 기초를 피하며 자신을 안정시키기 위해 더 높은 중앙의 타워를 향해 위로 놓이게 된다. 나머지 세 개의 특허들은 베이징의 계획으로부터 나온다. 한편으로 "휘어진 마천루"(Bent Skyscraper)로도 불리는 "마천루 루프"(Skyscraper Loop)는 다시 한 번 뫼비우스의 띠와 같이 연속적인 궤적으로 횡단되는 단일의 고리형 마천루로 자신들을 연결하며, 고립된 타워들의 세트를 피하기 위해 CCTV 계획에서 사용되는 시스템이다. "케이크 틀 건축"(cake-Tin Architecture)은 TVCC에서 발전된 것으로, 케이크에 사용되는 것과 유사한 주형틀 속에서 서로 다른 크기의 무작위로 쌓이는 입방체들이나 접착의 수행 속에서 연속적으로 분절된 띠를 가지는 일련의 상자들을 감싸는 기준을 임의적 형상으로 변형시킨다. 그 시리즈는 베이징의 중앙 업무 구역 계획에서 보여지듯이, 서비스의 분산되거나 집중된 핵을 가지는, 두 가지 유형의 건물을 위한 특허인 "길의 끝"(The End of the Road)으로 완성된다. 보편적 근대화 특허의 개념은 OMA의 아방가르드 연구를, 때로는 심지어 새로운 건축가 세대들에 대항하도록 방향을 잡는, 하나의 시스템적 형상 속으로 집어넣는다.

"[...] 아방가르드는 오늘날 유명한 것이 아니다—콜하스는 1983년 프랑코 라지(Franco Raggi)가 진행한 인터뷰에서 언급했다—왜냐하면 아방가르드의 속성들 중의 하나는 그것이 이해될 수 없다는 것이기 때문이다[...]. 나는 여전히 받아들여질 수 없는 위치를 추구하거나, 혹은 어떤 경우에도 사물들의 존재 방식과 투쟁하는 위치를 추구하는 것이 아방가르드에게 중요하고 또한 가능하다고 믿는다. 그렇지 않다면 나는 우리가 어떻게 건축가가 되기를 열망하는지 알 수 없다: 만약 모든 것이 완벽하다면 왜 어떤 것을 첨가하는가?" [152]

"아이콘의 시대"

2005년 경에, 그리고 경영 감독으로서의 빅토르 반 데어 케이스(Victor van der Chijs)의 도착과 맞추어, OMA의 경영은 콜하스가 더 이상 전 세계의 증가하는 수많은 계획들에 연루된 창조적 기계의 경영 정책의 유일한 주인공으로 되지 않는 방식으로 재조직되었다. 때때로 OMA는 기계적 과정에 더 가까운 어떤 것을 위한 가장 중요한 작업들의 특징적 양상을 가졌던 서사적 강도를 줄이기 시작했다. 어떤 경우에 이것은 프로그램된 선택이었으며, 기본적 수행을 재현하기 위해 사용된 다이어그램들이나 OMA 특허들에서와 마찬가지로, 「광기의 뉴욕」의 "과정" 과 "자동 기술" 에 관한 페이지들에서 예견되기도 했던 것이었다.

OMA의 작업들은 정확히 그것들이 극단으로 취해진 구성의 새로운 방식의 결과이기 때문에 아라비아 반도의 사막과 해안가, 혹은 러시아와 중국의 풍경 속 어떤 맥락에서도 예외적이고 놀랄만한 것으로 되기를 계속한다: 단순한 유닛으로 시작하는 형태들을 만들어내는 자동 기술적 과정들, 경우별로 다른 프로그램들의 실현을 보장할 수 있는, 합리적 공식으로 환원되는 편집증적 비판 방법의 창조적 수행에 기초한 새로운 건축적 그래프들(Architectural Histograms).

그 작업들은 콜하스의 건축이 실험적 유형으로 시작하는 새로운 계획을 항상 만들어낼 수 있는 관습적 시스템의 결과가 아니라, 새로운 불가사의를 계속 제공할 수 있도록 하기 위해 계획의 경험이 아닌, 글쓰기 경험의 타이밍을 요구하는 식의 서사의 형태라는 것을 확인시켜준다.

심지어 OMA의 가장 복잡한 형태의 작품들도, 그것들이 언제나 자동적으로 광대하게 다양화된 그룹핑을 만들어낼 수 있는, 일련의 생산 법칙을 갖춘 집합의 과정을 통

152) Franco Raggi, *Colloquio con Rem Koolhaas sulla pornografia, la congestione urbana, l' 'anno 1931 e il futuro dell' 'architettura dopo un "crazy party' '*, in ""Modo"", 1983, No.58, (pp.26-28), p.28.

그림 502. 렘 콜하스/ OMA, 신주쿠 수직 캠퍼스 계획, 도쿄, 2004, 스터디 모델들.

해 획득된다는 사실로 인해, 오늘날 건축에서 유행하는 관습적인 조각적 대상의 장르에는 거의 속하지 않는다. 이 법칙들은 특히 거대하게 고립되어 구축된 복합 시설들을 창조할 경우에, 도시적 조직의 관습적 디자인 기준과 전통적인 구성적 요법을 대체한다. 이런 관점에서 OMA가 변양태들의 시퀀스 속에서 반복된 유닛을 통해 얻어진 에셔(Escher)의 작품들을 언급한다는 것은 중요한 의미를 가진다.[153] 이런 자동 기술적 과정들은 OMA에 의해 다양한 작품들에 대응할 수 있는 능력과 속도로 실무에 투입된다—콜하스가 "헤이그 포스트"(De Haagse Post)의 페이지들을 조판할 때 배웠던 동일한 자질.

새로운 아이콘들의 추구에서 포괄적 도시의 상징적 건물들 중의 하나인 마천루는 OMA가 1975년에 썼던 "메트로폴리스의 생활양식"(metropolitan lifestyle)의 "건축적 시나리오"의 정의를 위한 이상적 유형을 재현하는 것을 계속한다. 마천루의 디자인을 위한 기본적 기준은 여전히 맨해튼의 첫 번째 타워들의 피라미드식 배치와 "합성적 안정성"의 논리에 따르는 높고 가는 볼륨들의 조합으로부터 나온다. 그러나 1980년대와 1990년대의 콜하스식의 다른 수행들 역시, 때로는 편집증적 비판 방법에 기대어, 예외적 형태들을 창조하는 데에 개입한다.

TVCC의 변양태로 여겨지는 타워는 도쿄의 신주쿠 수직 캠퍼스 계획을 위한 2004년의 현상설계의 주된 양상이다. TVCC에서 셀들이 불규칙하게 그룹화 되고, 외피와 떨어진 단일체 속에 포함된 반면, 이제 집합체는 급격하게 침식되었던 미스식 타워의 효과를 얻으며 이상적인 무형의 프리즘적 윤곽 속에 포함된다(커튼월 단편들은 그 원래 프리즘의 파사드를 암시한다). 이 침식은 사무실들로부터 셀들, 커뮤니티 생활양식을 위해 따로 확보된 공간들, 학생들의 공간(미팅 장소, 시네마, 극장, 전시 공간 등등)으로의, 마천루 목적의 변형을 표현하려 한다.

타워의 예술적인 "미완성"의 자질은 다시 한 번 콜하스에 의해 명백히 미완성의 형태로 발전된 또 다른 작품인, 그가 헤이그 시청사를 디자인했을 때의 모델로 그가 이미 언급했던 작품의 사진과 비교를 함으로써 강조된다: 미켈란젤로의 감옥. 그러므로 신주쿠 수직 캠퍼스의 침식된 프리즘적 볼륨은 도쿄의 풍경 속에서 호르헤스 반탕헬로(Georges Vantangerloo)가 구체 속에 포함했던 것과 유사한 조각물을 창조할 것이

153) Site www.oma.nl.

그림 503. 렘 콜하스/ OMA, 센젠 주식거래 플라자 계획, 센젠, 2006.

그림 504. 렘 콜하스/ OMA, 아테나 그룹과 BLDG 매니지먼트 회사 계획, 111 퍼스트 스트리트, 저지 시티, 2006.

다; 그것은 전설적인 텍토닉의 실현과 같이 보일 것이다; 그것은 심지어 아마도 나가킨 타워를 위한 구로카와의 캡슐과 같이, 메타볼리스트에 대한 콜하스의 재해석으로 보일 수도 있다.

1990년대부터 "합성된 안정성"의 형태는 타워와 플랫폼들의 그룹핑에서 조직된 마천루(사무실, 호텔, 아파트, 로프트, 현대 미술관을 포함하는)에 대해 1990년대 후반에 진행된 연구에 구체적 형태를 주며, 루이스빌의 뮤지엄 플라자 타워를 위한 2006년의 계획에 기반을 마련했다. 항상 타워의 OMA 전형으로부터 유래하는 경사진 엘리베이터-봄프예스에서 디자인된 가대식 전망대(trestle-belvedere)-는 방문객들을 위의 타워들을 위한 홀이나 "공중 로비"로 기능하는, "섬"으로 알려진, 플랫폼 층으로 데려다 준다.[154] 각각의 타워의 구조에는 주변을 따라 배열된 뼈대를 통해 수직적인 접근 시스템을 포함하는 중심 지지 핵이 항상 공급된다. 타워들을 감싸는 커튼월은 미스에게로 되돌려 추적될 수 있다.

326

동일한 주제의 변양태는 센젠(중국)의 센젠 주식거래 플라자를 위한 2006년 현상설계에서 당선된 OMA 계획에서 발견된다-250 미터 높이에, 덮인 플라자를 만들기 위해 자신의 기초 속으로 들어 올려지고 매달린 상자를 가지는 미스식 타워(그것의 모델은 레버 하우스에 자리 잡은 볼륨들의 결합에서 발견될 수 있다). "[...] 물리적으로 감당하는 것 이상으로 주식 시장을 재현해야 하는 건물", 콜하스는 썼다.[155]

런던의 캐논 스트리트 역 근처에서 2006년에 디자인 되어 2009년에 지어질 예정인 로스차일드와 선즈 은행(Rothschild & Sons Ltd Bank) 본부를 위한 OMA의 계획; 그리고 2007년의 로테르담 빌헬미나 브리지 옆에 위치하는 사무소 건물을 위한 계획(봄프예스 60-68); 그리고 역시 2006년의 저지 시티 111 퍼스트 스트리트의 아테나 그룹과 BLDG 매니지먼트 회사를 위한 또 다른 계획 들은 모두 콜하스가 이전에 발전시킨 타워 모델들에 기초한다(특히 MAB-타워나 데 로테르담, 그리고 1980년대로부터의 계획들). 저지 시티 복합 시설은 세 개의 프리즘으로 구성되는 타워이다(휘트니 미술관 B안의 "세 개 상자"를 연상시키는 작품); 이 프리즘들은 록펠러 센터와 같이 파노라마적 테라스와 비균형적 효과를 가지고 다양한 시야를 만들기 위해 다른 방향을 가지며, 하나가 다른 하나 위로 수직적으로 배치된다. 각각의 프리즘은 MAB 타워 복합시설에서와 같이 다른 기능들의 프로그램을 포함한다.[156]www.oma.nl

154) *OMA,Museum Plaza*,in ""Area" ",2006,No.98,(pp.134-43),p.136. 헌정사 형식의 짧은 텍스트는 맨해튼 마천루드의 비밀 생활에 대한 OMA의 주 관심사를 불러일으킨다: "이것은 이상주의를 신중하게 고려하는 건물이다.그것은 자신의 도시적,공공적 책임을 건축적 개념으로 몰고 가도록 한다.이윤은 경제적,관점과 시민의 관점 모두에서 측정되어야 한다는 개념으로 의도된다.그것은 예술과 문화를 주변부 보다는 중심부에 위치하도록 과감히 의도한다.루이스 빌의 삶을 더 향상시키는 데에 바친다" (*OMANY.Museum Plaza, Louisville, Kentucky, USA 2006-*,in ""A+U" ",2006,No.427,(pp.112-19),p.115.)

155) Rem Koolhaas, cit. in www.dezeen.com/2006/12/22/oma-wins-in-shenzhen.

중앙의 구조적 핵은 세 개 프리즘을 가로질러 그것들을 안정시킨다. 기본적인 미스식 기하학에도 불구하고 타워는 활성화 된 유기체와 같이 부분들 속으로 해체되는데, 그것은 스핑크스와 같이 자신의 상반신을 뒤틀며 거대한 메트로폴리스의 모습을 관찰하기 위해 목을 돌린다.

"전통적 리조트의 표준 환경 속으로 이 척박한 경사들을 길들이기보다는 - OMA는 쓴다 - 이 계획은 자신들의 진정한 자연적 조건들을 활용하는 리조트를 창조하는 데에 목적을 둔다. 이 리조트는 다양한 범위의 조건을 획득하며 가장 극적인 지점들을 연결하기 위해 산의 방향을 섬세하게 찾게 만드는 경로를 제안한다. 개발은 산의 자연적 통합성을 보존하며 대부분의 부지를 건드리지 않는 것을 허용하는 경로를 따른다".[157)]

유니버설 본부 건물의 스터디에서 거대한 보의 형상을 했던 타워들은 싱가포르의 극동 기구를 위한 2006년 계획으로 다시 돌아온다(스콧 타워). OMA는 미스식의 십자형 벽기둥을 녹색 나뭇잎들에 잠긴 포스트 메타볼리스트 마천루, 혹은 1960년대와 1970년대의 전형적인 중심 구조를 지닌 마천루를 창조하기 위해 지면 위로 매달리고, 다른 높이로 차이를 둔 네 개의 수직적 열의 주거 셀들에 부착되는 기념비적 구조로 변형시킨다(예를 들자면 시카고의 골드버그[Goldberg]).

2006년에 OMA는 두바이의 비즈니스 베이에 두 개 건물을 의뢰 받았는데, 하나는 입방체이고 다른 하나는 원통형으로, 첫 번째는 사무실, 두 번째는 주거였다(기획자는 두바이 부동산과 포르쉐이다: 작업은 2009년까지 완공되어야 했다).

"사무소 타워 - OMA는 쓴다 - 는 자신의 독자적 그늘을 만들기 위해 측면 날개 부분과 겹침 부분으로 틀이 지어지며, 그럼으로써 타워를 태양 빛으로부터 보호해주고 공기 조화의 필요성을 줄여준다. 중앙화 된 외부 벽은 두바이의 기후를 위한 부가적 양상으로 반사 유리로 된다. 사무소 타워에 근접한 주거용 타워는 원통형 형상으로 될 것이다: 타워의 전체 높이에 이르는 실내 아트리움은 자연적 공기 순환과 부가적 채광을 제공할 것이다".[158)]

역시 두바이를 위한 면도날 형태의 2006년 다른 마천루 디자인은 큐브릭과 미스,

그림 505. 렘 콜하스/ OMA, 스콧 타워, 극동 기구 본부 계획, 싱가포르, 2006.

그림 506. 렘 콜하스/ OMA, 두바이 부동산과 포르쉐를 위한 타워 계획, 두바이, 2006.

그림 507. 렘 콜하스/ OMA, 마천루 계획, 두바이, 2006.

156) "프로그램의 각각의 요소는 - OMA는 설명한다 - 개별적 블록들 속으로 집중된다: 아티스트 작업과 라이브 스튜디오와 갤러리의 입방체, 호텔 방들과 아파트를 결합하는 슬래브, 더 깊은 아파트를 수용하는 더 넓은 슬래브. 결과적인 볼륨은 52층의 타워를 만들도록 평면 속으로 수직으로 쌓인다. 이러한 쌓임은 각 블록의 독립성을 유지하며, 부지로부터 잠재적 시야를 최적화하고, 건물과 그 주변 사이의 역동적 관계를 창조한다: 관습으로부터의 스펙터클" ([Rem Koolhaas/OMA], *Mixeduse Tower for Jersey City, 2006*, in site www.oma.nl).

157) Site www.oma.nl.

158) Ibid.

그림 508. 렘 콜하스/ OMA, 200주년 타워 계획, 멕시코시티, 2007.

그림 509. 렘 콜하스/ OMA, 등대 타워, 데팡스, 파리, 2006.

수퍼스튜디오, 혹은 아키줌 이후의 기념비로, "엘리베이터 코어와 같이, 하나의 연속적 수행으로 구축되는 단일의 모노리스적 볼륨이다―200 미터 폭에 300 미터 높이".[159] 타워는 콜하스가 처음 뉴욕을 방문했을 때 그를 매료시켰던 건축가―해리슨―의 작품에 대한 헌정이다: UN 타워. 그것 역시 맨해튼의 마천루들을 양산시켰고, 「광기의 뉴욕」에서 찬양되었던 전문적 문화에 대한 기념비로 인식된다. 콜하스는 그런 전문가주의의 전형인 정확히 기본적인 기하학적 형태를 가진 조각적 형태의 취향을 퍼뜨리는 것에 대해 대항하기를 희망한다―OMA 자체가 마찬가지로 조각적 경향에 기여하는 것을 통해.

"이 계획의 야심―OMA는 쓴다―은 개인적 천재성에 대한 강박이 도시를 건설하는 데에 필요한 집합적 노력에의 연루를 훨씬 넘어서는 건축적 우상 숭배에 대한 최근의 상태를 끝내려는 것이다... 형태와 이미지의 건축 대신, 우리는 지성이 효과에 투자되지 않고 새로운 종류의 행위와 기능성을 제안하는 구조적, 개념적 논리에 투자되는 건축과 공학의 재통합을 창조했다. 지금까지도 도시 건축에서의 21세기적 경향은 주제와 극단, 에고와 낭비에 대한 광적이며 무의미한 과다 투여로 이끈다".[160]

처칠-플레인의 두 개의 동일한 잘려진 피라미드가 하나가 위아래가 뒤집힌 다음 쌓인 반면, 2007년 멕시코시티의 사무소 타워―200주년 타워(Torre Bicentenario)―의 디자인에서는 OMA가 율리아나 여왕 광장에 대한 판타지 첨가를 위한 그래픽 안에서 제안했듯이, 다른 높이의 두 개의 잘린 피라미드가 중첩된다. 니마이어 역시 카라카스 근대 미술관 건물에서와 같이 벼랑 끝으로 박히는 거꾸로 된 피라미드를 디자인했었다. OMA가 디자인한 타워의 외피 디자인은 여전히 미스의 것에 대한 변양태이다. 두 개 피라미드의 기초들의 결합으로 인한 부어오름에 부합해 특별한 기능들이 주입되며―공중 로비, 볼룸, 컨벤션 홀 등등―, 반면에 경사진 구멍은 가장 큰 스팬을 가지는 층들의 구역에 자연적 환기와 채광을 허용하기 위해 거대한 구멍을 만든다―현기증 나는 피라네지적 시야를 위한 극적 파티오. 사무실들을 위한 공간 사이로 주입되는 레벨들 내의 물리적 설비 시설을 위한 공간의 배치―"기계실들"―는 두 번째 맨해터니즘, 그리고 특별히 UN 타워에서의 미국식 마천루에 적용된 기준을 상기시킨다.

계절별의 선택, 그리고 식물의 급수와 화장실을 위한 우수의 재활용으로, 이중의 자연적, 조화된 공기 시스템과 같이, 에너지 소비를 최적화하기 위해 일련의 기술들이 이용된다. 타워의 발치에서 우리는 주차를 위해 활용되는 보통의 지하 받침대를 발견하며(헤이그 터널로부터 가져온 자연적 환기 시스템을 가지는), 반면에 보행 브리지는 도시의 고리식 도로를 간격으로 하여 타워가 서 있는 라스 로마스(Las Lomas)와 폴란코(Polanco)의 구역들을 연결한다.

항상 편집증적 비판 방법에 기초하듯이, 콜하스의 또 다른 전형적 수행들은 파리의 라 데팡스를 위해 2006년에 디자인된 "등대 타워"(Tour Phare)의 놀라운 특성으로 나아간다: 메트로폴리스적 "끌림"의 압력 하의 층의 침식(자크 당통 사무소 타워 디자인에서와 같이); 내적 압력에 기인하는 포장재의 굴절(시애틀 공공 도서관에서와 같이).

"등대 타워"에서 유니버설 본부 건물을 위해 발전된 배치 범위에 따라 구성될 사무소 층들을 위한 프리즘은 거대한 홀을 포함하기 위해 바닥 부분에서 변형되며, 한 개 층의 위로는 레오니도프의 모스크바 마천루들에서와 같이 현기증 나는 공중 플랫폼을 창조하기 위해, 허공 위로 매달리는 네 개의 파노라마적 "위성들"[161]로 돌출되고 나눠진다. "프랑스의 수도로부터 볼 때－OMA는 쓴다－타워의 윤곽은 단지 또 다른 합리적이고 냉철한 타워로만은 결코 보이지 않을 것이다".[162]

콜하스의 주요 목표는, 1960년대 네오 아방가르드들이 이론화 했던 "의기양양한 합리주의"의 목표에 도달하며, 해리슨과 SOM, 미스 반 데어 로에의 프리즘들의 정중한 형태들을, 자신들의 명쾌한 합리주의를 거부하지 않고, 초현실적인 잠재성을 개발하기 위한 극단으로 몰고 가기 위해 건축을 라 데팡스의 풍경 속에서 인지될 수 있는 놀랄만한 대상물로 환원시키는 것이다.[163]

자동 생산된 대지 예술/ 라스 알 카이마로부터 생 페테르부르크까지의 건축

1960년대 말에 월터 데 마리아(Walter De Maria)와 마이클 하이처(Michael Heizer), 로버트 스미슨(Robert Smithson), 그리고 대지 예술(Land Art)의 다른 주창자들은 미국의 사막에 열광했다. 예술가들의 직관에 따라 사막들은 아키줌(기체 역학적 도시 *Aerodynamic City*)과 수퍼스튜디오(연속적 기념비 *Continuous Monument*)가 가졌던 일련의 환상적 비전의 이상적 풍경으로 되었다. 페르시아만 해변의 광대한 지역과 두바이와 라스 알 카이마(Ras al Khaimah) 사이의 내부의 도시적, 지역적 조직에 대한 연구를 위해 아랍 에미리트 연합이 OMA와 AMO에 의뢰한 제안은 콜하스의 초기 작업들에서 발전된 창조적 기준을 실험할 기회로 되지만, 또한 자연 풍경의 스케일에 대한 복잡성을 인식할 기회로도 된다. 형태들의 자동적 생산이 대지 예술/건축으로 되려는 목적을 가진 작품을 만들어낸다는 것은 이 지점에서이다.

아랍 에미리트 연합을 위한 계획은 콜하스 연구의 또 다른 장에 들어맞는데, 그것은 맨해튼, 라 데팡스, 베를린, 어틀랜타, 라스베이거스, 라고스, 싱가포르 등의 개발 안 된 잠재력의 발견 이후, 페르시아만 해변에서 일어나는 진화를 향해 나아간다－2006년에 OMA는 또한 두바이와 쿠웨이트 시티, 라스 알 카이마의 마스터플랜을 디자인하도록 의뢰 받았다.

"페르시아 만은 걷잡을 수 없는 근대화의 최근의 최전선이며,－콜하스는 그가 맨해터니즘을 발명했던 것과 동일한 톤과 예언적 열정으로 쓴다－반세기 전만 해도 유목

159) Site www.oma.nl.
160) Ibid.
161) Ibid.
162) Ibid.
163) Cf. Roberto Gargiani, *Archizoom Associati, 1966-1974*. De la vague pop à la surface neutre, Milan, Electa, 2007, p.106.

민들이 방해받지 않고 돌아다니던 부지에 대한 도시적 실체의 열정적 생산이다. 페르시아만 – 그것의 초기 개발은 오일 개발로 촉발되었다 – 은 오일의 임박한 고갈에 대비하기 위해 과도 개발이 진행 중이다. 페르시아 만은 현재 건설 중이다. 이것은 그것의 개발이 필연적으로, 곧 부티크 호텔과 미술관 프랜차이즈와 함께 확장되어 공공 공간과 함께 결합되는, 최근의 도시적 원형들 – 커뮤니티(주제화 되고 통제되는), 호텔(주제화 된), 마천루(가장 높은), 쇼핑센터(가장 큰), 공항(두 배의) – 의 목록에 기초한다는 것을 의미한다.[...]. 세계는 다시 시작할 수 있는 장소들이 고갈되고 있다. 우리는 새로운 시작이 아니라 완성의 시대에 살고 있다. 때 묻지 않은 캔버스와 같이, 페르시아 만을 따라 있는 모래와 바다는 새로운 정체성이 새겨질 수 있는 마지막의 백지 상태를 제공한다: 야자수, 세계 지도, 문화적 자본과 금융 센터들.[...]. 이 페르시아만 도시들 각각은 21세기 메트로폴리스의 비전을 종합해 왔으며, 이제 동일하게 거대한 스케일로 자신의 독특한 버전들을 모더니티가 아직까지 도달하지 않은 세계 – 모로코로부터 타일랜드에 이르기까지 – 의 부분들로 수출하고 있다".[164]

2004년에 OMA/AMO는 풍경의 자질을 보존하려는 목적으로 라스 알 카이마 에미리트 지역에 정착지의 창조를 위한 "구조 계획"(Structure Plan)을 발전시켰다. "라스 알 카이마가 필요로 하는 것은 새로운 자질, 즉 에미리트를 그것의 처녀지 상태로가 아니라, 완전히 다른 매개 변수에서 세워지는 종류의 개발을 제공함으로써 지역의 다른 부분들로부터 분리시키는 것이다".[165]

164) Cf.Rem Koolhaas/AMO, *The Gulf (Paperback)*, Lars Müller Publishers, 2006.

165) Site www.oma.nl.

그림 510-513. 렘 콜하스/OMA, 라스 알 카이마 산 계획, 2004. "브리지"; "유닛"; "서스펜션 유닛"; "도시 클러스터".

그림 514. 렘 콜하스, 사진 위의 드로잉, 1971.

스펙터클한 산의 풍경은 전통적 도시 조직의 집합 기준을 거부하며, 대지 예술 작품과 같이 인식되는 건축 복합 시설의 설치를 위한 전제로 된다. 그러므로 풍경은 긴 막대 형상의 건물로부터 횡단될 수 있는데—"브리지"—그것은 코르도바의 회의 센터(Centro de Congress)의 첫 번째 계획을 모델로 하여 아라베스크 형상으로 침식된 외피로 싸이는 「연속적 기념비」라 할 수 있다. 계곡은 건물-제방으로 차단될 수 있다(또 다른 형태의 "브리지"); 높은 고원의 가파른 쪽으로는 로스앤젤레스의 타센(Taschen) 주택과 같이 유리창이 달린 프리즘이 주입될 수 있다—"서스펜션 유닛";[166] 혹은 수정과 같은 복합 시설은 스미슨의 아스팔트 주입들 중의 하나와 같이 위로부터 떨어져 퍼져 나갈 수 있으며, 그것의 생산 법칙은 직각 그리드이다—"도미노 유닛"과 "유닛". 혹은 각도가 덜 가파른 경우엔 경사가 비정형의 피라네지적 풍경을 창조하는 다양하게 경사지고 침식된 건물들의 단편들로 침범될 수 있다—"도시 클러스터". 마지막으로 평평한 풍경에 대해선 건물들이 파노라마식 테라스들을 창조하기 위해 경사진 막대들과 같이 더욱 관습적인 형상을 취한다—"펜타곤".

"전통적 리조트의 표준 환경 속으로 이 척박한 경사들을 길들이기보다—OMA는 쓴다—이 계획은 자신들의 진정한 자연적 조건들을 활용하는 리조트를 창조하는 데에

166) 로스앤젤레스 근처 할리우드 언덕의 화학 실험식(Chemosphere) 주택의 돌출되고 파노라마적인 전경은 새 주인들인 베네딕트와 안젤리카 타센을 위해 행해진 2000년의 손님용 별관 계획에서 상징적으로 재해석된다. 콜하스는 언덕 편으로 거대한 수평 보를 박아 넣는다—플로락 주택을 위한 실무 스케치에 이미 나타났던 해결책. 지붕은 별관을 수상 수영장의 또 다른 변양태로 변형시킨 수영장이다.

그림 515. 렘 콜하스/ OMA, 라스 알 카이마 산 계획, 2004. "도미노 유닛".

그림 516. 로버트 스미슨, 아스팔트 묘사, 롬(미국), 1969.

그림 517. 렘 콜하스/ OMA, RAK 게이트웨이, RAK 컨벤션과 전시 센터를 가지는 라스 알 카이마 개발 마스터플랜, 2006.

목적을 둔다. 이 리조트는 다양한 범위의 조건을 획득하며 가장 극적인 지점들을 연결하기 위해 산의 방향을 섬세하게 찾게 만드는 경로를 제안한다. 개발은 산의 자연적 통합성을 보존하며 대부분의 부지를 건드리지 않는 것을 허용하는 경로를 따른다"[167]

라스 알 카이마의 확장을 위한 RAK 투자 당국이 의뢰한 2006년의 계획은 사막 속에 잠긴 한 편의 밀집 도시－"RAK 게이트웨이"－로, 직각의 도로 축, T자나 U자형, 십자형의 맨해튼식 타워들의 밀집된 시리즈, 활력적인 자연 요소들에 대한 보이지 않는 기념비로 작용하며, 중심부에 상징적으로 반사되는 수영장과 거대한 녹색 영역을 가지고, 마당을 가지거나 가지지 않은 건물들이 있는 일종의 혼돈의 현대도시(*Ville Contemporaine*)이다.

마찬가지로 2006년에 OMA는 이 도시-오아시스의 근대적 마천루들 풍경의 배경에 마주 해 컨벤션과 전시 센터를 디자인했다. 지상에 약간의 휴게 지점들을 가지는 단지 두 개의 거대한 요소의 기하학적 형상－"막대"와 "구체"－은, 레오니도프와 니마이어의 작품이 불레나 해리슨의 환상적 건축의 자질을 가정했듯이, 자연의 평면 위에 고립된 도상학적 이미지를 형성한다. 프로그램의 기능들("막대" 속에는: 호텔, 쇼핑, 전시 센터, 사무실; "구체" 안에는: 컨벤션 센터, 소매점, 사무실, 아파트, 호텔이 포함되는)을 포함하는 이 기하학적 형상들로 OMA는 수퍼스튜디오의 꿈에서와 같이, 계몽된 기념비의 창조를 목표로 했던 미니멀리즘을 제안하며, 현대 건축 내의 무형태적 볼륨의 점차적으로 강렬해지는 기이함에 대항할 것을 주장한다. 구체의 구조적 격자 구조물은 페리스의 드로잉에 나타나는 해리슨의 원주 구체에 대한 직접적 언급이다.[168]

"이 계획－OMA는 쓴다－은 건축을 통한 탁월함을 위한 마지막 시도를 재현한다: 다음의 기이한 이미지의 창조를 통해서가 아니라 순수한 형태로의 회귀를 통해서. 오래 전에 발명된 구체와 막대 모두는 형태적 발명이나 '독창성'의 주장을 명백히 포기한다.(구체는 심지어 인간 자체보다도 이전에 존재했다...) 그럼에도 두 개의 기하학 모두는 여전히 건축적 상상을 계속 먹여 살린다: 완벽히 자율적인 형상들로, 자신들의 경계 내에 완전한 세상의 약속을 가진다- 공학의 매끄러운 통합에 의해서만 가능하게 되는. 그것들의 명백한 단순성에도 불구하고 구체와 막대는 새로운 RAK의 건설에서 하나의 시금석을 재현하게 될 수 있었으며, 그것에 강력한 보편적 상징을 부여한다: 서와 동, 미래와 태고, 현대와 무시간성".[169]

라스 알 카이마의 풍경을 위한 일련의 계획들과 유사한 기준은 2005년에 멕시코의 발란드라(Balandra) 만 개발을 위한 OMA의 안을 이끈다. 여기서 각각의 주택은 로스앤젤레스의 스펙터클한 빌라들과 같이 구성주의식 돌출로 밀려나온 듯이, 바위로부터 나타난 듯 보이는 많은 유리창을 가지는 바이다.

다른 계획들에서는, 단지 대지 예술만은 아닌, 1950년대와 1960년대로부터의 이면적 형상의 언급이 거대 구조들의 복잡하고 환상적인 플롯을 만들어낸다.

OMA가 쓰듯이 "[...] 현대의 아르카디아, 전원적인 동시에 도시적인 것"이 카자흐스탄의 자연적 부지 위에 2007년 디자인된 알마티 과학 캠퍼스나, 다시 한 번 OMA가 정의하듯, 텍스트가 "들어 올려진 수평적 도시"[170] 를 말하는 메타볼리스트 나우코그라드 테크노폴리스(Metabolist Naukograd Technopolis)에서 발견된다. 그 캠퍼스는 직각의

167) Site www.oma.nl.

168) Cf.Victoria Newhouse, *Wallace K. Harrison, Architect*, New York, Rizzoli, 1989, p.88, fig.69.

169) Site www.oma.nl. 때때로 OMA의 작품 속에는 달걀의 형상과 같이 역사 속의 일련의 신비한 형상들이 다시 나타난다. 이것은 하이드 파크 서펜타인 갤러리에서 발몽과 함께 협업해 2006년에 지어진 서펜타인 파빌리온에서 나타나는데, 그것은 레오니도프의 레닌 협회 오디토리엄과 같이 케이블로 장방형의 플랫폼에 고정되는 헬륨 풍선으로 상상된다.

170) Site www.oma.nl.

그림 518. 렘 콜하스/ OMA, RAK 게이트웨이, RAK 컨벤션과 전시 센터를 가지는 라스 알 카이마 개발 마스터플랜, 2006.

그림 519. 렘 콜하스/ OMA, 발란드라 만 계획, 멕시코, 2005.

그림 520. 렘 콜하스/ OMA, 알마티 과학 캠퍼스 계획, 카자흐스탄, 2007.

근대적 법칙으로 통합되는, 서로 다른 교화 형태들의 집합이며, 마찬가지로 르 꼬르뷔제의 강박에 의한, 건축의 자연적인 대지 표면을 자유롭게 만드는 것이다.

"공중에 매달린 내적 순환 시스템은 훈육과 부서들 사이의 상호 행위와 시너지의 최대치를 허용하고, 동시에, 풍경이 자유롭게 떠오르는 것을 허용하며 지상층에서 순환과 프로그램으로부터 풍경을 완화시킨다".[171)]

다른 기능들을 포함하는 타워-첨탑들의 시리즈가, 다른 높이의 파노라마식 플랫폼을 창조하기 위해, 데 스테일적 접근을 유지하며, 접선으로 박힌 타워-첨탑에 고정된 그물 모양의 보들로 지면 위에 매달린 긴 투명한 프리즘들을 잡는다. 나우코그라드 테크노폴리스의 이 구역에서 우리는 프리드만과 콘스턴트의 구조적, 공산주의적 비전, 혹은 이소자키의 메타볼리스트 비전들의 실현에 대한 환상을 가진다.

그림 521. 휴 페리스, 해리슨의 원주 구체를 위한 드로잉, 세계 박람회, 뉴욕, 1939.

그림 522. 렘 콜하스/ OMA, 쿠웨이트 시티 마스터플랜, 2006.

교화에 대한 연구를 하는 가운데 OMA는 복합 시설을 위한 형상적 일관성을 보장할 수 있고, 텍토닉, 페리스의 솔리드, 건축적 그래프 등의 디자인 기준을 확인하는, 프로그램의 다양한 기능들에 적응될 수 있는 방식으로 결합될 유닛에 기초한 형태적 시스템을 추구한다. 이 경우에 OMA는 원래 요소의 반복과 변형에 의해 만들어지는 에셔의 형상들을 불러일으킨다.

"프로그램의 요소들을 건축적 형태로 번역하기 위한 전략으로서, 여전히 디자인 가능성들의 유연성과 다수성을 허용하며, 프로그램들의 범위와 조정을 하는 형태들의 스펙트럼이 사용되었다. 프로그램적 구성 요소들로부터 유래된 단일 차원의 유닛을 이용해, 이 에셔와 같은 스펙트럼은 전체 디자인 내에 외피로부터 응집을 창조하는 통일된 전체 내의 모듈들에 이르기까지의 범위를 통합한다. 그것은 다른 것들 내의 차이와 유연성을 허용하는 반면 어떤 프로그램들을 위한 특별한 건축적 형태를 정의함으로써 이것을 얻는다. 모듈의 특별성은 외피들의 내재된 유연성에 의해 상쇄된다".[172)]

다양화된 기능들의 프로그램을 따라 개발되는 도시적 지역의 계획을 위해, OMA는 종종 광대한 통일된 복합 시설들의 창조를 위한 자동적 과정의 생산 법칙을 포기하고, 렌더링의 사실적 모습들을 실현하며 다른 형상의 건물들을 조합함으로써 혼돈스런 메트로폴리스적 밀집의 효과를 얻는다. 이것은 쿠웨이트 시티의 거대한 "대로"(Avenues) 블록을 위한 2006년의 마스터플랜으로 확인되는데, 거기서 알메레와 릴, 플로락, 혹은 아가디르를 위한 OMA의 작품들로부터 취해진 단편들이 현대의 마르티우스 광장(Campus Martius)에 중앙 축을 가져다 주며 결합된다.

서울의 역사적 중심의 넓은 지역을 위한 2004년의 마스터플랜 – "S 프로젝트" – 은 역시 맨해튼과 비엔나, 바르셀로나(이것들은 OMA가 언급한 모델들이다[173)])와 같이 강력한 모델들에 기초해, 환상적이고 서구적인 메트로폴리스적 미래의 형상을 만들기 위한 거대한 스케일로 대상물들의 유사한 피라네지적 조합을 사용해 부지의 역사적 정체성의 급진적인 재형상화를 꾀하는 작품이다. "도시적 개념"이 봄프예스와 같은 작품들로 시작해, 건물의 스케일에서 이미 활용된 유형들의 결합 방식을 부분적

171) Site www.oma.nl.
172) Ibid.
173) Cf. OMA/Koolhaas, *S Project. Seoul, Korea*, 2004, in "El Croquis", 2007, No. 134-135, p. 171.

으로 적용하며, "타워들"과 "슬래브들", "블록들"의 조합을 요구하지만, 그 지역은 나중에 카사 다 무지카로 변형되는, Y2K 주택에서 생겼듯이, 다른 맥락들에서 만들어지고 결코 지어지지 않은 것들을 포함하는 OMA의 도상학적 대상들에 의해 영향을 받는다. 그러므로 서울의 중심은 유럽 중앙은행 본부와 율리아나 여왕 광장으로부터 파생된 다른 대상들을 위한 계획의 피라미드식 볼륨들로 채워지지만, 반면에 다른 것들은 여전히 프리즘들의 적층이나 압출 성형의 결과들이다. 이 모든 도상학적 형태들은 새로운 "정체성"을 추구하는 가운데, 근처 블록들의 전통적 상황 속에서 연속되는 낮은 조직을 가로 질러 위치한다".[174]

토론토에서 「트리 시티」(*Tree City*)를 위해 발명을 하고, 파리의 레알 계획의 도시 블록에서 적용해 실험을 한 이후에 OMA는 거대한 원들의 카펫에 대한 가능성으로 되돌아오는데, 이번에는 더 큰 도시 구역의 창조를 위한 가능성으로 회귀한다. 그 형태는 말레이시아의 페낭 열대 도시를 위한 2004년의 현상설계에서 녹색 숲에 둘러싸인 도시적 섬들의 생산을 위한 구조로 제안된다. 도시 스케일로의 적용은 거대 원들의 카펫이 믈룅-세나르에서 개발된 띠들의 시스템의 변양태로 되도록 만든다: 모두의 경우에 OMA는 아직까지 웅거스의 "도시 내의 도시", "도시-군도", "자연적 늪 속의 녹색 도시 군도"[175]에 영향을 받은 전례 없는 도시적 장소들을 만들 수 있는 형상들을 추구한다.

OMA는 역사적인 도시 조직으로부터 거대 원들의 시스템을 가장 확실하게 구별하는 양상들을 강조한다: "즉흥의", "비정형의", "비규정의", "능동적인", "비유형학적인", "분산된".[176] 서로 다른 직경을 가진 각각의 원은 헤이그 시청사 계획으로부터 수영장의 물로부터 솟아오르는 시카고 골드버그의 원통형 타워(아스토르 광장 호텔 디자인에서와 같이)에 이르기까지 전형적인 OMA 볼륨들 내에 위치하기 위해 다른 기능들을 수용한다.

도시 지역들이 단일의 건축주에 의해 점유될 때는 록펠러 센터의 모델에 기초해, 복잡한 일관성을 만들어내고, 새로운 정체성이나 메트로폴리스적 아이콘을 창조하기 위한 법칙들의 기준이 여전히 지배적이다. 이것은 상트페테르부르크의 세 개 블록에 걸쳐지는 광대한 지역에서 가츠프롬(Gazprom) 회사의 거대한 본부를 위한 2006년의 계획의 경우에서 발견된다(15,000명 가량의 인구에 사무실, 상점, 레크리에이션, 스포츠, 문화

174) Ibid.
175) Ungers, Koolhaas, Riemann, Kollhoff, *Ovaska*, op. cit., p. 85.
176) OMA/Koolhaas, *Penang Tropical City, Malaysia, 2004 Competition*, in "El Croquis", 2007, No. 134-135, p. 189.
177) Site www.oma.nl.
178) Ibid.

그림 523. 렘 콜하스/ OMA, S 프로젝트, 서울 중심을 위한 마스터플랜, 2004.

그림 524. 렘 콜하스/ OMA, 마스터플랜, 페낭 열대 도시, 말레이시아, 2004.

그림 525. 렘 콜하스/ OMA, 가츠프롬 본부 계획, 상트페테르부르크, 2006.

시설들로 계획된). 라스 알 카이마의 산 경사면에서와 같이, OMA는 도시 지면 위로 정방형 기초를 가지는 기하학적 시스템을 확산시키며, 그것의 완공을 위한 기간 (대략 25년 정도)동안 복합 시설의 형태적 일관성을 보장하려 한다. "24×24×24 미터의 볼륨—6층에 3,500 제곱미터—이 각각의 미래적 구조의 기본적 건물 블록이다".[177]

이 시스템은 신주쿠 수직 캠퍼스의 침식된 마천루의 변양태이다: 그것은 도시적 스케일에 적용된다. OMA는 그것을 "도시적 픽셀"이라 정의한다. 그런 시스템은 역시 건축적 그래프와 같이, OMA 역사의 관점에서, 형태의 연속적 생산의 표현으로 볼 수 있다.

합성 마천루의 형태를 한 가츠프롬 본부가 "12 픽셀"을 점유한다는 OMA의 주장은 사진적 시퀀스로 기록되듯이, 창조적 과정에 대한 그 자신의 설명으로 반박된다: 정방형 기초를 가지는 12개의 프리즘이 각각 SOM의 시어스 타워에서 개발된 "다발식 튜브"의 구조적 법칙에 따라 디자인 되어 다른 높이로 집합되어 조합된다(같은 시기의 싱가포르 스콧 타워 계획 역시 이런 유형의 수행 결과이다). 정확히 이 다른 높이들이 처칠-플레인 계획에서와 같이 "불완전하고 비정형적인 평면"을 만들어낸다. 다발식 타워들에 적용되는 다른 조작들 역시 전형적인 콜하스식 수법이다—파내기, 자르기 등등.

"건물의 중간 18개 층들—수많은 근로자들을 위한—은 두 개의 서로 맞물린 아트리움으로 파내어져 장방형 솔리드를 형성한다. 건물의 하부 '다리들'은 특별한 서비스, 기계실, 보안 사무실 등에 이용되며, 최상부의 더 작고 더 개인적인 층들은 경영을 위한 사무실과 미팅 룸들로 사용된다. 하나의 수평선이 건물을 통해 중간에서 자른다: 공중 로비가 건물의 구조를 노출하며 전체 구조에 활력을 주는 집합적 시설들의 두 개 켜를 도입한다".[178]

OMA의 모든 작품은 계속 서로 놀랄 만큼 다르지만, 동시에 그것들은 유형이나 크기의 개념에서가 아니라, 그 그룹이 1970년대에 확실하게 확인했던 법칙들에 의해 은밀하게 연결된다: "건축적 멜로드라마의 쓰이지 않은 법칙들". 무엇이 콜하스로 하여금 항상 각각의 건축 작품에 대해, 마치 그것이, 편집증적 비판 방법이 아니라면, 그와 OMA에게 확실히 현대의 창조적 합리성의 가장 탁월한 형태로 남게 되는, 동일한 강박적 주제의 계속되는 내러티브로 가장 최근의 에피소드와 같이 접근하도록 만드는 것일까?

Name index